国家科学技术学术著作出版基金资助出版

"十四五"时期国家重点出版物出版专项规划项目

电化学科学与工程技术丛书　总主编 孙世刚

生 物 电 化 学

鞠熀先　李景虹　主编

科学出版社

北　京

内 容 简 介

生物电化学是一门用电化学方法研究生物现象的分支学科。本书结合生命过程的电化学现象、生物氧化、生物电子传递及生物合成与代谢过程中的物质传递与能量转化，在分子、细胞、组织和活体等层次上对生物电化学及其与材料、能源和信息科学的交叉、渗透进行了系统的阐述，重点介绍了各类生物分子的电化学性质、生物电化学的相关研究方法与新理论新技术，以及其在生物传感、细胞与活体分析和能源领域的应用。本书内容涉及生物电化学的各前沿领域，深入浅出、学术价值高，且语言简明扼要，可读性强。

本书可作为生命科学、化学及其相关交叉学科领域的参考书，并可作为高等院校物理化学、生物化学、分析化学高年级学生和相关专业研究生的教学参考书或教材。

图书在版编目（CIP）数据

生物电化学/鞠熀先，李景虹主编. —北京：科学出版社，2022.10
（电化学科学与工程技术丛书）

"十四五"时期国家重点出版物出版专项规划项目

ISBN 978-7-03-073366-5

Ⅰ.①生… Ⅱ.①鞠… ②李… Ⅲ.①生物电化学 Ⅳ.①O646

中国版本图书馆 CIP 数据核字（2022）第 188033 号

责任编辑：李明楠 孙 曼 / 责任校对：杜子昂
责任印制：吴兆东 / 封面设计：蓝正设计

科 学 出 版 社 出版
北京东黄城根北街 16 号
邮政编码：100717
http://www.sciencep.com

北京建宏印刷有限公司 印刷

科学出版社发行 各地新华书店经销

*

2022 年 10 月第 一 版 开本：720×1000 1/16
2022 年 10 月第一次印刷 印张：30
字数：605 000

定价：180.00 元
（如有印装质量问题，我社负责调换）

丛书编委会

总 主 编：孙世刚

副总主编：田中群　万立骏　陈　军　赵天寿　李景虹

编　　委：(按姓氏汉语拼音排序)

陈　军　李景虹　林海波　孙世刚

田中群　万立骏　夏兴华　夏永姚

邢　巍　詹东平　张新波　赵天寿

庄　林

本书编委会

主编： 鞠熀先　李景虹

编委： (按姓氏汉语拼音排序)

蔡称心(南京师范大学)　陈金华(湖南大学)

戴志晖(南京师范大学)　邓兆祥(中国科学技术大学)

黄卫华(武汉大学)　姜秀娥(中国科学院长春应用化学研究所)

鞠熀先(南京大学)　李根喜(南京大学)

李景虹(清华大学)　卢小泉(西北师范大学)

毛兰群(北京师范大学)　牛　利(广州大学)

庞代文(南开大学)　邵元华(北京大学)

苏　彬(浙江大学)　田　阳(华东师范大学)

王　伟(南京大学)　夏兴华(南京大学)

谢青季(湖南师范大学)　徐静娟(南京大学)

丛 书 序

　　电化学是研究电能与化学能以及电能与物质之间相互转化及其规律的学科。电化学既是基础学科又是工程技术学科。电化学在新能源、新材料、先进制造、环境保护和生物医学技术等方面具有独到的优势，已广泛应用于化工、冶金、机械、电子、航空、航天、轻工、仪器仪表等众多工程技术领域。随着社会和经济的不断发展，能源资源短缺和环境污染问题日益突出，对电化学解决重大科学与工程技术问题的需求愈来愈迫切，特别是实现我国 2030 年"碳达峰"和 2060 年"碳中和"的目标更是要求电化学学科做出积极的贡献。

　　与国际电化学学科同步，近年来我国电化学也处于一个新的黄金时期，得到了快速发展。一方面电化学的研究体系和研究深度不断拓展，另一方面与能源科学、生命科学、环境科学、材料科学、信息科学、物理科学、工程科学等诸多学科的交叉不断加深，从而推动了电化学研究方法不断创新和电化学基础理论研究日趋深入。

　　电化学能源包含一次能源(一次电池、直接燃料电池等)和二次能源(二次电池、氢燃料电池等)。电化学能量转换[从燃料(氢气、甲醇、乙醇等分子或化合物)的化学能到电能，或者从电能到分子或化合物中的化学能]不受热力学卡诺循环的限制，电化学能量储存(把电能储存在电池、超级电容器、燃料分子中)方便灵活。电化学能源形式不仅可以是一种大规模的能源系统，同时也可以是易于携带的能源装置，因此在移动电器、信息通信、交通运输、电力系统、航空航天、武器装备等与日常生活密切相关的领域和国防领域中得到了广泛的应用。尤其在化石能源日趋减少、环境污染日益严重的今天，电化学能源以其高效率、无污染的特点，在化石能源优化清洁利用、可再生能源开发、电动交通、节能减排等人类社会可持续发展的重大领域中发挥着越来越重要的作用。

　　当前，先进制造和工业的国际竞争日趋激烈。电化学在生物技术、环境治理、材料(有机分子)绿色合成、材料的腐蚀和防护等工业中的重要作用愈发突出，特别是在微纳加工和高端电子制造等新兴工业中不可或缺。电子信息产业微型化过程的核心是集成电路(芯片)制造，电子电镀是其中的关键技术之一。电子电镀通过电化学还原金属离子制备功能性镀层实现电子产品的制造。包括导电性镀层、钎焊性镀层、信息载体镀层、电磁屏蔽镀层、电子功能性镀层、电子构件防护性镀层及其他电子功能性镀层等。电子电镀是目前唯一能够实现纳米级电子逻辑互连和微纳结构制造加工成形的技术方法，在芯片制造(大马士革金属互连)、微纳机电系统(MEMS)加工、器件封装和集成等高端电子制造中发挥重要作用。

近年来，我国在电化学基础理论、电化学能量转换与储存、生物和环境电化学、电化学微纳加工、高端电子制造电子电镀、电化学绿色合成、腐蚀和防护电化学以及电化学工业各个领域取得了一批优秀的科技创新成果，其中不乏引领性重大科技成就。为了系统展示我国电化学科技工作者的优秀研究成果，彰显我国科学家的整体科研实力，同时阐述学科发展前沿，科学出版社组织出版了"电化学科学与工程技术"丛书。丛书旨在进一步提升我国电化学领域的国际影响力，并使更多的年轻研究人员获取系统完整的知识，从而推动我国电化学科学和工程技术的深入发展。

"电化学科学与工程技术"丛书由我国活跃在科研第一线的中国科学院院士、国家杰出青年科学基金获得者、教育部高层次人才、国家"万人计划"领军人才和相关学科领域的学术带头人等中青年科学家撰写。全套丛书涵盖电化学基础理论、电化学能量转换与储存、工业和应用电化学三个部分，由 17 个分册组成。各个分册都凝聚了主编和著作者们在电化学相关领域的深厚科学研究积累和精心组织撰写的辛勤劳动结晶。因此，这套丛书的出版将对推动我国电化学学科的进一步深入发展起到积极作用，同时为电化学和相关学科的科技工作者开展进一步的深入科学研究和科技创新提供知识体系支撑，以及为相关专业师生们的学习提供重要参考。

这套丛书得以出版，首先感谢丛书编委会的鼎力支持和对各个分册主题的精心筛选，感谢各个分册的主编和著作者们的精心组织和撰写；丛书的出版被列入"十四五"时期国家重点出版物出版专项规划项目，部分分册得到了国家科学技术学术著作出版基金的资助，这是丛书编委会的上层设计和科学出版社积极推进执行共同努力的成果，在此感谢科学出版社的大力支持。

如前所述，电化学是当前发展最快的学科之一，与各个学科特别是新兴学科的交叉日益广泛深入，突破性研究成果和科技创新发明不断涌现。虽然这套丛书包含了电化学的重要内容和主要进展，但难免仍然存在疏漏之处，若读者不吝予以指正，将不胜感激。

孙世刚

2022 年夏于厦门大学芙蓉园

前　言

　　生物电化学是 20 世纪 70 年代由电生物学、生物物理学、生物化学及电化学等多门学科交叉形成的一门独立学科。它是用电化学的基本原理和实验方法，在分子、细胞、组织和活体水平上研究或模拟研究电荷(包括电子、离子及其他电活性粒子)在生物体系及其相应模型体系中分布、传输、转移及转化的化学本质和规律，并发展其相关应用的一门新型学科。

　　21 世纪是生命科学的时代。生命科学、临床医学与能源科学的发展及其提出的问题和挑战，为生物电化学的发展提供了前所未有的机遇。应"电化学科学与工程技术丛书"编委会的邀请，我们结合生命过程的电化学现象、生物氧化、生物电子传递及生物合成与代谢过程中的物质传递与能量转化，组织国内来自 15 个单位具有从事生物电化学研究经历的 20 位专家编委(中国科学院院士 1 人、教育部高层次人才 7 人、国家杰出青年科学基金获得者 15 人)编写了本书。

　　本书通过在分子、细胞、组织和活体等不同层次上对生物分子的电化学及其与材料科学、信息科学的交叉和渗透进行全面、系统、深入浅出的阐述，重点介绍了生物电化学的相关研究方法和生物电化学的新发现、新理论、新技术与新应用，内容涉及生物电化学的各前沿领域及其在生物传感、生物成像和能源领域中的应用，包括生物电化学研究方法(王伟、邵元华、夏兴华)、生物氧化与氧化磷酸化(鞠熀先)、糖电化学(谢青季)、氨基酸电化学(邓兆祥、龚静鸣、鲁娜、游波)、蛋白质电化学与酶催化(赵婧、李根喜)、核苷酸与 DNA 电化学(张蓉颖、张志凌、庞代文)、卟啉电化学(卢小泉)、辅酶与激素电化学(朱圆城、徐静娟)、生物分子作用与电化学(陈金华、谢青季)、生物膜电化学与生物界面模拟(姜秀娥、李景虹)、电化学生物传感器(田阳)、纳米生物电化学(戴志晖)、生物电化学成像(苏彬)、细胞电化学(黄卫华、刘艳玲、范文婷、张芙莉、齐昱婷)、活体电化学分析(毛兰群)、生物燃料电池(牛利、蔡称心)，共 16 章。

　　全书结合作者们在多个领域研究的心得与成果，其中不乏原创性成果，每一章均包含前沿性的研究思路与研究成果，内容全面、学术价值高。本书深入浅出、结构严密、富有条理，科学性与实用性并重，且语言简明扼要、可读性强，充分体现了 21 世纪生物电化学的先进性、前沿性与多学科交叉性，对生命科学、化学、医药、信息、材料和能源科学等的发展均具有重要的学术价值，也将推动物理化学、化学生物学、分析化学、临床医学和生命科学研究的共同发展。

　　本书是作者之一鞠熀先教授近 20 年来撰写或主编的系列学术著作之一。此前，鞠熀先教授及其合作者结合自己在生物传感与生命分析领域的科研成果及知识积累，出版了《电分析化学与生物传感技术》(科学出版社，2006 年)、《生物分析化学》(科学出版社，2007 年)、*NanoBiosensing—Principles*，*Development and Application*(Springer，2011 年)及其中文版《纳米生物传感——原理、发展及应用》(科学出版社，2012 年)、《核酸检测：DNA 与 microRNA 分析方法》(知识产权出版社，2015 年)、*Immunosensing for Detection of Protein Biomarkers*(Elsevier Inc.，2017 年)和 *In Situ Analysis of Cellular Functional Molecules*(Royal Society of Chemistry，2020 年)7 部专著，并主编出版 *Electrochemical Sensors*，*Biosensors and Their Biomedical Applications*(Academic Press，Elsevier Inc.，2008 年)及其中文版《电化学与生物传感器——原理、设计及其在生物医学中的应用》(化学工业出版社，2009 年)、*Biochemical Sensors*: *Fundament and Development* 与 *Biochemical Sensors*: *Nanomaterial-based Biosensing and Application*(World Scientific Publishing Co Pte Ltd，2021 年)。这些著作都包含生物电化学研究领域取得的成就和进展，内容涉及生物电化学研究方法、电化学生物传感器的构建及生物分子的电化学检测，对相关领域的读者也有借鉴作用。

　　2020 年 7 月，我们受"十四五"时期国家重点出版物出版专项规划项目"电化学科学与工程技术丛书"编委会的邀请，承担编写本书的任务。编写过程中，我们得到本书编委会各位专家的全力支持，他们在百忙之中真诚地合作并按时交稿，让我们深受感动。在此，我们对参与本书编写的各位专家致以衷心的感谢！本书也得到来自家庭的温情支持，我们一并感谢！我们也要感谢科学出版社给予我们向国内同行们呈现本书的机会。

　　受篇幅所限，本书内容不一定能体现生物电化学这一分支学科的全貌。同时，鉴于我们水平有限、经验不足，且该领域的发展极快，疏漏与不妥之处在所难免，恳请读者批评指正。

鞠熀先　李景虹
2022 年 9 月

目　录

第1章 生物电化学研究方法

1.1 引　言

生物电化学的起源与电化学同步，都源于 1786 年意大利科学家 Luigi Galvani(1737—1798)的青蛙解剖实验[1]。Galvani 发现电刺激青蛙时，可使其腿收缩，但惊讶的是，青蛙腿的神经和肌肉同时与两种金属接触时也能使青蛙腿收缩。Galvani 当时认为，观察到的电流源于青蛙脑部，通过神经传导给金属，然后传导给肌肉(图 1.1)。他将这一发现写信给 Alessandro Volta(1745—1827)，开始 Volta 同意他的观点，但随后写信告诉他电不是来源于脑部，而是由于两种不同金属的接触。显然，Volta 的理解更进了一步。后者根据电鱼的结构设计了一种称为 Volta 电堆的装置(图 1.1)，现在称为电池。在 Werner von Siemens(1816—1892)发明电动机之前，Volta 电堆是仅存的电源。然而，Volta 的金属接触理论也不能正确地解释实验现象。直到 1835 年，Michael Faraday(1791—1867)才正确地证明了电能来源于电池中的化学转换过程。1814 年，George John Singer 出版了一部名为 *Elements of Electricity and Electro-Chemistry* 的书，从此才有了电化学这个科学分支的名称。

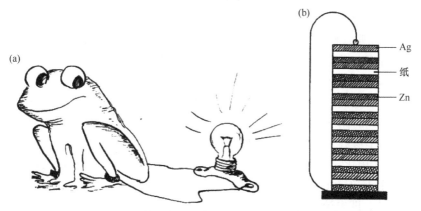

图 1.1　(a)青蛙发电示意图；(b) Volta 电堆原图[1]

生物电化学研究方法并不容易总结，我们只能根据自己的粗浅判断来进行提炼，目的是抛砖引玉，引起同行们的关注，并希望能给予批评指正。正如两位主编在前言中所论述的那样，生物电化学涉及面很广，相关研究可能需要分层次展开。针对单个生物大分子和生物活性小分子(离子)的检测、亚细胞和单细胞分析、活体组织分析等可能需要不同的研究范式和技术。基本上所有的电化学技术均已经应用于生物电化学的研究，由于篇幅的限制，再加上我们掌握的知识有限，不可能进行全面的介绍，只能简单地介绍一些基础的方法和比较新的技术。这些技术包括循环伏安法、安培法、超微电极技术、振动光谱技术、各种扫描探针技术、单分子结电化学和表面等离激元共振成像等。

1.2　重要的基本电化学技术

生物电化学探索中总是涉及各种各样的电极，有大电极、小电极和超微电极(ultramicroelectrode，UME)之分。可根据不同的研究对象来选择适当的电极，例如，体外检测生物活性分子(临床检测血糖和心肌梗死标志物等)时，可采用大电极；活体内或单细胞分析，可采用微米/纳米电极；同时检测生物活性分子和离子时，可采用杂化电极(如碳与液/液界面组成的微型杂化电极)。在同时检测多种不同物质时，还可采用阵列电极，如模拟狗鼻子的电子鼻。

循环伏安法是最常用的电化学技术，也是探索未知体系和各种生物分子最先采用的电化学技术，这是因为通过电位扫描几圈，就可大概知道该物质的氧化还原反应的可逆性行为、是否在电极上吸附等。通过仔细的探讨可得到反应机理的信息、求算一些热力学和动力学常数等。其衍生的一些技术，如微分脉冲伏安法(DPV)、方波伏安法(SWV)、溶出伏安法(stripping voltammetry)和吸附催化波等[2]可极大地提高循环伏安法的灵敏度和选择性。循环伏安法的基础理论见 Bard 和 Faulkner 的经典教科书[3]。

由于常规电极与超微电极(指至少一维小于 25μm 的电极，超微电极分为微米电极和纳米电极)大小不同，扩散场不同，得到的循环伏安图如图 1.2 所示。在常规电极上扩散是线性的，循环伏安图呈峰型；而对于超微电极，扩散场是球形或半球形，得到的循环伏安图是稳态曲线。在探讨反应机理方面大电极更具优势，在测量动力学参数方面超微电极更加常用。

另外一类电化学技术是计时安培法(chronoamperometry)或安培法(amperometry)，广泛地应用于超微电极活体内物质的探测或单细胞分析。对于常规电极，根据 Cottrell 公式，即电流与时间的关系可知，电流很难达到稳态，影响准确测量；而对于超微电极，电流会很快达到稳态。因此，在神经细胞内或附近监控神经递质时，大多采用超微电极[4]。在脉冲电位刺激时，如果记录的是电荷与时间的关系，就称为计时库仑法。这类技术和上面提到的循环伏安法及衍生技术均被称为控制电位技术。

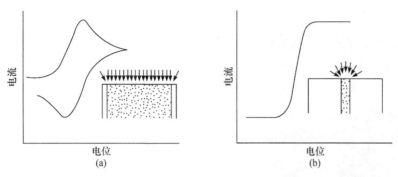

图 1.2　常规电极上(a)和超微电极上(b)的循环伏安图及扩散场示意图

超微电极在探索细胞分泌与胞吐行为,以及神经科学中发挥着重要作用,如监测细胞间神经递质传递过程。神经递质传递过程几乎决定了神经系统的所有功能,如关节的运动、大脑中杏仁核控制情绪的激活、海马区记忆过程等。监测神经递质传递过程需要化学传感器具备如下的能力:其尺寸大小可在微米区域工作,响应时间在毫秒级,具有高的选择性和灵敏度(通常要求可检测 nmol/L 级)。神经元与其他细胞之间的通信主要是通过分泌小分子,分泌这些分子的主要方式是胞吐,该过程导致细胞内的化学物质被挤出到细胞外环境。通过超微电极的测量,可以提供胞吐的直接化学证据。最早开展这方面工作的是 Wightman 课题组,他们采用碳纤维微米电极(半径 5 μm)和快扫循环伏安法与计时安培法,研究了单个牛嗜铬细胞在外加化学物质刺激下释放儿茶酚胺[5],释放过程是量子化的。随后,Neher 等采用类似的研究方法,探讨了单细胞囊泡融合的动态过程,发现在一些胞吐过程的初始阶段,电流与时间曲线呈现出前"脚"的特征,这是由囊泡中的物质可以从初始形成的小孔扩散到外部所致[6,7](图 1.3)。程介克等[8]采用半径为 50 nm 的碳电极

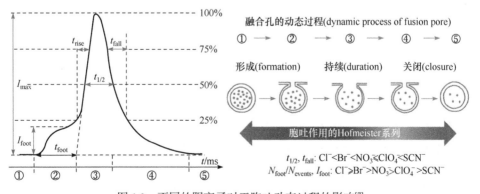

图 1.3　不同的阴离子对于胞吐动态过程的影响[7]

研究了单个 PC12 细胞中多巴胺的释放。相对于微米电极，纳米电极可以显著提高监测囊泡释放的空间分辨率(图 1.4)。

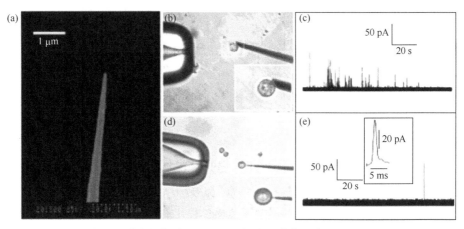

图 1.4　微电极与纳米电极监测细胞释放多巴胺的对比图[8]

1.3　基于振动光谱的生物电化学分析方法

1.3.1　振动光谱

分子可以量子化地吸收特定波长的光能，产生不同分子能态间的跃迁。因分子的组成和结构具有高度的特异性，可以根据分子光谱的形成机理对分子及其周围环境的特异性物理化学信息进行分析。其中，分子化学键的振动、转动能级与中红外波段(波长范围：2.5～25 μm)的光子能量高度匹配。利用与振动、转动能级相关的分子光谱研究分子信息的方法称为振动光谱法。

根据经典理论，对于振动光谱，当分子的化学键振动和入射光电磁场耦合时，其哈密顿算符可以表示为[9]

$$H = -\mu \cdot E \tag{1.1}$$

式中，μ 为分子的偶极矩；E 为入射的电磁场强度。其展开式前两项为

$$\mu = \mu_p + \alpha E \tag{1.2}$$

式中，μ_p 为分子的永久偶极矩；α 为分子的极化率。与 μ_p 和 α 相对应的光质作用即为分子的红外吸收和拉曼散射。

红外光谱和拉曼光谱是被研究最多的两种振动光谱。这两种光谱可以实现化学键特异性的光谱分辨，识别分子的结构信息，进而研究其功能信息，已被广泛应用于生物分析中。

1.3.2　红外光谱

红外光谱是一种广谱吸收光谱，其原理如图 1.5 所示。由式(1.2)可知，不同波长的红外光照射分子后，只有与分子固有偶极矩变化频率相同的光子才会被吸收，实现振动能级跃迁，形成分子的红外光谱[10]。因此，红外光谱具有很强的化学键特异性，又被称为"指纹光谱"，可以用来指认分子的官能团和结构(图 1.6)。理论上，分子的振动吸收是量子化的过程，红外光谱的吸收强度可用朗伯-比尔定律表示。在气相分析中，根据不同波长下的分子吸收截面，可以利用线状的红外光谱特征实现定量分析。但在液相体系中，由于分子浓度较高，往往存在转动跃迁对能量的吸收，导致红外光谱的特征信号呈现带状。因此，液相红外光谱通常仅用来进行定性或半定量分析。

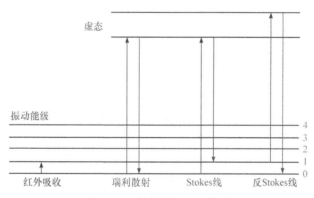

图 1.5　红外光谱原理示意图

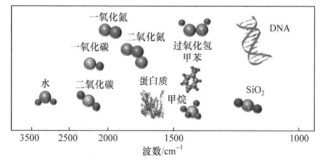

图 1.6　常见分子的红外吸收波数分布

由于偶极矩变化仅存在于不对称的化学键振动中，因此并非所有的分子和化学键都具有红外活性。同时，由式(1.1)可知，只有当入射光电场方向与分子的偶极矩方向平行时，才能有效地产生红外吸收，这称为红外光谱的表面选律。通过调整入射光的偏振方向(s 偏振：电场方向垂直于入射平面；p 偏振：电场方向平行于入射平面),比较所测得的分子红外吸收信号特征,就可以通过红外选律特异性地研究界面的分子取向。当分子位于金属表面时,分子极化将会在金属表面产生镜像偶极。当分子的偶极矩与金属表面平行时,其镜像偶极会和分子偶极部分抵消,造成红外信号减弱;而当分子偶极矩垂直于金属表面时,其镜像偶极会有效增强分子偶极,使得红外信号增强。这种规律称为红外光谱的金属表面选律。利用金属表面选律,使用偏振光测量红外光谱,也可以获取金属表面的分子取向信息[11]。

1.3.3 增强红外光谱和增强红外光谱电化学

虽然使用红外光谱可以实现分子信息的特异性获取,但分子的红外吸收截面很小,通常在 10^{-21} cm^2 数量级。在液相测试中,很难达到常规固体红外测试中较高的分子浓度,故实现高灵敏度(如界面单分子层级别)的红外光谱检测还需利用特殊的技术进行有效的信号增强。

由式(1.1)和式(1.2)可知,红外光谱的信号强度和分子所处位置的电磁场强度 E 以及化学键的偶极矩 μ_p 呈正相关。因此,可以分别通过电磁场增强机制和化学增强机制对 E 和 μ_p 进行调制,实现红外光谱的信号增强。电磁场增强机制是在入射光强度不变的前提下,通过构筑特异性的增强基底,提高分子所处位置的电磁场强度,实现红外信号的放大。通过该方法,目前已经可以实现数量级高达 10^5 的信号增强,检测灵敏度可以低至数百个分子。化学增强机制是通过分子-基底间电荷转移等机制,对化学键的偶极矩产生影响,进而增强红外光谱。这种方法对红外信号的增强有限,通常不超过两个数量级。

将红外光谱和电化学进行耦合,可以在外加电位下,实现对界面和体相分子的外场控制,进而通过动态、原位的红外光谱对电位相关的分子结构与功能进行分析,这对研究界面过程与机制具有重要的价值。为了实现红外光谱电化学研究,需要设计特殊的光路和电化学池以同时满足红外光谱和电化学检测的需求,通常要基于以下几方面考虑:①提高红外光谱的检测灵敏度,实现电极界面亚单层分子水平分析物的检测;②减弱液相环境中溶剂分子(如水分子)等对红外光吸收的背景信号;③构筑合适的电极界面满足电化学测试的需求,同时具有红外光谱测试的兼容性。

在现阶段的增强红外光谱电化学研究中,衰减全内反射表面增强红外光谱(ATR-SEIRAS)是使用最广泛的研究平台,其实验装置如图 1.7(a)所示。红外光束通过高折射率和高透过率的光学棱镜,以大于光学临界角的角度入射,在棱镜/溶液界面发生全反射。此时,在界面的光疏介质溶液层中,会形成强度随界面距离增加呈指数式衰减的电磁场,称为衰减波。衰减波会和棱镜表面构建的粗糙金属膜发生光质相互作用，将电磁场高度限域至数十纳米的范围内并增强位于光学近场内分子的红外吸收，其检测灵敏度可以达到单分子层量级。

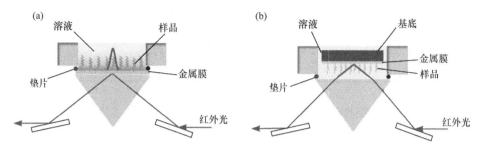

图 1.7　增强红外光谱电化学装置示意图

(a) 衰减全内反射表面增强红外光谱电化学装置；(b) 外反射表面增强红外光谱电化学装置

将棱镜表面的粗糙金属膜用作工作电极，就可以实现电化学-ATR-SEIRAS (EC-ATR-SEIRAS)联用。此时，电极界面的分子恰好位于光学近场内，可以与衰减波相互作用，其信号可以得到显著增强。同时，光路内的溶液厚度和衰减波的衰减深度为同一量级，溶剂分子对入射光和反射光的吸收可以得到有效抑制。因此，使用该技术，可以满足红外光谱电化学研究的需求，结合红外光谱的选律，能够实现外加电位调控下，对界面分子的结构和功能、界面反应机理与动力学过程的原位监测。值得一提的是，通过外反射模式，结合粗糙的金属膜基底，同样可以实现增强红外光谱电化学检测[图 1.7(b)]。但是，这种方法的电极界面难以无限接近光窗表面(间距一般在微米级)，溶剂的背景吸收更高，且增强因子较低，故仅适用于一些特殊的工作环境[12]。

1.3.4　EC-ATR-SEIRAS 联用平台的构建

EC-ATR-SEIRAS 联用平台的核心部件为 ATR 棱镜和表面的金属薄膜，其中，ATR 棱镜可以根据需要，加工为三棱柱、半圆柱、半球、梯形棱柱(支持多次全内反射模式)等形状。表 1.1 归纳了常见的棱镜材料。在 EC-ATR-SEIRAS 联用平台的设计中，需要系统考虑如下因素以选择合适的棱镜材料：①材料在待测的红外波段具有高透过率以减小对入射光的吸收；②在电化学反应环境中具有较好的物理和化学稳定性；③在电化学窗口内，具有电化学惰性；④易于获取和加工，以降低成本。

表 1.1　常见的衰减全反射红外棱镜材料及其性质

棱镜材料	折射率	最低截止波数/cm^{-1}	适用 pH
Ge	4.0	780	1~14
Si	3.4	1500	1~12

棱镜材料	折射率	最低截止波数/cm^{-1}	适用 pH
Si/ZnSe	3.4	525	1～12
ZnSe	2.43	525	5～9
金刚石/ZnSe	2.4	525	1～14
ZnS	2.2	850	5～9

金属薄膜的形貌和种类决定了其导电性、光学增益性能以及电化学性质，因此，选择合适的镀膜方案是实现 EC-ATR-SEIRAS 功能的重要条件。在 ATR 棱镜表面构筑金属薄膜的方法通常分为物理方法和化学方法。利用物理方法如真空蒸镀和真空溅射等，可以通过控制制备参数，制备多种金属薄膜，并实现其厚度的精确控制。但是，物理方法的成本较高，制备的薄膜形貌具有高度的仪器依赖性；同时，金属膜和棱镜表面结合力弱，在液相环境下不稳定，很容易从表面脱离。利用化学方法，通过金属盐溶液在棱镜表面的化学反应，也可以在绝缘的红外棱镜表面构筑均匀的金属膜，实现红外增强。通过化学方法制备的金属膜具有高度的重现性，同时由于一定的化学键作用，金属膜和棱镜表面具有很高的结合力。然而，在棱镜表面可以实现的化学反应有限，使用化学沉积方法仅能制备少数几种金属薄膜。将电化学沉积和化学沉积方法结合，将化学沉积制备的金属薄膜用作工作电极，还可以进一步电化学沉积一些化学沉积无法制备的金属膜，拓宽了红外光谱电化学的应用范围。然而，通过这种方法构筑的金属薄膜具有两种及以上的组分，且具有较大的厚度，对红外增强能力有一定的影响。综上所述，在进行 EC-ATR-SEIRAS 研究时，需要根据实际需求，选择合适的方案进行金属薄膜的构筑。

1.3.5　红外光谱电化学应用于生物分析

作为生命体活动的行为功能分子，蛋白质(酰胺Ⅰ带和酰胺Ⅱ带)和 DNA、RNA(碱基、磷酸骨架振动)都具有明显的红外吸收特征。结合 EC-ATR-SEIRAS 高度界面敏感的特征，可以有效地通过电化学相关的红外光谱，模拟生物体内的相关过程，进而反映生命过程中的分子行为特征。其主要研究围绕以下三个方面展开：①研究电极界面吸附分子的行为；②研究电极界面人工模拟膜行为；③研究电极界面的细胞行为。

夏兴华等使用 EC-ATR-SEIRAS 研究了固定化细胞色素 c 的构效关系，阐明了细胞色素 c 界面行为与直接电子转移间的相互关系，发现界面亲疏水性显著调控了细胞色素 c 的直接电子转移过程。在端基为羟基的亲水界面上，细胞色素 c

中的卟啉平面平行于电极表面，铁中心可通过 His-18 与电极表面发生直接电子转移；而在端基为甲基的疏水界面上，细胞色素 c 中的卟啉平面垂直于样品表面，难以发生电子交换[13]。姜秀娥等将视网膜紫质膜蛋白(SR II)定向固定在电极表面，通过电极电位的变化模拟膜电位，运用 EC-ATR-SEIRAS 研究了膜电位调控下 SR II 的质子转移机理。研究表明，当外加电场方向与质子转移方向相反时，质子转移反应被阻断，与膜电位变化的影响结果一致[14]。最近，该课题组使用 EC-ATR-SEIRAS 技术，通过离子微扰研究了外加电场下磷脂膜/水溶液界面的水分子结构演化，发现直接和磷酸基团通过氢键结合的水分子具有很强的机械强度，可以抵抗外部电场的影响，加深了对磷脂膜/溶液界面双电层的认识[15]。Busalmen 等运用 EC-ATR-SEIRAS，研究了金电极表面的荧光假单胞菌在不同电位下的行为，发现氧化电位可以氧化细胞外的脂多糖，并使细胞更贴近电极表面[16]。

1.3.6　时空分辨红外光谱电化学应用于生物分析

常规的 EC-ATR-SEIRAS 研究中，通常是在宏观电极尺度进行稳态过程监测。在时间和空间尺度拓展红外光谱电化学研究的范围，可在亚波长尺度实现更快速的红外光谱电化学分析，对于生物分析具有非常重要的意义。例如，提高红外光谱的时间分辨率，可以有效揭示生物分子的动态变化过程，认识生物过程的深层次机理；而实现空间分辨的红外光谱分析，则可以在纳米尺度认识生物分子的结构功能特征，理解其特殊的构效关系。

在时间尺度上，将步进红外光谱技术与电化学技术结合，可以在毫秒尺度获取分子的红外光谱电化学信息。Naumann 等使用时间分辨的步进表面增强红外技术，研究了孢子红杆菌 CcO 在电极界面的性质。他们首先通过电化学反应将 CcO 完全转变为还原态；随后，在氧气存在的条件下，将电位转换为开路电位(OCP)，令 CcO 在没有外加电场的情况下发生氧化。通过分析由–800 mV 和 OCP 之间的周期性电位脉冲引发的酰胺 I 带变化，在毫秒时间尺度上揭示了蛋白质二级结构的构象变化[17]。然而，为了获得较好的时间灵敏度，步进红外光谱的分析对象主要是高度可逆的电化学反应。如何在保证灵敏度的前提下，发展时间分辨更高、普适性更好的时间分辨红外光谱电化学联用技术，是该领域内重要的发展方向。

在空间尺度上，如扫描散射近场显微镜、光热共振显微镜、光诱导力显微镜等与原子力显微镜技术相结合的超分辨红外光谱技术，已被广泛应用于固/气界面研究[18]。利用这些技术，可以在纳米尺度获得生物分子的红外光谱，在亚波长水平揭示界面结构和功能关系。然而，在液相体系中，由于背景水的强红外吸收和对探针振动的阻尼耗散，尚难实现生物分子红外光谱电化学检测分析。提高超分辨红外光谱技术在液相的灵敏度，进而结合红外光谱电化学，在纳米尺度揭示生物分子的构效关系，是超分辨红外光谱未来发展的核心目标。

1.3.7　拉曼光谱和增强拉曼光谱

拉曼光谱是一种吸收-散射光谱，由印度科学家 C. V. Raman 于 1928 年首次发现[19]，其原理如图 1.5 所示。当分子被入射光激发后，电子首先跃迁至高能态的"虚态"。随后，绝大多数电子回到初始态，释放出与入射光波长相同的光，称为瑞利散射光。而极少数电子会耦合化学键振动和转动吸收或放出能量，产生非弹性散射光。当散射光子的能量小于入射光子能量时称为斯托克斯散射，大于入射光子能量时称为反斯托克斯散射，二者合称为拉曼散射。通过测量入射光和拉曼散射光之间的能量差，就可以获得分子振动和转动信息。由式(1.2)可知，拉曼散射强度与分子的固有偶极矩无关，没有偶极矩的非红外活性分子或化学键仍然可能具有拉曼活性。因此，拉曼光谱与红外光谱呈现很好的互补关系，更适合于分析分子的骨架振动。与红外光谱不同，拉曼光谱仅需单色光即可激发，紫外-可见-近红外光均可用作拉曼光谱的激发源。由于溶剂对紫外-可见光的吸收通常较弱，与红外光谱相比，拉曼光谱在液相分析中受到溶剂背景的干扰更少。

与红外吸收截面相比，分子的拉曼散射截面更小，为 $10^{-30} \sim 10^{-29}$ cm^2，产生拉曼散射的光子通常不到入射光子的百万分之一。因此，在拉曼光谱发现的初期，仅能在宏量水平上研究拉曼散射截面大的分子，应用非常受限。激光的出现和发展，提供了高功率的单色激发源，将拉曼光谱推进到了实用的水平。而增强拉曼光谱的出现，将拉曼光谱的灵敏度提高到了前所未有的高度，一举使得拉曼光谱成为现阶段最灵敏的分子光谱分析方法之一。

由式(1.1)和式(1.2)可知，拉曼散射强度和电磁场强度 E 及分子的极化率 α 有关。因此，与红外光谱类似，利用电磁场增强机理和化学增强机理同样可以实现拉曼光谱的信号增强。其中，通过改变分子-基底间的电子结构，可以基于化学增强机理实现几个数量级的拉曼信号增强[20]。然而，与红外光谱不同，当拉曼激发光频率和散射光频率接近时，拉曼光谱的强度与 E^4 近似呈正比关系。受益于这种高阶的电磁场依赖性，通过构筑合适的电磁场增强系统，可以将拉曼光谱信号的强度增强 10^9 以上，甚至可以实现单个分子级别的拉曼信号测量 [21,22]。现阶段，基于电磁场增强机理，利用等离激元共振效应、避雷针效应等，可以在金、银、铜等贵金属的纳米结构、薄膜表面实现电磁场增益，在界面亚单层分子水平实现拉曼光谱检测。主流的电磁场增强拉曼方法分为表面增强拉曼光谱、针尖增强拉曼光谱和壳层隔绝纳米颗粒增强拉曼光谱，这三种技术均可以实现和电化学技术的联用，实现拉曼光谱电化学研究，进而用于超高灵敏的生物分析。

1.3.8　拉曼光谱电化学应用于生物分析

表面增强拉曼光谱电化学技术(EC-SERS)是最先发展的增强拉曼光谱电化学技术。EC-SERS 测试平台通常由电化学系统和拉曼光谱测量系统集成而成，如图 1.8 所示[23]。将导电的拉曼增强基底(粗糙金属膜或金属等离激元共振结构)作为工作电极，可以在电位控制条件下，对电极界面分子的拉曼信号实现高灵敏获取。这种平台搭建简单，操作方便，在电化学界面分析中得到了广泛的应用。然而，为了在紫外-可见区实现等离激元共振增强，基底的金属种类通常被限制为金、银、铜等贵金属，在一定程度上限制了该技术的应用范围。

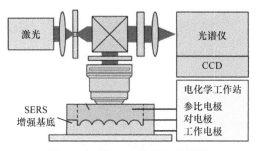

图 1.8　EC-SERS 装置示意图[23]

SERS 技术使用的基底电磁场增强位点位于界面附近，因此，与 EC-ATR-SEIRAS 技术类似，可以使用 EC-SERS 技术对界面 DNA 分子、蛋白质、细胞膜等多种生物体系进行研究。例如，Millo 等使用共振增强拉曼光谱电化学技术，系统研究了外膜蛋白细胞色素 OmcB 与银电极的相互作用。通过比较直接与电极表面结合和嵌入生物膜中 OmcB 的拉曼光谱电化学性质，揭示了生物膜在细胞-电极相互作用中的重要作用[24]。使用 EC-SERS 技术，也可以实现高灵敏度的电化学传感研究。通过控制电极电位，可以对界面分子的结构功能进行调控，进而利用界面产生的电位相关的拉曼信号，实现对适配体-目标物结合、DNA 扩增、DNA-药物相互作用等界面生物反应的研究[25]。此外，利用瞬态增强拉曼光谱电化学技术(TEC-SERS)，还可以实现时间分辨的 EC-SERS 研究，用于揭示时间尺度相关的分子信息。例如，Millo 等使用 TEC-SERS 研究了 Ca^{2+} 对修饰于电极表面的纤维二糖脱氢酶电催化活性的影响，通过时间相关的拉曼光谱，发现 Ca^{2+} 离子的加入可以导致蛋白的重定向，进而影响电活性中心的取向，使得电催化发生于更负的电位[24]。

拉曼光谱的激发光通常是紫外-可见激光，波长在数百纳米尺度。因此，即使使用共聚焦显微镜，也仅能在数百纳米尺度的空间水平上实现拉曼光谱的远场成像分析，难以满足对纳米级别生物样品分析的需要。为了实现更高空间分辨的拉曼光谱电化学分析，需要使用针尖增强拉曼光谱电化学技术(EC-TERS)。典型的EC-TERS 装置如图 1.9 所示，其拉曼增强模块通常基于扫描隧道显微镜(STM)或原子力显微镜(AFM)构建。通过精密的光路，将入射光汇聚于金属探针尖端，利用金属针尖的避雷针效应，以及针尖和导电基底间的多次反射，显著增强针尖-基底间的电磁场，进而在探针针尖尺度的空间分辨率内高灵敏地获得基底表面分子的拉曼光谱信息。结合同步的形貌扫描和电化学调控，就可以在亚波长尺度实现界面分子的拉曼光谱电化学分析[26, 27]。

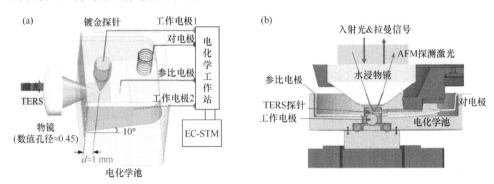

图 1.9　EC-TERS 装置示意图[26,27]
(a) 侧面激发模式；(b) 顶部激发模式

　　TERS 的高信号增益主要来源于针尖和基底之间的间隙，间隙距离越大，信号增益越低。因此，现阶段 EC-TERS 在生物分析中的主要研究对象仍限于吸附于金属基底表面的分子。对于表面起伏较高、厚度较大的分析物如外泌体、细胞等，尚未见报道。Domke 等利用基于扫描隧道显微镜的 EC-TERS 技术，实现了小于 100 个吸附分子级别灵敏度的拉曼光谱电化学分析。他们系统研究了吸附于Au(111)电极表面的腺嘌呤随电极电位的吸附构型和化学活性变化，发现质子化的腺嘌呤在低电位下在金表面呈倾斜取向，而在零电荷电位时与表面垂直；当电位进一步升高时，腺嘌呤会发生去质子化，同时，腺嘌呤的芳环会与 Au(111)面接近平行[28]。

　　使用 EC-TERS 可以实现非等离激元共振基底表面的拉曼光谱电化学研究，但是其装置复杂昂贵，操作较为不便。因此，对于很多不需要空间分辨的非等离激元共振研究对象，近年来发展的壳层隔绝纳米颗粒增强拉曼光谱电化学技术(EC-SHINERS)也是一种合适的研究手段。如图 1.10 所示，EC-SHINERS 使用包裹有超薄介电材料外壳的金属纳米颗粒作为等离激元共振激发源，将其散布于研究对象表面，利用基底(如单晶电极)与金属纳米颗粒之间的增强电磁场，增强间隙中分子的拉曼信号；利用导电基底，可在实现电极界面电位调控的同时，实现同步的拉曼光谱电化学研究。金属纳米颗粒表面包裹的介质层可以有效避免粒子与界面分子间产生相互作用，同时屏蔽了粒子与基底间的电子交换，保证电化学反应不受到纳米颗粒的影响。此外，对于不同的检测需求，还可以通过改变等离激元纳米颗粒的种类和尺寸、外壳的组成和厚度来实现调制[29]。

与 EC-TERS 类似，由于信号增强的程度高度依赖于金属纳米颗粒与基底之间的间隙，目前 EC-SHINERS 在生物分析中的应用也局限于研究吸附于基底表面的单层生物分子。李剑锋等使用 EC-SHINERS 对腺嘌呤、鸟嘌呤、胞嘧啶和胸腺嘧啶在 Au(111)电极表面的吸附过程进行了原位研究。通过循环伏安扫描和相应的 SHINERS 信号发现，四种碱基的吸附都会导致 Au(111)电极表面的重构。同时，由于碱基分子与金属基底间的电子相互作用，电位相关的电极重构可以对碱基芳环骨架的呼吸振动峰强度产生持续的影响[30]。

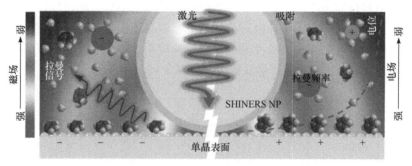

图 1.10 壳层隔绝纳米颗粒增强拉曼光谱电化学电极界面示意图[29]

综上所述，使用基于振动光谱的生物电化学分析方法，可以结合电位调控和振动光谱数据，对界面分子的结构功能、界面反应机理与动力学过程进行原位分析。现阶段，振动光谱生物电化学分析主要集中于界面水平的分子研究，进而反映体内生物分子的性质。未来的研究重点将立足于提高振动光谱电化学技术的灵敏度、时间和空间分辨率，进而拓宽其在生物分析中的应用范围，并在分子水平上实现高时空分辨的动态振动光谱电化学研究，以更深层次地认识生物分子的结构、功能特征。

1.4 扫描探针技术

1.4.1 扫描电化学显微镜

1989 年 Bard 等基于超微电极与扫描探针显微镜(scanning probe microscope，SPM)技术的发展提出了扫描电化学显微镜(scanning electrochemical microscope，SECM)这个概念并发展了相关理论[31]。其基本原理是以一个微/纳米电极作为探头，在另外一种表面或界面(基底或称为样品)上进行三维扫描，通过探头电流的变化获取该表面或界面的相关信息。由于探头的电流与探头或基底上发生的法拉第过程相关，因此 SECM 具有化学敏感性，不但可以研究探头与基底上的异相反应动力学及探头和基底之间溶液层中的均相反应动力学，而且可以分辨基底表面微区的电化学不均匀性，给出表面的形貌，从而弥补了一些 SPM(如 STM 或 AFM)不能直接提供电化学活性信息的不足[32]。

常规的 SECM 实验装置如图 1.11 所示。主要是由电化学部分(电解池、探头、基底、各种电极和双恒电位仪)，用来精确地控制、操作探头和基底位置的压电驱动器，以及用来控制操作、获取和分析数据的计算机(包括接口)等三部分组成。作为探头的超微电极被固定在一个爬行器(inchworm)上(通常是 z 方向)，x 和 y 方向的扫描也由爬行器来控制。这样，探头电极在基底上的位置即可以通过移动爬行器来改变。通常，基底固定在电解池的底部，电解池固定在一个稳定平台上。通过双恒电位仪可控制探头电极及基底的电位。应用计算机通过一个可编程的位置控制器可以控制 x、y、z 爬行器从而可得到基底的三维图像。

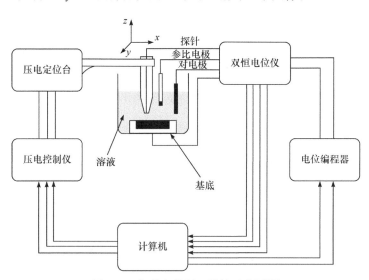

图 1.11　扫描电化学显微镜示意图[32]

SECM 可以以多种工作模式进行实验，如正负反馈模式、收集模式、穿透模式和离子转移反馈模式等。在此仅简单地介绍在 SECM 实验中最常用于定量分析的模式，即正负反馈模式的工作原理。一个 UME 探头(通常是一个微圆盘电极，半径是 a。当然其他类型的超微电极也可作为 SECM 的探头)作为工作电极，其电位是相对于参比电极、测量探头和对电极之间的电流。所研究的样品，通常被称为基底，也可以被极化而作为第二个工作电极。在此情况下，一个双恒电位仪可用于控制探头和基底的电位。当电极放在含有电活性中介体(mediator，如一个可被氧化的物质 R)的溶液中，在 UME 上所加的电压足够正时，R 在 UME 探头上所发生的氧化反应是由 R 扩散到探头所控制的(图 1.12)。当探头离基底的距离 d 较大时($d \geqslant 20a$)，探头上的稳态扩散电流可由如下公式给出：

$$i_{T,\infty} = 4nFDca \tag{1.3}$$

式中，n 为转移的电子数；F 为法拉第常量；D 为扩散系数；c 为浓度。当探头逐渐接近基底至大约为几个 a 时，探头上电流将随着基底性质的不同和 d 的改变而发生变化。当基底是导体时，被氧化的物质(O)可扩散到基底上并能在此重新还原成 R。该过程产生一个循环，使探头上的法拉第电流 i_T 增加，称为正反馈，即 $i_T \gg i_{T,\infty}$。反之，当基底是绝缘体时，上述循环过程不能发生，绝缘体在此仅起到一个阻碍 R 从本体溶液扩散到探头上的作用，i_T 随着 d 的减小而降低，即 $i_T \ll i_{T,\infty}$，称为负反馈(图 1.12)。当探头在基底表面上进行恒定高度扫描时，探头的法拉第电流 i_T 将随基底的起伏和性质的变化而发生相应变化，SECM 就像电化学雷达一样通过探头的电流的变化就可反映出基底的形貌以及电化学活性分布等。

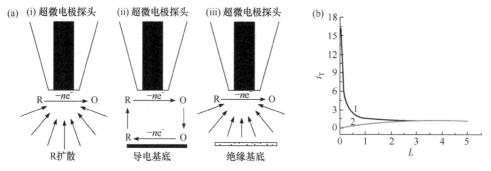

图 1.12　(a) SECM 的反馈操作模式[(i)探头远离基底；(ii)探头接近一个导体基底；(iii)探头接近一个绝缘基底]；(b) SECM 探头接近不同基底时的电流-距离理论曲线(1. 探头接近一个导体基底；2. 探头接近一个绝缘基底)[32]

和其他类型 SPM 技术相比，SECM 技术的一个优点是它有坚实的进行定量分析的理论基础。对于上述正负反馈模式，应用有限元法，在稳态情况(与时间无关)和 RG[RG=$(a+b)/a$，b 是探头绝缘层的厚度] $\geqslant 10$ 的条件下，已得到基底是导体或绝缘体时，探头上的电流随 d 变化的数值解。也可用符合拟合值的近似分析表达式来给出不同基底的规范化电流 $i_T(L)$ 与规范化距离 $L(d/a)$ 之间的关系：

$$i_T(L) = i_T / i_{T,\infty} = 0.68 + 0.78377 / L + 0.3315 \exp(-1.0672 / L) \tag{1.4}$$

$$i_T(L) = i_T / i_{T,\infty} = 1 / \{0.15 + 1.5385 / L + 0.58 \exp[(L - 6.3) / 1.017L]\} \tag{1.5}$$

式(1.4)为基底是导体，式(1.5)为基底是绝缘体。SECM 定量分析中，人们通常用实验数据来拟合理论的 *i-d* 曲线(也称渐近曲线，approach curve)而得到探头-基底之间距离等于零的点，从而可算出二者之间的距离。需要指出的是上述两个公式仅适用于 RG ≥ 10 的情况，对于 RG 较小的情况可参考文献[33]。

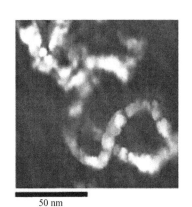

50 nm

图 1.13　采用 SECM 进行 DNA
成像分析

下面主要介绍几个 SECM 在生物电化学研究中的应用例子。Fan 和 Bard[34]采用 SECM 在 1999 年以云母作为基底，以钨电极作为探头，探讨了一系列生物大分子的成像问题。SECM 所能得到的空间分辨率主要与探头大小和探头与基底之间的距离相关。大多数 SECM 成像分析是探头和基底均在溶液中，这样需要把探头的大部分用绝缘物质包封起来，仅留最尖端部分；另外一种 SECM 成像方式是利用基底的表面化学性质，例如，云母的表面亲水行为，在潮湿的条件下可形成一层很薄的水，而探头不需要用绝缘物质包封，利用薄层水可进行氧化还原反应来进行高分辨率的成像(图 1.13)，分辨率高达几纳米[34]。

Mirkin 等[35]采用 SECM 率先实现了单细胞的氧化还原活性研究，利用几种氧化还原电对作为中介体探讨了三种细胞的行为(图 1.14)。SECM 可测量疏

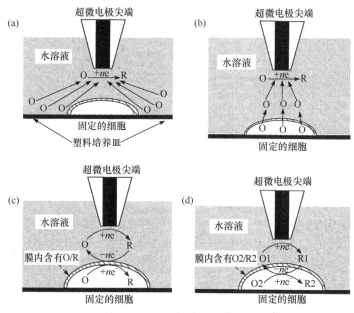

图 1.14　采用 SECM 进行单细胞分析的示意图[35]

水中介体与细胞内的物质之间的有效速率常数,对于三种细胞(正常、高移动性和高转移癌症乳腺细胞),有效速率常数有较大的差异。

1995 年 Fan 和 Bard[36]利用具有特殊形状、直径为 15 nm 的 Pt-Ir 电极作为 SECM 的探头,与导电基底之间形成一个非常小的限域空间(约 10 nm×10 nm),研究了一些氧化还原物质的行为。该单分子测量技术的原理见图 1.15,探头和基底之间所限制的空间仅约为 $1×10^{-21}$L,通过控制浓度使这个空间中仅存在一个分子。分子在探头和基底之间运动所需的时间约为 $d^2/2D$(d 是两者之间的距离, D 是分子的扩散系数),如果 D 假设为 $5×10^{-6}$ cm^2/s,那么分子在 1 s 可以来回 10^7 次,即 SECM 正反馈放大了 10^7 倍。

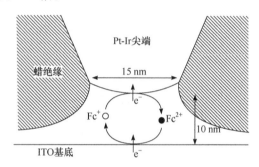

图 1.15　采用 SECM 进行单分子测量的示意图[36]

1.4.2　扫描离子电导显微镜

另一种扫描探针显微镜技术是扫描离子电导显微镜(scanning ion conductance microscope, SICM)技术,是 1989 年由 Hansma 等[37]提出并逐步发展起来的。由于其具有成像空间分辨率高、探针易于制备和对被成像物体(如活体细胞)无损伤等特点,因而可在纳米尺度上对软界面及表面(如活细胞表面结构和功能)进行研究,从而提供了一种与 SECM 和 AFM 互补的 SPM 技术。

在开始的近 10 年中,由于探针的控制和精确定位技术的不足,探针很容易在扫描时与样品接触并导致样品和探针的损坏,SICM 在早期只适用于较为平坦的表界面成像,该时期 SICM 的发展较为缓慢。1997 年,Korchev 等[38]改进了 SICM 的距离控制技术,并第一次将 SICM 应用于活细胞成像研究,从此该技术进入了快速发展阶段。近年来,随着仪器硬件和软件的不断改进,成像精度和速度都得到了显著的提高;同时,SICM 技术还可与其他技术(如荧光、膜片钳和 SECM)结合,越来越多地应用于生命科学及纳米加工等领域。2006 年英国 Ionscope 公司将 SICM 仪器商品化,进一步促进了该技术的普及与发展。

常规的 SICM 实验装置如图 1.16 所示,它主要由对离子电流敏感的超微玻璃管探针(内径通常在纳米至亚微米级)、扫描压电平移台、反馈发生器和计算机组成。其中超微玻璃管中充有电解质溶液并置有一根 Ag/AgCl 电极，另一根 Ag/AgCl 电极置于含有样品的电解液存储池底部。玻璃管和样品池中的溶液通常是相同的，以避免浓差电位和液接电位的产生。在两根电极上施加一定的电压，就会有离子电流通过超微玻璃管探针，该电流可以为反馈发生器提供信号，以控制压电平移台带动探针上下移动，在扫描过程中保持探针与样品间距离的恒定。计算机可以用来控制操作、获取和分析数据。

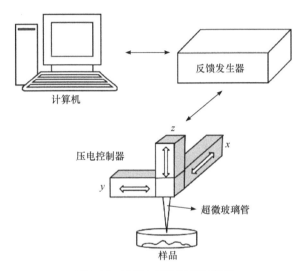

图 1.16　SICM 仪器装置示意图

SICM 系统最关键的是探针与样品之间距离的精确控制。SICM 的距离控制模式主要有三种，即直流(也称非调制)模式、调制模式和跳跃模式，下面简要介绍它们的工作原理。如图 1.17(a)所示，在直流模式中，给两根电极施加恒定的电压，会产生直流离子电流。若探针与样品表面的距离足够小(如与管径相当)，空间的减小将限制离子出入玻璃管探针，表现为回路中的离子电流减小。因此，当探针贴近样品表面扫描时，通过实时检测离子电流的变化，反馈发生器可以上下移动探针以保持电流恒定，从而保证了在扫描过程中探针与样品间的距离恒定。这样，探针运动的轨迹就可以反映样品表面的起伏，逐行扫描就能得到样品的形貌图像。然而，这种模式在实际工作中存在一些问题。在直流模式下，为了避免探针与样品接触，通常不能将两者的距离设定得很近，而只能选择相对安全的距离，但是这样就牺牲了反馈系统的灵敏性，使反馈系统很容易受到非距离因素的干扰，如电压波动、溶液浓度不均匀和探针部分堵塞等，从而导致图像不清晰。从图 1.18 中的直流电流曲线可以看出，当设定探针与样品的距离为玻璃管半径左右时，扫描中由于样品高度变化而产生的电流波动只有最大电流的 0.2%～3%，这么小的电流变化很容易受到其他因素的干扰。

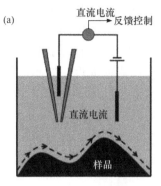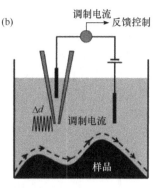

图 1.17　SICM 操作原理

(a) 直流模式反馈控制；(b) 调制模式反馈控制

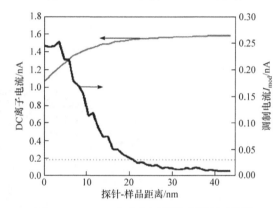

图 1.18　SICM 直流和调制模式的渐近曲线

探针内径均为 75 nm，调制振幅 10 nm；虚线为调制电流标准设定值

　　为了解决直流模式存在的问题，Korchev 等发展了利用调制电流进行反馈控制的技术。调制模式在原有的反馈控制系统中对探针中的电极施加一个低幅高频的周期性电压，这样探针会在 z 方向进行高频运动，产生一个调制电流[图 1.17(b)]，调制电流是叠加在离子电流中的，可以分离出来。如图 1.18 所示，与直流电流的变化趋势相反，调制电流随探针与样品距离的减小而急剧增大，并且只与距离的变化有关。因此，其他任何影响离子电流的非距离因素都不会干扰调制电流，从而使得探针与样品距离控制的可靠性得到了很大的提高。

　　为了进一步提高成像精度，Korchev 等还发展了锁相分析技术以提高反馈控制的信噪比。锁相分析技术是一种在极大的噪声背景下还原信号的技术。Korchev 等利用锁相算法在总离子电流中还原调制电流，并将处理过的信号作为反馈控制系统的输入信号，得到扫描速率更快、噪声信号更小的高分辨率形貌图。

上述的直流和调制模式都是连续扫描的, Klenerman 和 Korchev 等[39]发展了一种非连续扫描模式, 即跳跃模式。在跳跃模式中, 当探针远离样品时测定参比电流, 然后探针逼近样品表面, 直到电流减小了参比电流的 0.25%~1%, 将此时探针在 z 方向的位置记录为这一位点的样品高度。随后, 探针抬起, 当样品水平地移动到下一个成像位点后探针重新向样品表面逼近, 如此重复, 以完成扫描。与连续模式相比, 跳跃模式可以扫描起伏更大的表面。在图 1.19(a) 中, 探针连

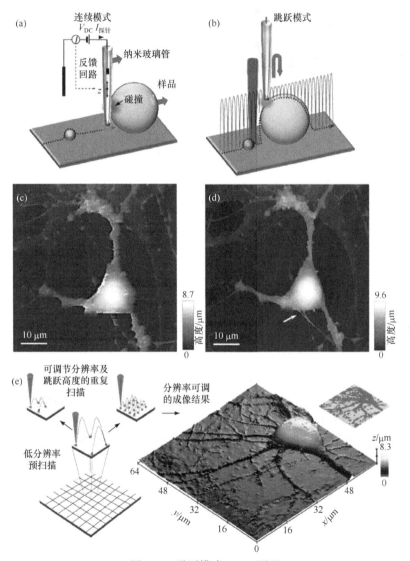

图 1.19　跳跃模式 SICM 原理

(a) 连续模式反馈控制; (b) 跳跃模式反馈控制; (c) 采用跳跃模式得到的海马神经元的图像; (d) 采用线性扫描
得到的同一海马神经元的图像; (e) 预先评估成像区域起伏程度, 采用不同的分辨率进行成像

续地扫描样品，其侧壁不可避免地与样品表面起伏较大的障碍碰撞；而图 1.19(b) 中，探针是上下跳动的，这种跳跃的模式可使探针轻松地越过垂直高度很大的障碍。图 1.19(c)和(d)比较了采用两种扫描方式得到的扫描同一海马神经元的图像，图 1.19(c)是先用跳跃模式得到的图像，图 1.19(d)是随后采用非跳跃模式得到的图像。显然，由跳跃模式得到的具有特征的轴突或树枝状图像被随后的非跳跃模式毁掉了。

除了避免探针侧壁与样品发生碰撞外，跳跃模式还可以通过实时改变成像像素的方式来提高扫描速率。首先将样品分成面积相等的若干正方格子，然后在扫描某一格子前测量其四个角的高度，以确定此区域的起伏程度。如果起伏很大，就采用高分辨率对此区域进行成像，反之则采用低分辨率成像。这样既提高了扫描速率，又能得到高分辨率的图像。采用该 SICM 跳跃模式，他们不仅探讨了培养的大鼠海马神经元的三维立体成像，也研究了小鼠耳蜗毛细胞的机械力感应神经行为，对于这些复杂的生物活体分析，空间分辨率可达 20 nm。

Matsue 课题组与 Korchev 课题组合作将 SECM 和 SICM 结合起来，关键是制备了纳米环电极(半径约 220 nm)(图 1.20)[40]。这样可以通过 SICM 的离子电流准确定位和成像，同时可采用 SECM 探测电化学活性物质的空间分布。该联用技术结合了 SICM 高的空间分辨率和 SECM 的电化学活性选择性，使其能够在亚微米尺度研究一些酶和单细胞的行为，拓展了两种技术的应用范围。

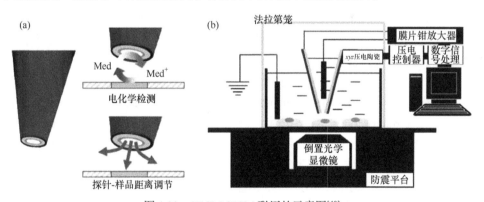

图 1.20　SECM-SICM 联用的示意图[40]

1.5　基于单分子结技术的生物电化学分析方法

1.5.1　单分子结技术的基本原理

20 世纪以来，电子器件在全球范围内迎来了高速的发展，发明了晶体管和集成电路并产生了一系列产品，如微型计算机、手机、电视机及数码相机等，极大地促进了人类社会的进步。1959 年美国物理学年会上，诺贝尔物理学奖得主 Richard Feynman 发表了著名的演讲 "There's plenty of room at the bottom"。这一演讲首次明确提出了从单个原子出发的"自下而上"制造物体和器件的概念，逐渐成为纳米技术发展的灵感来源以及分子电子学的中心思想和研究目标。依据摩尔定律，人们见证了电子器件的体积迅速缩小至纳米数量级，单分子电子学由此孕育而生[41]。这一领域直接以单个分子作为研究对象，在分子尺度上研究其电学、热学、力学、结构性质及这些性质之间的相互关联，涉及电化学、物理学及生物学等多个学科的交叉共融[42](图 1.21)。

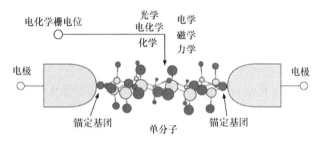

图 1.21　连接于两个电极之间的单分子是分子电子学的基本构成部分；可以运用不同的手段(如光学、力学、电化学等)控制单分子结上的电子传输过程[43]

　　传统微电子学致力于将材料尺寸不断缩小，而分子电子学则期望从单个分子的尺度下"自下而上"地组装器件，利用单个分子或者数个分子模拟传统电子元件的功能。同时，可以通过操控单个分子有效调控单分子电学性质，从而实现单分子电路、单分子生物传感与识别等方面的研究，具有重要的应用前景。20 世纪 80 年代，随着扫描隧道显微镜(scanning tunneling microscope，STM)技术、原子力显微镜(atomic force microscope，AFM)技术和微纳机电系统(micro/nano electromechanical system，MEMS 或 NEMS)等一系列可以在纳米尺度甚至原子尺度操控微观材料的技术逐步扩展至该领域，发展了很多构筑分子电子器件的新手段，诞生了许多新的研究方法和理论模拟手段，由此，分子电子学研究进展跨入了实质性阶段。

　　分子电子学研究中，构建金属-分子-金属(metal-molecule-metal，MMM)单分子结体系是将目标分子导线连接到电极上最为典型的方式(图 1.22)。MMM 分子结中两个金属电极之间连接的目标分子电阻通常远大于金属电极的电阻，因此分子结的电学特性主要取决于中心连接的单个化学或生物分子的电学特性，这就是单分子结技术的基本原理。将待测分子两端修饰巯基和吡啶等锚定基团，通过基团与两个金属电极之间的相互作用构筑上述 MMM 单分子结体系，从微观层面理解单个化学或生物分子的结构、所处环境与电学性质之间的关联。

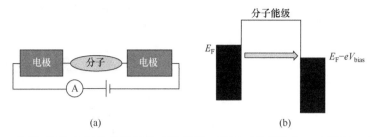

图 1.22 (a)金属-分子-金属单分子结体系示意图，通过对体系施加一个偏压，可实现对分子结体系电流的有效控制；(b)分子结的能量图；E_F 为金属电极的费米能级，V_{bias} 为体系施加的偏压

1.5.2 电子传输机理

宏观金属导体的电导可以用欧姆定律来表示：

$$G = \sigma \frac{A}{L} \tag{1.6}$$

式中，σ 为金属材料的电导率；A 为导体横截面积；L 为导体长度。由公式可知，导体的电导值与尺寸呈线性相关。相较于定义宏观导体电学特性的欧姆定律，在单分子尺度下，被研究分子个体的电学性质主要取决于在分子的电子传输过程中起主导作用的量子效应。上述过程中，电子在电极之间的传输是一个非连续的量子化过程，单位量子电导(G_0)可以表示为

$$G_0 = 2e^2 / h \tag{1.7}$$

式中，e 为单个电子的电荷量；h 为普朗克常数；G_0 的数值为 $77.5\,\mu S$。金属原子接触点的单个或少数原子在拉伸过程中，电导值呈量子化的急剧下降，出现一系列的台阶，并且台阶高度根据金属原子数目的不同为量子电导的整数倍(G_0、$2G_0$、$3G_0$ 等)；在金属接触点之间存在单分子结的情况下，拉伸过程中分子电导值的下降会引起 $0 \sim G_0$ 之间出现平台(图 1.23)，这是由于分子电导值远小于单个金属原子的电导值。

在纳米尺度下，影响电子传输速率的因素主要包含两个部分：一是两端连接的电极与分子之间的耦合强度；二是电子在分子本身传输的特性。如果电子在分子本身传输的速率比较慢，有较长的时间停留在分子上，电子受到分子中电子或原子核的散射概率增大，从而容易发生电子相位的变化。根据电子相位是否发生改变，单分子结的电子传输机理一般可分为两类，相干运输机理(coherent transport mechanism)和非相干运输机理(incoherent transport mechanism)。

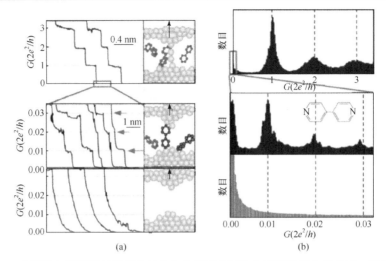

图 1.23　(a)上图为扫描隧道显微镜金针尖与金基底之间的金原子接触电导曲线，随着针尖与基底间距的增大，电导值以 G_0 的整数倍下降；中图为针尖与基底之间连接 4,4′-二吡啶分子时的电导曲线，分子电导台阶均小于 G_0；下图为针尖与基底之间无任何接触的情况下，电导曲线呈指数性衰减；(b)(a)图三种情况下分别对应的电导分布图[44]

对于电子相位未发生变化的体系而言，分子结的电子传输过程存在相干运输机理，这一现象多发生于长度较短的分子中。体系的电导(G)可表示为

$$G = Ae^{-\beta L} \tag{1.8}$$

式中，A 为分子和电极之间的耦合程度；β 为指前因子，也称为隧穿衰减系数(tunneling decay constant)，其物理意义为电子在分子本身的传输效率；L 为分子长度。以分子结两端接触点为两个金原子为例，A 为接触电阻，数值为 $2G_0$。该机理包含直接隧穿电子传输机制(direct tunneling electron transport mechanism)及超交换电子传输机制(superexchange electron transport mechanism)，特征为电导值随分子长度的增大呈指数衰减(图 1.24)。

图 1.24　直接隧穿电子传输机制的能量示意图

电子直接从一端电极隧穿至另一端电极处，并未在分子能态上停留。在这个过程中，电子未与分子发生相互作用，即电子的相位未发生变化

对于电子相位发生变化的体系而言，分子结的电子传输过程存在非相干运输机理，多发生在长度较长的分子中。由于分子长度超过了一定的阈值，隧穿运输的贡献

逐渐减小，电子有较大概率与分子的部分电子或分子振动发生相互作用，从而改变其相位，这一过程被称为跳跃电子传输机制(hopping electron transport mechanism)或分步电子传输机制(sequential electron transport mechanism)(图 1.25)，遵循阿伦尼乌斯(Arrhenius)方程：

$$G = Ae^{\Delta E_A / k_B T} \tag{1.9}$$

式中，ΔE_A 为体系变化的活化能；k_B 为玻尔兹曼常量；T 为分子结体系的环境温度；A 为 $2G_0$，代表分子两端连接的金属电导。

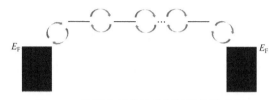

图 1.25　跳跃电子传输机制的能量示意图

电子从一端金属电极传输至一系列分子的不同能级轨道位点停留并发生跳跃传输至另一端金属电极。由于跳跃机制涉及电子在一系列相对稳定的位点之间的传输，电子隧穿将不再随分子结长度呈指数变化，而是与温度变化密切相关

对于不同的分子结体系而言，电子的传输机理是分子电子学研究中最为基础的内容。陶农建等研究了一系列不同长度的大共轭有机分子结电导与分子链长之间的关系，发现隧穿到跳跃机理的转换一般发生在 5.2～7.3 nm 之间[45]。不同的分子体系具有不同的转换长度。以 DNA 分子为例，随着分子中碱基对数目的逐渐增加，电子传输过程会发生从相干机理(超交换)到非相干机理(跳跃)的转换，一般以 6～7 个碱基对长度作为分界点[46]。当分子结长度小于上述分界点时，DNA 分子结体系的电导与长度呈指数衰减的关系，超交换机制起主导作用；当分子结长度大于分界点时，体系的电导与分子结长度不存在依赖关系，环境温度的升高，有利于电子克服能量势垒，使得分子结电导值变大，跳跃机制起主导作用。

1.5.3　单分子结的有效构筑方法

为有效检测单个分子的电学性质，单分子结电化学技术可以按照分子结构筑方法的不同主要分为以下四类。

(1) 扫描隧道显微镜裂结(scanning tunneling microscope break junction，STM-BJ)技术：运用 STM 原子尺度的金属针尖与导电基底作为两个电极(图 1.26)，通过 STM 反馈回路控制针尖反复接触以及远离基底，实现单分子的连接、拉伸及断裂过程，获得单分子结体系的电学信号。当针尖与样品之间的距离小于数纳米时，在二者之间施加电压会产生电子隧穿现象，同时产生隧道电流。图 1.26 以修饰在金电极表面的辛二硫醇为例，展示了金属针尖-分子-电极结构的形成。

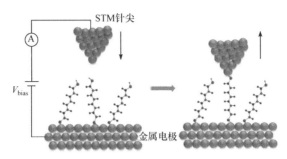

图 1.26　STM-BJ 分子结形成的示意图

(2) 导电针尖原子力显微镜裂结(conductive probe atomic force microscope break junction，cpAFM-BJ)技术：将蒸镀或电化学沉积金属纳米层的 AFM 针尖和导电基底作为两个电极(图 1.27)，通过 AFM 的力学反馈机制控制分子实现两个电极间的连接，从而检测单分子结体系的电学信号。

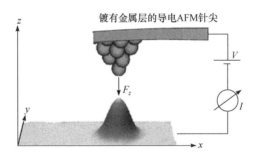

图 1.27　cpAFM-BJ 分子结形成的示意图[47]

(3) 电化学辅助-机械可控裂结(electrochemically assisted mechanically controllable break junction，EC-MCBJ)技术：将一根中间存在切口的金属丝固定在弹性基底上，运用压电陶瓷产生的机械力驱动进行反复拉伸形变(图 1.28)，使得金属丝在基底凹槽处发生反复断裂形成纳米尺度的间隙，并同时被分子占据，从而形成有效的分子结。图 1.28 中，以对苯二硫醇作为桥连分子，在柔性基底的表面通过机械力作用产生反复形变，实现分子结的形成和断裂。

(4) 碳材料电极构筑分子结技术：运用电子束等工艺切断碳材料代替金属电极，与两端具有共轭结构的分子通过 π-π 堆叠也可以构筑横向单分子结体系，如单壁碳纳米管(single-walled carbon nanotubes，SWCNTs)、石墨烯纳米带以及高定向热解石墨(highly oriented pyrolytic graphite，HOPG)。碳材料本身具有的独特物理化学性质，包括优越的生物相容性、较好的机械强度和韧度、较高的导电特性等，为单分子结技术领域实现全碳分子电子学研究打下重要基础。如图 1.29 所示，

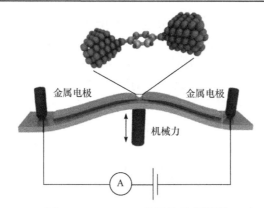

图 1.28　EC-MCBJ 分子结示意图[48]

通过机械力控制柔性基底上的金属电极之间纳米间隙的打开和闭合来填充或断裂单分子，满足分子结的形成和断裂

图 1.29　石墨烯纳米带电极构筑的单分子结[49]

以两端石墨烯纳米带连接分子形成分子结，同时在石墨烯纳米带两端表面覆盖金属电极用以外接电化学装置。其中，金属电极部分不参与分子结的构成。

1.5.4　单分子结技术在生物电化学分析中的应用

生物分子的电子转移是许多基础细胞过程(如呼吸作用和光合作用)的关键步骤。理解该过程的机理有利于揭示分子机器的特殊结构变化引起的电荷转移机制。单分子结技术除了研究有机小分子以外，在生物电化学分析领域还可以应用于 DNA、氨基酸和氧化还原金属蛋白质等生物分子电学特性的研究，拓展了其在可编码的单分子生物电子器件方向的应用。

Porath 课题组运用 cpAFM-BJ 技术研究了单个 G 四链体 DNA 分子结的电导率和分子结长度之间的关系，并基于此提出了长程电荷跳跃机制，区别于有机分子常见的隧穿机制[50]。在此机制下，单个 DNA 分子电阻随着分子长度的增加而呈现线性增加。陶农建等研究了(GC)$_n$ 和(AT)$_n$ 的不同双链 DNA 序列以及分子长度对电导的影响，证明了 DNA 分子相较于烷烃和肽而言，呈现出更好的导电特性[51]。同时，发现 DNA 分子由于其柔软度，单分子结的电导曲线不再是传统的台阶形状，而是呈现出斜坡的特殊状态。该课题组近期研究表明，双链 DNA 分子的碱基组成和序列使其单分子电导率体现出一种隧穿模式和跳跃模式共同作用的中间状态[52]。通过两个电极之间架构不同序列及长度的 DNA 单分子结(图 1.30)，实现单个双链 DNA 分子电子转移特性的测量，进而实现可控的单分子反应。在 (C_nG_n) 交替结构中，随着碱基对数目(n)的增大，DNA 双链分子的电阻值呈线性增加，这一现象与跳跃电荷机制相符。在该结构中，每一个 G 碱基为一个跳跃位点。对于 $(CG)_n$ 堆叠结构来说，随着 n 的增大电阻呈周期振荡的结果，这是由隧穿模式和跳跃模式共同作用的中间状态引起的现象。郭雪峰等运用单壁碳纳米管作为两端电极，首次揭示了金属螯合的 DNA 双链分子结在乙二胺四乙酸(EDTA)螯合剂的调节作用下实现单分子器件的开关作用[53]。

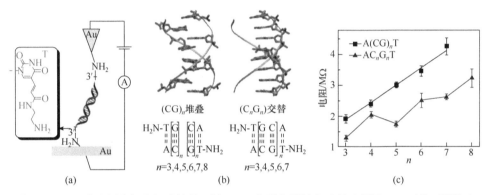

图 1.30　(a)两个金属电极之间连接的双链 DNA 分子电子转移过程示意图；(b)两种不同状态的双链 DNA 分子结构示意图，左图为 $(CG)_n$ 堆叠，右图为 (C_nG_n) 交替结构；(c)两种结构的 DNA 双链分子 n 与电阻的关系对比图[52]

Kawai 课题组基于单分子隧穿电流差异对 12 种不同的氨基酸和翻译后修饰的磷酸酪氨酸进行了单分子隧穿电流差异的精准识别和区分[54]。陶农建等运用 STM-BJ 技术，以四种不同的氨基酸作为主体构建单分子结来研究其本身与金电极的共价键结合特性，以及与客体 Cu^{2+}、Ni^{2+} 金属离子的配位作用对于其电导特性的影响[55]。如图 1.31 所示，当铜离子与具有两个巯基作为锚定基团的单个氨基酸分子[cysteamine(半胱胺)-Gly-Gly-Cys，Cys=cysteine(半胱氨酸)，Gly=glycine(甘氨酸)]发生配位时，单分子的隧穿电流发生突跃，电导值从配位前的 $5×10^{-7}\ G_0$ 迅速增大至 $1.6×10^{-4}\ G_0$。这一特异性的结合构型和成键强度与分子的长度和序列存在一定的关系，并且可以通过结合前后单分子结电导的变化获得其结合位点数目及成键强度的相关信息。该课题组在此基础上，进一步研究了溶液的 pH 对带有氨基或羧基的单个氨基酸分子结隧穿势垒的调节作用，首次成功实现了基于电导变化的单分子滴定测定法[56]。

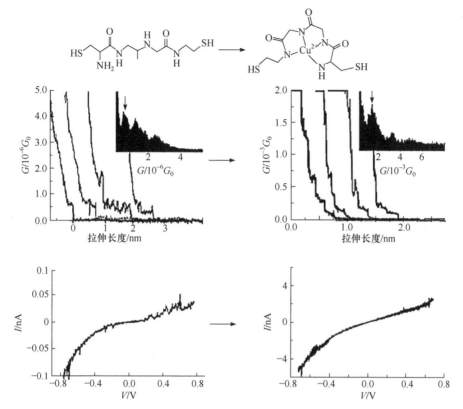

图 1.31　单个 cysteamine-Gly-Gly-Cys 氨基酸分子在结合铜离子前后的电导曲线、电导分布及
隧穿电流-电位(*I-V*)曲线图的对比[55]
铜离子与氨基酸分子的结合极大地改变了单分子电导

　　Coote 课题组近期通过在扫描隧道显微镜针尖上可控地施加电场实现了研究
单分子酶构成的分子结上经典碳碳键形成反应(Diels-Alder 反应)[57]。结果表明，
该反应速率不仅与外加电场强度密切相关，而且取决于电场方向。Díez-Pérez 等
研究了绿脓杆菌中铜结合的天青蛋白单分子结在野生型结构和突变结构的差异性
引起的电子隧穿特性的不同[58]。

1.6　基于表面等离激元共振技术的生物电化学成像分析方法

1.6.1　表面等离激元共振技术的基本原理

　　表面等离激元共振成像(surface plasmon resonance imaging，SPRi)是一种基于
金属与介质表面自由电子共振的成像技术，能够突破传统的光学衍射极限，获得亚

波长尺度的光操控。1902 年，Wood 首次观察到了衍射光栅光谱中光分布明暗相间的反常现象，这一小区域损失现象的发现是对表面等离激元共振的最早描述。随后，Ritchie 首次发现高能电子穿过金属薄膜时能量降低，产生等离子体会与金属表面的自由电子产生表面等离子体共振，提出了"金属等离子体"的概念。Kretschmann 构建了全内反射等离子体消逝波模型(图 1.32)，运用棱镜将光耦合至金属薄膜中。在某个特定角度下，入射光在金属薄膜和棱镜的界面处发生全反射现象，形成的消逝波与表面等离激元波矢量相匹配从而产生表面等离激元共振，成为现在使用最多、最简单可靠的光学耦合模型。经过 100 多年的快速发展，科学家们拓展了其在生物医学、化学及生物传感、药物分析、光电子及电化学等领域的应用[59]。

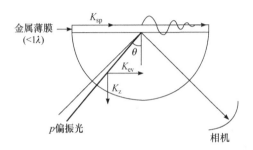

图 1.32　　激发 SPR 共振的 Kretschmann 配置[60]

p 偏振光以一定角度 (θ) 入射使其波矢量的消逝波分量 (K_{ev}) 等于表面等离激元共振波矢量 (K_{sp}) 时，表面等离激元共振在金属薄膜/空气界面被激发

　　表面等离激元共振是指金属薄膜表面的自由电子与入射光发生相互作用时，入射光波频率与金属薄膜表面自由电子的振荡频率相匹配所产生的共振现象。在该技术中，靠近金属薄膜表面的自由电子被特定角度(共振角，θ_R)入射的光激发发生集体振荡，可表示为 $\sin\theta_R = \sqrt{\dfrac{\varepsilon_s\varepsilon_m}{(\varepsilon_s+\varepsilon_m)\varepsilon_g}}$，其中 ε_s、ε_g 和 ε_m 分别为待测样品、玻璃片及金属薄膜的介电常数。由于物质的介电常数与折射率的平方成正比，因此待测区域的折射率变化会影响等离激元波的共振角。通过仿真模拟棱镜-47 nm 金薄膜-样品三层结构得到的角度 SPR 曲线(图 1.33)，可以看出当样品的折射率从 1.33 变为 1.35 时，共振角发生很大的偏移。当前商业 SPR 仪器的灵敏度可以达到 10^{-6} 折射率单位(refractive index unit)，即小数点后第 6 位。

　　当入射光的频率与自由电子集体振荡的频率相同时，金属薄膜与介质的表面会产生等离激元共振波(E_{sp})，使得入射光能量被部分吸收，剩余部分在金属薄膜表面发生反射(E_r)。值得注意的是，金属薄膜的厚度必须小于入射光波长，使得入射光产生的消逝波可以到达金属和样品界面(等离激元边界)。此时成像获得的 SPR 信号(I_{SPR})为上述反射和散射等离激元场的叠加，可表示为

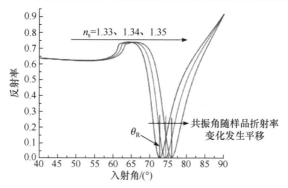

图 1.33　不同折射率(n_s)样品的 SPR 角度曲线图

$$I_{SPR} \sim \left| E_r + \beta E_{sp} \right| \tag{1.10}$$

式中，β 为描述散射等离激元波在反射光方向上所占比例的常数。当散射强度较弱(β 较小)时，上述公式可表示为 $I_{SPR} \sim \left| E_r \right|^2 + \beta \left(E_r E_{sp}^* + E_r^* E_{sp} \right)$。在不同入射角度下，上述公式的第一项产生具有均匀强度的 SPR 背景图像，而第二项则描述了金属薄膜表面纳米颗粒呈抛物线形状的原因(图 1.34)。

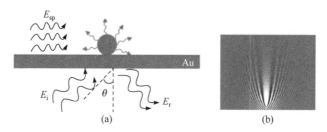

图 1.34　(a)表面等离激元共振散射模型示意图；(b)单个金纳米颗粒表面等离激元共振图像

1.6.2　表面等离激元共振电化学成像技术

2010 年，陶农建等首次将 SPR 与光学显微镜结合对金属薄膜表面的电化学电流进行了成像分析，并应用于指纹识别(图 1.35)。通过电子转移过程引起氧化还原物质的转化，从而监测金属薄膜表面折射率改变并获得电极表面局域电化学电流[61]。该技术的装置可分为传统电化学测量部分和 SPR 光学显微镜部分：传统电化学部分运用三电极体系，镀有金薄膜的玻璃片作为工作电极，铂丝为对电极，银/氯化银作为参比电极，通过外接电化学工作站对体系施加电化学电压；SPR 光学成像部分使用倒置显微镜，运用固定波长的 p 偏振入射光作为激发光源激发金膜的表面等离激元共振波，使用相机记录反射光的信号变化。这一研究开启了运用表面等离激元共振电化学成像技术分析电极表面局部电化学电流(非法拉第和法拉第过程)异质信息的先河,将电化学成像空间分辨率提高到了光学衍射极限,同时将时间分辨率提高至微秒级别,具有更强的定性和定量能力。在此基础上,该课题组建立并完善了一系列光学-电化学信号转换理论以适用于不同的电分析化学测量方法[62]。

表面等离激元共振电化学成像技术主要分为两类:①基于等离激元的电化学阻抗显微镜(plasmonic-based electrochemical impedance microcope,PEIM),主要关注非法拉第过程;②基于等离激元的电化学电流显微镜(plasmonic-based electrochemical current microscope,PECM),主要关注法拉第过程。上述两种方法将电信号转化为光学输出信号,对电极表面吸附的生物分子、细菌及细胞的生物过程中局域电荷密度的变化进行实时的成像分析。通过施加外加电场,电极表面的电荷密度随着电位调制或氧化还原反应的发生引起折射率的改变,进而引起 SPR 光学信号的

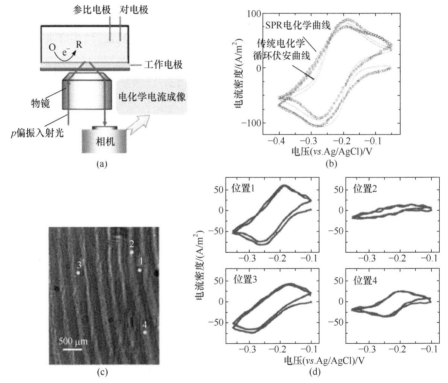

图 1.35　(a)表面等离激元电化学成像装置示意图;(b)含有 10 mmol/L　Ru(NH$_3$)$_6^{3+}$ 的 0.25 mol/L 磷酸盐缓冲溶液中,裸金电极的传统电化学循环伏安曲线与 SPR 电化学成像技术得到的电化学曲线对比;(c)在上述含有 Ru(NH$_3$)$_6^{3+}$ 电解液中,金电极表面指纹区域的 SPR 电化学图像,暗条纹为裸金电极区域,电流密度较大;明条纹为指纹油脂覆盖区域,电化学信号被阻隔,电流密度较小;(d)对应图(c)不同指纹区域的电化学信号,电压扫描速率为 0.1 V/s[61]

变化。因此，表面等离激元共振电化学成像技术可运用于检测金属薄膜表面吸附的生物小分子、细菌及细胞等研究个体的电化学过程。相较于传统电化学测量方法而言，该生物电化学成像技术的主要特点为：①可研究生物小分子、细菌及细胞等研究个体与电极表面的结合特性；②可进行异质界面的成像研究，获得生物研究个体的局域电化学信息。

1. 基于等离激元的电化学阻抗显微成像技术

表面电荷密度取决于体系外加电位和体系电容，可以通过对电位调制过程引起的局域 SPR 信号进行成像分析，进一步获得电极表面阻抗的异质信息，这一技术被称为基于等离激元的电化学阻抗显微成像技术[63]。为了对表面阻抗进行成像，一般会对体系施加一个较小的正弦交流电位(AC)调制信号(ΔV)。表面电荷密度会随着电位调制信号的改变发生规律性振荡，同时引起 SPR 光学信号的调制。局域阻抗(Z)与 SPR 调制信号($\Delta \theta$)的关系可以表示为

$$Z^{-1}(\omega) = \frac{j\omega\alpha\Delta\theta}{\Delta V} \tag{1.11}$$

式中，$j = (-1)^{1/2}$；ω 为电位调制的角频率；α 为常数，可以通过理论计算或实验校准的方法获得。PEIM 获得的电极表面阻抗信号与传统的电化学阻抗谱信号一致，并且可以提供电极表面局域的电阻抗信息。

2. 基于等离激元的电化学电流显微成像技术

电极表面发生双电层充放电反应时，电压会改变金属薄膜的局域电荷密度，引起表面等离激元共振频率及共振角度的变化，从而产生 SPR 信号[61]。相应的 SPR 信号强度(I_{SPR})与界面电容(c)的关系可以表示为

$$\Delta I_{SPR} = \frac{1}{\alpha}c\Delta E \tag{1.12}$$

式中，c 为单位面积的界面电容；ΔE 为电位变化，对于裸金电极而言，α 可近似于 47 C/($m^2 \cdot$ deg)。上式对时间进行求导可以得到 SPR 信号强度与双电层电流(i_d)成正比：

$$\frac{dI_{SPR}}{dt} = \frac{1}{\alpha}i_d \tag{1.13}$$

当电极表面发生氧化还原反应($O + ne^- \rightleftharpoons R$)且反应物和产物都不与电极表面结合时，氧化物和还原物浓度的改变会引起界面折射率变化，从而产生 SPR 信号：

$$\frac{\mathrm{d}I_{\mathrm{SPR}}}{\mathrm{d}t} = B\left(\alpha_{\mathrm{O}}D_{\mathrm{O}}^{-\frac{1}{2}} + \alpha_{\mathrm{R}}D_{\mathrm{R}}^{-\frac{1}{2}}\right)\left(nF\pi^{1/2}\right)^{-1} \times \int_{0}^{t} i(t')(t-t')^{-\frac{1}{2}}\mathrm{d}t' \tag{1.14}$$

式中，α_{O} 和 α_{R} 分别为电极表面氧化物及还原物单位浓度的折射率；D_{O} 和 D_{R} 分别为氧化物和还原物的扩散系数；n 为反应过程中电子转移的数目；F 为法拉第常量；B 为描述 SPR 角度对溶液折射率改变灵敏度的参数，可以通过对特定的 SPR 成像装置和体系反应物质进行校准获得。上述公式构建了电化学表面等离激元共振光学信号与传统方法测量的电化学电流之间的定量关系，为研究电极表面发生的异质电化学过程提供了理论基础。

3. 表面等离激元共振电化学成像的实验装置

表面等离激元共振电化学成像的实验装置主要包含两个部分，分别为表面等离激元光学成像部分和电化学测量部分(图 1.36)，可实现伏安法、阻抗法和计时法等多种经典电分析化学测量方法与表面电化学成像的联用。光学成像系统一般由倒置光学显微镜、波长为 670～680 nm 的超辐射发光二极管(superluminescent diodes，SLED)单色光源、p 偏振片、光学处理元件和高速相机构成。其中，固定波长的单色平行光源经过 p 偏振片产生入射光，通过三维位移台调节入射光的角度来激发表面等离激元共振波；光学处理元件(分束器等)用于明场和表面等离激元共振图像的采集和分离。使用高速相机对反射光信号进行采集，从而获取金片表面物质的反应情况。电化学测量部分主要包括波形发生器、恒电位仪、三电极系统和数据采集卡。波形发生器与恒电位仪的联用可以产生特定的电化学信号并

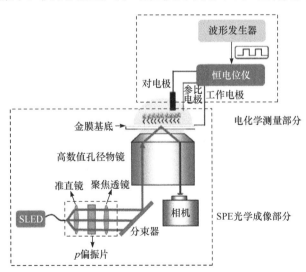

图 1.36　表面等离激元共振电化学成像的实验装置示意图

输出至样品，以形成特定的光学信号和电极电流信号。三电极系统以镀有 47 nm 厚度的金膜玻璃片作为工作电极，在其上表面黏附聚二甲基硅氧烷材质的电解池，铂丝作为对电极，银/氯化银作为参比电极。表面等离激元光学图像由光学系统采集后，数据采集卡采集的电极电压及电流信号与相机信号同步处理可以获得电化学图像信息。

1.6.3　表面等离激元共振成像技术在生物电化学分析中的应用

SPR 电化学成像技术由于其高时空分辨率、高灵敏度、高通量、实时检测及非侵入性等优势，已经成功运用于生物小分子、病毒、单细胞等在疾病标志物和靶标中的相互作用、电学响应以及电荷转移特性的研究。

陶农建等运用表面等离激元共振电化学成像技术对电极表面修饰的细胞色素 c 氧化还原过程中的电化学栅电流以及电致形变进行了检测[64](图 1.37)。由于较小的反馈电阻、纳米微电极和超快光电二极管的引入以及光电系统的优化，将检测回路响应时间控制在 3 ns 左右，同时得到了快至 1 ns 的升降时间。进一步运用示波器对回路中存在的欧姆降(ohmic drop)进行一定程度上的补偿，以实现更高灵敏度、高稳定性和精确度的动态检测。

陶农建等运用 PEIM 对单个哺乳动物细胞凋亡和电穿孔动态过程中的细胞内结构变化及离子分布进行了纳米级空间分辨和毫秒级时间分辨成像分析[65]。该研究成功获得了亚细胞结构的局域介电常数和电导特性的相关信息，电学检测灵敏度可达 2 ps。运用 PEIM 监测了单个宫颈癌细胞 SiHa 在电位刺激下的电穿孔行为及逐渐恢复的过程，有助于将 DNA 以及药物传输到细胞内部。在上述过程中，单细胞的光学图像没有发生明显变化，而对应的 PEIM 图像则表现出穿孔部位局

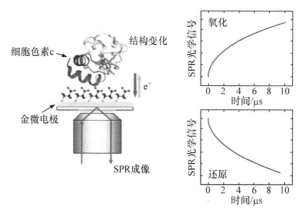

图 1.37　基于表面等离激元共振的超快电化学技术研究细胞色素 c 分子的电化学过程及结构变化[64]

域电导的增大以及细胞膜渗透性的显著提高。在此基础上，该课题组结合膜片钳技术实现了哺乳动物海马的单个神经元细胞动作电位(action potential)信号的分布成像及传导过程的瞬态变化，以及表面膜蛋白 Na^+ 离子通道的流入和流出过程的成像分析[66]。如图 1.38 所示，表面等离激元共振成像记录的光学信号可与膜片钳记录的单个神经元膜电位信号进行同步分析。从图中可以分析得到在不同膜电位下，神经元的等离激元光学信号分布及传递的动力学过程。运用河豚毒素(tetrodotoxin)对钠离子通道的抑制作用，研究了抑制前后单个神经元细胞动作电位分布的差异性。

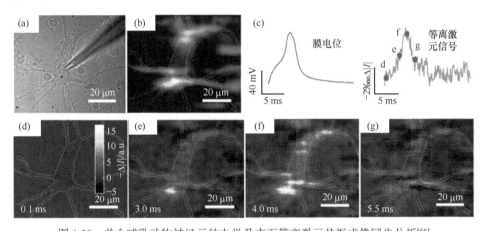

图 1.38　单个哺乳动物神经元的电学及表面等离激元共振成像同步分析[66]

(a) 单个海马神经元的明场光学成像；(b) 单个海马神经元对应的表面等离激元共振图像；(c) 膜片钳记录的单个神经元膜电位及对应的等离激元光学信号；(d)~(g) 图(c)中对应位置的电学等离激元共振图像

参 考 文 献

[1] Koryta J. Ions, Electrodes and Membranes. 2 ed. New York: John Wiley & Sons, Ltd., 1991.

[2] 高小霞. 极谱催化波. 北京: 科学出版社, 1991.

[3] Bard A J, Faulkner L R. Electrochemical Methods Fundamentals and Applications. 2 ed. New York: John Wiley & Sons, Ltd., 2001.

[4] Wightman R M. Science, 2006, 311: 1570-1574.

[5] Wightman R M, Jankowski J A, Kennedy R T, et al. Proceedings of the National Academy of Sciences of the United States of America, 1991, 88: 10754-10758.

[6] Chow R H, von Ruden L, Neher E. Nature, 1992, 356: 60-63.

[7] He X, Ewing A G. Journal of the American Chemical Society, 2020, 142: 12591-12594.

[8] Wu W, Huang W, Wang W, et al. Journal of the American Chemical Society, 2005, 127: 8914-8915.

[9] Ayars E J, Hallen H D, Jahncke C L. Physical Review Letters, 2000, 85: 4180-4183.

[10] Siebert F, Hildebrandt P. Vibrational Spectroscopy in Life Science. Weinheim: Verlag GmbH &

Co. KGaA, 2008.

[11] Masatoshi O, Ataka K, Yoshii K, et al. Applied Spectroscopy, 1993, 47: 1497-1502.

[12] Bewick A, Keiji K. Surface Science, 1980, 101: 131-138.

[13] Jin B, Wang G X, Millo D, et al. Journal of Physical Chemistry C, 2012, 116: 13038-13044.

[14] Jiang X E, Zaitseva E, Schmidt M, et al. Proceedings of the National Academy of Sciences of the United States of America, 2008, 105: 12113-12117.

[15] Li S S, Wu L, Zhang X F, et al. Angewandte Chemie International Edition, 2020, 59: 6627-6630.

[16] Busalmen J P, Berná A, Feliu J M. Langmuir, 2007, 23: 6459-6466.

[17] Steininger C, Reiner-Rozman C, Schwaighofer A, et al. Bioelectrochemistry, 2016, 112: 1-8.

[18] Li J, Jahng J, Pang J, et al. Journal of Physical Chemistry Letters, 2020, 11: 1697-1701.

[19] Marx E. Translation: The Rayleigh and Raman Scattering. Leipzig: Acadeische-Verlag, 1934: 205.

[20] Ding S Y, Zhang X M, Ren B, et al. Encyclopedia of Analytical Chemistry. New York: John Wiley & Sons, Ltd., 2014.

[21] Li J F, Tian X D, Li S B, et al. Nature, 2010, 464: 392-395.

[22] Zhang R, Zhang Y, Dong Z C, et al. Nature, 2013, 498: 82-86.

[23] Yuan T, Le T N L, van Nieuwkasteele J, et al. Analytical Chemistry, 2015, 87: 2588-2592.

[24] Alves A, Ly H K, Hildebrandt P, et al. Journal of Physical Chemistry B, 2015, 119: 7968-7974.

[25] López-Lorente A, Kranz C. Current Opinion in Electrochemistry, 2017, 5: 106-113.

[26] Zeng Z C, Huang S C, Wu D Y, et al. Journal of the American Chemical Society, 2015, 137: 11928-11931.

[27] Bao Y F, Cao M F, Wu S S, et al. Analytical Chemistry, 2020, 92: 12548-12555.

[28] Martín S N, Ohto T, Andrienko D, et al. Angewandte Chemie International Edition, 2017, 129: 9928-9933.

[29] Li J F, Zhang Y J, Rudnev A V, et al. Journal of the American Chemical Society, 2015, 137: 2400-2408.

[30] Wen B Y, Jin X, Li Y, et al. Analyst, 2016, 141: 3731-3736.

[31] Bard A J, Fan F R F, Kwak J, et al. Analytical Chemistry, 1989, 61: 132-138.

[32] 邵元华. 分析化学, 1999, 27: 1348-1355.

[33] Shao Y, Mirkin M V. Journal of Physical Chemistry, 1998, 102: 9915-9921.

[34] Fan F R F, Bard A J. Proceedings of the National Academy of Sciences of the United States of America, 1999, 96: 14222-14227.

[35] Liu B, Rotenberg S A, Mirkin M V. Proceedings of the National Academy of Sciences of the United States of America, 2000, 97: 9855-9860.

[36] Fan F R F, Bard A J. Science, 1995, 267: 871-874.

[37] Hansma P K, Drake B, Marti O, et al. Science, 1989, 243: 641- 643.

[38] Korchev Y E, Bashford C L, Milovanovic M, et al. Biophysical Journal, 1997, 73: 653-658.

[39] Novak P, Li C, Shevchuk A I, et al. Nature Methods, 2009, 6: 279-281.

[40] Takahashi Y, Shevchuk A I, Novak P, et al. Journal of the American Chemical Society, 2010, 132: 10118-10126.

[41] Bumm L A, Arnold J J, Cygan M T, et al. Science, 1996, 271: 1705-1707.

[42] Li Y, Yang C, Guo X. Accounts of Chemical Research, 2020, 53: 159-169.

[43] Tao N J. Nature Nanotechnology, 2006, 1: 173-181.

[44] Xu B, Tao N J. Science, 2003, 301(5637): 1221-1223.

[45] Hines T, Diez-Perez I, Hihath J, et al. Journal of the American Chemical Society, 2010, 132: 11658-11664.

[46] Berlin Y A, Burin A L, Ratner M A. Chemical Physics, 2002, 275: 61-74.

[47] Aradhya S V, Venkataraman L. Nature Nanotechnology, 2013, 8(6): 399-410.

[48] Xiang D, Jeong H, Mayer D. Advanced Materials, 2013, 25: 4845-4867.

[49] Zhou C, Li X, Gong Z, et al. Nature Communications, 2018, 9: 807.

[50] Livshits G I, Stern A, Rotem D, et al. Nature Nanotechnology, 2014, 9: 1040-1046.

[51] Xu B, Zhang P, Li X, et al. Nano Letters, 2004, 4: 1105-1108.

[52] Xiang L, Palma J L, Bruot C, et al. Nature Chemistry, 2015, 7: 221-226.

[53] Liu S, Clever G H, Takezawa Y, et al. Angewandte Chemie International Edition, 2011, 50: 8886-8890.

[54] Ohshiro T, Tsutsui M, Yokota K, et al. Nature Nanotechnology, 2014, 9: 835-840.

[55] Xiao X Y, Xu B Q, Tao N J. Angewandte Chemie International Edition, 2004, 43: 6148-6152.

[56] Xiao X Y, Xu B Q, Tao N J. Journal of the American Chemical Society, 2004, 126: 5370-5371.

[57] Aragones A C, Haworth N L, Darwish N, et al. Nature, 2016, 531: 88-91.

[58] Ruiz M P, Aragones A C, Camarero N, et al. Journal of the American Chemical Society, 2017, 139: 15337-15346.

[59] Tokel O, Inci F, Demirci U. Chemical Reviews, 2014, 114: 5728-5752.

[60] Green R, Frazier R, Shakesheff K, et al. Biomaterials, 2000, 21: 1823-1835.

[61] Shan X, Patel U, Wang S, et al. Science, 2010, 327: 1363-1366.

[62] Wang S, Huang X, Shan X, et al. Analytical Chemistry, 2010, 82: 935-941.

[63] Lang Y, Tao N J, Wang W. Annual Review of Analytical Chemistry, 2017, 10: 183-200.

[64] Wang Y, Wang H, Chen Y H, et al. Journal of the American Chemical Society, 2017, 139: 7244-7249.

[65] Wang W, Foley K, Shan X N, et al. Nature Chemistry, 2011, 3: 249-255.

[66] Liu X W, Yang Y Z, Wang W, et al. Angewandte Chemie International Edition, 2017, 56: 8855-8859.

第 2 章　生物氧化与氧化磷酸化

2.1　引　　言

生物的一切活动(包括内部的脏器活动和各种合成作用及个体的生活活动)都需要能量。能量的来源则为糖、脂、蛋白质在体内的氧化。糖、脂、蛋白质在活细胞内的氧化分解，产生 CO_2 和水并逐步释放能量的作用称为生物氧化(biological oxidation)[1]。

生物氧化是需氧细胞呼吸作用中的一系列氧化还原作用。它在形式上虽有加氧、脱氢和失电子的不同形式，但从氧化的基本概念来看，生物氧化与体外的化学氧化实质相同，即一种物质失去电子是氧化，得到电子是还原。所不同的是，生物氧化是在活细胞内进行，而且必须有酶参加和在一定条件(温度和 pH 等都不偏高、偏低)下进行，放出的能量主要以 ATP 及磷酸肌酸形式储存起来，供需要时使用。

体内 ATP 的生成包括底物水平磷酸化和氧化磷酸化 2 种方式。前者由脱水作用引起分子内能量重新分布产生 ATP，如糖分解过程；后者则是代谢物被氧化释放的电子通过一系列电子递体从 NADH 或 $FADH_2$ 传到 O_2 并驱动 ADP 磷酸化产生 ATP 的过程，这种呼吸链的氧化反应与 ADP 的磷酸化反应的偶联过程(图 2.1)，称为氧化磷酸化(oxidative phosphorylation)，它是需氧生物取得 ATP 的主要来源[1,2]。

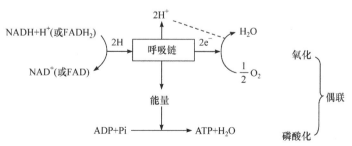

图 2.1　呼吸链的氧化反应与 ADP 的磷酸化反应的偶联——氧化磷酸化

生物氧化体系的知识一般是根据体外实验结果推断得来的。其方法主要是从组织分离出酶和传递体，在体外研究其作用，再组合成人造体系进一步研究，推断体内生物氧化体系的组成与作用。因此，生物电化学研究方法是生物氧化体系及其作用机制与应用研究的重要工具。

2.2 生 物 氧 化

生物氧化是生物新陈代谢的重要基本反应之一。没有生物氧化,体内的有机物就无法进行代谢,也就没有细胞组织及生命过程所需的能量。真核细胞中,需氧生物氧化多在线粒体内进行;在原核细胞中,需氧生物氧化在细胞膜上进行。

2.2.1 生物氧化的特点

物质在体内和体外的氧化还原过程遵循类同的规律,同一物质在体内或体外氧化时,耗氧终产物(CO_2、H_2O)和释能均相同(图 2.2)。但与体外物质直接氧化的过程相比,体内氧化有自己的特点:①生物氧化是在体内 pH 近中性、37℃的水

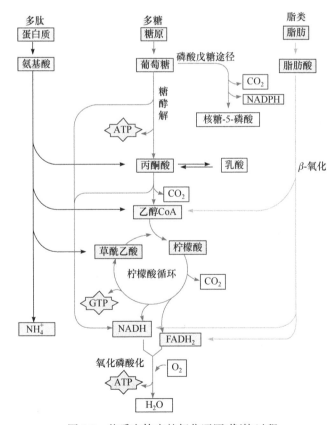

图 2.2　物质在体内的氧化还原(代谢)过程

溶液中，由酶催化而逐步进行的过程。②碳的氧化和氢的氧化不是同步进行的。体内 CO_2 来自有机酸脱羧反应，H_2O 则是由底物氧化过程中脱下来的氢和电子，通过各种传递体(传 H 体和传电子体)传递给氧而生成的。③生物氧化时能量逐步释放，有利于捕获大部分能量用于 ATP 生成，能量利用率高，也不会使体温骤然升高，损坏机体。④生物氧化是一个逐步氧化的过程。氧化反应伴随还原反应，每一步反应都由特定的酶催化，每一步反应的产物都可以分离出来。整体反应的速率受到体内各种因素的严格调控。

2.2.2　体内物质氧化的方式

生物氧化过程中的 CO_2 是通过有机酸脱羧方式形成的。在体内营养物代谢过程中，特别是三羧酸循环是脱羧生成 CO_2 的主要途径。根据所脱羧基在有机酸分子中的位置，可将脱羧反应分为 α-脱羧与 β 脱羧两类，也可根据反应的同时是否伴有氧化反应，分为直接脱羧及氧化脱羧两类。糖、脂质和蛋白质经过一系列的氧化分解形成含羧基的中间产物，然后在脱羧酶的催化下，直接从含羧基的中间产物上脱去羧基(图 2.2)，称为直接脱羧，如丙酮酸和草酰乙酸等[图 2.3(a)]。含羧基的中间产物(主要是酮酸)在氧化脱羧酶系的催化下，在脱羧的同时，也发生氧化(脱氢)作用，称为氧化脱羧，如苹果酸的氧化脱羧生成丙酮酸[图 2.3(b)]。

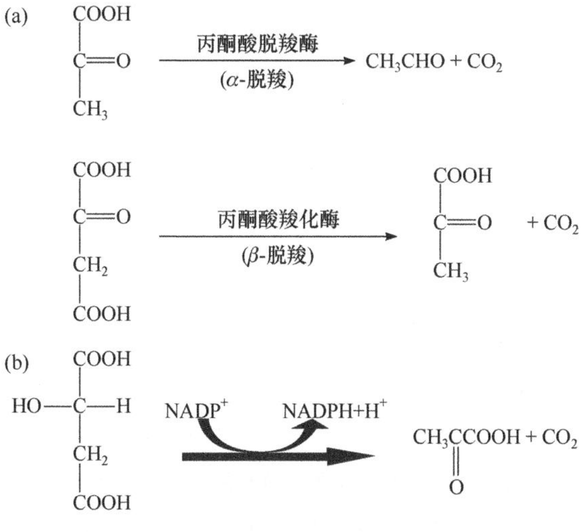

图 2.3　(a) 丙酮酸和草酰乙酸的直接脱羧；(b) 苹果酸的氧化脱羧

生物体内物质氧化方式是以加氧、脱氢及失去电子的化学反应为主的，其中脱氢是最为常见的氧化方式。例如，糖酵解、三羧酸循环、脂肪酸氧化、氨基酸氧化脱氢、酮酸氧化脱羧，以及嘌呤、嘧啶的降解等反应中都有脱氢反应。脱氢反应可看作同时失去 H^+ 和电子。参与生物体内氧化反应的酶类可分为氧化酶类、需氧脱氢酶、不需氧脱氢酶、加氧酶和过氧化物酶体系等。

1. 氧化酶类

氧化酶类的辅基常含有铁、铜等金属离子，催化代谢物脱氢，将氢直接交给氧分子生成 H_2O。细胞色素氧化酶、抗坏血酸氧化酶等属于此类酶。

2. 需氧脱氢酶

需氧脱氢酶的辅基是黄素单核苷酸(FMN)和黄素腺嘌呤二核苷酸(FDA)，因此称黄素酶，可催化代谢物脱氢，也可将氢直接交给氧分子。但是其产物是 H_2O_2，而不是 H_2O。L-氨基酸氧化酶、黄嘌呤氧化酶等属于此类酶。

3. 不需氧脱氢酶

不需氧脱氢酶是体内最重要的脱氢酶，催化代谢物脱氢，将氢交给其辅助因子 NAD^+、$NADP^+$、FMN 或 FAD 生成 $NADH + H^+$、$NADPH + H^+$、$FMNH_2$ 或 $FADH_2$，最终进入呼吸链氧化生成 H_2O。乳酸脱氢酶、琥珀酸脱氢酶等属于此类酶。

4. 加氧酶

加氧酶包括加单氧酶和加双氧酶。加单氧酶催化氧分子中的 1 个氧原子加到底物分子上(通常是羟化反应)，另一个氧原子来自 NADPH 分子中的氢还原生成 H_2O；加双氧酶催化氧分子中的 2 个氧原子分别加到底物分子中特定双键的 2 个碳原子上。

5. 过氧化物酶体系

过氧化物酶体系包括过氧化氢酶和过氧化物酶等。过氧化氢酶催化 2 分子 H_2O_2 生成 2 分子水和 1 分子氧，以及时清除 H_2O_2，减少其毒性。过氧化物酶催化 H_2O_2 分解生成 H_2O，并释放氧原子直接氧化酚类或胺类物质。

不同的酶催化生物体内氧化反应的产物不同，但最终均生成 H_2O。代谢物经氧化酶作用脱氢，并将电子传递给氧使之活化，活化的氧(O^-)结合溶液中的游离 H^+ 生成 H_2O；需氧脱氢酶可激活代谢物的氢，脱出的氢直接以分子氧为受体，结合后生成 H_2O_2。这些氧化过程不需要传递体，被称为一酶体系。但不需氧脱氢酶和加氧酶类的生物氧化体系就需要传递体，这些体系称为需传递体的生物氧化体系，也就是二酶及多酶体系，其典型体系就是呼吸链。

2.2.3　ATP 的生成方式

生物体要不断利用糖、脂肪及蛋白质等能源物质氧化分解释放能量以维持生命。营养物氧化释放出的能量一部分以热能形式散发，而很大部分能量以 ATP 分子的化学能形式储存，作为机体各种生命活动的能源。

ATP 是由腺嘌呤、核糖和 3 个磷酸组成的游离的单核苷酸。在生理条件下，ATP 分子内的 3 个相邻磷酸基团均可解离为带负电荷的基团，互相排斥，这种高张力分子状态可储存较大的化学能，称为高能磷酸键。体内能量的储存和利用均以 ATP 为中心。

体内 ATP 的生成是伴随着生物氧化而进行的磷酸化过程，主要包括两种方式：底物水平磷酸化(substrate level phosphorylation)和氧化磷酸化。体内 95%的 ATP 来自体内的氧化磷酸化。

1. 底物水平磷酸化

在物质代谢过程中，一些由于脱水作用形成的代谢中间物含有高能键(高能磷酸键或高能硫酯键)，可把高能键的能量经过重新分布直接转给 ADP，而生成 ATP，此过程称为底物水平磷酸化。例如，在糖分解过程中，2-磷酸甘油酸脱水所引起的内部能量重新分布产生烯醇式 2-磷酸丙酮酸，与 ADP 作用产生 ATP。图 2.4 为体内底物水平磷酸化反应的 3 个例子。糖酵解中 1,3-二磷酸甘油酸、琥珀酸单酰CoA、磷酸烯醇式丙酮酸的生成都是在被氧化的底物上发生了磷酸化，然后把能量转移到 ADP 上生成 ATP。

$$1,3\text{-二磷酸甘油酸} + ADP \underset{}{\overset{\text{3-磷酸甘油酸激酶}}{\rightleftharpoons}} \text{3-磷酸甘油酸} + ATP$$

$$\text{磷酸烯醇式丙酮酸} + ADP \underset{}{\overset{\text{丙酮酸激酶}}{\rightleftharpoons}} \text{丙酮酸} + ATP$$

$$\text{琥珀酸单酰CoA} + H_3PO_4 + GDP \underset{}{\overset{\text{琥珀酸单酰CoA合成酶}}{\rightleftharpoons}} \text{琥珀酸} + CoASH + GTP$$

图 2.4　三种底物水平磷酸化反应

2. 氧化磷酸化

代谢物脱下的氢经呼吸链传递给氧生成水，氧化释出的能量驱动 ADP 磷酸化生成 ATP。具体地说，就是代谢物被氧化释放的电子通过一系列电子递体从 NADH 或 FADH$_2$ 传递到 O$_2$ 并伴随产生 ATP。这种呼吸链的氧化反应是在线粒体内膜上进行的，是需氧生物取得 ATP 的主要来源。

2.3　电子传递链

一系列有氧化还原活性的酶与辅酶在线粒体内膜上按一定次序排列，使代谢物脱下的氢通过连续的递氢和递电子反应最终与 O_2 结合形成 H_2O_2，称为电子传递链。因其与细胞摄取氧的呼吸过程密切相关，又称呼吸链(respiratory chain)。

2.3.1　呼吸链中的递氢体和递电子体

呼吸链中传递氢的酶和辅酶称为递氢体，传递电子的酶和辅酶称为递电子体。递氢体和递电子体主要分为 5 类。

(1) 烟酰胺核苷酸：包括 NAD^+ 和 $NADP^+$，是体内许多脱氢酶的辅酶。在加氢反应时，NAD^+ 可接受 1 个氢原子和 1 个电子，分子中烟酰胺的五价氮可逆地接受电子而成为三价氮，将另一个 H^+ 游离出来，转变为还原型 $NADH + H^+$。NAD^+ 的主要功能是作为递氢体接受代谢物脱下的 2H，然后传给邻近的黄素蛋白。

(2) 黄素蛋白(flavoprotein，FP)：FP 种类很多，其辅基有 2 种，黄素单核苷酸(FMN)和黄素腺嘌呤二核苷酸(FAD)，两者均含维生素 B_2。在 FAD、FMN 分子中的异咯嗪部分可以进行可逆的脱氢、加氢反应。FMN 是氢的载体，可携带一个氢，也可携带两个氢。FP 可作为递氢体催化代谢物脱氢，脱下的氢被其辅基 FMN 或 FAD 接受，转变为还原型 $FMNH_2$ 或 $FADH_2$，此过程可逆。电子传递链中 NADH-UQ 还原酶含辅基 FMN，而琥珀酸脱氢酶等几种脱氢酶含辅基 FAD。

(3) 铁硫蛋白：铁硫蛋白(iron-sulfur protein，Fe-S)又称铁硫中心，其特点是含等量非血红素铁原子和硫原子，在电子传递链中 Fe-S 作为单电子传递体，分子中的铁原子可通过可逆的 $2Fe^{3+} \rightleftharpoons 3Fe^{2+}$ 变价进行电子传递，每次传递 1 个 e。铁硫聚簇有 3 类：1Fe-0S、2Fe-2S、4Fe-4S，主要以 2Fe-2S 或 4Fe-4S 形式存在(图 2.5)。在呼吸链中，Fe-S 多与 FP 或细胞色素 b 结合成复合物存在。

(4) 泛醌：泛醌(ubiquinone，UQ 或 Q)又称辅酶 Q(coenzyme Q，CoQ)，是一种脂溶性醌类化合物，有一很长的疏水性的聚异戊二烯侧链，能在线粒体内膜中迅速扩散，也为线粒体内膜膜脂成分，因此分为膜结合型、游离型两种。因其在自然界广泛存在，故称为泛醌。它是电子传递链上唯一的非蛋白电子载体。其分子中的苯醌结构很容易接受 $FMNH_2$ 或 $FADH_2$ 释出的 2 个氢原子，经过半醌中间体还原成二氢泛醌(CoQH$_2$)；CoQH$_2$ 也容易给出电子和质子，重新氧化成氧化型 Q(CoQ)(图 2.6)。人体内泛醌侧链由 10 个异戊二烯单位组成。UQ 可穿梭移动,在线粒体呼吸链中主要功能是氧化还原酶的辅酶。它可以接受 NADH-UQ 还原酶脱下的电子和氢原子,也能接受琥珀酸-UQ 还原酶脱下的电子和氢原子,在呼吸链中处于中心地位。

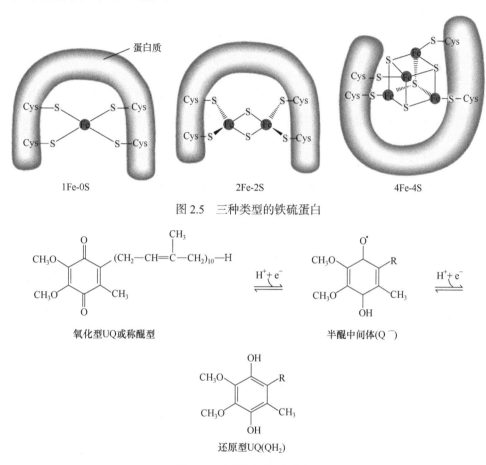

图 2.5　三种类型的铁硫蛋白

图 2.6　泛醌的氧化还原过程

(5) 细胞色素体系:细胞色素(cytochrome, Cyt)是位于线粒体内膜以血红素为辅基的红色或褐色的蛋白质,是呼吸链的电子传递体,通过辅基中可逆的 $2Fe^{3+} \rightleftharpoons 3Fe^{2+}$ 变价传递电子。细胞色素广泛存在于各种生物,种类很多,有 30 多种,据其吸收光谱的 α 吸收峰波长的不同而分为三大类,分别为 Cyt a、Cyt b、Cyt c,每类又有若干亚类。哺乳动物的线粒体中电子传递链至少含有 b、c、c_1、a 和 a_3 五种。a 和 a_3 以复合物的形式存在于呼吸链的末端。

2.3.2　线粒体内膜中的电子传递复合体

线粒体内膜存在 4 种有电子传递活性的复合体。实际上，呼吸链的存在形式是镶嵌于线粒体内膜上的 4 种电子传递蛋白复合体及 2 种游离的组分(图 2.7)，都含具有氧化还原活性的酶和辅酶(表 2.1)。这些复合物彼此之间好像没有物理上的联系，似乎是独立地分散于线粒体内膜中，但通过辅助因子的氧化和还原反应能够产生电子流，流动的方向是从一个还原剂到一个氧化剂。电子沿着电子传递链中各个成分的流动大致是按照还原电位增加的方向。传递链中各个成分的还原电位都落在强还原剂 NADH 和最终的氧化剂 O_2 之间，泛醌和细胞色素 c 像位于电子传递链复合物之间的纽带，电子传递过程可分为以下 4 个步骤。

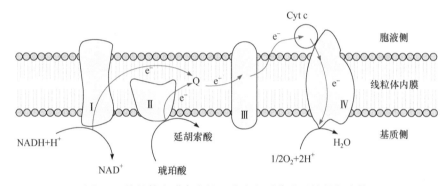

图 2.7　线粒体内膜存在的 4 种有电子传递活性的复合体

表 2.1　人线粒体呼吸链复合体

复合体	酶名称	分子量	亚基数	辅酶或辅基
Ⅰ	NADH-UQ 还原酶*	850000	26	FMN、Fe-S
Ⅱ	琥珀酸-UQ 还原酶**	127000	5	FAD、Fe-S
Ⅲ	UQ-Cyt c 还原酶***	280000	10	Cyt b、Cyt c_1、Fe-S
Ⅳ	Cyt c 氧化酶****	200000	13	Cyt a、Cyt a_3、Cu

*含有以 FMN 为辅基的黄素蛋白(FP)和铁硫蛋白(Fe-S)。作用是将 NADH 脱下的氢经 FMN、Fe-S 等传递给泛醌(UQ)。

**含有以 FAD 为辅基的 FP、Fe-S、Cyt b_{560}，作用是将电子从琥珀酸传递给 UQ。

***含 2 种 Cyt b、Cyt c_1 和 Fe-S，作用是将电子从 UQ 传递给 Cyt c。

****含有 Cyt a 和 Cyt a_3，虽然它们的结构和功能不相同，但因两者结合紧密，很难分离，因此又称 Cyt aa_3。Cyt aa_3 的功能是将电子从 Cyt c 传递给 O_2，又称细胞色素氧化酶。

(1) NADH-泛醌还原酶(复合体Ⅰ)将电子从 NADH 经 FMN 及铁硫蛋白传给

泛醌,是放能过程,同时又从线粒体基质中转移 4 个质子到线粒体内、外膜的间隙,是需能过程。

(2) 琥珀酸-泛醌还原酶(复合体 II)将电子从琥珀酸经 FAD 及铁硫蛋白传递给泛醌。复合物 II 是出现在柠檬酸循环中的琥珀酸脱氢酶复合物,它对于质子浓度梯度的形成没有贡献,反应释放的自由能不足以合成 ATP,但它将电子由琥珀酸转移到泛醌,保证了 $FADH_2$ 上的具有相对较高势能的电子绕过复合物 I 进入电子传递链。

(3) 泛醌-细胞色素 c 还原酶(复合体 III)将电子从泛醌经 Cyt b、Cyt c_1 传给 Cyt c。在伸向线粒体基质部分有 2 个 CoQ 结合位点,分别称 UQ 内(近线粒体基质)、UQ 外(近线粒体膜间隙),复合物 III 以泛醌循环方式传递电子,它使 UQH_2 上的两个电子分为两路传递。

(4) 细胞色素 c 氧化酶(复合体 IV)最后将电子从 Cyt c 经 Cyt aa_3 传递给氧,利用电子催化氧还原为水。细胞色素 c 是唯一可溶性的细胞色素,由 104 个氨基酸残基组成一条多肽链,同源性很强,可作为研究生物系统进化的一个指标。

沿复合物 I 至 IV 的电子传递实际上是在偶联的辅助因子之间的传递,来自还原型底物 NADH 和琥珀酸的电子都可以进入呼吸电子传递链。在复合物 I 和 II 中,黄素辅酶 FMN 和 FAD 分别被还原,还原的辅酶 $FMNH_2$ 和 $FADH_2$ 一次给出一个电子,以下的所有电子传递步骤中进行的都是单电子传递。在复合物 I 、II 和 III 中都存在着[2Fe-2S]和[4Fe-4S]两种类型的铁-硫簇。当三价铁离子(Fe^{3+})和二价铁离子(Fe^{2+})之间进行氧化和还原反应时,每个铁-硫簇可以接受或给出一个电子。

电子沿传递链传递到 O_2 是一个高度放能的过程,产生的能量主要用于转移质子,即将质子从线粒体基质泵到线粒体内、外膜间隙。每对电子从 NADH 传递到 O_2 的过程中,共泵出 10 个质子,其中 4 个质子由复合物 I 泵出,4 个质子由复合物 III 泵出,2 个质子由复合物 IV 泵出。可表示为

$$NADH + 11H_内^+ + 1/2O_2 \rightleftharpoons NAD^+ + 10H_外^+ + H_2O$$

质子不能自由返回到线粒体基质中,在返回时要通过 ATP 合酶(复合体 V),ATP 合酶利用质子返回时释放的自由能合成 ATP。复合物 I 、III 和 IV 催化的反应实质上提供了由 ADP 和 Pi 转化为 ATP 所需要的能量。当电子流经这些复合物时,这三个复合物使得质子跨膜转移。

2.3.3　呼吸链中电子传递体的排列顺序

呼吸链中 H 和电子的传递有着严格的顺序和方向。各传递体的顺序主要根据

标准氧化还原电位($E°$)的数值确定(表 2.2)。电子总是从低 $E°$向高 $E°$流动。氧化还原电位越低，所具有的能量越高，越易失电子而位于呼吸链前面。电子从电负性电对流向电正性电对伴随着自由能的降低，在两个氧化还原电对之间，当电子从电负性电对流向电正性电对时，标准氧化还原电位之差越大，自由能丢失也越多。丢失自由能达到一定数值时，就会驱动 ADP 磷酸化产生 ATP(图 2.8)。

表 2.2　呼吸链中电子传递体的标准氧化还原电位

氧化反应(半反应)	$E°/V$
$2H^+ + 2e^- \longrightarrow H_2$	−0.414
$NAD^+ + H^+ + 2e^- \longrightarrow NADH$	−0.320
NADH 脱氢酶(FMN) $+ 2H^+ + 2e^- \longrightarrow FMNH_2$	−0.30
$UQ + 2H^+ + 2e^- \longrightarrow UQH_2$	0.045
细胞色素 $b(Fe^{3+}) + e^- \longrightarrow Cyt\ b(Fe^{2+})$	0.077
细胞色素 $c(Fe^{3+}) + e^- \longrightarrow Cyt\ c(Fe^{2+})$	0.22
细胞色素 $c_1(Fe^{3+}) + e^- \longrightarrow Cyt\ c_1(Fe^{2+})$	0.254
细胞色素 $a(Fe^{3+}) + e^- \longrightarrow Cyt\ a(Fe^{2+})$	0.29
细胞色素 $a_3(Fe^{3+}) + e^- \longrightarrow Cyt\ a_3(Fe^{2+})$	0.55
$1/2O_2 + 2H^+ + 2e^- \longrightarrow H_2O$	0.816

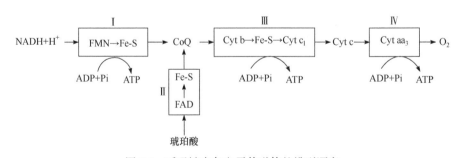

图 2.8　呼吸链中各电子传递体的排列顺序

2.3.4　胞液中 NADH 的氧化

线粒体内三羧酸循环等氧化途径产生大量 NADH 和 $FADH_2$，可直接经呼吸链的传递最终被氧化形成 H_2O，同时产生 ATP。然而，胞液中如糖酵解中 3-磷酸甘油醛脱氢等反应可生成少量的 NADH，因线粒体内膜对 NADH 不能自由通透，胞液中生成的 NADH 必须经过某种转运机制才能进入线粒体，进而由呼吸链氧化成 H_2O，同时产生 ATP。这种转运机制主要有α-磷酸甘油穿梭作用和苹果酸-天冬氨酸穿梭作用两种(图 2.9)。

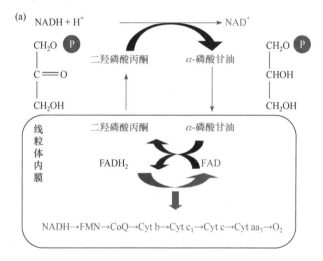

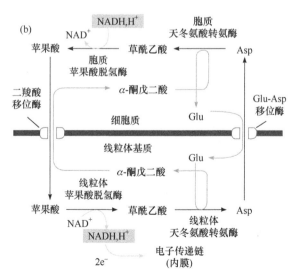

图 2.9　胞液中 NADH 的氧化机制

(a) α-磷酸甘油穿梭作用；(b) 苹果酸-天冬氨酸穿梭作用

α-磷酸甘油穿梭作用主要发生在脑、骨骼肌和肝等组织器官，由 NADH 使二羟磷酸丙酮还原生成α-磷酸甘油，然后，α-磷酸甘油被嵌膜的α-磷酸甘油脱氢酶复合物转换回二羟磷酸丙酮[图 2.9(a)]。在转换过程中，两个电子被转移到嵌膜酶的 FAD 辅基上生成 $FADH_2$。$FADH_2$ 将两个电子转给可移动的电子载体 Q，然后再转给泛醌-细胞色素 c 氧化还原酶(复合物Ⅲ)。从总体来看，胞液中的 NADH 通过这一途径所产生的能量(2 个 ATP)比线粒体内 NADH 氧化的能量(3 个 ATP)少。

苹果酸-天冬氨酸穿梭作用主要发生在哺乳动物的肝脏中。这一穿梭机制涉及胞液和基质中的苹果酸脱氢酶和天冬氨酸转氨酶，以及线粒体内膜中的移位酶。首先在胞液中的苹果酸脱氢酶的催化下，胞液 NADH 使草酰乙酸还原为苹果酸；然后，苹果酸经二羧酸移位酶作用，在与α-酮戊二酸交换过程中进入线粒体基质[图 2.9(b)]。在基质中，线粒体苹果酸脱氢酶催化苹果酸重新氧化为草酰乙酸，同时使线粒体内的 NAD^+ 还原为 NADH，然后 NADH 被呼吸电子传递链的复合物Ⅰ氧化。穿梭的连续进行需要将草酰乙酸转运回胞液中，但转运不是直接进行的，因为草酰乙酸不能直接跨过线粒体内膜转运回胞液中，所以在基质中，在线粒体天冬氨酸转氨酶的催化下，草酰乙酸先与谷氨酸(Glu)反应生成α-酮戊二酸和天冬氨酸(Asp)，α-酮戊二酸经二羧酸移位酶作用在与进入线粒体的苹果酸交换中被排出线粒体。天冬氨酸经谷氨酸-天冬氨酸移位酶的催化下，在与进入线粒体的谷氨酸交换中被排出线粒体。在胞液中，天冬氨酸和α-酮戊二酸作为胞液中天冬氨酸转氨酶的底物生成谷氨酸和草酰乙酸，谷氨酸在与天冬氨酸的交换中重新进入线粒体，而草酰乙酸与胞液中的另一分子 NADH 反应，重复上述循环。由于胞液中的 NADH 经苹果酸-天冬氨酸穿梭途径转换为线粒体中的 NADH，再经电子传递和氧化磷酸化过程，胞液中的 1 分子 NADH 可以生成 3 分子 ATP。

2.4　氧化磷酸化

氧化磷酸化是体内生成 ATP 最主要的方式。代谢物氧化脱下的氢经呼吸链传递给氧生成水的过程中，释放的能量大部分被获取，使 ADP 磷酸化产生 ATP。氧化磷酸化需要嵌入到膜中的几个酶复合物，其中的一些复合物产生质子浓度梯度，而另外的复合物利用质子浓度梯度由 ADP 和 Pi 合成 ATP。

2.4.1　氧化磷酸化偶联部位

氧化磷酸化的偶联部位可通过实验来确定。测定不同作用物经呼吸链氧化的 P/O 比值，即在电子传递体系磷酸化中，每 2 个电子经电子传递链传递给氧所产生的 ATP 分子数(每消耗 1 mol 氧原子所消耗的无机磷的摩尔数)。将各种不同的底物(β-羟丁酸、琥珀酸、抗坏血酸等)、ADP、H_3PO_4、Mg^{2+}等和分离得到的完整的线粒体在体外孵育,测定氧和无机磷的消耗量,计算各种不同作用物氧化时的 P/O 比值(表 2.3),从而分析偶联部位。这种方法可确定呼吸链偶联部位有 3 个:NADH→UQ、UQ→Cyt c 及 Cyt aa$_3$→O_2。因此,代谢物脱下的 1 对氢,经 NADH 氧化呼吸链传递氧化生成水,可产生 3 分子 ATP(P/O = 3);经琥珀酸氧化呼吸链传递氧化生成水由于失去第 1 个偶联部位只产生 2 分子 ATP(P/O = 2)。

表 2.3　线粒体离体实验测得的一些底物的 P/O 比值

底物	呼吸链的组成	P/O 比值	生成 ATP 数
β-羟丁酸	NAD^+→FMN→UQ→Cyt→O_2	2.4～2.8	3
琥珀酸	FMN→UQ→Cyt→O_2	1.7	2
抗坏血酸	Cyt c→Cyt aa$_3$→O_2	0.88	1
Cyt c(Fe^{2+})	Cyt aa$_3$→O_2	0.61～0.68	1

真核生物中生物分子的有氧氧化的最后阶段发生在线粒体。这个细胞器是柠檬酸循环和脂肪酸氧化的部位,这两个过程都产生大量的可通过呼吸电子传递链氧化的还原型辅酶[3]。

不同细胞中的线粒体的数量差别很大,某些真菌只含有一个线粒体,而哺乳动物一个肝细胞含有的线粒体达 5000 多个。线粒体数量与细胞的整个能量需求有关,相对来说,白肌组织含有比较少的线粒体,所需的能量主要依赖厌氧酵解。

不同组织内的线粒体在大小和形状上差别很大,典型的哺乳动物的线粒体直径是 0.2～0.8 μm,长度为 0.5～1.5 μm,大小类似于大肠杆菌细胞。线粒体由具有明显不同的两层膜包裹着:线粒体外膜含蛋白相对较少,嵌在外膜上的蛋白是跨膜的膜孔蛋白,该蛋白形成一个通道,允许分子量小于 10000 的离子和水溶性代谢物跨膜扩散;线粒体内膜是质子的壁垒,允许不带电荷的分子(如水、分子氧和二氧化碳)通透,但大的极性分子和离子不能通透,为了使这些物质穿过内膜,需要通过特殊的跨膜转运蛋白转运。

线粒体内膜中含有的蛋白质特别丰富,蛋白对脂的质量比为 4∶1。内膜是具有朝向线粒体腔内高度皱褶的膜,这使得内膜的表面积大大增加,皱褶称为"嵴"。执行氧化磷酸化氧化反应的复合物以及 ATP 合成酶复合物都嵌在内膜中,但 ATP 合成酶复合物的某些亚基伸到线粒体的基质中。线粒体内膜和外膜之间的空隙称为膜间隙,膜间隙中含有许多可溶性酶、底物和一些辅助因子。

2.4.2　氧化磷酸化偶联机制

从 20 世纪 20 年代以来，细胞进行氧化磷酸化的机制就是一个热门和有许多争论的课题。1956 年，Britton Chance 和 Ronald Williams 发现，一个悬浮在磷酸缓冲液的完整的线粒体只有当加入 ADP 时才氧化底物和消耗氧。换言之，一个底物的氧化是与 ADP 磷酸化偶联的。实验不仅表明呼吸过程可快速进行，直至所有的 ADP 都磷酸化为止，而且也表明消耗的 O_2 量取决于所加的 ADP 量。偶联现象使人迷惑不解，电子传递过程中产生的能量如何驱动 ATP 的合成，先后有许多假说提出，如化学偶联学说、结构偶联学说、化学渗透学说和 ATP 合酶学说。

1. 化学渗透学说

由英国学者 Peter Mitchell 于 1961 年提出的化学渗透学说对氧化磷酸化偶联机制的解释得到普遍接受。Mitchell 由于在该领域的杰出贡献获得了 1978 年诺贝尔化学奖。该学说认为：在电子传递和 ATP 形成之间起偶联作用的是电化学梯度。电子经呼吸链传递时，可将质子(H^+)从线粒体内膜的基质侧泵到内膜胞浆侧，产生膜内外质子电化学梯度储存能量；当质子顺浓度梯度回流时驱动 ADP 与 Pi 生成 ATP。其基本要点是：①传递体按特定的顺序排列在线粒体内膜上。②呼吸链中三大复合物(即 Ⅰ、Ⅲ、Ⅳ)都具有质子泵的作用，传 H 体所传递的 H 不是从前一个传 H 体接过来的，而是从线粒体内膜基质中直接吸取的，当传 H 体从内膜内侧接 H 后，可将其中的 $2e^-$ 传给其后的传电子体，将 H^+ 泵出线粒体膜间隙。③质子不能自由通过线粒体内膜，使膜内外形成质子浓度的跨膜梯度。这种内负外正的电位差蕴含着一定的能量。④在线粒体内膜上存在 ATP 合酶(图 2.10)，当质子通过 ATP 合酶返回线粒体时，释放出自由能，驱动 ADP 和 Pi 合成 ATP。

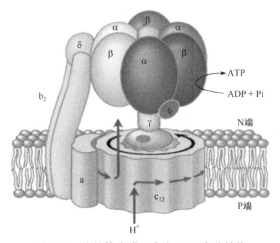

图 2.10　线粒体内膜上存在 ATP 合酶结构

2. ATP 合酶(ATP synthase)学说

在线粒体的内膜中与氧化磷酸化有关的蛋白质复合物有 5 个。除了前述参与电子传递的 I～IV复合物外，还有复合物 V——ATP 合酶。

ATP 合酶是线粒体内膜蛋白复合体，位于线粒体内膜的棒状小颗粒上，由嵌入内膜中疏水的 F_0 部分和凸出于线粒体基质中亲水的 F_1 部分组成，因此又称为 F_0F_1 复合体。形态上为线粒体内膜基质侧的许多球状颗粒突起。F_1 主要由 α_3、β_3、γ、δ、ε 亚基构成，其功能是催化 ATP 生成。当质子顺梯度经 F_0 回流时，F_1 催化 ADP 和 Pi 生成 ATP。此外，在 F_0 和 F_1 之间的柄部还有寡霉素(oligomycin)敏感蛋白，它与寡霉素结合后可抑制 ATP 合酶活性。

由复合物 V 催化 ADP 和 Pi 合成 ATP 的机制已经研究了很多年。1979 年 Paul Boyer 提出了一种结合-变换机制，该机制已被许多实验所证实。结合-变换机制认为 ATP 合成酶 $\alpha_3\beta_3$ 寡聚体含有三个催化部位。在任一给定时间，每一部位处于不同的构象：开、松弛或紧缩。所有三个催化部位都依次经历上述三种构象变化，所以 ATP 的形成和释放主要涉及 3 个步骤。

2.4.3　影响氧化磷酸化的因素[2]

(1) ADP 浓度。ADP 为氧化磷酸化的底物，当机体利用 ATP 增多时，ADP 浓度增高，转运入线粒体后，使氧化磷酸化速度加快；反之，ADP 不足，氧化磷酸化速度减慢，这种调节作用使 ATP 的生成速度适应生理需要，防止能源浪费。

(2) 甲状腺激素。甲状腺激素是调节机体能量代谢的重要激素，它可诱导细胞膜上 Na^+-K^+-ATP 酶的生成，使 ATP 加速分解为 ADP 和 Pi，ADP 进入线粒体数量增多，促进氧化磷酸化反应。因为 ATP 合成和分解速度均增加，引起机体耗氧量和产热量增加，基础代谢率增加，所以甲状腺功能亢进患者基础代谢率增高，产热量也增加。

(3) 抑制剂。抑制剂据其作用部位的不同，可分为三类：电子传递抑制剂、氧化磷酸化抑制剂及解偶联剂。

电子传递抑制剂可在特异部位阻断呼吸链的电子传递，也称呼吸链抑制剂，因此都是毒性物质。目前已知的电子传递链抑制剂包括：①鱼藤酮、异戊巴比妥、粉蝶霉素 A 等，可与复合体 I 中的 Fe-S 结合，阻断电子传递到 UQ；②抗霉素 A、二巯基丙醇等，抑制复合体III中 Cyt b 到 Cyt c_1 的电子传递；③CO、—CN、—N_3、H_2S 等，抑制 Cyt c 氧化酶，阻断电子由 Cyt aa_3 到 O_2 传递。这些抑制剂均为毒性物质，可使细胞内呼吸停止，严重时导致细胞活动停止，机体死亡。苦杏仁、桃仁、白果(银杏)等含有一定量的氰化物，可引起中毒。冬天取暖时，要警惕发生煤气中毒。

氧化磷酸化抑制剂可同时抑制电子传递和 ADP 磷酸化。例如，寡霉素可与ATP 合酶柄部结合，阻断质子通道回流，抑制 ATP 生成；H^+在线粒体内膜外积累，影响呼吸链质子泵的功能，从而抑制电子传递。

解偶联剂的作用实质是破坏内膜两侧的电化学梯度而使氧化与磷酸化偶联脱离，使电子传递释放的自由能都变成热能。最常见的解偶联剂是二硝基苯酚，它通过在线粒体内膜中自由移动，由胞液向内膜基质侧转移 H^+，从而破坏了质子电化学梯度，ATP 不能生成，发生氧化磷酸化解偶联。

氧化磷酸化的解偶联作用具有重要意义，是冬眠动物和新生儿获取热量、维持体温的一种方式。在新生儿的颈背部和冬眠动物的体内含有褐色脂肪组织，这种组织中含有大量的线粒体，并且在线粒体内膜上含有一种解偶联蛋白，质子可通过解偶联蛋白返回到线粒体的基质中，破坏质子梯度，使电子传递释放的能量不用于 ATP 合成，以热的形式散发来维持体温，其产热机制如图 2.11 所示。

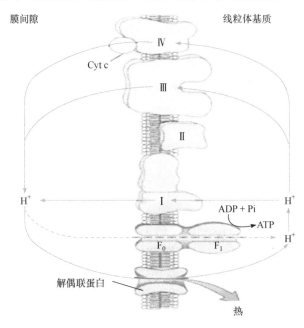

图 2.11　解偶联蛋白的产热机制

(4) 线粒体 DNA 突变。线粒体 DNA 呈裸露的环状双螺旋结构，缺乏蛋白质保护和损伤修复系统，易受多种因素的影响而发生突变，其突变率为核 DNA 突变率的 $10\sim20$ 倍。mtDNA 编码呼吸链复合体中 13 条多肽链及线粒体蛋白质生物合成所需的 22 个 tRNA 和 2 个 rRNA。因此，mtDNA 突变可影响氧化磷酸化，使 ATP 生成减少而引起 mtDNA 病。mtDNA 病的症状取决于 mtDNA 突变的严重程度和各组织器官对 ATP 的需求情况，耗能较多的组织首先出现功能障碍，包括线粒体脑病、线粒体肌病，常见的症状有盲、聋、痴呆、肌无力等。

2.5　柠檬酸循环与脂肪酸分解中的生物氧化

2.5.1　柠檬酸循环通过氧化磷酸化生成 ATP

柠檬酸循环(citric acid cycle)也称三羧酸循环(tricarboxylic acid cycle，TCA 循环)，因为德国科学家 Hans Krebs 在阐明柠檬酸循环中做出了突出贡献，所以又将此途径称为 Krebs 循环，如图 2.12(a)所示，它是新陈代谢的中心环节。

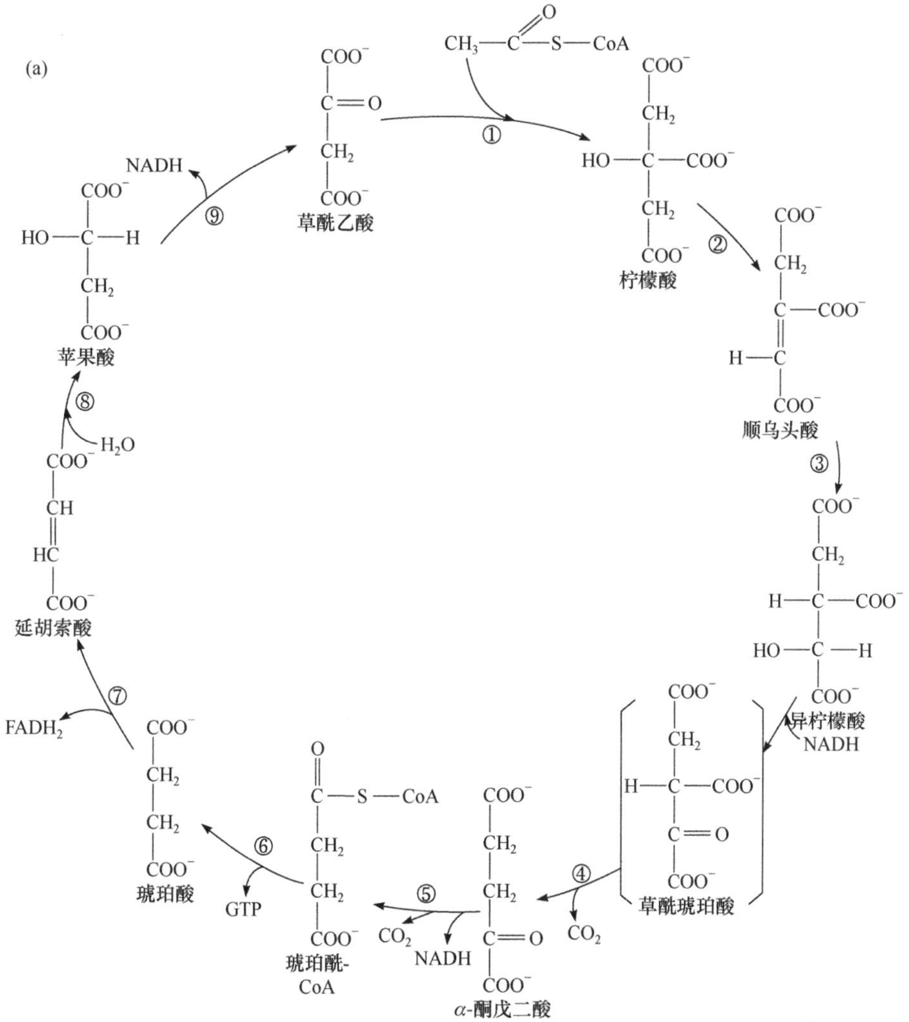

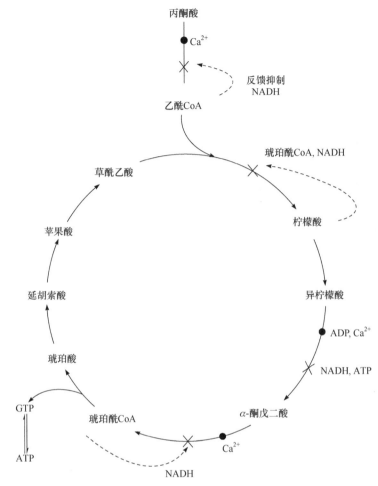

图 2.12　(a) 柠檬酸循环总图；(b) 可激活和抑制部位示意图

在有氧条件下，糖酵解途径产生的丙酮酸进入线粒体，先转变成乙酰 CoA，乙酰 CoA 再进入柠檬酸循环彻底氧化成 CO_2。在真核细胞中，柠檬酸循环是在线粒体中进行的。在柠檬酸循环的总反应中，对于进入循环的每个乙酰 CoA 都可以产生 3 分子 NADH、1 分子 $FADH_2$ 和 1 分子的 GTP 或 ATP：

乙酰 $CoA + 3NAD^+ + FAD + GDP + Pi + 2H_2O \longrightarrow 2CO_2 + 3NADH + 3H^+$

$+ FADH_2 + GTP + CoA$

就像前面提到的那样，NADH 和 $FADH_2$ 通过位于线粒体内膜的电子传递链可以被氧化，伴随着氧化过程可以通过氧化磷酸化生成 ATP。因此，1 分子乙酰 CoA 通过柠檬酸循环和氧化磷酸化可以产生 12 分子 ATP。

柠檬酸循环是糖、脂肪、氨基酸降解产生的乙酰 CoA 的最后氧化阶段，如果将酵解段也考虑在内，1 分子葡萄糖经酵解可以净产生 2 分子 ATP 和 2 分子丙酮酸，而 2 分子丙酮酸转化为 2 分子乙酰 CoA，可生成 2 分子 NADH，经氧化磷酸化可产生 6 分子 ATP，2 分子乙酰 CoA 经柠檬酸循环可生成 24 分子 ATP，所以共产生 32 分子 ATP[3]。

上面的计算还没有包括酵解中甘油醛脱氢酶催化的反应中生成的 2 分子 NADH。在缺氧条件下，丙酮酸转化为乳酸时，NADH 再氧化为 NAD+，使酵解连续地进行；在有氧条件下，NADH 不再氧化，而用于生产 ATP。由于这两个 NADH 位于胞液里(酵解是在胞液里进行的)，而真核生物中的电子传递链位于线粒体。两个 NADH 可以通过苹果酸穿梭途径和甘油磷酸穿梭途径进入线粒体，但是绝大多数的情况下，都是经过苹果酸穿梭途径进入线粒体的。1 分子 NADH 经苹果酸穿梭途径进入线粒体可以产生 3 分子 ATP，即 2 分子 NADH 可以产生 6 分子 ATP；一分子 NADH 经甘油磷酸途径可以产生 2 分子 ATP，2 分子 NADH 产生 4 分子 ATP。考虑到酵解生成的 2 分子 NADH，1 分子葡萄糖降解产生的总的 ATP 数量是 38 个或 36 个。

在柠檬酸循环中，虽然有 8 种酶参加反应，但在调节循环速度中起关键作用的是 3 种酶：柠檬酸合酶、异柠檬酸脱氢酶和 α-酮戊二酸脱氢酶复合体。因此，可从两个方面进行柠檬酸循环的调控：①柠檬酸循环本身各种物质对酶活性的调控，如乙酰 CoA 和草酰乙酸的供应情况、[NADH]/[NAD+]的比值、产物的反馈抑制；②ADP、ATP 和 Ca^{2+}的调控，如[ATP]/[ADP]的比值、Ca^{2+}浓度等。柠檬酸循环中可激活和抑制的部位如图 2.12(b)所示。

2.5.2 脂肪酸的β-氧化

脂肪酸的分解是从羧基端的β-碳原子(酰基 CoA)开始的，每次切掉两个碳原子单元，这种降解方式就称为脂肪酸的β-氧化[2]。每一轮β-氧化包括脱氢、水化、脱氢、硫解四步化学反应。脂肪酸的β-氧化作用是在肝及其他组织的线粒体中进行的。已知游离脂肪酸和脂酰 CoA 不能穿透线粒体内膜，线粒体外的脂肪酸要先活化成脂酰 CoA，才能通过载体肉碱进入线粒体，然后利用线粒体基质中的氧化酶系，实现脂肪酸的β-氧化。

(1) 脂肪酸的活化。细胞内参与脂肪酸分解代谢的酶不能直接作用于脂肪酸，只能特异地催化脂酰 CoA。胞质中脂肪酸首先由脂酰 CoA 合成酶活化形成脂酰 CoA，该反应需 ATP 提供能量，如图 2.13 所示。

(2) 脂酰 CoA 的转运。长链脂酰 CoA(>C$_{12}$)不能直接透过线粒体内膜。脂酰 CoA 需借线粒体内膜两侧肉毒碱脂酰 CoA 转移酶的作用进入线粒体内，这一过程称为肉毒碱穿梭(图 2.14)。肉毒碱脂酰 CoA 转移酶的同工酶有 2 个：位于内膜

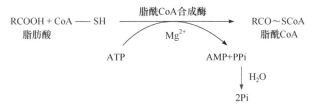

图 2.13　脂肪酸的活化过程示意图

外侧的肉毒碱脂酰 CoA 转移酶 I 促进脂酰 CoA 转化为脂酰肉毒碱，从而移至膜内，进入膜内的脂酰肉毒碱又经内膜内侧的肉毒碱脂酰 CoA 转移酶 II 的催化重新转变成脂酰 CoA。其中，肉毒碱脂酰 CoA 转移酶 I 是脂肪酸氧化的限速酶。

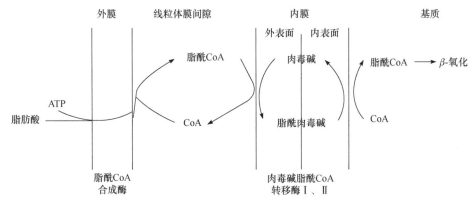

图 2.14　肉毒碱穿梭过程示意图

　　(3) 脂肪酸的 β-氧化。线粒体基质中有脂肪酸的氧化酶系，分解途径主要是 β-氧化。氧化作用是在脂肪酸的 β-位碳原子上开始的，经历脱氢、水化、脱氢、硫解 4 个步骤使脂肪酸逐步氧化断裂为二碳单位的乙酰 CoA(图 2.15)。① 脱氢反应，脂酰 CoA 经脂酰 CoA 脱氢酶的催化，在其 α-位和 β-位碳原子上脱氢，生成 Δ^2 反烯脂酰 CoA，此反应中的脱氢酶以黄素腺嘌呤二核苷酸(FAD)为辅基，并作为受氢体，生成 $FADH_2$，经琥珀酸呼吸链传递氧化生成 H_2O，释放能量产生 2 分子 ATP。②加水反应，β-烯脂酰 CoA 在水化酶的作用下，加水生成 β-羟脂酰 CoA。③再脱氢反应，β-羟脂酰 CoA 在 β-羟脂酰 CoA 脱氢酶的催化下，进一步脱去 2 个 H，生成 β-酮脂酰 CoA。该脱氢酶的辅酶是 NAD^+，脱下的 2H 使辅酶 NAD^+ 还原为 $NADH + H^+$，后者经 NADH 呼吸链传递氧化生成 H_2O，释放能量产生 3 分子 ATP。④硫解反应，β-酮脂酰 CoA 在 β-酮脂酰 CoA 硫解酶的催化下与 CoA 作用，分解产生 1 分子乙酰 CoA 和减少了 2 个碳原子的脂酰 CoA。

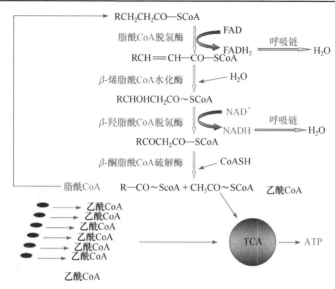

图 2.15　脂肪酸的 β-氧化生化历程

1 分子脂酰 CoA 通过脱氢、加水、再脱氢、硫解 4 个反应后，产生 1 分子乙酰 CoA 和少了 2 个碳原子的脂酰 CoA。新生成的脂酰 CoA 再重复上述一系列过程，直到含偶数碳的脂肪酸完全分解为乙酰 CoA 为止。例如，含 18 碳的硬脂酸经 8 次 β-氧化可分裂为 9 分子的乙酰 CoA。

2.6　呼吸链中氧化还原蛋白质的电化学行为

呼吸链中的递电子体作为一类典型的生物分子和特殊催化剂，在生命过程中扮演着极为重要的角色。作为传递电子的辅酶，包括 NAD+、NADP+、FP 的辅基 (FMN、FAD) 和辅酶 Q 等，它们的电化学行为将在第 8 章介绍。理论上，蛋白质 (酶) 与电极之间的直接电子传递过程更接近生物氧化还原系统的原始模型，为揭示生物氧化还原及其催化过程的机理奠定了基础。因此，本书第 5 章将对蛋白质电化学与酶催化过程作专门介绍。呼吸链中的蛋白质 (酶) 大多含有卟啉结构，本书第 7 章将对卟啉的电化学单独讨论。这里简单介绍氧化还原蛋白质在不同电极上的电化学行为。从应用方面而言，蛋白质 (酶) 直接电化学的实现既可用于开发第三代生物传感器，又可用于发展人工心脏用的生物燃料电池。因而，研究氧化还原蛋白质与电极表面之间的直接电子传递在生命科学、能源科学和分析化学中具有重要的理论和实践意义[4]。

将氧化还原蛋白质固定在具有生物兼容性的电极表面，可发生一个相当快的电子传递反应。利用这一直接电子传递性质制得的生物传感器可无需向分析液中添加电子传递媒介体对底物分子进行电化学测定，这样的传感器又称为无试剂生物传感器，已成为生物电化学研究最重要的发展方向之一。

2.6.1 细胞色素 c 的直接电化学

细胞色素 c 在细胞呼吸链中具有重要的作用，其分子大小为 30 Å×40 Å×30 Å，由一个血红素和一条肽链结合而成，血红素是电子传递中心，具体体现在铁离子的氧化还原上。铁离子与 His-18 中的咪唑氮原子和 Met-80 硫原子配位。细胞色素 c 分子的外表面分布着许多带电的氨基酸残基，使得其在中性 pH 条件下带有 9 个净正电荷，且分子表面电荷的分布是不均匀的。靠近血红素裂隙的一侧有一系列赖氨酸残基，带正电荷，而远离血红素裂隙的一侧带负电荷。这种表面电荷的非均匀分布对细胞色素 c 分子与电极表面或其他分子的电子传递具有重要的影响。

蛋白质在电极表面的直接电化学研究最早是由 Hill 等[5]和 Kuwana 等[6]开始的。Hill 等[5]在金电极表面吸附 4,4′-联吡啶形成单分子层，加快细胞色素 c 的异相电子传递速率，实现了细胞色素 c 的准可逆电子传递。Kuwana 等[6]则在掺锡氧化铟电极上观察到细胞色素 c 的直接电化学性质。这些工作使单分子层修饰金电极和具有生物兼容性的半导体电极在蛋白质直接电化学研究中得到关注。蔡称心等[7]用 4,6-二甲基-2-巯基嘧啶(DMMP)作为促进剂修饰微带金电极，考察了细胞色素 c 的直接电化学行为，测得其异相电子传递速率常数为 6.6×10^{-3} cm/s。随后，他们进一步研究了细胞色素 c 这一电极过程的热力学，如熵变、焓变与 Gibbs 自由能的变化等，以及 pH 对电极反应热力学的影响[8]。明显地，促进剂的性质，如吸附能力、酸碱性、刚柔性、方向性、长度等，以及其在电极表面的排列状态对细胞色素 c 在金电极上的直接电化学具有重要影响，如图 2.16 所示。

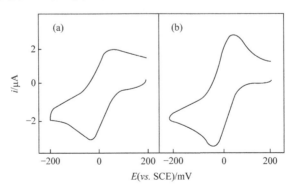

图 2.16 细胞色素 c 在 4,4′-二硫代双丁酸(a)和 4-巯基苯胺(b)修饰金电极上的循环伏安图
pH 7.0 PBS，50 mV/s

对细胞色素 c 的电子传递有促进作用的分子除了 4,4′-联吡啶类结构外，还有
DNA、RNA[9]、月桂酸、单糖、维生素 B$_1$、杂多钨酸、聚 5-羧基吲哚、LB 膜或
聚合物膜和吸附原子(S、As、Bi、Cu、Ag、Hg、Sb、Se、Te)等[10]。电极表面的
含氧基团也对细胞色素 c 的电子传递具有促进作用。碳电极表面经预处理产生的
含氧功能团、金属氧化物修饰的电极表面由于其表面的过剩负电荷，均可促进对
带正电荷的细胞色素 c 在电极表面直接电子转移。Grealis 等[11]利用 TiO$_2$ 修饰 SnO$_2$
电极研究了细胞色素 c 在水溶液及甘油中的电化学性质，比较了热力学参数的区
别，证实了溶剂的极性严重影响细胞色素 c 的氧化还原性质。

细胞色素 c 过氧化物酶的直接电化学首先在掺氟化物的氧化锡电极上获得[12]，
在该类电极上细胞色素 c 过氧化物酶的直接电子传递反应机理非常类似于生物氧
化还原系统中的细胞色素 c 和细胞色素 c 过氧化物酶之间的电子传递过程。

金胶纳米颗粒能给氧化还原蛋白提供一个类似于其天然系统的微环境，吸附
在金胶纳米颗粒上的蛋白质能保持其生物活性[13-15]。而且金胶纳米颗粒能加快
固定化氧化还原蛋白与电极表面之间的电子传递，在电极表面显示直接电化学
行为[13]。肖艺等将金胶纳米颗粒固定在半胱氨酸功能化后的金电极表面，实现了
辣根过氧化物酶在金电极表面的直接电化学和 H$_2$O$_2$ 的无试剂电化学生物传感器
的制备[15]。随后，鞠熄先等用金胶修饰碳糊电极固定细胞色素 c[16]，实现了其直接
电子传递。细胞色素 c 在金胶修饰碳糊电极表面上的吸附量为$(7.85 \pm 0.98) \times 10^{-10}$
mol/cm^2，高于单层吸附的量$(3.40 \times 10^{-11} \text{ mol/cm}^2)$，金胶纳米颗粒的存在增加了细
胞色素 c 在电极表面上的吸附；式量电位为$(32 \pm 3) \text{ mV}$，与溶液中的细胞色素 c
的电位值相近；异相电子传递速率常数 k_s 为$(1.21 \pm 0.08) \text{ s}^{-1}$。银胶纳米颗粒、
微孔 NaY 沸石[17]与介孔分子筛、多壁纳米碳管等也分别被固定在电极表面，用
于细胞色素 c 等蛋白质的直接电化学研究。

2.6.2　血红蛋白的直接电化学

血红蛋白是红细胞内运输氧的特殊蛋白质，是使血液呈红色的蛋白，由珠蛋
白和血红素组成，其珠蛋白部分是由两对不同的珠蛋白链(α链和β链)组成的四聚
体。与细胞色素 c 类似，血红素是血红蛋白的电子传递中心，其直接电化学也受
到人们的关注[18,19]，是研究血红素类蛋白质的直接电化学以及生物传感和电催化
的理想模型。

血红蛋白有复杂的三维结构，电活性中心埋在聚合肽链内部，直接电子传递
非常困难。在固体裸电极上，血红蛋白容易不可逆地失去活性，与电极之间的电
子传递速度通常较慢。为加快血红蛋白的电子传递，人们用表面膜技术将血红蛋
白分子掺杂在一个类生物膜双层的微环境中，如将血红蛋白分子固定在 DNA[20]、

脂双层与表面活性剂[21]、黏土[22]、二甲基十二烷基溴化胺液晶膜[23]、聚丙烯酰胺膜[24]、鸡蛋卵磷脂膜[25]、SP 交联葡聚糖膜[26]和硅藻土膜[27]中，实现了血红蛋白与电极之间的直接电子传递。这些材料为血红蛋白分子提供了一个类似于其生物膜的微环境[21]，加速血红蛋白分子与电极之间直接的、化学可逆的电子交换反应，因而避免了电子传递媒介体的使用[28,29]。

　　在金胶-半胱氨酸修饰金电极上，血红蛋白的式量电位为–0.051 V(vs. SCE)，直接电化学的电子传递速率常数 k_s 可达 0.49 s^{-1}[30]。金胶修饰碳糊电极固定的血红蛋白在 pH 5.5 的乙酸缓冲液中显示一对非常稳定的氧化还原峰，式量电位为 –42 mV(vs. NHE)；其电极过程与电位扫描速率有关，在扫描速率小于 80 mV/s 时显示表面控制的电极过程，而在大于 80 mV/s 时电极过程变为扩散控制 [图 2.17(a)][31]。血红蛋白/金胶修饰碳糊电极显示出很好的 NO$_2^-$ 的响应。二氧化锆纳米颗粒在蛋白质的固定、直接电化学与生物传感方面也得到应用。刘松琴等将 35 nm 的 ZrO$_2$ 修饰在热解石墨电极表面来固定血红蛋白分子，显示出血红蛋白一对稳定的、峰形对称的氧化还原峰[32]，电子传递速率常数 k_s 值为(7.90 ± 0.93) s^{-1}，式量电位与溶液 pH 关系的斜率为–43.5 mV/pH[图 2.17(b)]，说明一质子参与了电子传递过程。质子的参与可归咎于在铁还原后血红素附近基团为中和过剩电荷的质子化。

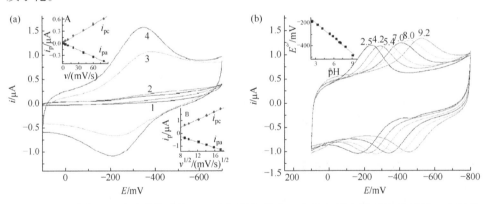

图 2.17　(a) 碳糊(1)、金胶修饰碳糊(2)、血红蛋白/碳糊(3)与血红蛋白/金胶修饰碳糊(4)电极的循环伏安图(150 mV/s)及峰电流与扫描速率的关系；(b) 血红蛋白/ZrO$_2$/DMSO/热解石墨电极在不同 pH PBS 中的循环伏安图(50 mV/s)及式量电位与 pH 的关系

　　血红蛋白分子具有类过氧化物酶特性。例如，固定在 SP 交联葡聚糖膜[26]、鸡蛋卵磷脂膜[25]和硅藻土膜[77]上的血红蛋白分子都表现出这种类过氧化物酶活性，使固定化血红蛋白分子对过氧化氢(H$_2$O$_2$)的还原具有电催化作用，因此可用于制备过氧化氢生物传感器。

2.6.3　其他血红素蛋白的直接电化学

肌红蛋白是一种在肌肉细胞中存在的中等大小的血红素类蛋白质，具有与血红蛋白四个单元中任意一个非常类似的结构，在呼吸系统中参与氧化还原的过程，因而它的电子传递反应在生理过程中具有重要作用。Hawkridge 等[33-35]研究了肌红蛋白在氧化铟电极上的电化学行为，在电极刚与溶液接触就立即记录它的伏安信号时，能观察到肌红蛋白在裸金电极上的响应，该响应受扩散控制并随电极与溶液接触时间的增加而迅速减少，表明电极表面的清洁程度及蛋白质的纯度对其异相电子传递速率有很大的影响。

纳米颗粒加速肌红蛋白的电子传递也得到研究。肌红蛋白包埋在金胶修饰碳糊电极中[36]表现出与血红蛋白[31]类似的行为，在 pH 7.0 的 PBS 缓冲溶液中于电位$-315\,mV$ 和$-378\,mV$处显示出一对稳定的、峰形对称的氧化还原峰，它来自固定化肌红蛋白的电活性中心发生的氧化还原反应，金胶的存在使充电电流稍微降低，而峰电流增加 3.4 倍，电子传递速率常数 k_s 可达$(26.7 \pm 3.7)\,s^{-1}$。固定化肌红蛋白的式量电位为$(-0.349 \pm 0.002)\,V$ 或$-0.108\,V$(vs. NHE)，接近 MbFe(Ⅲ)还原至MbFe(Ⅱ)的式量电位$-0.049\,V$(vs. NHE)，说明固定在金胶纳米颗粒表面的 Mb 分子能保持它的天然结构。

细胞色素 c_3 是从硫酸盐还原细菌中分离出来的一种氧化还原蛋白，含有四个血红素基团，血红素含量高。同其他细胞色素蛋白相比，细胞色素 c_3 具有较低的氧化还原过电位，通常在裸电极上便能发生快速的电子转移反应。

细胞色素 c_{551} 是一种紧密的球状蛋白质分子，含有一个露置于溶剂中的单一血红素辅基。在中性溶液下，氧化细胞色素 c_{551} 的总电荷为-1，其血红素附近仅有一个赖氨酸残基，另外 6 个位于分子表面后部，但其表面分布的 8 个带负电荷残基导致了分子的总电荷为负且非对称分布。在 pH 6.0 溶液中，细胞色素 c_{551} 的赖氨酸侧链可与 4-吡啶类基团修饰金电极表面的吡啶氮形成氢键键合，显示出准可逆的电极反应。

辣根过氧化物酶(HRP)是一种重要的血红素类过氧化物酶，它的直接电子传递已经在金[37]、银[38]、炭黑[39]、碳糊[40]、石墨、铂电极[41]和 HRP-石墨-环氧生物复合体[42]、甲苯胺蓝[43]、聚丙烯酰胺水凝胶膜[44]、表面活性剂[45]以及硫堇自组装单层[46]修饰电极上实现。用金胶修饰碳糊电极固定的 HRP[47]可得到 $7.5\times10^{-11}\,mol/cm^2$ 的覆盖率，这个数值稍微大于 HRP 的饱和单层堆积的 $5.0\times10^{-11}\,mol/cm^2$；其 Fe^{III}/Fe^{II}氧化还原电对的 k_s 为$(6.04 \pm 0.18)\,s^{-1}$，式量电位为$(-0.346 \pm 0.002)\,V$，接近于 HRP 在溶液中的式量电位$-0.22\,V$ 和包埋于基质中 HRP 的$-0.377\,V$，由此说明大多数包埋在金胶碳糊混合物中的 HRP 分子能保持其天然结构。介孔分子筛固定

HRP 可显示两对氧化还原峰，表明了固定化 HRP 的两种不同状态，即存在于分子筛介孔内和分子筛表面[48]。这种电子传递反应为无媒介体生物传感器的制备提供了条件，如将 HRP 掺杂在碳糊中可制得一种无媒介体 H_2O_2 生物传感器[49]。

参 考 文 献

[1] 郑集. 普通生物化学. 北京: 人民教育出版社, 1979.

[2] 查锡良. 生物化学. 上海: 复旦大学出版社, 2002.

[3] 王希成. 生物化学. 北京: 清华大学出版社, 2001.

[4] 鞠熀先. 电分析化学与生物传感技术. 北京: 科学出版社, 2006.

[5] Eddows M J, Hill H A O. Journal of the Chemical Society, Chemical Communications, 1977, 21: 771-772.

[6] Yeh P, Kuwana T. Chemistry Letters, 1977, 10: 1145-1148.

[7] 蔡称心, 陈洪渊, 鞠熀先. 化学学报, 1995, 53: 286-290.

[8] 蔡称心, 鞠熀先, 陈洪渊. 高等学校化学学报, 1995, 16: 31-34.

[9] Ikeda O, Shirota Y, Sakarai T. Journal of Electroanalytical Chemistry, 1990, 287: 179-184.

[10] 董绍俊, 车广礼, 谢远武. 化学修饰电极(修订版). 北京: 科学出版社, 2003.

[11] Grealis C, Magner E. Langmuir, 2003, 19: 1282-1286.

[12] Assfa H, Bowden E F. Biochemical and Biophysical Research Communications, 1986, 139: 1003-1008.

[13] Brown K R, Fox A P, Natan M J. Journal of the American Chemical Society, 1996, 118: 1154-1157.

[14] Doron A, Katz E, Willner I. Langmuir, 1995, 11: 1313-1317.

[15] Xiao Y, Ju H X, Chen H Y. Analytical Biochemistry, 2000, 278: 22-28.

[16] Ju H X, Liu S Q, Ge B, et al. Electroanalysis, 2002, 14: 141-147.

[17] Dai Z H, Liu S Q, Ju H X. Electrochimica Acta, 2004, 49: 2139-2144.

[18] Li G, Liao X, Fang H, et al. Journal of Electroanalytical Chemistry, 1994, 369: 267.

[19] Li G, Chen H Y, Zhu D. Journal of Inorganic Biochemistry, 1996, 63: 207-214.

[20] Fan C, Li G, Zhu J, et al. Analytica Chimica Acta, 2000, 423: 95-100.

[21] Rusling J F. Accounts of Chemical Research, 1998, 31: 363-369.

[22] Ma H, Hu N, Rusling J F. Langmuir, 2000, 16: 4969-4975.

[23] Ciureanu M, Goldstein S, Mateescu M A. Journal of the Electrochemical Society, 1998, 145: 533-541.

[24] Sun H, Hu N, Ma H. Electroanalysis, 2000, 12: 1064-1070.

[25] Han X, Huang W, Jia J, et al. Biosensors and Bioelectronics, 2002, 17: 741-746.

[26] Fan C, Wang H, Sun S, et al. Analytical Chemistry, 2001, 73: 2850-2854.

[27] Wang H, Guan R, Fan C, et al. Sensors and Actuators B: Chemical, 2002, 84: 214-218.

[28] Rusling J F, Nassar A E F. Journal of the American Chemical Society, 1993, 115: 11891-11897.

[29] Nassar A E F, Willis W S, Rusling J F. Analytical Chemistry, 1995, 67: 2386-2392.

[30] Gu H Y, Yu A M, Chen H Y. Journal of Electroanalytical Chemistry, 2001, 516: 119-126.

[31] Liu S Q, Ju H X. Analyst, 2003, 128: 1420-1424.

[32] Liu S Q, Dai Z H, Chen H Y, et al. Biosensors and Bioelectronics, 2004, 19: 963-969.

[33] Bowden E F, Hawkridge F M, Blount H N. Journal of Electroanalytical Chemistry, 1984, 161: 355-376.

[34] King B C, Hawkridge F M, Hoffman B M. Journal of the American Chemical Society, 1992, 114: 10603-10608.

[35] Duah-Williams L, Hawkridge F M. Journal of Electroanalytical Chemistry, 1999, 466: 177-186.

[36] Liu S Q, Ju H X. Electroanalysis, 2003, 15: 1488-1493.

[37] Ferapontova E E, Reading N S, Aust S D, et al. Electroanalysis, 2002, 14: 1411-1418.

[38] Ferapontova E E, Gorton L. Electroanalysis, 2003, 15: 484-491.

[39] Yaropolov A I, Malovik V, Varfolomeev S D, et al. Doklady Akademii Nauk SSSR, 1979, 249: 1399-1401.

[40] Bowden E F, Hawkridge F M, Chlebowski J F, et al. Journal of the American Chemical Society, 1982, 104: 7641-7644.

[41] Wollenberger U, Bogdanovskaya V, Bobrin S, et al. Analytical Letters, 1990, 23: 1795-1808.

[42] Morales A, Cespedes F, Munoz J, et al. Analytica Chimica Acta, 1996, 332: 131-138.

[43] Munteanu F, Okamoto Y, Gorton L. Analytica Chimica Acta, 2003, 476: 43-54.

[44] Huang R, Hu N F. Biophysical Chemistry, 2003, 104: 199-208.

[45] Liu H, Chen X, Li J, et al. Analytical Chemistry, 2001, 29: 511-515.

[46] Gaspar S, Zimmermann H, Gazaryan I, et al. Electroanalysis, 2001, 13: 284-288.

[47] Liu S Q, Ju H X. Analytical Biochemistry, 2002, 307: 110-116.

[48] Dai Z H, Liu S Q, Chen H Y, et al. Electroanalysis, 2005, 17: 862-868.

[49] Wang J, Ciszewski A, Naser N. Electroanalysis, 1992, 4: 777-782.

第3章 糖电化学

3.1 引　言

糖类化合物(saccharide 或 carbohydrate)指含多羟基的醛或酮类化合物及其一些衍生物，是自然界中储量极为丰富的一大类有机物，在动物、植物、微生物体内均含有糖类物质，一些植物体内的糖类物质含量甚至高达其干重的80%以上[1-3]。糖类化合物是重要的可再生资源，与国民经济关系非常密切。历史上，糖被认为就是碳水化合物(carbohydrate)，其化学组成符合通式 $C_m(H_2O)_n$。随着科技的发展，人们发现碳水化合物这个名称并不确切，例如，鼠李糖($C_6H_{12}O_5$)和脱氧核糖($C_5H_{10}O_4$)属于糖类但并不符合该通式。所以，碳水化合物这一名称只是糖类化合物一个沿用至今的习惯称谓，不能据此认为所有糖类分子中的氢氧原子比均为$2：1$。

糖类化合物通常可分为单糖(monosaccharide)、寡糖(oligosaccharide)、多糖(polysaccharide)和糖缀合物(glycoconjugate)，其中寡糖和多糖也可统称为聚糖(glycan)。单糖指单一的多羟基醛或多羟基酮的化合物，是结构最简单的糖，如葡萄糖、核糖、脱氧核糖、果糖和半乳糖等。寡糖一般由2～10个单糖分子脱水缩合而成，蔗糖、麦芽糖和乳糖等二糖是最常见的寡糖。单糖和寡糖具有结晶性，习惯上称为糖或食糖(sugar)，溶于水，有甜味。多糖由很多个单糖分子脱水缩合而成，若由很多个同样的单糖分子缩合而成，称为同聚多糖或均一多糖(homopolysaccharide)，如淀粉、糖原和纤维素等；若由很多个不同种类的单糖分子缩合而成，则称为杂多糖或不均一多糖(heteropolysaccharide)。绝大多数多糖不溶于水，无甜味。糖缀合物是指糖和非糖物质经共价键合而成的缀合物，自然界中的糖类化合物常以糖缀合物的形式存在。狭义的糖缀合物主要指糖和蛋白质结合而成的糖蛋白以及糖和脂类物质结合而成的糖脂类化合物，广义的糖缀合物包括核糖核酸(RNA)和脱氧核糖核酸(DNA)。

糖、蛋白质、核酸和脂类大分子化合物是最基本的四大类生物大分子，并且糖与蛋白质、核酸和脂类均可形成糖缀合物，这些特征决定了糖类化合物具有极其重要的生物学功能。大量实验事实表明，糖类参与了很多生理和病理过程，很多疾病的发生、发展和诊治均与糖类物质有关。在生物体内，糖类物质具有重要作用，主要涉及以下四个方面：①充当生物体的结构性物质，如纤维素、果胶和几丁质等多糖；②提供生命活动所需的主要能量，如植物体内的淀粉和动物体内的糖原，糖原也有动物淀粉的别称；③在生物体内作为主要碳源，合成氨基酸、核苷酸、脂肪酸等生物小分子及其生物大分子；④呈现血型决定簇、细胞识别和生物信息载体等更为复杂的生物学功能。

生物体内糖的合成代谢和分解代谢过程非常复杂，涉及包括氧化还原步骤在内的很多化学和生物学过程。自养生物可利用化学能和/或光能，把空气中的二氧化碳固定并合成糖类物质，实现糖的合成代谢，其中利用光能合成糖的过程称为光合作用。各种代谢当中，光合作用是最基础、最重要的物质交换和能量交换反应，植物和光合细菌均可进行光合作用。植物能通过光合作用从二氧化碳和水合成出糖类，人类和动物则利用植物所制造的糖类来获取能量。在动植物的呼吸作用中，糖等有机物又被氧化成二氧化碳和水，同时释放出生命活动所需的热能、电能和机械能等能量。糖类的分解代谢是异养生物获取能源和碳源的主要途径。

化学学科是在分子/原子层次上研究物质和创造新物质的自然科学，化学变化本身并不改变原子核和化学元素，因此，分子/原子中的(价)电子是化学学科的基本操控对象，周边环境影响下的(价)电子运动问题自然是化学学科的核心科学问题。电化学研究电能和化学能之间的相互转化和有关规律，是直接从"电"的角度研究和利用分子/原子中的(价)电子运动的化学分支。电化学方法灵敏度高，能提供界面电荷转移过程的直接动态信息，易于实现自动化和连续分析监测，已广泛用于氧化还原过程与机理研究、生物电现象研究、传感检测、表界面分析、材料合成与表征、材料保护、电池研发等领域。目前，电化学的研究对象已从无机金属离子和简单有机分子等，拓展到一些具有重要生物学功能的生物分子。很多生命过程，包括糖代谢过程，均伴随着电子转移反应。利用电化学方法研究生物体系是揭示生命本质、开拓新型生物技术的重要途径。生物电化学以电化学技术为基本手段，试图揭示生命活动中电荷转移过程的特征，获取有关的热力学和动力学信息，发展新型生物分析和生物能源等技术。糖类化合物作为自然界中储量极为丰富的可再生资源，其基础和应用电化学研究具有重要意义。糖电化学领域的发展非常迅速，学术文献非常多。本章中，笔者将简述糖类物质的电化学研究及应用，主要包括糖氧化还原电化学、催化型葡萄糖生物电化学装置、糖类相关的亲和型生物电化学传感器以及糖材料与电化学等内容，以期能给读者描述这一重要研究领域的基本轮廓。

3.2 糖氧化还原电化学

3.2.1 金属及其氧化物电极上的糖电化学

糖类化合物含羟基、醛基或酮基[1-3]，这些基团均具有一定的化学氧化性或还原性，故在合适的介质中、合适的电极上有望实现糖类化合物的直接电化学氧化或还原反应。水溶液中糖的氧化还原反应伴随着质子转移，提高水溶液介质的 pH 可促进氧化反应向右移动，故在热力学方面，与在中性和酸性介质中相比，碱性介质中的糖电化学氧化反应更有利。在动力学方面，糖类化合物的电化学氧化还原反应基本上遵循内层机理(inner-sphere mechanism)，即电极的电催化活性是决定糖类化合物直接电化学氧化或还原速率的关键变量。长期以来，糖电化学反应的高性能电催化剂的研发一直是葡萄糖等重要糖分子的非酶电化学传感研究的重点，也是糖类化合物相关的电化学合成研究的重点。这里的电催化专指加速糖类化合物电化学反应的正催化，不涉及降低其反应速率的负催化。

从宏观上来说，糖反应电催化剂的催化机理与其他任何正催化剂的催化机理一样，均涉及在催化剂与反应原料的分子和/或原子之间的、具有恰当强度的相互作用力存在下，形成特殊过渡态，降低反应活化能，从而加快化学反应中目标化学键的破旧立新过程。换言之，催化反应发生的前提为恰当的分子和/或原子间相互作用力，这可能是任何化学催化及电化学催化的普遍机理的宏观和通俗解释。值得指出的是，任何已知的分子和/或原子间相互作用以及任何化学反应，基本上是由四大自然基本力中的电磁力所驱动的。可以这么考虑，糖类化合物中的主要电活性基团，如羟基、醛基或酮基，均含有氧元素这一电子供体，而金属是一类具有电子受体性质的化学元素，氧和金属元素之间易产生配位反应等电子供体-电子受体相互作用，从而形成特殊过渡态、降低反应活化能、加快糖的电化学反应。所以，目前糖电化学反应的电催化剂主要是金属及其化合物。诚然，若能通过对非金属材料进行恰当的非金属元素掺杂改性，产生缺陷位点、具有电子受体性质的位点等活性结构，也可望研发出一些能有效催化糖类化合物电化学反应的非金属材料电催化剂，这点可能类似于纯碳纳米材料对于氧还原反应和析氧反应的催化性能不佳，但掺杂恰当的非金属元素后的碳纳米材料可变为这类反应的免金属高效电催化剂[4,5]。

碱性水溶液中，糖直接电化学的电催化剂主要是一些贵金属和贱金属、合金、全金属复合物、金属-非金属复合物和金属化合物等。碱性水溶液中存在高浓度的氢氧根离子，贱金属表面被阳极氧化后可生成不溶于水的氢氧化物或氧化物保护层，从而可抑制内层贱金属单质的阳极氧化，这样可维持电极表面较高的导电性与电化学活性。中性水溶液中，糖直接电氧化的电催化剂主要是纳米金等贵金属，因为贵金属的氧化电位比较正，通常不会在糖氧化的电位区间变成可溶的金属离子而发生阳极腐蚀。如前所述，这种糖的非酶电氧化反应是 pH 依赖的，而且电催化过程动力学与吸附态氢氧根离子密切相关，故对于同一种电催化剂和同一种糖分子，碱性水溶液中糖的直接电化学氧化信号往往远大于中性水溶液中的信号。

用于碱性介质中葡萄糖等单糖电催化氧化的金属电极主要有 Au、Pt、Ni 和 Cu 电极等。在碱性介质中，氢氧根离子和单糖首先吸附在 Au 和 Pt 电极上，再进行电子转移和糖氧化反应，其中氢氧根离子的吸附与活化对于糖分子的电氧化具有重要的作用。然而，电氧化过程中产生的强吸附物种易毒化电极，使阳极电流降低[6,7]。Tominaga 等研究了碱性介质中己醛糖和戊醛糖等几种单糖在 Au 电极上的电催化氧化和电极表面的毒化现象[8]。电化学、原位红外光谱和电化学石英晶体微天平(EQCM)研究表明，葡萄糖的两电子氧化产物(葡萄糖酸及其类似物)会吸附到 Au 电极表面形成单层，这样会使得单糖的氧化电流随时间增加而迅速降低，但葡糖胺氧化过程的电极毒化效应很小。张丽军等采用 EQCM 研究了在 NaOH 水溶液中、铂电极上，葡萄糖、半乳糖和乙醇恒电流氧化过程中伴随的电位振荡行为。结果表明，电化学振荡行为与电生糖酸根阴离子在 Pt 电极上的吸/脱附有关，电位振荡的 EQCM 响应对结构相似的、互为差向异构体的葡萄糖和半乳糖呈现出良好的分子识别能力[9]。Ni[10]和 Cu[11]电极上的电子转移则被认为是间接的，电子转移依赖氧化物层的形成，该氧化层是电子媒介体。例如，Ni 电极上的活性位点是羟基氧化镍(NiOOH)，它能实现对底物的化学氧化，此时电极上产物的吸附毒化效应很小。Stitz 等研究了碱性介质中 Cu、Ni 和 Co 金属电极上糖的电氧化，发现在 Ni 电极上施加正于 0.4 V($vs.$ Ag/AgCl)的电位后，电极表面的 Ni 被氧化成三价镍氧化物，氧化层的厚度取决于电极的这种电化学预处理过程，而 Cu 电极即使不经电化学预处理，也具有优异的电催化性能[12]。Xiang 等采用阻抗分析型多参数 EQCM 研究了碱性介质中、Ni(OH)$_2$ 修饰的 Au 电极上葡萄糖的电催化氧化以及界面离子传输过程，讨论了电催化氧化机理[13]。

事实上，不少金属氧化物对糖的电氧化反应具有催化活性，前述的 Ni、Cu 和 Co 的氧化物，以及 MnO$_2$ 纳米颗粒[14]和 RuO$_2$ 纳米颗粒[15]等金属氧化物都是糖类物质氧化反应良好的电催化剂。Chen 等制备了 4 种不同金属氧化物(Cu$_2$O、RuO$_2$、NiO 和 CoO)催化剂各自修饰的碳糊电极及其阵列，不同电极对糖或氨基酸表现出完全不同的催化特性[16]。Wang 等制备了 RuO$_2$ 修饰的碳糊电极，糖氧化过电位小，检测灵敏度高，稳定性好[17]。Demott 等探讨了银氧化物电极对糖的电催化氧化机理，如图 3.1 所示，并据此对电流响应的实验条件和影响因素进行了优化[18]。

值得指出的是，对于 CuO 电极上葡萄糖等糖类化合物的电化学催化氧化机理，以往认为是二价铜被电氧化为三价铜，强氧化性的三价铜再氧化糖等目标物为产物，同时再生二价铜[19]，这种电催化机理类似于图 3.1 所示的机理。2018 年，Barragan 等报道了关于 CuO 电极上电催化机理的新观点，认为三价铜物种不参与碳水化合物的电催化氧化反应，而是氢氧根离子的吸附和材料的半导体性质在这个电催化过程中起着更重要的作用[20]。他们发现，平带电位与糖氧化起始电位之间存在强相关性，故认为空穴(h^+)的存在增强了吸附态氢氧根离子的反应活性，从而促进了葡萄糖等糖类化合物的电催化氧化。

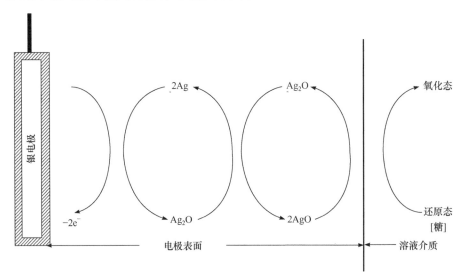

图 3.1　银氧化物电极上糖的电催化氧化机理示意图[18]

　　与单一金属材料的电极相比，合金电极或双/多金属电极往往具有更高的电催化性能和稳定性。需要注意的是，合金是专门概念，指在原子水平上均匀混合的金属混合物，对于没有达到这种尺度的混合均匀性的金属混合物，双/多金属的称谓在概念上更为确切。合金电极或双/多金属电极用于糖的电化学研究的报道很多，如 Ni-Ti[21-23]、Pb-Ir[24]、Pt-Pb[25]、Ni-Cu[26]、Cu-Mn[27]、Ni-Co[28]和 Tl-Pt[29]的电极及一些多金属电极[30]。Luo 等制备了 Ni-Ti 电极并用于液相色谱的电化学检测[21]。Ni 被电化学氧化成具有较强氧化性的羟基氧化镍，从而实现糖的化学氧化。Ti 虽不参与糖的氧化过程，但与纯镍电极相比，Ni-Ti 电极具有更好的响应重现性和更长的使用寿命。随后，他们又采用电化学和 X 射线光电子能谱(XPS)进一步研究了 Ni-Ti 电极能够维持长期稳定性和高灵敏度的机理，认为主要是与 Ni-Ti 电极具有表层为 TiO_2 而次表层主要为镍氧化物的结构有关[22]。Morita 等研究了 Ni-Ti 电极中镍含量对电催化氧化糖的性能的影响，并用于糖的色谱电化学检测[23]。Mullens 等研究了 Pb-Ir 电极中 Pb 和 Ir 对糖类物质电催化氧化的协同效应[24]。光谱方法研究结果表明，在 Na_3IrCl_6 + $Pb(NO_3)_2$ 的水溶液中形成了离子对配合物 $IrCl_6^{3-}$-Pb(Ⅱ)和 $Ir(H_2O)Cl_5^{2-}$-Pb(Ⅱ)，有效降低了玻璃碳电极上 $PbIrO_x$ 的成核及生长所需的过电位。与 IrO_x 相比，$PbIrO_x$ 薄膜对糖类物质具有更好的催化活性，这是因为糖类物质可先吸附到 Pb(Ⅱ)位点，然后在附近的 Ir(Ⅳ)位点被氧化。Sun 等发现 Pt-Pb 电极可在更负的电位下催化氧化葡萄糖，抗干扰性能更好，响应更稳定[25]。Casella 等则在电极表面电沉积一层镍和铜的羟基氧化物薄膜，经扫描电子显微镜(SEM)和 XPS 表征，发现所沉积的薄膜光滑、致密而均匀，薄膜中的羟基氧化铜可使羟基氧化镍在长时间的电位环扫中保持β-NiOOH 晶型，而抑制不稳定的γ-NiOOH 的形成[26]。Mho 等研究了葡萄糖在 Mn_5Cu_{95} 电极上的阳极响应，比纯铜电极上具有更好的效果，这是因为葡萄糖可很好地预吸附在 Mn 位点上，有利于它在邻近 Cu 位点上的氧化[27]。曾百肇等用电沉积法制备了 Ni-Co 电极，并研究了葡萄糖等生物小分子在电极表面的催化氧化行为[28]。结果表明，与纯 Ni 电极和纯 Co 电极相比，Ni-Co 电极的催化作用更强，这是由于 Ni(Ⅱ)/Ni(Ⅲ)和 Co(Ⅱ)/Co(Ⅲ)两个氧化还原电对的协同催化作用。当 Ni 含量增加时，Ni-Co 电极本身的氧化峰增高，但其催化作用则随电极上 Co 含量的增加而增强。Bamba 等制备的 Tl-Pt 电极的电流密度大，且可选择性地氧化底物[29]。Marioli 等制备的多元金属电极中加入了铬，改善了电极在碱性介质中的抗腐蚀性能[30]。Bag 等研究了纳米玻璃态合金 $Ni_{60}Nb_{40}$ 在碱性介质中电催化氧化葡萄糖的行为，与已报道的所有基于镍基纳米材料的非酶葡萄糖电极相比，这种纳米玻璃电极具有最高的灵敏度[31]。Wang 等研究了碱性介质中氧化镍电极上葡萄糖的电催化氧化，发现氧化电流饱和信号与氢氧根离子的浓度密切相关，表明氢氧根离子在非酶催化葡萄糖氧化过程中具有重要作用[32]。

3.2.2　金属纳米材料修饰电极上的糖电化学

　　纳米材料修饰电极往往比本体金属电极具有更好的电催化性能和稳定性，可能的原因是，纳米结构使电极表面积显著增大，表面能增加，活性增强，不仅可降低过电位，增大电极反应动力学速率，同时因催化位点的纳米化精细分布，含氧物易于接近各催化位点，从而易于清除催化过程产生的毒化物，较好地实现电极上催化位点的动态实时活化。采用金属纳米材料修饰的电极，在中性介质中也可实现比较高效的单糖电催化氧化[33-37]。Park 等利用六方液晶相模板，在铂电极上沉积介孔铂，研究了介孔铂修饰铂电极上葡萄糖的氧化行为[33]。介孔结构使电极表面显著粗糙化。理论上，对于扩散控制的电化学过程，如遵循外层机理(outer-sphere mechanism)的亚铁氰化钾的电氧化过程，其法拉第电流(扩散电流)与电极的几何面积成正比，而几乎与纳米起伏的电极表面的粗糙因子和真实面积无关。对于动力学(如吸附)控制的电化学过程，例如，铂电极上葡萄糖的电氧化，增加电极表面粗糙因子则能显著增大法拉第电流。在光滑的裸铂电极上，抗坏血酸(AA)和对乙酰氨基酚(AP)的扩散电流响应很大，而葡萄糖的响应则可忽略。而在粗糙因子递增的介孔铂修饰的铂电极上，AA 和 AP 的氧化电流增加不大，但葡萄糖的氧化电流则与粗糙因子成正比，且在具有高粗糙因子的介孔铂修饰铂电极上，葡萄糖的氧化电流响应比 AA 和 AP 的还大，从而实现了中性介质中葡萄糖的高选择性安培检测。Zhao 等利用高达 10 V 的阳极电位处理金电极表面，再经葡萄糖的化学还原处理，得到了高活性的金原子表面层，可在中性介质中高效催化葡萄糖的氧化，实现了葡萄糖的高敏非酶电化学传感[34]。Li 等利用氢气泡动态模板法，在多晶金电极表面制备了多孔铜膜，再经 $KAu(CN)_2$ 处理得到大孔图案化的并具有纳米精细结构的多孔金修饰层，也可在中性介质中实现葡萄糖的高效电催化氧化[35]。Cui 等在玻璃碳电极上修饰镀有 Pt 和 Pb 纳米颗粒的多壁碳纳米管(multi-walled carbon nanotubes，MWCNTs)，也可在中性介质中高效催化葡萄糖的氧化，实现了葡萄糖的高敏、高选择性和低电位传感检测[36]。Tominaga 等比较了纳米金修饰电极与金盘电极上葡萄糖的电催化氧化行为[37]。他们发现金盘电极上葡萄糖的催化氧化电流会随时间增加而快速减小，而在纳米金修饰电极上的电流变化不大，这说明纳米金修饰电极上的催化位点不容易受到毒害。在纳米金修饰电极上，中性介质和碱性介质中葡萄糖均可被催化氧化，合适电位下，碱性介质中产生葡萄糖酸及其内酯的电流效率可达 100%，而中性介质中也可达 88%。因此，纳米金也被认为是葡萄糖氧化酶的模拟酶[38]。Katseli 等报道了智能手机可寻址的 3D 打印电化学指环的研制，实物图如图 3.2 所示。电化学指环中含有三个碳基电极，其中工作电

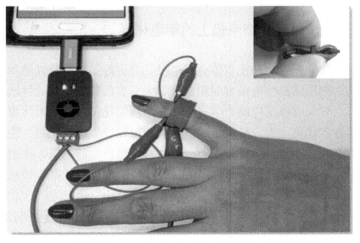

图 3.2　智能手机可寻址的 3D 打印电化学指环实物图[39]

极上电沉积一层纳米金膜后,接入智能手机可寻址的微型恒电位仪,可检测人汗液中生理浓度范围的葡萄糖,乳酸和尿酸等一些常见电活性代谢物不会产生干扰[39]。

如前所述,金属电极表面的纳米结构可通过本体电沉积和电极处理等方式制得,金属纳米结构修饰电极也可通过欠电位沉积(UPD)和纳米材料在聚合物中的分散等方式制备。Zadeii 等制备了 Nafion/Cu 修饰电极催化氧化糖类[40]。Kelaidopoulou 等采用欠电位沉积法在聚苯胺中制备 Pt 颗粒,用于电催化氧化葡萄糖的研究,具有比裸铂电极更强的催化作用[41]。Zhao 等制的金纳米颗粒-双十六烷基磷酸酯膜修饰电极对葡萄糖有很好的安培检测灵敏度[42]。Kokoh 等制备的 Pb 颗粒修饰 Pt 电极可以选择性地氧化糖类物质[43,44]。他们在铂电极上欠电位沉积铅,该修饰电极可以把葡萄糖酸选择性地氧化成 2-酮基-D-葡萄糖酸,将乳糖氧化成乳糖酸,而在普通铂电极上葡萄糖酸的氧化产物有草酸、酒石酸、5-酮基-D-葡萄糖酸和 D-葡萄糖醛酸。聚合物分散金属纳米颗粒法制备修饰电极简便可行,如聚萘胺/镍修饰的碳糊电极[45]和聚萘胺/铜修饰的玻璃碳电极[46]的制备和应用。

3.2.3 金属化合物或金属-非金属复合物修饰电极上的糖电化学

酞菁钴[47-49]、镍-卟啉配合物[50]和钌配合物[51]等的修饰电极已用于糖检测。一些金属酞菁配合物具有可逆性良好的氧化还原行为,已广泛用作氧化还原反应的电子媒介体以及电催化剂。Santos 等通过混合石墨粉、润滑油和酞菁钴粉末研制出修饰电极,可有效降低葡萄糖氧化的过电位[47]。Sun 等采用分子沉积技术把水溶性的四磺酸基酞菁钴沉积到自组装单分子层修饰的金电极表面[48]。该电极制作简便,响应快,稳定性好,对葡萄糖、果糖、蔗糖和麦芽糖的氧化均有电催化作用。Barrera 等利用金属酞菁在碳基底上的强吸附特性(主要源于π-π作用),把酞菁钴修饰到电极表面,比较了有无取代基的酞菁环的酞菁钴配合物对葡萄糖催化氧化能力的差异,分析了酞菁环上取代基对催化能力的调制效应[49]。Quintino 等用电聚合法把四钌胺化卟啉-镍化合物修饰到电极上,可有效检测葡萄糖[50]。Bamba 等以 $RuCl_2(azpy)_2$ 作为电子媒介体,将 D-葡萄糖氧化成 2-酮基葡萄糖酸和葡萄糖酸[51]。

碳材料及其金属复合物也常用于糖的催化电化学。Deo 等研究了碳纳米管修饰的玻璃碳电极对糖的电催化特性[52]。由于碳纳米管良好的负载能力,碳纳米管与金属的复合电极吸引了研究者的注意,如碳纳米管/铜[53,54]和铂纳米颗粒/碳纳米管[55]。Ohnishi 等采用离子注入技术在金刚石电极中注入镍,具有较低的背景电流[56]。Zhang 等装配了碳纳米管-镍纳米颗粒复合物糊电极，研究了四种糖分子在该电极上的氧化行为及其毛细管电泳分离-电化学检测性能[57]。

3.2.4　色谱/毛细管电泳中糖的电化学检测

近几十年来，高效液相色谱和高效毛细管电泳得到了迅速发展，研究者在检测方法和检测器方面开展了大量富有成效的研究，发展了多种类型的检测器，有质谱学、光学和电化学检测器等。电化学检测方法主要有电导法、电位法和安培法，主要检测离子与活性分子等。电化学检测器具有死体积小、响应速度快、线性范围宽、造价较低等特点。液相色谱/毛细管电泳与电化学检测技术相结合可用于测定多种化合物，已成为一种选择性较好、灵敏度高、简单快速的分离分析方法[58]。另外，随着基础电化学研究的进步，特别是各种化学修饰电极的出现，分离技术中的安培电化学检测手段应用对象范围不断拓展，检测对象从最初研究一些易氧化还原的物质(如酚类化合物和神经递质)扩展到一些氧化还原相对较难的物质(如糖类物质和氨基酸)以及一些大分子化合物(如多肽和核酸)[59]。

近年来，糖的结构和生物学功能研究已成为继核酸和蛋白质研究之后的又一个重要科研主题，备受重视。由于糖具有结构多样性和复杂性，以及糖同系物的性质具有高度类似性，而糖的化学结构中缺少生色团和荧光团，故其色谱分离后的检测较为困难，如采用光学检测方法则需对分析物进行柱前或柱后衍生。采用电化学方法检测糖类是较好的选择之一[60,61]。

脉冲安培检测(PAD)是常用的色谱电化学检测技术，该技术集成了一个或多个极化步骤来清除电极表面的吸附物种以保持电极的活性。在 PAD 研究方面，Johnson 做出了开拓性的贡献[60]。Andrews 等报道了 PAD 法中电位的选择技巧，可指导电极表面的及时电清洗，以保持电极的重现性[62]。PAD 法已广泛用于糖类、胺类及含硫化合物等的分析检测。另外，也有使用恒电位技术[63]和正弦波伏安法[64]检测的报道。因金属电极易于被电生的物种所沾污或毒化，集成了电极处理步骤的 PAD 法在液相色谱/毛细管电泳中的应用最为流行[65]。Wring 等采用高效液相色谱和电化学检测器测定了人尿中木糖等的含量[66]。Cataldi 等研究了在碱性溶液中非电活性 Ca(Ⅱ)、Sr(Ⅱ)和 Ba(Ⅱ)对脉冲伏安检测醛醇和糖类的影响[67,68]。这些二价阳离子可与多羟基化合物发生配位，改善其分离分析性能。Weitzhandler 等用离子色谱结合 PAD 检测了糖蛋白提取样品中的单糖，并成功消除了氨基酸和肽的干扰[69]。Hua 等把氧化亚铜颗粒分散到碳溶胶凝胶中制成复合电极，成功用于糖类化合物的毛细管电泳分离检测[70]。Hu 等采用铜盘电极实现了咖啡中 6 种单糖的同时检测[71]。Lee 等将铜线电极用于微芯片毛细管电泳中糖的检测，检测下限为μmol/L 数量级[72]。Hanko 等用离子色谱结合 PAD 检测了蔗糖素，其电化学响应的线性范围为 0.01～40 μmol/L[73]。毛细管电泳-电化学检测已用于多糖水解液、血清、食品和中草药等复杂样品中糖的分析检测[74]。Fanguy 等将 PAD 技术用于电泳微芯片分析，检测了葡萄糖等糖类化合物[75]。Voegel 等在毛细管出口端直接喷镀一层金属薄膜用于糖类化合物的电化学检测[76]。Basa 等采用循环计时电位法检测糖，该方法的主要优点是检测信号的大小与电泳分离电场基本无关[77]。Chen 等采用硼氢化钠还原石墨烯和铜离子制得石墨烯-铜纳米颗粒复合物，与石蜡油混合压入熔融毛细管中装配了微盘电极，成功用于五个糖类化合物的毛细管电泳-伏安法检测，检测器具有灵敏度高、选择性好、表面可更新、可批量修饰等优点[78]。

3.3 催化型葡萄糖生物电化学装置

3.3.1 葡萄糖安培酶电极

葡萄糖检测广泛服务于糖尿病患者血糖检测等众多领域，葡萄糖安培酶电极在全球生物传感器市场曾占到高达 80%的份额[79,80]。葡萄糖安培酶电极主要采用葡萄糖氧化酶(GOx)、无氧依赖的葡萄糖脱氢酶和高特异性的己糖激酶[81]。这里，我们主要简介使用最多的基于葡萄糖氧化酶的葡萄糖安培酶电极。因为价格便宜、稳定性好、比活力高，葡萄糖氧化酶是开展安培酶电极领域科学研究的模型酶，也是目前进入千家万户开展血糖检测所使用的酶。葡萄糖氧化酶是一种同型二聚体蛋白质分子，有两个黄素腺嘌呤二核苷酸(FAD)活性中心，可高选择性地快速催化葡萄糖(glucose)的氧化，生成葡萄糖酸(gluconic acid)或葡萄糖酸内酯(gluconolactone)。在这个酶催化反应中，酶的氧化态活性中心 FAD 被葡萄糖还原成其还原态 $FADH_2$。显然，需要额外的氧化剂(即电子媒介体)将 $FADH_2$ 重新氧化为 FAD，从而实现酶催化反应的循环进行，否则一个酶分子只能催化氧化葡萄糖分子一次。基于葡萄糖氧化酶的葡萄糖安培酶电极的酶反应和化学反应如式(3.1)和式(3.2)所示。

$$\text{酶反应：} \quad 葡萄糖 + GOx_{ox} \longrightarrow 葡萄糖酸内酯 + GOx_{red} \tag{3.1}$$

$$\text{化学反应：} \quad M_{ox} + GOx_{red} \longrightarrow M_{red} + GOx_{ox} \tag{3.2}$$

式中，GOx_{ox} 和 GOx_{red} 分别为 GOx 的氧化态和还原态；M_{ox} 和 M_{red} 分别为电子媒介体的氧化态和还原态。

根据电子媒介体的不同，可将葡萄糖安培酶电极分为以下三代。

第一代葡萄糖安培酶电极采用天然媒介体 O_2(溶解氧)来实现 GOx 从还原态到氧化态的"翻转",然后通过在一定电位下检测酶生 H_2O_2 发生氧化或还原反应所产生的电流响应,或者检测 O_2 的消耗,从而实现对葡萄糖的定量检测[80-82]。第一代葡萄糖安培酶电极结构简单且易于制备,因而得到了广泛的研究。但是,由于第一代酶传感器传感性能受到溶解氧的显著影响,在空气气氛下、水溶液中溶解氧的固有低平衡浓度(通常<1 mmol/L)限制了第一代葡萄糖安培酶电极的灵敏度和检测上限,而且较高的 H_2O_2 阳极检测电位往往会带来试样中电活性共存物的较大干扰,所以第一代传感器的选择性和灵敏度受到了一定的限制。迄今,改善第一代葡萄糖安培酶电极性能的方式至少包括以下三种,利用富氧材料和电解供氧等方式提高电极表面氧气浓度,利用选择性透过膜抑制其他共存电活性物质的干扰,以及利用 H_2O_2 的高性能电催化剂来增强葡萄糖安培传感信号[80,81,83]。

第二代葡萄糖安培酶电极采用铁氰化钾、二茂铁衍生物、醌类等高电活性人工电子媒介体来实现 GOx 的"翻转"。已经商品化的血糖检测仪大多采用第二代葡萄糖安培酶电极工作模式。与第一代葡萄糖安培酶电极相比,人工电子媒介体的加入往往能够较好地解决传感器响应受低浓度溶解氧限制、灵敏度不高、线性检测范围不宽、检测电位过高易带来干扰等问题。通过人工媒介体来翻转酶的第二代葡萄糖安培酶电极,其电子转移途径需同时满足以下两个前提条件[81],即①媒介体需要能够足够接近电极表面或通过导电材料从电极表面引出的电活性位点,以保证媒介体电化学信号的输出;②媒介体需要足够接近 GOx 酶活性中心,或者可以借助分子导线将酶活性中心与媒介体分子有效连通,以保证媒介体和 GOx 还原态之间的化学反应的有效进行。从电子转移短程效应的角度来看[84],若使用溶液中溶解的媒介体,可通过扩散、对流等传质方式实现这种"足够接近",得到较好的第二代葡萄糖安培酶电极传感性能。然而,这种基于溶液态人工电子媒介体的第二代葡萄糖安培酶电极,因媒介体的易泄漏和生物毒性,不适用于葡萄糖的在体检测。显然,酶和人工电子媒介体双双固定在酶膜中的方式,更适合葡萄糖的在体监测,但需要特别注意和考虑上述的"足够接近"问题[85-87]。

第三代葡萄糖安培酶电极是指在电极上固定的酶直接与电极之间发生电子转移,即直接以电极上的正电荷为电子媒介体,实现酶从还原态到氧化态的"翻转"的传感类型[81]。第三代传感器无需使用第一代和第二代生物传感器中的化合物实体形式的电子媒介体,实属电化学生物传感器的理想工作模式。然而,由于 GOx 等生物分子的活性中心深埋于酶分子内部,外面由不导电的蛋白质外壳包覆,因此酶与电极之间的直接电子传递通常难以实现。Xiao 等将 FAD 功能化的纳米金与去 FAD 活性中心的 GOx 进行重组,实现了酶与电极间的直接电子传递,构建了一个高效的生物催化体系[88]。迄今，已有不少在纳米材料修饰电极上实现酶的直接电化学的文献报道，但往往没有深入研究具有直接电化学活性的那些酶分子的酶活性，而只是考察了酶膜中所有酶分子的整体酶活性，这样，整体酶活性有可能主要是来自没有直接电化学活性的那些酶分子。宏观上可以这么设想，葡萄糖氧化酶为亲水酶，溶于水后会折叠成外部亲水、内部疏水的天然结构。对于水溶液中直接吸附在疏水性导电纳米材料表面的葡萄糖氧化酶，疏水相互作用力会调变葡萄糖氧化酶吸附后的构象，出现吸附态酶分子内部疏水端往外翻的情况，难以保持溶液态葡萄糖氧化酶折叠后外部亲水、内部疏水的天然结构，所以吸附态葡萄糖氧化酶会(部分)失去酶活性而产生电活性。相反，吸附在亲水纳米材料上的葡萄糖氧化酶会很好地保持溶液态葡萄糖氧化酶外部亲水、内部疏水的天然结构，这样的吸附态葡萄糖氧化酶应该不会明显失去酶活性，也不会明显产生电活性。Su 等在十二烷基磺酸钠存在下将 GOx 吸附在多壁碳纳米管上，采用 EQCM 和紫外光谱表征后发现具有电活性的 GOx 分子的酶活性几乎完全丧失，这可能是常规操作中 GOx 分子的酶活性和电活性难以兼得的首次报道[89,90]。随后，几个不同的研究组均报道了 GOx 的酶活性和电活性难以兼得的类似结果[91-94]。由此看来，研发 GOx 分子同时具有直接电化学活性和酶活性的第三代葡萄糖安培酶电极，仍然需要新思路、新对策乃至新原理。

近年来，可穿戴传感器与远程医疗、医疗物联网和精确医疗等概念交织在一起，它们能提供主动和远程监测生理参数的功能，可以连续产生健康状况数据，增强佩戴者的自我监测依从性和护理质量[95-98]。实现对血糖的连续动态监测，得到实时血糖水平的重要信息，对糖尿病的诊治具有重要意义。传感监测透皮间质液中的葡萄糖浓度是目前动态监测血糖的一种有效方式。新兴的可穿戴柔性电子产品为体外的葡萄糖监测带来了新机遇，有望实现大规模家用和临床推广。例如，Pu 等采用喷墨印刷技术，实现了柔性电极的制备、石墨烯和铂纳米颗粒在工作电极表面的修饰以及 GOx 酶分子的固定，研制了一种可用于精确监测血糖的、热激活的、差分自校准的、柔性穿戴式的表皮生物微流体装置[99]。通过温度控制单元对皮肤进行局部热活化，可提高透皮间质液的提取效率。通过差分钠离子校正，成功消除了个体差异和汗液对检测结果的影响。该柔性电化学葡萄糖传感器装置可紧贴在皮肤表面，准确检测生理范围内的葡萄糖浓度，也具有低血糖检测的潜力。Sempionatto 等研制了柔性可伸缩的皮肤贴片，如图 3.3 所示，实现了无传感器信号串扰的、连续的血压和心率的声学监测，以及透皮间质液葡萄糖(GOx 酶电极)和汗液中乳酸、咖啡因和乙醇的电化学传感监测，朝着多模态集成式可穿戴传感器迈出了重要一步[100]。

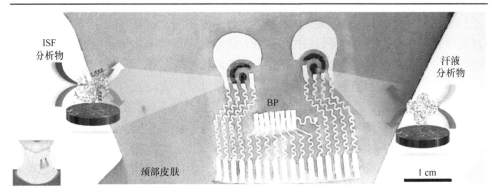

图 3.3　柔性可拉伸集成式皮肤贴片用于声学监测血压(BP)、电化学监测透皮间质液(ISF)中的
葡萄糖以及汗液中生物标志物(乳酸、咖啡因和乙醇)的示意图[100]

3.3.2　葡萄糖燃料电池

　　燃料电池研究越来越受到人们的重视，迄今已发展了多种基于不同燃料的燃料电池。糖类化合物，特别是单糖，作为燃料电池的原料具有安全、方便和可再生的优点，糖燃料电池是糖电化学的重要研究方向。葡萄糖的电化学氧化是一个脱氢过程，其终极的阳极氧化反应可写为：$C_6H_{12}O_6 + 24OH^- \longrightarrow 6CO_2 + 18H_2O + 24e^-$，该反应涉及 24 个电子转移，表明基于葡萄糖燃料研制的燃料电池在理论上具有很高的比能量，但因其动力学迟缓，实际过程中很难实现这种终极的深度电氧化。

　　葡萄糖燃料电池可分为两种类型，直接氧化型燃料电池(类似于直接甲醇燃料电池[101])和生物燃料电池[102]。直接氧化型燃料电池一般采用金属作为阳极催化剂。张歆研究了基于葡萄糖燃料的直接氧化型燃料电池，所制备的 Pt/Co/C 电极具有较高的电催化活性和稳定性[103]。Larsson 等在酸性介质中利用 V(IV)对还原糖的氧化研制了高效的糖燃料电池[104]。Chu 等以氮掺杂介孔碳作为阴极催化剂，金纳米线作为阳极催化剂，研制了一个在生理条件下稳定输出高功率密度的无隔舱葡萄糖-空气燃料电池[105]。

　　生物燃料电池(biofuel cell)可分为酶型生物燃料电池和微生物型生物燃料电池，是利用生物酶或者微生物(本质上还是其中所含的酶)作为催化剂，将燃料的化学能转化为电能的电化学装置。生物燃料电池一般在常温、常压、中性 pH 条件下工作，反应易于操作、控制和维护。生物燃料电池具有很好的生物兼容性，可为植入人体的人造器官或生物传感器提供能源，具有诱人的应用前景[106-109]。葡萄糖在包括人体在内的很多生物体内的浓度较高，故葡萄糖生物燃料电池得到了广泛的研究。在葡萄糖生物燃料电池中，葡萄糖燃料于阳极室在生物催化剂(酶或微生物)作用下被氧化，电子通过外电路到达阴极，氧化剂(一般为氧气)在阴极室得到电子被还原(图 3.4)[110]。

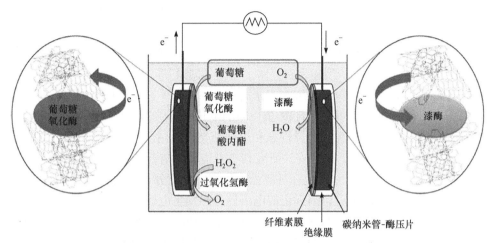

图 3.4 基于碳纳米管–纤维素膜包埋葡萄糖氧化酶和漆酶的葡萄糖/
氧气生物燃料电池示意图[110]

影响生物燃料电池性能的主要因素有燃料氧化速率、阴极上氧化剂的还原反应速率、电极界面的电子传输速率、回路的电阻、反应物和产物的传质速率[111,112]。由于生物催化的高效性，燃料氧化速率通常不是整个过程的速率控制步骤，阳极和阴极上的电子传输速率往往决定了整个过程的快慢。利用溶解氧作为氧化剂的生物燃料电池，会受到溶解氧浓度不高这一因素的影响。目前提高电子传递速率的方法主要有采用氧化还原高活性分子作电子媒介体[113]、通过导电聚合物膜连接酶催化剂与电极[114]等。为了提高质子传输速率和缩小电池体积，无隔膜无媒介体的微型生物燃料电池也引起了关注[115]。

糖生物燃料电池模拟了生物体利用糖作为能源的特性，具有生物兼容性好的优点，但目前糖生物燃料电池的最大功率密度大多不足 $1\,mW/cm^2$。随着生物和化学学科交叉研究的深入，特别是依托生物电化学、生物传感器、修饰电极和纳米材料等研究的进展及突破，生物燃料电池这一重要领域必将取得更大的进步，包括在自供电生物电化学装置的研发等方面[116-118]。

3.4 糖类相关的亲和型生物电化学传感器

本节主要讨论糖-凝集素生物亲和、糖-硼酸基化学共价结合、基于糖蛋白的糖基部位的电化学标记，以及相关的生物亲和型分子与细胞电化学传感。

　　细胞表面糖基和蛋白质的相互作用在很多生理和病理过程中扮演着重要角色，如细胞黏附、病原体感染、植物与病原菌相互作用、豆科植物与根瘤菌共生过程、细胞凋亡、受精过程、癌细胞异常增生及转移和免疫反应[119-126]。糖-蛋白质相互作用研究对于深入理解糖的生物学功能显然具有重要意义。可用于糖-蛋白质相互作用研究的分析表征方法有很多，如石英晶体微天平[127]、紫外光谱[128]、荧光光谱[129]、红外光谱[130]和表面等离子体波共振[131]等。电化学方法用于分子间相互作用研究，有助于深入理解相互作用过程中的电子运动机理。利用糖与蛋白质特异性的结合作用，可以设计糖/蛋白质的电化学传感器。

　　凝集素是非免疫来源的特异性亲和识别糖类的蛋白质[124]。Sugawara 等给单糖修饰上电活性小分子，用伏安法研究其与凝集素的结合特性，实现了一些糖/蛋白质的高性能检测[132-135]。他们在甘露糖上连接电活性分子硫堇后，再修饰到电极表面，当与凝集素结合后，因标记的电活性分子发生电极反应的空间位阻增大，所以峰电流减小。加入游离糖竞争结合凝集素，使凝集素脱离电极表面，峰电流增大，故还可用于检测对应的糖。Ertl 等把凝集素固定到铂电极表面，利用微生物表面的脂多糖与凝集素的结合作用，用计时电量法记录结合过程的电化学响应，成功鉴别了 6 种微生物[136]。Dubois 等通过生物素-亲和素的桥连作用，把乳糖衍生物连接到聚吡咯修饰的电极表面，以钌配合物作为电化学探针，实现了花生凝集素的检测[137]。

　　按照功能标记物的尺寸和结构不同，生物标记技术可分为分子标记和纳米标记两种技术。酶标技术是免疫学检测和研究中非常重要的分子标记技术。酶标抗体复合物既具有原来的免疫活性和特异性，又具有标记酶的检测敏感性，这样，可利用标记酶的酶反应所显示的信号，实现高敏、特异的免疫分析。辣根过氧化物酶(HRP)是很常见的标记酶，在 HRP 标记抗体的过程中，利用过碘酸钠将 HRP 糖基中的羟基氧化为醛基，因其蛋白部分较少受到影响而能保持良好的酶活性，所产生的醛基与抗体蛋白质中的氨基发生化学反应后，再用硼氢化钠还原所生成的活性席夫碱基团，得到酶标抗体[138]。利用 HRP 酶联免疫电化学分析技术，不少学者对疾病(如恶性肿瘤)标志物的分析检测进行了研究。例如，Ju 等采用他们提出的制备钛溶胶-凝胶基质的蒸汽沉积法[139]，在玻璃碳电极上固定糖类癌抗原 CA 125，再通过免疫反应捕获其 HRP 标记抗体，所捕获的 HRP 呈现出直接电化学响应。利用竞争免疫分析原理，HRP 峰电流与样品溶液中的 CA 125 浓度呈负相关，借此可测定低至 1.29 U/mL 的 CA 125[140]。HRP 酶联免疫电化学分析技术也已用于糖类抗原 19-9[141]、K562/ADM 细胞膜上 P-糖蛋白[142]以及 CA 19-9 和 CA 125 的联合检测[143]。Tang 等在金电极上固定硫堇修饰的磁性金纳米颗粒，在 HRP 标记抗体的免疫体系中，实现了低到 pg/mL 浓度级癌胚抗原的安培免疫检测[144]。

　　除了糖-凝集素相互作用等生物亲和外，基于糖-硼酸基化学共价结合的"化学亲和"也经常用于糖相关的电化学分析传感。很多电化学方法可用于输出信号，如伏安法、电化学阻抗法和电位法等。伏安法研究通常需引入电活性基团，而电化学交流阻抗法则可便利地对非电活性修饰层进行跟踪和表征。阻抗方法已广泛用于电极表面生物大分子的吸附[145]和生物识别过程[146]的研究。Liu 等用电化学交流阻抗等方法研究了聚苯胺硼酸薄膜与糖蛋白间的相互作用，包括特异性和非特异性结合[147]。Diniz 等用电化学阻抗法和伏安法研究了凝集素伴刀豆球蛋白A(ConA)在氧化的铂电极表面的吸附行为[148]。铂电极表面氧化后会产生大量的羟基，从而表现出类似于碳水化合物的性质，对蛋白质产生亲和力。Belle 等把凝集素固定到 Cu/Ni/Au 的印刷电极上，基于交流阻抗法快速监测了凝集素与一些糖缀合物的结合过程[149]。Hashemi 等基于糖-硼酸基化学共价结合的原理，发展了一种定向固定抗体的策略，采用硼酸修饰的磁性石墨烯纳米带材料，研制了超敏检测淋巴瘤癌细胞的电化学阻抗免疫传感器[150]。Matsumoto 等在硼酸功能化聚乙二醇修饰电极上，采用电位法测定了循环糖蛋白，检测下限为μmol/L 数量级，无需酶标记等步骤[151]。

　　细胞表面聚糖在多种生物过程中发挥着重要作用，如细胞间通信、免疫、感染、发育和分化。它们的表达与肿瘤的生长和转移密切相关。鞠熀先研究组在细胞聚糖的电化学分析方面完成了系列创新研究工作，主要包括构建可识别聚糖的电化学探针用于细胞表面聚糖的直接或竞争性电化学检测，以及构建多通道电极或编码的凝集素探针实现细胞表面多种聚糖的同时动态监测[152]。Cheng 等利用肽功能化碳纳米管修饰的丝网印刷碳电极阵列来捕捉细胞，使用四种 HRP 标记的凝集素分别识别四种碳水化合物，通过酶催化产生的电化学信号，评估了癌细胞表面的聚糖表达，以及在丁酸钠诱导红细胞分化过程中聚糖表达的动态变化，如图 3.5 所示[153]。Ding 等在金电极表面组装上甘露聚糖分子单层，通过标记硫化镉量子点的 ConA 与溶液中 K562 细胞表面的甘露糖基和电极表面甘露聚糖分子单层的竞争性结合，基于电极固定的硫化镉量子点的阳极溶出伏安法，实现了细胞表面糖基的定量分析，分析结果与酶法结果具有可比性[154]。小尺寸、自由漂浮的外泌体承担着调节细胞功能和介导细胞间通信的角色，其蛋白质特异性糖型分析是有价值和挑战性的工作。Guo 等通过局部化学重塑和定量电化学的结合，实现了外泌体黏蛋白 1 特异性末端半乳糖/N-乙酰半乳糖胺的定量定位分析[155]。Zhang 等将 ConA 有效固定在所制备的由氮掺杂碳纳米管、硫堇和金纳米颗粒组成的层层结构上，基于细胞表面甘露糖基对 ConA 的特异性识别来捕获细胞，通过 HRP 催化双氧水氧化硫堇以输出电化学信号，实现了 HeLa 细胞的高性能检测和单个 HeLa 细胞表面甘露糖基和糖蛋白数目的评估[156]。Chen 等将 ConA 结合在化学还原氧化石墨烯表面的聚酰胺-胺树枝状大分子上, 以适配体和辣根过氧化物酶修饰的金纳米颗粒作为纳米探针, 提出了一种可实现电化学细胞传感和细胞表面 N-聚糖表达动态评估的多价识别和高选择性信号放大的适配体策略, 成功用于人急性淋巴白血病细胞 CCRF-CEM 及其表面 N-聚糖的检测, 以及 N-聚糖表达抑制剂的筛选[157]。Chen 等以人乳腺癌细胞 MCF-7 上的甘露糖基为靶聚糖模型, 以聚二甲基二烯丙基氯化铵-多壁碳纳米管复合物固定 ConA, 通过目标细胞表面的活性甘露糖结合位点来捕获细胞, 以适配体-辣根过氧化物酶-金纳米颗粒复合物为纳米探针输出信号, 制备了一种基于有机电化学晶体管的生物传感器[158]。该装置可检测低至 10 个细胞/μL 的乳腺癌细胞 MCF-7, 已用于选择性监测 N-聚糖抑制剂处理后细胞表面甘露糖基表达的变化。Liu 等利用基于多孔阳极氧化铝的非对称纳米通道阵列及其离子电流整流效应可放大离子电流信号的原理, 实现了细胞表面聚糖的超灵敏免标记检测[159]。

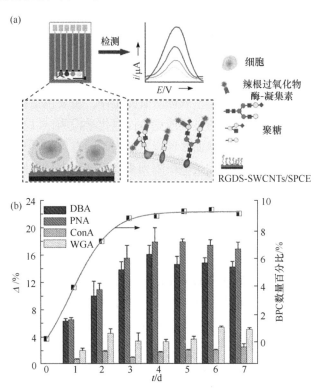

图 3.5 (a) 细胞表面聚糖电化学传感示意图; (b) 丁酸钠诱导的细胞表面聚糖表达的变化[153]

RGDS-SWCNTs/SPCE. 精氨酸-甘氨酸-天冬氨酸-丝氨酸(RGDS)肽-单壁碳纳米管(SWCNTs)/丝网印刷碳电极;

DBA. 双花扁豆凝集素; PNA. 花生凝集素; ConA. 伴刀豆球蛋白 A;

WGA. 麦芽凝集素; BPC. 联苯胺阳性细胞

3.5　糖类相关的功能材料与电化学

3.5.1　几种聚糖与电化学

一些聚糖(多糖和寡糖)具有特殊的结构、优异的生物兼容性和柔性等性质，广泛应用于基础和应用电化学研究中[160]，如壳聚糖(chitosan)[142,161-165]、琼脂糖[166,167]、(硫酸)葡聚糖[168,169]、环糊精(cyclodextrin，CD)[170-175]和肝素(heparin)[176,177]等。以下将简述壳聚糖、环糊精和肝素相关的电化学研究和应用。

　　壳聚糖是几丁质的脱乙酰产物，富含氨基和羟基。壳聚糖在酸性水溶液中其氨基质子化后是可溶的离子形式，而在中性和碱性水溶液中去质子化后因不带电荷而析出，其pK_a一般在 6.1～7.0 之间。壳聚糖是一种性能优良的生物固定基质，具有成膜方式灵活、黏附力强、生物兼容性好和化学结构可修饰性好等优点[142,161-165]。Zhang 等利用甲苯胺蓝 O 修饰壳聚糖结构，与碳纳米管混合制得电活性的壳聚糖纳米复合物，滴涂至玻璃碳电极表面，实现了 β-烟酰胺腺嘌呤二核苷酸(NADH)的低电位高效电催化氧化，从而构筑了一个新的电分析传感平台[163]。除了用滴干法制备壳聚糖膜外，利用壳聚糖溶液中溶剂水分子的电还原[164]或者利用外加氧化剂(如双氧水和对苯醌)的电还原[165]，可定量改变电极表面附近微区溶液的 pH，从而诱导壳聚糖的沉积，这种电沉积法具有膜厚度可控性好、分布均匀、操作简便等特点。壳聚糖已广泛用于在电极表面固定生物分子及开展生物电化学与分析传感研究，包括装配和固定蛋白质(酶)、核酸、细胞和病毒等生物材料。Li 等将 HepG2 或 A549 癌细胞固定在氮掺杂石墨烯-Pt 纳米颗粒-壳聚糖复合物和聚苯胺纳米纤维的双层结构修饰的玻璃碳电极上，采用差分脉冲伏安法检测(药物)分子与癌细胞作用前后溶液中 $Fe(CN)_6^{3-/4-}$ 电对的信号变化，实现了可用于癌细胞-分子相互作用研究和抗癌药物筛选的细胞电化学传感[178]。

　　环糊精是一类寡糖(低聚糖)分子，最常见的分别是由 6、7 和 8 个 D-吡喃葡萄糖单元以 α-1, 4 糖苷键结合而成的 α-CD、β-CD 和 γ-CD，它们均为"锥筒"状分子，具有内腔疏水、外腔亲水的特性。环糊精作为"主体"分子能包络很多无机、有机和生物分子等"客体"分子，形成包络物，是主客体化学和超分子化学研究领域的一类模型化合物[170-175]。环糊精及其衍生物在电化学和电分析化学研究中应用广泛，包括基于固定酶的酶电极研制、分子识别、电化学合成、电池研发和金属防腐等方面[170-172,179]。环糊精可与疏水的还原态二茂铁基团形成较为稳定的包络物，但不和亲水的氧化态二茂铁阳离子结合，利用这个性质，不少学者在电化学控制主客体相互作用方面进行了研究。例如，Gao 等发展了一种基于氧化还原控制主客体相互作用原理的细胞捕获和释放的电化学动态控制体系，如图 3.6 所示[180]。客体分子(二茂铁，Fc)与主体分子(β-环糊精，β-CD)之间的相互作用对电化学扰动非常敏感。β-CD 固定在氧化铟锡(ITO)电极表面，而通过叶酸亲和原理结合在富含 Fc 的支链聚合物上的细胞则存在于溶液中。电位调控下，不带电的、疏水的二茂铁还原态(Fc)可与固定在电极表面的β-CD 结合，从而捕获细胞于电极表面；带正电的、亲水的二茂铁氧化态(Fc$^+$)会从β-CD 内腔中脱离，从而释放出电极表面捕获的细胞。电极表面捕获的 Fc 也可以作为电化学探针用于信号输出，可检测出约 10 个细胞的捕获和释放过程。

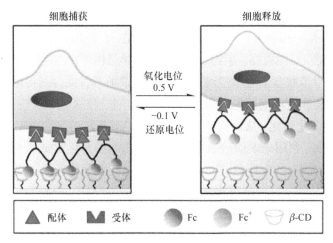

图 3.6 电位控制电极表面捕获和释放细胞的示意图[180]

肝素也是电化学分析中研究较多的一种多糖。肝素属于糖胺聚糖(又称黏多糖)。糖胺聚糖是一类由重复的二糖结构单元组成的带有负电荷的长链多糖大分子，常见的还有透明质酸(又称玻尿酸)、硫酸软骨素、硫酸皮肤素和硫酸角质素等，这些均具有生物活性[181]。肝素平均分子量约为 15000 Da，每个肝素分子带约 75 个负电荷，具有抗凝血、抗血栓功能，可用在血渗析和体外血循环中以防止血液凝固。据统计，肝素的全球给药次数达到 5 亿次/年以上[182]。不少学者对肝素的电化学分析和应用进行了研究。Meyerhoff 等在离子选择性电极测定肝素方面做了大量工作[183-186]。肝素结合到电极敏感膜后，基于离子交换原理(如与 Cl$^-$交换)，可引起膜电位的显著改变，借此测定肝素。但是，肝素的结合不可逆，需要用高浓度的阴离子(如 Cl$^-$)溶液仔细清洗，故相关电极不能用于肝素的连续监测。Mathison 等报道了在肝素敏感膜中加入一种氢离子载体，通过高 pH 溶液的简便清洗即可洗脱电极表面的肝素，有助于电极的重复使用[187]。然而，肝素作为大阴离子，零电流条件下其在敏感膜中的自动萃取和溶出过程很难达到热力学平衡状态。Bakker 等利用电化学调制离子流(非零电流条件)，设计了可用于肝素测量的可逆电化学传感器[188,189]。Gadzekpo 等采用基于循环伏安法的离子门传感器来检测人工和马血清中的肝素。他们在金电极上自组装硫辛酸分子单层，再静电吸附上大阳离子鱼精蛋白(约带 20 个正电荷)，大阴离子肝素可与表面的鱼精蛋白强烈结合[190]。肝素结合前后，溶液中共存的 $Mo(CN)_8^{4-}$ 的氧化或 $Fe(CN)_6^{3-}$ 的还原电流发生变化，据此可检测痕量肝素[0.01～1.5 μg/L，相当于 0.0025～0.375 U/mL，使用 $Mo(CN)_8^{4-}$ 探针]，其检测原理如图 3.7 所示。Guo 等采用 1,2-二氯乙烷/水相界面的离子迁移伏安法检测肝素，在含 0.12 mol/L NaCl 的 pH 7.2 缓冲溶液中肝素的检测下限为 0.012 U/mL[191]。基于电活性阳离子染料(如中性红[192]、甲基紫[193]和亚甲蓝[194])与肝素的结合，也可实现肝素的电化学检测。Cao 等基于肝素与邻联甲苯胺电氧化所致电荷转移配合物之间的相互作用所导致的共沉积现象，提出了肝素的 EQCM 传感检测方法，可测人血清样品中低至 18.5 nmol/L 的肝素，常见小离子和血清蛋白无明显干扰[195]。由于这种电荷转移配合物具有环境敏感性，可通过施加合适的电位控制其沉积和溶出，故这种基于电荷转移配合物材料的 EQCM 传感器具有电极表面可动态更新的特点(类似于滴汞电极)，为研究其他可动态更新和重复使用的传感电极表面提供了可行的思路和途径。类似原理也已用于其他糖胺聚糖的检测，如硫酸软骨素的检测下限可达 50 nmol/L[196]。

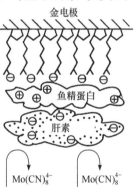

图 3.7　肝素的离子门电化学
传感检测原理示意图[190]

3.5.2　糖碳材料与电化学

如前所述，糖类化合物是可再生的生物质(biomass)资源，在自然界中的蕴藏量极为丰富。通过热解碳化等方式，可将糖类化合物转化为电化学中用途广泛的碳材料，这类碳材料属于生物质炭的一种[197-201]，笔者称其为糖碳材料或糖炭。Tang 等通过热解法将碳水化合物(如葡萄糖、蔗糖)快速转化为碳量子点，用于敏化二氧化钛/长余辉荧光粉修饰的光阳极，构建了一个全天候太阳能电池，其不仅能在晴天将太阳能转化为电能，而且能在暗光条件下实现电能的持续输出(光电转换效率达 15.1%)[202]。Brzeczek-Szafran 等使用碳水化合物阴离子(葡萄糖醛酸根离子等)和季铵盐阳离子形成的离子液体为前体，制备了高含氮、高比表面积的多孔氮掺杂碳材料，其对氧还原反应具有明显的电催化活性[203]。Yang 等以氨基酸、硼酸、壳聚糖为前体，研制了硼/氮共掺杂的多孔碳纳米片[204]。这里的氨基酸为氮源之一，与壳聚糖一起影响纳米片的形貌结构，硼酸为硼源和活性模板。所制备的硼/氮共掺杂多孔碳纳米片具有良好的电化学超级电容性能。Hu 等采用柚子皮和三聚氰胺热解得到氮掺杂的多孔碳(NPC)材料，用壳聚糖将 NPC 固定在 ITO 电极上，实现了 4-硝基苯酚的高性能电分析[205]。

3.6　总结与展望

糖电化学是生物电化学的重要组成部分。电化学技术在研究糖类物质的氧化还原行为、揭示糖代谢过程伴随的电子转移过程与机理的信息、分析检测糖类物质等方面发挥着独特的、不可替代的作用。同时，糖类物质也在电化学研究中广泛用作电极修饰材料。糖类相关物质的涵盖面非常广，包括各种含糖配基的化合物，如糖蛋白、糖脂，乃至 DNA、RNA 和糖苷化小分子药物等，电化学方法在直接或间接研究这些"糖基化"物质的性质、反应机理以及开拓相关的应用技术和装置方面有着巨大的发展空间。另外，从分子层次拓展到细胞和生物组织层次的糖电化学研究也是重要的方向，有助于系统生物学的发展。电化学方法主要测量电学参量，如电流、电量、电位、电阻、电容和阻抗等，各种光学、谱学、热学、磁学、声学和质谱学等技术与电化学技术的原位联用，可在电化学过程研究中获取丰富的、互补性的原位信息，可为糖类物质的电化学研究及应用提供有力的方法学保障。

参 考 文 献

[1] 沈同, 王镜岩. 生物化学. 北京: 高等教育出版社, 1998.

[2] 张洪渊. 生物化学原理. 北京: 科学出版社, 2006.

[3] 蔡孟深, 李中军. 糖化学: 基础、反应、合成、分离及结构. 北京: 化学工业出版社, 2007.

[4] Dai L, Xue Y, Qu L, et al. Chemical Reviews, 2015, 115: 4823-4892.

[5] Duan J, Chen S, Jaroniec M, et al. ACS Catalysis, 2015, 5: 5207-5234.

[6] Neuburger G G, Johnson D C. Analytical Chemistry, 1987, 59: 150-154.

[7] Neuburger G G, Johnson D C. Analytical Chemistry, 1987, 59: 203-204.

[8] Tominaga M, Nagashima M, Nishiyama K, et al. Electrochemistry Communications, 2007, 9: 1892-1898.

[9] 张丽军, 谢青季, 姚守拙. 物理化学学报, 2005, 21: 977-982.

[10] Reim R E, van Effen R M. Analytical Chemistry, 1986, 58: 3203-3207.

[11] Luo M Z, Baldwin R P. Journal of Electroanalytical Chemistry, 1995, 387: 87-94.

[12] Stitz A, Buchberger W. Electroanalysis, 1994, 6: 251-258.

[13] Xiang C, Xie Q, Yao S. Electroanalysis, 2003, 15: 987-990.

[14] Das D, Sen P K, Das K. Journal of Applied Electrochemistry, 2006, 36: 685-690.

[15] Dharuman V, Pillai K C. Journal of Solid State Electrochemistry, 2006, 10: 967-979.

[16] Chen Q, Wang J, Rayson G, et al. Analytical Chemistry, 1993, 65: 251-254.

[17] Wang J, Taha Z. Analytical Chemistry, 1990, 62: 1413-1416.

[18] Demott J M, Jr, Tougas T P, Jahngen E G E. Electroanalysis, 1998, 10: 836-841.

[19] Kano K, Torimura M, Esaka Y, et al. Journal of Electroanalytical Chemistry, 1994, 372: 137-143.

[20] Barragan J T C, Kogikoski S, Jr, da Silva E T S G, et al. Analytical Chemistry, 2018, 90: 3357-3365.

[21] Luo P F, Kuwana T. Analytical Chemistry, 1994, 66: 2775-2782.

[22] Luo P F, Kuwana T, Paul D K, et al. Analytical Chemistry, 1996, 68: 3330-3337.

[23] Morita M, Niwa O, Tou S, et al. Journal of Chromatography A, 1999, 837: 17-24.

[24] Mullens C, Pikulski M, Agachan S, et al. Journal of the American Chemical Society, 2003, 125: 13602-13608.

[25] Sun Y, Buck H, Mallouk T E. Analytical Chemistry, 2001, 73: 1599-1604.

[26] Casella I G, Gatta M. Journal of the Electrochemical Society, 2002, 149: B465-B471.

[27] Mho S, Johnson D C. Journal of Electroanalytical Chemistry, 2001, 500: 524-532.

[28] 曾百肇, 魏淑红, 赵发琼, 等. 武汉大学学报(理学版), 2005, 51: 167-171.

[29] Bamba K, Kokoh K B, Servat K, et al. Journal of Applied Electrochemistry, 2006, 36: 233-238.

[30] Marioli J M, Kuwana T. Electroanalysis, 1993, 5: 11-15.

[31] Bag S, Baksi A, Nandam S H, et al. ACS Nano, 2020, 14: 5543-5552.

[32] Wang R T, Yang L W, Xu A F, et al. Analytical Chemistry, 2020, 92: 10777-10782.

[33] Park S, Chung T D, Kim H C. Analytical Chemistry, 2003, 75: 3046-3049.

[34] Zhao W, Xu J, Shi C, et al. Electrochemistry Communications, 2006, 8: 773-778.

[35] Li Y, Song Y, Yang C, et al. Electrochemistry Communications, 2007, 9: 981-988.

[36] Cui H, Ye J, Zhang W, et al. Analytica Chimica Acta, 2007, 594: 175-183.

[37] Tominaga M, Shimazoe T, Nagashima M, et al. Electrochemistry Communications, 2005, 7: 189-193.

[38] Zhou H, Han T, Wei Q, et al. Analytical Chemistry, 2016, 88: 2976-2983.

[39] Katseli V, Economou A, Kokkinos C. Analytical Chemistry, 2021, 93: 3331-3336.

[40] Zadeii J M, Marioli J, Kuwana T. Analytical Chemistry, 1991, 63: 649-653.

[41] Kelaidopoulou A, Papoutsis A, Kokkinidis G, et al. Journal of Applied Electrochemistry, 1999, 29: 101-107.

[42] Zhao J, Yu J, Wang F, et al. Microchimica Acta, 2006, 156: 277-282.

[43] Kokoh K B, Parpot P, Belgsir E M, et al. Electrochimica Acta, 1993, 38: 1359-1365.

[44] Druliolle H, Kokoh K B, Beden B. Journal of Electroanalytical Chemistry, 1995, 385: 77-83.

[45] Ojani R, Raoof J B, Salmany-Afagh P. Journal of Electroanalytical Chemistry, 2004, 571: 1-8.

[46] D'Eramo F, Marioli J M, Arévalo A H, et al. Talanta, 2003, 61: 341-352.

[47] Santos L M, Baldwin R P. Analytical Chemistry, 2002, 59: 1766-1770.

[48] Sun C, Zhang X, Jiang D, et al. Journal of Electroanalytical Chemistry, 1996, 411: 73-78.

[49] Barrera C, Zhukov I, Villagra E, et al. Journal of Electroanalytical Chemistry, 2006, 589: 212-

218.

[50] Quintino M D S M, Winnischofer H, Nakamura M, et al. Analytica Chimica Acta, 2005, 539: 215-222.

[51] Bamba K, Léger J M, Garnier E, et al. Electrochimica Acta, 2005, 50: 3341-3346.

[52] Deo R P, Wang J. Electrochemistry Communications, 2004, 6: 284-287.

[53] Wang J, Chen G, Wang M, et al. Analyst, 2004, 129: 512-515.

[54] Male K B, Hrapovic S, Liu Y, et al. Analytica Chimica Acta, 2004, 516: 35-41.

[55] Rong L, Yang C, Qian Q, et al. Talanta, 2007, 72: 819-824.

[56] Ohnishi K, Einaga Y, Notsu H, et al. Electrochemical and Solid State Letters, 2002, 5: D1-D3.

[57] Zhang W, Zhang X, Zhang L, et al. Sensors and Actuators B: Chemical, 2014, 192: 459-466.

[58] O'Shea T J, Lunte S M. Current Separations, 1995, 14: 18-23.

[59] Holland L A, Leigh A M. Electrophoresis, 2002, 23: 3649-3658.

[60] Johnson D C. Nature, 1986, 321: 451-452.

[61] Cataldi T R I, Campa C, Benedetto G E D. Fresenius Journal of Analytical Chemistry, 2000, 368: 739-758.

[62] Andrews R W, King R M. Analytical Chemistry, 1990, 62: 2130-2134.

[63] Prabhu S V, Baldwin R P. Analytical Chemistry, 1989, 61: 852-856.

[64] Singhal P, Kawagoe K T, Christian C N, et al. Analytical Chemistry, 1997, 69: 1662-1668.

[65] Lacourse W R. Pulsed Electrochemical Detection in High-Performance Liquid Chromatography. New York: Wiley, 1997.

[66] Wring S A, Terry A, Causon R, et al. Journal of Pharmaceutical & Biomedical Analysis, 1998, 16: 1213-1224.

[67] Cataldi T R I, Centonze D, Margiotta G. Analytical Chemistry, 1997, 69: 4842-4848.

[68] Cataldi T R I, Casella I G, Centonze D. Analytical Chemistry, 1997, 69: 4849-4855.

[69] Weitzhandler M, Pohl C, Rohrer J, et al. Analytical Biochemistry, 1996, 241: 128-134.

[70] Hua L, Chia L S, Goh N K, et al. Electroanalysis, 2000, 12: 287-291.

[71] Hu Q, Zhou T, Zhang L, et al. Analyst, 2001, 126: 298-301.

[72] Lee H L, Chen S C. Talanta, 2004, 64: 210-216.

[73] Hanko V P, Rohrer J S. Journal of Agricultural & Food Chemistry, 2004, 52: 4375-4379.

[74] 徐健君, 翟海云, 陈缵光, 等. 理化检验-化学分册, 2006, 42: 1057-1062.

[75] Fanguy J C, Henry C S. Analyst, 2002, 127: 1021-1023.

[76] Voegel P D, Zhou W, Baldwin R P. Analytical Chemistry, 1997, 69: 951-957.

[77] Basa A, Magnuszewska J, Krogulec T, et al. Journal of Chromatography A, 2007, 1150: 312-319.

[78] Chen Q, Zhang L, Chen G. Analytical Chemistry, 2012, 84: 171-178.

[79] Teymourian H, Barfidokht A, Wang J. Chemical Society Reviews, 2020, 49: 7671-7709.

[80] Wang J. Chemical Reviews, 2008, 108: 814-825.

[81] Chen C, Xie Q, Yang D, et al. RSC Advances, 2013, 3: 4473-4491.

[82] Fu Y, Chen C, Xie Q, et al. Analytical Chemistry, 2008, 80: 5829-5838.

[83] Wang J, Lu F. Journal of the American Chemical Society, 1998, 120: 1048-1050.

[84] Bradbury C R, Zhao J, Fermín D J. Journal of Physical Chemistry C, 2008, 112: 10153-10160.

[85] Gregg B A, Heller A. Analytical Chemistry, 1990, 62: 258-263.

[86] Battaglini F, Bartlett P N, Wang J. Analytical Chemistry, 2000, 72: 502-509.

[87] Calvo E J, Etchenique R, Danilowicz C, et al. Analytical Chemistry, 1996, 68: 4186-4193.

[88] Xiao Y, Patolsky F, Katz E, et al. Science, 2003, 21: 1877-1881.

[89] Su Y, Xie Q, Chen C, et al. Biotechnology Progress, 2008, 24: 262-272.

[90] He F, Qin X, Bu L, et al. Journal of Electroanalytical Chemistry, 2017, 792: 39-45.

[91] Wang Y, Yao Y. Microchimica Acta, 2011, 176: 271-277.

[92] Wooten M, Karra S, Zhang M, et al. Analytical Chemistry, 2014, 86: 752-757.

[93] Liang B, Guo X, Fang L, et al. Electrochemistry Communications, 2015, 50: 1-5.

[94] Wilson G. Biosensors and Bioelectronics, 2016, 82: vii-viii.

[95] Ray T R, Choi J, Bandodkar A J, et al. Chemical Reviews, 2019, 119: 5461-5533.

[96] Mondal S, Zehra N, Choudhury A, et al. ACS Applied Bio Materials, 2021, 4: 47-70.

[97] Han W B, Ko G, Jang T, et al. ACS Applied Electronic Materials, 2021, 3: 485-503.

[98] Cui C, Fu Q, Meng L, et al. ACS Applied Bio Materials, 2021, 4: 85-121.

[99] Pu Z, Zhang X, Yu H, et al. Science Advances, 2021, 7: eabd0199.

[100] Sempionatto J R, Lin M, Yin L, et al. Nature Biomedical Engineering, 2021, 5: 737-748.

[101] Kua J, Goddard W A. Journal of the American Chemical Society, 1999, 121: 10928-10941.

[102] Bullen R A, Arnot T C, Lakeman J B, et al. Biosensors and Bioelectronics, 2006, 21: 2015-2045.

[103] 张歆. 中山大学学报(自然科学版), 1998, 37: 61-64.

[104] Larsson R, Folkesson B, Spaziante P M, et al. Renewable Energy, 2006, 31: 549-552.

[105] Chu M, Zhang Y, Yang L, et al. Energy & Environmental Science, 2013, 6: 3600-3604.

[106] Mano N, Mao F, Heller A. Journal of the American Chemical Society, 2003, 125: 6588-6594.

[107] Xiao X, Xia H, Wu R, et al. Chemical Reviews, 2019, 119: 9509-9558.

[108] Anson C W, Stahl S S. Chemical Reviews, 2020, 120: 3749-3786.

[109] Aftab S, Shah A, Nisar J, et al. Energy & Fuels, 2020, 34: 9108-9136.

[110] Zebda A, Gondran C, Le Goff A, et al. Nature Communications, 2011, 2: 370.

[111] Gil G C, Chang I S, Kim B H, et al. Biosensors and Bioelectronics, 2003, 18: 327-334.

[112] Mano N, de Poulpiquet A. Chemical Reviews, 2018, 118: 2392-2468.

[113] Park D H, Zeikus J G. Applied and Environmental Microbiology, 2000, 66: 1292-1297.

[114] Barton S C, Kim H H, Binyamin G, et al. Journal of Physical Chemistry B, 2001, 105: 11917-11921.

[115] Mano N, Mao F, Heller A. Journal of the American Chemical Society, 2002, 124: 12962-12963.

[116] Grattieri M, Minteer S D. ACS Sensors, 2018, 3: 44-53.

[117] Jiang D, Shi B, Ouyang H, et al. ACS Nano, 2020, 14: 6436-6448.

[118] Zhou M, Dong S. Accounts of Chemical Research, 2011, 44: 1232-1243.

[119] Varki A. Glycobiology, 1993, 3: 97-130.

[120] Lee Y C, Lee R T. Accounts of Chemical Research, 1995, 28: 321-327.

[121] Rudd R P, Elliott T, Cresswell P, et al. Science, 2001, 291: 2370-2376.

[122] Helenius A, Aebi M. Science, 2001, 291: 2364.

[123] Dwek R A. Chemical Reviews, 1996, 96: 683-720.

[124] 张树政. 糖生物学与糖生物工程. 北京: 清华大学出版社, 2002.

[125] 黄毅, 黄金花, 谢青季, 等. 化学进展, 2008, 20: 942-950.

[126] Paleček E, Tkáč J, Bartošík M, et al. Chemical Reviews, 2015, 115: 2045-2108.

[127] Tan L, Xie Q, Yao S Z. Bioelectrochemistry, 2007, 70: 348-355.

[128] Guo C, Boullanger P, Jiang L, et al. Biosensors and Bioelectronics, 2007, 22: 1830-1834.

[129] Xue C, Jog S P, Murthy P, et al. Biomacromolecules, 2006, 7: 2470-2474.

[130] Screen J, Stanca-Kaposta E C, Gamblin D P, et al. Angewandte Chemie International Edition, 2007, 119: 3718-3722.

[131] Smith E A, Thomas W D, Kiessling L L, et al. Journal of the American Chemical Society, 2003, 125: 6140-6148.

[132] Sugawara K, Kuramitz H, Kaneko T, et al. Analytical Sciences, 2001, 17: 21-25.

[133] Sugawara K, Shirotori T, Hirabayashi G, et al. Journal of Electroanalytical Chemistry, 2004, 568: 7-12.

[134] Sugawara K, Hirabayashi G, Kamiya N, et al. Talanta, 2006, 68: 1176-1181.

[135] Sugawara K, Takayanagi T, Kamiya N, et al. Talanta, 2007, 71: 1637-1641.

[136] Ertl P, Mikkelsen S R. Analytical Chemistry, 2001, 73: 4241-4248.

[137] Dubois M, Gondran C, Renaudet O, et al. Chemical Communications, 2005, 34: 4318-4320.

[138] 何忠效. 生物化学实验技术. 北京: 化学工业出版社, 2004.

[139] Yu J, Ju H. Analytical Chemistry, 2002, 74: 3579-3583.

[140] Dai Z, Yan F, Chen J, et al. Analytical Chemistry, 2003, 75: 5429-5434.

[141] Du D, Yan F, Liu S, et al. Journal of Immunological Methods, 2003, 283: 67-75.

[142] Du D, Ju H, Zhang X, et al. Biochemistry, 2005, 44: 11539-11545.

[143] Wu J, Zhang Z, Fu Z, et al. Biosensors and Bioelectronics, 2007, 23: 114-120.

[144] Tang D, Yuan R, Chai Y. Analytical Chemistry, 2008, 80: 1582-1588.

[145] Jackson D R, Omanovic S, Roscoe S G. Langmuir, 2000, 16: 5449-5457.

[146] Kharitonov A B, Wasserman J, Katz E, et al. Journal of Physical Chemistry B, 2001, 105: 4205-4213.

[147] Liu S, Bakovic L, Chen A. Journal of Electroanalytical Chemistry, 2006, 591: 210-216.

[148] Diniz F B, Ueta R R. Electrochimica Acta, 2004, 49: 4281-4286.

[149] Belle J T L, Gerlach J Q, Svarovsky S, et al. Analytical Chemistry, 2007, 79: 6959-6964.

[150] Hashemi P, Afkhami A, Baradaran B, et al. Analytical Chemistry, 2020, 92: 11405-11412.

[151] Matsumoto A, Osawa S, Arai T, et al. Bioconjugate Chemistry, 2021, 32: 239-244.

[152] Chen Y, Ding L, Ju H. Accounts of Chemical Research, 2018, 51: 890-899.

[153] Cheng W, Ding L, Ding S, et al. Angewandte Chemie International Edition, 2009, 48: 6465-6468.

[154] Ding L, Cheng W, Wang X, et al. Journal of the American Chemical Society, 2008, 130: 7224-7225.

[155] Guo Y, Tao J, Li Y, et al. Journal of the American Chemical Society, 2020, 142: 7404-7412.

[156] Zhang J, Cheng F, Zheng T, et al. Analytical Chemistry, 2010, 82: 3547-3555.

[157] Chen X, Wang Y, Zhang Y, et al. Analytical Chemistry, 2014, 86: 4278-4286.

[158] Chen L, Fu Y, Wang N, et al. ACS Applied Materials & Interfaces, 2018, 10: 18470-18477.

[159] Liu F, Zhao X, Liao X, et al. Analytical Chemistry, 2020, 92: 5509-5516.

[160] Wang C, Yokota T, Someya T. Chemical Reviews, 2021, 121: 2109-2146.

[161] Yi H, Wu L Q, Bentley W E, et al. Macromolecules, 2005, 6: 2881-2894.

[162] Jelinek R, Kolusheva S. Chemical Reviews, 2004, 104: 5987-6015.

[163] Zhang M, Gorski W. Journal of the American Chemical Society, 2005, 127: 2058-2059.

[164] Luo X L, Xu J J, Wang J L, et al. Chemical Communications, 2005, 16: 2169-2171.

[165] Zhou Q, Xie Q, Fu Y, et al. Journal of Physical Chemistry B, 2007, 111: 11276-11284.

[166] Wang S, Chen T, Zhang Z, et al. Langmuir, 2005, 21: 9260-9266.

[167] Zhao G, Xing F, Deng S. Electrochemistry Communications, 2007, 9: 1263-1268.

[168] Santos H A, García-Morales V, Roozeman R J, et al. Langmuir, 2005, 21: 5475-5484.

[169] Priano G, Pallarola D, Battaglini F. Analytical Biochemistry, 2007, 362: 108-116.

[170] 刘静, 李远刚, 房喻. 自然科学进展, 2005, 15: 653-661.

[171] 项生昌. 大学化学, 2000, 15: 30-34.

[172] Villalonga R, Cao R, Fragoso A. Chemical Reviews, 2007, 107: 3088-3116.

[173] Hapiot F, Tilloy S, Monflier E. Chemical Reviews, 2006, 106: 767-781.

[174] Wenz G, Han B H, Müller A. Chemical Reviews, 2006, 106: 782-817.

[175] Chen Y F, Banerjee I A, Yu L, et al. Langmuir, 2004, 20: 8409-8413.

[176] Eskandarloo H, Enayati M, Abdolmaleki M K, et al. ACS Applied Bio Materials, 2019, 2: 2685-2697.

[177] Ourri B, Vial L. ACS Chemical Biology, 2019, 14: 2512-2526.

[178] Li C, Cui Y, Ren J, et al. Analytical Chemistry, 2021, 93: 1480-1488.

[179] Prochowicz D, Kornowicz A, Lewiński J. Chemical Reviews, 2017, 117: 13461-13501.

[180] Gao T, Li L, Wang B, et al. Analytical Chemistry, 2016, 88: 9996-10001.

[181] 张莉, 李娜, 赵凤林, 等. 分析化学, 2005, 33: 1023-1028.

[182] van Kerkhof J C, Bergveld P, Schasfoort R B M. Biosensors and Bioelectronics, 1995, 10: 269-282.

[183] Ma S, Yang V, Fu B, et al. Analytical Chemistry, 1993, 65: 2078-2084.

[184] Fu B, Bakker E, Yun J, et al. Analytical Chemistry, 1994, 66: 2250-2259.

[185] Fu B, Bakker E, Yang V, et al. Macromolecules, 1995, 28: 5834-5840.

[186] Wahr J A, Yun J, Yang V, et al. Journal of Cardiothoracic & Vascular Anesthesia, 1996, 10: 447-450.

[187] Mathison S, Bakker E. Analytical Chemistry, 1999, 71: 4614-4621.

[188] Shvarev A, Bakker E. Journal of the American Chemical Society, 2003, 125: 11192-11193.

[189] Shvarev A, Bakker E. Analytical Chemistry, 2005, 77: 5221-5228.

[190] Gadzekpo V P Y, Bühlmann P, Xiao K, et al. Analytica Chimica Acta, 2015, 411: 163-173.

[191] Guo J, Yuan Y, Amemiya S. Analytical Chemistry, 2005, 77: 5711-5719.

[192] Sun W, Jiao K, Han J. Analytical Letters, 2005, 38: 1137-1148.

[193] 孙伟, 焦奎, 丁雅勤. 化学学报, 2006, 64: 397-402.

[194] Tan L, Yao S, Xie Q. Talanta, 2007, 71: 827-832.

[195] Cao Z, Jiang X, Meng W, et al. Biosensors and Bioelectronics, 2007, 23: 348-354.

[196] 蒋雪琴, 曹志军, 谢青季, 等. 物理化学学报, 2008, 24: 230-236.

[197] Bazaka K, Jacob M V, Ostrikov K. Chemical Reviews, 2016, 116: 163-214.

[198] Gérardy R, Debecker D P, Estager J, et al. Chemical Reviews, 2020, 120: 7219-7347.

[199] Yang D, Li Z, Liu M, et al. ACS Sustainable Chemistry & Engineering, 2019, 7: 4564-4585.

[200] Varma R S. ACS Sustainable Chemistry & Engineering, 2019, 7: 6458-6470.

[201] Khan A, Goepel M, Colmenares J C, et al. ACS Sustainable Chemistry & Engineering, 2020, 8: 4708-4727.

[202] Tang Q, Zhu W, He B, et al. ACS Nano, 2017, 11: 1540-1547.

[203] Brzeczek-Szafran A, Erfurt K, Blacha-Grzechnik A, et al. ACS Sustainable Chemistry & Engineering, 2019, 7: 19880-19888.

[204] Yang L, Wu D, Wang T, et al. ACS Applied Materials & Interfaces, 2020, 12: 18692-18704.

[205] Hu L, Peng F, Xia D, et al. ACS Sustainable Chemistry & Engineering, 2018, 6: 17391-17401.

第4章 氨基酸电化学

4.1 引　　言

自然界已经发现了超过 700 种氨基酸且大部分为 α-氨基酸，这些氨基酸在细菌、真菌、海藻以及其他植物中或以自由分子的形式存在，或作为其他分子的组成部分[1]。其中，生命体通过基因编码的氨基酸有 20 种(19 种 α-氨基酸和 1 种 α-亚氨基酸)，因此也称为编码氨基酸(相对于非编码氨基酸)。这 20 种氨基酸均为 L 构型，其化学结构见图 4.1。氨基酸的缩写通常可由三个字母或一个字母来表示，后者用于表示肽链的组成。组成蛋白质分子的 20 种氨基酸中有 9 种为必需氨基酸，其不能完全依靠生物体自身合成，需要从食物中摄取或补充。氨基酸分子中存在至少一个羧基和一个氨基(或亚氨基)，因此具有酸碱两性。氨基酸及其衍生物广泛分布于各种生物体液中，参与各种各样的生物过程。氨基酸不仅

丙氨酸 (Ala)	精氨酸 (Arg)	天冬酰胺 (Asn)	天冬氨酸 (Asp)	半胱氨酸 (Cys)

谷氨酸 (Glu)	谷氨酰胺 (Gln)	甘氨酸 (Gly)	组氨酸 (His*)	异亮氨酸 (Ile*)

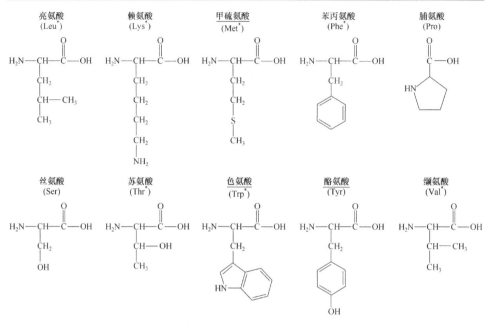

图 4.1　20 种编码氨基酸的分子结构

下划线标注电化学活性氨基酸, 星号标注必需氨基酸

是合成蛋白质的重要原料, 而且为生命体生长发育、正常代谢提供了物质基础。在临床化学中, 生物体液及组织中氨基酸的种类和含量是诊断代谢疾病的重要指标。

氨基酸参与了大量的人体基本生化过程, 人类的所有疾病和健康状况都与氨基酸有直接或间接的关联[2]。缺乏半胱氨酸会引发儿童生长缓慢、肝损伤、肌肉萎缩等, 阿尔茨海默病、心血管疾病等都会造成血液中(同型)半胱氨酸浓度异常。体内酪氨酸含量升高可能会诱发帕金森病、白化病等。甲硫氨酸缺乏会导致体内蛋白质合成受阻, 造成机体损害。缺乏色氨酸时, 会造成皮肤疾患、白内障、玻璃体退化及心肌纤维化等病症。

氨基酸氧化引起的蛋白质修饰与很多生理和病理过程有关。尽管所有氨基酸均可发生生物氧化, 但只有 5 种氨基酸具有电化学活性, 其可在电极上发生可控的电化学氧化/还原反应, 包括半胱氨酸(或其氧化产物胱氨酸)、甲硫氨酸、色氨酸、酪氨酸和组氨酸。通过电化学方法研究这些生物分子的氧化还原行为可为理解生物氧化还原过程提供重要依据。由于这些氨基酸分子的电化学性质与其处在蛋白质或肽链结构中时十分相似, 对其自由分子状态的电化学研究显得十分重要。

4.2　氨基酸的电化学活性

4.2.1　氨基酸的直接电化学氧化

氨基酸的电化学氧化和还原往往偶合有质子的转移，加上氨基酸本身的酸碱两性，在不同 pH 下可表现出不同的电化学行为。无论是在汞电极上，还是在贵金属电极上，氨基酸或其氧化还原的中间体均可发生吸附。氨基酸的电化学氧化还可能导致表面聚合反应的发生，因此不同氨基酸浓度下的电化学行为也会呈现很大的差异。也许正是这种复杂多变性促进了文献工作对不同电极材料和不同溶液条件下氨基酸的电化学行为进行了大量基础性研究，有时还会借助光谱、能谱、扫描探针显微镜以及质谱和色谱等手段来揭示其分子机制。然而，关于氨基酸的电化学氧化还原过程，其机理阐释至今仍难完全统一，一些中间过程的理解存在较大的争议，读者需注意这一点。

氨基酸分子含有氨基官能团，其可以在电极上发生氧化反应，在 20 世纪 30 年代初期人们便开始对氨基酸的电化学氧化特性进行研究。当时由 Fichter 和 Schmid 根据反应产物分析，发现在硫酸介质中对氨基酸进行电化学氧化会生成醛类物质[3]。Takayama 等揭示了一般氨基酸的电氧化过程[4-6]：在 PbO_2 阳极上，氨基酸首先被氧化成醛基化合物，之后醛基化合物可进一步被氧化生成羧基化合物；在更正的电位下所有氨基酸都会被非选择性氧化破坏。1980 年，Brabec 等[7]和 Reynaud 等[8]发现氨基酸可在固态电极(金、铂、玻碳、碳糊)上被氧化。Reynaud 等[8]通过对各种贵金属和碳基电极进行测试发现：在碳电极表面，酪氨酸、色氨酸和半胱氨酸的循环伏安曲线显示明确的氧化峰(0.5～0.7 V, vs. Ag/AgCl)，而组氨酸、甲硫氨酸和胱氨酸均呈现较高的氧化电位(约 1 V)。该研究还揭示了氨基酸在贵金属(金、铂、银)或铜电极上的氧化过程，发现高价态金属氧化物可以催化氨基酸的电化学氧化。在常见氨基酸中，只有色氨酸、酪氨酸和含硫氨基酸(半胱氨酸、胱氨酸和甲硫氨酸)可在铂和金电极上发生特异性电催化氧化反应。组氨酸虽然在电极上有很强的吸附能力，但它一般只能在碳电极上被氧化。在碱性条件下，几乎所有的氨基酸均可在贵金属和铜电极上发生非特异性氧化[9]。

与此同时，氨基酸侧残基中的巯基基团较易被氧化，也表现出一定的电氧化活性。Kolthoff 等[10]用滴汞电极和铂微丝电极进行了半胱氨酸电氧化机理的研究，发现半胱氨酸在发生电氧化过程中主要涉及半胱氨酸的氧化脱氢形成含硫自由基中间产物，再进一步偶联形成含二硫键的胱氨酸；并观察到汞电极会参与反应形成可溶性半胱氨酸-亚汞化合物，从而降低氧化电位。Stankovich 等[11]发现，半胱氨酸与汞电极发生相互作用时，生成的含汞有机物 Hg(R-S)₂ 强烈吸附在汞电极表面。尽管半胱氨酸在汞电极上吸附以及含汞化合物的生成使其电化学伏安行为相对复杂，汞电极高的析氢过电位使胱氨酸还原为半胱氨酸的过程较易观察到。由于汞电极的使用越来越少见，固体电极上氨基酸的电化学研究变得更为普遍。金、铂等贵金属电极的析氢催化活性减小了其可用的还原电位窗口，不利于研究胱氨酸的还原反应。另外，在较高的氧化电位下金、铂表面易形成金属氧化物，干扰了氨基酸的氧化过程。这些金属氧化物可能会参与胱氨酸的氧化反应，形成更高价态的含硫化合物(如亚磺酸和磺酸化合物)。但对于半胱氨酸，电极表面的氧化物层会抑制其电化学氧化，在电极电位反转时会观察到电极再活化的氧化信号。另外，半胱氨酸的吸附也会抑制阳极电位扫描时金属电极表面氧化物层的生成[12]。相对于金属电极，氨基酸分子在玻碳电极，尤其是硼掺杂金刚石电极表面的吸附作用得到有效抑制[13]。由于碳电极比金属电极更耐受高的氧化电位，这类电极可观察到半胱氨酸和甲硫氨酸的多步不可逆电氧化过程，最终形成高价态硫(磺酸)的分子产物。

关于半胱氨酸的电化学研究存在较多的文献，给出的相关机理也有所不同。对于贵金属电极表面半胱氨酸的氧化反应可总结为图 4.2 中的 4 种情况[14]。一般地，半胱氨酸的电化学氧化首先会失去 1 个电子和 1 个质子，形成吸附态半胱

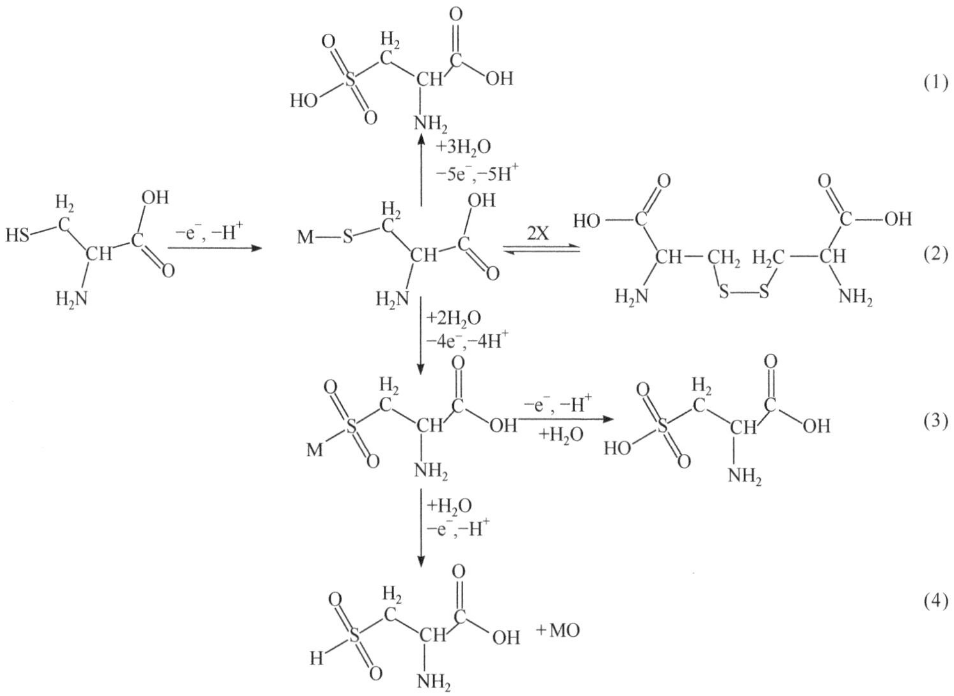

图 4.2　半胱氨酸的电化学氧化途径
M 代表金属电极

氨酸自由基，进而偶联为含有二硫键的胱氨酸(途径 2)[15]。在更高的电位下，半胱氨酸自由基可进一步失去 5 个电子和 5 个质子并与水分子反应形成磺基丙氨酸(途径 1)[15]。半胱氨酸自由基进一步被氧化的另一可能途径是先失去 4 个电子和 4 个质子形成吸附态亚磺基丙氨酸自由基，然后再失去 1 个电子和 1 个质子，并与水分子反应形成磺基丙氨酸(途径 3)[16]或形成亚磺基丙氨酸和金属氧化物(途径 4)[17,18]。甲硫氨酸的电化学氧化与半胱氨酸有相似之处，如其在金属电极表面可形成类似的吸附物种(脱去甲基)。在碳电极表面的氧化过程通常不涉及上述吸附中间态，而直接氧化为最终产物，甲硫氨酸可生成亚砜或砜化合物[13]。

对于不含硫氨基酸，色氨酸的电化学氧化也有较多研究，其可能的氧化还原机理有不同的理解。其中，一种可能的氧化机理如图 4.3 所示[14]，在氧化电位下色氨酸首先会失去 1 个电子和 1 个质子，由于吲哚结构中吡咯环比苯环更为活泼[19]，在其吡咯环的 C2 位置被氧化生成内酰胺结构(途径 3)[20]；该结构可进一步失去 1 个电子和 1 个质子，在苯环的 7 位形成自由基，进而被水分子亲核进攻生成酚羟基；进一步失去 3 个电子和 3 个质子并与水分子作用形成对苯醌结构(途径 4)[19]，该结构具有可逆的电化学还原特性。然而其他研究给出了不同的机制，如 Nguyen 等[21]认为色氨酸的第一步氧化失去 2 个电子和 2 个质子，将吡咯氮变成亚胺氮(途径 1)，其后可再进一步发生相对复杂的多步化学和电子转移反应。Jin 等[22]则认为第一步的氧化可以发生在苯环上，失去 2 个电子和 2 个质子并与水分子反应生成环烯酮结构(途径 2)。

图 4.4 显示了酪氨酸的不同电化学氧化机理[14]。酪氨酸的还原性与其含有 1 个酚羟基有关，当发生电化学氧化时会形成环己二烯酮结构(途径 2、途径 4)[20,23]，进一步氧化并与水分子反应可能导致羰基对位的碳原子连接一个醇羟基(途径 2)[20]，或形成二聚产物并进一步发生氧化聚合(途径 3)[20]。与色氨酸类似，环烯酮结构还可能被进一步氧化、脱质子并与水分子结合形成具有可逆电化学特性的邻苯醌结构(途径 1)[24]。酪氨酸(以及其他氨基酸)分子结构中含有羧酸官能团，在特定条件下可能会发生类似 Kolbe 机理的氧化脱羧反应，这一反应也会成为电活性氨基酸电氧化过程的副反应。文献报道在中性溶液中铂电极上较高的氧化电位下(铂发生氧化)，酪氨酸失去 1 个电子，生成吸附于铂氧化物表面的羧基自由基，进一步脱去二氧化碳后，失去 1 个电子和 1 个质子并与水分子反应生成对羟基苯乙醛，同时发生脱氨。在更高的电位下羟基苯乙醛还可进一步被氧化[26]。由于氨基酸的电氧化反应伴随着脱质子过程，溶液的 pH 对反应的途径会造成显著的影响。另外，电氧化过程伴随的自由基聚合反应的起始步为二级反应(二聚)，这些反应过程还强烈地受到氨基酸浓度的影响。在高浓度(或高溶液传质速率)和酸性或碱性

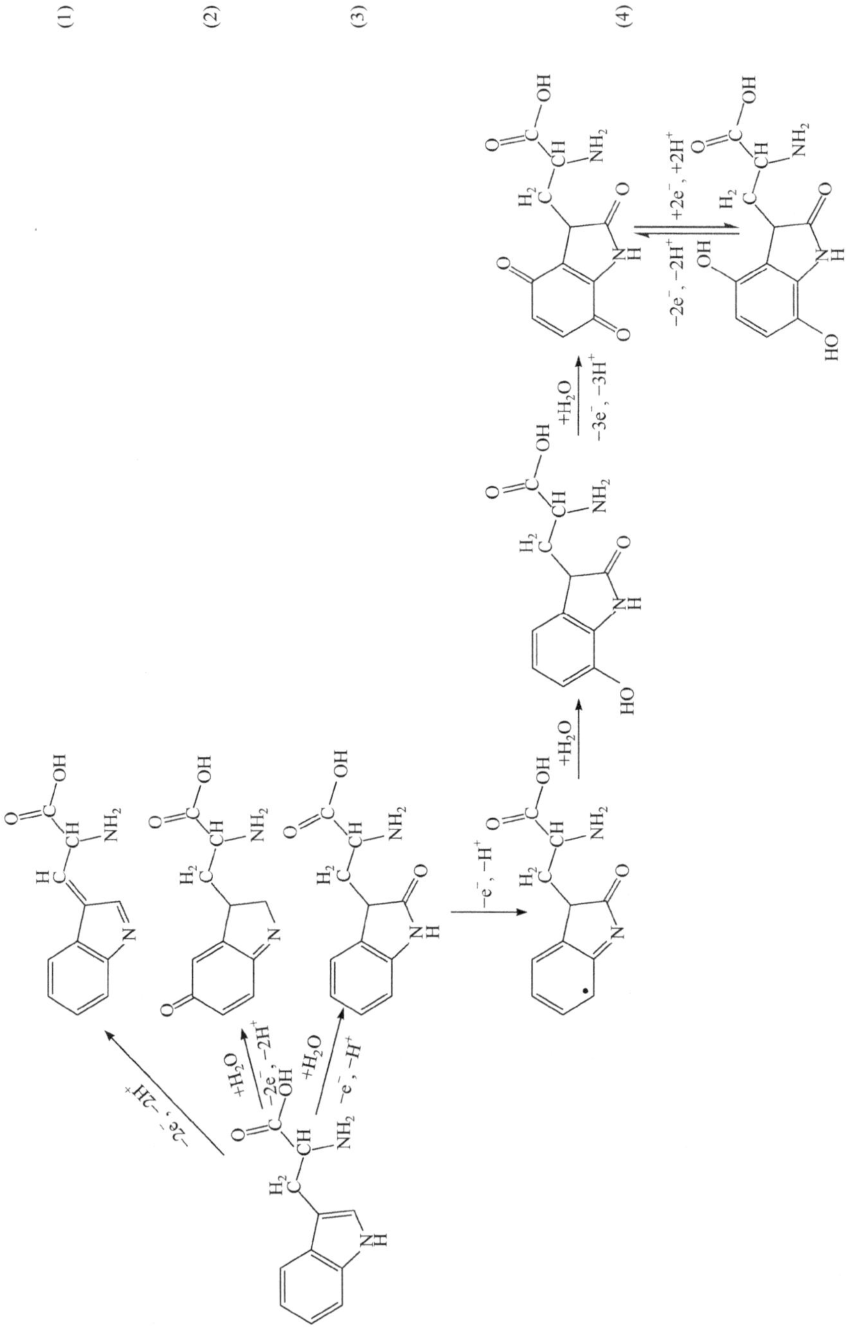

图 4.3　色氨酸的电化学氧化途径

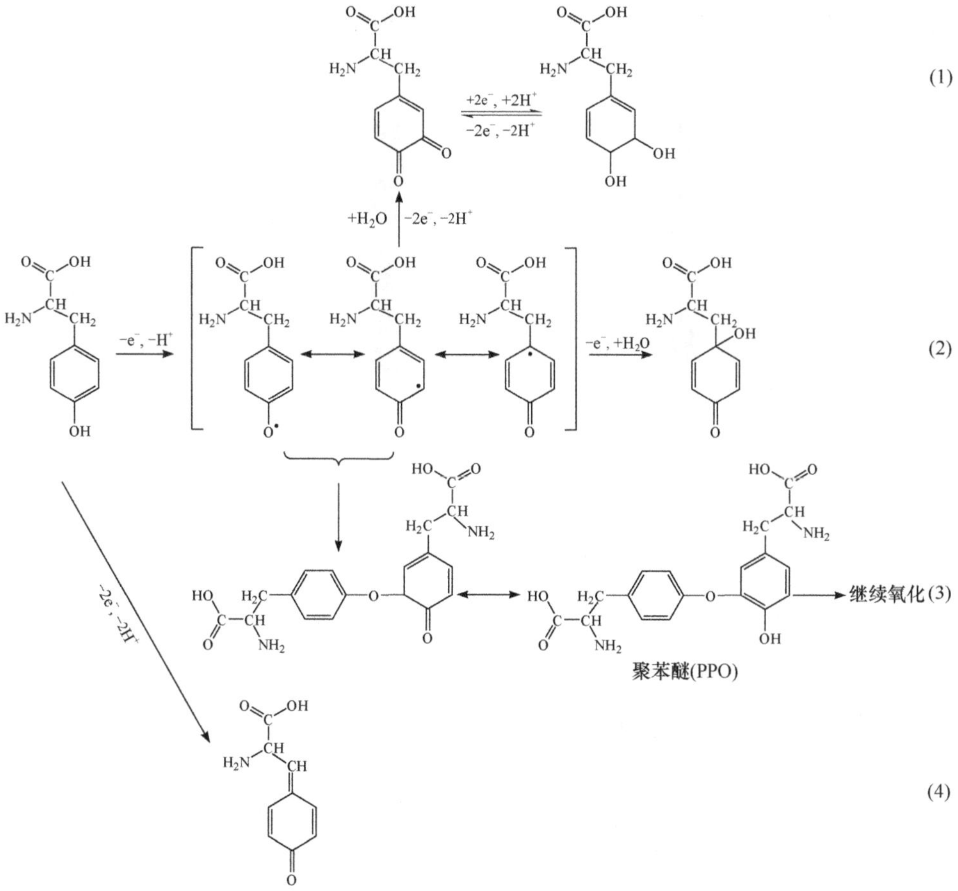

图 4.4　酪氨酸的电化学氧化途径

溶液中，酪氨酸会在电极表面形成聚合物膜。一些电氧化步骤与氨基酸分子在电极表面的吸附取向密切相关，如靠近电极表面的基团更容易发生氧化，从而导致不同的反应途径。

　　组氨酸的独特之处在于其咪唑基与金属间具有较强的相互作用，如组氨酸与镍离子间的配位作用常用于蛋白质分离纯化(His 标签)。在电极表面发生吸附是组氨酸的特性之一，但早期的电化学研究未能分辨组氨酸的特征电化学氧化信号，因而未能对其电氧化机理进行探究[20]。Ogura 等[27]通过现场电化学红外光谱技术对碱性条件下铂电极上组氨酸的氧化过程进行了研究，给出了如图 4.5(a)所示的吸附氧化机理。组氨酸失去 1 个电子后通过咪唑基和羧基自由基可吸附于金属电极表面并进一步脱去羧基，提高氧化电位会发生更完全的氧化反应，并生成咪唑、氨气和甲酸。Chen 等[28]在阳极氧化的掺硼金刚石电极上，中性硫酸盐介质中，研究了组氨酸的电氧化过程，观察到其阳极氧化峰，他们认为该条件下组氨酸的咪唑基团被电解生成的羟基或过硫酸根氧化，形成的自由基可引发聚合反应，并在电极表面聚合成膜，如图 4.5(b)所示。

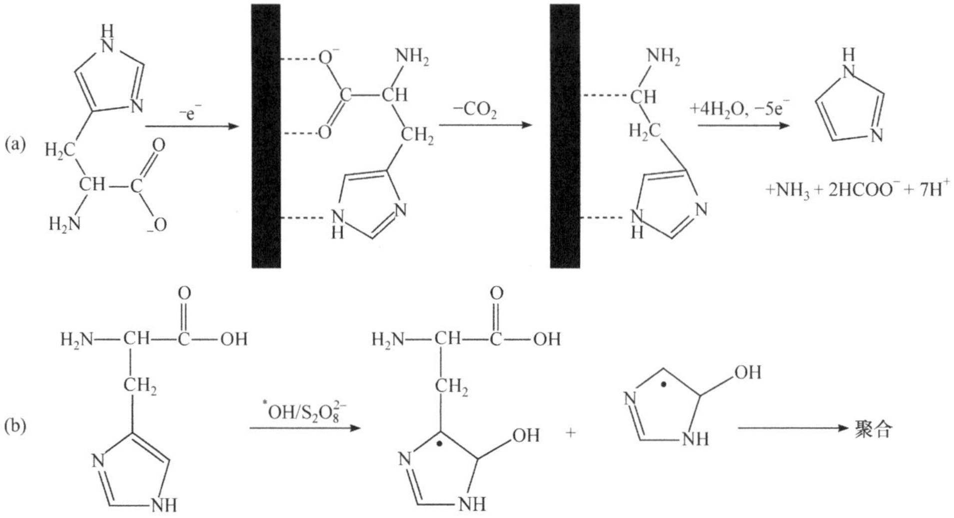

图 4.5　组氨酸的电化学氧化途径

4.2.2　氨基酸的催化电化学氧化

由于氨基酸的电化学氧化为不可逆过程，电子转移动力学迟缓，往往需要较高的过电位才能发生。使用具有催化功能的电极材料可降低氨基酸的氧化电位，甚至实现电化学非活性氨基酸在较低电位下的电化学氧化。因此，获得合适的催化功能电极对于氨基酸的电化学研究具有重要意义。

早期的研究[29,30]发现吸附于碳基电极表面的过渡金属酞菁大环化合物可显著催化半胱氨酸的氧化和胱氨酸的还原过程，发现其过电位与过渡金属的 d 电子数目之间存在火山形曲线关系。对于半胱氨酸的电化学氧化过程，催化活性次序为 Co>Fe>Mn>Ni>Cu；对于胱氨酸的电化学还原过程，次序为 Mn>Fe>Co>Cu>Ni。该催化活性与氨基酸中的硫原子及大环化合物金属离子中心的面外配位作用密切相关。庞代文和查全性等[31,32]于 20 世纪 80 年代对金属卟啉修饰碳电极表面胱氨酸的电化学还原过程进行了系统的研究，观察到电化学不可逆的单电子转移伏安过程，认为卟啉环中 Co(Ⅱ)中心与硫的配位对其催化活性起关键作用，并按如下反应机理测定了该过程的动力学常数：

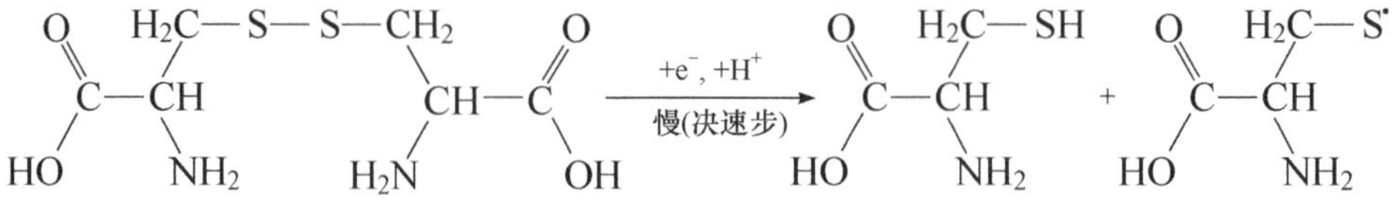

$$\text{HOOC-CH(NH}_2)\text{-CH}_2\text{-S}^{\bullet} \underset{\text{快}}{\overset{+e^-,\ +H^+}{\rightleftharpoons}} \text{HOOC-CH(NH}_2)\text{-CH}_2\text{-SH}$$

早期研究有推测阳极电位下贵金属电极表面形成的氧化层可参与氨基酸的氧化反应，促进氨基酸的氧化电子转移。后期研究表明一些纳米尺度的金属氧化物、氢氧化物等材料可以较好地催化氨基酸的电化学氧化，降低过电位，改善氧化电流信号，通过与碳基材料复合可提高催化材料的导电性。Victor 等[33]制备了还原氧化石墨烯和银纳米颗粒修饰的玻碳电极，并用于多种氨基酸，如甘氨酸(Gly)、丙氨酸(Ala)、亮氨酸(Leu)、天冬氨酸(Asp)和谷氨酸(Glu)等的电催化氧化。该研究结果表明在碱性介质中，该修饰电极在氧化过程中产生的活性 Ag(Ⅲ)物种可以介导氨基酸的电化学氧化过程，其可能的机制如以下反应式(4.1)~反应式(4.3)所示：Ag(Ⅱ)首先被氧化为 Ag(Ⅲ)，Ag(Ⅲ)可以催化氨基酸的氧化脱羧生成亚胺化合物，并进一步氧化脱胺生成醛，同时在电极表面再生 AgO。这一现象也同时适用于 Ala、Leu、Asp 和 Glu 的电化学氧化。

$$2AgO + 2OH^- \rightleftharpoons Ag_2O_3 + H_2O + 2e^- \tag{4.1}$$

$$2Ag_2O_3 + RCH(NH_2)COOH + 2H_2O + 4e^- \longrightarrow$$
$$4AgO + RCH = NH + H_2CO_2 + 4OH^- \tag{4.2}$$

$$2Ag_2O_3 + RCH = NH + 3H_2O + 4e^- \longrightarrow 4AgO + RCHO + NH_3 + 4OH^- \tag{4.3}$$

铜基电极材料表面氨基酸的氧化也有较多研究。Hampson 等[34]研究了铜电极表面 α-氨基酸的电化学行为，指出氨基酸在氧化电位下可发生脱羧和脱胺反应，生成腈和醛产物，铜表面生成的氧化物层可显著促进这一反应。Alizadeh 等[35]制备了 CuO/石墨烯复合电极，发现氧化电位下可生成具有强氧化性的 Cu(Ⅲ)OOH 物种，进而实现一些氨基酸分子的氧化。方禹之等[36]制备了 Cu₂O/多壁碳纳米管复合电极，实现了大多数氨基酸的催化电化学氧化，认为在强碱性溶液中阳极极化下电极表面不同氧化态的铜(Ⅰ、Ⅱ、Ⅲ价)物种可催化多种氨基酸(包括非电活性氨基酸)发生以下途径的电化学氧化脱羧[反应式(4.4)]，生成的亚胺可进一步被氧化为腈[反应式(4.5)]，或与水反应生成醛和氨[反应式(4.6)]。这些氨基酸包括丝氨酸、酪氨酸、苏氨酸、精氨酸、色氨酸、赖氨酸、天冬氨酸、谷氨酸和组氨酸。

$$RCH(NH_2)CO_2^- \longrightarrow RCH = NH + CO_2 + H^+ + 2e^- \tag{4.4}$$

$$RCH = NH \longrightarrow RCN + 2H^+ + 2e^- \tag{4.5}$$

$$RCH = NH + H_2O \longrightarrow RCHO + NH_3 \tag{4.6}$$

除此之外，Govindasamy 等[37]发现具有钙钛矿结构的碱土金属钛酸盐(SrTiO₃)与还原氧化石墨烯形成的复合电极对色氨酸的电化学氧化过程具有良好的催化活性，并成功用于实际样品如尿液和血样中 Trp 的测定。该研究认为酪氨酸的氧化遵循图 4.3 中的反应途径 1。

谷氨酸(Glu)是中枢神经系统中最重要的兴奋性神经递质之一，它与许多神经疾病相关，但谷氨酸并不属于电化学活性氨基酸。黄卫华等[38]构筑了谷氨酸氧化酶修饰的铂电极。如图 4.6 所示，酶催化谷氨酸氧化时将氧气转化为过氧化氢，同时，处于氧化电位下的铂电极将过氧化氢再转化为氧气。利用这两个氧化还原循环，实现了谷氨酸的酶催化间接电化学氧化过程，并用于单个海马神经元谷氨酸胞吐的实时电化学监测。

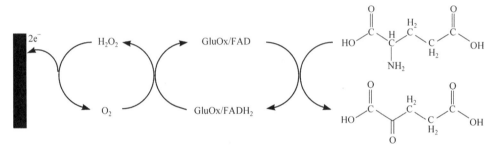

图 4.6　谷氨酸氧化酶修饰铂电极催化谷氨酸氧化过程

4.2.3　氨基酸的电化学活性衍生

由于天然氨基酸中具有本征电化学活性的分子种类有限，对其电化学检测极为不利。除通过设计催化功能界面实现更多氨基酸的电化学催化氧化外，利用化学衍生"赋予"氨基酸分子电化学活性是一种较为通用的策略。常用的电活性衍生化试剂及其与氨基酸中氨基的化学衍生反应如图 4.7 所示[39]。

萘-2, 3-二甲醛(NDA)是最常用的一种氨基酸衍生试剂，它可以在氰离子(CN⁻)存在下与伯胺反应生成含氰基、异吲哚基团的电活性物质[图 4.7(a)]。6-氨基喹啉-N-羟基琥珀酰亚胺氨基甲酸酯(6-AQC)是另一种常见的氨基酸衍生化试剂[图 4.7(b)]。氨基酸的 6-AQC 衍生物具有芳香族氨基(氨基喹啉)结构，具有电化学活性，但其氧化电位较高。对硝基酚-2, 5-二羟基苯乙酸双四氢吡咯醚(NDTE)是一种新型的易于应用的电化学衍生试剂，衍生化后的氨基酸具有对苯二酚官能团，其能在较低电位下具有电化学活性。除上述氨基酸衍生化试剂外，邻苯二甲醛(OPA)、氯甲酸-9-芴甲酯(9-FMOC)、4-二甲基氨基偶氮苯磺酰氯(dabsyl-Cl)和异硫氰酸苯酯(PITC)等也可用于氨基酸的电活性衍生。Laudy 等[40]将 L-丙氨酸、甘氨酸、β-丙氨酸和 γ-氨基丁酸与二茂

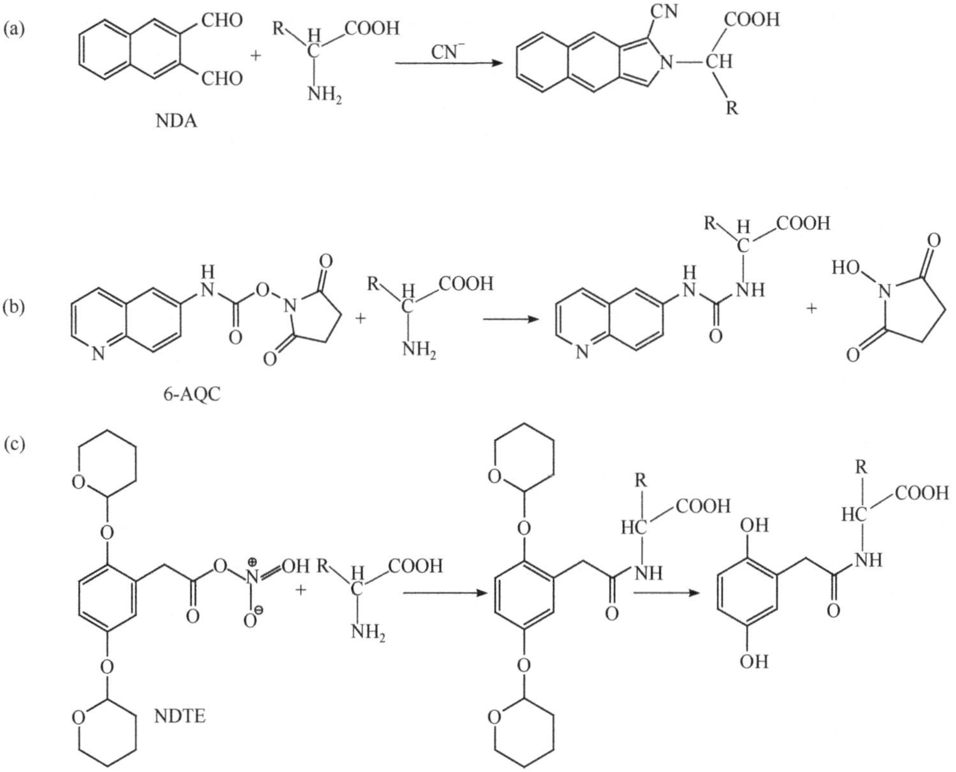

图 4.7　常见的电活性衍生试剂及其与氨基酸的衍生化学反应

铁化学接枝,形成复合物。电化学研究表明,氨基酸的引入对二茂铁电对的氧化还原电位几乎没有影响。这些电活性衍生技术为色谱、毛细管电泳等分离技术与电化学安培检测联用,实现氨基酸混合物的分离分析提供了极大的便利。

4.3　氨基酸的电化学分析

　　研究并揭示氨基酸的电化学氧化还原途径,不仅可以为理解氨基酸、肽和蛋白质在生命体系中的氧化还原过程提供重要的理论依据,也为氨基酸分子本身的电化学检测提供了基础。氨基酸的分析检测是生物分析的重要内容,电化学作为一种便携、低能耗和低成本的技术是实现特定氨基酸高灵敏检测的重要方法之一。

4.3.1　氨基酸的非手性电化学分析

　　由于具备良好电化学活性的氨基酸十分有限,氨基酸的电化学行为基本上属于动力学迟缓的不可逆过程,十分不利于电流法直接检测。为了克服这一困难,常常需要构筑合适的催化功能界面。例如，Govindasamy 等[37]使用具有钙钛矿结构的钛酸锶(SrTiO₃)纳米立方体修饰还原氧化石墨烯(rGO)，制备的纳米复合物(rGO@SrTiO₃)可用于玻碳电极改性，通过循环伏安法实现色氨酸的直接电化学检测(图 4.8)。传感器对色氨酸的线性检测范围为 30 nmol/L～917.9 μmol/L，检测下限为 7.15 nmol/L，并用于测定模拟人血清样品中的色氨酸。Li[41]在玻碳电极上电聚合 L-丝氨酸，通过线性扫描伏安法测得 L-丝氨酸薄膜电极上酪氨酸氧化峰电位为 0.90 V，且氧化电流大大提高。在 3.0×10^{-7}～1.0×10^{-4} mol/L 范围内，伏安电流与酪氨酸浓度呈线性关系。Deng 等[42]将石墨烯修饰乙炔黑糊电极(GR/ABPE)用作伏安传感器，可选择性测定高浓度酪氨酸(Tyr)中的色氨酸(Trp)。1.0 mol/L H₂SO₄介质中色氨酸的线性扫描伏安峰电位为 0.971 V，且氧化峰电流与浓度呈线性关系(0.1 μmol/L～0.1 mmol/L)，检测限为 60 nmol/L。He 等[43]制备了氧化亚铜纳米颗粒包覆的还原氧化石墨烯纳米复合物，将制备的纳米复合物修饰在玻碳电极表面构建出灵敏的色氨酸电化学传感器。采用线性扫描伏安法和方波伏安法进行灵敏度和选择性测试，检测范围为 0.02～20 μmol/L，检测下限为 0.01 μmol/L。Wang 等[44]将碳纳米管、镍和镍-碳纳米管分别修饰于电极表面，通过流动注射分析和计

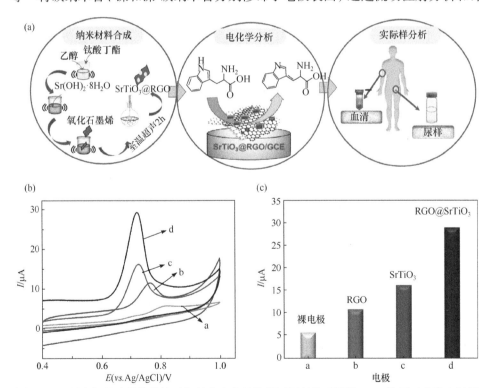

图 4.8　(a)具有钙钛矿结构的钛酸锶纳米立方体修饰还原氧化石墨烯(rGO)并用于功能电极界面构建；(b)、(c)色氨酸的电化学检测

时安培法分别对精氨酸、组氨酸、甲硫氨酸和赖氨酸进行电化学分析，检测下限均至亚微摩尔级别，镍-碳纳米管修饰电极信号高于单独的碳纳米管和镍修饰电极。Heli 等[45]制备了铜纳米颗粒修饰碳糊电极，并电催化氧化了甘氨酸、天冬氨酸、半胱氨酸、谷氨酸和酪氨酸 5 种氨基酸。循环伏安法和计时安培法测得两个扩散控制的阳极氧化峰，并且具有更高的氧化速率和更低的电位。Sheikh-Mohseni 等[46]制备了锶铁氧体纳米结构修饰碳糊电极，实现了酪氨酸的电化学检测。该修饰电极将酪氨酸的氧化峰电流提高了 2 倍，氧化过电位降低了 110 mV。

　　与常规线性扫描伏安法相比，差分脉冲伏安法可更好地消除背景电流的影响，实现更为灵敏的电化学测定。Gholivand 等[47]将 TiO$_2$ 纳米颗粒/多壁碳纳米管复合物修饰于玻碳电极表面，实现了 L-赖氨酸的电催化氧化。通过差分脉冲伏安法测得赖氨酸电流信号与其浓度(0.5～5.5 μmol/L)呈线性关系，检测限为 390 nmol/L。Chen 等[48]采用氧化石墨烯修饰丝网印刷碳电极(GO/SPCE)电化学测定含硫氨基酸(L-甲硫氨酸)。氧化石墨烯修饰电极比裸电极表现出更高的差分脉冲伏安电流响应，且与 L-甲硫氨酸浓度(2～96 μmol/L)呈线性关系，检测限为 0.18 μmol/L。Cao 等[49]将合成的超薄 CuS 纳米片通过壳聚糖修饰到酸化处理过的多壁碳纳米管上，所得纳米复合物用于改性玻碳电极，获得对 L-酪氨酸良好的电催化氧化活性，实现了猪血清中 L-酪氨酸的测定，回收率在 95.7%～102.6%之间。Taei 等[50,51]分别用金纳米颗粒/聚(2-氨基-2-羟基甲基-丙烷-1, 3-二醇)膜和聚锥虫蓝修饰玻碳电极，通过差分脉冲伏安法分别实现去甲肾上腺素、对乙酰氨基酚和酪氨酸 3 种物质以及抗坏血酸(AA)、去甲肾上腺素(NA)、乙酰氨基(AC)和色氨酸(Try)4 种物质(图 4.9)的同时测定。

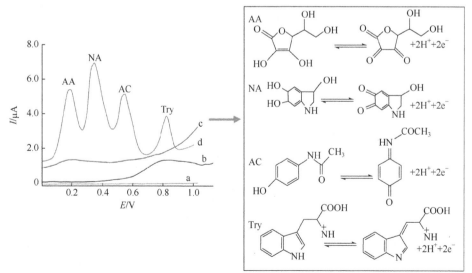

图 4.9　差分脉冲伏安法同时测定 AA、NA、AC 和 Try 四种组分

曲线 a、b 为裸玻碳电极响应；曲线 c、d 为聚锥虫蓝修饰玻碳电极响应；曲线 a、c 为空白溶液背景

与电流型电分析技术相比，电位分析法依据电极界面处与特定离子活度存在类能斯特关系的界面电位作为定量分析的依据。由于电位信号的测量更为简便，通过设计合适的识别界面或离子载体可实现高选择性响应，并可用于非电化学活性物质的测定，在构建氨基酸传感器方面具有独特的优势。Kong 等[52]基于光学活性聚苯胺膜构建了针对外消旋苯丙氨酸(Phe)异构体的手性电位型传感器。该修饰电极对于 L-Phe 的能斯特斜率达到约 60 mV/dec，对于 D-Phe 达到约 35 mV/dec。Jańczyk 等[53]制备出了基于硼酸衍生物的电位传感器阵列，结合顺序注射分析技术检测苯丙氨酸、酪氨酸、鸟氨酸和谷氨酸 4 种氨基酸混合物。所制备的阵列传感器包含 6 个微型离子选择性电极，其敏感膜(塑化 PVC)含有 4-辛基苯基硼酸作为离子载体和/或离子交换剂。基于传感器阵列的稳态和瞬态响应，结合化学计量学方法实现了 4 种氨基酸的准确定量。Minamiki 等[54]通过 4-巯基苯甲酸单分子层自组装金电极，通过电位法检测生物胺(图 4.10)。修饰电极的电位与组胺浓度呈

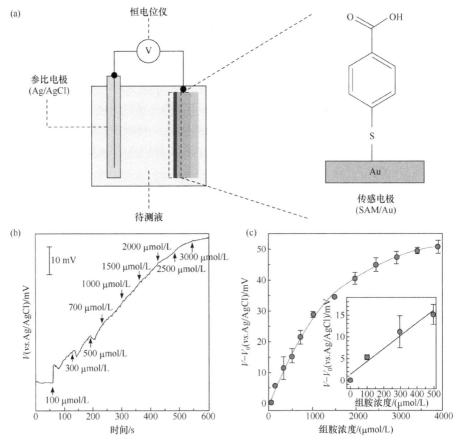

图 4.10　(a) 4-巯基苯甲酸单分子层修饰金电极及电位测量装置示意图；(b) 加入不同浓度的组胺后电极电位随时间的变化；(c) 电极电位对组胺浓度的响应曲线

线性关系,检测限为 25 μmol/L,对易腐食品中氨基酸到生物胺的生物转化检测具有潜在应用前景。

4.3.2　氨基酸的手性电化学分析

天然氨基酸一般都是 L-构型,而 D-构型氨基酸往往与人类的衰老和疾病有关。例如,全氨基酸食谱中的 D-苯丙氨酸可以用作 L-苯丙氨酸的营养来源,但食谱中高浓度的 D-酪氨酸会抑制小鼠的生长[55];L-色氨酸(L-Trp)在人及动物代谢中有着重要的作用,被喻为第二氨基酸,而 D-色氨酸(D-Trp)仅存在于微生物和绿色植物中。且只有 L-氨基酸具有生物活性,可被允许作为食品和药物补充剂,而相关的 D-氨基酸无法有效代谢,甚至会造成不良影响;Trp 是人体重要神经递质的前体,同时也是人体必需的氨基酸之一。它可以作为安定药物的成分来调节心律并改善睡眠。而 D-Trp 作为一种非蛋白质氨基酸,不参与生命系统的代谢途径,通常用于合成免疫抑制剂和肽类抗生素。因此,开发有效的分析方法手性识别氨基酸并实现对映体的鉴别和检测,在食品控制、药学、临床分析等领域具有重要意义。在利用电化学方法检测手性氨基酸的过程中,关键环节是构建手性识别界面,因此,手性选择剂的设计对手性界面的构建具有重要的影响。可利用不同手性的分子与手性界面间相互作用的差别,使用电化学方法对不同手性的氨基酸进行识别和检测。

Sun 等[56]利用自组装技术构建了非手性聚乙烯亚胺(PEI)和手性肽(D-BGAc)的手性化学界面,利用差分脉冲伏安法实现对色氨酸对映体的电化学识别。由于 L-色氨酸的氨基(—NH₂)较容易与手性界面分子中的羧基(—COOH)形成氢键,而 D-色氨酸由于空间位阻效应,氢键生成数量要少于 L-色氨酸,因此造成响应电流的差别。

以三维氮掺杂石墨烯-碳纳米管复合结构为导电基底,利用海藻酸钠的羧基和壳聚糖氨基的酰胺化反应合成新型手性选择器(SA-CS)界面的方法已被报道[57]。该电极界面可用于色氨酸对映体的电化学识别:相比于 L-色氨酸,D-色氨酸与 SA-CS 中羧基生成氢键的空间位阻更小,更易形成稳定的氢键,进而难以穿透电极表面的 SA-CS 膜到达电极表面,其电流响应较小[57]。Yang 等[58]将十六烷基三甲基溴化铵(CTAB)与手性杯芳烃(CCA)通过离子-偶极相互作用自组装成 CCA-CTAB 手性电化学界面,该界面富含可识别色氨酸的手性空腔结构(图 4.11)。密度泛函理论(DFT)计算表明,CCA 与 L-色氨酸之间可以形成 3 个稳定的氢键,而 CCA 与 D-色氨酸之间只能形成 2 个氢键。CCA-CTAB 对 L-色氨酸表现出更高的亲和力及更大的电流信号(与上例相反)。

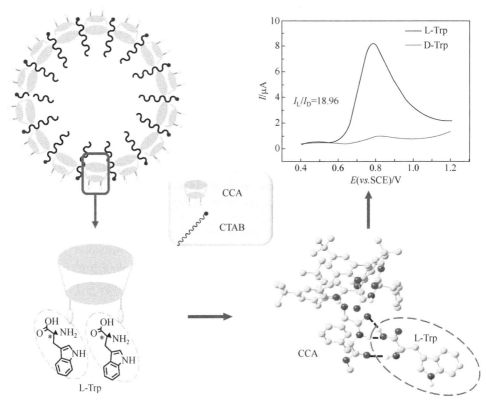

图 4.11　CCA-CTAB 用于 L-Trp 的电化学手性识别；CCA/L-Trp 通过三重氢键稳定结合

D-氨基酸(DAA)一般存在于细菌的细胞壁中，而食物是 D-氨基酸的重要来源之一。关于 D-氨基酸的研究已经成为生命科学研究的一个重要方面，已经发现了几种 D-氨基酸在哺乳动物体内具有某些生理功能。例如，在大脑中枢神经系统中，D-丝氨酸作为 N-甲基-D-天冬氨酸受体的共激动剂与学习记忆功能有关；而垂体前叶、胰腺和血浆中的 D-丙氨酸可能对胰岛素调节有生理作用。D-氨基酸的浓度与某些疾病表现出很强的相关性。据报道，阿尔茨海默病患者血清中 D-丝氨酸占总(D- + L-)丝氨酸浓度的比例低于正常人[59]。因此，快速、简单且特异性检测 D-氨基酸具有重要意义。特异性识别 D-氨基酸往往会用到 D-氨基酸氧化酶(DAAO)，这是催化 D-氨基酸氧化脱氨的重要酶。反应生成的 H_2O_2 可被电化学检测，从而实现 D-氨基酸的定量电化学测定。

$$D\text{-氨基酸} + O_2 + H_2O \xrightarrow{\text{DAAO}} \alpha\text{-酮酸} + NH_3 + H_2O_2$$

Suman 等[60]将 D-氨基酸氧化酶共价固定于沉积在金电极上的羧化多壁碳纳米管/铜纳米颗粒/聚苯胺杂化膜上，构建了一种改进的 D-氨基酸生物传感器，以检测果汁中的 D-氨基酸含量。Liu 等[59]研发了一种简单、准确的磁性电化学传感器，用于超灵敏的手性识别 D-氨基酸。该研究制备了 $Fe_3O_4@Au@Ag@Cu_xO(x = 1, 2)$核壳纳米结构，引入 D-氨基酸氧化酶催化 D-氨基酸氧化脱胺并生成 H_2O_2。在酶反应生成的 H_2O_2 作用下，Cu_xO 壳的自催化氧化导致 Fe_3O_4 电化学信号降低。以 $Fe_3O_4@Au@Ag@Cu_xO$ NPs 作为电化学信标，在 100 pmol/L～10 μmol/L 范围内实现 D-丙氨酸(D-Ala)的选择性灵敏检测。考虑到氨基酸氧化酶传感器的稳定性，可使用溶胶-凝胶法对酶进行负载，溶胶-凝胶过程形成的多孔网络可实现酶的有效物理固定。Shoja 等[61]通过溶胶-凝胶法将 D-氨基酸氧化酶固定在多壁碳纳米管/金纳米膜复合材料修饰的玻碳电极上，制备出改进的 D-丙氨酸电化学传感器，测定了人血清中的 D-丙氨酸含量。

分子印迹是指制备可识别特定目标分子的基体材料的过程，是一种人工模拟酶和底物之间"锁-钥"关系的技术。分子印迹的核心是分子印迹聚合物(MIP)的制备，将模板分子(也称迹分子或目标分子)加入到聚合物单体和交联剂中进行聚合反应后再除去模板分子，可得到"印迹"有目标分子空间构型和结合位点的 MIPs。聚吡咯(PPy)因其高导电性和环境友好性可用于分子印迹电化学传感界面构建。Huang 等[62]在铂电极上通过电化学聚合反应制备了 D/L-樟脑磺酸(D/L-CSA)掺杂的聚吡咯纳米线(MIP-PPy)，在负电位下电化学去掺杂可将 CSA 从 PPy 纳米线中去除，留下的手性空腔可在正电位下选择性识别并结合目标分子(图 4.12)。因苯丙氨酸与 CSA 尺寸和构型相似，通过电化学阻抗谱可实现 D/L-苯丙氨酸的测定。

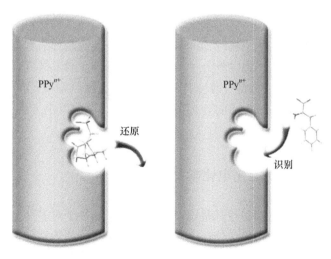

图 4.12　手性氨基酸的识别过程

CSA 分子既充当掺杂剂，又充当伪模板分子

Chen 等发展了一种电化学分子印迹溶胶-凝胶传感器，用于天冬氨酸对映

体的识别。将 L-Asp、NC-L-Asp(*N*-苄氧羰基-L-天冬氨酸)和 Cu^{2+} 形成的(L-Asp)Cu^{2+} (NC-L-Asp)三元手性配合物作为模板分子在玻碳电极表面构建溶胶-凝胶层，除去模板剂后的电极界面可选择性结合包含 L-Asp 的三元手性配合物(图 4.13)。通过方波伏安法获得铜离子还原溶出引起的电化学电流，实现 L-Asp 的识别检测，其选择性是 D-Asp 衍生物的 2.1 倍，为测定电化学惰性手性化合物提供了思路[63]。

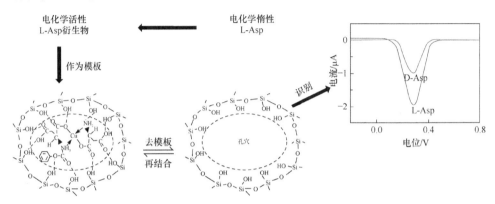

图 4.13　分子印迹溶胶-凝胶用于 Asp 的电化学手性识别，模板分子为(L-Asp)Cu^{2+}(NC-L-Asp)

4.4　氨基酸衍生的电化学材料

随着纳米技术的发展，各种纳米结构的无机、高分子等材料被广泛地应用于电化学传感、能源电催化、医疗诊断与治疗等[64,65]，然而其细胞毒性以及低选择性等缺点限制了其应用。将生物分子如氨基酸等复合在纳米材料表面能一定程度上降低纳米材料的细胞毒性、改变其表面电子态，进而调控其催化反应的活性和选择性等。氨基酸修饰/导向合成的各种纳米材料在以上方面具有一定的优越性。

4.4.1　氨基酸分子功能化电化学材料

氨基酸分子含有氨基和羧基基团，其中的氮、氧原子对多种金属离子具有强配位作用，常被用于制备化学修饰电极，实现金属离子的传感分析[66,67]。例如，Shah 课题组系统研究了甘氨酸、半胱氨酸、组氨酸、色氨酸、酪氨酸、丙氨酸、苯丙氨酸、天冬酰胺、亮氨酸以及赖氨酸修饰的玻碳电极对铊和汞离子的同时测定[68]。得益于氨基酸与铊和汞离子间的强相互作用，该类电极用于铊和汞离子的同时检测时具有较好的灵敏度。该课题组随后又将氨基酸修饰玻碳电极用于锌、镉、铜和汞四种离子的同时测定[69]。林祥钦等[70,71]利用循环电位扫描将氨基酸分子(谷氨酸、丙氨酸等)共价接枝到玻碳电极表面，所得化学修饰电极可实现抗坏血酸和多巴胺分子的电催化氧化，很好地分离两者的伏安信号，实现了这两种分子的电化学同时测定。

采用氨基酸分子修饰催化剂，还能有效调控催化剂表面的电子结构、微环境以及与底物分子的相互作用，进而促进其电催化活性的提升。考虑到酪氨酸残基在光系统Ⅱ中起着介导析氧中心与 P680 之间电子转移的角色，Kaneko 等[72]将具有析氧活性的三核 Ru 配合物([(NH$_3$)$_5$Ru-O-Ru(NH$_3$)$_4$-O-Ru(NH$_3$)$_5$]$^{6+}$)与酪氨酸模型化合物对甲酚共分散于 Nafion 膜，观察到增强的电催化析氧活性。进一步研究表明对甲酚可充当电荷转移媒介，增加电荷传输距离，进而提升 Ru 配合物的析氧活性。Kubiak 等[73]构建了包含酪氨酸残基的 Re 基双金属超分子电催化剂[图 4.14(a)]，以及由其氢键相互作用形成的组装体[图 4.14(b)]，研究了其电催化 CO$_2$ 还原活性[图 4.14(c)]。理论计算及红外光谱电化学表征揭示，酪氨酸的苯酚残基参与双金属活性位的自组装并作为悬挂质子源，促进 CO$_2$ 的还原歧化反应，生成 CO 和 CO$_3^{2-}$。

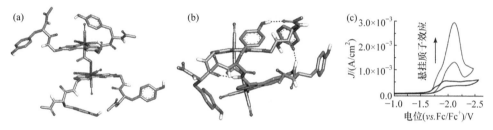

图 4.14　(a) [Re(Tyrdac)(CO)$_3$]$_2$(μ_2-η^2-CO$_2$)的分子结构模拟图；(b) [Re(Tyrdac)(CO)$_3$]$_2$(μ_2-η^2-CO$_2$)二聚体的分子结构模拟图，通过酰胺-酰胺或者酰胺-苯酚基团间形成分子间氢键；(c) [Re(Tyrdac)(CO)$_3$]$_2$(μ_2-η^2-CO$_2$)分子组装体在 Ar 和 CO$_2$ 气氛下的循环伏安图

氨基酸分子还被用来功能化异相固体催化剂。Wang 等[74]报道了一种通用的氨基酸表面修饰方法，以提高 Cu 纳米线电催化还原 CO$_2$ 至 C$_{2+}$产物的选择性。他们首先通过化学氧化 Cu 箔和电化学还原的方式制得 Cu 纳米线，然后将其浸入含氨基酸(甘氨酸、丙氨酸、亮氨酸、色氨酸、酪氨酸和精氨酸)的水溶液中，制得各种氨基酸修饰的 Cu 纳米线。电化学测试表明，Cu 纳米线修饰甘氨酸之后，析氢反应(HER)得到有效抑制，且 C$_2$ 产物(C$_2$H$_4$ 和 C$_2$H$_6$)的法拉第效率明显提高。他们考察了不同氨基酸对 C$_{2+}$产物选择性的影响，相对于未修饰的 Cu 纳米线，甘氨酸、丙氨酸、亮氨酸、色氨酸、酪氨酸和精氨酸修饰的 Cu 纳米线均表现出增强的 C$_{2+}$产物选择性。进一步研究表明氨基酸的氨基对提高 C$_{2+}$产物选择性至关重要。密度泛函理论计算表明，甘氨酸修饰显著降低了 CO$_2$ 还原成 C$_{2+}$产物决速步(CO*

氢化为 CHO*)的能垒,有利于催化活性的提高。Yoshida 等[75]发现,氨基酸修饰能促进 NiO₆ 八面体团簇的形成,进而提高水氧化活性。类似地,Ingole 等[76]发现,氨基酸修饰不仅能提高 Cu/Cu₂O 纳米复合材料的水氧化性能,同时还能提高其析氢活性。进一步研究发现,氨基酸修饰抑制了催化剂的表面氧化,同时增加了电荷载流子浓度。

Xu 和 Wang 等[77]采用手性氨基酸(L-精氨酸和 D-精氨酸)修饰多壁碳纳米管,并研究了其对三氟苯乙酮对映体的选择性电还原性能。R-和 S-三氟甲基苯甲醇产物的产率在 60%~61%之间,且对映体过量百分数在 43%~44%之间。而 L-赖氨酸修饰的多壁碳纳米管电还原三氟苯乙酮时对映体过量百分数仅为 30%。他们认为这一差异来源于底物所处的手性环境,如图 4.15 所示。在电解质中,手性氨基酸以两性离子的形式(Ⅰ)存在,三氟苯乙酮的羰基氧与氨基酸的质子化氨基(—NH₃⁺)通过氢键相互作用,同时其羰基碳原子与氨基酸中带负电的羧酸根静电吸引。在电还原过程中,中间体Ⅰ得到一个电子,被还原为自由基阴离子Ⅱ。随后,质子化氨基(—NH₃⁺)上的质子转移到羰基上,得到[HOC(CF₃)Ph]•,即中间体Ⅲ。进一步发生 1 电子还原得到中间体Ⅳ,Ⅳ很快被溶剂中的正戊醇质子化。由示意图可知,吸附态三氟苯乙酮的取向导致中间态Ⅳ的两面(Si 面和 Re 面)质子化速率

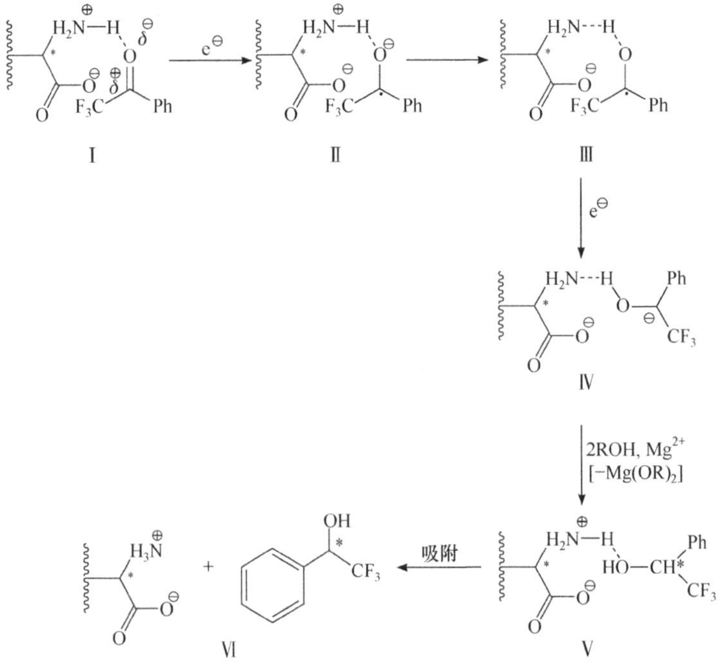

图 4.15　氨基酸修饰的多壁碳纳米管电还原三氟乙酰丙酮机理

不同，进而影响产物的对映选择性。进一步研究发现，手性苯丙氨酸修饰的碳纳米管对三氟苯乙酮的电还原表现出类似的对映体选择性[78]。Sathe 等[79]采用 L-赖氨酸修饰还原的氧化石墨烯(rGO)，以提高其电催化水氧化活性。Rezaei 等[80]采用氨基酸修饰的氧化石墨烯与 TiO_2 膜复合，将其作为染料敏化太阳能电池的光阳极。相较于对照材料，其光伏性能提高了 4.1 倍。Lin 等[81]以天冬氨酸功能化的氧化石墨烯为模板，原位生长 $Co_2(OH)_2CO_3$ 纳米片，并将其用作锂离子电池阳极材料。该材料在电流密度为 100 mA/g 时，循环 500 次之后显示出高达 1770 mA·h/g 的锂离子储存容量。

4.4.2　氨基酸辅助合成电化学材料

氨基酸可以作为理想的氮源制备氮掺杂碳基纳米材料，这些材料在电容器、电池、电催化、传感等领域表现出广阔的应用前景[82-85]。Jia 等[82]以多种不同酸度的氨基酸为掺杂剂，氧化石墨烯为起始材料，采用一步水热法制得各种氮掺杂石墨烯水凝胶，系统研究了氨基酸酸度和溶液 pH 对其形貌和孔隙率的影响。得益于三维交联结构、大的比表面积和适度的氮掺杂，该水凝胶表现出优异的电化学电容特性。以氨基酸和硼酸为共掺杂剂，还可制得硼、氮共掺杂碳纳米片，并用于超级电容器研究[83]。

Xu 等[84]采用组氨酸与 Fe^{3+} 配位，经过高温碳化、酸洗等步骤制得 Fe_3C-N-C 材料。该材料在碱性电解液中同时具备优良的电催化氧还原和氧析出活性，可用作锌-空电池电极材料。Park 等[85]以有序介孔硅材料 SBA-15 为硬模板，半胱氨酸和四甲氧基苯基卟啉钴为前体，经过高温碳化等步骤，制得有序介孔 Fe/N/S 掺杂的多孔碳材料。该材料具有大的孔径和高的比表面积，在酸性条件下表现出媲美于 Pt/C 催化剂的氧还原活性和优良的抗甲醇毒化性能。

氨基酸除了作为前体用于合成各种氮掺杂碳基纳米材料外，还可作为导向剂或还原剂合成各种纳米结构材料。Wu 等[86]以甘氨酸为导向剂，采用水热法合成了不同晶相(非晶和单晶)和形貌(纳米棒和纳米片)的碳酸氢氧化钴，发现甘氨酸主导了碳酸氢氧化钴从非晶纳米片到单晶纳米棒和纳米片的转变，并研究了其电化学储能特性。Li 等[87]以四种氨基酸作为还原剂和保护剂，系统研究了氨基酸侧链基团对片状 Au 微米片形貌的调控作用，发现不同氨基酸侧链具有不同的还原/封端能力，可以调控二维 Au 片的厚度和横向尺寸。例如，L-色氨酸、L-谷氨酸和L-精氨酸可导向合成 Au 微盘；L-天冬氨酸和 L-赖氨酸则导向合成超薄 Au 纳米片。Chu 等[88]在 L-脯氨酸存在下，电沉积制得 Ag 纳米颗粒。L-脯氨酸不仅能有效抑制 Ag 的氧化，还能防止颗粒的团聚。

4.4.3 氨基酸的电化学聚合

氨基酸可通过电化学聚合形成对应的多功能高分子材料。Herlem 等[89]分别研究了 L-丝氨酸、L-苏氨酸、L-天冬酰胺和 L-谷氨酰胺在 Pt 电极表面的氧化聚合，并考察了 pH 对其电化学行为的影响。他们发现，氨基酸在中性条件下电聚合的电流最大，增加 pH 导致电流降低。Hasanzadeh 等 [90]采用电化学氧化方式在玻碳电极上电聚合形成聚精氨酸并将其与石墨烯量子点复合。他们还将 p53 抗体固定在聚半胱氨酸/石墨烯量子点/Au 纳米颗粒电极上，构建对 p53 蛋白具有免疫识别响应的传感器[91]。Liu 等[92]在玻碳电极上聚合精氨酸并接枝石墨烯，以包裹 Au 纳米颗粒，制得的修饰电极可用于 DNA 氧化产物 8-羟基-2′-脱氧鸟苷的传感分析。随后，他们发现，该电极也可用于多巴胺、5-羟色胺等神经递质的定量分析[93]。Mo 等[94]在玻碳电极表面电聚合 L-赖氨酸并进一步电沉积 3, 4, 9, 10-苝四甲酸功能化的多壁碳纳米管，将其用于色氨酸对映体的手性传感。最近，Swamy 等[95]在碳糊电极表面电聚合 L-亮氨酸，所得聚亮氨酸修饰电极可用于对乙酰氨基酚(AP)和叶酸(FA)的同时电化学测定。需要指出的是这些研究一般在较宽的电位范围内进行循环电位扫描，以获得"类似多肽结构"的氨基酸聚合物。

参 考 文 献

[1] Barrett G C, Elmore D T. Amino Acids and Peptides. Cambridge: Cambridge University Press, 2004.

[2] 霍湘, 王安利, 杨建梅. 生物学通报, 2006, 41: 3-4.

[3] Fichter F, Schmid M. Helvetica Chimica Acta, 1920, 3: 704-714.

[4] Takayama Y. Bulletin of the Chemical Society of Japan, 1933, 8: 213-230.

[5] Takayama Y, Miduno S. Bulletin of the Chemical Society of Japan, 1937, 12: 338-341.

[6] Takayama Y, Harada T, Miduno S. Bulletin of the Chemical Society of Japan, 1937, 12: 342-349.

[7] Brabec V, Mornstein V. Biophysical Chemistry, 1980, 12: 159-165.

[8] Reynaud J A, Malfoy B, Canesson P. Journal of Electroanalytical Chemistry, 1980, 114: 195-211.

[9] Elena V S, Elena V K, Sergey P R, et al. Electrochimica Acta, 2020, 331: 135289.

[10] Kolthoff I M, Barnum C. Journal of the American Chemical Society, 1940, 62: 3061-3065.

[11] Stankovich M T, Bard A J. Journal of Electroanalytical Chemistry and Interfacial Electrochemistry, 1977, 75: 487-505.

[12] Cheek G T, Worosz M A. ECS Transactions, 2016, 72(27): 1-8.

[13] Enache T A, Oliveira-Brett A M. Bioelectrochemistry, 2011, 81: 46-52.

[14] Dourado A H B, Pastrián F C, de Torresi S I C. Anais da Academia Brasileira de Ciências, 2018, 90: 607-630.

[15] Davis D G, Bianco E. Journal of Electroanalytical Chemistry, 1996, 12: 254-260.

[16] Pradac J, Koryta J. Journal of Electroanalytical Chemistry and Interfacial Electrochemistry, 1968,

17: 167-175.

[17] Feliciano-Ramos I, Caban-Acevedo M, Scibioh M A, et al. Journal of Electroanalytical Chemistry, 2010, 650: 98-104.

[18] Fawcett W R, Fedurco M, Kováčová Z, et al. Journal of Electroanalytical Chemistry, 1994, 368: 265-274.

[19] Enache T A, Oliveira-Brett A M. Electroanalysis, 2011, 23: 1337-1344.

[20] Malfoy B, Reynaud J A. Journal of Electroanalytical Chemistry, 1980, 114: 213-223.

[21] Nguyen N T, Wrona M Z, Dryhurst G. Journal of Electroanalytical Chemistry and Interfacial Electrochemistry, 1986, 199: 101-126.

[22] Jin G P, Lin X Q. Electrochemistry Communications, 2004, 6: 454-460.

[23] Suprun E V, Zharkova M S, Morozevich G E, et al. Electroanalysis, 2013, 25: 2109-2116.

[24] Enache T A, Oliveira-Brett A M. Journal of Electroanalytical Chemistry, 2011, 655: 9-16.

[25] MacDonald S M, Roscoe S G. Electrochimica Acta, 1997, 42: 1189-1200.

[26] Zinola C F, Rodríguez J L, Arévalo M C, et al. Journal of Electroanalytical Chemistry, 2005, 585: 230-239.

[27] Ogura K, Kobayashi M, Nakayama M, et al. Journal of Electroanalytical Chemistry, 1999, 463: 218-223.

[28] Chen L, Chang C, Chang H. Electrochimica Acta, 2008, 53: 2883-2889.

[29] Ralph T R, Hitchman M L, Millington J P, et al. Journal of Electroanalytical Chemistry, 1994, 375: 1-15.

[30] Zagal J H, Herrera P. Electrochimica Acta, 1985, 30: 449-454.

[31] Wang Z L, Pang D W. Journal of Electroanalytical Chemistry, 1990, 283: 349-358.

[32] 王宗礼, 李长明, 邓中一, 等. 化学学报, 1986, 44: 863-869.

[33] Victor H R A, José L S, Nelson R S. Journal of Electroanalytical Chemistry, 2019, 845: 57-65.

[34] Hampson N A, Lee J B, Macdonald K I. Journal of Electroanalytical Chemistry, 1972, 34: 91-99.

[35] Alizadeh T, Mirzagholipur S. Sensors and Actuators B: Chemical, 2014, 198: 438-447.

[36] Dong S, Zhang S, Chi L, et al. Analytical Biochemistry, 2008, 381: 199-204.

[37] Govindasamy M, Wang S F, Pan W C, et al. Ultrasonics Sonochemistry, 2019, 56: 193-199.

[38] Yang X K, Tang Y, Qiu Q F, et al. Analytical Chemistry, 2019, 91: 15123-15129.

[39] Sierra T, Crevillen A G, Escarpa A. Electrophoresis, 2017, 38: 2695-2703.

[40] Daniluk M, Buchowicz W, Koszytkowska-Stawińska M, et al. Chemistry Select, 2019, 4: 11130-11135.

[41] Li C. Colloids and Surfaces B: Biointerfaces, 2006, 50: 147-151.

[42] Deng P, Xu Z, Feng Y. Materials Science and Engineering C-Materials for Biological Applications, 2014, 35: 54-60.

[43] He Q, Tian Y, Wu Y, et al. Biomolecules, 2019, 9: 176.

[44] Deo R P, Lawrence N S, Wang J. Analyst, 2004, 129: 1076-1081.

[45] Heli H, Hajjizadeh M, Jabbari A, et al. Analytical Biochemistry, 2009, 388: 81-90.

[46] Sheikh-Mohseni M A. Analytical and Bioanalytical Chemistry Research, 2019, 6: 341-351.

[47] Gholivand M B, Shamsipur M, Amini N. Electrochimica Acta, 2014, 123: 569-575.

[48] Sasikumar R, Ranganathan P, Chen S M, et al. International Journal of Electrochemical Science, 2017, 12: 4077-4085.

[49] Zhu Q, Liu C, Zhou L, et al. Biosensors and Bioelectronics, 2019, 140: 111356.

[50] Taei M, Ramazani G. Colloids and Surfaces B: Biointerfaces, 2014, 123: 23-32.

[51] Taei M, Jamshidi M S. Microchemical Journal, 2017, 130: 108-115.

[52] Ou J, Tao Y, Xue J, et al. Electrochemistry Communications, 2015, 57: 5-9.

[53] Jańczyk M, Kutyła-Olesiuk A, Cetó X, et al. Sensors and Actuators B: Chemical, 2013, 189: 179-186.

[54] Minamiki T, Kurita R. Analytical Methods, 2019, 11: 1155-1158.

[55] Herrero M, Ibáñez E, Martín-Álvarez P J, et al. Analytical Chemistry, 2007, 79: 5071-5077.

[56] Sun Y, He J, Huang J, et al. Journal of Electroanalytical Chemistry, 2020, 865: 114130.

[57] Niu X, Yang X, Mo Z, et al. Bioelectrochemistry, 2020, 131: 107396.

[58] Yang J, Li Z, Tan W, et al. Electrochemistry Communications, 2018, 96: 22-26.

[59] Liu H, Shao J, Shi L, et al. Sensors and Actuators B: Chemical, 2020, 304: 127333.

[60] Lata S, Batra B, Kumar P, et al. Analytical Biochemistry, 2013, 437: 1-9.

[61] Shoja Y, Rafati A A, Ghodsi J. Enzyme and Microbial Technology, 2017, 100: 20-27.

[62] Huang J, Wei Z, Chen J. Sensors and Actuators B: Chemical, 2008, 134: 573-578.

[63] Chen X, Zhang S, Shan X, et al. Analytica Chimica Acta, 2019, 1072: 54-60.

[64] Zhang Q, Uchaker F, Candelaria S L, et al. Chemical Society Reviews, 2013, 42: 3127-3171.

[65] Aragay G, Pino F, Merkoci A. Chemical Reviews, 2012, 112: 5317-5338.

[66] Sigel H, Martin R B. Chemical Reviews, 1982, 82: 385-426.

[67] Gooding J J, Hibbert D B, Yang W. Sensors, 2001, 1: 75-90.

[68] Shah A, Nisar A, Khalid K, et al. Electrochimica Acta, 2019, 321: 134658.

[69] Kokab T, Shah A, Iftikhar F J, et al. ACS Omega, 2019, 4: 22057-22068.

[70] Lin X Q, Zhang L. Analytical Letters, 2001, 34: 1585-1601.

[71] Zhang L, Sun Y G, Lin X Q. Analyst, 2001, 126: 1760-1763.

[72] Yagi M, Kinoshita K, Kaneko M. Journal of Physical Chemistry B, 1997, 101: 3957-3960.

[73] Machan C W, Yin J, Chabolla S A, et al. Journal of the American Chemical Society, 2016, 138: 8184-8193.

[74] Xie M S, Xia B Y, Li Y, et al. Energy & Environmental Science, 2016, 9: 1687-1695.

[75] Yoshida M, Onishi S, Mitsutomi Y, et al. Journal of Physical Chemistry B, 2017, 121: 255-260.

[76] Kumar P V, Ingole P P. ChemistrySelect, 2020, 5: 7049-7055.

[77] Yue Y N, Meng W J, Liu L, et al. Electrochimica Acta, 2018, 260: 606-613.

[78] Yue Y N, Zeng S, Wang H, et al. ACS Applied Materials & Interfaces, 2018, 10: 23055-23062.

[79] Sapner V S, Chavan P P, Sathe B R. ACS Sustainable Chemistry & Engineering, 2020, 8: 5524-5533.

[80] Taki M, Rezaei B, Fani N, et al. Applied Surface Science, 2017, 403: 218-229.

[81] Zhao S, Wang Z, He Y, et al. Advanced Energy Materials, 2019, 9: 1901093.

[82] Wang T, Wang L, Wu D, et al. Journal of Materials Chemistry A, 2014, 2: 8352-8361.

[83] Yang L, Wu D, Wang T, et al. ACS Applied Materials & Interfaces, 2020, 12: 18692-18704.

[84] Ding Y, Niu Y, Yang J, et al. Small, 2016, 12: 5414-5421.

[85] Kwak D H, Han S B, Kim D H, et al. Applied Catalysis B: Environmental, 2018, 238: 93-103.

[86] Sun H, Lin Q, Dong M, et al. Micro & Nano Letters, 2011, 6: 190-195.

[87] Li M, Wu X, Zhou J, et al. Journal of Colloid and Interface Science, 2016, 467: 115-120.

[88] Zhao F, Zhou M, Wang L, et al. Journal of Electroanalytical Chemistry, 2019, 833: 205-212.

[89] Alhedabi T, Cattey H, Roussel C, et al. Materials Chemistry and Physics, 2017, 185: 183-194.

[90] Hasanzadeh M, Mokhtari F, Shadjou N, et al. Materials Science and Engineering C, 2017, 75: 247-258.

[91] Hasanzadeh M, Baghban H N, Shadjou N, et al. International Journal of Biological Macromolecules, 2018, 107: 1348-1363.

[92] Khan M Z H, Liu X, Tang Y, et al. Biosensors and Bioelectronics, 2018, 117: 508-514.

[93] Khan M Z H, Liu X, Tang Y, et al. Microchimica Acta, 2018, 185: 439.

[94] Niu X, Mo Z, Gao H, et al. Journal of Solid State Electrochemistry, 2018, 22: 973-981.

[95] Naik T S S K, Swamy B E K, Ramamurthy P C, et al. Materials Science for Energy Technologies, 2020, 3: 626-632.

第5章 蛋白质电化学与酶催化

5.1 引 言

蛋白质是生物体内最重要的生物大分子之一，其种类繁多，结构、性质和功能各不相同。蛋白质由 20 种基础氨基酸按照特定序列通过肽键连接而成，不仅是构成有机体的基本元件，而且还是生命活动的主要执行者[1,2]：蛋白质占人体总重量的 16%～20%，参与了肌肉、血液、皮肤以及各种器官的组建，并保持了它们的硬度和弹性；蛋白质是维持人体健康必需的营养物质，为机体的正常运作提供了能量；蛋白质是维护有机体生物功能的重要物质，保证了机体运转的有序性和准确性，其与脂质形成的复合物是细胞物质和信息交流的"必经之路"；蛋白质是人体的"大管家"，调节机体内的稳态平衡并参与了诸多生理活动，包括电子传递、神经传导、肌肉收缩乃至学习记忆等；蛋白质是机体内的运输载体，负责输送各种物资，如胺类、神经递质、多肽激素和抗体等。此外，在生物化学反应中起催化作用的酶主要是蛋白质，而在生理活动中负责活性调节的重要激素也主要是蛋白质。因此，蛋白质无所不在，与一切揭示生命奥秘的研究都有关联。

在生物体中，电子传递伴随着几乎所有的生命活动，生物催化反应和氧化还原反应在生命活动中时刻发生，因此，蛋白质电化学一直是电化学、分析化学、生物化学、生物物理学及相关领域科学工作者关注的热点。然而，由于蛋白质结构复杂且在电极表面容易发生变性，致使电极钝化，蛋白质电化学虽然是研究的热点，但是也面临诸多挑战。随着电化学与材料科学、生物化学等学科的交叉融合以及表面修饰、分子识别、分子探针、信号标记和信号放大等技术的不断发展与完善，电化学方法在蛋白质研究中发挥了越来越重要的作用，蛋白质电化学也因而成为生物电化学研究中不可或缺的一部分[3]。

5.2 蛋白质电化学研究历史

20 世纪 60 年代，美国电分析专家 Leland C. Clark Jr.开始畅想建立一种类似 pH 电极的电化学分析模式，希望可以将其用于测定体内各种生化物质。1962 年，他将葡萄糖氧化酶(GOD)吸附在铂氧电极表面，以 O_2 为电子媒介体，制备出了第一个基于电催化的酶电极，这也是第一个生物传感器模型[4]。这种酶电极具有很好的选择性，甚至可以直接在全血和食品等复杂样本中进行检测，因此很快就受到了电化学研究者的关注，并从此拉开了蛋白质电化学研究的大幕。然而，以 O_2 为主要媒介体的第一代蛋白质电化学研究存在一些局限性，如施加电位过高，容易产生背景干扰，而容易波动且绝对浓度低的溶解氧不仅增加了系统的复杂性，而且还会影响体系的电化学信号输出，从而限制了其灵敏性。更重要的是，由于酶电极并未真正获取蛋白质与电极之间的直接电子传递信息，电化学研究者一直希望能够在蛋白质直接电化学研究方面有所突破。1977 年，美国俄亥俄州立大学的 Yeh 等[5]在掺杂锡的氧化铟电极表面获得了溶液中细胞色素 c(Cyt c)的可逆循环伏安响应，而几乎与此同时，牛津大学 Eddowes 等[6]借助电子传递体 4,4'-联吡啶在金电极(gold electrode，GE)表面获得了界面吸附的 Cyt c 电化学信号，首次证实了吸附蛋白与电极之间的准可逆电子传递过程。自此之后，蛋白质电化学研究进入了一个新的阶段。

蛋白质电化学研究中使用的人工媒介体克服了底物媒介体的缺陷[7]：氧化还原活性小分子可以通过扩散自由进入蛋白质的活性位点并与之反应，而其反应产物又可以再次扩散出去与电极表面反应，实现电子在蛋白质与电极之间的穿梭，从而有效降低了电化学分析的施加电位。与此同时，为了增强蛋白质的电化学信号响应，研究者还采用了一类被称为"促进剂"的小分子进行蛋白质电化学研究。促进剂在所研究的电化学电压范围内与电极无直接电子传递，但能促进氧化还原蛋白与电极的可逆电子传递，因而受到了生物电化学工作者的青睐，为血红素类蛋白质的电化学行为研究提供了便利。例如，Haladjian 等[8]在金电极表面尝试了 15 种活性分子并发现其中 6 种能够促进 Cyt c 与金电极表面的直接电子传递；Allen 等[9]通过研究 54 种双功能有机分子对 Cyt c 在金电极表面电化学行为的促进作用，分析并了解了有机促进剂的结构共性特点；Li 等[10]以经济且无需纯化的十二烷基苯磺酸钠作为促进剂，在 Cyt c 浓度低至 5.0×10^{-8} mol/L 时依旧可以获取其伏安信号。

基于电子媒介体的应用，Eddowes 等[6]明确了蛋白质电化学的概念：通过施加电位控制至少含有一个氧化还原活性中心的蛋白质与电极材料之间的电子传递过程，获得相应的蛋白质氧化还原峰或者酶催化信号峰。蛋白质电化学研究也引起了电化学及相关科学工作者浓厚的科研兴趣[11]：从创新角度来看，蛋白质电化学研究将电极和生物大分子联系起来，构建了新型的电化学或电催化模式，可以满足蛋白质传感的实际需求；从研究内容来看，通过界面电化学信号可以获取蛋白质热力学和动力学反应的相关信息，有利于揭示蛋白质在体内的生理功能；从科学意义来看，研究体系涉及界面专一性、相容性和蛋白质活性控制等诸多方面，可以为生物大分子界面组装与分析等研究提供思路。然而，蛋白质电化学研究也遇到了困难，最主要的受限问题是金属蛋白质氧化还原中心和电极材料之间的信号转换。由于蛋白质的电活性假体通常深埋在多肽结构中，而蛋白质又容易在电极表面受到吸附变性和不良取向的影响，分子量大的氧化还原蛋白和电极表面之间的电子传递速度通常很慢。因此，人们一度认为蛋白质电化学研究只能适用于小蛋白或者氧化还原中心处于表面的蛋白质，而且不可能获得蛋白质的直接电子传递信息。尽管一些研究者尝试通过遗传或化学工程技术改造已知蛋白质的活性位点，如将蛋白质活性中心与电活性分子共价连接促进其与电极间的电子传递等，但是这一类方法通常成本高且操作困难，因而难以推广[12]。同时，虽然在某些情况下蛋白质可以通过非共价作用吸附在裸电极表面，例如，通过静电作用吸附在金属氧化物(如掺锡的氧化铟等)电极表面或通过与水分子单层形成氢键吸附在亲水电极表面等，但是绝大多数蛋白质不仅不能通过直接吸附于电极表面进行直接电子转移，而且还可能因为吸附导致变性甚至完全丧失作为酶的催化能力。因此，电化学研究者开始尝试一些特殊的电极处理方式或者新的电极材料，希望能够在无电子媒介体或者界面修饰的情况下获得蛋白质的电化学信号。例如，Hagen 等[13]以硝酸预处理的玻碳电极(glassy carbon electrode，GCE)为界面获得了马心细胞色素 c 的直接电子传递信息；Reed 等[14]发现纯化却未经冻干处理的马心细胞色素 c 在抛光的银电极界面可以获得更好的电化学响应；Li 等[15]在尝试蛋白质直接电化学研究的新型电极材料时观察到，血红蛋白可以在银电极表面发生直接电子传递，产生良好的伏安信号，而在银电极表面修饰蛋白质的基本构成元件——氨基酸或者其中的官能团(如咪唑基)等则可以克服蛋白质在金属界面失活的缺陷[16-19]；Hermes 等[20]在固态汞电极表面研究了其与新鲜分离的线粒体的相互作用，发现线粒体能够吸附在疏水的汞电极表面并获取对应的电容电流，可以用于研究病理环境下(如高血糖)膜结构的物理化学性质变化。

1997 年，牛津大学 Armstrong 等[21]提出了突破性的蛋白质电化学研究技术——蛋白膜伏安法(protein film voltammetry，PFV)：在电极表面构建均一且具有电活性的蛋白质单层膜，在无电子媒介体情况下，利用伏安法对其在界面的氧化还原过程进行表征，获取相应的低法拉第电流信息(图 5.1)。蛋白膜伏安法对于研究和揭示蛋白质电子传递机制非常有效：固定在膜微环境中的蛋白质具有有序且利于表面电子传递的空间定向，避免了因为无序排列引起的扩散滞后限制；通过精确地施加电压可以在一个较宽的范围内促进蛋白质活性中心与导电表面的电子传递，因而可以从单层膜(表面密度为 $10^{-12} \sim 10^{-11}$ mol/cm^2)甚至更少的样本中获得信号；利用慢扫描速率或步进技术可以获取界面蛋白质电子传递、稳态催化以及氧化还原活性等多方面的动态信息。对于具有催化活性的蛋白质——蛋白酶而言，在无底物的情况下，蛋白膜伏安法可以观察到其氧化还原中心的直接电子传递过程，而在底物存在的情况下，可以从催化峰信号中了解其反应的动力学过程，并利用电流与电子传递之间的定量关系对底物进行精准分析。蛋白膜伏安法技术应用还带来了一些有趣的发现，例如，利用蛋白膜伏安法研究线粒体膜上的电子传递酶——琥珀酸脱氢酶(SDH)时发现，琥珀酸脱氢酶电子传递具有"二极管"效应，即只允许电子向一个方向流动，因而只能在一个很窄的电位范围内控制其酶活性[22]。在蛋白质研究基础上，蛋白膜伏安法还为更为复杂的蛋白质聚合体——细胞器的电子传递研究提供了利器。Zhao 等[23]以戊二醛和牛血清白蛋白为共修饰材料将新鲜制备的线粒体固定在热解石墨电极(pyrolytic graphite electrode，PGE)表面，不仅获得了 Cyt c 和 FAD/FADH$_2$ 与电极之间的电子传递信息，而且还在膜结构破坏后进一步获取了 NADH 的氧化还原信号；Morales 和 Kievit 等[24, 25]分别利用蛋白膜伏安法技术将光系统 I (PS I)固定在电极表面，获取了其中 P700 活性中心的可逆电化学信号；Kornienko 和 Zhang 等[26, 27]以蛋白石-氧化铟锡电极(IO-ITO)和旋转圆盘电极为界面构建光系统 II (PS II)蛋白膜修饰电极，系统研究了其中光驱动的电子传递过程以及相关的反应动力学，由此揭示了 PS II 和氧气之间的反应机制，并证实包含光系统的蓝藻生物膜具有更好的电极修饰稳定性。

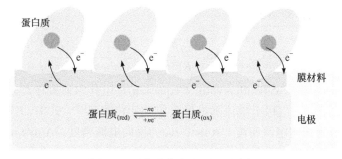

图 5.1　蛋白膜伏安法原理示意图

5.3　蛋白质电化学研究基础

5.3.1　电化学分析技术以及相关理论

蛋白膜伏安法利用伏安法技术可以获取从简单的表面电子传递动力学到复杂的多氧化还原中心电子传递等诸多信息。常用的伏安法包括循环伏安法(CV)、线性扫描伏安法(LSV)和方波伏安法(SWV)等，其可以通过施加作为时间函数的电压获取相应的伏安信号波变化，从而反映界面固定蛋白质的电子传递特性以及其中发生的化学反应。循环伏安法是最常用的伏安法技术，通过控制电位在不同速率条件下随时间以三角波形对电极表面进行循环扫描，可促进电极表面氧化还原反应的交替发生，为电子传递过程提供了多角度的"全景展示"[21]。在准可逆的电子传递模型中,蛋白质的氧化态和还原态在电位循坏扫描情况下保持能斯特平衡,因此,氧化峰和还原峰具有较高的相似性,电流值先在标准电位处达到最大值,而后随着活性中心的氧化还原状态转变逐渐降低直至等于零。在催化反应中,蛋白酶的活性中心在电极界面发生氧化-还原态转变,而这种转变又被底物催化反应逆转,因此,在水动力学作用下,可以与电极表面进行自由的电子传递。此时,活性中心发生的电化学反应和催化反应相互平衡,电子传递不再局限于电极表面的蛋白膜,引起稳态电流-电位响应,因此,依照界面限制电流与底物浓度的关系可以测算出标准的动力学参数,如米氏常数(K_m)和催化常数(K_{cat})等,而稳态峰电流和峰电位之间的关系可以揭示复杂体系中不同氧化还原中心之间的电子传递过程[12]。除了伏安法之外,其他电化学技术,如电压恒定的计时安培法(CA)和电流恒定的计时电压分析法(CP)等,由于更利于获取直接的测量数据,也会应用在蛋白质电化学研究中,特别是酶催化测量中[28]。

蛋白质电化学和酶催化研究中常用的理论公式如下。

1. 巴特勒-福尔默公式

$$i = i_{fd} - i_{rev} = i_0 \exp\left(\frac{\alpha \eta F}{RT}\right) - i_0 \exp\left(\frac{-(1-\alpha)\eta F}{RT}\right)$$

巴特勒-福尔默公式(Butler-Volmer equation)是电化学研究中最基本的动力学公式,描述的是同一电极上电流随电极电位的变化情况[29]。式中,i 为电极电流密度,A/m^2;i_{fd} 为正向电流密度,A/m^2;i_{rev} 为反向电流密度,A/m^2;i_0 为交换电流密度,A/m^2;T 为热力学温度,K;F 为法拉第常量,C/mol;R 为摩尔气体常量,J/(mol·K);α为电荷传递系数;η为活化过电位。该公式通过对所测极化曲线进行拟合,可以计算交换电流密度和电荷传递系数,从而评价电极反应的活性。在平衡的特殊情况下,该公式即为 Nernst 方程。

2. 法拉第公式

$$Q = nFA\Gamma^*$$

法拉第公式是电化学最经典的公式之一,反映了电极表面电量与物质质量之间的关系[30]。通过循环伏安图中还原峰的积分面积可以获取反应总电荷量信息,因此根据法拉第公式可以估算电活性物质在电极表面的覆盖率(Γ^*)。式中,Q 为通过电极进行还原反应的总电荷量,C;n 为转移的电子数;A 为电极的几何面积,m^2。在扫描速率范围为 50~200 mV/s 时,Q 基本不变。

3. 拉维龙公式

$$E_p = E^{o\prime} - (RT/\alpha nF)\ln(\alpha nF/RTK_s) - (RT/\alpha nF)\ln v$$

拉维龙(Laviron)公式是计算电极表面电子传递速率常数的常用公式[31]。式中，E_p 为峰电位，V；$E^{o\prime}$ 为式量电位，V；K_s 为电极反应速率常数，s^{-1}；v 为扫描速率，V/s。通过峰电位 E_p-$\ln v$ 作图，可以根据直线的斜率先求得 α，再根据截距推算出 K_s。

4. 双倒数作图法

$$\frac{1}{I_{ss}} = \frac{1}{I_{max}} + \frac{K_m}{I_{max}C}$$

双倒数作图法(double-reciprocal plot，Lineweaver-Burk plot)描述了酶-底物反应的动力学过程[32]。由于催化电流受到酶促反应的动力学控制，因此通过对稳态电流与底物浓度倒数曲线的斜率和截距的分析可以推算出 K_m。式中，I_{ss} 为加入底物后的稳态电流，A；C 为底物浓度，mol/L；I_{max} 为饱和底物溶液下测得的最大电流，A。

5.3.2　电化学研究常用蛋白质

Cyt c 是分子量最小的细胞色素蛋白，由一个肽段和一个含卟啉铁的血红素构成。Cyt c 是最早得到直接电化学响应的蛋白质，也是电化学研究中最常用的蛋白质之一。作为呼吸链中最重要的电子传递蛋白，Cyt c 在电化学研究中具有许多优点，如结构简单、易于获得、价格低廉、性质稳定以及对酸碱、温度或有机环境均不敏感等。图 5.2 展示了 Cyt c 吸附在银纳米颗粒(AgNPs)修饰电极表面的准可逆循环伏安图，其表观电位为 50 mV [33]。

肌红蛋白(Mb)和血红蛋白(Hb)是电化学研究中最常用的两种氧气运输蛋白质。Mb(分子质量约 17 kDa)是含有单个血红素中心的水溶性蛋白质，在哺乳动物肌肉的氧储存和运输中起着重要作用，也是第一个被解析出三级结构的蛋白质。Hb(分子质量约 65 kDa)是由两个α亚基和两个β亚基组成的四亚基蛋白质，是生物体内氧气运输的主要承担者，也是首个被证实存在四级结构的蛋白质。Hb 的α和β亚基在结构与起源上很相似，每个亚基都含有一个血红素中心。由于 Hb 在体内并不作为电子转移蛋白，其每个亚单位的电活性中心都深埋在多肽骨架中，因此，Hb 虽然含有四个血红素中心，但是在大多数情况下很难发生异质电子转移。由于 Mb、Hb 与过氧化物酶在结构上具有相似性，因此，电化学研究经常会借助膜环境改变其血红素附近的微结构取向，将二者功能性转化为类过氧化物酶进行酶催化研究。图 5.3(a)为 Mb 在二甲亚砜(DMSO)膜中的循环伏安响应图，其表观电位为 –100 mV[34]；图 5.3(b)为 Hb 在乳酸(LA)膜中的循环伏安响应图，其表观电位为 –200 mV[35]。

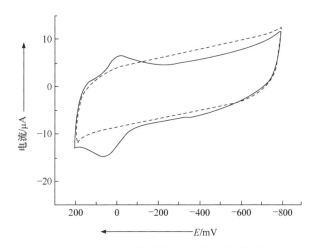

图 5.2　Cyt c 在银纳米颗粒修饰电极表面的循环伏安图[33]
实线为 Cyt c/AgNPs/巯基乙胺/热解石墨电极表面获得的循环伏安图，虚线为 AgNPs/巯基乙胺/热解石墨电极表面获得的循环伏安图；反应溶液为 0.1 mol/L 磷酸缓冲溶液(pH 7)，扫描速率为 200 mV/s

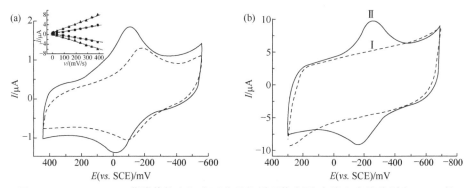

图 5.3　(a) Mb-DMSO 薄膜修饰电极表面获得的循环伏安图[实线和虚线分别在 pH=7 的 0.05mol/L PBS 和 MOPS 缓冲溶液中获得；插图为电极在 PBS(▲)和 MOPS(■)缓冲溶液中获得的电流与扫描速率的关系图][34]；(b) 在 Hb(Ⅰ)和 Hb-LA 薄膜(Ⅱ)修饰电极表面获得的循环伏安图(反应溶液为 pH=4.0 的 HAc/NaAc 缓冲溶液，扫描速率为 200 mV/s)[35]

　　辣根过氧化物酶(HRP)是电化学研究中最常见的蛋白酶分子之一，以 H_2O_2 为介质，可以催化多种底物的单电子氧化。由于 HRP 不是生理上的电子转移蛋白，其体外电子转移相当缓慢，因此，与有底物存在时的直接电子转移相比，极难获取无底物时的 HRP 直接电化学响应。蛋白膜伏安法克服了这一难题。图 5.4(a)为 HRP 在聚乙二醇(PEG)膜中的循环伏安结果(曲线Ⅰ)，其表观电位为 –400 mV[36]。

另一种具有更简单结构的过氧化物酶——微过氧化氢酶(MP-11)也常用于电化学以及酶催化研究。MP-11 是含有 11 个氨基酸的小血红素蛋白，可以在亚铁状态下催化 H_2O_2 氧化底物。图 5.4(b)为 MP 在 ZnO 纳米粒修饰电极表面的循环伏安图，其表观电位是−250 mV[37]。同时，由图 5.4 可以发现，HRP 和 MP-11 的还原峰电流会随着 H_2O_2 浓度的增加而增大，而氧化峰电流随之下降。

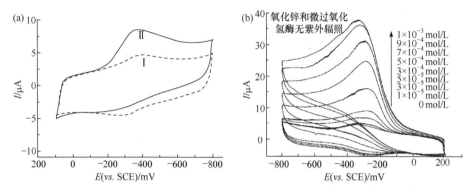

图 5.4　(a) 无(I)或有(II)H_2O_2 存在时，HRP-PEG 膜修饰电极表面获得的循环伏安图[36]；
　　　　(b) 不同浓度 H_2O_2 存在时，MP/ZnO 纳米颗粒修饰电极表面获得的循环伏安图[37]

葡萄糖氧化酶(GOD)是一种同型二聚体蛋白质，含有 2 个黄素腺嘌呤二核苷酸(FAD)结合位点。GOD 以 O_2 作为电子受体，催化β-D-葡萄糖的氧化，产生葡萄糖酸和副产物 H_2O_2。GOD 是最早被用于制备酶电极的蛋白质分子之一，也是电化学血糖仪研发的常用蛋白酶之一。图 5.5 为 GOD 在 PEG 膜表面获取的循环伏安图，其表观电位是−400 mV。由于还原峰电流会随着 O_2 的加入而升高，又随着底物葡萄糖的加入而下降，因此可以根据 GOD 催化引起的电流变化对反应底物 O_2 和葡萄糖进行定量分析[38]。

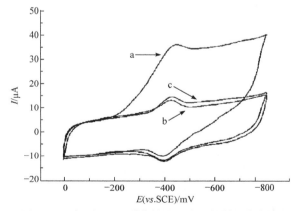

图 5.5　GOD 在 PEG 膜修饰电极表面的循环伏安图
a. O_2 饱和缓冲；b. 无氧缓冲；c. 加入 30 mmol/L 葡萄糖的氧饱和缓冲[38]

5.4　基于蛋白膜伏安法的蛋白质电化学及酶催化研究

在亲水表面，蛋白质与带电表面的静电作用是其从溶液转移到固体表面的最主要驱动力，而静电作用与吸附层间静电排斥的平衡决定了表面蛋白的固定量；在疏水表面，电极界面与蛋白质的疏水作用是二者结合的基础，而蛋白质在脱水或重排作用下又会加速其表面吸附。由于强烈的表面作用会破坏蛋白质的天然结构，因此在裸电极表面经常会观察到蛋白质的结构改变甚至酶活性丧失。另外，对于大多数蛋白质而言，由于活性中心深埋在多肽链的内部，与电极表面距离较远，难以进行直接电子传递，因此蛋白质在电极表面固定时所形成的有利取向会直接影响其直接电化学行为。为了维持蛋白酶原有的生物活性并实现蛋白质与电极之间的高效电子传递，不同来源的膜材料被用于辅助蛋白质在电极界面的有效定向，形成了具有良好生物相容性的界面微环境。因此，蛋白膜伏安法(PFV)出现以后，蛋白质电化学及酶催化研究大多借助 PFV 而得以开展。迄今，蛋白质电化学研究中采用的膜材料主要可以分为传统材料和纳米材料两大类。

5.4.1　基于传统材料的蛋白膜伏安法

当处于不同膜环境时，蛋白质的电子转移速率会发生明显改变[39]：膜相促使蛋白质形成有序的分子定向并提高了其活性中心与电极之间的直接电子传递速率。蛋白膜伏安法不仅有利于揭示蛋白质在膜相中的性质与功能，而且推动了以此为基础的第三代电化学生物传感器的发展。在蛋白膜伏安法研究所使用的电极中，碳基电极，如热解石墨电极等，是最常用的吸附界面。基面石墨电极表面含氧基团较少，具有较强的疏水性，而经过抛光之后的棱面热解石墨电极类似于玻碳电极，表面含有较多含氧基团，具有较好的亲水性，便于吸附膜成分以实现蛋白质的界面固定[40]。

1. 高分子聚合物膜

具有良好生物相容性和导电能力的高分子聚合物是应用最早的膜修饰材料之一。Nelson 等[41]首先制备了蒙脱土膜修饰电极并将其用于测定电活性物质在界面的电子传递反应，并且发现黏土膜修饰电极具有很好的化学稳定性、导电性和结构特性。随后，Lei 等[42]尝试以血清白蛋白和戊二醛作为交联剂将蒙脱土-HRP 凝胶固定在玻碳电极表面，制备了以甲基绿为电子媒介体的第二代电流传感器。甲基绿有效促进了 HRP 与电极表面的电子传递，因此可以在 20 s 内获得稳态电流

并实现低至 4.0×10^{-7} mol/L 的 H_2O_2 检测。Fan 等[43]将钠蒙脱土和 Hb 共同固定在热解石墨电极表面制备了无电子媒介体的第三代电化学生物传感器，并证实固定在电极表面的蛋白质能够保持类似天然构象的高级空间结构以及高稳定的类过氧化物酶活性。Huang 等[44]利用天然多糖聚合物——壳聚糖实现了多种蛋白质在热解石墨电极表面的固定，包括 Mb、Hb、HRP 和过氧化氢酶(Cat)等。Mb、Hb 和 HRP 的表观电位为–0.33 V，而 Cat 表观电位有所负移，为–0.46 V。这四种固定蛋白酶都具有催化 O_2、三氯乙酸(TCA)和 H_2O_2 还原的能力，而相比于其他三种，Cat 没有亚硝酸盐 (NO_2^-) 催化活性。Liu 等[45]发现谷蛋白生物聚合膜具有与壳聚糖类似的生物相容性和出色的稳定性。由于具有良好的生物相容性、化学稳定性以及高电容性，Jia 等[46]将可溶性的纤维素衍生物——氰乙基纤维素(CEC)用于在玻碳电极界面固定 Hb，包埋在 CEC 膜中的 Hb 表现出了良好的直接电化学以及电催化活性，可以在 $1.1 \times 10^{-6} \sim 1.3 \times 10^{-4}$ mol/L 线性范围内检测 NO，甚至可以直接用于生物样本的监测。Wu 等[47]利用具有独特拉伸强度、弹性、热稳定性和生物相容性的蚕丝纤维作为膜材料固定血红素蛋白，发现血红素蛋白和蚕丝纤维的相互作用有利于蛋白质的膜内定向并维持其催化活性。Ma 等[48]将 Hb 包埋在细菌质膜来源的聚羟丁酸膜并将其修饰在热解石墨电极表面，不仅获得了蛋白质的准可逆循环伏安响应，而且证实了其优异的电催化活性，可以用于 TCA 和 NO 的定量检测。

除了天然高分子聚合物之外，具有良好生物相容性的人工合成高分子聚合物也常被用作蛋白膜材料。Shen 等[49]将人工合成高分子聚合物如树枝状的聚多巴胺 PAMAM 用于蛋白质的界面固定，证实 PAMAM 可以为固定蛋白质提供友好的膜微环境；Ramanavicius 等[50]利用"一步"电聚合方法制备了改良的导电聚合物聚(吡咯丙酸)蛋白膜 PPA-Hb，证明具有良好导电性的高分子膜提升了表面蛋白质的直接电子传递以及催化能力；Xiao 等[51]利用聚乙烯亚胺(PEI)膜包埋全长诱导的一氧化氮合酶(iNOS)，首次获得了该蛋白酶的直接电化学响应，并借助循环伏安技术证实了钙调蛋白对于 iNOS 电子传递活性的促进作用。

2. 脂质和表面活性剂膜

脂质是一类在蛋白膜修饰中常用的生物大分子。蛋白质在脂膜内可以保持着接近天然结构的空间状态，而脂膜不仅可以增强蛋白质的电子转移反应性，而且还可以赋予膜中蛋白质新的酶活性。例如，包埋于含磷酸盐的合成脂双层膜中的细胞色素 c 可以与之形成超分子化合物，并因此获得了更强的 N-脱甲基酶活性[52]。Naumann 等[53]利用脂质体和巯基多肽-脂单层膜融合在金电极表面修饰了肽链脂膜(tBLMs)，并将其用于固定细胞色素 c 氧化酶，细胞色素 c 氧化酶透过脂膜与电极之间进行电子-质子传递，而质子传递过程表现出电压依赖性。Han 等[54]将天然脂质——鸡蛋/磷脂酰胆碱和 Hb 混合修饰在热解石墨电极表面，证实了其出色的薄层电化学行为和催化能力。他们课题组利用循环伏安法研究二肉豆蔻酰磷脂酰胆碱(DMPC)双层膜中 HRP 的电化学行为，发现脂膜有效促进了 HRP 与电极之间的电子传递，从而提升了电极表面的循环伏安信号，而脂膜结合虽然未改变 HRP 的二级结构，但是却影响了其血红素活性中心附近的微结构[55]。

由于表面活性剂自组装形成的双层膜与生物脂膜具有结构的类似性，这一类物质也被用作膜材料。Rusling 等[56]利用双十二烷基二甲基溴化铵(DDAB)脂膜包埋 Mb 发现，相较于水溶液，Mb 在该液晶薄膜中的电子传递速率提升了 1000 倍，可以在高自旋状态下保持有利的空间取向并催化 TCA 和二溴乙烯的还原反应。Tang 等[57]将 DDAB-HRP 混合薄膜修饰在玻碳电极表面，证实 DDAB 膜在电极表面形成了一种类似于生物膜的友好微环境，促进了 HRP 的直接电子传递并表现出响应快、稳定性佳和重现性好的优点。Chen 等[58]制备了 DDAB-黏土和 DHP-PDDA 复合膜用于固定 Hb 并证明了复合膜的高稳定性以及良好的电子传递性能，从而可以提升 Hb 的电催化活性。Rajbongshi 等[59]借助阳离子表面活性剂 CTAB 和中性表面活性剂 Triton X-100 作为膜材料固定血红素蛋白，如 Hb、Mb 和 HRP 以及细胞色素 c 氧化酶的双核 CuA 片段，证实表面活性剂膜能够促使蛋白质在电极界面保持有利定向。

3. DNA 膜

DNA 作为生物来源的另一类重要大分子，具有与生俱来的生物相容性，因而也常被用作膜材料。Chen 等[60]在 DNA 膜修饰的热解石墨电极表面研究了 HRP 的直接电子传递过程，测得其 Fe(Ⅲ)/Fe(Ⅱ)中心的表观电位为 –0.208 V(vs. Ag/AgCl)。其中，DNA 作为电荷载体促进了 HRP 和电极之间的电子传递，表现出典型的薄层电化学行为，而 HRP 保持了原有的自然结构以及催化能力。Liu 等[61]研究了 Cyt c 在小牛胸腺 DNA 修饰的金电极表面的直接电化学行为，Cyt c 与 DNA 之间的相互作用导致其在单链或双链 DNA 修饰的电极表面测得的表观电位相较于溶液体系有明显的负移，分别为 –27 mV 和 –16 mV(vs. SCE)，而蛋白质在 DNA 膜中的固定状态会受到缓冲溶液的离子强度和 pH 影响。Chen 等[62]在玻碳电极表面研究了吸附在 DNA 膜表面的 Cyt c 直接电化学活性，证明了双层膜结构中的 Cyt c 具有过氧化物酶活性，可以催化多种小分子物质的氧化，而这一种蛋白膜修饰形式可以在不同导电界面如金、铂和氧化锡等电极表面重现。Gorodetsky 等[63]在 DNA 修饰的高定向热解石墨电极(HOPG)表面研究了外切酶Ⅲ的直接电化学行为，HOPG 表面可以形成类似于金电极表面的 DNA 单层膜且适应更宽的电位窗。他们进一步发现，与 DNA 结合可以改变外切酶的氧化还原电位并激活其活性中心的氧化，而对活性中心的还原则会引起外切酶与 DNA 的分离，证实了利用 DNA 修饰电极探索蛋白酶活性和生理功能的可能性。

4. 溶胶-凝胶膜

溶胶-凝胶(sol-gel)法是常用的一种湿法化学合成法：在低温或者温和条件下，以无机物或金属醇盐作为前体，将含有活性成分的化合物经过溶液-溶胶-凝胶处理后制成最终的复合材料[64]。通过调整合成方案和基础材料，溶胶-凝胶法可以控制产品的结构参数、几何形态极性和离子交换能力。溶胶-凝胶多孔基质具有可控的表面积、孔径和空间尺寸，能在很大的温度范围内保持热稳定、光稳定、电化学稳定和化学修饰性，因而成为分子固定的新型膜材料。Ellerby 等[65]改进了溶胶-凝胶合成方法，以硅的金属醇盐为前体，经过溶解、凝胶化、陈化和干燥等处理，在温和条件下将不同蛋白质包埋在透明、多孔的硅酸盐玻璃中。这种方法有效保持了蛋白质的天然构象和生物活性，而多孔结构虽将蛋白质束缚在其中，但却允许小分子以合理的速率在玻璃中自由出入，因此，固定的蛋白质可以表现出与溶液中相似的生物活性和光学特性。Audebert 等[66]分别以四甲氧基硅烷(TMOS)、四乙氧基硅烷(TEOS)和硅溶胶作为前体，利用凝胶-溶胶法合成了三种不同的凝胶用于包埋 GOD，TMOS 和硅溶胶制备的凝胶能够较好地维持蛋白酶活性，有利于构建基于蛋白凝胶膜的电化学生物传感器。Wang 等[67, 68]分别以 TEOS、二甲氧基甲基硅烷为前体，合成了溶胶-凝胶膜用于包埋蛋白酶(GOD 和 HRP 等)，在电子媒介体(如四硫富瓦烯、亚甲蓝和儿茶酚等)帮助下获得了良好的电化学响应并表现出灵敏性高、响应速度快和便于长期保存等优势。Wang 等[69]以 TEOS 为前体制备了硅溶胶-凝胶膜修饰的碳涂层电极(carbon paste electrode，CPE)分别固定 Hb 和 Mb，电极表面可以获得明显的近乎可逆的氧化还原响应，而紫外和红外光谱证实在溶胶-凝胶膜中的蛋白质保持了原有的二级结构及活性，并可以催化 O_2、TCA、NO_2^- 和 H_2O_2 等物质的还原。Ray 等[70]通过在玻碳电极表面修饰硅溶胶-凝胶-Mb 蛋白膜观察到了表观电位为 -0.25 V($vs.$ Ag/AgCl)的一对氧化还原峰，并证实溶胶-凝胶膜为蛋白质提供了具有良好生物相容性的微环境，维持其与溶液状态类似的天然结构，即六水合肌红蛋白。

5. 离子液体膜

离子液体(ionic liquids，ILs)是在室温或者接近室温的条件下呈液体状态的有机阳离子和无机或有机阴离子，具有电化学窗口宽、化学稳定性高、导电性能好和环境友好等优点[71]。典型离子液体由有机阳离子(如 N-烷基吡啶盐和 N, N'-二烷基咪唑盐等)和多种阴离子(如 Cl^-、Br^-、PF_6^- 和 BF_4^- 等)混合而成，在空气和水环境中均能保持稳定。作为一种绿色催化剂，离子液体凭借其优异的导电性能和电化学稳定性成为一类引人瞩目的非水溶液膜材料。牛津大学 Compton 等[71]首先研究了吸附在巯基烷酸/巯基醇单层膜表面的 Cyt c 在[Bmim]tf$_2$N 和[Bmim]PF$_6$ 环境中的电化学活性：Cyt c 在无水离子液体环境中并不能保持氧化还原活性，而在水饱和环境中却可以表现出良好的电化学活性，因此建议将蛋白质包埋在如溶胶-凝胶或者脂双层膜中以维持其电子传递活性。Sun 等[72]以[Bmim]PF$_6$ 为溶剂混合碳粉制备了均匀的碳涂层电极，并利用海藻酸钠水凝胶覆盖通过自然干燥吸附在电极表面的 Hb，碳涂层电极中含有的离子液体成分有效促进了 Hb 的直接电子传递，因而获得了表观电位为–0.344 V(vs. SCE)的一对准可逆氧化还原峰。Chen 等[73]制备了 Nafion-[Bmim]PF$_6$ 复合膜在玻碳电极表面固定 HRP，Nafion 作为连接剂有助于离子液体在电极表面的有效附着，而离子液体提高了 Nafion 膜的电子传递能力，因而 HRP 在复合膜中维持了原有的生物活性并实现了与电极的直接电子传递。Li 等[74]利用[Bmim]PF$_6$-DMPC 构成的磷脂膜包埋 Hb 进行电化学研究，证实离子液体作为导电极大地提升了脂膜的电子传导能力以及固定蛋白的电催化能力。Long 等[75]将[C$_4$mim]BF$_4$、壳聚糖和 HRP 混合形成复合膜修饰在玻碳电极表面，通过循环伏安法研究其中的电子传递过程，发现 HRP 的还原过程符合 EC 机理(即电极界面发生电子转移反应之后发生化学反应)，而其再氧化过程则符合 CE 机理(即电子转移反应之前先发生化学反应)，因而活性中心的 Fe^{2+}氧化会受到前化学反应的阻碍。此外，离子液体(如[Bmim][tf$_2$N]、[Bmim]PF$_6$ 和[Omim]PF$_6$)还被用于 Cyt c、Mb 和 MP-11 等蛋白质的界面固定，离子液体不仅可以溶解蛋白质，而且有利于维持其氧化还原活性，从而促进其与电极表面的直接电子传递[76]。

6. 自组装膜

金电极是最常用的自组装界面[6]。虽然金是一种惰性金属，但是其与硫醇化合物之间有很强的亲和力，因此，含有巯基的化合物可以通过金-硫键在金电极表面形成致密且有序的自组装膜(self-assembly membrane，SAM)，为蛋白质的界面吸附提供了稳定的化学环境。然而，清洁程度、粗糙度、表面电荷以及氧化状态等可能影响金电极的有效面积，从而改变自组装膜形态，影响电子传递效率，因此，在使用前，金电极通常需要经过抛光以及 piranha 溶液(浓硫酸：过氧化氢体积比为 7∶3)清洁。Tarlov 等[77]借助巯基羧酸 HS(CH$_2$)$_n$COOH 在金电极表面形成的有序自组装膜吸附正电性 Cyt c，并测得其表观电位为 0.19 V(vs. NHE)，虽然较溶液状态有比较明显的负移(60～70 mV)，但是却与其结合在线粒体表面的真实表观电位非常接近，说明与巯基羧酸膜结合形式更接近 Cyt c 的生理状态。随后，他们将 Cyt c 共价结合在羧酸自组装膜表面，证明共价固定的蛋白质具有与静电吸附时类似的空间取向，而共价结合提供了一种较静电吸附更为稳定且电活性更高的蛋白膜结构[78]。羧酸自组装膜表面的 Cyt c 电化学研究还表明，血红素中心与电极表面之间的电子传递速率会受到羧酸链长度即其与电极之间距离的影响，从而改变了氧化还原峰之间的峰间距，而 Cyt c 表面的赖氨酸残基对于其界面定向有重要作用，有利于形成更适合电子传递的空间取向[79, 80]。Razumas 等[81]研究了 MP-11 在 4,4′-二硫联吡啶(DTDP)和 1-十八烷基硫醇(ODT)自组装膜表面的电化学行为，MP-11 在单层膜表面的良好空间定向促进了其血红素中心通过单层膜与电极的直接电子传递。顾凯等[82]利用 L-半胱氨酸自组装膜修饰的银电极研究溶液中 Hb 的电化学行为，同样发现自组装膜可以加速 Hb 与电极的直接电子传递，并促进了其氧化还原反应。

5.4.2　基于纳米材料的蛋白膜伏安法

自 20 世纪 90 年代至今，纳米科学成为科技发展的前沿和热点。纳米材料是三维中至少一维处于纳米尺度(1～100 nm)或由这些基础元件构成的新型材料，具有与宏观材料不同的光、电、磁、热等性质，同时，纳米材料具有比表面积大、表面活性高、催化效率佳以及吸附能力强等优势，因此，纳米材料在使用蛋白膜伏安法研究蛋白质电化学方面得到了广泛应用[83]。以下几种材料尤其受到了研究者的青睐。

1. 金属纳米颗粒

金纳米颗粒是最早应用于蛋白质界面固定的纳米材料之一，具有合成快速、简单以及吸附能力强等优点[84]。与金电极类似，含有巯基的配体分子可以在金纳米颗粒表面形成有序的自组装膜，因此，金纳米颗粒同样可作为蛋白质共价组装的界面。Brown 等[85]利用 12 nm 金纳米颗粒修饰的氧化锡电极获得了溶液中 Cyt c 的可逆电化学响应，而高电流密度和窄峰间距证明单分散的金纳米颗粒能促进 Cyt c 活性中心的直接电子传递。受此启发，Han 等[86]合成了脂膜保护的金纳米复合材料 DDAB-AuNPs，并借此将 Hb 固定在玻碳电极表面，获得了 Hb 直接电化学响应。这是第一次利用单层膜保护的金纳米颗粒获取蛋白质的直接电信号，DDAB-AuNPs 不仅维持了电极表面蛋白质的生物活性，而且具有较好的稳定性，可以保存长达 8 个月。Feng 等[87]以半胱氨酸作为连接分子，通过在金电极表面修饰壳聚糖稳定的金纳米颗粒(Chit-AuNPs)实现了血红素蛋白(如 Mb、Hb 和 Cyt c 等)的吸附固定，并且展现了出色的 H_2O_2 催化能力、长期的稳定性和令人满意的重现性。Zhao 等[88]利用黏土、壳聚糖和金纳米颗粒合成的复合纳米材料(clay-AuCS)在玻碳电极表面构建了友好的蛋白质固定微环境，获得了 Mb 直接电化学响应并表现出检测限低至 7.5 μmol/L 的 H_2O_2 催化还原能力。Zhao 等[89]基于核酸互补配对原理，利用单链 DNA 功能化金纳米颗粒在金电极表面构建了有序组装的负电性金纳米颗粒层用于吸附正电性的 Cyt c，金纳米颗粒自组装膜不仅可以提供有利的微环境以促进蛋白质的表面吸附和直接电子传递，而且可以通过调节层数实现对蛋白质吸附量和响应信号的控制。Zhang 等[90]合成了金纳米颗粒包埋的介孔硅材料 AuNPs-SBA-15 辅助 GOD 和 HRP 双酶在玻碳电极表面的组装。复合介孔材料极大地提升了蛋白质在电极表面的覆盖率，并加快了其与导电界面的直接电子传递速率，因此可以在无电子媒介体的情况下监测到检测限为 0.5 μmol/L 的葡萄糖。Koposova 等[91]合成了三种不同形态的金纳米材料——柠檬酸钠稳定的金纳米颗粒(cit-NP)、油胺稳定的金纳米颗粒(OANP)和金纳米线(OANW)，发现这些不同形态的金纳米材料不仅可以为电极提供更大的有效固定面积，而且还可作为通道以促进蛋白质活性中心的电子传递反应，因而能够在较宽的线性范围(20～500 μmol/L)内检测 H_2O_2。Jia 等[92]利用溶胶-凝胶技术在金电极表面修饰了基于(3-巯丙基)三甲氧基硅烷(MPS)的三维硅凝胶，并将其与金纳米颗粒结合，从而构建了基于 HRP 的第三代电化学传感器，其表现出令人满意的灵敏性、稳定性和重现性，对 H_2O_2 的检测限为 2.0 μmol/L，线性范围为 2.0 μmol/L～10.0 mmol/L。此外，金纳米颗粒还可以与不同类型的传统材料结合，包括高分子聚合物、离子液体、有机化合物以及细菌等，制备复合纳米膜用于蛋白质电化学与酶催化研究，并且证明了金纳米颗粒优异的电子传导性能和生物兼容性[93, 94]。

层层(layer-by-layer, LBL)组装技术是一种通过正电性和负电性材料交替吸附构建有序多层膜结构的方法。Lvov 等[95]以多电荷的 DNA 等作为 "静电胶水"，利用 LBL 吸附方法首次在电极表面制备了稳定、有序的多层电活性氧化还原蛋白薄膜。膜相中的 Mb 和 Cyt P450 不仅可以形成有利的空间构象，使血红素中心与电极表面更接近，而且还能够表现出电极驱动的类酶催化活性，高效催化了苯乙烯的氧环化反应。他们还指出，第一层膜中的蛋白酶具有完全的酶活性，增加一层蛋白膜可以提高 30%～40%的氧化还原活性，但是层数过多却并不利于其与电极进行有效的电通信，因而控制膜层数对电化学性能调节至关重要。Patolsky 等[96]利用 LBL 组装技术在氧化铟锡电极表面构建了 AuNPs/MP-11 多层膜，同样发现膜层数控制着电极表面的催化电流，可以通过调整蛋白膜层数来控制酶的催化效率和检测灵敏性。Zhang 等[97]利用 LBL 组装技术将聚亚丙基亚胺(PPI)稳定的金纳米簇和 Mb 组装在热解石墨电极表面，得益于金纳米材料的良好导电性，{PPI-Au/Mb}$_n$ 相较于{Au/Mb}$_n$ 以及{PAMAM/Mb}$_n$ 等多层膜结构具有更好的电化学响应和催化效果。金纳米颗粒优异的电子传导能力也被用于蛋白酶定向重组中。Willner 等[98]利用蛋白质电子传递特性最早提出了在 Fc 修饰的 FAD 辅酶组装电极表面重组脱辅蛋白酶，构建蛋白酶自组装膜。2003 年，他们首次尝试利用 1.4 nm AuNPs 功能化 FAD 在金电极表面重组 GOD，获得了异常高的电子传递速率和电催化效率。金纳米颗粒作为电子传递的中继体，是氧化还原中心的传输电线,促进了蛋白酶在导电界面的有序组装,而重组后的蛋白酶表现出超乎寻常的电子转化速率(约为每秒钟 5000 次),远胜于天然 GOD(约为每秒钟 700 次)[99]。

银纳米颗粒是另一种常见的金属纳米颗粒,具有小颗粒直径和大比表面积的特性以及表面快速传递光生电子的能力。Liu 等[33]借助巯基与银纳米颗粒的相互作用在热解石墨电极表面构建了自组装膜用于静电吸附 Cyt c。Cyt c 表面的赖氨酸残基(Lys 13 和 Lys 79)帮助蛋白质与负电性纳米膜的结合和有利定向,通过缩短血红素活性中心与电极的距离,促进了直接电子传递反应。Zhao 等[100]利用气相沉积将 Hb 和银纳米颗粒包裹在玻碳电极表面的溶胶-凝胶基质中,并且发现银纳米颗粒显著提升了界面电子传递速率,可以在 0.2~6.0 mmol/L 范围内线性检测 NO_2^-,检测限为 34 μmol/L。与银纳米颗粒类似,Lim 等[101]将 GOD 和钯纳米颗粒(PdNPs)复合物电沉积在 Nafion 溶解的碳纳米管膜表面,并且发现该复合蛋白膜修饰的生物电极具有良好的生物催化活性,可以用于葡萄糖的快速、灵敏检测,钯纳米颗粒提升了电化学性能,而 Nafion 膜有利于减少实际样本检测中的杂质干扰。

2. 氧化物纳米颗粒

二氧化钛(TiO_2)纳米颗粒是一种具有良好生物相容性的金属氧化物纳米材料。Topoglidis 等[102]将 TiO_2 膜作为基质固定 Cyt c,发现纳米膜不仅提高了蛋白质在界面的固定效率,而且可以通过电压控制蛋白质的氧化还原状态。随后,他们利用 TiO_2 膜吸附 Hb 和 Cyt c 进行电化学研究,在电极表面获取了从 Fe^{III}-heme 到 Fe^{II}-heme 的直接还原信息,并将其用于检测 NO[103]。Yu 等[104]制备了 HRP-TiO_2 溶胶-凝胶膜并将其修饰在玻碳电极表面,发现具有高稳定性的 TiO_2 膜微环境维护了蛋白酶的生物活性,并极大地促进了其与电极之间的电子交换,而包埋在纳米膜的 HRP 可以高灵敏检测 H_2O_2,检测限为 1.5 μmol/L,K_m 为 (1.89 ± 0.21) mmol/L。Zhou 等[105]利用 TiO_2 膜将 Hb 固定在电极表面,发现在光激活条件下,Hb 过氧化物酶活性可以提高 3 倍,而相应的检测限可以下降 2 个数量级,证明了利用纳米材料调节酶活性的可能。Topoglidis 等[106]研究多孔的 TiO_2 和 ZnO 纳米复合膜时发现,不同等电点的纳米材料对于所吸附的蛋白质具有一定的倾向性,例如,Cyt c(pI=10.5)适合吸附在 TiO_2 膜上,而绿色荧光蛋白(pI=4.5)更适合吸附在 ZnO 膜上。受此启发,Li 等[107]制备了 ZnO 纳米颗粒-壳聚糖复合膜将酪氨酸酶(TYR)固定在玻碳电极表面,不仅最大限度地保留了蛋白酶的生物活性,而且可以在 10 s 内达到 95%稳态电流,实现在 1.5×10^{-7}~6.5×10^{-5} mol/L 线性范围内检测苯酚。

相较于 MnO_2 粉末,Xu 等[108]发现 MnO_2 纳米颗粒能更好地消除抗坏血酸的干扰,因此,他们将混合了 MnO_2 纳米颗粒的壳聚糖沉积在 GOD 修饰电极表面,

证明 MnO_2 纳米颗粒具有非常高的稳定性并可以将葡萄糖检测中的主要干扰物质——抗坏血酸氧化为没有电活性的物质，从而消除了背景信号干扰。随后，他们将 MnO_2-GOD 膜与离子敏感场效应晶体管(ISFET)联合使用，构建了一种新型葡萄糖传感器。GOD 催化葡萄糖氧化过程中会产生副产物 H_2O_2，而 H_2O_2 与 MnO_2 纳米颗粒相互作用促进了敏感膜 pH 变化，进而可以在 $0.025 \sim 1.9$ mmol/L 线性范围内稳定检测葡萄糖[109]。具有良好化学惰性和生物相容性的 ZrO 纳米颗粒是另一类受欢迎的纳米材料。ZrO_2 纳米颗粒、ZrO_2 溶胶-凝胶基质以及 ZrO_2/壳聚糖多层自组装膜等都被用于吸附血红素类蛋白质，而由此制备的过氧化氢电流传感器表现出了响应速度快、稳定性高和灵敏性好的特点[110]。利用多孔的 ZrO_2/壳聚糖纳米复合膜制备的 GOD 修饰电极不仅避免了交联剂戊二醛的使用，保持了蛋白酶良好的催化活性，而且具有较好的稳定性，在储存一个月后仍旧可以测量到相当于原电流值 75.2% 的伏安信号[111]。此外，采用溶胶-凝胶法制备纳米 SiO_2-GOD 膜发现，疏水性的 SiO_2 纳米颗粒能够与蛋白酶形成稳定的复合蛋白膜，为高质量的葡萄糖生物传感器提供了一种简单的制备方法，而通过将 SiO_2 纳米颗粒引入到酶场效应晶体管(ENFETs)设计中，可以提高酶活性并防止固定化酶的泄漏[112, 113]。

　　磁性纳米颗粒是一类特殊的金属氧化物纳米颗粒，因具有超顺磁性而可以在外磁场条件下定向排列，同时又因为具有良好的高分子兼容性，所以便于合成各类高分子膜包裹的磁性纳米材料。Liu 等[114]合成了一种核壳结构的复合纳米材料 ($MgFe_2O_4$-SiO_2)用于共价连接酪氨酸酶，可以在永磁体帮助下定向结合在碳涂层电极表面。通过检测苯酚的催化还原产物——醌[-150 mV($vs.$ SCE)]，可以实现在 $1 \times 10^{-6} \sim 2.5 \times 10^{-4}$ mol/L 线性范围内定量分析苯酚。Qiu 等[115]合成了磁性核壳纳米材料 Fe_3O_4@Au 用于在磁性玻碳电极表面吸附 Mb，磁性中心便于在磁场环境中控制复合材料，而金的良好导电性和生物相容性则有助于保持吸附蛋白的生物活性，并促进了其直接电子传递，因此，基于复合磁性纳米材料的蛋白膜具有制备简便且灵敏性高的优势，可以在 $1.28 \sim 283$ µmol/L 范围内检测 H_2O_2。Amiri-Aref 等[116]利用正电性表面活性剂修饰的氧化铁纳米颗粒组成的胶束阵列包埋 Hb 制成 Hb/MHAM@Mag-NPs 复合生物材料，并借助磁场作用将其固定在碳印刷电极(SPCE)表面。磁性复合材料提高了 Hb 在电极表面的固定效率，并促进了其与电极之间的电子传递，因而可以在 $5 \sim 300$ µmol/L 范围内检测 H_2O_2，K_m(55.4 µmol/L) 则证明了蛋白酶的高亲和性及催化活性。Krishnan 等[117]通过共价连接的方式制备了 Mb 膜修饰的磁性纳米颗粒(Mb-MNP$_{covalent}$)，将其吸附在 PEI 修饰高纯石墨电极(HPGE)表面，研究发现，磁性纳米颗粒的大比表面积和优异的电子传导能力有利于形成高密度的蛋白膜，而共价连接的蛋白酶复合膜相较于吸附形成的蛋白复合膜(Mb/MNP$_{adsorbed}$)以及纯蛋白膜(Mb)表现出了更高的电子传递速率和催化电流密度。

3. 碳纳米材料

自 1991 年面世以来, 碳纳米管(CNTs)因具有卓越的光、电、化学、机械和结构特性以及更大的结合空间一直受到极大的关注。根据结构不同, 碳纳米管可以分为两类: 单壁碳纳米管(SWCNTs)和多壁碳纳米管(MWCNTs)。前者由单层石墨卷曲而成, 而后者由多层石墨柱组成。碳纳米管具有极为出色的导电性能, 能够促进生物大分子的电子转移反应, 因而特别适合用于蛋白质电化学的研究。Patolsky 等[118]尝试利用具有优异电子和机械性能的 SWCNTs 在界面重组蛋白酶GOD, 并以共价结合在电极表面的 FAD-SWCNTs 作为电子导线, 使 GOD 可以定向重组在电极表面并在超过 150 nm 的距离范围内进行电子传递, 而且电子转化速率(4100 s^{-1})是天然 GOD 的 6 倍。同时, 一些研究者以 SWCNTs 和 MWCNTs为共吸附材料将血红素蛋白质固定在不同电极表面, 证实了碳纳米管优良的导电性能, 因而有利于研究界面蛋白的直接电化学行为和电催化能力[119, 120]。Yu 等[121]以垂直固定的 SWCNTs 微阵列为基础, 通过碳管羧基和蛋白质氨基的缩合作用提出了共价结合蛋白酶的方法, 证明蛋白酶活性中心借助碳纳米管微阵列作为导线, 可发生直接电子传递反应并表现出优异的电催化能力, 对 H_2O_2 的检测限低至约100 nmol/L。Weigel 等[122]在 SWCNTs 修饰的玻碳电极表面获取了胆红素氧化酶的直接电化学信号, 并发现胆红素氧化酶不论是在溶液中, 还是通过吸附或共价结合在电极表面, 都可以表现出良好的 O_2 催化能力, 而相较于裸电极, 吸附在SWCNTs 修饰玻碳电极表面的蛋白酶展示出了更优异的催化能力。Wang 等[123]用Nafion 作为稳定剂制备了分散良好的碳纳米管溶液并将其用于电极表面修饰, 证实了碳纳米管优异的导电能力以及对 H_2O_2 和 NADH 的电催化能力。受此启发, Harpovic 等[124]以 Nafion 作为稳定剂制备了基于铂纳米颗粒(PtNPs)和 SWCNTs 的纳米网络用于修饰电极, SWCNTs 促进了 PtNPs 与电极之间的电子传递, 而吸附在 PtNPs-SWCNTs 修饰电极表面的 GOD 表现出了优越的催化能力,相比只有 PtNPs或 SWCNTs 时, 可获得更高的葡萄糖检测灵敏度。此外, 通过对{GOD/CNTs}$_n$ 和{GOD/PEI}$_n$/CNTs 多层膜修饰电极进行电化学表征发现, LBL 组装方法提高了电极表面 GOD 固定量, 因此, 界面电流可以随着膜层数的增加而增大[125, 126]。

石墨烯是继碳纳米管之后最受瞩目的碳纳米材料, 也是第一个二维纳米材料。石墨烯因为具有大比表面积、超高电子传递效率以及合成方法简便经济等优点被应用于蛋白质电化学研究, 表现出了更高的检测灵敏性和更低的电子噪声信号。同时, 化学功能化的石墨烯因为容易与不同的高分子聚合物融合形成稳定的分散溶液, 因而常被用于合成具有导电性的纳米复合物。Kang 等[127]合成了 GOD-石墨烯-壳聚糖纳米复合物并借此研究了蛋白酶的直接电化学行为,固定的酶保持了良好的生物活性, 可以发生可逆的、界面限制的双质子-双电子传递反应。纳米复合物不仅提高了蛋白酶的界面吸附效率,而且,得益于石墨烯卓越的电子传导性能和壳聚糖的良好生物相容性,用于葡萄糖的电化学分析可获得更高的灵敏度,可以在 0.08~12 mmol/L 范围内线性检测葡萄糖,检测限为 0.02 mmol/L。Shan 等[128]利用分散性良好的聚乙烯吡咯烷酮(PVP)功能化石墨烯与 PEI 功能化的离子液体合成纳米复合物用于在玻碳电极表面固定 GOD,该蛋白酶不仅可发生电化学反应,而且表现出了优异的催化活性。此外,银纳米颗粒和石墨烯制备的复合纳米材料,如石墨烯-壳聚糖-银纳米颗粒复合物和还原氧化石墨烯-PAMAM-AgNPs等,也被用于蛋白酶(如 GOD 和肌氨酸氧化酶)的界面固定,并且获得了显著的直接电化学和电催化信号响应[129, 130]。

碳单质的另一种形式——金刚石,由于具有良好的生物相容性和大电化学电位窗等性质,也特别适合用于蛋白质电化学的研究。Härt 等[131]利用光化学反应在氢封闭的金刚石纳米膜表面修饰氨基并固定过氧化物酶,可以检测到蛋白酶的直接电化学信号,而修饰电极对 H_2O_2 很敏感,有利于开发基于酶催化的电化学生物传感器。Olivia 等[132]以硼掺杂的金刚石纳米纤维为电极,通过在其表面修饰铂纳米颗粒并吸附 GOD,不仅获得了电化学响应,而且可用于葡萄糖高灵敏的电化学分析,可以稳定保存至少 3 个月且有效避免了抗坏血酸的干扰。

4. 量子点

量子点(QDs)是一类重要的低维半导体材料,一般为球形或者类球形,具有优异的光电性质和生物相容性。Lu 等[133]以 Nafion 作为连接剂,结合巯基修饰的 CdSe-ZnS,制备了 Nafion/QDs-Hb 膜修饰玻碳电极,不仅获得了固定蛋白的直接电化学响应,而且借助 Hb 良好的催化活性,实现了 NO 和 H_2O_2 的定量检测。Liu 等[134]合成了含 QDs 的复合纳米材料 CdTe/CNTs 和中空多孔泡沫硅酸盐/CdTe QDs,利用复合纳米材料将 GOD 和 Mb 固定在电极表面,证明 QDs 复合纳米材料不仅提高了蛋白酶与电极表面的电子传递效率,而且还有效保持了其生物活性和催化能力。Du 等[135]以 AuNPs、CdS 和 ZnS 为膜材料,利用溶胶-凝胶技术在氧化铟锡电极表面固定 GOD 并对其修饰效果进行比较,发现光激活可以提高 QDs-GOD 生物传感器的电流响应,而相对于其他两种纳米材料,基于 ZnS QDs 制备的酶电极具有更好的性能。Razmi 等[136]将 GQD 作为基质固定 GOD,证明 GQD 大的比表面积、出色的生物相容性以及丰富的亲水侧链和疏水表面可以提高蛋白酶的表面固定效率,因而获得了良好的直接电化学响应和出色的酶催化能力,可以在 5~1270 μmol/L 线性范围内检测葡萄糖,检测限为 1.73 μmol/L,而低 K_m 进一步证实了固定酶与底物之间的高亲和力。Fatima 等[137]基于固定了 Cat 的锑烯量子点修饰电极(Cat@AMQDs-GCE)设计了一种具有高选择性和性价比的 H_2O_2 传感器,甚至可以在 CA-125 阳性的卵巢癌血清样品中定量测定 H_2O_2。Cat@AMQDs-GCE

的电化学稳定性高达 30 个循环，降低了分析成本，并在抗坏血酸、多巴胺、亮氨酸和葡萄糖等多种物质的干扰下仍表现出良好的选择性。

5.5　总结与展望

蛋白酶是一类由活细胞产生、对底物具有高度特异性和催化效能的蛋白质。通常来说，通过多肽链的盘曲折叠，酶分子表面会形成一个具有特定三维空间结构的孔穴或裂隙可以容纳底物进入并与之结合，再经由催化反应将其转变为产物，这个区域即酶的活性中心[138]。酶活性中心的结合基团、催化基团及其空间结构共同决定了酶催化反应的特异性，而酶催化活性则依赖于蛋白质一级结构和高级空间结构的完整性，酶分子变性或亚基解聚均可导致酶活性丧失。1962 年，Clark 等[4]首次提出把蛋白酶与电极结合起来用于测定底物的设想。随后，在 1967 年，Updike 和 Hicks 研制出了世界上第一支 GOD 修饰的酶电极，实现了血清中葡萄糖含量的定量分析[139]。至此之后，酶生物传感器，特别是酶电极研究，得到了迅速发展。酶生物传感器以蛋白酶作为生物敏感元件，通过获取酶-底物反应过程中所产生的与底物浓度呈比例关系的物理或化学信号，也就是酶催化信号，实现对底物的准确、灵敏定量分析。酶生物传感器由固定化蛋白酶膜和与之密切联系的信号转换系统共同构成，结合了固定化酶和电化学传感器的双重优势，既有固定化酶的高稳定性和重复性优势，又具有电化学分析的高灵敏度和特异性优势，因而在定量分析方面颇受瞩目。

电化学生物传感器的发展也反过来推动了蛋白质的直接电化学以及催化活性研究。这些研究的主要对象是具有氧化还原中心的蛋白质，而这些具有电活性的蛋白质要么本身就是酶分子，要么能够表现出优秀的类酶活性。它们的共同点是内部都含有一个或多个电子活性中心，而其活性中心与蛋白质表面通常存在直接电子传递通道。到目前为止，多种蛋白酶，包括 HRP、GOD、TYR、细胞色素 c 过氧化物酶、超氧化物歧化酶(SOD)和黄嘌呤氧化酶(XOD)等，都借助合适的膜材料实现了电极表面固定。膜环境不仅保持了蛋白酶良好的生物活性，而且还提升了其电催化能力，因而实现了多种底物的高灵敏定量检测，包括 H_2O_2、O_2、NO、NO_2^-、TCA 和葡萄糖等。其中，GOD 修饰电极在葡萄糖定量检测的应用发展最成熟且最成功，由此开发的血糖仪已经成为糖尿病患者日常血糖监测的利器，也是目前最引人注目的即时检验(point-of-care testing, POCT)商业产品。1986 年，雅培公司推出的第四代血糖仪 ExactechPen 就是一台基于电化学技术的血糖仪。时至今日，从最初的 GOD 发展到 FAD 依赖型葡萄糖脱氢酶，血糖仪已经逐渐转变为微创、无创甚至动态的便携式传感器。同时，随着柔性可穿戴生物传感器的发展，蛋白质电化学研究再次掀起了一波热潮，蛋白(酶)和电子媒介体共同固定在柔性聚合物表面，可以用于感知如汗液和泪液等体液环境中的葡萄糖等标志分子的浓度变化，有利于实现对人类健康以及慢性疾病的动态、无创监测[140]。

另外，在蛋白质电化学和酶催化研究基础上，利用蛋白酶作为标记物间接指示目标分子浓度已经成为当前生物电化学分析中常用的信号获取方法。蛋白酶是反应效率最高的一类催化剂，过氧化物酶可以在 1 min 内催化超过 500 万个 H_2O_2 分子，因此，以酶催化反应作为信号来源能够产生显著的信号放大效果。Zhang 等[141]利用生物素-亲和素相互作用制备了 HRP 标记的核酸探针，基于 T-Hg^{2+}-T 相互作用，提出一种利用酶催化信号放大的汞离子电化学检测方法。通过 HRP 催化 H_2O_2 氧化对苯二酚产生电流信号，该电化学方法表现出极高的汞离子检测灵敏性，检测限低至 0.3 nmol/L。以酶催化信号放大为基础，电化学生物传感方法还结合纳米材料载体，通过增加蛋白酶在界面的负载量并利用纳米材料优良的导电性促进活性产物与电极间的电子传递，从而实现多重信号放大，增强检测的灵敏度。例如，Liu 等[142]借助金纳米颗粒为纳米载体制备了 AuNPs-HRP 复合物标记抗体，金纳米颗粒提升了 HRP 的表面负载量，而 HRP 可以催化酪胺产生活性中间体以提供更多的生物素位点，并再次结合亲和素修饰的 HRP，进而产生多重信号放大效果，提高了降钙素原检测的灵敏性，并获得了一个超低的检测限(0.1 pg/mL)。Alfonta 等[143]利用 HRP 和神经节苷脂 GM_1 功能化脂质体作为催化识别标记用于检测霍乱毒素，通过三明治结构组装在电极表面的 HRP 催化 4-氯-1-萘酚氧化生成不溶性产物并沉积在电极表面，从而提供了另一种信号放大模式，因此通过增加电极表面的阻抗并降低电流信号，实现了低至 1.0×10^{-13} mol/L 的检测灵敏性。除了 HRP 之外，碱性磷酸酶(ALP)也是常用的信号放大酶，ALP 催化 p-硝基苯磷酸二钠生成对硝基酚或催化焦磷酸根生成磷酸根等都常被用于设计电化学信号放大方案[144]。

除了基于酶催化的电化学生物传感器研制外，蛋白质电化学研究还被用于探索蛋白质的生理功能变化。蛋白质翻译后修饰是重要的蛋白质活性调节过程，经过特定分子修饰，蛋白质的高级空间构象可能会发生改变，从而引起基础结构和生理活性的改变，在某些特殊情况下，蛋白质修饰异常甚至会与一些疾病密切相关[145]。蛋白质修饰的电化学研究有助于揭示蛋白质的结构与功能的关系，也为蛋白质组学分析提供了更为多样化的参考信息。Ahmed 等[146]通过比较肺癌相关的表皮生长因子受体(EGFR)蛋白磷酸化前后电极表面的信号响应差别，提出了利用电化学方法检测肺癌细胞磷酸化水平的新思路，为癌症的快速诊断提供了技术支持。Yang 等[147]利用蛋白质电化学方法对血红蛋白的糖基化修饰过程进行了表征，由于糖基化改变了血红蛋白活性中心的微环境，血红蛋白的直接电化学响应发生显著改变，有助于了解高血糖环境对蛋白质活性的影响。此外，他们还对疾

病相关的蛋白质 *N*-同型半胱氨酸化修饰进行了电化学研究，发现 *N*-同型半胱氨酸修饰的 Cyt c 可以借助修饰产生的自由巯基组装在电极表面，进而获取良好的直接电化学信号，为 *N*-同型半胱氨酸修饰蛋白的活性研究以及动态监测提供了依据[148]。

　　从蛋白质电化学和酶催化研究历程来看，表面修饰技术的发展为蛋白质的界面组装和电子传递创造了条件，实现了对其界面电化学行为的有效控制；分子识别与标记技术的发展拓展了蛋白质电化学应用的范畴，从简单的蛋白质传感器到通用的催化信号放大体系设计，蛋白质电化学和酶催化研究被赋予了更深层次的应用价值；纳米技术的发展改善了界面固定环境以及蛋白酶活性，极大地提升了电化学的检测性能，为蛋白质电化学研究提供了创新思路。由此可见，随着分子标记、分子识别、表面修饰以及纳米技术等领域的快速发展，蛋白质电化学和酶催化研究将会在蛋白质结构与功能研究以及生物传感器研发等应用研究方面扮演更为重要的角色。然而，当前的蛋白质电化学和酶催化研究也面临着诸多挑战，例如，如何高效地筛选分离更多具有电化学活性的蛋白质并将其固定在导电基质表面，如何改进蛋白酶催化体系使其满足超灵敏且高特异性的复杂实际检测需求，如何在有机体内推进基于蛋白质电化学的生理活性和生物机制探究等。因此，我们相信，未来的蛋白质电化学研究将会更多地与新的学科技术交叉融合，通过数据自动采集、处理和分析，提供更加科学、准确的检测结果，推动一体化、智能化的电化学分析系统的发展[149]。

参 考 文 献

[1] Smith L M，Kelleher N L. Science, 2018, 359: 1106-1107.

[2] Tyers M, Mann M. Nature, 2003, 422: 193-197.

[3] Teymourian H, Barfidokht A, Wang J. Chemical Society Reviews, 2020, 49: 7671-7709.

[4] Clark L C, Jr, Lyons C. Annals of the New York Academy of Sciences, 1962, 102: 29-32.

[5] Yeh P, Kuwana T. Chemistry Letters, 1977, 10: 1145-1148.

[6] Eddowes M, Hill H A O. Journal of the Chemical Society, Chemical Communications, 1977, (21): 771b-772.

[7] BartlRett P N, Tebbutt P R G, Whitaker R G. Progess in Reaction Kinetic and Mechanism, 1991, 16: 55-155.

[8] Haladjian J, Bianco P, Pilard R. Electrochimica Acta, 1983, 28: 1823-1828.

[9] Allen P M, Allen H, Hill O, et al. Journal of Electroanalytical Chemistry and Interfacial Electrochemistry, 1984, 178: 69-86.

[10] Li G, Shi H, Fang H, et al. Analytical Letters, 1997, 30: 235-244.

[11] Blanford C F. Chemical Communications, 2013, 49: 11130-11132.

[12] Armstrong F A. Accounts of Chemical Research, 1988, 21: 407-412.

[13] Hagen W R. European Journal of Biochemistry, 1989, 182: 523-530.

[14] Reed D E, Hawkridge F M. Analytical Chemistry, 1987, 59: 2334-2339.

[15] Li G, Liao X, Fang H, et al. Journal of Electroanalytical Chemistry, 1994, 369: 267-269.

[16] Li G, Fang H, Long Y, et al. Analytical Letters, 1996, 29: 1273-1280.

[17] Li G, Fang H, Qian Y, et al. Electroanalysis, 1996, 8: 465-467.

[18] Li G, Chen H, Zhu D. Analytica Chimica Acta, 1996, 319: 275-276.

[19] Li G, Chen L, Zhu J, et al. Electroanalysis, 1999, 11: 139-142.

[20] Hermes M, Scholz F, Härdtner C, et al. Angewandte Chemie International Edition, 2011, 50: 6872-6875.

[21] Armstrong F A, Heering H A, Hirst J. Chemical Society Reviews, 1997, 26: 169-179.

[22] Sucheta A, Cammack R, Weiner J, et al. Biochemistry, 1993, 32: 5455-5465.

[23] Zhao J, Meng F, Zhu X, et al. Electroanalysis, 2008, 20: 1593-1598.

[24] Morales V G, Cervera J, Manzanares J A. Journal of Electroanalytical Chemistry, 2007, 599: 203-208.

[25] Kievit O, Brudvig G W. Journal of Electroanalytical Chemistry, 2001, 497: 139-149.

[26] Kornienko N, Zhang J Z, Sokol K P, et al. Journal of the American Chemical Society, 2018, 140: 17923-17931.

[27] Zhang J Z, Bombelli P, Sokol K P, et al. Journal of the American Chemical Society, 2018, 140: 6-9.

[28] Zhao J, Yan Y, Zhu L, et al. Biosensors and Bioelectronics, 2013, 41: 815-819.

[29] Vijay P, Tadé M O. Computers and Chemical Engineering, 2017, 102: 2-10.

[30] Wang D, Gao R, Jiao K. Electrochemistry Communications, 2007, 9: 1159-1164.

[31] Laviron E. Journal of Electroanalytical Chemistry and Interfacial Electrochemistry, 1974, 52: 395-402.

[32] Sheng M, Gao Y, Sun J, et al. Biosensors and Bioelectronics, 2014, 58: 351-358.

[33] Liu T, Zhong J, Gan X, et al. ChemPhysChem, 2003, 4: 1364-1366.

[34] Liu X, Huang Y, Zhang W, et al. Langmuir, 2005, 21: 375-378.

[35] Zhou H, Chen Z, Yang R, et al. Journal of Chemical Technology & Biotechnology, 2006, 81: 58-61.

[36] Xu Y, Peng W, Liu X, et al. Biosensors and Bioelectronics, 2004, 20: 533-537.

[37] Zhu X, Yuri I, Gan X, et al. Biosensors and Bioelectronics, 2007, 22: 1600-1604.

[38] Huang Y, Zhang W, Xiao H, et al. Biosensors and Bioelectronics, 2005, 21: 817-821.

[39] Peng W, Liu X, Zhang W, et al. Biophysical Chemistry, 2003, 106: 267-269.

[40] Li G, Miao P. Electrochemical Analysis of Proteins and Cells. Berlin: Springer, 2013.

[41] Nelson S M, Esho F, Lavery A, et al. Journal of the American Chemical Society, 1983, 105: 5693-5695.

[42] Lei C, Deng J. Analytical Chemistry, 1996, 68: 3344-3349.

[43] Fan C, Zhuang Y, Li G, et al. Electroanalysis, 2000, 12: 1156-1158.

[44] Huang H, Hu N, Zeng Y, et al. Analytical Biochemistry, 2002, 308: 141-151.

[45] Liu H, Hu N. Analytica Chimica Acta, 2003, 481: 91-99.

[46] Jia S, Fei J, Zhou J, et al. Biosensors and Bioelectronics, 2009, 24: 3049-3054.

[47] Wu Y, Shen Q, Hu S. Analytica Chimica Acta, 2006, 558: 179-186.

[48] Ma X, Liu X, Xiao H, et al. Biosensors and Bioelectronics, 2005, 20: 1836-1842.

[49] Shen L, Hu N. Biochimica et Biophysica Acta-Bioenergetics, 2004, 1608: 23-33.

[50] Ramanavicius A, Kausaite A, Ramanaviciene A. Biosensors and Bioelectronics, 2008, 24: 761-766.

[51] Xiao H, Zhou H, Chen G, et al. Journal of Proteome Research, 2007, 6: 1426-1429.

[52] Hamachi I, Fujita A, Kunitake T. Journal of the American Chemical Society, 1994, 116: 8811-8812.

[53] Naumann R, Schmidt E K, Jonczyk A, et al. Biosensors and Bioelectronics, 1999, 14: 651-662.

[54] Han X, Huang W, Jia J, et al. Biosensors and Bioelectronics, 2002, 17: 741-746.

[55] Tang J, Jiang J, Song Y, et al. Chemistry and Physics of Lipids, 2002, 120: 119-129.

[56] Rusling J F, Nassar A F. Jouranl of the American Chemical Society, 1993, 115: 11891-11897.

[57] Tang J, Wang B, Wu Z, et al. Biosensors and Bioelectronics, 2003, 18: 867-872.

[58] Chen X, Hu N, Zeng Y, et al. Langmuir, 1999, 15: 7022-7030.

[59] Rajbongshi J, Das D K, Mazumdar S. Electrochimica Acta, 2010, 55: 4174-4179.

[60] Chen X, Ruan C, Kong J, et al. Analytica Chimica Acta, 2000, 412: 89-98.

[61] Liu H, Lu J, Zhang M, et al. Journal of Electroanalytical Chemistry, 2003, 544: 93-100.

[62] Chen S M, Chen S V. Electrochimica Acta, 2003, 48: 513-529.

[63] Gorodetsky A A, Boal A K, Barton J K. Journal of the American Chemical Society, 2006, 128: 12082-12083.

[64] 王炳金, 程广金, 董绍俊. 分析化学, 1999, 27: 982-988.

[65] Ellerby L M, Nishida C R, Nishida F, et al. Science, 1992, 255: 1113-1115.

[66] Audebert P, Demaille C, Sanchez C. Chemistry of Materials, 1993, 5: 911-913.

[67] Wang B, Li B, Wang Z, et al. Analytical Chemistry, 1999, 71: 1935-1939.

[68] Wang G, Xu J J, Chen H Y, et al. Biosensors and Bioelectronics, 2003, 18: 335-343.

[69] Wang Q, Lu G, Yang B. Langmuir, 2004, 20: 1342-1347.

[70] Ray A, Feng M, Tachikawa H. Langmuir, 2005, 21: 7456-7460.

[71] Compton D L, Laszlo J A. Journal of Electroanalytical Chemistry, 2003, 553: 187-190.

[72] Sun W, Wang D, Gao R, et al. Chinese Chemical Letters, 2006, 17: 1589-1591.

[73] Chen H, Wang Y, Liu Y, et al. Electrochemistry Communications, 2007, 9: 469-474.

[74] Li G, Du L, Chen H, et al. Electroanalysis, 2008, 20: 2171-2176.

[75] Long J, Silvester D S, Wildgoose G G, et al. Bioelectrochemistry, 2008, 74: 183-187.

[76] Sun W, Li X, Jiao K. Electroanalysis, 2009, 21: 959-964.

[77] Tarlov M, Bowden E F. Journal of the American Chemical Society, 1991, 113: 1847-1849.

[78] Collinson M, Bowden E F, Tarlov M J. Langmuir, 1992, 8: 1247-1250.

[79] Song S, Clark R A, Bowden E F, et al. Journal of Physical Chemistry, 1993, 97: 6564-6572.

[80] Xu J, Bowden E F. Journal of the American Chemical Society, 2006, 128: 6813-3822.

[81] Razumas V, Arnebrant T. Journal of Electroanalytical Chemistry, 1997, 427: 1-5.

[82] 顾凯, 朱俊杰, 陈洪渊. 分析化学, 1999, 10: 61-63.

[83] Li L, Han B, Wang Y, et al. Current Nanoscience, 2020, 16: 425-440.

[84] Yang T, Luo Z, Tian Y, et al. Trends in Analytical Chemistry, 2020, 124: 115795.

[85] Brown K R, Fox A P, Natan M J. Journal of the American Chemical Society, 1996, 118: 1154-1157.

[86] Han X, Cheng W, Zhang Z, et al. Biochimica et Biophysica Acta, 2002, 1556: 273-277.

[87] Feng J, Zhao G, Xu J, et al. Analytical Biochemistry, 2005, 342: 280-286.

[88] Zhao X, Mai Z, Kang X, et al. Electrochimica Acta, 2008, 53: 4732-4739.

[89] Zhao J, Zhu X, Li T, et al. Analyst, 2008, 133: 1242-1245.

[90] Zhang J, Zhu J. Science in China Series: Chemistry, 2009, 52: 815-820.

[91] Koposova E, Shumilova G, Ermolenko Y, et al. Sensors and Actuators B: Chemical, 2015, 207: 1045-1052.

[92] Jia J, Wang B, Wu A, et al. Analytical Chemistry, 2002, 74: 2217-2223.

[93] Fu Y, Yuan R, Chai Y. Chinese Journal of Chemistry, 2006, 24: 59-64.

[94] Zhuo Y, Yuan R, Chai Y, et al. Sensors and Actuators B: Chemical, 2006, 114: 631-639.

[95] Lvov Y M, Lu Z, Schenkman J B, et al. Journal of the American Chemical Society, 1998, 120: 4073-4080.

[96] Patolsky F, Gabriel T, Willner I. Journal of Electroanalytical Chemistry, 1999, 479: 69-73.

[97] Zhang H, Hu N. Biosensors and Bioelectronics, 2007, 23: 393-399.

[98] Willner I, Heleg-Shabtai V, Blonder R, et al. Journal of the American Chemical Society, 1996, 118: 10321-10322.

[99] Xiao Y, Patolsky F, Katz E, et al. Science, 2003, 299: 1877-1881.

[100] Zhao S, Zhang K, Sun Y, et al. Bioelectrochemistry, 2006, 69: 10-15.

[101] Lim S, Wei J, Lin J, et al. Biosensors and Bioelectronics, 2005, 20: 2341-2346.

[102] Topoglidis E, Cass A E G, Gilardi G, et al. Analytical Chemistry, 1998, 70: 5111-5113.

[103] Topoglidis E, Campbell C J, Cass A E G, et al. Langmuir, 2001, 17: 7899-7906.

[104] Yu J, Ju H X. Analytical Chemistry, 2002, 74: 3579-3583.

[105] Zhou H, Gan X, Wang J, et al. Analytical Chemistry, 2005, 77: 6102-6104.

[106] Topoglidis E, Cass A E G, Durrant J R. Journal of Electroanalytical Chemistry, 2001, 517: 20-27.

[107] Li Y, Liu Z, Liu Y, et al. Analytical Biochemistry, 2006, 349: 33-40.

[108] Xu J, Luo X, Du Y, et al. Electrochemistry Communications, 2004, 6: 1169-1173.

[109] Luo X, Xu J, Zhao W, et al. Biosensors and Bioelectronics, 2004, 19: 1295-1300.

[110] Zhao G, Feng J, Xu J, et al. Electrochemistry Communications, 2005, 7: 724-729.

[111] Yang Y, Yang H, Yang M, et al. Analytica Chimica Acta, 2004, 525: 213-220.

[112] Zhang L, Tang F, Yuan J, et al. Science in China, 1995, 38: 1434-1438.

[113] Luo X, Xu J, Zhao W, et al. Sensors and Actuators B: Chemical, 2004, 97: 249-255.

[114] Liu Z, Liu Y, Yang H, et al. Analytica Chimica Acta, 2005, 533: 3-9.

[115] Qiu J, Peng H, Liang R, et al. Biosensors and Bioelectronics, 2010, 25: 1447-1453.

[116] Amiri-Aref M, Raoof J B, Kiekens F, et al. Biosensors and Bioelectronics, 2015, 74: 518-525.

[117] Krishnan S, Walgama C. Analytical Chemistry, 2013, 85: 11420-11426.

[118] Patolsky F, Weizmann Y, Willner I. Angewandte Chemie International Edition, 2004, 116: 2165-2169.

[119] Zhao L, Liu H, Hu N. Journal of Colloid and Interface Science, 2006, 296: 204-211.

[120] Zhao G, Yin Z, Zhang L, et al. Electrochemistry Communications, 2005, 7: 256-260.

[121] Yu X, Chattopadhyay D, Galeska I, et al. Electrochemistry Communications, 2003, 5: 408-411.

[122] Weigel M C, Tritscher E, Lisdat F. Electrochemistry Communications, 2007, 9: 689-693.

[123] Wang J, Musameh M, Lin Y. Journal of the American Chemical Society, 2003, 125: 2408-2409.

[124] Harpovic S, Liu Y, Male K B, et al. Analytical Chemistry, 2004, 76: 1083-1088.

[125] Zhang J, Feng M, Tachikawa H. Biosensors and Bioelectronics, 2007, 22: 3036-3041.

[126] Deng C, Chen J, Nie Z, et al. Biosensors and Bioelectronics, 2010, 26: 213-219.

[127] Kang X, Wang J, Wu H, et al. Biosensors and Bioelectronics, 2009, 25: 901-905.

[128] Shan C, Yang H, Song J, et al. Analytical Chemistry, 2009, 81: 2378-2382.

[129] Zhou Y, Yin H, Meng X, et al. Electrochimica Acta, 2012, 71: 294-301.

[130] Luo Z, Yuwen L, Han Y, et al. Biosensors and Bioelectronics, 2012, 36: 179-185.

[131] Härt A, Schmic E, Garrido J A, et al. Nature Materials, 2004, 3: 736-742.

[132] Olivia H, Sarada B V, Honda K, et al. Electrochimica Acta, 2004, 49: 2069-2076.

[133] Lu Q, Hu S, Pang D, et al. Chemical Communications, 2005, (20): 2584-2585.

[134] Liu Q, Lu X, Li J, et al. Biosensors and Bioelectronics, 2007, 22: 3203-3209.

[135] Du J, Yu X, Di J. Biosensors and Bioelectronics, 2012, 37: 88-93.

[136] Razmi H, Mohammad-Rezaei R. Biosensors and Bioelectronics, 2013, 41: 498-504.

[137] Fatima B, Hussain D, Shazia B, et al. Materials Science and Engineering C, 2020, 117: 111296.

[138] Dai W, Zhang B, Jiang X, et al. Science, 2020, 368: 1331-1335.

[139] Updike S J, Hicks G P. Nature, 1967, 214: 986-989.

[140] Kim J, Campbell A S, de Ávila B E, et al. Nature Biotechnology, 2019, 37: 389-406.

[141] Zhang Z, Tang A, Liao S, et al. Biosensors and Bioelectronics, 2011, 26: 3320-3324.

[142] Liu P, Li C, Zhang R, et al. Biosensors and Bioelectronics, 2019, 126: 543-550.

[143] Alfonta L, Willner I, Throckmorton D J, et al. Analytical Chemistry, 2001, 73: 5287-5295.

[144] Zhou Y, Yang Z, Li X, et al. Electrochimica Acta, 2015, 174: 647-652.

[145] Qing G, Lu Q, Xiong Y, et al. Advanced Materials, 2017, 29: 1604670.

[146] Ahmed M, Carrascosaa L G, Sina A A I, et al. Biosensors and Bioelectronics, 2017, 91: 8-14.

[147] Yang J, Zhao J, Xiao H, et al. Electroanalysis, 2011, 23: 463-468.

[148] Zhao J, Zhu W, Liu T, et al. Analytical and Bioanalytical Chemistry, 2010, 397: 695-701.

[149] Li G. Nano-inspired Biosensors for Protein Assay with Clinical Applications. Cambridge: Elsevier, 2019.

第6章 核苷酸与DNA电化学

6.1 引 言

核酸电化学的蓬勃发展与 DNA 测序技术密切相关。20 世纪 60 年代前期普遍认为不同于 RNA 的核苷酸测序，大分子的基因组 DNA 测序难以实现。然而，DNA 复性/杂交方法的建立、序列特异的限制性内切酶的出现等直接促成了 Maxam、Gilbert 和 Sanger 等发明的基于聚丙烯酰胺凝胶电泳技术的 DNA 测序方法。很快，采用膜印迹的固相支持 DNA 杂交技术被用于 DNA 分析。20 世纪 90 年代早期，阵列技术将多个特定 DNA 片段或寡聚脱氧核苷酸(ODNs)固定在固态基底表面并检测与互补靶 DNA 杂交形成的双链，成为 DNA 测序领域一种非常有前景的工具。阵列技术对基因组与蛋白质组学的发展具有深远影响。另外，上述组学研究领域的发展也促使包括电化学方法在内的检测方法向着更快、更灵敏、高特异性以及无标记等方向发展[1]。

始于 20 世纪 60 年代的核酸电化学在 21 世纪的前 20 年进入了飞速发展的时期，其中一个很重要的影响因素是基因组学与人类基因组计划的进展。DNA 杂交阵列技术目前在科学研究甚至大型医院的临床医学实验室中被应用，电化学检测具有简单、价格低廉等优势，对于非定域、适度平行的 DNA 分析非常有用，如在小型医院甚至医生办公室直接检测。DNA 损伤的电化学检测则是 DNA 电化学发展的另一个挑战方向。毫无疑问，近 20 年来电化学 DNA 传感在非定域 DNA 测序和 DNA 损伤检测等生物传感器、阵列和芯片技术中的实际应用前景极大地推动了人们对核酸电化学的研究兴趣。

6.2 核酸的电氧化与还原

6.2.1 核酸的结构与组成

核酸是生物体内的高分子化合物，包括 DNA 与 RNA 两大类。DNA 是储存、复制和传递遗传信息的主要物质基础，而 RNA 主要负责 DNA 遗传信息的翻译，在蛋白质合成过程中起着重要的作用。DNA 和 RNA 都是由核苷酸首尾相连而成的多聚核苷酸(polynucleotide)，如 DNA 是由四种脱氧核糖核苷酸(dAMP、dCMP、 dGMP、dTMP)按照一定的排列顺序, 通过磷酸二酯键将一个核苷酸 5′位的磷酸基团与另一个核苷酸的脱氧核糖的 3′-OH 连接形成的无支链的多核苷酸(图 6.1)。其中磷酸基和戊糖基构成 DNA 链的骨架, 碱基排列顺序可变。

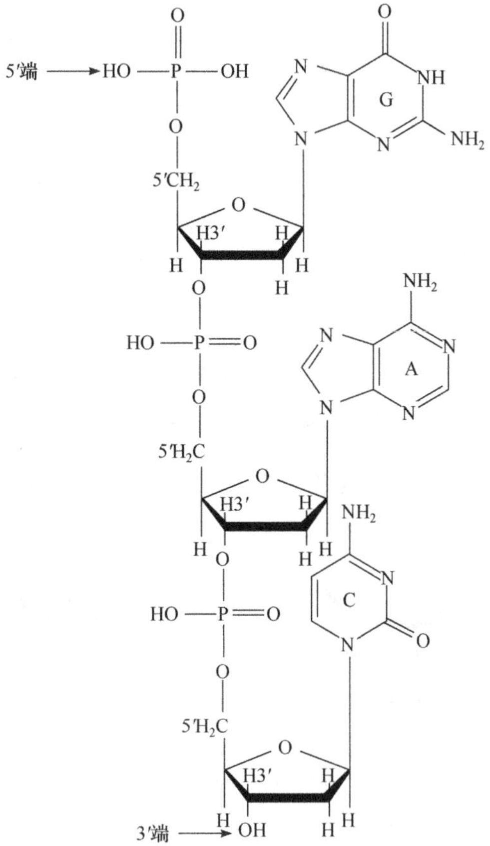

图 6.1　核酸一级结构

　　核苷酸是核酸的基本组成单位, 由核苷和磷酸组成。一个核苷包括一个含氮碱基和一个戊糖(核糖或脱氧核糖)。组成核酸的碱基有五种: 腺嘌呤 A、鸟嘌呤 G、胞嘧啶 C、胸腺嘧啶 T、尿嘧啶 U, 均为含氮杂环化合物, 分别属于嘌呤衍生物和嘧啶衍生物。通常 DNA 分子中仅含有 A、G、C、T 四种碱基, 而 RNA 分子主要含 A、G、C、U 四种碱基。它们的化学结构式及国际纯粹与应用化学联合会(IUPAC)规定的命名序号如图 6.2 所示。核苷由戊糖与碱基之间以糖苷键(glycosidic bond)相连接而成, 戊糖中的 C-1′与嘧啶碱基的 N-1 或嘌呤碱基的 N-9 形成 N—C 键, 一般称为 N-糖苷键。核苷的结构通式如图 6.3 所示。核苷中戊糖的羟基与磷酸以磷酸酯键连接成为核苷酸。生物体中的核苷酸大多数是核糖或脱氧核糖的 C-

5′羟基被磷酸酯化，形成 5′核苷酸。

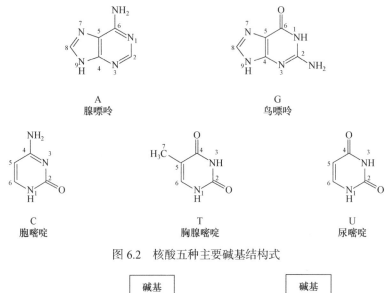

图 6.2　核酸五种主要碱基结构式

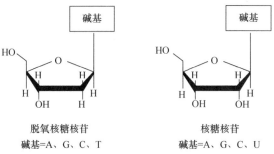

脱氧核糖核苷　　　　　　　核糖核苷
碱基=A、G、C、T　　　　碱基=A、G、C、U

图 6.3　核苷的结构通式

6.2.2　核酸的基本电化学行为

　　碱基、核苷与核苷酸等核酸组分都是电活性物质，氧化还原性质是核酸的重要特征之一。始于 20 世纪 60 年代，Paleček 实验室对核酸的基本电化学行为进行了大量研究[2]。核酸碱基的电化学还原只能在汞电极上观察到，电化学氧化则在碳、金、铂、银等固体电极上都可以观察到。图 6.4 中 AC 峰是 DNA 分子的腺嘌呤(A)与胞嘧啶(C)碱基在汞电极上同时还原的阴极峰[3]。鸟嘌呤(G)碱基也能进行电还原反应，但其还原电位低于–1.65 V，与溶剂水的分解电位区相重合，因而没有明显的阴极峰。碱基 A 与 C 的还原均是不可逆的，而 G 的还原为化学可逆的，故能在约–0.3 V 再氧化为 G 碱基(G峰)。尿嘧啶(U)与胸腺嘧啶(T)的还原在水溶液中则无法观察到。DNA 电还原反应的位点是其分子中碱基 A 的 N(1)=C(6)双

键、碱基 C 的 N(3)=C(4) 双键和碱基 G 的
N(7)=C(8) 双键。除 G 外，A 和 C 碱基的活性位点
均为碱基氢键配对系统的组成部分而深藏于双链
DNA(dsDNA) 分子的双螺旋中，因而只要双螺旋结
构的完整性不被破坏，A 和 C 碱基就不能参与电还
原反应。然而，当 dsDNA 分子变性(或部分变性)成
为单链 DNA(ssDNA) 时，在合适的 pH 条件下，电
化学活性的碱基转变为质子化形式后可以发生电
还原反应。因此，一般来说，dsDNA 分子不产生电
还原响应信号，但有时也在比 ssDNA 分子电还原
电位略正一点的电位产生很弱的电流信号，这是由
于在溶液中的 dsDNA 分子发生局部 "解链"，导致

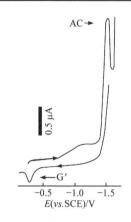

图 6.4　变性小牛胸腺 DNA 的
吸附溶出循环伏安图[3]

电活性基团外露参与电极反应。值得一提的是，Špaček 等在裂解石墨电极(pyrolytic
graphite electrode，PGE)上关于 DNA 碱基还原的工作取得了突破性进展。通过对
PGE 的特殊预处理，在 pH=5 的乙酸盐缓冲液中可以直接观察到 9-nt 寡核苷酸
(ODN)中碱基 A、C、G、T 或 U 的还原信号，为碳电极上开展核酸电化学研究开
辟了新的道路[4]。

　　核酸氧化被认为是基因组不稳定性的重要来源之一，有证据表明核酸碱基
的氧化产物在基因突变、致癌、衰老及与年龄相关的疾病中具有重要作用。对
碱基、核苷酸及核酸氧化还原电位的正确分析有助于更好地理解核酸的氧化损
伤机理。研究人员运用理论计算预测了水相中性 pH 条件下各种碱基的氧化电
位[5]，如表 6.1 所示，其中嘌呤碱基的氧化电位比嘧啶碱基低。实验报道 DNA
核苷碱基在溶液中的氧化电位顺序为：G<A<T<C，这也是通常鸟嘌呤最易被氧
化的原因之一。鸟嘌呤的主要氧化产物 8-oxoG 因此被看作是 DNA 氧化应激损
伤的重要标记物，运用电化学方法特别是伏安法可以很方便地对该物质进行定
量。利用 G 氧化信号可以监测端粒酶活性、放射线与亚硝酸盐诱导的 DNA 损
伤等。与游离碱基相比，核苷与核苷酸中碱基的氧化电位会发生一定程度的正
移，这与糖苷键对嘌呤和嘧啶环π电子体系的诱导效应有关，碱基上电子移出变
得更加困难。在碳基电极上所有的 DNA 碱基都可以发生电化学氧化。Oliveira-
Brett 等[6]首次在玻碳电极上对 ssDNA 中 4 种核苷酸单体的氧化进行了检测
(图 6.5)，而 dsDNA 的电化学氧化比 ssDNA 更难发生，氧化峰通常正移并伴随
一定程度的电流下降。

表 6.1 核苷碱基与代谢物在水相中的氧化电位[单位：V(vs. NHE)]

分子	结构式	氧化电位	分子	结构式	氧化电位
A		1.38	C		1.76
G		1.10	T		1.42
8-oxoG		0.87	U		1.62

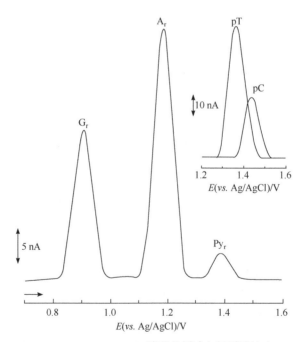

图 6.5 40 μg/mL ssDNA，pH7.4，0.1 mol/L 磷酸盐缓冲电解质溶液在 1.5 mm 直径预处理玻碳电极上基线校正的差分脉冲伏安图[6]

G_r，鸟嘌呤残基；A_r，腺嘌呤残基；Py_r，嘧啶残基。插图为 100 μg/mL poly(dT)(pT)与 poly(dC)(pC)，pH7.4，0.1 mol/L 磷酸盐缓冲电解质溶液的基线校正后的差分脉冲伏安图。

脉冲幅值 50 mV；脉冲宽度 70 ms；扫描速率 5 mV/s

6.2.3　核酸与电极表面的相互作用[1]

DNA 与电极表面(即荷电表面)相互作用的研究具有重要意义。因为生物膜往往带有电荷并形成类似电极/溶液界面的双电层，所以电极/DNA 溶液所构成的体系可以作为一种模拟 DNA 体内复制时其与细胞内膜结构相互作用过程研究的重要工具。

I. R. Miller 最先开展了有关核酸吸附行为的研究。核酸分子很容易在汞电极表面发生吸附，在电极电位很负时又产生脱附。dsDNA 的吸附与吸附电位密切相关。在一定电位范围(0～−1.1 V)，dsDNA 分子吸附在荷负电的电极表面，在电位更负时(约−1.2 V)dsDNA 发生脱附，在荷正电的电极表面吸附时，dsDNA 分子舒展地躺在电极表面。ssDNA 分子通常在疏水性的碱基与电极表面间形成吸附化学键，其脱附电位往往更负(约−1.4 V)。碳电极表面由于其亲水性，核酸通过磷酸骨架得以吸附，因而碱基可以进行杂交反应。除富集电位外，离子强度、背景电解液类型等因素都会影响 DNA 在碳电极上的吸附行为。

6.2.4　核酸的电化学分析[1]

在 PCR 技术出现之前，电化学分析法一直是 DNA 测定和其结构分析的最方便、最灵敏的方法之一。电极表面(即荷电表面)的核酸结构变化分析无论是从表面化学角度还是生物学角度来看，都具有重要意义。20 世纪 70 年代，Paleček 等在汞电极上的研究发现了 DNA 变性前的预熔链和 DNA 双螺旋结构的多形性。现代溶出伏安法，特别是吸附转移溶出伏安法的应用使 DNA 电化学分析的检测限达到 100 ng/mL 以下。电化学技术的非放射性与高灵敏度的特点，使其适合应用于重组 DNA 的分析。

DNA 解旋从分子末端开始，包括那些由单链断裂(single-strand break，SSB)形成的末端。在汞电极上 DNA 解旋是一个相对比较慢的过程(90%的染色体 DNA 打开需要约 100 s)，且随着电极电位的负移，解旋速率会提升。早在 20 世纪 50 年代末就已经实现 DNA 损伤的电化学检测。在中性 pH 环境下，长链的 DNA 分子在 Hg 电极上产生三个线性扫描伏安(LSV)峰。其中电容性的峰 1 几乎不受 DNA 结构变化的影响。峰 2 是 dsDNA 的特征峰，在 DNA 变性时消失。峰 3 是 ssDNA 的特征峰，通常在 dsDNA 处于解旋电位区间(unwinding potential region)时出现。将超螺旋 DNA(scDNA)固定在悬汞滴电极(HMDE)上，应用交流伏安(ACV)技术可以灵敏地检测到 scDNA 大量完整糖-磷酸键中的一个单链断裂(图 6.6)。该方法的检测灵敏度可达 fmol 水平，因而可与 ^{32}P 后标记法、酶联免疫吸附分析(ELISA)或质谱等其他 DNA 损伤检测技术相媲美。固体电极上 DNA 链断裂检测的灵敏度远不及汞电极，但是可以成功用于检测碱基的氧化损伤、长链 DNA 的片段化降解和单体组分的释放等。

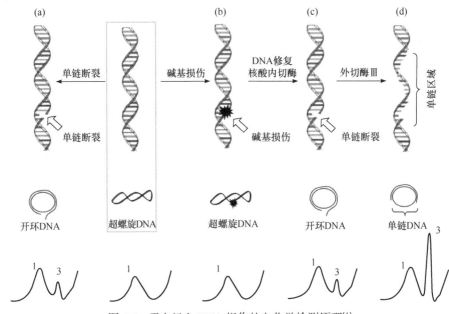

图 6.6　汞电极上 DNA 损伤的电化学检测原理[1]

(a) γ射线、活性氧或核酸酶处理导致超螺旋 DNA 转变为开环 DNA(open circular DNA，ocDNA)，产生峰 3；
(b) 超螺旋 DNA 分子中少量碱基损伤的形成(核糖-磷酸骨架未被破坏)不显著改变 DNA 的伏安行为；(c) 特异的
核酸内切酶对一些碱基损伤的识别有可能在损伤位点引入单链断裂，产生峰 3；(d) 应用大肠杆菌外切酶Ⅲ在开
环或线状 DNA(而非完整的超螺旋 DNA)中产生单链区域，导致峰 3 信号进一步放大

小 RNA(miRNA)通常是长度约 22 个核苷酸的单链非编码 RNA 中的一种，通过翻译抑制或介导 mRNA 降解在转录后水平调控靶基因的表达。有研究估计人类基因组可能编码超过 1000 个 miRNA 以调控大约 60%的基因。已知 miRNA 表达范式的改变与一些疾病的发生密切相关。血清中循环 miRNA(circulating miRNA)的水平预计在 200 amol/L～20 pmol/L 范围。miRNA 的检测挑战性在于其短且高度均一的序列，浓度低且动态范围宽，碱基组成变化大以及它的二级结构。电化学方法快速、简单、灵敏，成本低廉，并且可以对核苷酸的杂交反应进行实时检测，在 miRNA 检测方面具有广泛应用。在电化学的基础上，结合纳米结构作为载体、催化剂、探针固定剂、信号发生器和增强器等优势可以实现对 miRNA 的超灵敏检测，在精准医学领域有着巨大潜力。

6.3　DNA 表面电化学

电化学方法作为一种简便、响应快速、低耗能、易于集成的原位研究方法，

在 DNA 研究中发挥了独特的作用。第一篇关于核酸电化学研究的报道是在 1957 年发布的[7]。早期的研究工作主要采用常规溶液电化学方法对 DNA 基本电化学行为以及 DNA 的结构和形态进行研究分析[2, 8]。这些早期研究结果为我们了解核酸电化学行为以及与其构象和结构的关系做出了很大的贡献。Bard 教授等关于一系列过渡金属配合物与小牛胸腺 DNA 结合作用的研究结果为电化学方法研究 DNA 与其他分子作用模式提供了初步的判断依据[9]。然而，常规溶液电化学方法也有其明显的不足之处，如溶液的背景信号较大、弱信号难以提取、样品消耗量巨大等。而且 DNA 与其他分子作用的研究是通过小分子结合 DNA 后由于扩散系数 D 大幅下降而导致的扩散电流减小进行的，此方法灵敏度受到限制。这些都导致溶液电化学难以满足现代核酸研究所需的高灵敏及微量化等要求。因此随着 DNA 研究的不断深入及各种新技术的不断发展，基于 DNA 修饰电极的表面电化学方法迅速发展起来[10-12]。

DNA 表面电化学是 DNA 表面化学的分支。DNA 表面化学概括来说，就是研究具有生物活性的生物大分子 DNA 在载体表面上的固定、界面行为及其生物活性(功能)保持以及如何有效利用所构建的 DNA 修饰表面等问题。其研究内容涉及以下方面：①DNA 的表面分子组装或者表面反应固定及其表面结构控制；②固定化 DNA 的表面结构表征；③表面分子识别及实际应用等。不论是 DNA 传感器、DNA 芯片还是涉及 DNA 的纳米生物技术，其关键技术基础都离不开 DNA 表面化学和表面 DNA 杂交信号转换/检测技术。另外，由于通常能得到的基因量一般仅在百十微克上下，极大地限制了其物理化学性质的广泛深入研究，而发展基于表面的分析研究方法可大大降低核酸用量。

DNA 表面电化学研究电极表面上 DNA 分子固定、分子组装以及表面结构控制和表征等。它克服了溶液电化学研究 DNA 的缺陷，在灵敏度以及样品(特别是 DNA 样品)消耗量上有了很大的改观。仅需微克级的 DNA 样品就可以获得大量的信息，同时由于信号集中在电极/溶液界面，背景信号大大降低，信号更易于提取。DNA 修饰电极的"表面放大"效应使得灵敏度得到了极大的提高。DNA 表面电化学方法的发展为 DNA 电化学研究开辟了新的领域，为电化学基因传感器及电化学基因芯片的研究奠定了坚实的基础。

6.3.1　DNA 在电极表面上的固定化

DNA 在电极表面的固定，即 DNA 修饰电极的制备，是 DNA 表面电化学方法研究的基础。DNA 的固定方法因电极种类的不同而不同。常用的基底电极有碳电极和金属电极。常用的 DNA 固定方法究其根本可以归纳为以下几类。

1. 吸附法

吸附法是将 DNA 固定于电极表面的最简便的方法之一。它无需对 DNA 分子进行特殊修饰或采用其他偶联试剂。传统生物学实验中 DNA 就是通过吸附的方法固定到尼龙膜上的。但是由于吸附往往采用多点结合固定的形式，固定化的 DNA 多平躺在电极表面，不利于杂交反应的进行，因此吸附法通常不是 DNA 传感器研究的最佳选择。

DNA 是带有大量负电荷的聚阴离子，因此可通过控制电极电位改变电极表面电荷，从而利用静电作用实现 DNA 固定。电化学吸附固定法所选用的电极材料多为各种碳电极及一些金属氧化物。首先将新鲜抛光的电极在缓冲溶液中电极电位 1.7 V 下预活化一段时间，然后浸入到含 DNA 的缓冲溶液中，并将电位控制在 0.5 V，从而使电极表面带正电荷，带负电荷的 DNA 分子便可通过静电吸附修饰到电极表面，从而制备得到 DNA 修饰电极。

庞代文研究小组[13, 14]提出了一种简便制备 DNA 吸附修饰玻碳电极和金电极的新方法——干燥吸附法。此方法将 DNA 溶液均匀地涂在电极表面，过夜干燥后充分浸泡即可得到相应的修饰电极(图 6.7)。此种修饰电极制备方法简便，所需 DNA 量极少，而且可得到几乎饱和单层 DNA 修饰层，已被成功地应用于 DNA 与其他分子相互作用研究等方面。而且双链 DNA 修饰电极上 DNA 排列有序，可以作为构建二维有序纳米结构的模板。Paleček 研究小组[15, 16]利用核酸在汞电极表面的强烈吸附作用制备了 DNA 修饰汞电极，并与吸附转移溶出伏安法(adsorptive transfer stripping voltammetry，AdTSV)结合将其应用于 DNA 痕量检测。Bard 研究

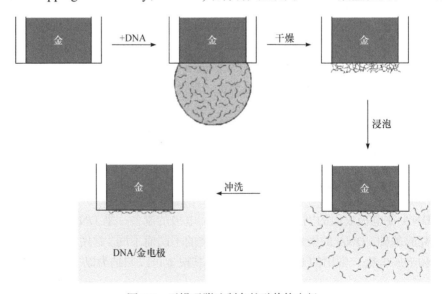

图 6.7　干燥吸附法制备核酸修饰电极

小组[17, 18]通过自组装在电极表面修饰上一层端基为膦酸的巯基烷链，利用高价金属离子 Al^{3+} 与膦酸之间强烈的离子键，在膦酸外结合一层 Al^{3+}，再利用两端均为膦酸的烷链延伸自组装层并再次结合一层 Al^{3+}，最后带负电荷的 DNA 就可以通过与 Al^{3+} 之间的强烈相互作用而固定到电极表面，从而制得 DNA 修饰金电极。

　　带正电荷的高分子聚合物可吸附 DNA 分子，因此也被用于 DNA 固定。电极表面聚吡咯膜可形成高比表面积的三维多孔结构且带有大量正电荷，因此可通过静电作用吸附负电荷的 DNA 分子，将 DNA 吸附固定于导电高分子聚吡咯修饰电极表面。此类方法简便易行，只需将聚吡咯修饰电极浸入一定浓度的 DNA 溶液中，取出冲洗以去除未吸附的 DNA 即可制得 DNA 修饰电极。DNA 在聚吡咯中的固定也可通过吡咯的电化学聚合掺杂 DNA 片断的方法实现。将 DNA 片断作为吡咯电化学聚合时的主要对阴离子，利用吡咯氧化聚合时的阴离子掺杂作用将 DNA 固定到导电聚吡咯的网络骨架之中。

2. 共价键合法

　　共价键合法是通过化学偶联试剂或者经过特殊修饰的 DNA 链利用表面化学反应将 DNA 固定到电极表面的方法。共价键合法通常先对电极进行活化预处理以引入活性键合基团，如羟基、氨基和羧基等，同时通过对核苷酸的衍生化处理形成适当的官能团，如醚键、酯键、酰胺键等，进而应用双官能团试剂或偶联活化剂将 DNA 探针通过共价键合反应固定到电极表面。与吸附法相比，共价键合法相对来说较复杂，但是优点在于 DNA 是通过核酸链的末端进行固定的，不同于吸附法通常都是沿核酸链的多点固定，因而固定的探针分子可以保持其结构上的可变性，在杂交过程中可以调整构象以利于杂交反应的进行。而且该方法易于控制 DNA 探针间的空间间隔、探针密度及取向，有利于 DNA 杂交，因而广泛用于 DNA 电化学传感器的制备。

　　巯基分子自组装单层(SAM)技术已经广泛地应用于 DNA 在金表面共价固定。自组装固定法利用带巯基的化合物间通过特定的化学键在金属表面形成有序的单分子膜，在 DNA 固定中通常选择金电极作为基体电极。自组装固定法要求对 DNA 链的 5′ 或者 3′ 端进行巯基修饰，再利用巯基与金表面的相互作用形成有序的单分子层将 DNA 探针固定到金电极表面(图 6.8)。这种方法制备的 DNA 传感器表面探针结构规整、稳定性好、杂交反应效率高。Maeda 等[19]和 Hashimoto 等[20]分别将巯基修饰的双链 DNA(dsDNA)和单链 DNA(ssDNA)通过 SAM 法固定到金电极表面，得到 dsDNA 和 ssDNA 修饰金电极。Barton 小组[21]也采用类似的方法来制备 DNA 修饰电极，并且用 AFM 研究了在不同电位下，DNA 在电极表面的取向变化。Tarlov 研究小组[22-24]采用各种方法对此种方法得到的固定化 DNA 进行了系统表征，并且提出了引入巯基己醇制备混合单层 DNA 修饰电极的改进方法，以消除非特异性吸附。自组装固定法不要求对电极表面进行特殊处理，而且巯基修饰 DNA 也容易获得，因此相对来说是一种较为简便的共价固定方法。其局限性在于只能应用于金等少数电极表面。

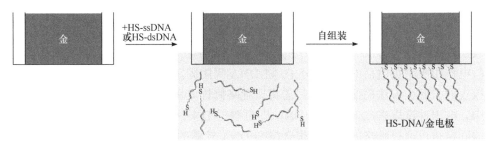

图 6.8　基于自组装技术的核酸修饰电极制备

另一类 DNA 共价固定方法是水溶性碳二亚胺(EDC)/N-羟基磺酸琥珀酰亚胺(NHS)偶联固定法，即通过特殊处理在电极表面引入羧基或者氨基，然后再以 EDC 和 NHS 作偶联活化剂将 DNA 共价结合到活化的电极表面。此种方法可以适应多种电极材料表面，如玻碳、石墨、硅片、金以及碳糊电极。Mikkelsen 小组在铬酸溶液中通过电化学氧化将羧基引到玻碳电极表面[25]，或者用十八烷基胺或十八烷基羧酸修饰碳糊电极而引入羧基或氨基[26]，在 EDC/NHS 的活化下，与 ssDNA 末端的磷酸基团或者末端延长的 dG 残基分别生成磷酰胺或碳酰胺键，从而将 DNA 共价键合在电极表面。另一种表面处理方法是在硅片或石墨表面通过硅烷化试剂处理引入氨基[27]，再利用 EDC 作偶联剂经缩合反应将 ssDNA 探针共价固定到电极表面。庞代文小组[28]报道了利用不同的硫醇分子在金表面自组装而分别引入氨基、羧基或者羟基，并分别在碳二亚胺的活化下通过磷酰胺键、羧酸酯键或磷酸酯键与 DNA 共价结合而制备得到 DNA 修饰电极的方法，并对三种基团的 DNA 固定化效率进行了比较研究。方禹之研究小组[29]利用氨基硫醇在金电极上的自组装引入氨基，然后在 EDC 偶联剂的作用下，通过 ssDNA 末端磷酸基团与电极表面—NH_2 生成磷酰胺键，将探针分子共价固定于电极表面。

DNA 共价键合固定也可以利用导电高分子聚吡咯修饰电极进行。Livache 小组[30]报道了一种通过电化学共聚直接固定 DNA 探针分子的方法。首先通过合成制备得到共价接枝有 N 位取代吡咯分子的脱氧核糖核苷酸，利用 DNA 固相合成技术得到吡咯修饰的 DNA 片断，然后通过吡咯和末端修饰有吡咯分子的 DNA 探针的电化学共聚就可以将 DNA 直接固定到电极表面。此种方法在一定程度上会导致部分 DNA 探针通过物理包夹而不是共价键合固定到聚吡咯膜中。Garnier 小组[31]则通过导电聚吡咯表面化学修饰实现了 DNA 共价固定。用 3 位带有活泼基团的吡咯分子与吡咯一起电化学共聚,从而在电极表面聚吡咯膜中引入活泼基团,然后在 EDC/NHS 偶联活化作用下,与末端氨基修饰的 DNA 探针共价键合而得到 DNA 修饰电极。此种方法可避免因电化学聚合产生的 DNA 物理包夹。

3. 利用生物素-亲和素特异性结合固定 DNA

生物素与抗生物素间的特异性相互作用在生物传感器研究中一直被广泛应用,也被应用于 DNA 的固定。Marrazza 等[32]把预处理好的印刷碳条电极在亲和素溶液中浸泡直接吸附后,再浸入末端生物素修饰的 DNA 中,从而通过生物素-亲和素间的相互作用来固定 DNA 分子。Zhou 等[33]利用聚电解质聚丙烯胺(PAAH)、聚苯乙烯磺酸盐(PSS)和生物素间的静电作用吸附生物素,并利用生物素-亲和素间的特异性结合构建了一系列 DNA 固定方法,并对这些方法进行了比较研究。Dupont-Filliard 等[34]报道了一种 N 位生物素修饰的吡咯分子共聚得到生物素修饰的聚吡咯导电高分子膜,并利用生物素/亲和素/生物素的夹心结构来固定末端生物素修饰的 DNA 的方法。亲和素分子也可通过自组装法在金电极表面引入羧基和 EDC/NHS 偶联活化在电极表面固定,进而实现生物素标记 DNA 的固定[35]。

除了以上三大类 DNA 固定化方法以外,还有一些其他电极表面 DNA 固定的方法。例如,利用疏水作用在双层磷脂膜修饰银电极上固定长链烷基修饰的 ssDNA;采用凝胶-溶胶技术在玻碳电极表面利用 ZrO_2 凝胶和 DNA 磷酸基团间的作用来固定 DNA,制备 DNA 修饰电极[36]。

固定 DNA 分子在电极表面的取向、密度等非常重要,极大程度地影响 DNA 电化学传感器的性能。静电吸附固定的 DNA 采用多点结合方式固定,DNA 通常平躺在电极表面,不利于基于杂交反应的 DNA 电化学传感。共价固定的 DNA 可以通过 DNA 分子末端固定在电极表面,其表面取向受到表面结构、电荷等多种因素的影响。DNA 的磷酸骨架带有大量负电荷,因此利用电极表面的电荷或电场可以调控 DNA 的表面取向。当电极表面带正电荷时,DNA 会向电极表面倾斜;而当电极表面带负电荷时,DNA 倾向于向溶液中伸展。利用不同长度的混合硫醇自组装来固定 DNA 分子,也可以在一定程度上调控 DNA 的表面取向,使 DNA 分子竖直于电极表面。利用 DNA 分子的碱基互补配对和精确组装能力可以构筑框架核酸结构,如核酸四面体结构。框架核酸结构为 DNA 的定向和可控固定提供了一种新策略[37,38]。通过调节核酸四面体结构的组成和大小,可以实现 DNA 分子在电极表面的有序组装,其表面取向和间距可控。

6.3.2　DNA 与其他分子相互作用研究

DNA 与其他分子相互作用研究,对于认识某些分子对 DNA 体内复制和转录的影响，以及由此引起的物种性状的变异，深刻理解化学核酸酶的作用机制，指导高度专一性的 DNA 人工核酸酶的合成，研究以 DNA 为靶的抗癌、抗菌药物作用的机理及指导新药合成和建立药物筛选新方法，分子识别分析以及基因传感器杂交指示剂的筛选等方面具有重要的理论意义与实用价值。

DNA 与其他分子或离子的结合主要有静电结合、沟结合及嵌入结合三种模式。①静电结合是通过非特异性静电作用结合在荷负电的 DNA 双螺旋外部。通常各种金属离子如 K^+、Mg^{2+} 等都是以静电模式与 DNA 结合。②沟结合是与 DNA 的大沟或小沟中的碱基对边缘通过疏水作用或者氢键发生相互作用。根据结合的部位又可细分为小沟结合和大沟结合。常用的核酸标记染料 Hoechst33258 就是典型的小沟结合试剂。③嵌入结合是平面芳香环系统嵌入 DNA 碱基对之间，通过离域 π 体系间的 π-π 相互作用及疏水作用与 DNA 结合。典型的嵌入试剂有溴化乙啶、亚甲蓝等。这三种作用模式并不互相排斥，许多试剂往往可以通过多种模式与 DNA 结合。例如，$Co(phen)_3Cl_2$ 既可以通过静电作用与 DNA 结合，又可以采取嵌入模式结合到 DNA 双螺旋链上。

表面电化学方法研究 DNA 与其他分子的相互作用主要基于 DNA 分子对特定体系所引起的电化学行为差别，包括由于结合引起的体系式量电位、峰电流等伏安特性的变化，以及电极表面阻抗、电容、表面质量的变化等。

DNA 与其他分子相互作用研究可用于 DNA 电化学传感器杂交指示剂的筛选。Hashimoto 等采用循环伏安法和线性扫描伏安法在 DNA 修饰电极表面研究了 ssDNA 和 dsDNA 与嵌入剂道诺霉素[39]或小沟结合试剂 Hoechst33258[20, 40]间的相互作用。他们发现这两种试剂可以用来识别 dsDNA 和 ssDNA，可以作为电化学 DNA 传感器的杂交指示剂。与 dsDNA 修饰电极相比，道诺霉素在 ssDNA 修饰电极上峰电位有明显的正移，二者的峰电位相差约 34 mV，证明了道诺霉素与 dsDNA 和 ssDNA 结合有差别，用它作指示剂检测靶基因检测限可达 10^{-8} g/mL。而 Hoechst33258 与道诺霉素相比具有更好的识别效果，用于靶序列 DNA 检测可以达到 10^{-13} g/mL 的检测限。Barton 研究小组[41]利用 dsDNA 修饰金电极研究了亚甲蓝与 DNA 的相互作用，并得到亚甲蓝与 DNA 的结合常数，且每个 DNA 螺旋可结合 1.4 个亚甲蓝分子。Ozsoz 小组[42, 43]进一步研究了亚甲蓝与 ssDNA 和 dsDNA 的相互作用，发现亚甲蓝是结合在 DNA 的碱基 G 上，并利用其在 ssDNA 和 dsDNA 修饰电极上的不同电化学响应将其作为电化学杂交指示剂应用于 DNA 检测。

庞代文小组首先利用 DNA 修饰电极因相互作用而产生的"表面放大"效应研究 DNA 与其他分子的相互作用[14, 44]，并建立了一种研究 DNA 与电活性小分子相互作用的微量表面电化学研究方法。该方法仅用 3～15 μg DNA 即可获得许多相互作用的热力学及动力学参数，包括结合位点、结合常数(K)、结合分子氧化态与还原态结合常数的比值、结合自由能(ΔG_b)、相互作用模式(嵌入或静电)、相互作用性质的转变过程、离子强度为零的极限情况下结合常数的比值，以及结合-解离速率常数等。基于此表面电化学方法，开展了一系列与 DNA 有不同相互作用的体系的研究，包括多种金属配合物、苄基紫精、神经递质、抗癌药物、金属离子等，并拓展到非电活性物质，如水溶性 C_{60} 衍生物、蛋白质等。

DNA 与其他分子相互作用的表面电化学研究也被用于 DNA 对于环境污染物或致癌物的分子识别作用的研究。Wang 研究小组利用 DNA 与环境污染物或致癌物之间的相互作用开发了一系列检测此类物质的高灵敏电化学传感器。例如，他们利用有毒芳胺化合物与 dsDNA 间的嵌入作用，在 DNA 修饰电极表面富集而对其进行检测，灵敏度达纳摩尔级[45]。另外他们还利用肼类化合物与 DNA 结合后导致的DNA 分子中鸟嘌呤 G 的氧化信号变化来检测不同肼类化合物[46]。Brabec[47]采用DNA 修饰石墨电极研究了抗癌物二乙烯基三氨合铂($[Pt(dien)H_2O]^{2+}$)与 DNA 间的相互作用，并用于其检测。

表面电化学方法也可用于 DNA 与蛋白质相互作用研究。表面电化学研究发现与 DNA 结合的血红蛋白和电极之间的电子交换速度比裸电极上明显加快。采用DNA 修饰金电极研究发现 DNA 可促进细胞色素 c 与金电极间的电子传递。

6.4 电化学 DNA 传感器

DNA 传感器或者基因传感器的研究在 DNA 测序、遗传性疾病诊断、基因指纹图谱的建立及法医鉴定等方面都有着极大的应用价值和意义。DNA 传感器以及由其进一步发展而成的基因芯片的研究受到了生物学家、化学家们的广泛重视。分析化学家们对如何快速、准确、灵敏地检测特定序列 DNA 也产生了浓厚的兴趣。DNA 传感技术在化学上主要有两个方面的问题：一是 DNA 的表面固定，二是杂交信号的检测。DNA 的固定化在前面部分已经进行了介绍，此部分将从杂交信号的检测方面展开。

DNA 传感通常是基于 DNA 双螺旋结构的形成或破坏及这一生物大分子的其他特异属性的变化。1960 年就发现天然双链 DNA 与变性单链 DNA 的电化学信号不同，暗示了电化学可以作为一种新的方法检测 DNA 的变性与复性。电化学DNA 传感器是一种基于 DNA 在电极表面固定(即 DNA 修饰电极)，利用电化学和电分析方法来检测 DNA 杂交信号的传感器。其基本工作原理一般是将一定序列单链寡聚核苷酸片段(称为捕获探针)固定到电极表面得到能够识别特定序列的ssDNA 修饰电极，然后将此电极浸入样品溶液中进行杂交反应，如果样品溶液中存在含有与捕获探针完全互补的碱基序列的 DNA 时，修饰电极就将这种杂交信号转换为可以被检测的电信号。与基于其他检测技术的 DNA 传感器相比，电化学 DNA 传感器具有成本低、耗能小、体积小、设计简单、快速、易于集成、可以微型化等优点，符合现代分析技术发展的要求。电化学 DNA 传感器的检测方法可以分为以下四类。

(1) 杂交指示剂方法。即利用电活性指示剂(杂交指示剂)与 ssDNA 和 dsDNA选择性结合能力上的差异进行识别，通过杂交指示剂分子在 DNA 杂交前后的电极表面上的电化学信号(主要是电流信号)的变化来进行检测。通常杂交指示剂都是 DNA 嵌入剂或者沟结合试剂。常用的杂交指示剂有吖啶橙、Hoechst33258、联吡啶钴或联吡啶锇等。铁氰化钾作为一种常用的电活性物质，也可用作 DNA 杂交指示剂。Mikkelsen 小组是较早开展电化学 DNA 传感器研究工作的研究小组之一。他们[26]采用亚毫摩尔量钴配合物[Co(bpy)₃(ClO₄)₃、Os(bpy)₃Cl₃ 或 Co(phen)₃(ClO₄)₃]作电化学杂交指示剂，得到 poly(dA)4000 的检测限为 2.5 ng，并利用 18个碱基的寡聚脱氧核苷酸作为检测囊性纤维变性基因 ΔF508 序列的探针，获得了满意的效果。Hashimoto 等则采用嵌入试剂吖啶橙[39]或小沟结合试剂 Hoechst33258[20]作为杂交指示剂实现了致癌基因 v-myc 片段的高灵敏检测。另外，Aoki 等[48]利用 DNA 修饰层"离子闸"效应，采用铁氰化钾作指示剂，检测了一个碱基错配的DNA 序列。他们以电中性的肽核酸(PNA)代替 ssDNA 作为探针分子修饰到电极表面，杂交反应后带负电荷的 DNA 固定到表面使电中性的电极表面变为电负性，因而铁氰化钾在修饰电极表面的电化学行为发生了变化。

(2) 电化学标记法。在 DNA 末端标记上电活性指示剂分子，从而与电极表面探针分子杂交后产生一可被检测的电信号。电活性指示剂分子可标记在一段ssDNA 片段上，通过与靶序列 DNA 及电极表面的 DNA 捕获探针的三元夹心杂交，从而在电极上产生电化学信号，实现靶序列 DNA 的检测。也可以将电活性指示剂分子标记在电极表面固定的 DNA 捕获探针上，杂交反应后电活性指示剂分子远离或靠近电极表面，导致电化学信号改变，从而实现靶序列 DNA 检测。二茂铁是常用的电活性指示剂分子。

(3) 无需指示剂的检测方法。这种方法主要是利用杂交前后 DNA 修饰层本身的电化学行为的变化来进行检测，因而不需要外加指示剂或标记物质。一类无需指示剂的检测方法是采用不含 G 或者次黄嘌呤取代的探针序列来识别靶序列DNA，利用 DNA 本身碱基 G 的氧化性质进行检测。电化学阻抗法也是一类无需指示剂的检测方法。DNA 杂交会导致电极界面电容或荷电转移电阻的变化，因此可以利用交流阻抗技术来检测 DNA 的杂交过程。电化学石英晶体微天平(EQCM)通过杂交前后电极表面的质量变化来检测 DNA，也是一种无需指示剂的方法。Fawcett 等[49]首先利用 EQCM 在 9 MHz 的 AT 切石英晶体表面上发现固定化的poly(U)与溶液中的 poly(A)互补杂交时，共振频率降低了 500 Hz，将 EQCM 用于DNA 传感器研究。Okahata 小组[35,50]则进一步发展了此种方法，检测了 1 pmol/L

的 M13 噬菌体 DNA，并用于基因突变检测。Wang 等[51]则在 EQCM 表面采用生成树枝状大分子的方法，在表面形成三维表面探针杂交系统，检测隐性孢子病菌 DNA。另外，利用导电高分子聚吡咯固定 ssDNA 和杂交前后修饰电极电化学伏安性能的变化，不需要杂交指示剂或电化学标记也可检测目标靶序列。杂交后吡咯共聚物表面双链 DNA 对阴离子掺杂/脱掺杂反应的空间位阻效应将导致导电共聚物的伏安电流的变化。

(4) 将酶传感技术与 DNA 传感器结合起来实现 DNA 杂交检测。将辣根过氧化物酶、碱性磷酸酶等酶分子标记在 DNA 报告探针上，当靶序列与电极表面捕获探针及报告探针夹心杂交后，可利用酶对底物的催化过程或催化产物的氧化还原性质实现靶序列检测。

提高检测灵敏度是电化学 DNA 传感器研究的重点之一。提高电化学 DNA 传感器灵敏度的方法主要有以下几种。①优化 DNA 固定化方法，优化探针 DNA 在电极表面的覆盖度以减少空间位阻，提高 DNA 杂交效率。例如，利用核酸四面体结构实现 DNA 分子在电极表面的有序组装，调控捕获探针在电极表面的取向和间距，可极大提高电化学 DNA 传感器的灵敏度。②寻找更好的电化学杂交指示剂，提高指示剂对 ssDNA 和 dsDNA 间的分辨能力，从而获得更明显的杂交信号变化而得到更高的灵敏度。通过 DNA 与小分子的相互作用研究可以进行指示剂筛选的工作。例如，利用对 ssDNA 和 dsDNA 有更强的分辨能力的二茂铁萘二亚胺作为指示剂，用于酵母胆碱转移基因的检测，检测灵敏度可达 10 zmol。③采用生物素-亲和素标记来放大杂交信号。此种放大方法多出现在阻抗检测技术中。利用生物素标记的磷脂与亲和素在电极表面形成树状组装物加大表面电阻放大杂交信号，可检测到 1.2×10^{-12} mol/L 的 DNA[52]。

6.5　基体表面寡核苷酸探针的表面分析

DNA 分子在电极表面的构象显然对杂交反应的效率具有深远的影响。基因传感技术的完善，需要研究新的基因探针固定方法，筛选新的基体材料，以及考虑探针在基体表面的取向和探针密度，因而固定化 DNA 探针在基体表面的微观结构与性质的研究也具有重要意义[53]。

X 射线光电子能谱(XPS)是一种灵敏的表面分析技术，它是所有表面分析能谱中获得化学信息最多的一种方法。除了进行元素定性分析之外，XPS 还可以定量或半定量测定表面元素含量，元素的化学价态，以及由于化学环境不同而导致的化学位移等。XPS 可用于电极表面 DNA 的表征，依据 N 1s、O 1s、P 2p 等特征能谱峰的存在可证实 DNA 在电极表面的固定。P 2p 特征峰的光电发射强度也可以被用于直接测定杂交 DNA 的数量，避免了对 DNA 进行荧光标记的要求。

放射性标记法(radioactive labeling)是对 DNA 双链的放射性标记，为基体表面 DNA 单层的定量提供了可靠的方法。采用多核苷酸激酶标记巯基化 DNA 互补链的 5 端，在自组装完成后通过闪烁计数可以实现 DNA 的直接定量。

力学显微镜包括扫描隧道显微镜(STM)和原子力显微镜(AFM)技术。STM 是 20 世纪 80 年代发展起来的显微技术，具有原子级高分辨率，可实时得到表面三维图像，可用于周期性或不具备周期性的表面结构研究，还可观察单个原子层的局部表面结构。因此，STM 可以探测电极表面固定化 DNA 单分子层局部区域的电子结构，并在 DNA 的分子电学性质与双链取向间建立一定的函数关系。STM 获取的图像信息不仅包含样品的形态特征，也反映了样品的局部密度。例如，在较负的电位区间 DNA 呈直立定向时，由于针尖通过有效的金属-分子-金属结以电子方式获得定向的 DNA，可以观察到双链的团聚体(agglomerates)。而在较正电位区间，DNA 倾向于躺在电极表面而对 STM 针尖不可见。AFM 技术由于能够在溶液环境中工作，且在分子/亚分子水平实现高分辨、高信噪比成像，因此在某些生理条件下实时监控分子反应事件的动态过程成为可能。AFM 可以提供不同偏压条件下 DNA 单层在基底电极上的形态与高度等重要信息。有趣的是，研究显示当 dsDNA 通过 5 端固定于金电极表面时，在开路状态下 DNA 在电极表面呈 45°倾角，在正电位时 DNA 双链被吸引到电极表面，而在负电位时 DNA 双链则垂直于电极表面。但是当 DNA 3 端固定于金电极表面时，则无法保持垂直定向[54]。

石英晶体微天平(QCM)是一种灵敏的质量检测器，可测得亚纳克级质量变化。早在 1880 年，Curie 就发现石英晶体具有"压电效应"，即对石英晶体施加一定的外力会产生一定的电位；反之，对石英晶体施加一定的电压，晶体又会产生相应的机械张力。如果所加电场是交变电场，则晶振片会产生机械振荡。当振荡的频率与晶振片的固有频率一致时，便产生共振。20 世纪 50 年代，Sauerbrey 从理论上证明了一定条件下石英晶体共振频率的改变值与其自身质量的改变值成正比。将电化学技术与 QCM 结合，产生电化学石英晶体微天平(EQCM)技术。利用 EQCM 研究 DNA 序列特异性识别为 DNA 的分析检测和疾病诊断提供了一种快速、廉价、简便的方法。基于压电传感器的原理，固定在石英晶体表面的基因杂交后引起共振频率的明显变化，利用晶体振荡频率的变化可以测定靶核酸量。由于探针的固定和目标序列与探针的杂交均是在溶液环境中进行的，液相 QCM 的响应受到很多因素的影响。溶剂作用会引起传感器敏感层结构形态的改变，以及 DNA 分子的柔性等，均可能导致该方法的稳定性与抗干扰能力弱化，且后续的数据分析复杂化。

表面增强拉曼散射光谱(SERS)作为一种原位谱学技术，能方便地提供界面分子的微观结构信息，并且能以水作为溶剂而不受到干扰，因此在鉴定参与界面过程的物种及研究界面物种的取向等方面具有特殊的优势。1928 年印度科学家 Raman 首次发现拉曼散射效应。单色光束的光子与生物分子相互作用可以发生弹性碰撞及非弹性碰撞。与弹性碰撞导致的瑞利散射不同,在非弹性碰撞过程中,光子与分子间发生能量交换,光子的运动方向及频率均发生改变,这种非弹性散射称为拉曼散射。该效应产生的拉曼光谱具有丰富的谱峰信息,且与待测物质分子的分子振动及转动能级密切相关。因此,每种物质都有其特征拉曼光谱。此外,利用拉曼特征峰强度与待测物质浓度成正比的关系,也可以达到半定量分析的目的。激光拉曼光谱在 20 世纪 60 年代末首次被麻省理工学院的 Richard C. Lord 及其同事证明是一种检测核酸成分的有效实验手段。核酸拉曼谱图由许多离散的振动谱带组成,大部分谱带可以明确地归属于核酸结构中的碱基、糖环或磷酸基团骨架等组分,其中许多也可以作为核酸分子局部结构和整体构象的灵敏指示器或指纹图谱,甚至能够识别分子间相互作用和核酸高级结构形成的分子动力学。

　　1974 年,Fleischmann 小组[55]将吡啶吸附在粗糙的银电极上首次观察到增强的拉曼信号,随后 van Duyne 等[56]的研究证实了粗糙银表面对吡啶分子的拉曼信号放大程度可达 $10^5 \sim 10^6$ 倍,并将这一粗糙金属表面的增强效应命名为表面增强拉曼散射(surface-enhanced Raman scattering, SERS)。1997 年,Nie 等[57]利用 SERS 对单分子进行检测,证明了拉曼散射的信号强度可以与荧光信号强度相媲美,逐渐吸引了更多的学者,并将 SERS 开发成了新的检测手段。根据目前最普遍接受的观点,SERS 的增强主要来源于局域表面等离激元共振效应,这也被称为 SERS 的电磁场增强机理[58]。该机理认为,若激发光的波长满足金属中导带电子的共振频率的要求,则在具有一定纳米结构的金属表面可以激发表面等离激元共振,金属表面周围由于谐振相互作用会产生较强的局域光电场,进而增强处于局域光电场中的分子的拉曼信号。传统的拉曼光谱技术在检测核酸时,往往由于核酸分子的内在拉曼信号极弱,需要极高的浓度才能获得可靠的 DNA 分子信号。SERS 的出现为核酸分子的拉曼检测提供了新的契机。

　　庞代文研究小组[59]利用 Raman 及 SERS 技术系统地研究了采用物理/干燥吸附法将单、双链 DNA 分别修饰在粗糙化处理的金电极表面后各自的吸附行为特征,发现以物理/干燥吸附法固定于金电极表面的 DNA,其分子中的磷酸基团和碱基分别以静电和吸附的方式作用于金基体,而电化学吸附法中主要是荷负电的磷酸基团与荷正电的基体表面之间的静电作用。因此物理/干燥吸附法得到的 DNA 修饰金电极,即使在电极电位远远低于零电荷电位的情况下,DNA 也不会由于电荷排斥作用而脱离电极表面。不同碱基的界面取向有很大的差异,dsDNA 中的碱基由于直接吸附在电极界面上,有可能暴露于双螺旋链之外,且互补链中的碱基在电极界面取向的差异也导致双链结构在一定程度上遭到扭曲。改变电极电位条件对单、双链 DNA 中碱基在电极界面的取向都会产生影响。所不同的是,双链DNA互补链间的氢键作用在一定程度上将抑制碱基取向变化的电位相关性；而单链 DNA 由于没有这一作用的束缚，其碱基取向随电位变化就非常显著。

参 考 文 献

[1] Paleček E, Bartošík M. Chemical Reviews, 2012, 112: 3421-3481.

[2] Paleček E. Nature, 1960, 188(4571): 656-657.

[3] 庞代文, 齐义鹏, 王宗礼 等. 化学通报, 1994, 2: 1-4.

[4] Špaček J, Daňhel A, Hasoň S, et al. Electrochemistry Communications, 2017, 82: 34-38.

[5] Li M J, Liu W X, Peng C R, et al. Acta Physico-Chimica Sinica, 2011, 27: 595-603.

[6] Oliveira-Brett A M, Piedade J A P, Silva L A, et al. Analytical Biochemistry, 2004, 332: 321-329.

[7] Berg H. Biochemische Zeitschrift, 1957, 329(3): 274-276.

[8] Brabec V, Paleček E. Biopolymers, 1972, 11(12): 2577-2589.

[9] Carter M T, Bard A J. Journal of the American Chemical Society, 1987, 109(24): 7258-7530.

[10] 庞代文, 齐义鹏, 杜全胜, 等. 科学通报, 1994, 39(17): 1605-1609.

[11] Paleček E, Jelen F, Postbieglova I. Studia Biophysica, 1989, 130(1-3): 51-54.

[12] Pividori M I, Merkoçi A, Alegret S. Biosensors and Bioelectronics, 2000, 15(5-6): 291-303.

[13] Pang D W, Zhang M, Wang Z L, et al. Journal of Electroanalytical Chemistry, 1996, 403(1-2): 183-188.

[14] Pang D W, Abruña H D. Analytical Chemistry, 1998, 70(15): 3162-3169.

[15] Paleček E. Analytical Biochemistry, 1988, 170(2): 421-431.

[16] Paleček E. Talanta, 2002, 56(5): 809-819.

[17] Xu X H, Bard A J. Journal of the American Chemical Society, 1995, 117(9): 2627-2631.

[18] Xu X H, Yang H C, Mallouk T E, et al. Journal of the American Chemical Society, 1994, 116(18): 8386-8387.

[19] Maeda M, Mitsuhashi Y, Nakano K, et al. Analytical Sciences, 1992, 8(1): 83-84.

[20] Hashimoto K, Ito K, Ishimori Y. Analytical Chemistry, 1994, 66(21): 3830-3833.

[21] Kelly S O, Barton J K, Jackson N M, et al. Langmuir, 1998, 14(24): 6781-6784.

[22] Herne T M, Tarlov M J. Journal of the American Chemical Society, 1997, 119(38): 8916-8920.

[23] Peterlinz K A, Georgiadis R M, Herne T M, et al. Journal of the American Chemical Society, 1997, 119(14): 3401-3402.

[24] Levicky R, Herne T M, Tarlov M J, et al. Journal of the American Chemical Society, 1998, 120(38): 9787-9792.

[25] Millan K M, Mikkelsen S R. Analytical Chemistry, 1993, 65(17): 2317-2323.

[26] Millan K M, Saraullo A, Mikkelsen S R. Analytical Chemistry, 1994, 66(18): 2943-2948.

[27] Liu S, Ye L, He P, et al. Analytica Chimica Acta, 1996, 335(3): 239-243.

[28] Zhao Y D, Pang D W, Hu S, et al. Talanta, 1999, 49(4): 751-756.

[29] Sun X, He P, Liu S, et al. Talanta, 1998, 47(2): 487-495.

[30] Livache L, Roget A, Dejean E, et al. Nucleic Acids Research, 1994, 22(15): 2915-2921.

[31] Korri-Youssoufi H K, Garnier F, Srivastava P, et al. Journal of the American Chemical Society,

1997, 119(31): 7388-7389.

[32] Marrazza G, Chianella L, Mascini M. Biosensors and Bioelectronics, 1999, 14(1): 43-51.

[33] Zhou X C, Huang L Q, Li S F Y. Biosensors and Bioelectronics, 2001, 16(1-2): 85-95.

[34] Dupont-Filliard A, Roget A, Livache T, et al. Analytica Chimica Acta, 2001, 449(1-2): 45-50.

[35] Caruso F, Rodda E, Furlong D N, et al. Analytical Chemistry, 1997, 69(11): 2043-2049.

[36] Liu S Q, Xu J J, Chen H Y. Bioelectrochemistry, 2002, 57(2): 149-154.

[37] Lu N, Pei H, Ge Z L, et al. Journal of the American Chemical Society, 2012, 134(32): 13148-13151.

[38] Li F, Li Q, Zuo X, et al. Science China-Life Sciences, 2020, 63(8): 1130-1141.

[39] Hashimoto K, Ito K, Ishimori Y. Analytica Chimica Acta, 1994, 286(2): 219-224.

[40] Hashimoto K, Ito K, Ishimori Y. Sensors and Actuators B-Chemical, 1998, 46(3): 220-225.

[41] Kelley S O, Barton J K, Jackson N M, et al. Bioconjugate Chemistry, 1997, 8(1): 31-37.

[42] Yan F, Erbem A, Meric B, et al. Electrochemistry Communications, 2001, 3(5): 224-228.

[43] Kerman K, Ozkan D, Kara P, et al. Analytica Chimica Acta, 2002, 462(1): 39-47.

[44] Pang D W, Abruña H D. Analytical Chemistry, 2000, 72(19): 4700-4706.

[45] Wang J, Rivas G, Luo D B, et al. Analytical Chemistry, 1996, 68(24): 4365-4369.

[46] Wang J, Chicharro M, Rivas G, et al. Analytical Chemistry, 1996, 68(13): 2251-2254.

[47] Brabec V. Electrochimica Acta, 2000, 45(18): 2929-2932.

[48] Aoki H, Bűhlmann P, Umezawa Y. Electroanalysis, 2000, 12(16): 1272-1276.

[49] Fawcett N C, Evans J A, Chen L C, et al. Analytical Letters, 1988, 21(7): 1099-1114.

[50] Okahata Y, Matsunobn Y, Ijiro K, et al. Journal of the American Chemical Society, 1992, 114(21): 8299-8300.

[51] Wang J, Jiang M, Nilsen T W, et al. Journal of the American Chemical Society, 1998, 120(32): 8281-8282.

[52] Patolsky F, Lichtenstein A, Willner I. Angewandte Chemie International Edition, 2000, 39(5): 940-943.

[53] 董丽琴. 自组装 DNA 的电化学. 厦门: 厦门大学, 2002.

[54] Gorodetsky A A, Buzzeo M C, Barton J K. Bioconjugate Chemistry, 2008, 19: 2285-2296.

[55] Fleischmann M, Hendra P J, McQuillan A J. Chemical Physics Letters, 1974, 26: 163-166.

[56] Jeanmaire D L, van Duyne R P. Journal of Electroanalytical Chemistry, 1977, 84: 1-20.

[57] Nie S, Emory S R. Science, 1997, 275: 1102-1106.

[58] Moskovits M. Journal of Chemical Physics, 1978, 69: 4159-4161.

[59] Zhang R Y, Pang D W, Zhang Z L, et al. Journal of Physical Chemistry B, 2002, 106: 11233-11239.

第 7 章　卟啉电化学

7.1　引　　言

卟啉是自然界中广泛存在的四吡咯亚甲基芳香大环的化合物，在植物光合作用和动物呼吸载氧过程中具有不可或缺的作用，并在模拟生物光合作用、酶催化作用、太阳能电池、分子开关、生物传感、有机电化学发光、半导体材料、液/液界面上的离子传输、卟啉的荧光、光电材料、可视化、抗癌药物等前沿领域展现出了十分广阔的应用前景[1-6]。

卟啉和铜(金属)卟啉(图 7.1)都是具有较高熔点和较深颜色的固体化合物，卟啉化合物的熔点通常高于 300℃，为紫红色固体粉末或结晶固体；具有一定的光敏性质，在紫外线或可见光作用下，能有效释放单线态氧。部分卟啉化合物虽然不溶于水及碱溶液，但能溶于无机酸，大多数卟啉溶液有荧光且热稳定性良好。除此之外，卟啉化合物还具有芳香性高、热稳定性好、光谱响应宽等特点[7]。把能溶于水的卟啉称为水溶性卟啉[8]，不溶于水的卟啉则称为非水溶性卟啉。水溶性卟啉如四磺酸基苯基卟啉等，不仅易溶于水，还能溶于二甲基甲酰胺，但不溶于碱，而非水溶性卟啉如四苯基卟啉、四(4-氯苯基)卟啉等一般能溶解于苯、氯仿、二氯甲烷、吡啶、乙醇、二甲基亚砜和二甲基甲酰胺等有机溶剂中。

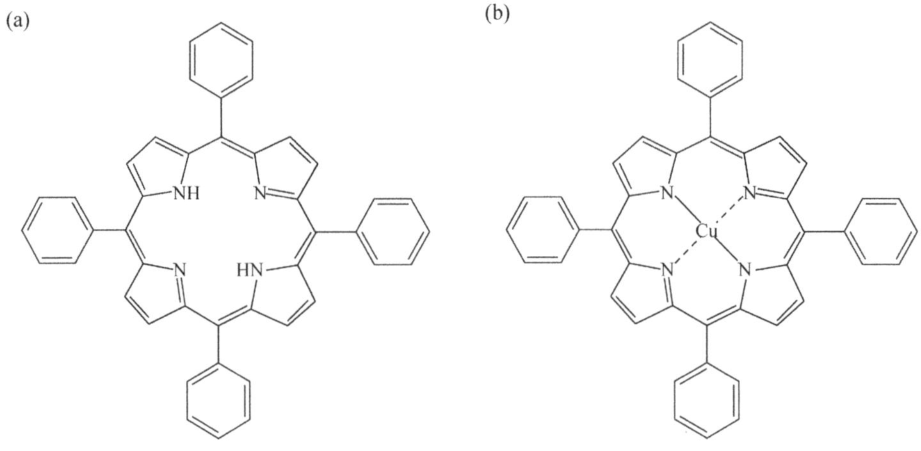

图 7.1　卟啉(a)和铜(金属)卟啉(b)结构示意图

因为卟啉的空腔中心到四个氮原子的距离为 204 pm，这一数值与第一过渡态金属原子和氮原子的共价半径之和恰好相匹配，所以卟啉化合物极易与过渡金属离子形成稳定的 1∶1 的金属配合物。从配位化学角度来看，卟啉是除蛋白质、核酸碱基之外的另一类重要的生物配体，在各类生理活动中起着非常重要的作用[9]。研究发现，卟啉类化合物在生物新陈代谢中起着不可或缺的作用，具有特殊的生理活性，在氧化过程中起氧的传递、储存、活化以及电子传输作用，在光合作用中起光敏电子转移作用，同时卟啉在催化方面也有着良好的活性，因此卟啉也被誉为生命色素。

卟啉化合物具有较好的荧光性能，荧光强度与浓度相关，在浓度较小时，荧光强度随着浓度的增大而增大，当浓度增大到一定值后，荧光强度开始随着浓度的增大而减小，其原因是当浓度大到一定程度时，会引起分子间相互碰撞，从而导致分子间荧光猝灭；同时，卟啉的荧光还与其连接的基团相关[10, 11]。在荧光传感的应用中，由于大多数卟啉及其衍生物具有疏水性，它们之间具有强的π-π堆积作用，因此其在水溶液中强烈聚集并且在聚集态下没有荧光，极大地影响了它们的光学性质及其在荧光传感中的应用[12, 13]。为了解决这个问题，科研工作者开发了许多类型的纳米载体，如石墨烯[14, 15]和二氧化硅纳米颗粒[16-18]与卟啉相结合，组装成可靠、高灵敏度的荧光传感器。针对卟啉在水中易形成聚集体[19]，导致卟啉的光学信号被限制这一问题，可以利用卟啉独特的结构，结合一些纳米材料的优势，二者通过氢键、配位键以及静电相互作用等[20]，将层层堆积的卟啉聚集体"拉开"成单个卟啉分子，能够有效地抑制卟啉分子之间的π-π相互作用，避免了卟啉化合物之间发生聚集，减弱了水溶液中的聚集状态[21]，同时增强了卟啉类化合物的光学性质、水溶性及生物相容性，扩大了其在荧光传感中的应用。

卟啉在有机相中，虽然有很好的溶解性与发光效率，但并不利于实际应用中的检测。而在水相中时，由于π-π堆积作用，容易形成聚集体。为了解决卟啉在水中易团聚的问题，采用了水凝胶包覆的方法。水凝胶由于具有灵活性、良好的生物相容性、机械稳定性和对生物分子的高渗透性的优点，已应用于生物传感、药物/酶释放等[22]。利用水凝胶包覆卟啉，卟啉以单分子形式存在于水凝胶网络中，其中，以氢键形式连接，阻止了卟啉的π-π堆积，从而阻止了卟啉分子的聚集。

卟啉类化合物具有独特的结构，其优越的物理、化学、光学、催化性质吸引着人们不断地对其进行探索研究。它的研究已经涵盖了物理、化学、生物、信息等众多学科，其在材料、催化、医学、能源、仿生等领域也展现出了十分诱人的应用前景。

7.2　液/液界面上金属卟啉电子转移过程的研究

7.2.1　液/液界面电化学基础

　　液/液界面(liquid/liquid interface，L/L interface)电化学主要研究互不相溶的两种电解质溶液之间的电荷转移反应和相关的化学反应。L/L 界面可以称为油/水界面(oil/water interface，O/W interface)，其被认为是模拟生物膜模型最简单的方式之一[23]，也是最基本的物理化学反应之一。在 L/L 界面上研究电荷转移过程的动力学和热力学是该项研究的核心问题。

7.2.2　液/液界面电化学的发展

　　1902 年 Alan 等[24]研究了水/苯酚界面上的电子传输，并且开创了研究 L/L 界面的先河。此后，L/L 界面的研究进入了快速发展时期，并取得了一些重要突破。1989 年 Bard 等[25-28]在超微电极(ultramicroelectrode，UME)和扫描隧道显微镜(STM)的基础上提出并构建了扫描电化学显微镜(SECM)[29]。1998 年 Shi 等[30-34]提出在打磨干净并抛光处理的石墨电极上铺展有机薄层与水相形成微 L/L 界面来研究界面电子转移反应，该方法能有效地克服有机相 *iR* 降的影响。1979~2000 年邵元华等[35]发展了制备各种纳微米电极和 SECM 探针的方法，并结合 SECM 研究了 L/L 界面电荷在 L/L 界面上异相和均相快速反应动力学过程。2007 年卢小泉等[36-39]对卟啉类化合物在软界面上的仿生催化及机理做了研究，建立了难溶/微溶超痕量化合物薄层电化学研究新方法，以及高灵敏度的研究方法。在国际上首次将薄层循环伏安法(thin-layer cyclic voltammetry，TLCV)与 SECM 联用于 L/L 界面的研究过程中，结合薄层循环伏安法和扫描电化学显微镜两种实验手段，探究了界面电子转移过程中模拟生物膜上抗坏血酸抗氧化的反应过程。后来，Marcus[40-42]发展了相应的异相电子转移反应理论，并在 1992 年获得诺贝尔化学奖。该理论的报道进一步推动了电子转移理论研究，为人类更清晰地认识和研究这一重要的化学过程夯实基础。

7.2.3　液/液界面电子转移反应的研究方法

　　在此，主要介绍常用的研究方法：薄层循环伏安法和扫描电化学显微镜法。结合目前的研究工作，探讨了适用于薄层循环伏安法的有机相溶剂和离子诱导电子转移反应，同样利用 SECM 技术模拟并研究了生物体系中跨膜电子转移过程。

1. 薄层循环伏安法

薄层循环伏安法由 Anson 等[43-48]于 20 世纪 90 年代提出，是一种简单测定异相电子转移反应动力学参数的方法，该方法无需昂贵的实验仪器、药品消耗少、数据处理简单。另外，薄层循环伏安法也可以作为其他研究方法的辅助性手段，进行界面反应机理的研究[49]。近年来的研究表明该方法还能够有效地研究多步电子转移过程[50]，这是其他一些研究方法所不能及的。

2. 扫描电化学显微镜法

扫描电化学显微镜(SECM)技术是由 Bard 课题组[51]提出的一种新型电化学扫描探针显微镜技术，SECM 是将能够三维移动的超微电极(UME)作为探头插入电解质溶液中，在离固相基底表面很近的位置进行扫描，来研究基底形貌和固/液界面的氧化还原活性。Bard 小组提出了 SECM 理论[52]，并对其应用进行了拓展[53]。近年来，SECM 和微、纳米管的结合使其在 L/L 界面中的应用得到了快速的发展。

7.2.4　金属卟啉的电子转移反应

L/L 界面上不仅可以开展一系列的实验来研究电子转移动力学，还可以获得卟啉及其他一些药物分子的生物信息。卢小泉课题组利用数值模拟分别研究探讨了反应物浓度比、薄层厚度以及扩散系数等参数对界面多电子转移(MET)和单电子转移(SET)的影响[54, 55]。通过 TLCV 对界面 MET 和 SET 测定的对比研究使得人们更加深入地了解到界面上 MET 与 SET 的异同，促进了界面动力学的深入发展，使 L/L 界面可以真正地模拟生命现象，促进生命科学的飞速发展。

1. 金属卟啉的单步电子转移

SECM 技术作为一种应用广泛的新方法，其最大的优点在于可以通过反馈模式来研究界面的电子转移动力学。基于此，SECM 被用来考察单取代的铁卟啉在 L/L 界面的电子转移反应(图 7.2)[54]。实验结果发现含有不同取代基的卟啉对电子转移反应有一定的影响。通过前面的初步探究，在此通过带有不同取代基金属卟啉的界面动力学研究，对这个问题做了进一步的探讨。近几年，密度泛函理论(DFT)在分子的几何结构、电子结构和振动光谱的研究上取得了令人瞩目的进展，可以应用于超分子和生物大分子的物理化学性质的预测。由于 DFT 无论在研究无机体系还是有机体系时，其计算的最高占据分子轨道(HOMO)及最低未占分子轨道(LUMO)的轨道能与光谱和电化学电位都具有密切的联系。因此，在这里 SECM 和 DFT 被紧密地联合起来探讨热力学能、分子几何结构、电子密度及轨道能与卟啉类生物分子的动力学常数之间的关系。

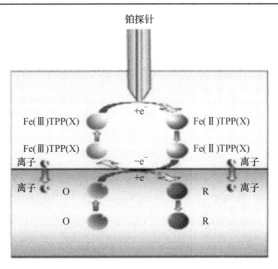

图 7.2　应用 SECM 模拟研究生物膜上铁卟啉与水相中氧化还原电对之间的电子转移过程

2. 金属卟啉的多步电子转移

利用 TLCV 研究四苯基金属卟啉在 L/L 界面上的电子转移过程[55]，图 7.3 中的蓝线是金属卟啉中 ZnTPP 的循环伏安图，出现了两个比较对称的峰，与之相似的黑线和红线是不同取代基的锌卟啉，分别为 ZnTPP(OCH$_3$)$_4$、ZnTPP(NO$_2$)$_2$。它们与 ZnTPP 的循环伏安图有明显差异，是不同取代基影响的结果。利用 Randles-Sevcik 公式：$i_p = 269n^{3/2}AD^{1/2}v^{1/2}C^b$。式中，$A$ 为电极表面积，cm^2；D 为电活性物质在溶液中的扩散系数，cm^2/s；v 为电化学工作站的扫描速率，V/s；C^b 为电活性

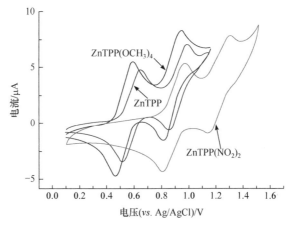

图 7.3　三种不同取代基锌卟啉在硝基苯溶液中的稳态循环伏安图[56]

扫描速率为 5 mV/s

物质的浓度，mol/L；i_p 为峰电流。根据上述公式就可以求出金属卟啉在硝基苯溶液中的扩散系数。应用稳态扩散电流(I)的表达式就可求出各种反应物在对应相中的扩散系数。

7.2.5 不同取代基卟啉在模拟生物膜上的电子转移过程

1. 利用 SECM 研究模拟生物膜上的电子转移过程

将微探针浸入到有机相中，在一定的电位下锌卟啉在探头上被氧化后，从探针扩散至界面发生电子转移而产生电流。被氧化的锌卟啉分子得到 $K_4Fe(CN)_6$ 提供的电子而重新恢复到还原态，当其再次扩散至探头使探头附近的还原型锌卟啉浓度增加，则 $i_T > i_{T,\infty}$，此时探针得到较大的电流而得到正反馈曲线。在上述过程中如果水相不存在 $K_4Fe(CN)_6$ 或当 $K_4Fe(CN)_6$ 的浓度很小时，就没有足够的电子提供给氧化态的锌卟啉，这样在界面上也就不能得到还原态金属卟啉，此时的界面类似于绝缘基底。实验中用来研究 L/L 界面上电子转移的电解池如下：

Ag/AgCl/W 0.3 mL，0.1 mol/L LiCl，10 mmol/L NaClO$_4$，x mmol/L K$_4$Fe(CN)$_6$// NB 0.3 mL，10 mmol/L TBAClO$_4$，1 mmol/L ZnTPP(或 ZnNCTPP)/探针

只研究界面上的单电子转移过程时，采用 ZnTPP 和 ZnNCTPP 分别作为有机相的氧化还原电对，$K_4Fe(CN)_6$ 作为水相的电子给予体[57]。在构建的界面上，根据两相中氧化还原电对的半波电位差($\Delta E'$)，可以得到界面驱动力，$\Delta E'_{ZnTPP/K_4Fe(CN)_6}$ 和 $\Delta E'_{ZnNCTPP/K_4Fe(CN)_6}$ 分别为 554 mV、363 mV。水相中以 0.1 mol/L LiCl 和 10 mmol/L NaClO$_4$ 作支持电解质，有机相中以 10 mmol/L TBAClO$_4$ 作支持电解质，两相的体积均为 0.3 mL。利用 SECM 反馈模式对水相反应物的浓度变化作渐近线(图 7.4)。操作过程中探头电位控制在稳态，使有机相中的反应物始终处于 +1 价的氧化态。随着探头向 NB/W 界面不断靠近，探头上检测到的电流越来越大，出现了正反馈曲线。有机相反应物含量不变，当水相还原性物质的浓度降低时，正反馈曲线最终几乎变平，即当水中反应物很少时，L/L 界面相当于半导体。在构建的 L/L 界面上发生的异相氧化还原过程为

$$ZnTPP^+(o) + \left[Fe(CN)_6\right]^{4-}(w) \longrightarrow ZnTPP(o) + \left[Fe(CN)_6\right]^{3-}(w) \quad (7.1)$$

水相 $[Fe(CN)_6]^{4-}$ 与有机相中反应物的浓度比 K_r 为 15、10、5、3、1(从上到下)，点线为实验曲线，实线为理论拟合曲线。反应中 ZnNCTPP$^+$ 简写为 ZnTPP$^+$。每组体系在水相物质不同浓度下的实验渐近线与理论曲线吻合较好。根据拟合过程中得到的参数可以求得相应的异相反应速率常数 K_f 值(表 7.1)。随着浓度比的降低，异相反应速率表现出与之一致的变化趋势。同时发现动力学常数随氧化还原电

对的改变而改变。氮反转四苯基卟啉(ZnNCTPP)尽管性质比传统卟啉活泼，与探针间的电子转移过程较易发生，但在模拟生物膜上的动力学过程却没有 ZnTPP 快，而是与其驱动力变化相一致。这可能是由于 L/L 界面电子转移为扩散控制。近年来有文献也指出，油/水界面上的电子转移过程是一个双分子反应，因此氧化还原电对在界面邻近区域并不是线性扩散的，而是呈半球形的扩散形式。当有机相中氧化还原电对的扩散为界面电子转移速率的决定步骤时，扩散控制的电子转移速率常数 k_D 可由以下公式给出：

$$k_D = 4\pi\gamma_A\gamma_B D_A N \tag{7.2}$$

式中，γ_A 和 γ_B 分别为有机相和水相中氧化还原电对的半径；D_A 为有机相中氧化还原电对在油相中的扩散系数；N 则为阿伏伽德罗常量。根据此公式可以分别近似计算出 ZnTPP 与其异构体在 L/L 界面上电子转移反应的扩散控制速率常数分别为 27.6 cm·L/(mol·s)、24.3 cm·L/(mol·s)(计算中用到的 γ_A 和 γ_B，即 ZnTPP$^+$和 Fe(CN)$_6^{4-}$半径分别为 0.62 nm、0.45 nm)。

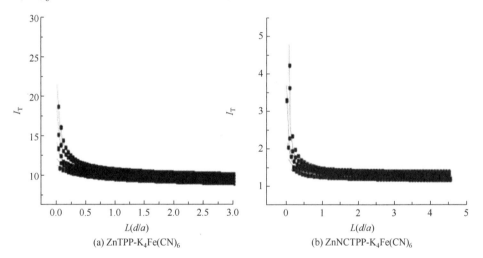

图 7.4 两种体系迁移反应的 SECM 渐近曲线

I_T. 归一化的探针电流；L. 归一化的距离；d. 探针到基底的距离；a. 探针微电极的半径

表 7.1 两组反应在界面的相关参数

$K_r(C_{R_2}^w/C_{R_1}^o)$	K_f/(cm/s)	
	ZnTPP	ZnNCTPP
1	0.00156	0.00125
3	0.00162	0.0013
5	0.00178	0.0014
10	0.002	0.00161
15	0.00235	0.00193

综上所述，尽管吡咯环内氮原子的反转对锌卟啉结构、其与电极间的电子转移以及界面电子反应有一定的影响，但是在驱动力不大的情况下，界面电子转移过程仍是受有机相中氧化还原电对的扩散过程所控制的，同时界面电子转移速率随驱动力的增大而增大。

2. 扫描电化学显微镜研究系列四芳基锌卟啉界面电子转移行为

系统比较研究了系列四芳基锌卟啉(zinc-tetraarylporphyrin，ZnTArP)在 L/L 界面上与氢醌发生双分子反应时的界面电子转移行为。ZnTArP 结构中 *meso* 位取代基共轭体系以 $2^n(0 \leqslant n \leqslant 2)$ 形式递增，其中 2^n 为每个芳基取代基中苯环的个数。此体系可研究锌卟啉结构中 *meso* 位芳基取代基共轭体系的改变对锌卟啉界面电子转移动力学的影响。

有机相中三种锌卟啉在 UME 上被氧化为锌卟啉阳离子，该阳离子为电子受体。水相中的 HQ 作为电子供体。之所以选择 HQ 作为研究对象之一，是因为 HQ 与苯醌(benzoquinone，BQ)的氧化还原转化过程在生命体内的电子转移过程中扮演着极其重要的中介作用[58]。本工作也可以为卟啉结构的改变对 HQ 的氧化过程的影响研究提供实验依据。图 7.5 为简化的 L/L 界面上 ZnTArP-HQ 双分子反应电子转移过程，反应式如式(7.3)和式(7.4)所示：

$$ZnTArP \longrightarrow \left[Zn(TArP \cdot)\right]^{+} + e^{-} (探针) \tag{7.3}$$

$$2\left[Zn(TArP \cdot)\right]^{+} + HQ \longrightarrow 2ZnTArP + BQ + 2H^{+} (ITIES) \tag{7.4}$$

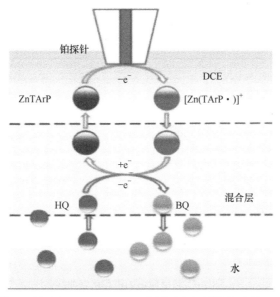

图 7.5 简化的 L/L 界面上 ZnTArP-HQ 双分子反应电子转移过程(SECM 反馈模式)

　　当 UME 逐渐逼近二氯乙烷(DCE)/H$_2$O 界面时，在 UME 上施加适当的正电位，使 ZnTArP 氧化为[Zn(TArP·)]$^+$[式(7.3)]，[Zn(TArP·)]$^+$在界面上与 HQ 发生双分子反应，重新生成 ZnTArP[式(7.4)]，此时 L/L 界面相当于一个导电基底。同时，在 SECM 反馈模式下记录渐近线为正反馈曲线。

　　图 7.6 是各反应物的稳态伏安曲线，(a)为 10 mmol/L HQ 水溶液(支持电解质：0.1 mol/L NaClO$_4$ + 0.1 mol/L NaCl)；(b)为 1 mmol/L ZnTPP DCE 溶液(支持电解质：0.01 mol/L TBAClO$_4$)；(c)为 1 mmol/L ZnTNP DCE 溶液(支持电解质：0.01 mol/L TBAClO$_4$)；(d)为 1 mmol/L ZnTPyP DCE 溶液(支持电解质：0.01 mol/L TBAClO$_4$)。图 7.6(d)中插图为 1 mmol/L ZnTPyP 第一步氧化还原的稳态伏安图。扫描速率为 10 mV/s。其中，ZnTPP 和 ZnTNP 在 0.2～1.5 V 电位范围内均表现为两步一电子氧化还原过程。ZnTPyP 的氧化还原过程[图 7.6(d)]与 ZnTPP 和 ZnTNP 的有些不同。ZnTPyP 第一步电子转移过程表现为稳态电流[图 7.6(d)插图]，而第二步电子转移表现为一个尖锐的峰电流。ZnTArP 在第一步氧化还原过程中的式量电位大小顺序为：ZnTPP(765 mV)<ZnTPyP(795 mV)<ZnTNP(815 mV)。相比于 ZnTPP，ZnTPyP 和 ZnTNP 的式量电位分别正移了 30 mV 和 50 mV。

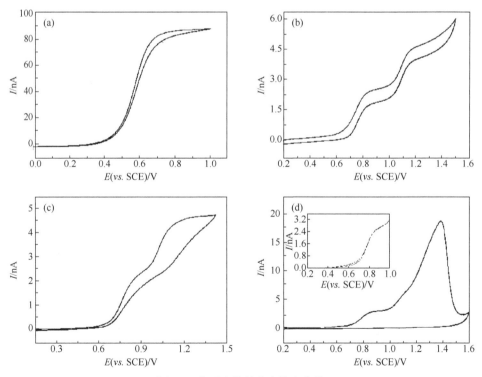

图 7.6　各反应物的稳态伏安曲线

三种锌卟啉的氧化还原行为与前文中的理论计算结果保持一致。稳态电流的计算公式[59]如式(7.5)所示。

$$I = 4nFDca \qquad (7.5)$$

式中，n 为转移电子数目；F 为法拉第常量；D 为电活性物质扩散系数；c 为电活性物质的浓度；a 为铂丝半径。由式(7.5)可以求得各反应物的扩散系数，分别为：$D_{HQ} = (9.31 \pm 0.24) \times 10^{-6}$ cm^2/s，$D_{ZnTPP} = (6.24 \pm 0.35) \times 10^{-6}$ cm^2/s，$D_{ZnTNP} = (5.04 \pm 0.43) \times 10^{-6}$ cm^2/s，$D_{ZnTPyP} = (5.41 \pm 0.41) \times 10^{-6}$ cm^2/s。

为了避免扩散效应的干扰，在用 SECM 反馈模式测定 K_f 时，通常都采用水相中氧化还原电对浓度高于有机相中反应物浓度的实验条件[60-62]。这一点限制了水相中低浓度氧化还原电对的使用，不利于测定电子转移反应很快时的速率常数。由于采用较低水油两相中反应物浓度比 $K_r(= C_w^* / C_o^*)$ 时，能够克服传质限制对测定电子转移速率常数的影响，因此本工作采用较低的浓度比 K_r。另外，预计较低的 K_r 能够降低 L/L 界面上电子转移速率，增大快速动力学限制条件下的渐近线的差别[63]。当 K_r 较小时，需要考查两相中氧化还原电对的扩散效应。由 Barker 和 Unwin 等[64]提出的恒定组成近似法与 K_r 和 (D_w/D_o) 两个参数相关。当水相中 HQ 的扩散系数大于有机相中 ZnTArP 的扩散系数时，恒定组成近似法模型对于较小的 K_r 有效。本工作中，对于 HQ-ZnTPP、HQ-ZnTNP、HQ-ZnTPyP 体系而言，(D_{HQ}/D_{ZnTArP}) 分别为 1.5、1.8、1.7。因此，恒定组成近似法模型也适用于此类所研究的反应体系。

7.3　卟啉在电致化学发光方面的研究

电致化学发光(也称电化学发光，electrochemiluminescence，ECL)是指对电极施加一定的电压，发光物质在电极表面发生反应而产生的化学发光现象。

7.3.1　电化学发光法的基本原理

电化学发光是指利用电化学反应来激发，准确地说，即使发光物质之间或发光物质与体系中的共反应物之间发生电化学反应产生高能量的激发态，从而产生的一种发光现象[65-66]。电化学发光反应包含电化学反应过程以及化学发光反应过程。电化学反应过程是为了激发反应，而化学发光反应过程则是自由基离子之间或自由基离子与体系中的共反应物之间发生电子转移过程，从而产生激发态分子，释放出光子，从而发光。几乎在所有电化学发光体系中都存在高能量的激发态分子通过以光的形式释放能量而返回基态，但是发光机理基本都不相同。

1. 湮灭电化学发光反应机理

当对电极施加双阶跃正负脉冲电位时，物质 R_1 和 R_2 在电极附近发生氧化还原反应而形成阳离子自由基离子 $R_1^{\cdot +}$ 和阴离子自由基离子 $R_2^{\cdot -}$，这两种物质发生电子转移反应生成激发态 R_1^* (或 R_2^*，由两者的相对能量决定)，R_1^* 返回基态产生发光现象[67-70]。这类反应通常被称为"湮灭"型的电化学发光反应，机理如下：

$$R_1 - e^- \longrightarrow R_1^{\cdot +} \tag{7.6}$$

$$R_2 + e^- \longrightarrow R_2^{\cdot -} \tag{7.7}$$

$$R_1^{\cdot +} + R_2^{\cdot -} \longrightarrow R_1^* \tag{7.8}$$

$$R_1^* \longrightarrow R_1 + h\nu \tag{7.9}$$

2. 共反应剂电化学发光反应机理

共反应剂型电化学发光机理与湮灭型电化学发光机理的本质不同，共反应剂型电化学发光机理是指在阳极区域发生氧化或者阴极区域发生还原反应时，能够形成具有强还原性或强氧化性的物质，即自由基离子，这些自由基离子会与发光体发生电子转移反应而形成高能量的激发态物质，能量以光的形式散发出来，从而显示出发光的现象[71-79]。

草酸盐 ($C_2O_4^{2-}$) 和三丙胺(TPrA)是经典发光体三联吡啶钌最常用的共反应试剂[80, 81]。1977 年 Bard 小组最早发现了共反应试剂 $C_2O_4^{2-}$，它在水相中能够失电子发生电化学反应，产生强还原性中间体 $CO_2^{\cdot -}$：

$$C_2O_4^{2-} - e^- \longrightarrow [C_2O_4^{\cdot -}] \longrightarrow CO_2^{\cdot -} + CO_2 \tag{7.10}$$

同时，电化学发光体系中的发光体 D 也能在一定的氧化电位下发生氧化：

$$D - e^- \longrightarrow D^{\cdot +} \tag{7.11}$$

$D^{\cdot +}$ 与 $CO_2^{\cdot -}$ 发生电子转移反应形成高能量的激发态分子 D^*，D^* 回到低能量的基态时释放出光子：

$$CO_2^{\cdot -} + D^{\cdot +} \longrightarrow D^* + CO_2 \tag{7.12}$$

$$D^* \longrightarrow D + h\nu \tag{7.13}$$

此外，另一个典型的例子是 $Ru(bpy)_3^{2+}/TPrA$ 体系的电化学发光机理[73, 74]，见图 7.7。

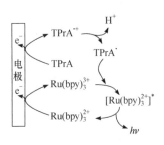

图 7.7　$Ru(bpy)_3^{2+}/TPrA$
体系的电化学发光机理

$$Ru(bpy)_3^{2+} - e^- \longrightarrow Ru(bpy)_3^{3+} \tag{7.14}$$

$$TPrA - e^- \longrightarrow TPrA^{\bullet+} \longrightarrow TPrA^{\bullet} + H^+ \tag{7.15}$$

$$Ru(bpy)_3^{3+} + TPrA^{\bullet} \longrightarrow [Ru(bpy)_3^{2+}]^* + 产物 \tag{7.16}$$

$$[Ru(bpy)_3^{2+}]^* \longrightarrow Ru(bpy)_3^{2+} + h\nu \tag{7.17}$$

7.3.2　电化学发光法特点

电化学发光法通过将电化学技术与化学发光结合起来，兼具二者的优点。并且电化学发光还具有灵敏度高、线性范围宽、反应可控性强、试剂用量少、耗费低、装置简单、操作方便、检测快速、可进行原位检测、容易实现自动化以及能与多种技术如流动注射、高效液相色谱及毛细管电泳等联用等优势。

7.3.3　卟啉的电化学发光体系

在自然环境中，卟啉化合物广泛存在，应用于各个领域的分析研究中。在生命科学中，卟啉经常用于 DNA 分析，其通过官能团与 DNA 发生特异性结合。在分析检测中，将卟啉修饰在电极表面，使得电极功能化，可用于多种物质的检测。此外，卟啉的光谱学以及形成激发态物质和基态物质的过程伴随各种能量的变化，引起了人们的兴趣，即卟啉在电化学发光中的发展引起了越来越多的关注。

1. $\alpha, \beta, \delta, \gamma$-四苯基卟啉的电化学发光研究

Bard 课题组在 1972 年首次报道了 $\alpha, \beta, \delta, \gamma$-四苯基卟啉能通过湮灭途径产生电化学发光现象[75]，随后他们研究了金属卟啉($\alpha, \beta, \delta, \gamma$-四苯基 Pt 卟啉和 $\alpha, \beta, \delta, \gamma$-四苯基 Pd 卟啉)在有机溶液中的电化学发光。它们的结构式如图 7.8 所示。

铂电极上 TPP 的循环伏安图如图 7.9 所示，可以明显地观察到 TPP 在+1.05 V 有一对氧化峰，−1.26 V 有一对还原峰。

2. 钌掺杂的卟啉类化合物的电化学发光研究

5, 10, 15, 20-四苯基-21H, 23H-含羰基钌卟啉化合物(Tet-Ru)和 2, 3, 7, 8, 12, 13, 17, 18-八乙基-21H, 23H-含羰基钌卟啉化合物(Oct-Ru)(图 7.10)在乙腈中的电致化学发光也有研究。室温下该化合物在乙腈溶液中的可见光谱区域最大吸收和在流动液中的发射在 650 nm。通过循环伏安法扫描，该化合物呈现两个可逆的氧化还原峰。当作为氧化还原的共反应剂时产生电化学发光现象[82-87]。Ru (TPP)(CO)的

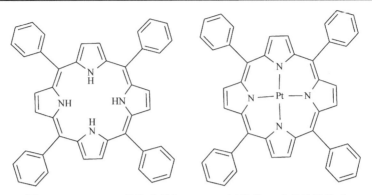

图 7.8　$\alpha, \beta, \delta, \gamma$-四苯基卟啉和$\alpha, \beta, \delta, \gamma$-四苯基 Pt 卟啉的结构式

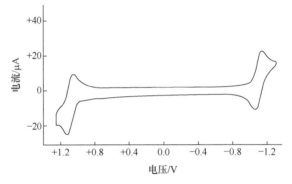

图 7.9　铂电极上 TPP 的循环伏安图

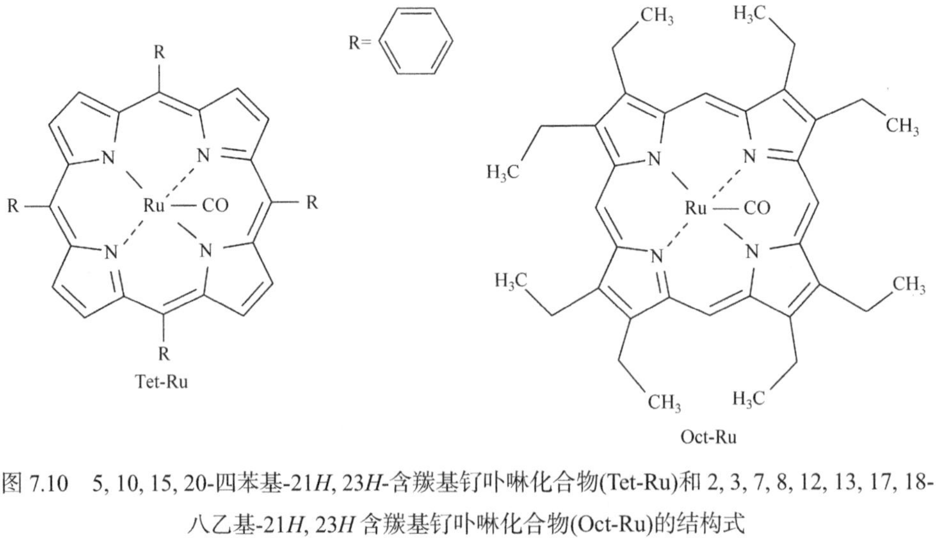

图 7.10　5, 10, 15, 20-四苯基-21H, 23H-含羰基钌卟啉化合物(Tet-Ru)和 2, 3, 7, 8, 12, 13, 17, 18-八乙基-21H, 23H 含羰基钌卟啉化合物(Oct-Ru)的结构式

电化学发光效率是 0.65，Ru(OEP)(CO) 的电化学发光效率是 0.58[88-93]。通过透射滤光片定性研究，该化合物在电化学发光和光致发光呈现的区域一致，即可推测其在电化学发光和光致发光中出现相同的激发态。

3. 四(4-羧基苯基)卟啉纳米球-氧化石墨烯(TCPP NS-GO)复合材料的电化学发光研究

利用四(4-羧基苯基)卟啉制备了一种新型的 TCPP NS 材料，并且通过 O_2 和 $K_2S_2O_8$ 之间的协同效应可以大大提高 TCPP NS-GO/$K_2S_2O_8$ 体系的阴极电化学发光强度[94]。研究发现，TCPP NS-GO/$K_2S_2O_8$ 体系的电化学发光强度分别为 TCPP NS/$K_2S_2O_8$ 系统和 TCPP NS-GO 材料在磷酸盐缓冲溶液(PBS)中电化学发光强度的 10 倍和 12 倍。TCPP NS-GO/$K_2S_2O_8$ 体系在 PBS 中的电化学发光机理被详细讨论。在实验过程中，TCPP NS-GO 复合材料能够生成 ·OH，·OH 即可以显著促进 $S_2O_8^{2-}$ 被还原成 SO_4^{-}，也可以抑制电极表面附近 SO_4^{-} 与 H_2O 反应来减少 SO_4^{-} 的消耗量。TCPP NS-GO 复合材料不仅有很强的阴极电化学发光信号，而且为 ECL 传感提供了潜在的配位点(—OH，—COOH)。电化学发光示意图如图 7.11 所示。

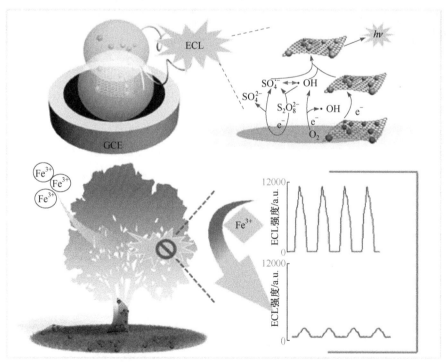

图 7.11　TCPP NS-GO/$K_2S_2O_8$ 的电化学发光体系对 Fe^{3+} 检测示意图

4. 基于四苯基卟啉构建仿生界面电子诱导电化学发光体系及其研究

由于 ECL 与生物发光(BL)具有相似的发光过程,因此可以借助 ECL 技术实现对 BL 的仿生模拟。如图 7.12 所示,卢小泉课题组利用两种互不相溶的溶剂之间形成的界面来模拟生物膜[95-96]。玻碳电极(GCE)与溶解于有机相中的疏水性四苯基卟啉(H_2TPP)分别作为萤火虫发光细胞内的荧光素酶(luciferase)与荧光素(luciferin)。整个体系中完整电流回路的形成确保了强且稳定的 ECL 信号的辐射。也可以通过改变有机薄层的厚度来控制界面上不同的电荷转移方式,进而有规律地调控界面电子诱导电化学发光(IEIECL)行为。总的来说,传统 ECL 体系中遇到的两个瓶颈问题可以利用该体系很好地去解决,这为 ECL 体系的革新与发展提供了很好的思路与基础。

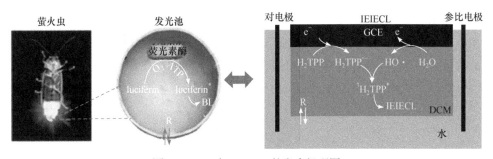

图 7.12　BL 与 IEIECL 的发光机理图

5. 氧参与卟啉电化学发光及外围取代基/中心金属对其调控的研究

2019 年卢小泉课题组首次系统地探究了不同卟啉的氧参与 ECL 现象(图 7.13)。氧气的参与能够以一种全新的途径改善卟啉 ECL 强度与稳定性,这种发光机理完全不同于传统的自由基离子之间碰撞的湮灭机理[97]。氧气的中间体,·OH 与 O_2^{-}

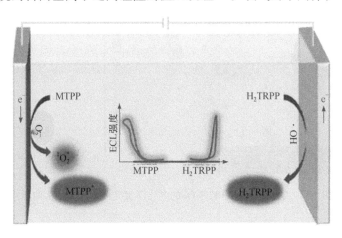

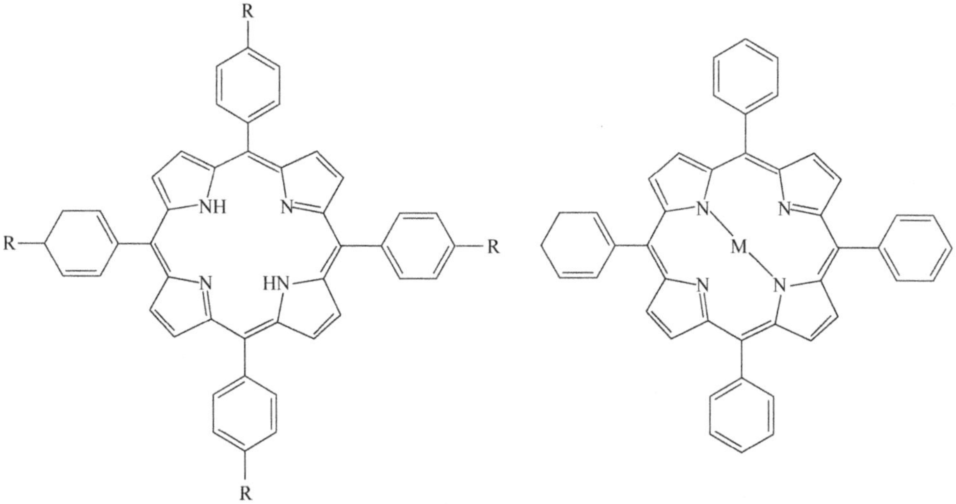

R=—OCH$_3$(H$_2$TMPP),无(H$_2$TPP),—COOH(H$_2$TCPP)　　M=Zn[Zn(II)TPP], Co=[Co(II)TPP], Cu=[Cu(II)TPP]

图 7.13　电化学发光成像 Au-Pt 双面神(Janus)纳米颗粒电催化活性示意图

对于非金属卟啉的阳极 ECL 与金属卟啉的阴极 ECL 是不可或缺的,这可以通过自由基捕获方法去进一步验证。当卟啉的中心被金属离子占据后,卟啉的发光机理与发光位置会发生明显的改变;其本质原因在于卟啉环中心是否有质子存在。此外,具有不同极性的取代基可以有规律地调控卟啉的电化学发光行为,这可以从不同卟啉的空间分子结构与电子密度分布两方面去考虑。最后通过测量不同卟啉的 ECL 光谱来进一步说明所提出机理的合理性。该工作主要提出了卟啉环上的质子、分子的空间结构以及电子密度分布都会对卟啉的氧参与的 ECL 行为产生有规律的影响。

6. 通过分子调控在水相中转换脂溶性卟啉的光致发光和电化学发光

2020 年卢小泉课题组开发了一种简便的分子结构调控策略,可将脂溶性卟啉的聚集诱导猝灭(ACQ)生色团转化为在水相中具有活性的聚集诱导发光(AIE)生色团(图 7.14)[98]。通过用固有的 AIE 活性四苯基乙烯(TPE)对 5-(4-氨基苯基)-10, 15, 20-三苯基卟啉(ATPP)进行外围修饰,获得了一种通用的聚集诱导发光体(AIEgenic)卟啉衍生物(ATPP-TPE),大大消除了不利的 π-π 堆积,从而克服了 ATPP 在水相中极其严重的 ACQ 效应。在聚集状态下,ATPP-TPE 的发光强度比 ATPP 强 4.5 倍。此外,发现 ATPP-TPE 的聚集诱导电化学发光(AIECL)取决于其在水溶液中的聚集性质,效率为 34%,是纯 ATPP 的 6 倍。该分子结构调节策略的多功能性和这项工作中 ACQ 到 AIE 的转化,以及合成卟啉 AIE 荧光生色团(AIEgens)的设计,都为在水相中应用脂溶性卟啉提供了方向。

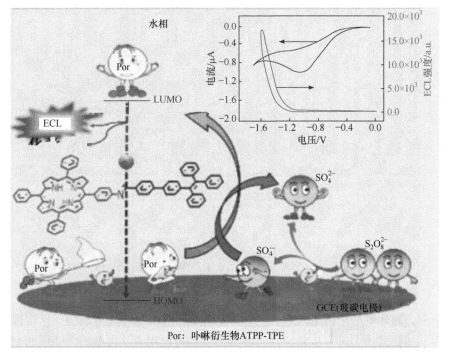

图 7.14 卟啉衍生物聚集态 ATPP-TPE/$K_2S_2O_8$ 的 ECL 体系机理图

卟啉类化合物自身的结构、对称性以及中心金属都会对其光电特性以及催化性能产生明显的影响，因此，研究卟啉的发光性能，对于生物体中某些目标物的检测具有重要的意义。

7.4　卟啉的光电生物传感

卟啉广泛存在于自然界中，在生命过程中具有重要作用[99-102]。卟啉类化合物由于优越的物理、化学性质，独特的结构及光学特性，在过去的几百年中被广泛地研究，而其大环结构是富电子的，故卟啉在光电、生物传感等方面也应用广泛。

光电化学分析方法作为一门新兴的化学分析方法，与传统的光学方法相比，运用电化学的检测手段具有设备简单价廉、易微型化等特点。光电化学分析方法基于诸多优点，已吸引了科研工作者的广泛关注，目前已在太阳能电池、生命分析、环境安全等诸多领域有了广泛研究和应用[103-106]。

传感器技术是用于获取信息的一种手段，在现代生产生活中发挥着重要的作用。天然产生的一些有毒、有害或可燃、易挥发性气体对于维持地球的生态平衡具有重要作用，然而随着工业生产的扩大，现如今这些有害气体在自然环境中的平衡被破坏而暴露在空气中，这会对人体不利。它们在大气中的成分复杂，含量极微，通常的检测手段由于操作复杂、设备昂贵、检测周期长且无法实现在线测量而受到了很大的限制。近年来发展起来的以卟啉为响应材料的化学传感器克服了上述缺点，可实现对低浓度的有毒有害气体的快速、连续、在线和原位测试。研究发现，卟啉及其衍生物对很多气体的响应都具有较高的灵敏度，如通过配位、氢键等可与胺、醇、芳香族类物质发生特定的作用。因此，它们被广泛地应用[105,107]。

7.4.1　基于卟啉纳米材料复合物的电化学生物传感器

多壁碳纳米管(MWCNTs)和衍生铁卟啉(FeTMAPyP)分子可以通过 MWCNTs 侧壁和卟啉分子间的 π-π 非共价作用相连接形成 MWCNTs-FeTMAPyP 纳米复合物，并可以与带负电荷的金胶(GNP)静电自组装。该复合物在对溶解氧还原的催化过程中具有协同作用，MWCNTs 加快了电极表面的电子传输，促进了 FeTMAPyP 电催化溶解氧还原的过程。GNP 单层膜提高了衍生铁卟啉电子转移的可逆性，使得传感器在中性介质中对溶解氧还原表现出很好的电催化活性，可以用于生物样品的检测和生物体系的分析，检测溶解氧的线性范围为 0.52～180 μmol/L，检测限为 0.38 μmol/L[108]。将 GNP 单层膜组装到羟基功能化的单壁碳纳米管(SWCNTs-OH)上并修饰到石墨电极上后，可以对 H_2O_2 和 NO_2 进行高灵敏的测定，检测的灵敏度分别为 2.95 mA·L/mol 和 3.54 mA·L/mol[109]。四苯基卟啉(tetra-phenol-porphyrin，TPP)通过 π-π 非共价作用组装到单壁碳纳米管上形成 TPP/SWCNTs，由血色素和 TPP/SWCNTs 作用导致 TPP/SWCNTs 循环伏安峰电流的改变可以对血色素进行检测，线性范围为 2～20 μmol/L，检测限低达 1 μmol/L[110]。

7.4.2　卟啉纳米复合材料的光电化学生物传感器

目前，光电化学传感器在许多领域，如生命分析检测、生物分子识别等方面展现了其独特的应用优越性，已成为生命分析化学领域的一个研究热点。根据待测物类型的不同，光电化学传感器应用主要有以下几个方面[111, 112]。

1. 离子检测

利用电流型光电化学传感器也可以达到测定离子浓度的目的。如 Lisda 等[113] 使用二噻吩将 CdSe-ZnS 纳米颗粒固定在金电极上，利用 CdSe-ZnS 纳米颗粒与还原态的细胞色素 c 对超氧阴离子自由基进行光电化学测定。由于超氧阴离子自由基能够在合适的正电位下将细胞色素 c 还原，而还原态的细胞色素 c 能够被 CdSe-

ZnS 量子点(QDs)的光生空穴氧化，从而形成一个反应链。因此，超氧阴离子自由基的存在能够增大阳极光电流，且光电流的增加与超氧阴离子自由基的浓度在 $0.25 \sim 1.3\ \mu mol/L$ 的范围内呈线性关系。Men 等[114]开发了一种集成的电子舌装置，其包括多个光寻址电位传感器(MLAPS)和两组电化学电极。MLAPS 基于硫属化物薄膜，可同时检测 Fe(Ⅲ)和 Cr(Ⅵ)离子，而两组电化学电极分别使用溶出伏安法(SV)包括阳极溶出伏安法和阴极溶出伏安法来检测其他重金属。该方法便于同时检测废水或海水中的重金属，并提高了对多种重金属的检测速度和测量精度。

2. DNA 的检测

由于核苷能抑制卟啉衍生物修饰电极的光电流的产生，因此人们利用卟啉衍生物修饰电极实现了对核苷的测定。李景虹等[115]设计了一种用于"发夹 DNA"杂交的新光电化学策略，其中 TiO_2 用作锚定和信号转导，根据单链 DNA 的鸟嘌呤碱基可将电子传递到 TiO_2 的光生空穴上使光电流增大。同时他们以 Au 纳米颗粒修饰的 DNA 为探针，在 TiO_2 基底上进行 DNA 杂交检测[116]，该方法不仅将 TiO_2 基底用作 DNA 锚，而且还用作信号转导子。郭良宏课题组[117]开发了光电化学传感器，用于快速检测由葡萄糖氧化酶原位产生的 Fe^{2+} 和 H_2O_2 诱导的 DNA 氧化损伤。该传感器是通过逐层自组装在氧化锡纳米颗粒电极上制备的多层膜，由光电化学指示剂、DNA 和葡萄糖氧化酶的独立层组成。Tokudome 课题组[118]通过探针 DNA 分子与目标 DNA 分子杂交得到罗丹明分子与 TiO_2 的复合材料，所得的复合材料的光电流信号会明显变化，从而达到检测目标 DNA 的目的，其检测限为 100 pmol/L。

3. 细胞检测

越来越多的化学分析手段逐渐开发并应用于细胞检测领域。细胞电化学分析法具有简单、快速、灵敏等优点，已逐步发展成为细胞分析的重要手段。细胞的许多生理活动都涉及氧化还原过程。因此，可以认为细胞的基本活动是以电化学反应为基础的，这是利用细胞电化学分析方法研究细胞的前提。以活细胞为敏感元件的电化学传感器，将其生物、化学信息按一定规律转换成电信号，从而达到实时、微量的生物检测，已经成为电化学传感器研究的一大热点。

随着电极修饰技术、细胞固定技术、检测方法、酶联免疫以及 PCR 扩增技术的发展，细胞电化学传感器的准确度、灵敏度及寿命得到了进一步的提高，更好地实现了细胞生物生理行为的监测和研究以及功能化信息的测定。陈洪渊课题组[119]利用卟啉功能化的 TiO_2 纳米材料的光电性质实现了在低电位下测定谷胱甘肽，检测限为 0.03 mmol/L。Willner 等[120]利用 CdS 纳米颗粒的光生空穴与乙酰胆碱酯酶(AChE)底物之间的反应，发展了一个基于半导体纳米晶体的光电化学生物传感器，成功地实现了对乙酰胆碱酯酶抑制剂的检测。

4. 蛋白质检测

Yildiz 等[121]利用 CdS 量子点标记酪氨酸酶的催化底物酪氨酸，通过测定标记后的底物在电极表面光电流的大小实现了对酪氨酸酶活性的检测。陈洪渊课题组[122]制备了电化学传感器，用于对 SMMC-7721 人肝癌细胞的捕获和检测，该方法的检测限接近电化学检测。目前已有工作集中于构建性能优良的光电传感器以用于生物小分子和细胞的检测，并首次使用基于 GR-CdS 纳米复合材料的光电化学传感器实现了 Hela 细胞检测。

7.5　卟啉的光敏和光导材料

7.5.1　卟啉的光敏化材料

通过光解水这一技术可以将太阳能转化为洁净氢能，而由于化石能源的枯竭所带来的危机有望通过光解水技术缓解并解决。利用光催化技术来降解有毒有机污染物，如今已成为一种用来解决环境污染的廉价可行的方法。1972 年，Fujishima 和 Honda[123]发现单晶 TiO_2 可以通过光催化分解水，这一现象标志着半导体光催化时代的来临。有机化合物多氯联苯难以降解，而在紫外光照射下，TiO_2 具有光催化氧化的作用，1976 年，Craey 等[124]报道了 TiO_2 可以使多氯联苯脱氯，所以光催化技术就成为治理环境污染等问题的一条新途径。光催化材料在制备时所需要的反应条件较为温和，操作简单，且需要的催化剂廉价易得。能源短缺和环境污染问题已经变得越来越严重，而光降解有机污染物则具有非常广阔的应用前景[125]。

7.5.2　卟啉模型的研究与调控

深入探究光电化学反应的电荷转移过程和反应动力学，对生命和材料领域的发展具有重要意义。目前复杂光合作用体系的电荷转移行为和材料结构转变的构效关系，已成为相关领域的科学瓶颈。近年来，卢小泉课题组利用扫描光电化学显微镜对复杂的多元体系进行原位、在线追踪，实现了对仿生和材料领域的深度理解。例如，在仿生领域，该课题组利用卟啉分子，从自然到科学的角度，实现了光合作用过程中光诱导电子转移的模拟研究[126]，为复杂光合作用的研究提供了思路。就材料的构效关系而言，该课题组以锌卟啉作为模型分子，证实轴向配位对卟啉分子的电荷转移具有阻碍作用[127]。同期，又证实卟啉分子的聚集行为对于其光电和催化性质具有大的影响(图 7.15)。在这里通过光电流、阻抗和光催化实验，发现 J-聚集体较 H-聚集体展现出高的光电流、低的电荷转移阻值和高的有机污染物降解矿化能力，这主要归因于 J-聚集体结构导致的高的界面电荷转移和分离能力[128]。

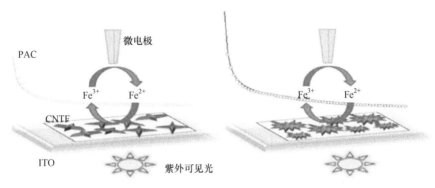

图 7.15　H-聚集体(左)和 J-聚集体(右)的电荷转移过程

PAC. 探针逼近曲线；CNTF. 碳纳米管薄膜；ITO. 氧化铟锡

7.5.3　卟啉界面的调控

环境污染和能源危机严重制约着人们对美好生活的追求，上面已经提到卟啉分子在环境领域的一些贡献，那么其在能源领域是否也可以发挥其独特的性质？近年来，以半导体为光电极的光电化学水的分解因其绿色、高效、简洁等优点而备受科学家的关注[129, 130]。然而，高的电荷复合和慢的水氧化严重地制约了该领域的进一步发展。早期的研究发现，电催化剂的负载可以实现高的光能转换效率和可观的电流密度。然而，深度的分析证实影响光电流的核心是表面复合，而并不是表面催化[131]。也就是说好的电催化剂不一定展现高的光电化学性能。卢小泉课题组使用 $BiVO_4$ 作为模型成功地构筑了一种新型的电荷调控体系，可以实现载流子的高效分离。在该体系中，卟啉分子作为界面电荷转移的调控体(图 7.16)，如"二传手" (setter)，其对光生空穴展现出较快的空穴转移动力学而并不仅仅作为传统的光敏剂[132]。

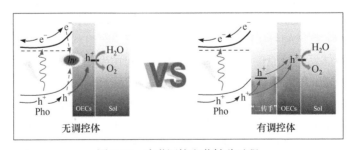

图 7.16　卟啉调控电荷转移过程

7.5.4　钴卟啉的催化中心

白锋课题组设计合成了具有能够与三聚氰胺发生反应的二氨基三嗪基取代的钴卟啉分子，通过与尿素热共聚合，自下而上地将钴卟啉通过共价键连接到 g-C_3N_4 纳米片中[133]。卟啉的空间构型在一定程度上抑制了尿素的聚合过程，使得 g-C_3N_4 厚度变得更薄、尺寸更小，增加了其比表面积；纳米片的量子限域效应使 g-C_3N_4 表现出明显的吸收带边蓝移，催化性能增强；卟啉的引入增加了复合材料在可见光区的吸收；共价键偶联促进了光生载流子的分离及传输；卟啉中心钴引入单位点催化中心(图 7.17)。以上特性有效提升了复合材料的可见光光催化活性，在可见光光催化 CO_2 还原中，CO 的生成速率可以达到 57 μmol/(g·h)，选择性为 79%。相关控制实验表明，钴卟啉和 g-C_3N_4 间强的共价键相互作用力及 Co—N_4 的配位结构对催化性能的提高至关重要。此外，此功能整合的光催化剂还表现出优异的长循环稳定性，同时具备了均相催化剂的活性及非均相催化剂的可循环使用性。

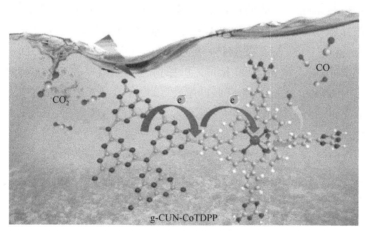

图 7.17　钴卟啉和 g-C_3N_4 体系光催化还原 CO_2

7.5.5　卟啉的太阳能染料敏化电池材料

染料分子是染料敏化太阳能电池(dye-sensitized solar cell，DSSC)的光捕获天线，也是 DSSC 的重要组成部分，它的作用是吸收太阳光，将电子从基态激发到高能态，再转移到外电路。用于 DSSC 的理想敏化染料一般满足如下条件：①宽的光谱响应范围，换句话说，其可以在宽的光谱范围内吸收太阳能；②可以与纳米晶半导体表面牢固结合，并且可以以高的量子效率被光激发的电子注入到纳米晶半导体导带中；③染料的激发态能级与半导体导带相匹配，因此处于染料的激发态电子可转移到半导体上；④氧化还原电位足够高；⑤高的化学稳定性。

目前，DSSC 染料敏化剂主要包括钌类的金属多吡啶配合物系列、酞菁系列、卟啉系列、无机量子点系列和纯有机染料系列等。其中，多吡啶钌染料以 N3(η=10%)、N719(η=11.18%)和"黑染料"(η=11.1%)为代表，一直保持着 DSSC 能量转化效率 η>10%的最高纪录，并保持良好的长期稳定性。吡啶钌配合物虽然性能优异，但价格相对较高，与 DSSC 低成本、节约资源的原则相违背。而卟啉类染料，不仅可以节约贵金属、成本低，而且还具有良好的光、热及化学稳定性。近年来，利用卟啉及其配合物独特的电子结构和光电性能来设计和合成光电功能材料及器件已成为研究热点。卟啉是一个 18 电子体系的共轭大环有机化合物，可以与铁、锌及其他各种金属离子配位，形成含 4 个 N 原子的平面正方形结构的卟啉金属配合物。影响 DSSC 的重要因素：染料取代基位置、键合 TiO_2 状态及数量。

唐瑜课题组采用导电性联胺卟啉(ZnPy-NH₃Br)处理在三维钙钛矿膜上涂覆的 $CsPbBr_3$ QDs，从而构造出一个稳定的 0D-2D 钙钛矿覆盖层(图 7.18)[134]。通过在溶液中用 ZnPy-NH₃Br 处理 $CsPbBr_3$ 纳米晶体来生成大规模的纳米立方体晶体，证明了这种组装策略。形成的覆盖层可以实现有效的电荷传输和分离。结果：优化器件的最佳效率高达 20.0%，优于未经修饰和纯 $CsPbBr_3$ QDs 修饰的对照钙钛矿太阳能电池(19.1%)。更重要的是，经卟啉处理的基于 $CsPbBr_3$ QDs 的器件分别在 85℃或 45%湿度下放置 1000 h 时，可保持其初始效率的 65%或 85%以上。此外，通过结合 QDs-Por(量子点-联胺卟啉)，该设备在 AM 1.5 G 下照射 450 h 后仍保持原始效率的 85%。因此，这项工作为改性钙钛矿薄膜提供了一种简便的途径，以制造高效、稳定的钙钛矿太阳能电池。

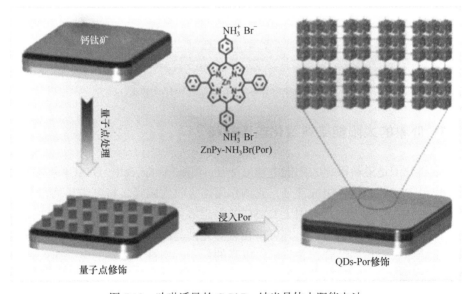

图 7.18　卟啉诱导的 $CsPbBr_3$ 纳米晶体太阳能电池

7.6 卟啉核壳结构纳米材料

核壳结构已经成为纳米材料的研究热点。卟啉的 π 共轭结构拥有独特的光电性质和良好的热力学稳定性，作为光电器件、模拟酶、分子识别和传感材料，其在化学、医学、生物化学等领域显示出良好的应用前景。以下简要介绍了卟啉核壳结构材料的制备过程、应用及前景。

纳米核壳型结构材料是指通过物理静电作用或化学键合作用在表面上涂覆一层或多层均匀的纳米材料而形成的，以尺寸在纳米或微米级的球形颗粒为核的复合材料。

7.6.1 卟啉核的特性

最近，具有卟啉核的树枝状聚合物，作为生命反应的重要单元，被特别关注并且适用于模拟生命的功能，如能量漏斗、酶反应或携带双分子。通常，卟啉核单元的特性可以通过调节金属离子的排列来强调。例如，修饰在 FeP 中心的轴向位置上的铜配合物有助于提高细胞色素氧化酶的催化能力。由于苯基偶氮甲碱骨架适合与具有光电化学性质的金属离子络合，Imaoka 等[135]采用苯基偶氮甲碱树枝状大分子与卟啉核通过亚氨基与金属离子络合组装得到改性的树枝状功能大分子。具有卟啉核(PnH₂)的二甲基偶氮苯(DPA)树枝状大分子通过使用 TiCl₄ 将内消旋-四(4-氨基苯基)卟啉和 DPA 枝化单元脱水缩合获得。因此，通过制备具有金属卟啉核的苯基偶氮甲碱枝状化合物，可以证明具有路易斯酸性的金属离子的受控组装。

7.6.2 卟啉核的应用

树枝状卟啉(dendrimer porphyrins, DPs)分子在生物医学中的应用是有意义的，由于它们可预测的结构，即单分散的分子量和可调的三维结构，以及它们对于周围高密度官能团的灵活性。Kataoka 课题组[136]将 DPs 加入新型纳米载体(即聚合物胶束)，导致了光毒性的增加而不损害 DPs 的光物理性质，DPs 的光动力学功效得到了显著的改善。

Tsai 等[137]制备了卟啉-二氧化钛纳米颗粒作为可见光催化剂。溶液凝胶过程被用来制备核壳结构的 TiO_2 包裹的 5, 10, 15, 20-tetrakis(pentafluorophenyl)-21H, 23H-porphine(PF_6)。这种纳米颗粒在可见光范围内具有宽的吸收光谱，其可以分解有机染料，然而纳米颗粒壳足够薄，可以使得 PF_6 有效地吸收可见光，核壳 PF_6-TiO_2 纳米颗粒相对于卟啉 TiO_2/对罗丹明 B 具有更好的光降解作用[138-146]。

卢小泉课题组[126]合成了新型的四羟基苯基卟啉包裹的纳米金核壳结构 (Au@THPP)修饰的竖直排列碳纳米管的纳米复合材料，并将其组装在 ITO 表面，作为一个简单的模型来模拟光合作用系统中光捕获光线(图 7.19)。图 7.19(a)是嵌入在自然光合作用的类囊体膜内的光合作用的光依赖组分的图像，右侧是光采集过程和电子转移(ET)的示意图，图 7.19(b)是人工光合作用模型和电子转移的可能途径。在光系统中卟啉作为具有大 π 电子结构的大环化合物是色素的主要组成部分。构建的该仿生模型 Au@THPP/CNTs 可以通过化学的方法在可见光诱导下研究质醌(PQ)的同系物苯醌(BQ)的再生过程，从而达到简单地研究复杂的光捕获过程中的电子转移的目的。

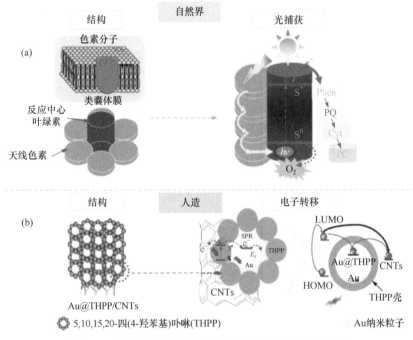

图 7.19　简单的模拟光合作用系统中光捕获天线的模型

7.7　总结与展望

卟啉的研究已经涵盖了物理、化学、生物、信息、材料等众多学科，其在材料、催化、医学、能源、仿生等领域也展现出了十分诱人的应用前景，卟啉的相关研究已经在国际上成为一门单独的学科——卟啉化学。基于各个学科对卟啉及其衍生物化合物的研究，仍需克服其稳定性差、易聚集以及 Q 带吸收弱等科学难题。但其在药物输送系统、模拟生物光合作用、太阳能电池、化学催化作用、光敏活性、生物传感及检测、有机电化学发光、分子开关及识别、半导体材料科学等前沿领域的优势仍将不断得到体现并发挥出更大的应用潜能及价值。

参 考 文 献

[1] Aratani N, Kim D, Osuka A. Accounts of Chemical Research, 2009, 42(12): 1922-1934.

[2] Hasobe T. Journal of Physical Chemical Letters, 2013, 4: 1771-1780.

[3] Lu H, Kobayashi N. Chemical Reviews, 2016, 116: 6184-6261.

[4] Paolesse R, Nardis S, Monti D, et al. Chemical Reviews, 2017, 117: 2517-2583.

[5] Milot R, Schmuttenmaer C. Accounts of Chemical Research, 2015, 48: 1423-1431.

[6] Xue X, Lindstrom A, Li Y. Bioconjugate Chemistry, 2019, 30: 1585-1603.

[7] 袁履冰, 张田林. 有机化学, 1986, 4: 289-290.

[8] Liu S O, Sun H R. Synthetic Communications, 2000, 30(11): 2009-2017.

[9] Hiroto S, Miyake Y, Shinokubo H. Chemical Reviews, 2017, 117: 2910-3043.

[10] Ding Y, Zhu W, Xie Y. Chemical Reviews, 2017, 117(4): 2203-2256.

[11] Xie Y, Tang Y, Wu W, et al. Journal of the American Chemical Society, 2015, 137(44): 14055-14058.

[12] Muthukumar P, John S A. Sensors & Actuators B: Chemical, 2011, 159(1): 238-244.

[13] Zhou H, Baldini L, Hong J, et al. Journal of the American Chemical Society, 2006, 128(7): 2421-2425.

[14] Xu Y, Liu Z, Zhang X, et al. Advanced Materials, 2010, 21(12): 1275-1279.

[15] Yildirim A, Budunoglu H, Deniz H, et al. Applied Materials & Interfaces, 2010, 2(10): 2892-2897.

[16] Xu Y, Zhao L, Bai H, et al. Journal of the American Chemical Society, 2009, 131(37): 13490-13497.

[17] Gai F, Zhou T, Zhang L, et al. Nanoscale, 2012, 4(19): 6041.

[18] Adem Y, Handan A, Turan S, et al. Applied Materials & Interfaces, 2011, 3(10): 4159-4164.

[19] Niklas K, Mona C, Dmitry S, et al. Journal of the American Chemical Society, 2018, 140(48): 16544-16552.

[20] Fathalla M, Neuberger A, Li S, et al. Journal of the American Chemical Society, 2010, 132(29): 9966-9967.

[21] Yang J, Wang Z, Li Y, et al. Chemistry of Materials, 2016, 28(8): 2652-2658.

[22] Jiang X, Wang H, Yuan R, et al. Analytical Chemistry, 2018, 90: 8462-8469.

[23] Volkov A G. Interfacial Nanochemistry, 2001, 95: 97-125.

[24] Alan M B, Fritz S. Analytical and Bioanalytical Chemistry, 2010, (398): 2771-2772.

[25] Bard A J, Fan R F, Kwak J, et al. Analytical Chemistry, 1989, 61(2): 132-138.

[26] Bard A J, Kwak J. Analytical Chemistry, 1989, 61(11): 1221-1227.

[27] Bard A J, Kwak J. Analytical Chemistry, 1989, 61(17): 1794-1799.

[28] Bard A J, Lee C, Miller C J, et al. Analytical Chemistry, 1991, 63(1): 78-83.

[29] Bard A J, Mirkin M V. Scanning Electrochemical Microscopy. New York: Marcel Dekker, 2001.

[30] Shi C, Anson F C. Analytical Chemistry, 1998, 70(15): 3114-3118.

[31] Shi C, Anson F C. Journal of Physical Chemistry B, 1998, 102(49): 9850-9854.

[32] Shi C, Anson F C. Journal of Physical Chemistry B, 1999, 103(30): 6283-6289.

[33] Shi C, Anson F C. Journal of Physical Chemistry B, 2001, 105(5): 1047-1049.

[34] Shi C, Anson F C. Journal of Physical Chemistry B, 2001, 105(37): 8963-8969.

[35] Shao Y H, Mirkin M V. Journal of the American Chemical Society, 1997, 119(34): 8103-8104.

[36] Lu X Q, Hu L N, Wang X Q, et al. Chinese Chemical Letters, 2004, 15(12): 1461-1465.

[37] Lu X Q, Sun P, Yao D N, et al. Analytical Chemistry, 2010, 82 (20): 8598-8603.

[38] Lu X Q, Hu L N, Wang X Q, et al. Electroanalysis, 2005, 17(2): 953-961.

[39] 卢小泉, 胡丽娜, 张立敏, 等. 高等学校化学学报, 2005, (7): 367-372.

[40] Marcus R A. Journal of Chemical Physics, 2004, 43(2): 679-701.

[41] Marcus R A. Journal of Physical Chemistry, 1990, 94 (3): 1050-1055.

[42] Marcus R A. Journal of Physical Chemistry, 1990, 94(10): 4152-4156.

[43] Anson F C, Shi C. Journal of Chemical Physics, 1998, 70(2): 3114-3118.

[44] Anson F C, Shi C. Journal of Chemical Physics, 1998, 102(8): 9850-9854.

[45] Anson F C, Shi C. Journal of Chemical Physics, 1999, 103(9): 6283-6289.

[46] Anson F C, Shi C. Journal of Chemical Physics, 2001, 105(9): 1047-1049.

[47] Anson F C, Shi C. Journal of Chemical Physics, 2001, 105(37): 8963-8969.

[48] Anson F C, Shi C. Journal of Chemical Physics, 2001, 73: 337-342.

[49] Wei X Q, Erlei J, Wei Li B, et al. Angewandte Chemie International Edition, 2005, 44(6): 952-955.

[50] Lu X Q, Zhang L, Sun P, et al. European Journal of Chemistry, 2011, 2(1): 120-124.

[51] Bard A J, Fan R E, Kwak J, et al. Analytical Chemistry, 1989, 61(2): 132-139.

[52] Bard A J, Kwak J . Analytical Chemistry, 1989, 61(11): 1221-1227.

[53] Bard A J, Kwak J. Analytical Chemistry, 1989, 61 (17): 1794-1799.

[54] Lu X Q, Ma J Y, Sun R P, et al. Electrochimica Acta, 2010, 56: 251-256.

[55] Lu X Q, Li Y, Sun P, et al. Journal of Physical Chemistry C, 2012, 116 (31): 16660-16665.

[56] Patten H V, Lai C S, Macpherson J V, et al. Analytical Chemistry, 2012, 84(12): 5427-5432.

[57] Lu X Q, Gu W T, Sun R P, et al. Electroanalysis, 2012, 24(12): 2341-2347.

[58] Lu X Q, Hu Y Q, Wang W T, et al. Colloids and Surfaces B: Biointerfaces, 2013, 103: 608-614.

[59] Tsionsky M, Zhou J, Amemiya S, et al. Analytical Chemistry, 1999, 71(19): 4300-4305.

[60] Bard A J, Tsionsky M, Mirkin M V, et al. Journal of the American Chemical Society, 1997, 119(44): 10785-10792.

[61] Bard A J, Wei C, Mirkin M V, et al. Journal of Chemical Physics, 1995, 99(43): 16033-16042.

[62] Tsionsky M, Bard A J, Mirkin M V, et al. Journal of Chemical Physics, 1996, 100(45): 17881-17888.

[63] Lu X Q, Hu L N, Wang X Q, et al. Electroanalysis, 2005, 17(11): 953-958.

[64] Barker A L, Unwin P R , Amemiya S, et al. Journal of Chemical Physics B, 1999, 103(34): 7260-7269.

[65] Richter M M. Chemical Reviews, 2004, 104(6): 3003-3036.

[66] Miao W J. Chemical Reviews, 2008, 108(7): 2506-2553.

[67] Cui H, Li F, Shi M J, et al. Electroanalysis, 2005, 17(7): 589-598.

[68] Maricle D L, Maurer A. Journal of the American Chemical Society, 1967, 89(1): 188-189.

[69] Bezman R, Faulkner L R. Journal of the American Chemical Society, 1972, 94(18): 6324-6330.

[70] Lakowicz J R. Die Naturwissenschaften, 1991, 78(10): 456.

[71] Bertoncello P. Front Bioscience, 2011, 16(4): 1084-1108.

[72] 李云辉, 王春燕. 电化学发光. 北京: 化学工业出版社, 2008.

[73] Gross E M, Anderson J D, Slaterbeck A F, et al. Journal of the American Chemical Society, 2000, 122(20): 4972-4979.

[74] Mccord P, Bard A J. Journal of Electroanalytical Chemistry & Interfacial Electrochemistry, 1972, 318(1-2): 91-99.

[75] Tokel-Takvoryan N E, Bard A J. Chemical Physics Letters, 1974, 25(2): 235-238.

[76] White H S, Bard A J. Annual Review of Analytical Chemistry, 1982, 2(3): 359.

[77] Bolletta F, Rossi A, Balzani V. Inorganica Chimica Acta, 1981, 53(18): L23-L24.

[78] Kulmala S, Alakleme T, Vare L, et al. Analytica Chimica Acta, 1999, 398(1): 41-47.

[79] Gaillard F, Sung Y E, Bard A J. Journal of Physical Chemistry B, 1999, 103(4): 667-674.

[80] Kankare J, Fäldén K, Kulmala S, et al. Analytica Chimica Acta, 1992, 256(1): 17-28.

[81] Fabrizio E F, Prieto I, Bard A J. Journal of the American Chemical Society, 2000, 122(20): 4996-4997.

[82] 王晶, 孙立新, 张向荣, 等. 沈阳药科大学学报, 2007, 24(11): 687-690.

[83] 熊晓云, 邹永, 刘毅, 等. 中国药物化学杂志, 2002, 12(2): 86-87.

[84] Božek P, Hutta M, Hrivnáková B. Journal of Chromatography A, 2005, 1084(1-2): 24-32.

[85] Macours P, Cotton F. Clinical Chemistry & Laboratory Medicine, 2006, 333(12): 1433-1440.

[86] Ausió X, Grimalt J O, Ozalla D, et al. Analytical Chemistry, 2000, 72(20): 4874-4877.

[87] Bu W, Myers N, Mccarty J D, et al. Journal of Chromatography B, 2003, 783(2): 411-423.

[88] Kufner G, Schlegel H, Reinhard J. Clinical Chemistry and Laboratory Medicine, 2005, 43(2): 9.

[89] Vernon L P. Analytical Chemistry, 1960, 32(9): 1144-1150.

[90] Huie C W, Williams W R. Analytical Chemistry, 1989, 61(20): 2288-2292.

[91] Wu N, Li B, Sweedler J V. Journal of Liquid Chromatography, 1994, 17(9): 1917-1927.

[92] Lu X, Zhao D, Song Z, et al. Biosensors and Bioelectronics, 2011, 27(1): 172-177.

[93] White H S, Bard A J. Annual Review of Analytical Chemistry, 1982, 2(3): 359.

[94] Li L, Ning X, Qian Y, et al. Sensors & Actuators B: Chemical, 2018, 257: 331-339.

[95] Tokel N, Keszthelyi C, Bard A J. Journal of the American Chemical Society, 1972, 94: 4871-4877.

[96] Pu G, Zhang D, Mao X, et al. Analytical Chemistry, 2018, 90: 5272-5279.

[97] Pu G, Yang Z, Wu Y, et al. Analytical Chemistry, 2019, 91: 2319-2328.

[98] Zhang Y, Zhao Y, Han Z, et al. Angewandte Chemie International Edition, 2020, 59: 23261-23267.

[99] 刘育, 尤长城, 张衡益. 超分子化学. 天津: 南开大学出版社, 2001.

[100] Block R J, Brand E. Psychiatric Quarterly, 1933, 7(4): 613-639.

[101] 王晓燕. 系列卟啉化合物的合成与表征. 兰州: 西北师范大学, 2010.

[102] Zhang A, Li C, Yang F, et al. Angewandte Chemie International Edition, 2017, 129(10): 2694.

[103] Ge Y, Sun Y, Wang W, et al. International Journal of Refrigeration, 2016, 66: 133-144.

[104] 王光丽, 徐静娟, 陈洪渊. 中国科学, 2009, 11: 60-71.

[105] 张雨. 基于纳米复合材料光电化学传感器的构建与应用. 上海: 上海师范大学, 2018.

[106] Zhao Q, Gu Z, Zhuang Q. Electrochemistry Communications, 2004, 6(1): 83-86.

[107] Wu Y. Food Chemistry, 2010, 121(2): 580-584.

[108] Liu Y, Yan Y, Lei J, et al. Electrochemistry Communications, 2007, 9(10): 2564-2570.

[109] Tu W, Lei J, Ju H. Electrochemistry Communications, 2008, 10(5): 766-769.

[110] Bassiouk M, Basiuk V, Basiuk E, et al. Applied Surface Science, 2013, 275: 168-177.

[111] Lei J, Ju H, Ikeda O. Electrochimica Acta, 2004, 49(15): 2453-2460.

[112] Lei J, Ju H, Ikeda O. Journal of Electroanalytical Chemistry, 2004, 567(2): 331-338.

[113] Stoll C, Kudera S, Parak W, et al. Small, 2006, 2(6): 741-743.

[114] Men H, Zou S, Li Y, et al. Sensors and Actuators B: Chemical, 2005, 110(2): 350-357.

[115] Lu W, Wang G, Jin Y, et al. Applied Physics Letters, 2006, 89(26): 263902.

[116] Lu W, Jin Y, Wang G, et al. Biosensors and Bioelectronics, 2008, 23(10): 1534-1539.

[117] Liang M, Jia S, Zhu S, et al. Environmental Science & Technology, 2008, 42(2): 635-639.

[118] Tokudome H, Yamada Y, Sonezaki S, et al. Applied Physics Letters, 2005, 87(21): 213901.

[119] Wang G, Xu J, Chen H. Biosensors and Bioelectronics, 2009, 24(8): 2494-2498.

[120] Pardo-Yissar V, Katz E, Wasserman J, et al. Journal of American Chemical Society, 2003, 125(3): 622-623.

[121] Yildiz H, Freeman R, Gill R, et al. Analytical Chemistry, 2008, 80(8): 2811-2816.

[122] Wang G, Yu P, Xu J, et al. Journal of Physical Chemistry C, 2009,113(25): 11142-11148.

[123] Fujishima A, Honda K. Nature, 1972, 238(5358): 37-38.

[124] Carey J H, Lawrence J, Tosine H M. Bulletin of Environmental Contamination and Toxicology, 1976,16(6): 697-701.

[125] 李娣. 几种半导体光催化剂的制备及光催化性能研究. 天津: 南开大学, 2014.

[126] Ning X, Ma L, Zhang S, et al. Journal of Physical Chemistry C, 2016, 120(2): 919-926.

[127] Devaramani S, Ma X F, Zhang S T, et al. Journal of Physical Chemistry C, 2017, 121(18): 9729-9738.

[128] Devaramani S, Shinger M I, Ma X, et al. Physical Chemistry Chemical Physics, 2017, 19(28): 18232-18242.

[129] Chen F, Huang H, Guo L, et al. Angewandte Chemie International Edition, 2019, 58(30): 10061-10073.

[130] Grigioni I, Stamplecoskie K G, Jara D H, et al. ACS Energy Letters, 2017, 2(6): 1362-1367.

[131] Zachaus C, Abdi F F, Peter L M, et al. Chemical Science, 2017, 8(5): 3712-3719.

[132] Ning X, Lu B, Zhang Z, et al. Angewandte Chemie International Edition, 2019, 58(47): 16800-16805.

[133] Tian S, Chen S, Ren X, et al. Nano Research, 2020, 13(10): 1665-2672.

[134] Feng X, Lv X, Liang Q, et al. ACS Applied Materials & Interfaces, 2020, 12(14): 16236-16242.

[135] Imaoka T, Horiguchi H, Yamamoto K, et al. Journal of the American Chemical Society, 2003, 125: 340-341.

[136] Jang W D, Kataoka K. Angewandte Chemie International Edition, 2005, 117: 423-427.

[137] Huang C C, Parasuraman P S, Tsai H C, et al. RSC Advances, 2014, 4(13): 6540-6544.

[138] Li X Q, Zhang L, Mu J, et al. Nanoscale Research Letters, 2008, 3: 169-178.

[139] Soja G R, Watson D F. Langmuir, 2009, 25(9): 5398-5403.

[140] Tsai H C, Chang C H, Chiu Y C, et al. Macromolecular Rapid Communications, 2011, 32(18): 1442-1446.

[141] Kim C, Choi M, Jang J, et al. Catalysis Communications, 2010, 11(5): 378-382.

[142] Stöber W, Fink A, Bohn E, et al. Journal of Colloid and Interface Science, 1968, 26(1): 62-69.

[143] Lee J W, Kong S, Kim W S, et al. Materials Chemistry and Physics, 2007, 106(1): 39-44.

[144] Khairutdinov R F, Serpone N. Journal of Physical Chemistry, 1995, 99(31): 11952-11958.

[145] Huang S Y, Schlichthörl G, Nozik A J, et al. Journal of Physical Chemistry B, 1997, 101(14): 2576-2582.

[146] Chen D, Yang D, Geng J, et al. Applied Surface Science, 2008, 255(5): 2879-2884.

第8章 辅酶与激素电化学

8.1 引 言

辅酶(coenzyme)，又称辅基，是一大类有机辅助因子的总称，也是酶催化氧化还原反应、基团转移和异构反应的必需因子[1]。其在酶促反应中的作用机制主要是作为氧化还原酶类的辅助因子，起到递氢体或者递电子的作用；此外，辅酶可以充当被转移基团的载体，作为基团转移酶的辅助因子参与反应。在酶催化反应中，由于辅酶在该过程中的化学成分发生了变化，因此辅酶可以被认为是一种特殊的底物或称其为"第二底物"[2]。

辅酶多为维生素的衍生物，而维生素是人和动物维持正常生理功能所必需的一类小分子有机化合物，以辅酶的形式参与细胞的物质代谢和能量代谢过程[1, 3]。尽管维生素既不参与机体内组织器官的组成，又不能为机体提供能量，但生物体缺乏某种维生素时，代谢就不能正常进行，进而影响生物的生命活动，导致各种疾病的发生。

激素作为另外一类既非机体能量来源又非机体结构组成的物质，是由特定的组织或腺体产生并直接分泌到体液中的一类微量有机化合物。这类化合物往往通过体液或局部扩散的方式运送到特定的作用部位，引起特定的生物学效应。

大多数激素都是由内分泌腺分泌的，如甲状腺、垂体、肾上腺、胰腺和性腺等。内分泌激素由内分泌腺体细胞分泌后，随血液到达对应靶细胞，经过受体介导对靶细胞发挥作用。随着对激素研究的不断深入，研究者发现，激素不仅由内分泌腺分泌，也可由胃肠道、心脏、肺、脑等组织分泌，通过弥散作用于邻近细胞。当前已知的激素种类较多，且在协调新陈代谢、生长发育等生理过程方面扮演重要的角色。在生物体中，激素分泌量与机体功能密切相关，分泌过多或过少都会引起机体功能的紊乱，因此临床诊疗中常常以激素水平的测定作为相关疾病诊断的判断依据[4]。此外，许多激素还可以作为治疗药物应用于临床医学中。

因此，采用各类分析技术研究辅酶和激素在细胞、组织或生物个体中的含量以及作用机制已成为当下生命科学领域的重要研究内容。本章节参考已出版的生物化学著作[5-9]，对激素与辅酶相关知识进行了概述，并总结了二者在电化学领域的最新研究进展，以期促进未来研究成果的进一步提高，从而加深对生物体各项生命活动在分子以及单细胞层面的理解。

8.2　辅酶电化学

辅酶是大多数水溶性维生素的主要活性形式，可以直接或者作为辅酶的前体对生物体中酶活性及代谢活性等生理机能进行调节。也就是说，这类水溶性维生素会以辅酶的形式参与到生物体内各种酶促反应中，保证代谢过程的正常进行。本节主要介绍了常见的辅酶类型及其作用机制，就其在电化学中近几年的研究成果进行了总结并举例加以阐述。

8.2.1　辅酶的分类

1. 维生素 B 族辅酶

B 族维生素主要包括维生素 B_1(硫胺素)、维生素 B_2(核黄素)、维生素 B_3(泛酸)、维生素 B_5(烟酸和烟酰胺)、维生素 B_6(吡哆素)、维生素 B_7(生物素)以及维生素 B_{11}(叶酸)等，其对应的辅酶分别是焦磷酸硫胺素(TPP)、黄素辅酶[黄素单核苷酸(FMN)和黄素腺嘌呤二核苷酸(FAD)]、辅酶 A(CoA)、烟酰胺腺嘌呤二核苷酸(NAD)和烟酰胺腺嘌呤二核苷酸磷酸(NADP)、磷酸吡哆醛/磷酸吡哆胺(PLP/PMP)、生物胞素以及四氢叶酸[5-7, 10]。B 族维生素所包括的各种维生素虽然在物质结构和生理功能上互相独立，但其分布和溶解性大致相同，是一类极为重要的维生素。因此，由这类维生素形成的辅酶在酶促反应中发挥着极其重要的作用，以下将就各辅酶在生物体中的主要功能分别进行介绍[5-7]。

1) TPP
维生素 B_1 又称硫胺素，在硫胺素激酶催化下，能够与二磷酸腺苷(ATP)作用转化成辅酶 TPP 和一磷酸腺苷(AMP)[式(8.1)]。

$$硫胺素 + ATP \xrightarrow{\text{硫胺素激酶, } Mg^{2+}} TPP + AMP \tag{8.1}$$

TPP 作为一种重要的辅酶，是脱羧酶、丙酮酸脱氢酶系和 α-酮戊二酸脱氢酶系的辅酶，在醇发酵和糖分解代谢过程中均发挥很大的作用[11]。若维生素 B_1 缺乏，TPP 不能合成，糖类物质代谢的中间产物 α-酮酸不能氧化脱羧而堆积，这些酸性物质堆积的结果是可刺激神经末梢，易患神经炎，出现健忘、不安、易怒或忧郁等症状。如果酮酸不能正常氧化脱羧，则会使糖代谢受阻，能量供给中断，进而影响神经和心肌的代谢及机能，出现心跳加快、下肢沉重、手足麻木等症状。

2) FMN/FAD
维生素 B_2 又称核黄素，在细胞中，黄素辅酶是由核黄素参与组成的，是氧化还原酶的重要辅酶[12]。首先，维生素 B_2 在机体内与 ATP 上的磷酸结合形成 FMN，后者再进一步与 AMP 发生磷酸化作用产生 FAD[式(8.2)和式(8.3)]。

$$核黄素 + ATP \longrightarrow FMN + ADP \tag{8.2}$$

$$FMN + AMP \longrightarrow FAD \tag{8.3}$$

FMN 和 FAD 作为黄素酶的辅酶，能够在细胞氧化还原反应中与酶蛋白紧密结合，通过氧化态和还原态的互变，促进底物脱氢或起递氢体的作用，与糖类、脂肪和氨基酸的代谢密切相关。在辅酶分子 FAD 和 FMN 中，异咯嗪环上的 1 位和 10 位氮之间两个双键容易发生氧化还原作用，能够加氢形成 $FADH_2$ 和 $FMNH_2$，同时也能可逆地脱氢再次形成 FAD 和 FMN。

基于 FMN 和 FAD 在体内各种氧化还原反应中的广泛参与度，维生素 B_2 对糖、脂肪和蛋白质的代谢也相应地发挥着重要作用，同时还能够维持皮肤、黏膜以及视觉细胞的正常机能[12]。当体内缺乏维生素 B_2 时，会引起组织呼吸减弱，代谢强度降低，表现出口角炎、结膜炎和视觉模糊等症状。

3) CoA

CoA 是酰基转移酶的辅酶，由等分子的泛酸、巯基乙胺、焦磷酸和 3′-AMP 缩合形成，具有核苷酸的结构[13, 14]。CoA 主要起传递酰基的作用，它的—SH 能够与酰基形成硫酯，在酰化反应中充当酰基的载体。当携带乙酰基时称为乙酰 CoA，携带脂酰基时称为脂酰 CoA。在脂类分解代谢中，脂肪酸氧化的第一步就是先酰化成脂酰 CoA，然后再进行 β-氧化。在氨基酸代谢中，有些氨基酸转化为相应的酮酸后，也必须在 CoA 的参与下结合成脂酰 CoA，才能进一步代谢。因此，泛酸对体内糖、脂肪及蛋白质的代谢极为重要。此外，CoA 还参与体内一些重要物质，如乙酰胆碱、胆固醇、肝糖原等的合成，并且能调节血浆脂蛋白和胆固醇的含量[15]。CoA 对厌食、疲劳等症状有明显的改善效果，临床上常用作各种疾病治疗的辅助药物，如白细胞减少症、各种肝炎、动脉硬化等。

4) NAD/NADP

在生物体中，NAD 和 NADP 是许多脱氢酶的辅酶，是维生素 B_5 的主要活性形式，在糖酵解、脂肪合成及呼吸作用中发挥重要的生理功能[16]。维生素 B_5 包括烟酸和烟酰胺两种物质结构，二者皆为吡啶衍生物，烟酸是烟酰胺的前体。在动植物体内，烟酸可与磷酸核糖焦磷酸结合转化为 NAD，后者再被 ATP 磷酸化产生 NADP[17][式(8.4)和式(8.5)]。

$$烟酸 + 磷酸核糖焦磷酸 + ATP \longrightarrow NAD \tag{8.4}$$

$$NAD + ATP \longrightarrow NADP + ADP \tag{8.5}$$

　　NAD 和 NADP 分子中烟酰胺吡啶环上 3 和 4 位碳原子间的双键可以被还原，因此具有氧化型(NAD^+、$NADP^+$)和还原型(NADH、NADPH)两种形式。在酶催化反应过程中，依赖于 NAD^+ 和 $NADP^+$的脱氢酶可以催化多种不同类型的反应[式(8.6)]，如简单的脱氢、氨基酸脱氨生成 α-酮酸、醛的氧化、双键的还原以及碳氢键的氧化等。

$$底物 \xrightarrow[\text{酶}]{NAD^+ \to NADH} 产物 \tag{8.6}$$

　　目前以 NAD^+ 和 $NADP^+$为辅酶的脱氢酶很多，大多数酶以 NAD^+或 $NADP^+$为辅酶均可，也有一些酶比较特殊，其辅酶只能是其中一种。一般而言，NAD^+常用于产能分解代谢，如醇脱氢酶、异柠檬酸脱氢酶、磷酸甘油脱氢酶、乳酸脱氢酶、3-磷酸甘油醛脱氢酶等。$NADP^+$则较多地作为供氢体，参与一些还原性的合成反应，如作为磷酸戊糖途径(一种葡萄糖氧化分解方式)相关酶的辅酶。此外，这两种辅酶还是呼吸链中的重要一环，在相应脱氢酶的作用下，底物上的氢被脱去，传递给辅酶 NAD^+或 $NADP^+$，从而产生还原型的 NADH 或 NADPH，然后经过呼吸链传递至 O_2[3]。

　　5) PLP/PMP

　　在生物体内，PLP 和 PMP 由维生素 B_6 经磷酸化作用而得，是氨基酸转氨酶和氨基酸脱氢酶的辅酶，参与氨基酸的转氨作用、脱羧作用以及消旋作用，与氨基酸代谢密切相关[18]。转氨基作用中，在转氨酶的催化下，PLP 可以作为氨基的载体，参与氨基酸与 α-酮酸的转氨作用。该过程中，PLP 先接受 α-氨基酸的氨基，形成 PMP，随后再把氨基转移到 α-酮酸的 α-碳原子上，使之成为相应的氨基酸，其自身又恢复成 PLP。在氨基酸的转氨反应中，与转氨酶结合的 PLP，实际上是一个暂时的氨基中间传递体。在氨基酸的脱羧过程中，PLP 则作为氨基酸脱羧酶的辅酶，使氨基酸脱羧形成相应的胺，并释放出 CO_2。

　　6）生物胞素

　　生物素即维生素 B7，在许多酶促羧化反应中起着活动性羧基载体的作用。生物胞素作为生物素的辅酶形式，是生物素通过其羧基与赖氨酸分子上的 ε-氨基以酰胺键连接形成的，因此又被称为羧化辅酶，所形成的生物素-赖氨酸官能团称为生物胞素残基。该基团中的生物素环通过一条长的柔性链连接在酶蛋白上，生物素作为多种羧化酶(如丙酮酸羧化酶、乙酰辅酶 A 羧化酶等)的辅基，可以通过该链实现上述酶中两个相距较远部位之间的羧基运载。在细胞内 CO_2 固定反应中，CO_2 先与生物素尿素环上的 N 原子结合，然后生物素再将所结合的 CO_2 转移给适当的受体[7, 19]。

　　7) 四氢叶酸

　　四氢叶酸是细胞内一碳基团代谢的辅酶，也是生物体内叶酸(维生素 B_{11})的主要存在形式[20, 21]。叶酸在叶酸还原酶的催化下，以 NADPH 为供氢体，经过两步加氢还原作用，先生成 7, 8-二氢叶酸，再生成 5, 6, 7, 8-四氢叶酸。在各种生物合成的反应中，四氢叶酸分子上的第 5 位和第 10 位 N 原子是一碳基团的结合位点，与甲基、亚甲基、甲酰基、羟甲基或甲酰亚氨基等一碳基团结合，继而参与体内嘌呤、嘧啶核苷酸的合成，丝氨酸与甘氨酸的互变等。

2. 维生素 C

维生素 C 又称抗坏血酸(AA)，是一种含有 6 个碳原子的多羟基内酯化合物，其分子中 C2 和 C3 位上的两个相邻的烯醇式羟基易解离释放出 H^+，从而被氧化成脱氢 AA，氧化型 AA 和还原型 AA 可以互相转变，是生物体内的氧化还原体系之一。

羟基化反应是生命体内多种重要化合物合成的必经过程，AA 作为羟化酶的辅酶，参与多种羟化反应[22]。例如，胶原蛋白合成过程中，在胶原脯氨酸羟化酶和胶原赖氨酸羟化酶催化下，多肽链中的脯氨酸和赖氨酸等残基分别被羟化产生羟脯氨酸和羟赖氨酸残基。当缺乏 AA 时，胶原蛋白合成受阻，导致毛细血管壁通透性和脆性增加，易破裂出血，引发坏血病。此外，AA 还能促进类固醇的羟化，促进胆固醇转化成胆酸从体内排出。

3. CoQ

CoQ 又称泛醌，是一种带有较长异戊二烯疏水侧链的醌类化合物。作为一类非极性物质，CoQ 可以在线粒体内膜的疏水相中快速扩散，能够在较大的、不能发生相对移动的蛋白复合体之间穿梭，从而实现电子传递。在生物氧化呼吸链中，CoQ 作为唯一一个不与蛋白质紧密结合的传递体，能够在黄素蛋白类和细胞色素类之间作为一种灵活的载体发挥重要作用。它不仅接受 NADH 脱氢酶的氢，还接受线粒体中其他脱氢酶的氢，如琥珀酸脱氢酶、脂酰辅酶 A 脱氢酶以及其他黄素酶类脱下的氢，在电子传递链中处于中心地位[23]。

CoQ 侧链的异戊二烯单位的长度对于不同的生物种是不同的，如动物和高等植物细胞内的泛醌含有 10 个异戊二烯单位，又称 CoQ_{10}，微生物细胞内可表示为辅酶 $Q_{6\sim9}$。本章主要就研究较为广泛的 CoQ_{10} 进行讨论。

8.2.2 辅酶的电化学研究进展

新陈代谢是生命活动最基本的特征，是物质代谢和能量代谢的统一。生物体代谢所需的能量主要是通过生物氧化作用产生的[15]。生物氧化过程脱下的氢经过线粒体内膜上被称为电子传递链的一系列氢传递体和电子传递体的作用，最后将氧气还原为 H_2O，完成能量的释放过程。在活细胞的生物氧化过程中，辅酶作为电子、原子或某些化学基团的载体，与酶蛋白结合完成相应的酶促反应。基于不同辅酶在生物体酶促反应中的不同作用，本节主要对几种常见辅酶近几年在电化学方面的研究工作进行了总结。

1. 维生素 B 族辅酶的电化学研究

1) TPP 的电化学研究

在生物代谢过程中，转酮醇酶(transketolase，TK，EC2.2.1.1)作为一种 TPP 依赖性酶，在磷酸戊糖途径的非氧化阶段发挥关键作用。此酶属于同源二聚体，在单体间的接触界面上存在两个活性部位。与所有的 TPP 依赖性酶一样，TK 活性不仅依赖于 TPP，还需要二价阳离子的存在。已有研究成果表明，TK 活性与一些神经变性疾病、糖尿病以及癌症息息相关[24]。在 TPP 和二价阳离子(Mg^{2+})存在的情况下，TK 催化一个二碳单位从磷酸酮糖(供体)转移到磷酸醛糖(受体)上。该酶的作用过程如图 8.1 所示，TPP 去质子化后进攻供体，生成相应的醛类产物并产生碳负离子中间体 α,β-二羟乙基硫胺二磷酸(DHEDPP)。该活性中间体通过 C—C 键的形成将二碳单元转移到受体上，释放酮产物并重新生成 TPP。研究者基于电化学方法，通过引入辅助酶(如多酚氧化酶[25]或半乳糖氧化酶[26])来实现 TK 的活性检测[27,28]。

2) FMN/FAD 的电化学研究

FMN 和 FAD 作为生物氧化系统的另一类辅酶，能接受两个氢，还原为 $FMNH_2$ 或 $FADH_2$，参与体内多种氧化还原反应。据统计，在人体的黄素酶中，16%的黄素酶以 FMN 作为辅酶，84%则利用 FAD 作为辅酶(其中包括五种同时利用 FMN 和 FAD 的酶)[12]，因此，基于电化学方法对辅酶 FAD 的研究十分广泛。

关于 FMN 和 FAD 的研究主要集中在两个方面：一方面是就两种辅酶在不同电极以及不同实验条件(如电解液、浓度、pH 等)中的电化学性能研究，另一方面是利用 FAD 作为各种氧化还原酶的辅因子发展了一系列电化学生物分析方法。在早期的研究工作中，Shinohara 等报道了 FMN 和 FAD 在修饰 TiO_2 薄膜的电极界面处的电子转移过程[29]；Wang 等对金电极上 FAD 的电化学性能进行了研究[30]；Karyakin 课题组以核黄素、FMN 和 FAD 作为前体，采用电聚合的方法首次制备了一类具有氧化还原活性的聚合物，并利用循环伏安法分别对三种单体及其聚合物修饰的电极进行研究[31]。在电聚合过程中，随着循环伏安扫描的进行，聚合物薄膜逐渐形成，单体的不可逆氧化峰电流大幅度增加。实验结果表明，所形成的聚合物不仅具有更高的导电性，在酸性、中性和碱性溶液中也都表现出良好的电催化活性，在生物分析应用中发挥电催化作用。据此，该课题组将聚 FAD 作为一种优良的催化剂应用于对 NADH 的氧化中，实现了对 NADH 的检测[32]。基于上述研究，FAD 也可用来评估新型电极的电化学性能。例如，Frank 等利用 HCl 对 ITO 电极进行了表面刻蚀，得到表面形貌呈柱状的电极，通过对比 HCl 处理前后 FAD 在电极上的电化学性能，证明了酸性刻蚀法在生物催化电极制备中的可行性[33]。最近，Zhao 等基于 ZnO 纳米棒电极实现了对 FAD 和 FMN 的检测，开发了一种光电化学(PEC)生物传感器[34]。在 365 nm 光激发下，ZnO 半导体会产生电子-空穴对，FAD 和 FMN 可作为电子供体被价带上的空穴氧化，从而产生阳极光电流。

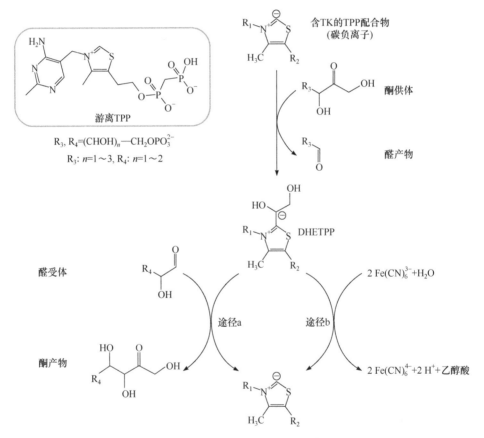

图 8.1　TPP 和供受体底物存在下 TK 的反应机理(途径 a)
和电化学检测 TK 活性的原理(途径 b)[28]

作为氧化还原酶的辅酶之一，FAD 能够以酶的活性中心形式参与酶催化反应，在电化学酶生物传感领域有着广泛的应用。以葡萄糖传感器为例：第一代传感器使用氧气作为电子受体，通过跟踪氧气消耗或过氧化氢释放来确定葡萄糖浓度;第二代传感器中,酶将电子转移到人造电子受体(又称电子介体)取代氧气,以避免其他氧化还原物质的干扰;第三代传感器直接将电子转移到电极上,尽可能地降低人工介体的毒性以及由于血液样本中氧气浓度变化而产生的误差。相比之下,直接电化学过程与生物体内氧化还原反应更加接近,有助于揭示生物氧化还原过程的机理。

对于直接电化学酶传感器,由于氧化还原中心 FAD 被包裹在酶分子内部,因此电子的传递要通过纳米材料的引入才能够实现,如碳纳米材料[35-37]、贵金属纳米材料[38]、金属氧化物[39, 40]以及各种复合纳米材料[41]等,修饰有纳米材料的电极会和酶蛋白中的巯基或氨基键合,氧化还原活性中心被释放,进而完成电子传递。Luong 等综述了近些年基于碳纳米管、石墨烯及其复合物所开发的一系列用于葡萄糖检测的电化学分析方法,着重介绍了利用葡萄糖氧化酶(FAD-GOx)构建的直接电化学生物传感器。该工作讨论了直接电子转移(DET)在酶传感中的动力学过程,探究了影响电子转移速率的因素,并就未来研究中如何提高检测灵敏度、选择性以及面临的技术挑战进行了总结[42]。利用 FAD-GOx 在葡萄糖检测中的作用机制,Cakiroglu 等基于金属氧化物 TiO$_2$ 修饰的 ITO 电极开发了一种自供能型 PEC 葡萄糖传感器。图 8.2 展示了该葡萄糖传感器的构建过程及检测机制,碳纳米管和 Co$_3$O$_4$ 纳米颗粒的复合加快了载流子的转移,基于辅酶 FAD 发生的酶促反应会产生 H$_2$O$_2$,H$_2$O$_2$ 可作为电子供体被空穴氧化,加速光生电子-空穴对的分离,从而提高传感器对葡萄糖的检测性能[41]。

Yamashita 等总结了葡萄糖脱氢酶(GDH)和果糖脱氢酶(FDH)通过直接电子转移过程开发电化学生物器件,以及其在生物传感器和生物燃料电池中的应用[43]。文中将近些年基于 GDH 和 FDH 的直接电化学研究内容分成了四类,包括酶的方向性固定、酶生物传感器的开发、提高生物燃料电池的性能和基于生物燃料电池

(a)

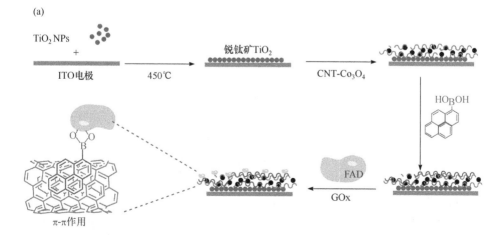

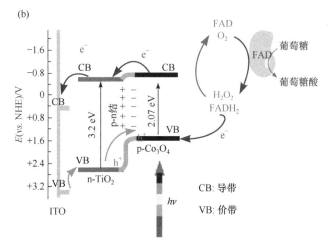

图 8.2 基于 FAD 的自供能型 PEC 葡萄糖传感器的制备(a)及检测原理(b)示意图[41]

开发自供能型传感设备，揭示了上述过程中分子内和分子间的电子转移路径，为更简单、更高性能的生物器件的开发提供了新思路。Filipiak 等利用化学气相沉积法在工作电极上沉积了单层石墨烯，探究了电子在 FAD-GDH 和电极之间的转移过程[44]。除常见的 GOx 和 GDH 外，其他以 FAD 为辅酶的酶蛋白也逐渐应用于电化学生物传感中，如纤维二糖脱氢酶[45]、细胞分裂素氧化酶[46]、胆固醇氧化酶[47]、胆红素氧化酶[48]等，为洞察生物体内复杂生物反应的内在机制提供了更加全面的研究视角。随着电化学技术的发展，人们对酶蛋白分子的研究愈发深入，关于 FAD-酶在电化学生物传感的工作也在不断创新，具体内容可参考相关综述[49, 50]，这里就不再逐一列举。

3) CoA 的电化学研究

CoA 作为重要的酰基传递体，参与体内乙酰化反应，对糖、脂肪和蛋白质的代谢起着重要的作用，如三羧酸循环、脂肪酸合成等。上述代谢过程中，不同的能源物质经由各种代谢途径生成乙酰 CoA(Ac-CoA)，进而实现代谢调节。例如，葡萄糖经过一系列酶促反应被分解成丙酮酸，丙酮酸在有氧条件下氧化脱羧产生乙酰 CoA。乙酰 CoA 通过三羧酸循环被彻底氧化分解，生成 CO_2 和 H_2O 并释放能量。在电化学分析领域，研究者首先探究了 CoA 在不同工作电极上的电化学性质，并应用于简单样品的分析检测[51-53]。随着人们对代谢调节研究的深入，酶调节机制受到越来越多的关注。酶对细胞代谢的调节主要有两种方式：一种是通过激活或抑制酶的催化活性实现物质代谢调节，另一种是通过控制酶的合成或分解速度，即改变酶含量实现物质代谢调节。上述过程中所涉及的一些细胞代谢产物以及酶活性对代谢类疾病的早期诊断具有重要的临床参考价值，为此，研究开发了一系列电化学生物传感器。例如，Kang 等通过层层组装的方法将酯酰 CoA 合成酶(ACS)和酯酰 CoA 氧化酶(ACOD)固定在修饰有多壁碳纳米管碳丝网印刷电极上，并应用到对非游离脂肪酸(NEFA)的检测[54]。该实验方案中，CoA 作为 ACS 的辅酶将 NEFA 转化成 acyl-CoA，后者进一步被 ACOD 催化氧化产生 H_2O_2[式(8.7)和式(8.8)]，通过记录酶催化产物 H_2O_2 氧化电流实现对 NEFA 的浓度的定量检测。

$$NEFA + CoA + ATP \xrightarrow{ACS} acyl\text{-}CoA + AMP + 焦磷酸盐 \tag{8.7}$$

$$acyl\text{-}CoA + O_2 \xrightarrow{ACOD} enoyl\text{-}CoA + H_2O_2 \tag{8.8}$$

Jiang 课题组开发了一系列化学修饰的微电极，在电极上固定胆固醇氧化酶实现了单细胞水平上胆固醇的检测。当微电极与细胞膜接触时，细胞膜上释放的胆固醇被酶氧化产生 H_2O_2，通过对 H_2O_2 电化学信号的采集获取细胞膜上胆固醇的浓度信息[55-57]。在参与代谢的各种酶中，组蛋白乙酰转移酶(HAT)对调节组蛋白和转录因子乙酰化修饰起着重要作用，其活性常被作为肿瘤、神经以及代谢相关疾病的临床诊断标准，对抗癌药物的发现、基因转录生化研究具有重要意义。Yin 课题组对近年来开发的 HAT 检测方法进行了总结，该综述详细介绍了基于 CoA 的各种乙酰化识别机制和 HAT 检测方法的开发[58]。CoA 作为 HAT 催化过程的副产物之一，能够根据其含量实现对 HAT 活性的检测。例如，Hu 等利用核酸适配体实现 CoA 的识别，结合末端脱氧核苷酸转移酶(TdT)介导的 DNA 扩增技术，构建了一种用于 HAT p300 检测的电化学生物传感器。如图 8.3 所示，在 HAT p300 催化下，Ac-CoA 上的乙酰基转移到底物多肽的赖氨酸基团上产生 CoA 分子。随后，利用适配体将 CoA 固定在 Au 电极上，形成适配体-CoA 复合物。该复合物阻碍核酸外切酶 I (Exo I)对核酸适配体的消解，末端脱氧核苷酸转移酶作用下适配体链发生扩增，扩增后的适配体链能够促进 Ag^+ 的吸附，诱导 Ag 纳米簇(Ag NCs)的形成。最后通过方波伏安法输出的 Ag NCs 的溶出信号实现对 HAT p300 的检测。相比之下，没有 CoA 存在时，Exo I 会消解适配体，从而无法完成 Ag NCs 电

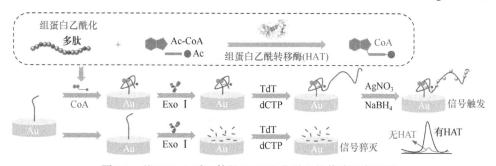

图 8.3 基于 CoA-适配体的 HAT 电化学生物传感示意图[59]

化学信号的采集。该传感器在 0.01～100 nmol/L 浓度范围内呈现出良好的线性关系，检测限为 2.8 pmol/L。

4) NAD/NADP 的电化学研究

在国际系统命名的六大酶类中，氧化还原酶占比约 27%，其中有近 80% 的氧化还原酶通过 NAD(H) 进行电子传递。也就是说，NAD(H) 作为生物体内很多氧化还原酶的辅酶参与线粒体内的新陈代谢活动，如糖酵解、三羧酸循环以及氧化磷酸化等重要代谢过程，该过程中 NAD 在 NAD^+ 和 NADH 之间相互转化[60, 61]。在正常生理环境中，几乎所有的代谢物都无法透过线粒体内膜，细胞内绝大多数 NADH 都集中存在于线粒体内，氧化产生 ATP 以维持线粒体新陈代谢活动的正常进行。然而，当细胞受到促凋亡物质(如活性氧自由基和 Ca^{2+} 累积)刺激时，线粒体通透性转运孔(mPTP)会打开，此时分子质量小于 1.5 kDa 的代谢物和离子可自由通过。该过程会引起线粒体代谢失调导致线粒体功能紊乱(如内膜电位异常，呼吸链中断，线粒体 ATP 合成停止)甚至细胞凋亡[62]。因此，NADH 可以作为线粒体功能正常与否的标志物。此外，mPTP 的打开和 NADH 的释放的过程还可以帮助一些抗癌药物发挥药效杀死癌细胞。也就是说，实时定量地监测细胞内线粒体内 NADH 的释放不仅有助于掌握代谢信息和线粒体功能，还能用于评估一些抗癌药物的药效。

直接在电极上进行 NADH 到 NAD^+ 的氧化具有高度的不可逆性，该反应要在较高的过电位下才能发生。此外，不稳定和高活性的单电子氧化中间体会在电极表面形成聚合物副产物，导致电极表面结垢。为此，研究者通过在电化学传感中引入各种氧化还原介质，以提高电子转移效率、降低过电位以及防止电极表面结垢。Teymourian 等在玻碳电极上构建了一种基于 Fe_3O_4 磁珠功能化的碳纳米管复合物(Fe_3O_4/MWCNTs)电极，其中 Fe_3O_4 代替各种氧化还原介质完成 NADH 和电极之间的电子转移过程。在 NADH 进行催化氧化时，相较于未经修饰的玻碳电极，Fe_3O_4/MWCNTs 电极的过电位明显降低(降低了约 650 mV)，且表现出良好的稳定性和选择性[63]。此外，利用 NAD/NADH 在底物与酶之间重要的电子和质子转移作用，结合电化学-化学氧化还原循环的信号放大策略，研究人员开发了一系列高灵敏的生物传感器，实现了对蛋白[64]、细菌[65]以及疾病相关小分子[66]的检测。

NAD/NADH 除了作为中间体协助放大信号之外，直接用于 NADH 检测的电化学分析方法也在不断开发中[67-70]。上述用于 NADH 电化学分析的方法都是在溶液或体相细胞中进行的，检测环境相对简单。因此，如何在复杂的细胞内环境中实现原位实时的单细胞监测成为一个重要的研究方向。要实现电化学在单细胞层面的检测，电极的尺寸要足够小，直径尽量控制在 100 nm 以内。纳米电极一方面可以减少单个细胞的功能性损伤，另一方面则大大提高了电极的时空分辨率。基于此，Long 课题组开发了一种不对称纳米孔电极(ANEs)，该类电极无需在纳米电极内部密封金属线，无线 ANEs 可以在内部镀金作为传感界面，具有制备简单、易于修饰以及尺寸可控的优点。采用两步式 3D 制备方法得到孔径低至 90 nm 的不对称纳米电极，由于该电极的不对称几何结构，纳米孔电极两端 90%以上的电压降可将法拉第电流响应转化为易于识别的氢诱导瞬态离子电流，电流信号可被放大至少 3 个数量级。电流分辨率从纳安提高至皮安，信噪比有明显提升，实现了对活细胞内 NADH 的高灵敏和选择性检测，检测浓度低至 1 pmol/L[71]。

　　最近，Huang 课题组报道了一种基于新型的单体纳米线电极，将其应用于监测线粒体细胞 NADH 的释放[72]。电极的制备过程如图 8.4 所示，首先对单体 SiC@C 纳米线进行预处理使其带负电，以便进一步修饰导电聚合物(PEDOT)和碳纳米管(CNTs)，得到 CNTs@PEDOT 纳米线。随后将其转移至带有液体金属和蜡封的玻璃微管中，得到 CNTs@PEDOT 纳米线电极(NWE)。其中，带正电的 PEDOT 有助于和带负电荷的 NADH 通过静电吸附作用在电极表面累积，高电导率的 CNTs 则能够加速电子的转移。制备得到的 CNTs@PEDOT-NWE 表现出优良的电化学性能和抗污能力，利用电流分析法，研究了葡萄糖和白藜芦醇诱导细胞内线粒体释放 NADH 的过程。该工作实现了在单细胞水平原位监测线粒体内释放的 NADH，有助于更深入地了解 NADH 在生理和病理条件下的释放过程。

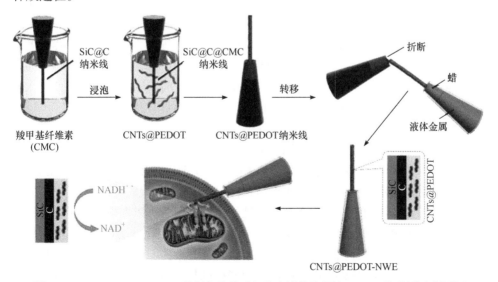

图 8.4　CNTs@PEDOT-NWE 的制备及其对细胞内线粒体释放 NADH 的监测示意图[72]

2. AA 的电化学研究

AA 是一种重要的水溶性维生素,既能够作为羟化酶的辅酶参与体内羟化反应,又能作为抗氧化剂添加到食品、药品和化妆品中[73]。Huang 等对近几年开发的电化学维生素传感器进行了总结,其中包括通过制备不同的化学修饰电极,结合各种电化学分析技术,实现对药物、食品以及血清样品中 AA 的检测[74]。Hei 等以海带作为原材料,制备了一种三维氮掺杂的碳纳米材料。该新型纳米材料具有合成过程简单、成本低的优点。通过滴涂法将该纳米材料修饰在玻碳电极上,结合安培法构建了一种灵敏的 AA 传感器,其线性范围是 $10 \sim 4410 \, \mu mol/L$,检测限为 $1 \, \mu mol/L$,实现了对果蔬汁以及尿液中 AA 的选择性检测[75]。Hashemi 等合成了 $Ag-Fe_3O_4$ 核壳纳米颗粒,将其沉积在修饰有氧化石墨烯的工作电极上,通过一系列电化学表征技术对电极性能进行了评估[76]。最后将该传感器应用于对血液样品的分析,其线性范围是 $0.2 \sim 60 \, nmol/L$,检测限为 $74 \, nmol/L$,具有较高的灵敏度。

此外,AA 作为脑内神经重要的化学物质之一,在脑功能障碍/损伤中发挥着重要的神经保护和神经调节作用[77]。因此,开发高效便捷的装置实现体内实时监测大脑 AA 含量具有重要的研究意义,大量的研究工作已经围绕这一领域展开。Mao 课题组对国内外相关工作进行了总结,讨论了活体脑中 AA 实时分析主要用到的电化学分析方法,定量分析中如何调控 AA 电子转移动力学过程,以及由此引发的脑功能作用机理研究[78]。例如,Mao 课题组首次将电化学检测和微透析采样系统结合,实现了对老鼠大脑内 AA 的连续性实时分析,并表现出较高选择性和良好的重现性[79]。基于这一高效的电化学检测-微透析平台,该课题组进一步开发了一种比率型电化学传感器,用于脑内 AA 的高灵敏选择性分析[80]。首先在玻碳电极上电沉积氧化石墨烯,经由电化学还原过程得到还原型氧化石墨烯(ERGO)。利用 ERGO 在不同电位条件下对 AA 和 MB 氧化能力的差异性,通过示差脉冲伏安法实现了对脑部微量透析液中 AA 的实时检测,为脑化学的深入研究提供了新思路。近年来,由于微电极在检测过程中具有时空分辨率高、电极表面可修饰性强的优点,越来越多的基于微电极的电化学传感平台相继开发,并逐渐发展成为检测活体中神经化学物质的主流方法[81-83]。

Xiao 等采用电化学的方法研究了活体鼠脑内扩散去极化过程中 AA 的波动[84]。实验中采用碳纳米管包裹的碳纤维微电极(CFE)来监测大鼠大脑皮层中 AA 的释放过程,具有良好的时空分辨率和选择性。监测过程中可以发现,经扩散去极化诱导后 AA 的浓度显著增加。当使用特异性的扩散去极化抑制剂时,AA 的释放被完全抑制,而抑制谷氨酸转运体时,AA 的释放量仍旧保持增加。也就是说,AA 的释放不是通过谷氨酸和 AA 的异向交换机制,而可能是通过囊泡介导的或体积敏感的有机阴离子通道等其他机制。这一发现为 AA 的释放机制提供了新见解,或将为电化学在活体脑化学中开辟新的应用。在上一个研究基础上,Jin 等采用优化后的 CFE 电极,开发了一种脑部植入式 AA 传感器(CFE$_{AA2.0}$),并首次将其应用于观察活体中细胞毒性水肿引起的 AA 释放过程[85]。经过优化的传感器在保持其优异选择性和时空分辨率的同时,极大地简化了制备过程并提高了电极稳定性。在谷氨酸受体刺激剂(N-甲基-D-天冬氨酸,NMDA)诱导的细胞毒性水肿过程中,可以观察到大鼠脑内 AA 的释放显著增加,且这一释放过程的改变与 NMDA 的量密切相关,表明 AA 的释放与细胞毒性水肿紧密相关。图 8.5(a)给出了 CFE$_{AA2.0}$用于活体大鼠大脑皮层中 AA 的检测示意图,研究了活体大鼠细胞毒性水肿时细胞外 AA 的变化情况。首先外源性注射 500 μmol/L NMDA(10 μL)到大鼠大脑皮层,诱导细胞毒性水肿,并在注射部位附近植入 CFE$_{AA2.0}$以原位捕捉 AA 的释放。如图 8.5(b)所示,在+50 mV 的外加电压下,CFE$_{AA2.0}$在局部微量注射 NMDA 后30 s 内记录到电流迅速增加,而向脑内注入人工脑脊液(aCSF)则未观察到明显电流[图 8.5(c)],说明 AA 主要是由 NMDA 诱导的细胞毒性水肿所引起。该工作探究了细胞毒性水肿与 AA 之间的关联性,为脑损伤的病理研究提供了一个潜在的可测量生物学参数。

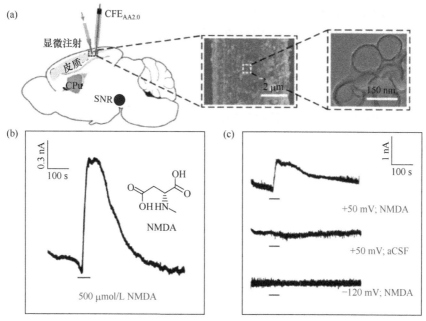

图 8.5　(a) CFE$_{AA2.0}$用于监测大鼠大脑中 AA 的释放的实验装置示意图;(b) 大鼠大脑皮层局部微量注射 NMDA 释放 AA 后电流响应;(c) 不同外加偏压和刺激物条件下 CFE$_{AA2.0}$大鼠大脑皮层 AA 的电流响应[85]

3. CoQ₁₀ 的电化学研究

CoQ₁₀ 是一种脂溶性、疏水性、类维生素化合物，存在于细胞膜上，是 CoQ 家族中的主要成员，在线粒体呼吸链中起电子载体的作用，也是细胞内的抗氧化剂[86]。人体组织中，CoQ₁₀ 与其还原形式泛醇($CoQ_{10}H_2$)共存，在呼吸链的电子和质子传递中也起着重要作用[87]。早期 Gordillo 等采用吸附有磷脂层滴汞电极，结合循环伏安法研究了在不同实验条件下 CoQ₁₀ 的电化学行为[88]。该工作一方面研究了 CoQ₁₀ 在磷脂单分子膜中的氧化还原反应动力学过程，以阐明不同的醌类物质在反应中的参与情况；另一方面通过严格控制实验条件(如 pH、磷脂层厚度)，研究了局部环境对 CoQ₁₀ 性质的影响。随后，Heise 等在此基础上，将包裹有 CoQ₁₀ 和 CoQ₄ 的脂质体膜置于不同 pH 的水溶液中进行电化学测试，对比研究了脂质体的包埋对 CoQ₁₀ 和 CoQ₄ 氧化还原性能的影响[89]。此外，通过将 CoQ₁₀ 固定在不同金属电极上(如金电极和银电极)，结合不同的电化学分析方法，实现了对生物样品的检测[90, 91]。为实现 CoQ₁₀ 在电极表面进行可逆或准可逆的电子转移过程，探索合适的电极修饰材料和生物分子固定方法，构建仿生界面成为当前的研究热点之一。Arthisree 等将功能化多壁碳纳米管修饰在铂碳电极上，通过进一步连接 CoQ₁₀，研究了该界面处的电子转移过程，并通过循环伏安法验证了 f-MWCNTs@CoQ₁₀ 对 NADH、抗坏血酸、半胱氨酸、过氧化氢和葡萄糖的抗氧化能力[92]。该工作还列出了以往基于 CoQ₁₀ 构建的一系列代表性仿生界面，并对其电化学性能进行了归纳总结。近年来，Barsan 等首次基于 CoQ₁₀ 开发了一个可用于氧化应激引发剂检测的电化学传感器[93]。如图 8.6 所示，该实验方案采用环糊精作为载体，将疏水性 CoQ₁₀ 固定在玻碳电极表面。利用环糊精外部亲水、内部疏水的独特性质，确保 CoQ₁₀ 均匀地修饰在电极表面，紧接着在电极表面覆盖一层 Nafion 以提高传感器的稳定性。最后，通过计时电流法和方波伏安法对 CoQ₁₀ 氧化还原性能进行评价，并将优化后的传感器应用于氧化剂分子、过氧化氢和超氧自由基的检测中。

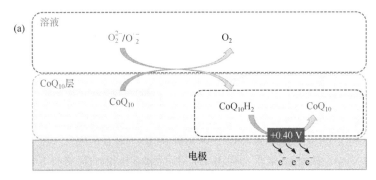

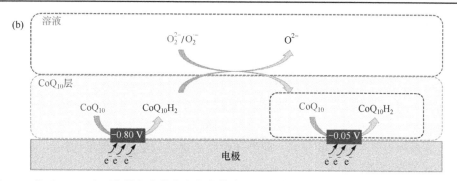

图 8.6　基于 CoQ10 和环糊精复合物的电化学传感器，分别采用计时电流法(a)和方波伏安法(b)
对氧化应激引发剂进行研究[93]

8.3　激素电化学

　　激素(hormone)一词最初衍生于希腊文，意为"奋起活动"。20 世纪初，英国生理学家 W. M. Bayliss 和 E. H. Starling 从小肠黏膜中发现了能够刺激胰腺分泌的促胰液素，并将其命名为激素。激素由高度分化的内分泌细胞合成并直接分泌进入血液，通过调节各种组织细胞的代谢活动来调控人体的各项生理活动。随着激素不断地被分离、制备和发现，激素的作用也不单单体现在促进或刺激方面，有的则表现出抑制性。激素本质上是机体的一种调节物质，是生物进化到多细胞的高等生物阶段时才出现的。对于由亿万个细胞组成的高等生物，其机体的各个部分分别执行着不同的生理功能，激素的调节作用使它们既分工又互相协作，从而形成一个有机整体。

8.3.1　激素的分类

　　激素按生物来源的不同可分为：人和脊椎动物激素、昆虫激素(无脊椎动物激素)和植物激素。

　　1. 人和脊椎动物激素

　　在人和脊椎动物中，由动物的腺体细胞以及非腺体组织细胞所分泌的激素称为动物激素。其中，腺体细胞分泌的称为腺体激素，非腺体组织细胞分泌的称为组织激素。主要包括下丘脑激素、垂体激素、甲状腺激素、胰腺激素、肾上腺激素、性激素和脂肪酸衍生类激素。

1) 下丘脑激素

下丘脑可以分泌激素释放因子和激素释放抑制因子，从而促进垂体分泌相应的激素或抑制垂体的活动。下丘脑激素多为小肽，如促甲状腺激素释放因子是简单的三肽，能溶于水且结构稳定，具有较强的抗肽酶水解的能力。生长激素释放抑制因子(生长抑素)为 14 肽，该激素不仅存在于下丘脑，也存在于胃、十二指肠、视网膜等。研究发现，生长抑素不仅可以抑制垂体分泌生长激素，还可以抑制胰高血糖素和胃肠道激素的分泌，此外还对胰岛素的分泌具有促进作用。

2) 垂体激素

垂体位于丘脑下部,受多种下丘脑神经元分泌的刺激性和抑制性激素的调控，同时又对全身的内分泌腺进行调节。垂体分为前叶、中叶和后叶三部分，根据分泌位置的不同，可分为垂体前叶激素(包括生长激素、促甲状腺激素、促性腺激素、催乳素和促肾上腺皮质激素)、垂体中叶激素(促黑激素和内啡肽)和垂体后叶激素(催产素和加压素)。垂体激素多为促激素，其作用是促使外周腺体分泌相应的激素。

3) 甲状腺激素

甲状腺作为人体最大的内分泌腺体，位于甲状软骨的两侧，呈马蹄形。甲状腺可分泌三种激素，包括甲状腺素、三碘甲腺原氨酸以及降钙素。甲状腺激素的作用十分广泛，主要是增加基础代谢率与促进生长、发育和分化，以上过程是通过影响全身细胞活性和中间代谢实现的。若幼年动物甲状腺机能减退，会引起生长发育受阻，甚至导致永久性中枢神经系统发育不全。反之，甲状腺功能亢进则使机体的耗氧量和产热量增加，基础代谢提高。

4) 胰腺激素

胰腺的内分泌腺体是胰岛，可分泌不同的激素，这些激素共同调节体内糖类物质的代谢，并组成严密的反馈系统，使血糖水平维持在正常范围。胰腺激素主要有胰岛素和胰高血糖素。胰岛素是胰岛 β 细胞分泌的激素，其化学本质是蛋白质。胰岛素在体内各组织中作用于糖、脂肪和蛋白质的代谢，最显著的生理功能是降低血糖。胰岛素轻度缺乏时，机体不能很好地利用糖类物质，表现为耐糖量降低；胰岛素严重缺乏时，血糖极度升高，蛋白质、脂肪分解代谢增强，表现出糖尿病酮酸中毒及各种慢性并发症，如高血压、动脉硬化、肾病变等。胰高血糖素的主要功能是促进肝糖原分解，使血糖升高。

5) 肾上腺激素

肾上腺位于肾的上方，由肾上腺髓质和肾上腺皮质两部分组成。肾上腺髓质分泌的激素有肾上腺素和去甲肾上腺素，其中肾上腺素可增加心跳频率，是强心剂；去甲肾上腺素能促进血管收缩，使血压升高。去甲肾上腺素进行甲基化反应后即可转变为肾上腺素。肾上腺皮质分泌的激素包括糖皮质激素和盐皮质激素，糖皮质激素对糖、蛋白质、脂肪、矿物质、水盐代谢及维持器官功能等方面都有重要作用；盐皮质激素主要是促进生物体保钠排钾，调节水盐代谢。

6) 性激素

性激素主要由性腺分泌，包括雄激素、雌激素和孕激素三种。雄激素为十九碳类固醇激素，其生理作用主要是促进蛋白质合成，使肌肉发达，精神体力充沛，促进身体生长发育和第二性征的发生。雌激素是由肾上腺和卵巢分泌的一种十八碳类固醇激素，包括雌二醇、雌酮和雌三醇三种，以雌二醇的活性最高。雌激素不仅能够促进和维持女性生殖器官和第二性征，而且对内分泌、心血管、代谢系统以及骨骼的生长等均有明显的影响。孕激素是一类二十一碳类固醇激素，主要有孕酮和孕二醇，这两种激素能够促进受精卵着床与继续妊娠。此外，对蛋白质、糖和脂代谢均有重要作用。

7) 脂肪酸衍生类激素

脂肪酸衍生类激素是由花生四烯酸经过环化、氧化等修饰作用衍生而来的一类能够发挥局部效应的激素，也被称为局部激素。这类激素主要包括前列腺素、血栓素和白三烯等。其中前列腺素通过调节细胞内第二信使分子 cAMP 的合成，影响各种细胞和组织的功能，可控制离子转运，调节睡眠循环和消化功能，促进平滑肌收缩等。血栓素主要由血小板合成，会引起血管收缩和血小板凝聚，导致血栓的形成。白三烯能引起平滑肌收缩，过量合成会引发哮喘，是炎症和过敏反应的重要介质。

2. 昆虫激素

昆虫激素是调节控制昆虫的生理活动，如脱皮、变态、生殖腺发育等生理过程的激素。研究较多的是有关昆虫的生长发育和变态的激素，如脑激素、蜕皮激素和保幼激素。昆虫从卵到成虫的几个阶段不仅受蜕皮激素和保幼激素二者的协调作用控制，也受脑激素的控制。

3. 植物激素

19 世纪，科学家首次从植物中分离出天然的植物激素，植物激素是由植物自身代谢产生的一类有机化合物，对植物生长发育及代谢过程起到控制和调节的作用[94]。目前国际上公认的高等植物激素有以下五大类：①植物生长素，如吲哚乙酸，可促进不定根的生长，花、芽、果实的发育，新器官的生长和组织分化等，扦插植物时用它处理可提高存活率；②赤霉素，可促进高等植物的发芽、开花、生长和结果等；③细胞分裂素，又称细胞激动素，泛指与激动素有同样生理活性的一类嘌呤衍生物，可促进细胞分裂和分化；④脱落酸，又称离层酸，是一种高等植物生长抑制剂，可促进植物离层细胞成熟，引起器官脱落，与赤霉素有拮抗作用，更多地存在于衰老和休眠的器官中；⑤乙烯，具有抑制茎的伸长生长、促进茎或根的增粗及引起叶柄和胚轴偏上生长的三方面效应，还可以降低植物生长速度，促进果实成熟。

8.3.2 激素的作用特点

动植物都可以产生多种激素,尽管激素种类繁多,各种激素的结构、性质和生理功能差异很大,但都具有以下共同特点[95, 96]。

1. 信使作用

内分泌系统与神经系统一样,能够实现机体内信息的传递。在内分泌系统中,信息以化学物质的形式存在,即依靠激素完成信息在细胞间的传递。不同类型的激素能够对相应靶细胞的生理过程起加强或削弱的作用,从而调节生物体的功能和行为。例如,生长素能够促进机体的生长发育,甲状腺激素加快生物体代谢速度,胰岛素具有降低血糖的作用等。上述过程中,激素扮演"信使"的角色,将生物信息传递给靶器官/靶组织/靶细胞(也称为受体),进而促进或抑制细胞内代谢过程发生变化,从而达到调节机体生理活动的目的。

2. 特异性

激素的作用机制具有较高的特异性,这一特异性主要包括组织特异性和效应特异性。组织特异性是指激素作用于特定的靶细胞、靶组织、靶器官;效应特异性则是指激素有选择地对某一代谢过程进行调节。此外,激素的特异性是由激素受体决定的。在血液循环过程中,激素被运送到机体各组织处,具有相应受体的细胞会对激素产生响应。受体细胞与激素特异性结合后,经过一系列复杂的反应,产生特定的生理效应。

3. 高效性

激素在血液中的浓度很低,一般蛋白质激素的浓度在 nmol/L～pmol/L 水平,其他激素在 μmol/L～nmol/L 水平。也就是说,在生物体内,血液中极低的激素有效活性浓度即可发挥极大的生理效应。其高效性主要是由于激素与受体结合后,在细胞内引发了一系列酶促级联反应,将低浓度激素的生理效应逐级放大。例如,一分子的促甲状腺激素释放激素可使垂体释放十万分子的促甲状腺激素;0.1 μg 的促肾上腺皮质激素释放激素可引起垂体释放 1 μg 促肾上腺皮质激素,进而引起肾上腺皮质分泌 40 μg 糖皮质激素,传递信息放大了约 400 倍。因此,维持体液中激素浓度的相对稳定,对发挥激素的正常调节作用极为重要。

4. 相互性

内分泌系统不但有上下级之间控制与反馈的关系,而且同一层级中往往是多种激素相互关联地发挥作用。因此,激素的作用不是孤立的,具有一定的相互性。

当多种激素共同参与同一生理活动调节时，它们之间的相互关系主要表现在以下方面：①协同作用，如肾上腺素和生长激素，虽然二者分别作用于不同的代谢环节，但都有升高血糖的作用；②拮抗作用，如胰岛素能降低血糖，而肾上腺素则升高血糖；③允许作用，即某些激素本身对某器官和细胞不能产生直接作用，但它的存在却是另一种激素产生生物效应的必要前提，这种现象称为允许作用。例如，糖皮质激素本身不能引起血管平滑肌收缩，但只有它存在时，去肾上腺素才能发挥收缩血管的作用。不难看出，激素与激素之间的相互作用对维持机体正常的功能性活动意义重大。

8.3.3　激素的电化学研究进展

激素作为动植物和微生物细胞所分泌的一类微量活性物质，对生物体的成长起着重要的调节作用。它通过调节各种组织细胞的代谢活动而影响生物体的生理活动，激素分泌过多或过少都会导致机体功能紊乱。利用电化学传感技术分析速度快、灵敏度高、成本低、易于操作等优点，研究人员已开发出一系列用于激素检测的电化学传感器。2015 年，Sezgintürk 课题组首次对电化学生物传感器在激素检测中的应用进行了总结，简要介绍了不同激素的研究意义，并根据不同的电化学分析技术(电流法、电位法、阻抗法、电导法)对相关激素检测工作进行了分类[97]。此外，多篇综述对用于激素检测的生物传感器研究都有涉及[98-101]。在上述已发表的工作基础上，本节将从电化学技术对动物激素和植物激素的检测出发，就二者现阶段的代表性进展进行介绍。

1. 动物激素的电化学检测

1) 下丘脑激素的电化学检测

促肾上腺皮质激素释放激素(CRH)作为下丘脑激素的一种，是由 41 个氨基酸组成的肽类激素，其分子量约为 4.7 kDa，能刺激垂体释放促肾上腺皮质激素与内啡肽。在应激情况下，CRH 的作用更为明显，其是研究动物体神经、内分泌以及警觉行为等应激反应的重要生物标志物。2001 年，Cook 通过将抗体和微透析探针结合，开发了首个用于大脑 CRH 检测的免疫分析方法[102]。在后续的 CRH 传感器开发过程中，相关工作主要围绕提高检测器件的灵敏度、降低实验成本、确保检测准确性等方面进行。Duran 等最近利用 CRH 抗体片段作为生物识别元件完成与 CRH 的特异性结合，通过优化 Au 纳米颗粒(NPs)在 Au 电极上的合成条件，开发了一种 CRH 电化学阻抗免疫传感器[103]，在 $10\sim80$ μg/mL 浓度范围内表现出良好的线性，并计算了 CRH 与抗体间结合常数。

2) 垂体激素的电化学检测

在垂体激素中，促甲状腺激素(TSH)是由垂体前叶促甲状腺素细胞合成的一种α/β异二聚体。人体中，下丘脑通过脑下垂体连接神经系统和内分泌系统，首先释放促甲状腺素释放激素(TRH)，继而刺激 TSH 的产生[104]。TSH 水平过高会引起甲状腺功能减退，导致垂体肿瘤、婴儿先天性甲状腺功能衰退和慢性淋巴性甲状腺炎，TSH 水平过低会引起甲状腺功能亢进，导致心跳不规律、眼部疾病等。因此，及时有效地检测 TSH 对甲状腺相关疾病的预防和早期诊疗具有重要意义。Rajesh 等在综述中总结了 TSH 生物传感器的研究进展，重点介绍了 TSH 生物传感器的传感机理和传感性能，并对 TSH 生物传感器的未来发展和商业化前景进行了展望[105]。近年来，利用电化学分析技术的独特优势，结合新型电极材料和信号放大策略，研究者开发了各种具有特色的电化学 TSH 传感器[106-112]。

例如，Nandhakumar 等合成了一种具有稳定酯水解催化活性的金属纳米酶体系，构建了一个高灵敏电化学免疫传感器，实现了对 TSH 的特异性检测[110]。如图 8.7 所示，氨-硼烷(H_3N-BH_3，AB)作为温和的还原剂，在含 O_2 的水溶液中稳定

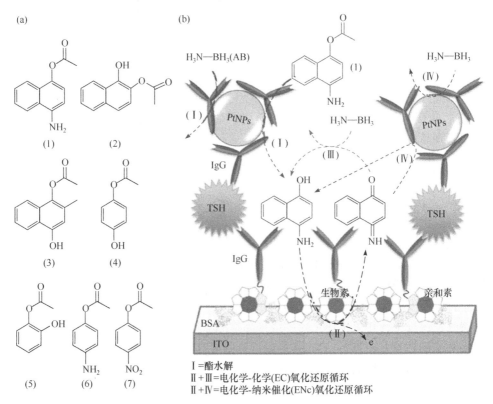

I =酯水解
II + III =电化学-化学(EC)氧化还原循环
II + IV =电化学-纳米催化(ENc)氧化还原循环

图 8.7　(a) 各种酯类底物化学结构；(b) 基于 Pt NPs 和 AB 酯催化水解活性的
TSH 免疫传感器构建示意图[110]

存在。AB 很容易与 Pt NPs 反应生成金属氢化物,从而产生富电子 Pt NPs,有助于 H_2O 与酯羰基之间的亲核反应,加速酯水解。在电化学氧化还原循环和电化学纳米酶催化氧化还原循环的共同作用下,该传感器表现出比天然酶催化更高的电化学信噪比,实现了对 TSH 的高灵敏检测,检测限约为 0.3 pg/mL。通过对六种水解后具有电化学活性的酯底物[图 8.7(a)中的(1)~(6)]和一种水解后显色的酯底物[图 8.7(a)中的(7)]进行研究,验证了 Pt NPs-AB 纳米酶体系的催化活性。

促性腺激素是一类能够促进雌雄性腺发育、促进性激素分泌、调节性腺功能的蛋白质类激素,主要来源于垂体前叶(腺垂体)和哺乳动物的胎盘。在电化学分析领域,针对各种促性腺激素,如脑垂体前叶分泌的黄体生成激素(LH)、卵泡刺激素(FSH)、催乳素(PRL)以及人胎盘绒毛膜分泌的绒毛膜促性腺激素(HCG),各种电化学生物传感器相继开发[113-116]。

以 LH 为例,该激素既可以促进雄性动物睾丸间质产生并分泌雄激素,又可以促进雌性动物体内黄体的形成进而产生黄体酮,是临床上诊断生殖障碍的重要指标。正常的生殖功能是由下丘脑-垂体-性腺高度协调的荷尔蒙反馈模式控制的,LH 的脉冲式释放是调节性激素合成和成熟卵母细胞产生的关键因素。目前开发的 LH 检测方法受限于频繁的血样采集和昂贵的连续性免疫分析,为此,Liang 等开发了一种机械化电化学读取器(RAPTER),通过将特异性识别 LH 的适配体集成在传感平台上,实现了对 LH 的脉冲性检测[113]。如图 8.8(a)所示,RAPTER 由恒电位仪、笔记本电脑、开源可编程机械处理系统和一个定制的 96 孔板组成,其能够自动连续检测患者样本,每个样本的测量间隔时间为 50 s。在 96 孔板检测平台中,通过方波伏安法(SWV)记录适配体与靶标结合过程中的电子转移动力学变化,在 3D 打印的微型三电极体系中进行信号采集,从而实现对 LH 的定量。将 RAPTER 对临床样品的检测结果与免疫化学试验分析结果进行对比,验证了该传感器的准确性[图 8.8(b)]。利用贝叶斯频谱分析法提取 LH 的脉冲间隔信息,从而确定其脉冲性并对检测样品进行分类。图 8.8(c)显示了三类个体的 LH 浓度曲线,更年期妇女(红色)表现出高 LH 水平和脉冲性;健康女性(蓝色)为正常 LH 脉冲性;下丘脑性闭经患者(灰色)则表现出较低浓度的 LH 和脉冲性。

3) 甲状腺激素的电化学检测

在甲状腺体中,激素的产生过程如图 8.9 所示,TSH 诱导甲状腺产生甲状腺素(T4),进而影响三碘甲状腺原氨酸(T3)的释放[117]。由甲状腺功能衰竭引起的甲状腺功能减退会导致 T3 和 T4 分泌减少。而甲状腺功能亢进则会引起 T3 和 T4 分泌增加。因此,T3 和 T4 的检测有助于对甲状腺功能进行筛查。Kim 等以聚酰亚胺(PI)为基底,采用等离子体增强化学气相沉积技术在 PI 表面直接生成二维二硫化钼(2D-MoS₂),制备了一种柔性生物传感器。利用电化学传感器具有比表面积大、柔韧性好、透明度高、可扩展性强等优点,实现了对 T3 和 T4 的快速灵敏检测。

使用该传感器对 30 名临床患者的血清样品进行了电化学检测，并与标准免疫分析设备的检测结果进行了比较，其表现出良好的分析性能。

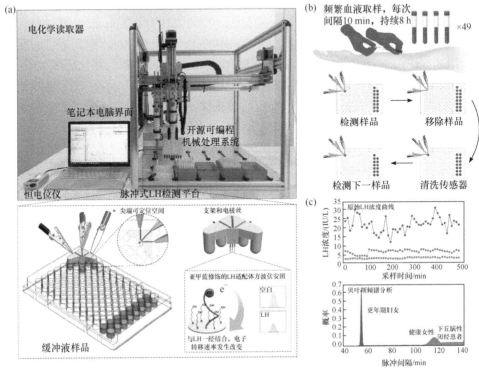

图 8.8　RAPTER 的基本装置以及检测原理示意图[113]

　　除甲状腺激素外，甲状旁腺激素(PTH)是细胞外液中钙和磷浓度重要的内分泌调节因子，能够调节骨骼、肾脏和肠道组织以及细胞外液中的钙和磷代谢，可作为骨质疏松和甲状旁腺疾病的指标[118]。Yang 课题组基于生物酶和模拟酶的催化活性，开发了一系列用于 PTH 高灵敏检测的免疫传感器[119-123]。

4) 肾上腺激素的电化学检测

　　皮质醇是一种由肾上腺皮质分泌的肾上腺皮质激素，在提高血压和血糖水平方面发挥显著效果，能够调节碳水化合物代谢以抵抗外界刺激。皮质醇的分泌主要取决于心理和情绪的压力程度，因此也被称为"压力荷尔蒙"。一旦皮质醇分泌出来，血压的升高会导致肌肉和相关器官收缩，从而促进身体对预期压力的反应。总体而言，皮质醇水平全天呈现昼夜节律，早晨达到峰值，夜间降至最低点。然而，由于身体和心理状况不平衡而导致的皮质醇水平异常升高会引发高血压和肌肉组织损伤[4]。皮质醇水平过高会导致慢性疲劳、头痛和失眠等不良症状，长此以往，免疫系统会遭到破坏。随着现代生活节奏的加快，人们对皮质醇的检测愈发关注，并开发了许多用于这一激素水平检测的电化学生物传感器[124-133]。最近，斯坦福大学 Parlak 等基于分子选择性纳米孔膜设计了一种可穿戴式有机电化学传感器件，能够实现对人体皮质醇的无创检测[128]。如图 8.10 所示，该传感器件由防水保护层、有机电化学晶体管(OECT)分子选择性识别层以及用于样品采集的激光图案化微阵列组成。其中，修饰有平面化 Ag/AgCl 栅极的 PEDOT∶PSS OECT

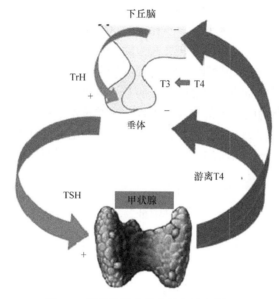

图 8.9　甲状腺体中激素的释放机制[117]

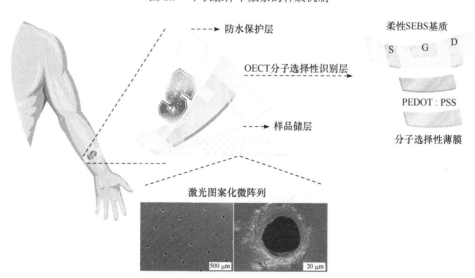

图 8.10　贴片式可穿戴皮质醇传感器原理图[128]

作为电化学传导层，以分子印迹聚合物的分子选择性识别膜作为生物识别层，该装置是在苯乙烯-乙烯-丁烯-苯乙烯(SEBS)弹性体基底上制备而成的，确保了可穿戴传感器的灵活性和可伸缩性，并应用于对人体汗液中皮质醇的选择性检测中。

5) 胰岛素的电化学检测

胰岛素是一种非常重要的肽类激素，在调节血糖水平方面发挥举足轻重的作用。较低浓度的胰岛素会导致糖代谢不完全，从而引发不同类型的糖尿病。因此，监控人体血液中的胰岛素水平对诊断和控制这两种类型的糖尿病都具有极其重要的意义，而快速、简便的高精度胰岛素检测方法也成为世界各国研究人员的热门课题。Hasanzadeh 课题组[134]和 Xu 课题组[135]分别从传感材料和检测方法出发，对相关工作进行了全面的归纳总结。目前基于电化学方法开发的大多数胰岛素传感器都会涉及复杂的电极制备和检测过程，这类技术既耗时又昂贵，且需要相对大的样品量。为了克服这些缺点，Zhan 等基于氢氧化镍[Ni(OH)$_2$]修饰的丝网印刷电极(SPE)，开发了一种低成本的电化学胰岛素传感器[136]，其构建过程如图 8.11

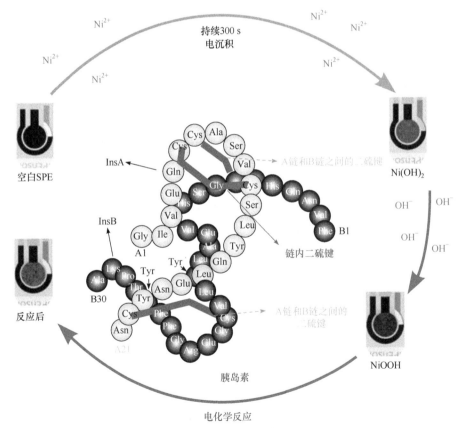

图 8.11　胰岛素的分子结构和传感器的构建过程示意图[136]

所示。在电极制备上，相较于传统的涂覆法和溶胶-凝胶法，Ni(OH)$_2$-SPE 电极的制备时间缩短了约 1/12。此外，该方法只需要 300 μL 的胰岛素样品即可进行检测，节省了检测成本。最后，通过对人血清中不同浓度胰岛素的检测，验证了该方法的潜在临床应用价值。

6) 性激素的电化学检测

近年来，利用电化学分析技术开发了多种多样的生物传感器，实现了对雌二醇[137-140]、雌三醇[141, 142]、孕酮[143-145]、睾丸素[146, 147]以及合成类[148, 149]雌雄激素的检测。Khanwalker 等就生育激素的电化学检测进行了总结，其中详细介绍了孕酮和雌二醇电化学传感器的一般设计思路和流程[150]。在众多用于雌二醇检测的生物传感器中，利用适配体亲和能力强、特异性好的特点，开发了一系列雌二醇适配体传感器，相关工作在 Nezami 等发表的综述中均有详细介绍[151]。孕酮是一种由卵巢黄体分泌的雌激素，能够影响女性月经周期、妊娠以及人类和其他动物的胚胎的形成。如图 8.12 所示，Das 等通过简单的电沉积技术在 GCE 上沉积锡纳米棒(Sn/GCE)，利用示差脉冲伏安法实现了对孕酮的特异性检测[143]。该实验通过电子显微镜、紫外-可见光谱分析、X 射线衍射和电化学阻抗谱等表征技术对 Sn/

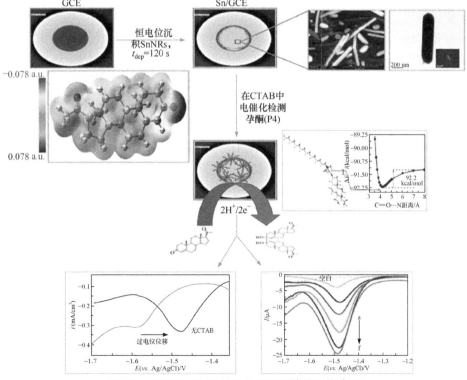

图 8.12　基于 Sn/GCE 的电化学孕酮传感器构建[143]

1kcal = 4.184kJ

GCE 的物理化学性质进行了探究，通过量子化学计算阐明了孕酮还原的机理，并讨论了阳离子表面活性剂十六烷基三甲基溴化铵(CTAB)对孕酮电催化过程的影响。该传感器在睾丸素、雌二醇、肌酐、尿酸和 AA 等干扰物质存在的条件下，表现出良好的抗干扰能力，线性范围为 40～600 μmol/L，检测限为 0.12 μmol/L。

此外，睾丸素作为人体主要的雄激素，具有维持骨质密度、保证肌肉强度以及提升体能的作用，同时也是维持男性特征和生殖器官的重要激素，其浓度水平与许多疾病的发生息息相关。Li 等从免疫噬菌体抗体库中成功提取出了睾丸素纳米抗体，并对其进行生物素化。基于生物素化的睾丸素抗体，结合电化学阻抗的方法，实现了对睾丸素的灵敏检测。其线性范围是 0.05～5 ng/mL，检测限为 0.045 ng/mL[147]。

2. 植物激素的电化学检测

1) 植物生长素的电化学检测

植物生长素是由不饱和芳香族环及吲哚侧链环组成的一类植物激素，发挥调控植物生长、分化和发育的作用，在植物体中的含量极少。植物生长素又分为内源性植物生长素和外源性植物生长素，其中吲哚-3-乙酸(IAA)作为内源性植物生长素的典型代表，最早被发现于 1880 年达尔文的植物向光性实验中。IAA 能够调控植物的生长发育和新陈代谢，在植物生长过程中起着重要的作用。Bao 课题组采用纸基电化学分析装置，实现了对几毫克重的豌豆幼苗中不同部位游离 IAA 和水杨酸(SA)的电化学检测。该电化学传感器兼具样品需求量小和分析速度快的优点，有效避免了复杂耗时的样品处理过程[152]。随后，该课题组继续沿用一次性纸基电极，结合多通道电化学工作站，高通量地完成了豌豆幼苗连续部位 IAA 和 SA 的含量检测[153]。从 IAA 和 SA 的热图可以直观地了解豌豆幼苗连续部位 IAA 水平的极化分布和 SA 水平的逐渐变化，该方法可用于区分正常环境和生物逆境下豌豆幼苗不同部位的 IAA 和 SA 水平。基于植物信号分子的活体检测对于精确耕作、作物管理和植物表型鉴定的重要意义，近年来，Li 等开发了一种一次性不锈钢微电化学传感器，实现了对大豆幼苗活体中 IAA 的检测[154]。如图 8.13 所示，实验采用不锈钢丝(SS)作为电极材料，经过电化学阳极化处理形成高度有序的纳米孔结构，随后依次修饰 Au NPs、Pt NPs-电化学还原氧化石墨烯(Pt-ERGO)纳米复合膜以及番红花红 T 聚合物膜(PST)。最后采用示差脉冲伏安法，首次将基于 SS 微电极的电化学传感器应用于对植物活体 IAA 的检测中。该传感器具有良好的选择性和灵敏度，检测限为 43 pg/mL。

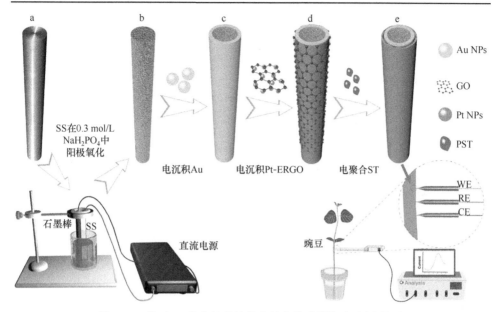

图 8.13 基于 SS 微电极的植物生长素传感器构建示意图[154]

2) 乙烯的电化学检测

乙烯是一种气体植物激素，在萌发的种子和果实成熟过程中含量较多。在香蕉和苹果等水果中，不同生长阶段产生乙烯的水平有所差异。在市场供应链中，如何保证在果实成熟高峰前完成产品的交付以及延长其在货架上的保鲜时间十分重要。因此，乙烯浓度的定量检测颇受关注。Hu 等介绍了乙烯对水果品质和货架期的影响，对现有的乙烯检测方法，如气相色谱法、电化学方法、光学方法等进行了综述[155]。

为了提高检测的灵敏度、降低检测成本、提升传感装置的便携性，尽可能地满足市场对生鲜产品中乙烯的实用性需求，Chen 等制备了一种 Cu(Ⅰ)配合物包覆的 MoS_2-碳纳米管薄膜，构建了一种用于乙烯检测的电导式无线传感器[156]。如图 8.14 所示，首先对柔性树脂材料聚对苯二甲酸乙二醇酯(PET)进行图案化，制备了 Ag 叉指电极，随后将混合均匀的 MoS_2 纳米片和单壁碳纳米管(SCNTs)材料修饰在 Ag 叉指电极上，通过沉积 Cu(Ⅰ)配合物使上述半导体电极功能化，开发了一种性能良好的气敏薄膜传感器。该传感器可通过无线设备读取乙烯检测过程中的电导信号，与电化学工作站读取的信号强度基本一致。这一检测装置具有耗能低、便携性强的特点，为乙烯检测器在水果供应链中的商业化应用提供了新的研究思路。

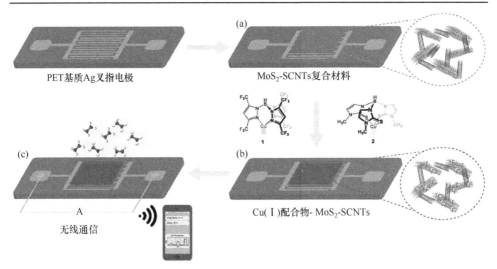

图 8.14　基于 Cu（Ⅰ）-MoS₂-SCNTs 柔性薄膜电极的乙烯传感器构建示意图[156]

8.4　总结与展望

　　辅酶和激素作为生物体的基础性物质，对生命活动过程中的合成代谢、分解代谢以及信息代谢有着重要的催化和调节作用。本章分别介绍了辅酶和激素的组成与分类，并对当前围绕二者开展的电化学研究进行了总结。随着电化学技术的不断发展，电化学在生命科学领域的研究也逐步深入，检测对象逐渐从分子/蛋白模型转变为实际生物样品(如血、尿、唾液等)，检测环境也从体外分析向体内实时监测递进，逐步向开发可投入临床使用的电化学传感器靠拢。近几年，基于电化学方法固有的响应速度快、检测灵敏度高、仪器成本低等优点，研究者通过开发新型电极材料、优化传感设计思路，构建了更便携、更灵敏、易操作的电化学传感器，来实现对各种辅酶和激素的分析检测。尽管如此，当前的研究工作还处在方法学探索阶段，距离投入临床使用还有很大的提升空间。结合辅酶和激素目前在工业和临床的研究需求，未来可从以下几个方面对电化学传感思路进行改进。

　　1. 辅酶再生

　　生物体中，辅酶会影响体内酶催化过程，参与细胞的新陈代谢。例如，NAD作为电子和质子在酶和底物之间转移的重要媒介，是由细胞电位驱动的生物电化学过程。与细胞代谢反应一样，在工业生产中，NAD 在药物、香料、手性化合物等物质的生物催化合成中同样发挥媒介作用，协助氧化还原酶完成催化反应，展现出重要的商用价值。然而辅酶往往价格昂贵，且稳定性较低，从经济角度考虑，很难实现大规模生产。从应用价值考虑，辅酶的再生能够提高产物转化率，有助于建立连续的生产系统。此外，部分辅酶的再生过程伴随电子和质子的传递，从而产生电信号，有望应用于生物传感器和生物燃料电池的开发[157]。因此，开发高效辅酶再生技术十分必要。

2. 可穿戴式传感器开发

就目前已开发的辅酶和激素电化学分析方法，在对实际样品进行分析时，血液取样以及连续取样会对生物体造成不同程度的伤害，样品的前处理过程也相对复杂。随着个性化医疗的发展，利用柔性电子产品质量轻、成本低、灵活性高等特点，可穿戴式传感器应运而生[158]。这类传感器能够以非入侵性的方式对汗液、泪液、唾液、血液、伤口渗液和呼气进行实时、快速且连续的检测，有助于在分子水平上更深入地了解个人健康动态。

3. 传感器件微型化

生物体中环境复杂，存在众多干扰因素，在很多疾病早期，仅有少数细胞发生病变。为更好地了解细胞个体间的异质性，实现疾病早期阶段诊断和治疗，开发用于生物体内辅酶和激素检测的微电极电化学生物传感器十分必要。利用微电极尺寸小、精度高的特点，来实现单细胞分析以及活体原位监测[159]。此外，在当前开发的电化学传感器中，电化学信号大多是通过电化学工作站进行采集的，需要在固定的位置由专业的技术人员进行操作，不利于检测方法向床旁检测靠拢。因此，用便携式智能设备(如智能手机)代替工作站，通过蓝牙技术代替数据线实现无线检测也将成为未来重要的发展方向。

参 考 文 献

[1] Bugg T. Introduction to Enzyme and Coenzyme Chemistry. 2rd ed. Oxford: Blackwell Publishing, 2004.

[2] 李志强. 生皮化学与组织学. 北京: 中国轻工业出版社, 2010: 55-58.

[3] Sun F, Zhou Q, Pang X, et al. Current Opinion in Structural Biology, 2013, 23: 526-538.

[4] Besser G. Journal of Clinical Pathology, 1974, 27: 173-184.

[5] 王艳萍. 生物化学. 北京: 中国轻工业出版社, 2013: 131-139.

[6] 王冬梅, 吕淑霞. 生物化学. 北京: 科学出版社, 2017: 127-137.

[7] 朱圣庚, 徐长发. 生物化学. 北京: 高等教育出版社, 2017: 518-537.

[8] 周顺伍. 动物生物化学. 北京: 化学工业出版社, 2008: 78-97.

[9] 黄熙泰, 于自然, 李翠凤. 现代生物化学. 北京: 化学工业出版社, 2005: 175-183.

[10] Nosewicz J, Spaccarelli N, Roberts K, et al. Journal of the American Academy of Dermatology, 2022, 86: 281-292.

[11] Schörken U, Sprenger G A. Biochimica et Biophysica Acta, 1998, 1385: 229-243.

[12] Lienhart W D, Gudipati V, Macheroux P. Archives of Biochemistry and Biophysics, 2013, 535: 150-162.

[13] Baddiley J, Thain E M, Novelli G D, et al. Nature, 1953, 171: 76.

[14] Mishra P K, Drueckhammer D G. Chemical Reviews, 2000, 100: 3283-3310.

[15] Spinelli J B, Haigis M C. Nature Cell Biology, 2018, 20: 745-754.

[16] Wu H, Tian C, Song X, et al. Green Chemistry, 2013, 15: 1773-1789.

[17] Lobo M J, Miranda A J, Tuñón P. Electroanalysis, 1997, 9: 191-202.

[18] Qu W, Wu K, Hu S. Journal of Pharmaceutical and Biomedical Analysis, 2004, 36: 631-635.

[19] Gholivand M B, Jalalvand A R, Goicoechea H C, et al. Talanta, 2015, 132: 354-365.

[20] Herbert V, Zalusky R. Journal of Clinical Investigation, 1962, 41: 1263-1276.

[21] Quinlivan E P, McPartlin J, McNulty H, et al. The Lancet, 2002, 359: 227-228.

[22] Bacharach A L. Nature, 1952, 169: 1107-1108.

[23] Crane F L. Journal of the American College of Nutrition, 2001, 20: 591-598.

[24] Zhao J, Zhong C J. Neuroscience Bulletin, 2009, 25: 94-99.

[25] Lopez M S, Charmantray F, Helaine V, et al. Biosensors and Bioelectronics, 2010, 26: 139-143.

[26] Touisni N, Charmantray F, Helaine V, et al. Biosensors and Bioelectronics, 2014, 62: 90-96.

[27] Halma M, Doumeche B, Hecquet L, et al. Biosensors and Bioelectronics, 2017, 87: 850-857.

[28] Aymard C M, Halma M, Comte A, et al. Analytical Chemistry, 2018, 90: 9241-9248.

[29] Shinohara H, Gratzel M, Vlachopoulos N, et al. Bioelectrochemistry and Bioenergetics, 1991, 26: 307-320.

[30] Wang Y, Zhu G Y, Wang E K. Analytica Chimica Acta, 1997, 338: 97-101.

[31] Ivanova Y N, Karyakin A A. Electrochemistry Communications, 2004, 6: 120-125.

[32] Karyakin A A, Ivanova Y N, Revunova K V, et al. Analytical Chemistry, 2004, 76: 2004-2009.

[33] Frank R, Klenner M, Zitzmann F D, et al. Electrochimica Acta, 2018, 259: 449-457.

[34] Zhao C, Liu L, Ge J, et al. Microchimica Acta, 2017, 184: 2333-2339.

[35] Liu Y, Wang M, Zhao F, et al. Biosensors and Bioelectronics, 2005, 21: 984-988.

[36] Ivnitski D, Artyushkova K, Rincon R A, et al. Small, 2008, 4: 357-364.

[37] Goncales V, Colombo R, Minadeo, M, et al. Journal of Electroanalytical Chemistry, 2016, 775: 235-242.

[38] Adachi T, Fujii T, Honda M, et al. Bioelectrochemistry, 2020, 133: 6.

[39] Cui H F, Zhang K, Zhang Y F, et al. Biosensors and Bioelectronics, 2013, 46: 113-118.

[40] Njoko N, Louzada M, Britton J, et al. Colloids and Surfaces B: Biointerfaces, 2020, 190: 110981.

[41] Cakiroglu B, Ozacar M. Biosensors and Bioelectronics, 2018, 119: 34-41.

[42] Luong J H, Glennon J D, Gedanken A, et al. Microchimica Acta, 2017, 184: 369-388.

[43] Yamashita Y, Lee I, Loew N, et al. Current Opinion in Electrochemistry, 2018, 12: 92-100.

[44] Filipiak M S, Vetter D, Thodkar K, et al. Electrochimica Acta, 2020, 330: 10.

[45] Ma S, Laurent C, Meneghello M, et al. ACS Catalysis, 2019, 9: 7607-7615.

[46] Li Y, Gong B, Liang X, et al. Bioelectrochemistry, 2019, 130: 107336.

[47] Heinelt M, Noll T, Noll G. ChemElectroChem, 2019, 6: 2174-2181.

[48] Tsujimura S. Bioscience Biotechnology and Biochemistry, 2019, 83: 39-48.

[49] Juska V B, Pemble M E. Sensors, 2020, 20: 6013.

[50] Mandpe P, Prabhakar B, Gupta H, et al. Sensor Review, 2020, 40: 497-511.

[51] Wring S A, Hart J P, Bracey L, et al. Analytica Chimica Acta, 1990, 231: 203-212.

[52] de-Los-Santos-Alvarez N, Lobo-Castanon M J, Miranda-Ordieres A, et al. Electroanalysis, 2005, 17: 445-451.

[53] Merli D, Zavarise F, Tredici I, et al. Electroanalysis, 2012, 24: 825-832.

[54] Kang J, Hussain A T, Catt M, et al. Sensors and Actuators B: Chemical, 2014, 190: 535-541.

[55] Ma G, Zhou J, Tian C, et al. Analytical Chemistry, 2013, 85: 3912-3917.

[56] Xu J, Jiang D, Qin Y, et al. Analytical Chemistry, 2017, 89: 2216-2220.

[57] Xu H, Zhou S, Jiang D, et al. Analytical Chemistry, 2018, 90: 1054-1058.

[58] Chen Y, Zhou Y, Yin H. Biosensors and Bioelectronics, 2020, 175: 112880.

[59] Hu D, Hu Y, Zhan T, et al. Biosensors and Bioelectronics, 2020, 150: 111934.

[60] Omar F S, Duraisamy N, Ramesh K, et al. Biosensors and Bioelectronics, 2016, 79: 763-775.

[61] Mayevsky A, Barbiro-Michaely E. The International Journal of Biochemistry & Cell Biology, 2009, 41: 1977-1988.

[62] Stein L R, Imai S. Trends in Endocrinology and Metabolism, 2012, 23: 420-428.

[63] Teymourian H, Salimi A, Hallaj R. Biosensors and Bioelectronics, 2012, 33: 60-68.

[64] Akanda M R, Ju H. Analytical Chemistry, 2016, 88: 9856-9861.

[65] Kwon J, Cho E, Nandhakumar P, et al. Analytical Chemistry, 2018, 90: 13491-13497.

[66] Teymourian H, Mir T A, Gurudatt N G, et al. Analytical Chemistry, 2020, 92: 2291-2300.

[67] Akhtar M H, Mir T A, Gurudatt N G, et al. Biosensors and Bioelectronics, 2016, 85: 488-495.

[68] Balamurugan J, Tran Duy T, Kim N H, et al. Biosensors and Bioelectronics, 2016, 83: 68-76.

[69] Han S, Du T, Jiang H, et al. Biosensors and Bioelectronics, 2017, 89: 422-429.

[70] Meng L, Turner A, Mak W C. Biosensors and Bioelectronics, 2018, 120: 115-121.

[71] Ying Y L, Hu Y, Gao R, et al. Journal of the American Chemical Society, 2018, 140: 5385-5392.

[72] Jiang H, Qi Y T, Wu W T, et al. Chemical Science, 2020, 11: 8771-8778.

[73] Zhang X, Cao Y, Yu S, et al. Biosensors and Bioelectronics, 2013, 44: 183-190.

[74] Huang L, Tian S, Zhao W, et al. Talanta, 2021, 222: 121645.

[75] Hei Y, Li X, Zhou X, et al. Analytica Chimica Acta, 2018, 1029: 15-23.

[76] Hashemi S A, Mousavi S M, Bahrani S, et al. Analytica Chimica Acta, 2020, 1107: 183-192.

[77] Rice M E. Trends in Neurosciences, 2000, 23: 209-216.

[78] Cheng H, Li L, Zhang M, et al. Trac-Trends in Analytical Chemistry 2018, 109: 247-259.

[79] Zhang M, Liu K, Gong K, et al. Analytical Chemistry, 2005, 77: 6234-6242.

[80] Jiang Y, Xiao X, Li C, et al. Analytical Chemistry, 2020, 92: 3981-3989.

[81] Zhang X W, Hatamie A, Ewing A G. Journal of the American Chemical Society, 2020, 142: 4093-4097.

[82] Gu C, Larsson A, Ewing A G. Proceedings of the National Academy of Sciences of the United States of America, 2019, 116: 21409-21415.

[83] He X, Ewing A G. Journal of the American Chemical Society, 2020, 142: 12591-12595.

[84] Xiao T, Wang Y, Wei H, et al. Angewandte Chemie International Edition, 2019, 58: 6616-6619.

[85] Jin J, Ji W, Li L, et al. Journal of the American Chemical Society, 2020, 142: 19012-19016.

[86] Yamamoto Y, Yamashita S. Molecular Aspects of Medicine, 1997, 18: 79-84.

[87] Franke A A, Morrison C M, Bakke J L, et al. Free Radical Biology & Medicine, 2010, 48: 1610-1617.

[88] Gordillo G J, Schiffrin D J. Faraday Discussions, 2000, 116: 89-107.

[89] Heise N, Scholz F. Electrochemistry Communications, 2017, 81: 141-144.

[90] Mårtensson C, Agmo Hernández V. Bioelectrochemistry, 2012, 88: 171-180.

[91] Li D, Deng W, Xu H, et al. Journal of Laboratory Automation, 2016, 21: 579-589.

[92] Arthisree D, Devi K S, Devi S L, et al. Colloids and Surfaces A: Physicochemical and Engineering Aspects, 2016, 504: 53-61.

[93] Barsan M M, Diculescu V C. Electrochimica Acta, 2019, 302: 441-448.

[94] Santner A, Calderon-Villalobos L, Estelle M. Nature Chemical Biology, 2009, 5: 301-307.

[95] 谢义群. 人体正常功能. 武汉: 湖北科学技术出版社, 2011.

[96] 梁成伟, 王金华. 生物化学. 武汉: 华中科技大学出版社, 2017.

[97] Bahadir E B, Sezgintürk M K. Biosensors and Bioelectronics, 2015, 68: 62-71.

[98] Kwon O S, Song H S, Park T H, et al. Chemical Reviews, 2019, 119: 36-93.

[99] Labib M, Sargent E H, Kelley S O. Chemical Reviews, 2016, 116: 9001-9090.

[100] Kwak S Y, Wong M H, Lew T T S, et al. Annual Review of Analytical Chemistry, 2017, 10: 113-140.

[101] Justino C I L, Duarte A C, Rocha-Santos T. Trac-Trends in Analytical Chemistry 2016, 85: 36-60.

[102] Cook C J. Journal of Neuroscience Methods, 2001, 110: 95-101.

[103] Duran B G, Castaneda E, Armijo F. Biosensors and Bioelectronics, 2019, 131: 171-177.

[104] Vassart G, Dumont J E. Endocrine Reviews, 1992, 13: 596-611.

[105] Rajesh, Kumar K, Mishra S K, et al. Trac-Trends in Analytical Chemistry 2019, 118: 666-676.

[106] Beitollahi H, Ivari S G. Biosensors and Bioelectronics, 2018, 110: 97-102.

[107] Nandhakumar P, Ichzan A M, Lee N S, et al. ACS Sensors, 2019, 4: 2966-2973.

[108] Park S, Kim J, Kim S, et al. Analytical Chemistry, 2019, 91: 7894-7901.

[109] Saxena R, Srivastava S. Sensors and Actuators B: Chemical, 2019, 297: 126780.

[110] Nandhakumar P, Kim G, Park S, et al. Angewandte Chemie International Edition, 2020, 22419-22422.

[111] Yan K, Haque A, Nandhakumar P, et al. Biosensors and Bioelectronics, 2020, 165: 112337.

[112] Zanut A, Fiorani A, Canola S, et al. Nature Communications, 2020, 11: 2668.

[113] Liang S, Kinghorn A B, Voliotis M, et al. Nature Communications, 2019, 10: 852.

[114] Kalecki J, Cieplak M, Dbrowski M, et al. ACS Sensors, 2020, 5: 118-126.

[115] Beitollahi H, Nekooei S, Torkzadeh-Mahani M. Talanta, 2018, 188: 701-707.

[116] Darowski M, Ziminska A, Kalecki J, et al. ACS Applied Materials & Interfaces, 2019, 11: 9265-9276.

[117] James D, Liu Y, Brent G A. Thyroid-stimulating hormone. American Association for Clinical

Chemistry, 2013-03-01(3).

[118] John Martin T. Trends in Endocrinology and Metabolism, 2004, 15: 49-50.

[119] Kang C, Kang J, Lee N S, et al. Analytical Chemistry, 2017, 89: 7974-7980.

[120] Nandhakumar P, Kim B, Lee N S, et al. Analytical Chemistry, 2018, 90: 807-813.

[121] Bhatia A, Nandhakumar P, Kim G, et al. ACS Sensors, 2019, 4: 1641-1647.

[122] Haque A M J, Nandhakumar P, Kim G, et al. Analytical Chemistry, 2020, 92: 3932-3939.

[123] Yan K, Nandhakumar P, Bhatia A, et al. Biosensors and Bioelectronics, 2021, 171: 112727.

[124] Li S, Yan Y, Zhong L, et al. Microchimica Acta, 2015, 182: 1917-1924.

[125] Kim K S, Lim S R, Kim S E, et al. Sensors and Actuators B: Chemical, 2017, 242: 1121-1128.

[126] Kim Y H, Lee K, Jung H, et al. Biosensors and Bioelectronics, 2017, 98: 473-477.

[127] Kamarainen S, Maki M, Tolonen T, et al. Talanta, 2018, 188: 50-57.

[128] Parlak O, Keene S T, Marais A, et al. Science Advances, 2018, 4: eaar2904.

[129] Dhull N, Kaur G, Gupta V, et al. Sensors and Actuators B: Chemical, 2019, 293: 281-288.

[130] Jeong G, Oh J, Jang J. Biosensors and Bioelectronics, 2019, 131: 30-36.

[131] Lee H B, Meeseepong M, Tran Quang T, et al. Biosensors and Bioelectronics, 2020, 156: 112133.

[132] Torrente-Rodriguez R M, Tu J, Yang Y, et al. Matter, 2020, 2: 921-937.

[133] Woo K, Kang W, Lee K, et al. Biosensors and Bioelectronics, 2020, 159: 112186.

[134] Shafiei-Irannejad V, Soleymani J, Azizi S, et al. Trac-Trends in Analytical Chemistry, 2019, 116: 1-12.

[135] Shen Y, Prinyawiwatkul W, Xu Z. Analyst, 2019, 144: 4139-4148.

[136] Zhan Z, Zhang H, Niu X, et al. ACS Omega, 2020, 5: 6169-6176.

[137] Chen X, Shi Z, Hu Y, et al. Talanta, 2018, 188: 81-90.

[138] Jose Trivino J, Gomez M, Valenzuela J, et al. Sensors and Actuators B: Chemical, 2019, 297: 126728.

[139] Liu M, Ke H, Sun C, et al. Talanta, 2019, 194: 266-272.

[140] Zhang Y, Jiang J, Liu Y, et al. Nanoscale, 2020, 12: 10842-10853.

[141] Cesarino I, Cincotto F. Sensors and Actuators B: Chemical, 2015, 210: 453-459.

[142] Ochiai L M, Agustini D, Figueiredo-Filho L, et al. Sensors and Actuators B: Chemical, 2017, 241: 978-984.

[143] Das A, Sangaranarayanan. Sensors and Actuators B: Chemical, 2018, 256: 775-789.

[144] Jiménez G C, Eissa S, Ng A, et al. Analytical Chemistry, 2015, 87: 1075-1082.

[145] Kelch J, Delaney A, Kelleher F, et al. Biosensors and Bioelectronics, 2020, 150: 111876.

[146] Kellens E, Bove H, Vandenryt T, et al. Biosensors and Bioelectronics, 2018, 118: 58-65.

[147] Li G, Zhu M, Ma L, et al. ACS Applied Materials & Interfaces, 2016, 8: 13830-13839.

[148] de Jesus V O, Ferreira V S, Lucca B G. Talanta, 2020, 210: 120610.

[149] Cincotto F H, Martinez-Garcia G, Yanez-Sedeno P, et al. Talanta, 2016, 147: 328-334.

[150] Khanwalker M, Johns J, Honikel M M, et al. Critical Reviews in Biomedical Engineering, 2019, 47: 235-247.

[151] Nezami A, Nosrati R, Golichenari B, et al. Trac-Trends in Analytical Chemistry, 2017, 94: 95-105.

[152] Sun L J, Xie Y, Yan Y F, et al. Sensors and Actuators B: Chemical, 2017, 247: 336-342.

[153] Sun L J, Zhou J J, Pan J L, et al. Sensors and Actuators B: Chemical, 2018, 276: 545-551.

[154] Li H, Wang C, Wang X, et al. Biosensors and Bioelectronics, 2019, 126: 193-199.

[155] Hu B, Sun D W, Pu H, et al. Trends in Food Science & Technology, 2019, 91: 66-82.

[156] Chen W Y, Yermembetova A, Washer B M. ACS Sensors, 2020, 5: 1699-1706.

[157] Immanuel S, Sivasubramanian R, Gul R, et al. Chemistry-An Asian Journal, 2020, 15: 4256-4270.

[158] Yang Y, Gao W. Chemical Society Reviews, 2019, 48: 1465-1491.

[159] Zhang J H, Zhou Y G. Trac-Trends in Analytical Chemistry, 2020, 123: 115768.

第 9 章 生物分子作用与电化学

9.1 引　　言

　　生命体系，包括作为生命活动基本单位的细胞，是充满生物分子间相互作用网络的非线性复杂系统，生物分子间相互作用是生物分子体现其活性和功能的基本步骤，可以说，没有生物分子间相互作用，就没有生命活动和生命体系。基于分子尺寸大小来考虑，生命科学中的分子间相互作用可分为两类，生物大分子(核酸、蛋白质、多糖、酯类)间的相互作用，以及生物大分子与活性小分子(如小分子神经递质和神经调质、小尺寸离子、小分子药物等)之间的相互作用。生物分子间相互作用的作用力也主要有两种类型：共价强作用力(化学键的生成、断裂、组合或重排)和非共价弱作用力(如氢键、静电作用、疏水作用、偶极作用和范德瓦耳斯力等)。非共价弱作用在生物体系中具有极其重要的意义，很多常见的生物亲和过程均涉及这种弱作用及其协同效应，如酶-底物、抗原-抗体、核酸杂交、蛋白-核酸、糖-凝集素及药物-靶标亲和等[1-16]。目前，在基因组学和蛋白质组学的基础上，研究生物分子间相互作用的学科——相互作用组学(interactomics)和系统生物学(systems biology)，也正在兴起[17-22]。相互作用组学和系统生物学强调生物系统的整体性，关注大量或所有生物组分(基因、核酸、蛋白质、多糖和活性小分子等)间的相互关系、相互作用和运动规律。事实上，这种生物医学中的整体观、系统观并不特别新奇，中医药作为我国传统医学和国粹，把人体视为一个系统，通过中药等外界干预方式(输入)来调变系统的状态(输出)，尽管从现代医药学的角度来看，目前中医药研究和实践大多还处于"黑箱操作"阶段，有待结合现代科学和先进技术(也会反过来促进现代科技发展)，对系统的内部组分或物质基础、相互作用和动力学过程等进行更深层次的定量理解和把握。

　　活性小分子(如药物)与生物大分子(如蛋白质)相互作用并调控生命功能是化学生物学(chemical biology)的核心研究内容。化学生物学是 20 世纪 90 年代后期才迅速发展起来的一门结合化学和生物学研究的新兴交叉前沿学科，它利用化学的理论、研究方法和手段来探索生物医学问题，其基本任务是揭示生命运动的化学本质，发展生命调控的化学方法，提供生命研究的化学技术[1,23-30]。化学生物学目前的研究内容主要包括以下几个方面[23]：①从天然化合物和化学合成的分子中发现对生物体的生理过程具有调控作用的物质，并以这些生物活性小分子作为探针，研究它们与生物靶分子相互识别和信息传递的机理；②发现自然界中分子进化和生物合成的基本规律,从而为合成更多样性的分子提供新的理论和技术; ③作用于新靶点的新一代治疗药物;④可以提供更多样性分子的组合化学;⑤基于研究金属酶和仿生材料等领域的生物无机化学;⑥对复杂生物体系进行静态和动态分析的新技术等。化学生物学的核心科学问题是研究小分子与生物大分子的相互作用以及相互作用以后所产生的效应,以实现用小分子达到对生命过程调控的中心任务,并促进新药开发。对于生物分子(P)与配体分子(L)的亲和反应 $(nP + mL \rightleftharpoons P'_nL'_m)$,可用其解离平衡常数($K_d$)和结合平衡常数($K_a$)来描述亲和力大小,$K_d = [P]^n[L]^m / [P'_nL'_m] = 1 / K_a$。通常,当结合摩尔比 $m/n=1$ 时,$K_d>50$ μmol/L 时为弱结合,而 $K_d<5$ μmol/L 时为强结合[1]。

生物分子间相互作用的化学研究方法很多,包括各种仪器分析技术,如光谱、波谱、电化学、色谱、声波技术、量热技术、磁学检测技术、表面分析技术和扫描探针技术等,以及分子模拟和理论计算方法。这些方法各有特点,在生物分子间相互作用的研究中,从各个侧面和角度提供着丰富的信息,但生物分子间作用相当复杂,综合分析各种信息对于理解生物分子间作用的科学内涵是重要的,继续创新研究手段也是永恒的研究课题。

电化学方法可提供电极/溶液界面上电子转移过程的直接信息,检测灵敏度高,易于实现自动化和连续分析监测,在氧化还原过程与机理、催化过程与机理、新材料表征、材料保护、表面分析、电池和生物电现象等研究领域发挥着重要作用。利用电化学方法研究和检测生物分子间相互作用,具有两种基本的实验模式,我们姑且称之为"界面上的相互作用"和"本体溶液中的相互作用"。前者指将作用的一方固定在电极表面,试图模拟生物界面上的分子间作用行为,从界面电子转移、界面电荷传输和界面电学参数(电化学联用技术中还包括非电学参数)等的响应来予以研究,这也是电化学方法研究生物分子间相互作用的一个明显特色;后者主要指采用电化学信号作为溶液中生物分子间作用的指示信号,得到的是溶液信息。电化学方法研究生物分子间相互作用,可阐述可能伴随的电子转移过程,获取分子间相互作用的热力学和动力学信息,有助于揭示生物现象的本质、明晰目标物的药理毒理。本章中,笔者将简述生物分子间相互作用的电化学研究与应用。这方面的文献很多,这里,笔者主要就小分子、核酸、蛋白质间的相互作用为读者描述这个重要领域研究和进展的基本轮廓。

9.2 活性小分子与核酸相互作用的电化学研究

核酸是一种线型多聚核苷酸,其基本结构单位是由碱基、戊糖和磷酸基团组成的核苷酸。核酸分脱氧核糖核酸(DNA)和核糖核酸(RNA)两种,DNA 中的戊糖为 D-2-脱氧核糖，而 RNA 中的戊糖为 D-核糖。DNA 中的碱基主要有四种，分别是腺嘌呤(A，adenine)、鸟嘌呤(G，guanine)、胞嘧啶(C，cytosine)和胸腺嘧啶(T，thymine)，前两者为嘌呤碱，后两者为嘧啶碱。RNA 中的碱基也主要有四种，分别是 A、G、C 和尿嘧啶(U，uracil)，与 DNA 中相比仅有一个碱基不同(T→U)。核酸是非常重要的生物大分子，DNA 是遗传物质，是遗传信息的载体；而 RNA 则在遗传信息传递和蛋白质的生物合成等方面发挥着不可替代的重要作用(RNA 的生物功能很复杂，有待进一步的深入认识，如酶性 RNA、小分子 RNA)。所有生物细胞均含有 DNA 和 RNA，DNA 主要集中在细胞核内，而 RNA 主要分布在细胞质中。而迄今知道的病毒却仅含 RNA(称 RNA 病毒)或仅含 DNA(称 DNA 病毒)。

目前，采用电化学方法研究 DNA 与靶向分子间的相互作用的文献相对较多。DNA 的四种碱基中，嘧啶碱基(T 和 C)的直接电化学氧化或还原相对于嘌呤碱基(G 和 A)比较困难。G、A 和 C 电还原的还原位点主要是 G 的 N7 位、A 的 N1 位和 C 的 N3 位。G 和 A 电氧化的氧化位点主要是 G 的 C8 位和 A 的 C2 位[31-35]。近年来，基于二维石墨烯和石墨烯纳米带(GNRs，由多壁碳纳米管经氧化获得)的多活性位点，实现了 DNA 四种碱基 G、A、T 和 C 的直接电化学氧化[36,37]。然而，DNA 碱基的这种电活性在天然 DNA 分子中有时表现并不明显(也与电极材料有关)，且信号的重现性有待改善。此外，A 和 C 的氧化还原还会破坏 A-T、G-C 碱基间的氢键和天然配对[32]。因此，通过电活性 DNA 靶向分子的更好的直接电化学行为，或者利用其他高电活性分子作为 DNA-靶向分子相互作用的探针，或者进行电化学标记，来研究 DNA-靶向分子相互作用，是一种被使用更多的伏安法研究模式[38-44]。另外，利用电化学交流阻抗谱(EIS)和电位测量等不依赖于目标物电活性的电化学测试方法，从非法拉第电流的角度来研究 DNA-靶向分子相互作用体系也是高效可行的[45-48]。

靶向分子与 DNA 的非共价作用可分为三种模式：①表面结合或静电结合；小分子结合在 DNA 的外壁，主要是由于小分子与 DNA 分子中带负电荷的核糖-磷酸骨架间的静电作用[49]，这种作用无选择性。②沟槽结合，小分子与 DNA 的大沟槽(major groove)或小沟槽(minor groove)的碱基对边缘直接相互作用而结合[50,51]。大分子蛋白质结合于 DNA 的大沟槽中，而大多数小分子则是在小沟槽区作用。小沟槽内是 A-T 富集区，小分子通过与胸腺嘧啶碱基 C2 上的羰基氧或腺嘌呤碱基 N3 上的氮形成氢键而与 A、T 碱基结合。③嵌插结合，小分子(主要是芳香环平面分子或类似结构)插入 DNA 双螺旋的碱基对之间而结合[52,53]。三种作用模式如图 9.1 所示[54]。

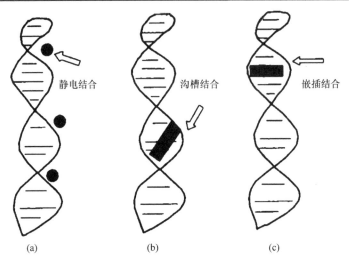

图 9.1　DNA 与小分子相互作用模式

(a) 静电结合；(b) 沟槽结合；(c) 嵌插结合[54]

目前，采用电化学方法研究较多的 DNA 靶向分子主要包括金属配合物、有机药物小分子和有机染料小分子等，下面将就此简述，同时也将简介小分子与RNA 相互作用研究的例子。

9.2.1　金属配合物与 DNA 相互作用及生物传感应用

20 世纪 60 年代，美国芝加哥大学 Rosenberg 等[55,56]试图考察电场对细菌生长的影响，他们采用铂工作电极进行电化学实验，最终意外地发现了顺式二氯二氨合铂(顺铂)具有高抗癌活性。迄今，已有多种具有类似结构的铂配合物(如卡铂)进入临床或处于临床实验阶段[13,57]，癌症的化疗方案也大多是以铂配合物为基础的。这类抗癌药物能与癌细胞中的 DNA 发生相互作用，且细胞自我修复速度慢，从而干扰正常 DNA 复制，致使 DNA 模板失活，显示出抗癌活性[58]。

铂配合物的抗癌活性强烈地依赖于其结构，只有顺铂才表现出高抗癌活性。有无抗癌活性的铂配合物与 DNA 分子作用和结合的方式有很大不同。Paleček 等[31,32]采用微分脉冲极谱法检测了 DNA 分子结构的局部微小变化。微分脉冲极谱法也已用于研究金属配合物类抗癌药物的筛选[59]。Brett 等[60]利用 DNA 修饰玻碳电极检测抗癌药物卡铂，测定血样中卡铂的检测下限为 5.7 μmol/L。该方法还可用于测定其他铂类抗癌药。结果表明，与鸟苷相比，卡铂能更好地与 DNA 分子中的腺苷发生作用。

Rosenberg 等[55,56]发现铂配合物具有抗癌活性的原创性工作引起了研究金属配合物与 DNA 相互作用的热潮。Bard 小组在金属配合物与 DNA 相互作用的电化学研究方面做了大量的开创性工作。Bard 等[38]采用循环伏安法研究了 $Co(phen)_3^{3+}$ (phen=1, 10-菲罗啉)与小牛胸腺 DNA 的相互作用。根据金属配合物和 DNA 相互作用前后的循环伏安行为变化(即金属配合物中心离子的峰电流变化),可计算结合反应的表观结合常数和结合位点数。采用金属配合物滴定一定浓度(以核苷浓度[NP]计)的 DNA 溶液,当 R = [NP]/[金属配合物]为最大时,电流取决于金属配合物与 DNA 加合物的浓度(C_b)及其扩散系数(D_b);当 R 最小时,峰电流主要取决于自由金属配合物浓度(C_f)及其扩散系数(D_f)。金属配合物中心离子的阴极峰电流(i_T)与加入的金属配合物的浓度(C_T)之间的关系可如下表示。

$$i_T = B(D_f^{1/2}C_f + D_b^{1/2}C_b) \tag{9.1}$$

$$C_b = \{b - (b^2 - 2K^2C_T[NP]/n_s)^{1/2}\}/2K \tag{9.2}$$

式中,$B=2.69\times10^5n^{3/2}Av^{1/2}$; $b = 1 + KC_T + K[NP]/2n_s$; K 为结合常数; n_s 为金属配合物和 DNA 复合物上碱基对数目与金属配合物的比值; n 为转移电子数; v 为电位扫描速率; A 为电极面积。求得 $K=5.8\times10^3$ L/mol,$n_s=6.7$。

金属配合物与 DNA 的作用方式不同,DNA 对金属配合物的循环伏安行为的影响也有差异。当作用方式为疏水性嵌插结合时,金属配合物体系的峰电位正移,而为静电作用时,体系峰电位负移。Bard 等[39]采用循环伏安法研究了金属配合物 $ML_3^{3+/2+}$ [M=Fe 和 Co; L=1, 10-菲罗啉(phen)和 2, 2'-联吡啶(bpy)]与小牛胸腺 DNA 的相互作用。如图 9.2 所示,$Co(phen)_3^{3+/2+}$ 与 DNA 作用后,氧化还原峰电流减小,$E_{1/2}$ 正移,说明二者作用模式主要为嵌插结合;$Co(bpy)_3^{3+/2+}$ 与 DNA 作用后,氧化还原峰电流减小,$E_{1/2}$ 负移,说明二者主要为静电作用;$Fe(phen)_3^{3+/2+}$ 与 DNA 作用后,氧化还原峰电流减小,$E_{1/2}$ 基本不移动,说明二者既有嵌插结合又有静电作用,而且两种作用相当;$Fe(bpy)_3^{3+/2+}$ 与 DNA 相互作用后,峰电流没有明显变化,$E_{1/2}$ 基本不移动,说明二者没有明显的相互作用,然而降低支持电解质的离子强度后,$Fe(bpy)_3^{3+/2+}$ 与 DNA 间也存在静电作用。因此,电化学方法可用于区分金属配合物和 DNA 作用的不同方式,对筛选高灵敏检测特定碱基序列的嵌入指示剂、开发 DNA 电化学传感器具有重要意义。

Bard 等[41]采用微分脉冲伏安法研究了 $Mn^{III}P(Dis)_2$[P=内消旋四(N-甲基-4-吡啶基)卟吩; Dis=偏端霉素 A]和 $Mn^{III}P$ 与 DNA 的相互作用。配合物与小牛胸腺 DNA 作用后,还原峰电流减小,峰电位负移;$Mn^{III}P(Dis)_2$ 与 DNA 作用后,还原峰电流也减小,峰电位也负移,但变化程度方面 $Mn^{III}P$ 配合物更显著,这是因为 $Mn^{III}P(Dis)_2$ 的分子量比 $Mn^{III}P$ 大得多,所以 DNA 与 $Mn^{III}P(Dis)_2$ 作用后扩散系数减小程度不如 DNA 与 $Mn^{III}P$ 作用后大。

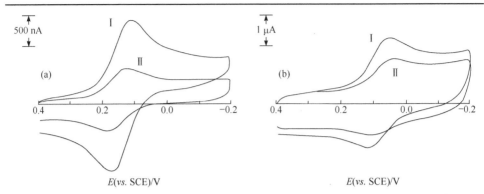

图 9.2　无(Ⅰ)和有(Ⅱ)DNA(浓度相当于 5.0 mmol/L 磷酸核苷)时 0.10 mmol/L Co(phen)$_3^{3+}$ (a)和
Co(bpy)$_3^{2+}$ (b)的循环伏安图[39]

支持电解质：50 mmol/L NaCl + 5 mmol/L Tris(pH 7.1)；扫描速率：100 mV/s

Bard 小组还用电致化学发光方法(ECL)研究了 Os(bpy)$_3^{3+/2+}$、Ru(bpy)$_3^{3+}$ 等一系列金属配合物与 DNA 的相互作用[40,61-66]。Bard 和 Rodriguez[40]用循环伏安法和电致化学发光法研究了 Os(bpy)$_3^{3+/2+}$ 与 DNA 的相互作用，并建立了通过发光强度(I)和加入到金属配合物中的 DNA 浓度的相互关系求算结合常数和结合位点的新方法。在含 $C_2O_4^{2-}$ 的磷酸缓冲溶液(pH=5)中，Os(bpy)$_3^{3+}$/Os(bpy)$_3^{2+}$ 体系产生电致化学发光，而加入 DNA 后，发光强度减弱。在未加入 DNA 之前，ECL 峰强度(I_0)与 Os(bpy)$_3^{2+}$ 浓度(C_T)在 $10^{-4} \sim 10^{-5}$ mol/L 范围成正比。

$$I_0 = AC_T \tag{9.3}$$

式中，A 为比例常数。加入 DNA 后，ECL 总强度(I_R)则是自由配合物和与 DNA 作用后的加合物的贡献之和：

$$I_R = AC_f + qAC_b \tag{9.4}$$

式中，q($0 \leqslant q \leqslant 1$)为加合物的发光效率；$C_f$ 为自由 Os(bpy)$_3^{2+}$ 浓度；C_b 为加合物浓度。由式(9.3)和式(9.4)可得

$$I_R / I_0 = 1 - C_b(1-q) / C_f \tag{9.5}$$

此外，通过 ECL 滴定也可得到类似于式(9.1)和式(9.2)的方程。当 R=[NP]/[Os(bpy)$_3^{2+}$]达到一定值后，I_0/I_R 达到恒定值。再根据式(9.1)、式(9.2)和式(9.5)进行非线性拟合，可求得结合位点数和结合常数，其结果与伏安法所得结果一致。

Bard 等[67]用扫描电化学显微镜研究了自组装 DNA 单分子层与金电极间的电荷转移，以 Fe(CN)$_6^{3-/4-}$ 为探针，求算了表观电荷转移速率常数。加入 Zn^{2+}后，形成 Zn-DNA 单层，导电率增强，从而使得表观电荷转移速率常数增大；用 EDTA 处理后，又可恢复到以前的状态。

Thorp 小组[68-74]采用循环伏安法,对各种 Ru(Ⅱ)配合物电催化氧化 DNA 的机理及其溶剂效应等进行了系列研究。在较低的离子强度下,$Ru(bpy)_3^{3+}$ 与 DNA 间主要为静电作用,作用后 $Ru(bpy)_3^{3+}$ 的氧化还原峰电流减小;而在高的离子强度下,$Ru(bpy)_3^{3+}$ 可电催化氧化 DNA。DNA 的电氧化信号主要来自其鸟嘌呤碱基的电氧化,且鸟嘌呤氧化速率呈现如下趋势:G(单链)>GA>GG>GT>GC,据此可检测 DNA 的错配。基于鸟苷与 Ru(Ⅱ)间的静电作用和 Ru(Ⅱ)配合物对鸟苷的催化,还可采用聚 Ru(Ⅱ)配合物修饰电极检测聚 G 单链。Mugweru 等[75]采用方波伏安法研究了钌配合物修饰电极对 DNA 的电催化氧化,发现含有相同数目的核苷酸单链 DNA(ssDNA)的鸟嘌呤核苷的氧化速率是双链 DNA(dsDNA)中的两倍。

用电化学方法可检测 DNA 在电极表面的形态、DNA 的多链结构、DNA 双螺旋在电极表面的部分开链、DNA 构型由 B 型向 Z 型的转变,以及因化学或物理处理所引起的 DNA 双螺旋的单链区和小部位的变化。Elżanowska 等[76,77]研究了过渡金属离子 Ni(Ⅱ)和 Mn(Ⅱ)引起的寡聚核苷酸构型的转变。他们认为由于核酸碱基对与这些金属离子的络合,碱基对的堆叠发生改变,从而引起了 DNA 构型由 B 向 Z 的转变。Sato 等[78]研究了可溶性 Cu(Ⅱ)-席夫碱配合物与 DNA 的相互作用及其对 DNA 立体构象的影响。

计亮年等[79]采用旋转环盘电极研究了 $Co(phen)_2TATP^{3+}$(TATP = 1, 4, 8, 9-四氮三联苯)与 DNA 的相互作用,并根据扩散控制和电化学控制下得到的各种参数对它们的作用模式进行了讨论。计亮年等[80]还采用循环伏安法研究了一系列钴(Ⅲ)多吡啶配合物与 DNA 之间的相互作用,指出钴(Ⅲ)多吡啶配合物与 DNA 之间的作用为嵌插模式,配体上引入 NO_2 和 Cl 基团将减小钴(Ⅲ)多吡啶配合物与 DNA 之间的作用力。陈洪渊等[81,82]采用循环伏安法、微分脉冲伏安法和现场紫外光谱技术研究了 $Cu(phen)_2^{2+}$ 和 $Cu(bpy)_2^{2+}$ 等铜配合物与 DNA 的相互作用,提供了相互作用的定量数据,为铜配合物与 DNA 作用部位提供了重要信息。李南强等[83]采用循环伏安法、线性扫描伏安法和计时库仑法在滴汞电极上研究了镍卟啉配合物与 DNA 的相互作用,发现二者可形成非电活性复合物。

很多可与 DNA 作用的金属配合物的电化学活性高,故它们也被用来构建 DNA 安培传感器。电化学 DNA 传感器由 DNA 探针和电活性杂交指示剂构成。电活性的金属配合物可作为 DNA 杂交指示剂。DNA 探针通常为人工合成的、与靶序列互补的单链 DNA(ssDNA),长度从十几到上千个核苷酸不等。固定这种 ssDNA 于电极表面,在适当的温度、pH 和离子强度下,与靶序列选择性地杂交,形成双链 DNA(dsDNA),使电极表面结构改变。这种杂交前后的结构差异可通过电活性金属配合物来识别,以达到检测靶序列(或特定基因)的目的。

Millan 等[84]利用 $Co(bpy)_3^{3+}$ 和 $Co(phen)_3^{3+}$ 研制了可重复使用的 DNA 传感器。

Co(bpy)$_3^{3+}$能沿着 DNA 双螺旋进行沟槽结合，故此 Co(bpy)$_3^{3+}$在电极表面得到预富集，导致在 dsDNA 修饰电极上能获得比在 ssDNA 修饰电极上更大的伏安峰电流。Millan 等[85]还以十八胺或十八酸修饰的碳糊电极(CPE)为 DNA 传感器的基底电极，采用 Co(bpy)$_3$(ClO$_4$)$_3$、Co(phen)$_3$(ClO$_4$)$_3$ 和 Os(bpy)$_3$Cl$_2$ 为杂交指示剂，利用 18 个碱基的寡聚脱氧核苷酸为探针，检测囊性纤维变性基因。Wang 等[86]报道了可用于人类艾滋病免疫缺陷病毒 I 型(HIV-I)相关的基因片段检测的传感器，将含 21 个和 24 个碱基的探针分别修饰在碳糊电极上，以杂交指示剂 Co(phen)$_3^{3+}$ 的计时溶出峰来检测杂交，靶基因片段的检测限为 4×10^{-9} mol/L。

　　我国学者在采用金属配合物作为杂交指示剂构建 DNA 传感器方面也做了大量的工作。庞代文等[87,88]采用循环伏安法和微量 DNA-电极表面修饰法，研究了 Co(phen)$_3^{3+/2+}$和 Co(bpy)$_3^{3+/2+}$杂交指示剂在单、双链 DNA 修饰电极上的电化学行为，求算了结合常数、结合位点数和结合吉布斯自由能，提供了简便、廉价和可靠的、研究 DNA 与金属配合物的新方法，并用于 DNA 序列测定。陆光汉等[89]运用电化学方法研究了铜(II)-三氮唑偶氮(2-[2, 3, 5-三氮唑偶氮]-5-二甲氨基苯甲酸，TZAMB)配合物与 DNA 的相互作用。他们认为，DNA 与 Cu(II)-TZAMB 配合物可形成一种电惰性结合物，使配合物的还原峰电流下降。通过循环伏安法、盐效应以及紫外-可见吸收光谱实验，证实了 Cu(II)-TZAMB 配合物与 DNA 形成了一种插入式的电惰性结合物，导致峰电流下降，且根据这种峰电流下降可测定 DNA。

9.2.2　有机药物小分子与 DNA 相互作用

　　研究有机小分子物质(特别是一些药物分子)与 DNA 的相互作用，有助于阐述相关致癌化合物的致癌机理，评估抗癌药物的药理和毒性。

　　Wang 等[90]采用 DNA 修饰碳糊电极研究了 DNA 和异丙嗪、吩噻嗪、氯丙嗪等一系列药物的相互作用，并据此提出增敏检测这 3 种药物的方法。如图 9.3 所示，在未修饰 dsDNA 的碳糊电极上观察到与药物分子的氧化有关的 2 个阳极峰，而在修饰了 dsDNA 的碳糊电极上，因药物分子与 dsDNA 相互作用而得到富集，所以两个氧化峰增大，借此可提高药物检测的灵敏度。

　　Maeda 等[91]研究了 DNA 与米帕林间的相互作用和有关的离子通道行为。在 DNA 修饰的金电极上，因 DNA 磷酸基荷负电，静电排斥而抑制 Fe(CN)$_6^{4-}$/Fe(CN)$_6^{3-}$电化学探针靠近电极表面，峰电流不大。加入米帕林后，表面 DNA 与药物相互作用，减少了电极表面的负电荷，Fe(CN)$_6^{4-}$/Fe(CN)$_6^{3-}$的峰电流明显增加。Marin 等[92]采用溶出伏安法研究了滴汞电极上修饰的 ssDNA 与丝裂霉素 C 的相互作用。

Ibrahim[93]采用循环伏安、微分脉冲溶出伏安法和紫外光谱法研究了 2,4-二氧四氢蝶啶与 DNA 的相互作用，发现二者间具有很好的亲和作用，采用电化学方法和紫外光谱法求算得到的药物和小分子的结合常数接近。Karasulu 等[94]采用微分方波伏安法在水包油微乳相给药体系中研究了丝裂霉素 C 和 DNA 的相互作用。

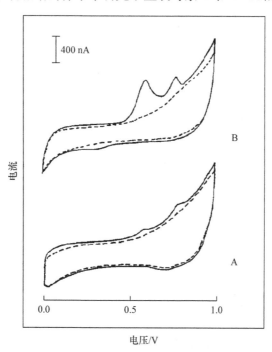

图 9.3 异丙嗪(实线)在碳糊电极(A)和 dsDNA 修饰碳糊电极(B)上的循环伏安图[90]

0.2 mol/L 乙酸缓冲溶液，pH 5.00；虚线为无异丙嗪时的电极响应；扫描速率为 50 mV/s

庞代文等[95]研究了道诺霉素(DNM)在石墨粉末微电极和 DNA 修饰的石墨粉末微电极上的电化学行为，发现经修饰的粉末微电极的充电电流和氧化还原峰电流都较未修饰的电极明显增大。充电电流增大是由 dsDNA 被吸附固定于石墨粉末的表面后，因其有很强的亲水性，使粉末微粒的浸润表面积大大增加所致；氧化还原峰电流增大则源于 DNM 分子能嵌入到 DNA 双螺旋中，从而在 DNA 修饰的石墨粉末微电极上被富集。在此基础上提出了测定 DNM 的方法，并用于人尿样中痕量 DNM 的测定。陈洪渊等[96]用光谱和电化学方法研究了儿茶酚胺衍生物与小牛胸腺 DNA 之间的作用机制。结果表明，低浓度的多巴酚丁胺和肾上腺素与 DNA 之间主要为静电作用；而在高浓度时，则主要为嵌插作用。此类化合物与 DNA 的作用模式不仅与其结构有关，还与其浓度有关。方禹之等[97,98]进行了石墨电极上 DNA 与米托蒽醌(MX)、盐酸阿霉素的嵌入作用的电化学研究，发现具有电化学活性的平面分子米托蒽醌和盐酸阿霉素均能嵌入到 DNA 分子的双螺旋结构中。据此，以 ssDNA 为探针,对几种不同来源的 DNA 片段进行了识别测定。彭图治等[99]采用电化学方法研究了放线菌素 D 与小牛胸腺 DNA 间的相互作用,发现放线菌素 D 与 DNA 的结合常数大于一般的药物和嵌插剂,这可能是由于两个多肽侧链与 DNA 小沟中的碱基之间发生氢键作用,增强了药物对 DNA 的结合能力。

白藜芦醇具有强的抗癌活性、保护心血管、影响脂类代谢、抗血小板凝集、抗细菌和真菌及保护肝脏等作用,郑建斌等[100]采用微分脉冲伏安法研究了白藜芦醇与小牛胸腺 DNA 的相互作用,二者存在静电吸引,因此从电化学的角度印证了白藜芦醇的抗癌活性。

9.2.3 有机染料小分子与 DNA 相互作用

众所周知,溴化乙啶等有机染料已广泛用于核酸的可视化染色和光度测定。一些有机染料分子,如有平面结构的多环芳烃,不仅能以嵌插方式作用于分子碱基对,还可以通过自身所带的电荷发生静电作用。一些三苯甲烷类染料,如乙基紫[101]、结晶紫[102]和苯胺红 T[103]等,与 DNA 的相互作用已有报道。

基因传感器的灵敏度与指示剂的选择有很大关系,选择合适的指示剂可以大大提高检测灵敏度。Hashimoto 等[104]以 Hoechst 33258 作为杂交指示剂,用于检测金电极上化学吸附法固定的核苷酸片断,构建了高灵敏度的基因传感器。Hoechst 33258 为一电活性染料,可以与固定在电极表面的 DNA 探针的小沟槽发生嵌插作用,电位线性扫描的峰电流与 DNA 浓度呈线性关系,其线性检出范围为 $10^{-7} \sim 10^{-13}$ g/mL,并成功用于乙肝病毒临床样品的检测。

庞代文等[105]采用循环伏安法研究了苄基紫精(BV)与单、双链 DNA 的相互作用。BV 能够与 DNA 发生静电作用,且能在 ssDNA 和 dsDNA 修饰电极上实现快速的电子转移,已用作 DNA 变性和复性的指示剂。孙伟等[106]以茜素蓝 S 为电化学探针,在酸性条件下,DNA 与茜素蓝 S 通过嵌插作用而结合,生成一种生物超分子复合物,导致茜素蓝 S 的还原峰电流降低,建立了一种测定 DNA 的电化学新方法。Ju 等[107]研究了耐尔蓝和固定在电极上的单、双链 DNA 的相互作用。耐尔蓝与固定在电极上的 ssDNA 存在静电作用,而耐尔蓝与固定在电极上的 dsDNA 则除了静电作用外还存在嵌插结合,基于耐尔蓝与 ssDNA 和 dsDNA 的作用方式上的差异,对肝炎病毒 B 的 DNA 片段进行了识别和检测。

9.2.4 小分子与 RNA 相互作用

传统的药靶分子主要是蛋白质和 DNA。近年来的研究表明,RNA 的三级结构对 RNA 的生物功能具有重要的决定作用，可作为分子相互作用的识别和结合位点[108]。RNA 分子也已成为小分子药物的作用新靶点，为制药业提供了新的机遇。RNA 可通过化学或酶学方法大量合成，无需体内修饰，RNA 作为药靶具有明显的有别于蛋白质药靶的优点。所有的蛋白质都是通过信使 RNA(mRNA)翻译而获得的，通过干扰 mRNA 的翻译，可有效地调变蛋白质。因此，研究药物小分子与 RNA 相互作用具有重要意义。

利用 RNA 中碱基 A、G 的电化学活性，RNA 的直接电化学检测已见于不少文献报道。例如，Wang 等[109]在碳糊电极上吸附富集 RNA，通过电位溶出分析(PSA)可检测 10 pg 的转运 RNA(tRNA)。Ju 等[35]采用多壁碳纳米管修饰的丝网印刷碳电极，可检测 8.2 µg/mL～4.1 mg/mL 范围的酵母 tRNA。Lagier 等[110]采用铅笔电极检测了大肠杆菌中分离出的核糖体 RNA(rRNA)，4 h 内可对 10^7 个大肠杆菌的 rRNA 给出可重复的定量检测结果。Gao 等[111]则利用异烟肼取代的锇配合物对微小 RNA(miRNA)进行电化学标记，通过核酸杂交和电化学催化原理，可检测 800 fmol/L 的 miRNA。该法已用于 HeLa 细胞的总 RNA 中 miRNA 的定量分析。与 RNA 分析检测的研究相比，RNA 与靶向分子相互作用的电化学研究目前并不多。Sato 等[112]采用停流动力学分析和微分脉冲伏安法等研究了二茂铁萘二酰亚胺配合物与 DNA-RNA 异源双链的相互作用，发现其作用力比双链 DNA 的更强，表明该电活性配合物也是 RNA 的良好配体，可作为 RNA 杂交的电化学指示剂。Masuda 等[113]则采用液相色谱分离结合电化学检测器检测了 8-硝基鸟苷(细胞损伤的标志物之一)，研究了过氧亚硝酸根等反应性氮组分与小牛肝 RNA 的作用。虽然 RNA 与其他物质作用的电化学研究目前远少于 DNA，但随着 RNA 生物学和化学生物学研究的深入，其电化学研究也可望取得长足进步。

9.3　小分子与蛋白质相互作用的电化学研究

蛋白质是由氨基酸缩合后，以肽键连接而成的生物大分子。二硫键也是蛋白质中半胱氨酸残基间的一种共价连接方式，在蛋白质结构中较为常见。构建蛋白质的氨基酸共有 20 种，被称为蛋白质氨基酸。氨基酸和蛋白质均是两性电解质，具有自己特定的等电点(pI)。当蛋白质溶液的 pH 与其 pI 相等(pH=pI)时蛋白质不带电，pH<pI 时蛋白质带正电，pH>pI 时蛋白质带负电。蛋白质具有一级结构(也称化学结构，由遗传物质 DNA 的碱基顺序决定)、二级结构、三级结构和四级结构，二～四级结构也称为高级结构或空间结构。蛋白质是重要的生命物质，生物界蛋白质的种类在 10^{10}～10^{12} 数量级，蛋白质与营养、发育、运动、生物催化和新陈代谢等生命活动有着极其密切的联系。蛋白质的生物功能是由其复杂的四级结构所决定的[2,3]。

蛋白质和靶向分子通过静电作用、疏水作用、范德瓦耳斯力等方式相互作用，将影响蛋白质的性质和生物功能，相关研究具有重要意义[14,57,58]。目前，电化学研究较多的与蛋白质相互作用的靶向分子主要包括药物分子、有机染料分子、金属离子及金属配合物、核酸、核酸适配体、糖等，下面先就小分子与蛋白质相互作用的电化学研究进行简述。此外，笔者还将在 9.4～9.6 节中简介核酸、核酸适配体与蛋白质相互作用的电化学研究及纳米材料修饰电极上蛋白质与其他分子相互作用的电化学研究。糖-蛋白质结合或作用的电化学研究请参见第 3 章。

9.3.1 药物小分子与蛋白质相互作用

蛋白质是生物体内很重要的一类生物大分子，也是目前研究最多的药物作用靶点。药物摄入人体后需通过血浆的储运才能发生药理作用，血清白蛋白是血浆中含量最丰富的载体蛋白，药物与血浆蛋白的结合率是决定药物在体内分布的重要因素。因此，研究药物与蛋白质间的相互作用，有助于全面认识药物的作用机制、药效和不良反应，促进新药研发。

蛋白酶抑制剂是有效的底物类似物，能与酶的活性中心紧密结合，使酶活性受到抑制。Kraatz 等[114]合成了一种木瓜蛋白酶的竞争抑制剂——二茂铁基四肽(Fc-Gly-Gly-Tyr-Arg-OH)，并采用循环伏安法研究了其与木瓜蛋白酶的相互作用。结果表明，二茂铁基四肽可作为木瓜蛋白酶的竞争抑制剂，由于二者的相互作用，二茂铁基四肽的特征伏安峰电流下降，峰电位差变大(图 9.4)。Osella 等[115]研究了抗白血病药物[ImH][RuCl$_4$(DMSO)(Im)](NAMI-A)与血清蛋白间的相互作用，NAMI-A 与牛血清白蛋白(BSA)间的作用强于与人血清白蛋白(HSA)之间的作用。研究还表明 NAMI-A 与蛋白质之间的作用明显强于与 DNA 之间的作用，初步断定 NAMI-A 的药效很可能主要是因为药物与蛋白质之间的作用，而非与 DNA 之间的作用。Alizadeh 等[116]采用克他命(一种高效麻醉剂)离子选择电极，研究了克他命与 BSA 之间的相互作用。以电位法求取药物与蛋白质作用的结合常数和结合位点，可用 Hill 等式求算：

$$\lg\left(\frac{\bar{v}}{v_s - \bar{v}}\right) = n_H \lg K + n_H \lg[\text{drug}]_{\text{free}} \tag{9.6}$$

式中，K 为 Hill 结合平衡常数；n_H 为 Hill 系数；$\bar{v}$ 为电位滴定过程中药物分子与蛋白质分子的结合摩尔比；v_s 为药物分子与蛋白质分子的饱和结合摩尔比。据此求得不同蛋白质浓度下摩尔结合比分别为 114(0.01%的蛋白质溶液中)、32(0.02%的蛋白质溶液中)、25(0.1%的蛋白质溶液中)。

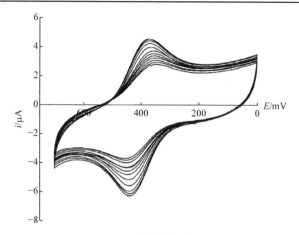

图 9.4　1 mmol/L Fc-Gly-Gly-Tyr-Arg-OH 硼酸缓冲溶液(20 mmol/L，pH 6.2)中连续添加木瓜蛋白酶的循环伏安图变化(从外到内)[114]

木瓜蛋白酶的每次添加量为 0.06 当量

金利通等[117]采用微渗析和液相色谱-电化学检测法，研究了抗白血病药物 6-巯基嘌呤与蛋白质之间的相互作用，为研究药物和蛋白质作用提供了一种高效、灵敏而简便的方法。求得 6-巯基嘌呤与 BSA 的结合常数为 3.97×10^3 L/mol，表明 6-巯基嘌呤为一弱亲和力药物。Su 等[118]采用电化学压电石英晶体微天平和荧光光谱法研究了吸附在碳纳米管上的和溶液中的芦丁分子与 HSA 间的作用，求算了结合常数及结合比。

9.3.2　染料小分子与蛋白质相互作用

蛋白质的定量分析是临床检验、生化分析等方面的重要内容。对蛋白质进行定量分析的方法很多，有免疫法、浊度法、光度法和光散射技术等。其中以光度法应用最多，大部分是基于蛋白质与染料结合后溶液颜色的变化。近年来，用电化学方法对蛋白质进行研究激起了人们的广泛兴趣，很多小分子，尤其是染料分子能与蛋白质相互作用，而且作用后特征还原峰电流会下降，因此，其常用作测定蛋白质的电化学探针。

电化学方法求测蛋白质和染料的结合常数(K)及结合位点数(m)的方程可推导如下(针对结合反应 $P + mD \rightleftharpoons PD_m$)[119]：

$$K = \frac{[PD_m]}{[P][D]^m} \tag{9.7}$$

$$\Delta i_{\max} = kC_p \tag{9.8}$$

$$\Delta i = k[\mathrm{PD}_m] \tag{9.9}$$

$$[\mathrm{P}]+[\mathrm{PD}_m] = C_\mathrm{p} \tag{9.10}$$

式中，k 为比例系数；C_p、$[\mathrm{P}]$、$[\mathrm{PD}_m]$分别为加入的蛋白质的总浓度、自由蛋白质的浓度、与染料分子作用的蛋白质的浓度；Δi 为加入蛋白质前后的峰电流变化值。由式(9.8)～式(9.10)可得

$$\Delta i_{\max} - \Delta i = k[\mathrm{P}] \tag{9.11}$$

由式(9.7)和式(9.9)、式(9.11)可得

$$\lg\left(\frac{\Delta i}{\Delta i_{\max} - \Delta i}\right) = \lg K + m\lg[\mathrm{D}] \tag{9.12}$$

焦奎等[119]研究了茜素红 S(ARS)与 BSA 和 HSA 相互作用的电化学行为，分别生成了非电活性的超分子化合物，从而建立了一种新的测定蛋白质的电化学探针。如图 9.5 所示，ARS 在 pH 4.2 的 0.2 mol/L Britton-Robinson(B-R)缓冲溶液中，于–0.29V(vs. SCE)处有一良好的二阶导数极谱峰，加入 BSA 或 HSA 后峰高下降，通过检测 ARS 反应前后电流的变化，可测定 BSA 和 HAS。用于人血清样品中 HSA 检测，结果与考马斯亮蓝法一致。此外，还对铬蓝 K[120]、铍试剂 III[121]、溴甲酚绿[122]、溴甲酚紫[123]、茜素黄 R[124]等染料分子与蛋白质作用的电化学行为进行了详细的研究，建立了电活性探针与蛋白质相互结合的模型，探讨了相互作用的机理。

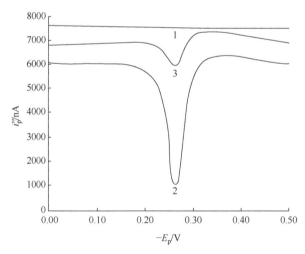

图 9.5　ARS 和 ARS-BSA 复合物在 pH 4.2 的 B-R 缓冲溶液中二阶导数伏安峰[119]
1. pH 4.2 的 B-R 缓冲溶液；2. 加入 4.0×10⁻⁵ mol/L ARS；3. 再加入 2.0×10⁻⁶ mol/L BSA

Salomi 等[125]采用碳二亚胺将一系列吩嗪类染料与 BSA 交联，用电化学和荧光光谱法研究交联前后电化学信号和荧光光谱的变化。研究结果表明，番红精和中性红交联至 BSA 后，氧化还原电位正移，且反应为两电子转移。耐尔蓝交联至 BSA 后，还原峰负移，这可能是因为染料分子和 BSA 之间存在某种特异性结合。郭玉晶等[126]采用电化学方法研究了酸性橙 II 与 BSA 的相互作用。罗登柏等[127]采用单扫极谱法研究了蛋白质和荧光素的相互作用，用于人血清样品的测定，结果与经典的考马斯亮蓝法一致。

9.3.3 金属离子和金属配合物与蛋白质相互作用

自 1933 年 Brdicka[128]首次报道含巯基的蛋白质在含 Co(II)的氨性缓冲溶液中的催化氢波后，Brdicka 波在生化、临床、制药和环境分析中得到了广泛应用。结合微分脉冲伏安技术[129]，可定量检测 0.1~1 mg/mL 的 BSA。然而检测蛋白质的线性范围太窄，不利于实际应用。胍可使蛋白质的空间结构发生改变，常用作蛋白质的变性剂，可用于蛋白质的结构和功能研究[130,131]。罗登柏等[132]研究了 Co(II)-BSA 和 Co(II)-HSA 在胍存在下的极谱行为(图 9.6)，BSA 和 HSA 的测量范围改善到 0.005~20 mg/mL。在没有胍存在下，Co(II)-BSA 配合物带有多余的

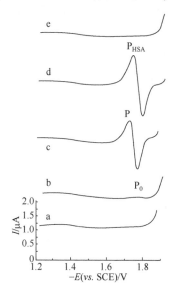

图 9.6 8×10^{-7} mol/L CoCl$_2$ + 0.2 mol/L NaOH(a)中以及分别加入 7.4×10^{-8} mol/L BSA(b)、
7.4×10^{-8} mol/L BSA + 0.2 mol/L 胍盐酸盐(c)、2.9×10^{-8} mol/L HSA + 0.2 mol/L 胍盐酸盐(d)和
1×10^{-5} mol/L 半胱氨酸 + 0.2 mol/L 胍盐酸盐(e)后的单扫描极谱图[132]
P_0 为仅加入 BSA，没有加入胍盐酸盐时的电流峰；P 为胍盐酸盐存在时的 BSA 电流峰；P_{HSA} 为胍盐酸盐存在时的 HSA 电流峰；间隔时间为 5 s；扫描速率为 250 mV/s

负电荷而被滴汞电极(DME)排斥，还原电流很小。Co(Ⅱ)能与胍形成配合物而且带有多余的正电荷，由于静电吸引能在 DME 上产生很强的吸附。吸附在 DME 上的配合物能够有效收集 Co(Ⅱ)-BSA 配合物，再次扫描时能得到灵敏的吸附还原波，因而 BSA 的检测范围大大提高。此外，其还研究了 Zn(Ⅱ)[133]、Cu(Ⅱ)[134]、Sb(Ⅲ)[135]、Ni(Ⅱ)[136]、Pb(Ⅱ)[137]和 Cd(Ⅱ)[138]等金属离子与蛋白质相互作用后的极谱行为，结果表明金属离子在一定条件下与蛋白质作用后形成稳定配合物，均可进行蛋白质的测定。

研究蛋白质的折叠可以更好地了解蛋白质的序列、结构和功能的关系[139,140]。郭良宏等[141]采用 Os(bpy)2dppz(bpy = 2, 2′-联吡啶，dppz =邻联吡啶[3, 2-α：2′, 3′-c]吩嗪)作为电子媒介体，可灵敏催化酪氨酸和色氨酸及蛋白质中酪氨酸和色氨酸残基的氧化。通过跟踪相关电催化电流，研究了 BSA 在尿素作用下的变性过程，且结果与荧光法的结果吻合。Diógenes 等[142]在电极上自组装上[Ru(CN)5(pyS)]4− (pyS= 2-巯基吡啶)膜，能够与细胞色素 c 发生静电作用，可加速细胞色素 c 的异相电子转移。

9.4　核酸与蛋白质相互作用

目前电化学技术研究核酸与蛋白质作用的报道不多，主要集中在探讨它们间的电子转移过程方面。生物电现象存在于整个生命过程，电化学手段用于生命体系中分子识别现象的研究值得深入探讨。

已发现一些富氮分子能与细胞色素 c 中的赖氨酸残基发生相互作用，从而促进细胞色素 c 在电极表面的电子转移[143-145]。一些表面活性剂、多肽等能够与蛋白质作用，提高氧化还原类蛋白质的直接电子转移能力。例如，溴化十六烷基三甲基铵可加速血色素的直接电子转移[146]，白明胶能促进肌红蛋白的直接电化学行为[147]，此类报道很多。

DNA 和 RNA 由于荷负电，能与蛋白质发生作用，也可加速细胞色素 c、肌红蛋白和血红蛋白等氧化还原类蛋白质的电子转移。例如，Ikeda 等[148]发现 DNA 和 RNA 与细胞色素 c 作用后能加速其在电极表面的电子转移。Lisdat 等[149]将含巯基的化合物键合短的双链寡聚核苷酸后，利用其在金电极表面的稳定吸附构建修饰电极，研究了细胞色素 c 的电子转移特性。结果表明，该修饰电极对细胞色素 c 等氧化还原蛋白质具有可逆的电化学响应。Chen 等[150]用光谱电化学方法研究了辣根过氧化物酶(HRP)在金网电极上的电子转移过程，发现 DNA 可促进 HRP 在电极表面的电子转移，且 HRP 与 DNA 作用后二级结构只发生轻微的改变。Nassar 等[151]和 Lnov 等[152]将 DNA 修饰于热解石墨电极上，研究了肌红蛋白、血红蛋白等的电化学特性，发现电极表面有序排列的 DNA

可以促进电极与氧化还原类蛋白质间的电子转移。Bagel 等[153]设计了两种基于离子交换的丝网印刷免疫电极，可分别测定人绒毛膜促性腺激素(hCG)和人细胞巨化病毒(hCMV)。

9.5　核酸适配体对蛋白质的特异性识别

核酸适配体(aptamer)是近年来发展起来的一类用指数富集式配基系统进化方法(SELEX)筛选出来的一段单链寡聚核苷酸，它能特异性地结合蛋白质和其他很多物质[154,155]。核酸适配体与配体主要通过"假碱基对"的堆积作用、氢键作用、静电作用和形状匹配等产生高特异性的结合力[156]。核酸适配体与蛋白质的作用力可与抗原抗体的作用力相媲美，甚至强于免疫作用力[157]，且核酸适配体很稳定，不会像免疫试剂那样容易失活。目前，已发展了很多基于核酸适配体的电化学传感器用于蛋白质检测，相关研究非常活跃。

Xu 等[158]用半胱胺将 DNA 适配体自组装在照相平版印刷金电极上，采用电化学阻抗法免标记检测人免疫球蛋白(IgE)，线性范围为 2.5～100 nmol/L，检测限为 0.1 nmol/L。Lai 等[159]在金电极上自组装上亚甲蓝(MB)标记的核酸适配体，检测了血浆中的血小板源生长因子(PDGF)。适配体结合目标物后，适配体上的 MB 分子更加靠近电极，从而使得电极响应电流增加。Cheng 等[160]报道了一种基于适配体的溶菌酶电化学传感器，溶菌酶与适配体结合后，适配体与 $Ru(NH_3)_6^{3+}$ 探针间的静电作用减弱，峰电流降低。Floch 等[161]报道了一种基于二茂铁功能化的聚噻吩和适配体的免标记电化学检测蛋白质的方法。Centi 等[162]利用适配体功能化的磁珠电化学检测了血浆中的凝血酶，检测范围为 0.1～100 nmol/L。He 等[163]在金纳米颗粒上修饰适配体，以腺嘌呤的直接氧化还原为检测信号，采用脉冲伏安法检测了牛血浆中的凝血酶。Polsky 等[164]利用适配体功能化的铂纳米颗粒电化学检测了血浆中的凝血酶，检测限为 1 nmol/L。Hansen 等[165]报道了一种基于量子点和适配体的可同时检测多种分析物的传感器。Chu 等[166]报道了一种基于核酸适配体滚环放大的超灵敏免疫电化学检测方法，分析原理对蛋白质的检测具有一定的通用性。检测血小板源性生长因子 BB(PDGF-BB)的动态检测范围跨 4 个数量级，检测下限达 10 fmol/L。Jiang 和 Yu 等[167]在电极上固定巯基化寡核苷酸探针(8 个碱基)，在特异识别 PDGF-BB 的核酸适配体上连接其互补序列并标记电活性的二茂铁基团，实验条件下溶液中加入的 PDGF-BB 与核酸适配体特异性结合后，触发电极上固定的核酸探针与适配体-蛋白质结合物两尾端的互补序列在电极表面发生有效的杂交反应(对于 1 个结合物分子，共有 2 个 8 碱基链与其互补链配对)，从而触发和增强二茂铁的电化学信号，构建了一种可重复使用、灵敏度高、选择性好的新型蛋白质电化学传感器，

PDGF-BB 的检测范围为 1.0 pg/mL～1.0 ng/mL(图 9.7)。Chen 等基于朊蛋白核酸适配体对朊蛋白的特异性识别作用、β-环糊精(β-CD)独特的"内疏水外亲水"结构特点与分子识别性能,选择亚甲蓝(MB)或罗丹明 B(RhB)为电活性探针分子、二茂铁甲酸(FCA)为电活性置换分子,构建了蛋白质或 DNA 生物门调控的双信号电化学比率适配体传感平台,实现了朊蛋白的灵敏、选择性分析[168,169](图 9.8)。此外,进一步将 DNA 步行放大技术与双信号电化学比率适配体传感策略相结合,实现了凝血酶的灵敏检测,检测限达 56 fmol/L[170]。

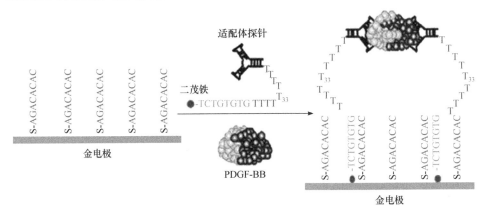

图 9.7 基于邻近杂交策略的核酸适配体平台对蛋白质的电化学分析[167]

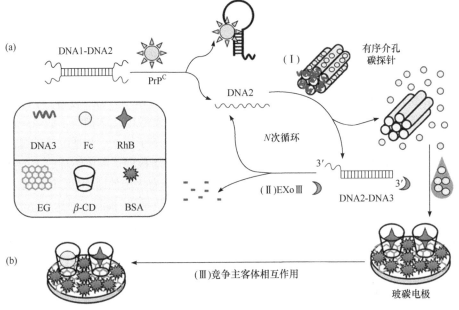

图 9.8 基于双信号电化学比率适配体传感策略的朊蛋白(PrP^C)分析[169]

　　近年来,将光电化学过程与电化学生物传感相结合的光电化学(PEC)生物传感技术, 采用光为激发信号, 电信号为检测信号, 由于激发信号和检测信号完全分离, PEC 分析技术具有高灵敏度和低背景信号等优点, 受到了人们越来越多的关注[171-175]。Ma 等[176]开发了一种基于共振能量转移(RET)的 PEC 方法, 用于检测 TATA 结合蛋白(TBP)。作为 Au NPs 和 CdS QDs 之间的距离控制元件, 双链 DNA(dsDNA)中的 TBP 核酸适配体在与 TBP 结合后发生了构型的弯曲, 使 Au NPs 更加靠近电极上的 CdS QDs。由于能量转移距离的改变, Au NPs 对 CdS QDs 的猝灭作用增强, 从而使光电流信号降低。Da 等[177]以 AgVO₃ 为光电化学活性材料, 发展了一种接近零背景信号的增强型 PEC 核酸适配体传感器, 实现了血管内皮生长因子(VEGF165)的灵敏检测。Chen 等[178]以 Cu-MOFs(HKUST-1)为前体合成了具有高光电转换效率的 Cu₂O-CuO 花, 通过 VEGF165 与其核酸适配体的特异性作用后获得的单链 DNA 所引发的催化发夹自组装过程, 将多孔 Cu₂O-CuO 花引入到 CdS QDs/ITO 电极表面, 从而使得光电流极性由阳极翻转为阴极, 实现了 VEGF165 的宽线性范围(1～3000 fmol/L)、低检测限(0.3 fmol/L)和高选择性检测(图 9.9)。

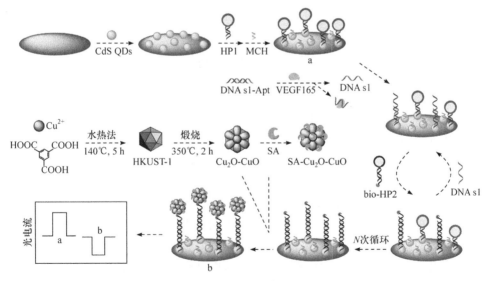

图 9.9　基于光电流极性翻转和核酸适配体特异性识别策略的 PEC 蛋白传感平台[178]

9.6　纳米材料修饰电极上蛋白质与其他分子相互作用

　　前文已提及一些表面活性剂、多肽和核酸均能促进蛋白质的直接电化学行为。

在纳米材料修饰电极上，这些物质与蛋白质之间的作用能得到进一步加强[179]。

Liu 等[180]报道了碳纳米管(CNTs)可加强聚氨酯弹性体和血红蛋白间的相互作用，CNT 能改变聚氨酯弹性体膜的形态，提高膜的渗透性和导电能力，从而促进血红蛋白的直接电化学行为。Zhang 等[181]报道了 CNTs 同时固定蛋白质和表面活性剂，发现 CNTs 能促进过氧化酶、细胞色素 c、肌红蛋白和血红蛋白等蛋白质的直接电化学行为，并将之归因于三维结构的 CNTs 修饰电极固定了更多的氧化还原蛋白。Zong 等[182]采用氧化锆纳米颗粒-胶原质复合材料固定 HRP，能很好地保持 HRP 的电活性和催化活性，并利用 HRP 的直接电化学构造了 H_2O_2 传感器。通过电极上纳米材料的修饰，促进葡萄糖氧化酶(GOD)和漆酶直接电化学的报道也很多[183-186]。Su 等[187]则采用电化学压电石英晶体微天平(EQCM)研究了在 CNTs 和表面活性剂(十二烷基磺酸钠)存在下 GOD 的直接电化学和酶活性的关系，为第三代酶电极的研究提供了新方法。他们发现有表面活性剂和 CNTs 存在下，GOD 的电活性增强，而 GOD 的酶活性大大降低。经过电活性和酶活性的 EQCM 定量测量，发现有电活性的吸附 GOD 基本上丧失了酶活性。Wang[188]也认为目前基于 GOD 的免试剂第三代葡萄糖生物传感器的研制还需进一步探索。

9.7　总结与展望

随着人类基因组计划的完成和功能基因学、蛋白质组学等研究的开展，人们又提出"相互作用组学"，生物分子间相互作用研究的重要性可见一斑。电化学方法在研究小分子与 DNA 作用方面已经相当成熟，也大大促进了有关的应用研究(如药物筛选、生物分析检测)。然而，目前只建立了少数几种研究 RNA 与小分子间相互作用的方法，随着人们对其重要性(包括作为新药靶)的深入认识，建立和引入可用于 RNA 与靶向分子相互作用的新方法，包括电化学方法，将是重要的研究课题。核酸与靶向分子的相互作用研究将继续为人们深入了解并最终攻克癌症等重大疾病提供重要的基础知识。蛋白质药靶研究历史悠久，包括电化学方法在内的很多仪器分析技术均已被广泛应用于研究药物与蛋白质的相互作用。小分子和多糖相互作用的电化学研究也有一些报道[189-194]。由于生物分子间相互作用体系繁多，过程和机理很复杂(尤其是体内环境)，一方面，有待继续创新电化学方法，拓宽研究对象谱，提高检测灵敏度和选择性；另一方面，也需结合其他技术，综合分析各种信息，以更快地促进化学生物学和相互作用组学的发展。

参 考 文 献

[1] 张礼和, 王梅祥. 化学生物学进展. 北京: 化学工业出版社, 2005.

[2] 沈同, 王镜岩. 生物化学. 北京: 高等教育出版社, 1998.

[3] 张洪渊. 生物化学原理. 北京: 科学出版社, 2006.

[4] Timerbaev A R, Hartinger C G, Aleksenko S S, et al. Chemical Reviews, 2006, 106: 2224-2248.

[5] 唐功利, 麻锦彪, 吴厚铭, 等. 科学通报, 2000, 45: 1345-1357.

[6] 李锐, 任海平, 孙艳亭, 等. 分析化学, 2006, 34: 1801-1806.

[7] 吕鉴泉, 庞代文. 化学进展, 2004, 16: 393-399.

[8] 张庆硕, 王恩多. 生物化学与生物物理进展, 1999, 26: 24-28.

[9] Walhout A J M, Vidal M. Nature Reviews Molecular Cell Biology, 2001, 2: 55-63.

[10] Yang X X, Hu Z P, Chan S Y, et al. Clinica Chimica Acta, 2006, 365: 9-29.

[11] Kakehi K, Oda Y, Kinoshita M. Analytical Biochemistry, 2001, 297: 111-116.

[12] Rauf S, Gooding J J, Akhtar K, et al. Journal of Pharmaceutical and Biomedical Analysis, 2005, 37: 205-217.

[13] Crul M, van Waardenburg R C A M, Beijnen J H, et al. Cancer Treatment Reviews, 2002, 28: 291-303.

[14] Espósito B P, Najjar R. Coordination Chemistry Reviews, 2002, 232: 137-149.

[15] Hoppe-Seyler F, Crnkovic-Mertens I, Denk C, et al. Journal of Steroid Biochemistry and Molecular Biology, 2001, 78: 105-111.

[16] Schächter V. Drug Discovery Today, 2002, 7: S48-S54.

[17] Park J, Lappe M, Teichmann S A. Journal of Molecular Biology, 2001, 307: 929-938.

[18] Singh O V, Nagaraj N S. Briefings in Functional Genomics, 2006, 4: 355-362.

[19] Lo S H. ACS Chemical Biology, 2007, 2: 93-95.

[20] Weston A D, Hood L. Journal of Proteome Research, 2004, 3: 179-196.

[21] Cottingham K. Analytical Chemistry, 2005, 77: 197A-200A.

[22] Srivastava R, Varner J. Biotechnology Progress, 2007, 23: 24-27.

[23] 杜灿屏, 唐晋, 张礼和. 化学进展, 2000, 12: 355-356.

[24] 吴厚铭. 化学进展, 2000, 12: 423-430.

[25] 王夔. 化学进展, 2003, 15: 428-435.

[26] 赵新生. 化学进展, 2003, 15: 436-438.

[27] 李军, 王柯敏, 何晓晓, 等. 大学化学, 2004, 19: 10-15.

[28] 马林. 化学进展, 2006, 18: 514-518.

[29] Wavreille A S, Pei D. ACS Chemical Biology, 2007, 2: 109-118.

[30] Cornish P V, HaT. ACS Chemical Biology, 2007, 2: 53-61.

[31] Paleček E. Bioelectrochemistry and Bioenergetics, 1986, 15: 275-295.

[32] Paleček E, Kolář V, Jelen F, et al. Bioelectrochemistry and Bioenergetics, 1990, 23: 285-299.

[33] Paleček E. Bioelectrochemistry and Bioenergetics, 1992, 28: 71-83.

[34] 庞代文, 齐义鹏, 王宗礼, 等. 化学通报, 1994, 2: 1-4.

[35] Ye Y K, Ju H X. Biosensors and Bioelectronics, 2005, 21: 735-741.

[36] Zhou M, Zhai Y M, Dong S J. Analytical Chemistry, 2009, 81: 5603-5613.

[37] 杨妍. 几种活性氧和 DNA 电化学传感器. 长沙: 湖南大学, 2013.

[38] Cater M T, Bard A J. Journal of the American Chemical Society, 1987, 109: 7528-7530.

[39] Carter M T, Rodriguez M, Bard A J. Journal of the American Chemical Society, 1989, 111: 8901-8911.

[40] Rodriguez M, Bard A J. Analytical Chemistry, 1990, 62: 2658-2662.

[41] Rodriguez M, Bard A J. Inorganic Chemistry, 1992, 31: 1129-1135.

[42] Wu L, Zhang X, Liu W, et al. Analytical Chemistry, 2013, 85: 8397-8402.

[43] Xiong E, Zhang X, Liu Y, et al. Analytical Chemistry, 2015, 87: 7291-7296.

[44] Xiong E, Li Z, Zhang X, et al. Analytical Chemistry, 2017, 89: 8830-8835.

[45] Brett C M A, Brett A M O, Serrano S H P. Journal of Electroanalytical Chemistry, 1994, 366: 225-231.

[46] Brett C M A, Brett A M O, Serrano S H P. Electrochimica Acta, 1999, 44: 4233-4239.

[47] Deng C, Chen J, Nie Z, et al. Analytical Chemistry, 2009, 81: 739-745.

[48] Deng C, Chen J, Nie L, et al. Analytical Chemistry, 2009, 81: 9972-9978.

[49] Kelly, John M, Tossi, et al. Nucleic Acids Research, 1985,13: 6017-6034.

[50] Eriksson M, Leijon M, Hiort C, et al. Journal of the American Chemical Society, 1992, 114: 4933-4934.

[51] Carlson D L, Huchital D H, Mantilla E J, et al. Journal of the American Chemical Society, 1993, 115: 6424-6425.

[52] Rehmann J P, Barton J K. Biochemistry, 1990, 29: 1701-1709.

[53] Rehmann J P, Barton J K. Biochemistry, 1990, 29: 1710-1717.

[54] Kumar C V, Asuncion E H. Journal of the American Chemical Society, 1993, 115: 8547-8553.

[55] Rosenberg B, Camp L V, Krigas T S. Nature, 1965, 205: 698-699.

[56] Rosenberg B, Vancamp L, Trosko J E, et al. Nature, 1969, 222: 385-386.

[57] Hambley T W. Journal of the Chemical Society Dalton Transactions, 2001, 19: 2711-2718.

[58] Haq I, Ladbury J. Journal of Molecular Recognition, 2000, 13: 188-197.

[59] Vrána O, Brabec V. Journal of Electroanalytical Chemistry & Interfacial Electrochemistry, 1988, 19: 145-160.

[60] Brett A M O, Serrano S H P, Macedo T A, et al. Electroanalysis, 1996, 8(11): 992-995.

[61] Carter M T, Bard A J. Bioconjugate Chemistry, 1990, 1: 257-263.

[62] Xu X, Yang H C, Mallouk T E, et al. Journal of the American Chemical Society, 1996, 116(18): 8386-8387.

[63] Xu X, Bard A J. Journal of the American Chemical Society, 1995, 117: 2627-2631.

[64] Richter M M, Bard A J. Analytical Chemistry, 1998, 70: 310-318.

[65] Miao W, Bard A J. Analytical Chemistry, 2003, 75: 5825-5834.

[66] Miao W, Bard A J. Analytical Chemistry, 2004, 76: 5379-5386.

[67] Liu B, Bard A J. Journal of Physical Chemistry B, 2005, 109: 5193-5198.

[68] Thorp H H, Johnston D H, Glasgow K C. Journal of the American Chemical Society, 1995, 117: 8933-8938.

[69] Thorp H H, Johnston D H. Journal of Physical Chemistry B, 1996, 100: 13837-13843.

[70] Thorp H H, Mary E N. Langmuir, 1997, 13: 6342-6344.

[71] Thorp H H, Ontko A C, Paul M A, et al. Inorganic Chemistry, 1999, 38: 1842-1846.

[72] Thorp H H, Paul M A. Analytical Chemistry, 2000, 72: 3764-3770.

[73] Thorp H H, Ivana V Y. Inorganic Chemistry, 2000, 39: 4969-4976.

[74] Thorp H H, Paul M A. Analytical Chemistry, 2001, 73: 558-564.

[75] Mugweru A, Rusling J F. Electrochemical Communication, 2001, 3: 406-409.

[76] Elżanowska H, Sande J H. Bioelectrochemistry and Bioenergetics, 1988,19: 441-460.

[77] ElżanowskaH, Sande J H. Bioelectrochemistry and Bioenergetics, 1988, 19: 425-439.

[78] Sato K, Chikira M, Fujii Y, et al. Journal of the Chemical Society, 1994, 5: 625-626.

[79] 李红, 蒋雄, 王雷, 等. 高等学校化学学报, 2000, 21(7): 995-998.

[80] Zhang Q L, Liu J G, Jie L, et al. Journal of Inorganic Biochemistry, 2001, 85(4): 291-296.

[81] 赵广超, 朱俊杰, 陈洪渊. 高等学校化学学报, 2003, 24(3): 414-438.

[82] 张荣丽, 朱俊杰, 杨广超, 等. 无机化学学报, 1998, 14(3): 366-369.

[83] Qu F, Li N Q, Jiang Y Y. Talanta, 1998, 45(5): 787-793.

[84] Millan K M, Mikkelsen S R. Analytical chemistry, 1993, 65(17): 2317-2323.

[85] Millan K M, Saraullo A, Mikkelsen S R. Analytical Chemistry, 1994, 66(18): 2943-2948.

[86] Wang J, Cai X, Rivas G, et al. Analytical Chemistry, 1996, 68: 2629-2634.

[87] Pang D W, Abruna H D. Analytical Chemistry, 1998, 70(15): 3162-3169.

[88] Pang D W, Zhang M, Wang Z L, et al. Journal of Electroanalytical Chemistry, 1996, 403(1-2): 183-188.

[89] 龙德武, 刘传银, 赵鸿雁, 等. 分析化学, 2002, 30(10): 1250-1253.

[90] Wang J, Rivas G, Cai X, et al. Analytica Chimica Acta, 1996, 332: 139-144.

[91] Maeda M, Mitsuhashi Y, Nakano K, et al. Analytical Sciences, 1992, 8(1): 83-84.

[92] Perez P, Teijeiro C, Marin D. Chemico-Biological Interactions, 1999, 117(1): 65-81.

[93] Ibrahim M S, Shehatta I S, Al-Nayeli A A. Journal of Pharmaceutical and Biomedical Analysis, 2002, 28(2): 217-225.

[94] Karadeniz H, Alparslan L, Erdem A, et al. Journal of Pharmaceutical and Biomedical Analysis, 2007, 45(2): 322-326.

[95] 罗济文, 张敏, 张蓉颖, 等. 分析科学学报, 2002, 18: 1-5.

[96] 杨功俊, 徐静娟, 陈洪渊. 高等学校化学学报, 2004, 25: 1235-1239.

[97] 刘盛辉, 何品刚, 方禹之. 分析化学, 1996, 24(11): 1301-1304.

[98] 方禹之, 刘盛辉. 高等学校化学学报, 1996, 17(8): 1222-1224.

[99] 王素芬, 彭图治, 李建平. 高等学校化学学报, 2003(8): 1468-1471.

[100] 郑建斌, 张宏芳, 张秀琦, 等. 高等学校化学学报, 2006, 27(9): 1635-1639.

[101] 李天剑, 沈含熙. 高等学校化学学报, 1998, 19(10): 1570-1573.

[102] Zhang W, Xu H, Wu S, et al. Analyst, 2001, 126: 513-517.

[103] 叶宝芬, 朱永林, 鞠熀先. 高等学校化学学报, 2002, 23(12): 2253-2255.

[104] Hashimoto K, Ito K, Ishimori Y. Analytical Chemistry, 1994, 66(21): 3830-3833.

[105] Pang D W, Abruña H D. Analytical Chemistry, 2000, 72(19): 4700-4706.

[106] 孙伟, 尤加宇, 周宇峰, 等. 分析科学学报, 2006(4): 385-388.

[107] Ju H, Ye Y, Zhu Y. Electrochimica Acta, 2005, 50(6): 1361-1367.

[108] Searls D B. Drug Discovery Today, 2000, 5(4): 135-143.

[109] Wang J, Cai X, Wang J, et al. Analytical Chemistry, 1995, 67(22): 4065-4070.

[110] Lagier M J, Scholin C A, Fell J W, et al. Marine Pollution Bulletin, 2005, 50(11): 1251-1261.

[111] Gao Z, Yu Y H. Sensors and Actuators B: Chemical, 2007, 121: 552-559.

[112] Sato S, Fujii S, Yamashita K, et al. Journal of Organometallic Chemistry, 2001, 637: 476-483.

[113] Masuda M, Nishino H, Ohshima H. Chemico-Biological Interactions, 2002, 139(2): 187-197.

[114] Plumb K, Kraatz H B. Bioconjugate Chemistry, 2003, 14(3): 601-606.

[115] Ravera M, Baracco S, Cassino C, et al. Journal of Inorganic Biochemistry, 2004, 98(6): 984-990.

[116] Alizadeh N, Mehdipour R. Journal of Pharmaceutical and Biomedical Analysis, 2002, 30(3): 725-731.

[117] Cao X N, Lin L, Zhou Y Y, et al. Journal of Pharmaceutical and Biomedical Analysis, 2003, 32(3): 505-512.

[118] Su Y, Xie Q, Yang Q, et al. Biotechnology Progress, 2007, 23(2): 473-479.

[119] Sun W, Jiao K. Talanta, 2002, 56(6): 1073-1080.

[120] Sun W, Han J, Jiao K. Bioelectrochemistry, 2006, 68(1): 60-66.

[121] Sun W, Jiao K, Wang X L, et al. Chinese Chemical Letters, 2003(12): 1275-1277.

[122] 孙伟, 王学亮, 焦奎, 等. 分析化学, 2005, 33(1): 143.

[123] 王学亮, 孙伟, 焦奎, 等. 高等学校化学学报, 2004, 25: 1448-1450.

[124] 王学亮, 焦奎, 孙伟. 分析试验室, 2004, 23(8): 5-8.

[125] Salomi B S B, Mitra C K, Gorton L. Synthetic Metals, 2005, 155(2): 426-429.

[126] 李有琴, 郭玉晶, 潘景浩. 分析试验室, 2006, 25(12): 35-38.

[127] 韩英强, 罗登柏, 蓝金贵, 等. 分析科学学报, 2003, 19: 113-116.

[128] Brdicka R. Collection of Czechoslovak Chemical Communications, 1933, 5: 112-128.

[129] Palecek E, Pechan Z. Analytical Biochemistry, 1971, 42(1): 59-71.

[130] Toyooka T, Imai K. Analytical Chemistry, 1985, 57(9): 1931-1937.

[131] Hori K, Matsubara K, Miyazawa K. Biochimica et Biophysica Acta General Subjects, 2000, 1474(2): 226-236.

[132] Luo D B, Lan J G, Zhou C, et al. Analytical Chemistry, 2003, 75(22): 6346-6350.

[133] 周春, 罗登柏, 韩英强, 等. 氨基酸和生物资源, 2002, 24(2): 74-76.

[134] 蓝金贵, 罗登柏, 吴士筠, 等. 药物分析杂志, 2003, 23(3): 173-176.

[135] 蓝金贵, 罗登柏, 黄彬鸿. 分析试验室, 2004, 23(5): 47-49.

[136] 韩英强, 罗登柏. 分析仪器, 2004, 2(2): 27-30.

[137] 蓝金贵, 罗登柏, 张煜华. 药学学报, 2004, 39(7): 538-541.

[138] 蓝金贵, 罗登柏, 雷和花. 中南民族大学学报(自然科学版), 2003, 2(2): 5-7.

[139] Kim P S, Baldwin R L. Annual Review of Biochemistry, 1990, 59(1): 631-660.

[140] Matthews C R. Annual Review of Biochemistry, 1993, 62(1): 653-683.

[141] Guo L H, Qu N. Analytical Chemistry, 2006, 78(17): 6275-6278.

[142] Diógenes I C N, Nart F C, Temperini M L A, et al. Inorganic Chemistry, 2001, 40(19): 4884-

4889.

[143] Eddowes M J, Hill H A O. Journal of the Chemical Society, Chemical Communications, 1977, (21): 771b-772.

[144] Allen P M , Hill H A O, Walton N J. Journal of Electroanalytical Chemistry, 1984, 178(1): 69-86.

[145] Taniguchi I, Toyosawa K, Yamaguchi H. Journal of the Chemical Society Chemical Communications, 1982(18): 1032-1033.

[146] Lu Q, Hu C, Cui R. Journal of Physical Chemistry B, 2007, 111(33): 9808-9813.

[147] Li N, Xu J Z, Yao H. Journal of Physical Chemistry B, 2006, 110(23): 11561-11565.

[148] Ikeda O, Shirota Y, Sakurai T. Journal of Electroanalytical Chemistry and Interfacial Electrochemistry, 1990, 287(1): 179-184.

[149] Lisdat F, Ge B, Scheller F W. Electrochemistry Communications, 1999, 1(2): 65-68.

[150] Chen X, Ruan C, Kong J. Fresenius Journal of Analytical Chemistry, 2000, 367(2): 172-177.

[151] Nassar A E F, Rusling J F, Nakashima N. Journal of the American Chemical Society, 1996, 118(12): 3043-3044.

[152] Lvov Y M, Lu Z Q, Schenkman J B. Journal of the American Chemical Society, 1998, 120(17): 4073-4080.

[153] Bagel O, Degrand C, Benoît L. Electroanalysis, 2000, 12 (18): 1447-1452.

[154] Ellington A D, Szostak J W. Nature, 1990, 346(6287): 818-822.

[155] Tuerk C, Gold L. Science, 1990, 249(4968): 505-510.

[156] Hermann T, Patel D J. Science, 2000, 287(5454): 820-825.

[157] Jiang Y X, Zhu C F, Ling L S, et al. Analytical Chemistry, 2003, 75(9): 2112-2116.

[158] Xu D K, Xu D W, Yu X B, et al. Analytical Chemistry, 2005, 77(16): 5107-5113.

[159] Lai R Y, Plaxco K W, Heeger A J. Analytical Chemistry, 2007, 79(1): 229-233.

[160] Cheng A K H, Ge B, Yu H Z. Analytical Chemistry, 2007, 79(14): 5158-5164.

[161] Floch F L, Ho H A, Leclerc M. Analytical Chemistry, 2006, 78(13): 4727-4731.

[162] Centi S, Tombelli S, Minunni M, et al. Analytical Chemistry, 2007, 79(4): 1466-1473.

[163] He P L, Shen L, Cao Y H, et al. Analytical Chemistry, 2007, 79(21): 8024-8029.

[164] Polsky R, Gill R, Kaganovsky L, et al. Analytical Chemistry, 2006, 78(7): 2268-2271.

[165] Hansen J A, Wang J, Kawde A N, et al. Journal of the American Chemical Society, 2006, 128(7): 2228-2229.

[166] Zhou L, Ou L J, Chu X, et al. Analytical Chemistry, 2007, 79(19): 7492-7500.

[167] Zhang Y L, Huang Y, Jiang J H, et al. Journal of the American Chemical Society, 2007, 129(50): 15448-15449.

[168] Yu P, Zhang X H, Zhou J W, et al. Scientific Reports, 2015, 5: 16015-16023.

[169] Yu P, Zhang X H, Xiong E H, et al. Biosensors and Bioelectronics, 2016, 85: 471-478.

[170] Zhu C X, Liu M Y, Li X Y, et al. Chemical Communications, 2018, 54: 10359-10362.

[171] Guo X X, Liu S P, Yang M H, et al. Biosensors and Bioelectronics, 2019, 139: 111312.

[172] Zhao W W, Wang J, Xu J J, et al. Biosensors and Bioelectronics, 2011, 47: 10990-10992.

[173] Ge L, Wang P P, Ge S G, et al. Analytical Chemistry, 2013, 85(8): 3961-3970.

[174] Yang R Y, Zou K, Li Y M, et al. Analytical Chemistry, 2018, 90: 9480-9486.

[175] Fu Y M, Xiao K, Zhang X H, et al. Analytical Chemistry, 2021, 93(2): 1076-1083.

[176] Ma Z Y, Ruan Y F, Xu F, et al. Analytical Chemistry, 2016, 88: 3864-3871.

[177] Da H M, Liu Y L, Li M J, et al. Chemical Communications, 2019, 55: 8076-8078.

[178] Fu Y M, Zou K, Liu M Y, et al. Analytical Chemistry, 2020, 92(1): 1189-1196.

[179] Wu L, Xiong E H, Zhang X, et al. Nano Today, 2014, 9: 197-211.

[180] Liu S Q, Lin B P, Yang X D, et al. Journal of Chemical Physics, 2007, 111(5): 1182-1188.

[181] Yan Y M, Zheng W, Zhang M N, et al. Langmuir, 2005, 21(14): 6560-6566.

[182] Zong S Z, Cao Y, Zhou Y M, et al. Langmuir, 2006, 22(21): 8915-8919.

[183] Ivnitski D, Branch B, Atanassov P, et al. Electrochemistry Communications, 2006, 8(8): 1204-1210.

[184] Liu Y, Huang L J, Dong S J. Biosensors and Bioelectronics, 2007, 23(1): 35-41.

[185] Shleev S, Tkac J, Christenson A, et al. Biosensors and Bioelectronics, 2005, 20(12): 2517-2554.

[186] Zheng W, Li Q F, Su L, et al. Electroanalysis, 2006, 18(6): 587-594.

[187] Su Y H, Xie Q J, Chen C, et al. Biotechnology Progress, 2008, 24(1): 262-272.

[188] Wang J. Chemical Reviews, 2008, 108(2): 814-825.

[189] 谭学才, 麦智彬, 邹小勇, 等. 高等学校化学学报, 2005, 26(6): 1055-1057.

[190] 彭贞, 蒋丽萍, 王瑞侠, 等. 分析化学, 2005, 33(7): 977-980.

[191] Sun W, Jiao K, Han J Y. Analytical Letters, 2005, 38(7): 1137-1148.

[192] 孙伟, 焦奎, 丁雅勤. 化学学报, 2006, 64(5): 397-402.

[193] Tan L, Yao S Z, Xie Q J. Talanta, 2007, 71(2): 827-832.

[194] Cao Z J, Jiang X Q, Meng W H, et al. Biosensors and Bioelectronics, 2007, 23(3): 348-354.

第 10 章　生物膜电化学与生物界面模拟

10.1　引　　言

作为细胞的重要结构之一，生物膜不仅是细胞和细胞器的天然屏障，也在维持细胞结构和功能中扮演着重要角色。生物膜不仅可以将细胞所需要的物质定向运输到细胞内，也可以将废物、有毒化合物运出到细胞外。细胞膜对带电粒子(如离子)的渗透性很低，进而维持了细胞内外粒子的非平衡分布，这对细胞功能的执行至关重要。膜上的多糖-蛋白质复合物保持着细胞的形状，其黏弹性保证了细胞执行功能期间其形状的可逆变化。除了维持细胞结构以及为其提供屏障外，生物膜内嵌的整合膜蛋白和外周膜蛋白还负责细胞与周围环境的通信，通过信号传导途径将信号转移到细胞中。生物膜上的一系列化学反应也与能量合成和转换紧密相关，如线粒体内膜上 ATP 合成等。因此，揭示生物膜的结构、性质及功能对于了解生命过程具有重要的意义。

电化学是处理界面处以及界面之间电荷现象的一门科学，而许多生命过程都是发生在表界面上的。因此，电化学用于研究神经传导、呼吸过程、代谢过程等许多生命现象。在生物系统中，生物膜是最重要的电荷界面，这是因为其对无机离子的渗透是高度绝缘的，而且离子的代谢在细胞外侧和内侧之间保持着较大的电化学势。生物膜中的各种反应(如电子转移、氧化还原反应)经常是电压依赖性的，可以非常快速可逆地发生。但是，天然的生物膜是一个包含多种组分(磷脂、蛋白质、胆固醇、肽聚糖、多糖等)的动态系统，其体系复杂性高(多组分及各组分不同的定位与分布)、制备难度大、研究方法受限制。为此，以具有明确膜结构和组成的简化仿生膜以及电化学方法研究膜结构和细胞功能之间的关系备受人们关注，以期揭示生物膜的静电位调控因素、对离子和有机小分子的渗透性、嵌入磷脂双层中的两亲性电活性小分子的电子转移反应以及电活性蛋白质结构和功能等重要科学问题。

10.2　生物膜简介

10.2.1　生物膜结构

不同的生物膜尽管功能不同，但都具有相同的基本结构，即由脂质和蛋白质分子在非共价力的驱动下共同组成的薄膜结构。脂质分子以连续的双分子层排列，厚度约为 50 Å。脂质双层具有低黏度、可变形性和自密封能力等特征。膜脂质的双层结构由 Gorter 等于 1925 年提出。他们使用 Langmuir 技术发现从红细胞中提取的脂质分子面积是显微镜下测得的红细胞面积的两倍，所以提出了生物膜是由两个脂质层组成的概念[1]。第一个包含蛋白膜模型的发现可以追溯到 1935 年[1]。Danielli 等推测，蛋白质与构成细胞膜的脂质极性头部基团紧密相连。30 多年后，人们才发现蛋白质也可能跨越膜。1972 年，Singer 等提出流体镶嵌生物膜模型(图10.1)[1,2]。根据该模型可知，生物膜由含有蛋白质和糖蛋白的动态脂质双层组成。膜蛋白(外周蛋白和整合蛋白)在均匀流动的脂质双层中呈现球形组装，并且双层膜中的脂质组成可能是不对称的。自从此概念诞生以来，流体镶嵌生物膜模型已经在组成和分子组织方面得到了一些发展和完善。例如，Mouritsen 和 Welti 等的研究工作表明生物膜不会像 Singer 所预测的那样形成均质的流体脂质相[3,4]。相反，他们认为膜脂质实际上会组成相分离的微区，即脂筏，其组成和分子动力学不同于周围的脂质。此外，细胞骨架会限制几种膜蛋白的运动。这些发现使人们对生物膜研究的兴趣日益增长，伴随许多尖端技术的使用，提升了人们对这些复杂生物系统的了解。

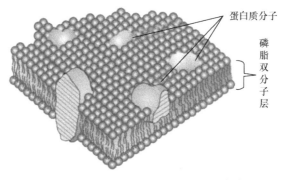

图 10.1　1972 年提出的生物膜的流体镶嵌模型[2]

10.2.2　生物膜组成

生物膜主要由蛋白质和脂质组成，是高度动态的。膜蛋白分为整合蛋白(跨膜)和外周蛋白两类，它们通常基于非共价作用包括疏水、静电作用暂时与其他蛋白或脂质的一部分结合或锚定在膜上。膜蛋白在细胞中执行膜兴奋性、神经传递、能量转换和细胞识别事件等特定功能。脂质是两亲性的分子，即由亲水性头部基团和疏水性区域组成，后者主要由脂肪族链、芳香基团或多环结构组成。由于它们的两亲性和几何形状的限制，膜脂质在水介质中自缔合成双层结构。膜脂质主要有甘油磷脂、鞘脂和固醇三大类。

甘油磷脂是生物膜的主要脂质成分，占总脂质组分的 40%～60%(摩尔分数)。甘油磷脂由两个脂肪酸链分别被酯化在 sn-1 和 sn-2 位置上的甘油主链组成，其中 sn-1 位置的脂肪酸链是饱和的，并由 16 个或 18 个碳原子组成，而 sn-2 位置的脂肪酸链则更长且通常是不饱和链,其构型为由一个或几个双键组成的顺式构型。甘油主链的第三个碳原子(sn-3 位)连接磷脂极性头部基团，由带负电荷的磷酸基团以及与其相连的醇分子(胆碱、乙醇胺、丝氨酸、甘油或肌醇)组成。根据头部基团的不同，甘油磷脂可分为磷脂酰胆碱(PC)、磷脂酰乙醇胺(PE)、磷脂酰甘油(PG)、磷脂酰丝氨酸(PS)、磷脂酰肌醇(PI)和心磷脂(CL)等。PS、PI、PG 和 CL 在生理 pH 下为电负性的，而 PE 和 PC 是中性的。一些磷脂(PE 和 PS)包含反应活性胺，而一些磷脂(PI、PC、CL 和 PiP$_2$)结构相对较大。因此，磷脂头部基团的定向和电荷密度决定了磷脂与蛋白质的结合以及膜的拓扑结构。在生物膜中，甘油磷脂除因头部基团结构不同而引起种类差异外，还会因脂肪酸链的链数、碳个数、链饱和度的不同导致种类差异，其数目达到数百种之多。图 10.2(a)显示了生物膜中最丰富的磷脂之一——PC 磷脂的结构。

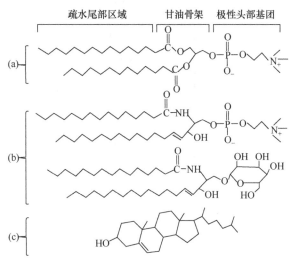

图 10.2　PC 磷脂(a)、鞘磷脂和糖鞘脂(b)、胆固醇(c)的结构示意图

鞘脂是另一类重要的膜脂质，被认为与生物膜中侧向微区的形成有关。这类脂质由鞘氨醇(或植物鞘氨醇)以及其上面连接的相对较长(最多 24 个碳原子)的饱和脂肪酸链组成。酯化的鞘氨醇被称为神经酰胺。鞘磷脂和糖鞘脂分别由胆碱分子和寡糖附着在神经酰胺的羟基上而产生[图 10.2(b)]。

固醇是一类特殊的膜脂质。虽然大多数膜脂质的疏水部分都是由相对较长的脂肪族链组成，但固醇却是由多环结构组成。哺乳动物中最丰富的固醇是胆固醇，其结构如图 10.2(c)所示，主要由非极性的异辛基侧链、类固醇环结构以及极性的羟基基团组成。羟基基团对于胆固醇的两亲性质和其在生物膜中的取向有决定作用。该化合物在真核生物的红细胞膜、其他质膜和各种亚细胞区隔中非常丰富(占总脂质组分的 30 mol%～50 mol%)。除胆固醇外，固醇类脂质还包括麦角固醇和羊毛甾醇，它们的结构与胆固醇较为相似。麦角固醇存在于真菌、酵母和原生动物的细胞膜中，而羊毛甾醇是原核生物的固醇，是胆固醇和麦角固醇的化学前体。

10.2.3　生物膜的电性质

磷脂双层膜是构成细胞膜以及细胞器膜的主要结构，其由两个磷脂分子小叶组成，厚度约为 5 nm。膜结构内部的非极性碳氢化合物为膜内离子、蛋白质和其他分子提供了巨大的能量屏障，而嵌入膜内的膜蛋白可以克服这一屏障，实现膜内运输离子、代谢物和其他分子。离子的选择性转运导致膜两侧离子浓度差，产生电位差，称为膜电位($\Delta\varphi$)，见图 10.3。

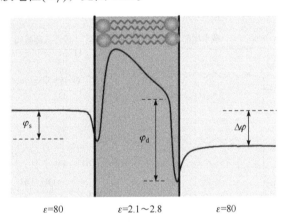

图 10.3　跨磷脂双层膜的电位曲线示意图

显示了表面电位(φ_s)、偶极电位(φ_d)和膜电位($\Delta\varphi$)的贡献

在生物系统中，大小为 10～100 mV 的膜电位就可以有效调节膜蛋白(如电压门控离子通道蛋白)的功能。在没有电流的情况下，膜电位在膜两侧的本体溶液中是恒定的，可以使用电极精确地测量。

表面电位(φ_s)是另一种介于膜表面和本体溶液之间的电位，是由带电荷的磷脂头部基团和界面上吸附的离子产生的。生物膜通常包含 10%～20%的电负性的磷脂，其表面电位约为几十毫伏。表面电位从膜表面呈指数衰减，在生理溶液中的空间长度约为 1 nm，因此，它可以控制紧密靠近膜表面的离子分布。虽然很难直接测量表面电位，但可以通过 Gouy-Chapman-Stern 模型来计算。表面电位的残余部分表现为ζ电位，即剪切流体力学平面上的静电位，此平面为分离流动流体与颗粒或细胞一起移动的固定表面层的边界。尽管该边界的确切位置无法通过实验或计算确定，但ζ电位可由电泳迁移率确定，且远小于表面电位。

偶极电位(φ_d)是由带电荷的头部基团和水偶极的排列引起的。其是由Liberman 和 Topaly 在研究离子转运的载流子机理时首次发现的[5]。他们发现在相同浓度下，四苯硼酸酯(TPB$^-$)的膜电导率是三苯基甲基膦(TMP$^+$)的 10^5 倍。假设大小相似的脂溶性离子在膜中的扩散系数相似，电导率差异归因于磷脂相和水介质之间分配系数的变化。因为膜表面带负电，他们假设膜内部带有正电荷，这意味着膜内有一个正电位。偶极电位这一术语是由 Hladky 和 Haydon 在研究 PC 膜、单油酸甘油酯膜和胆固醇膜的电导率时首次使用[6]。他们将 PC 和单油酸甘油酯膜的电导率差异归因于其表面电位的差异。由于 PC 和单油酸甘油酯在 pH 等于 7 时都不带净电荷，并且测量的表面电位不受氯化钾浓度的影响，因此，他们推断电位一定来自膜内部的定向分子偶极层。偶极电位的大小取决于磷脂的结构，特别是其不饱和程度及头部基团与烃链(酯或醚)之间的连接性质。偶极电位受插入偶极分子的强烈影响，例如，通过向膜中添加 6-酮胆甾醇可以增加偶极电位，而添加根皮素可以降低偶极电位。虽然不同方法测得的偶极电位值之间存在不一致，但其大小约为 300 mV。

10.3 生物膜的模拟与表征

天然的生物膜结构高度复杂，制备难度系数高，因此，发展简单的模拟生物膜系统允许研究膜结构和动力学以及可以在分子水平上揭示膜组分之间的相互作用，也便于从本质上揭示生物膜在生命活动中扮演的角色。目前，根据制备方法的不同，常用的模拟生物膜体系主要包括囊泡、LB 单层膜、支撑磷脂双层膜、聚合物缓冲磷脂膜、锚定磷脂双层膜、杂化磷脂双层膜、滴汞电极上的磷脂单层膜和黑脂膜(图 10.4)[7]。

(1) 囊泡(脂质体)：作为最广泛使用的模拟生物膜模型，囊泡，更确切地说，单层囊泡，是一种球形磷脂双层膜，其内部包含水溶液。囊泡主要包括巨型单层囊泡(GUV，直径范围为 5～100 μm)、多层囊泡、大单层囊泡(LUV，直径范围为 100～1000 nm)和小单层囊泡(SUV，直径为 20～50 nm)。巨型单层囊泡通过电铸方法产生，其可以通过荧光显微镜可视化。多层囊泡的制备方法为将磷脂溶解在有机溶剂中，然后使用氮气流或在真空条件下蒸发溶剂，以便在玻璃小瓶表面上产生磷脂薄层。最后，用高于磷脂相转变温度的水溶液对其进行水合，即获得多层囊泡。多层囊泡通过膜挤出法或使用水浴超声、探头超声后产生单层囊泡。该

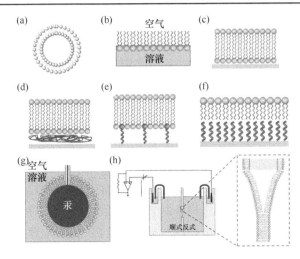

图 10.4　模拟生物膜模型的示意图[6]

(a) 脂质体或囊泡；(b) LB 单层膜；(c) 支撑磷脂双层膜；(d) 聚合物缓冲磷脂膜；(e) 锚定磷脂双层膜；
(f) 杂化磷脂双层膜；(g) 滴汞电极上的磷脂单层膜；(h) 黑脂膜

模型通常用于研究生物膜的相行为和一些在生物膜上发生的过程，如膜融合、分子识别、细胞黏附和膜运输。

(2) LB 单层膜：LB 单层膜的制备方法为通过在水溶液-空气界面处扩散溶解在有机溶剂(如氯仿)中的磷脂，然后待水表面的溶剂蒸发后，自由表面被磷脂的单分子层完全覆盖，可以使用 Langmuir 槽通过滑动屏障将其压缩到所需的表面。与其他模型膜相比，LB 单层膜显示出许多优点，如扩散分子的性质和堆积、子相的组成(pH、离子强度)和温度等参数可以以受控方式而无限制地变化。该技术已经用于研究生物膜的特性、在膜水平上发生的各种生物现象或膜成分之间的相互作用，也为研究生物膜和评估两亲性化合物在膜内部的插入提供了一个简单的模型。

(3) 支撑磷脂双层膜：支撑磷脂双层膜是由支撑在固体表面(如云母、玻璃或二氧化硅)上的平坦磷脂双分子层构成的，其通常可以通过囊泡融合、破裂并展开到亲水性基底上而产生。囊泡的沉积可以通过静电作用来调节，如通过添加钙离子或镁离子可以促进这一过程。此外，支撑磷脂双层膜也可以通过 Langmuir-Blodgett 技术从空气-水界面中转移底层磷脂小叶，然后通过 Langmuir-Schaefer 方法转移上层磷脂小叶而获得。由于磷脂分子附着在固体支持物上，支撑磷脂双层膜具有许多优势，如易于制备、坚固耐用和高稳定性。该模型可以用于研究脂质结构域的形成、蛋白质的吸附以及了解细胞组织，如膜-细胞骨架的相互作用。但是，支撑磷脂双层膜不利于研究膜蛋白的结构和功能，因为有限的膜-基底距离可能会导致掺入的跨膜蛋白与基底的相互作用和/或摩擦耦合，进而导致膜蛋白功能丧失，甚至完全变性。

(4) 聚合物缓冲磷脂膜：为了克服磷脂双层膜与支撑基底之间的刚性和空间问题，人们开发了聚合物缓冲磷脂双层膜，其由固体基底、软聚合材料和磷脂双层膜组成。软聚合材料置于基底上但与基质无直接键合，用于支撑双层膜，并充当膜与基底之间的润滑层。常用的聚合物垫层有纤维素、壳聚糖和聚乙二醇等。这种模型适合用于膜蛋白的研究，由于其会显著削弱掺入膜内的膜蛋白与固体支撑物之间的摩擦耦合，从而降低蛋白质变性的风险，但是该模型存在钝化问题。

(5) 锚定磷脂双层膜：为了规避聚合物缓冲膜的钝化问题或独立式双层膜的稳定性问题，并在双层膜的下面提供足够的空间用于研究掺入的膜蛋白，人们发展了锚定磷脂双层膜。这种模型使用在金属表面上合成的类脂质硫醇盐充当磷脂双层的分子锚，然后通过使用快速溶剂交换从磷脂-表面活性剂胶束中沉淀出的磷脂或囊泡吸附和融合的方法形成磷脂双层膜，并与锚定层相连。锚定磷脂双层膜可以体现生物膜的基本特性，包括在液晶相中的二维流动性以及磷脂双层膜的每一侧都暴露于含水储库中。这种模型的稳定性很好，一般可以稳定几天、几周，甚至几个月以上，能够满足基础科学和应用科学的要求。与支撑磷脂双层膜相比，它有明确的离子库，可以应用于研究天然或合成离子载体和通道的膜传输功能。

(6) 杂化磷脂双层膜：使用磷脂囊泡自发地在含有烷基硫醇共价连接的疏水性单层膜上展开融合可以形成杂化磷脂双层膜。与其他平面模型膜相比，烷基硫醇的使用具有明显的优势，因为其可以在金属表面形成完整的疏水层，并为形成完整的磷脂膜提供驱动力，而且共价结合的表面不会受到缓冲液、pH、离子强度或磷脂组成变化的影响。此外，磷脂双层膜形成的过程都是自组装过程，因此非常容易制备。该模型可以用于研究电场对磷脂膜结构和性质的影响以及膜与外周蛋白等的相互作用。

(7) 滴汞电极上的磷脂单层膜：通过 Langmuir-Blodgett 技术将磷脂单层膜转移到汞表面可以获得滴汞电极上的磷脂单层膜，其中磷脂层的流动性允许其响应于电场而发生结构变化。这些结构变化表现为尖的电容峰，可以用电化学技术捕获。与其他支撑的膜技术相比，磷脂包覆的汞膜的巨大优势体现在液态磷脂与液体汞的相容性，这使磷脂层能够保持无缺陷的自密封结构，呈现离子不可渗透性，因此，这种模拟生物膜具有可流动性、重现性高、缺陷少及膜结构易于检测等优点，可用于研究电场中的磷脂行为、离子的单层渗透性及离子通道蛋白的特性。

(8) 黑脂膜：黑脂膜是悬浮在直径约为 100 μm 孔上的平面磷脂双层膜。该孔由疏水材料(如聚乙烯或特氟龙)形成，通常是分隔两个隔室的壁的一部分。两个隔室可以用水溶液填充，每个隔室都包含参比电极。黑脂膜是使用刷子将溶解在有机溶剂(如正癸烷)中的磷脂直接涂在小孔上或在空气-水界面通过两层 Langmuir 单层磷脂膜融合而形成的。该模拟生物膜可以表征磷脂膜的物理化学性质，并且对电性质的改变特别敏感，如电导率、膜的介电常数或表面电荷。黑脂膜因对膜电导的微小变化非常敏感，在研究蛋白质和多肽形成的电压门控离子通道方面很受欢迎。但是，由于黑脂膜是悬浮在溶液中，因此其机械稳定性较差，而且容易受到振动和强电场的影响，进而降低黑脂膜的寿命，并限制其电导率的测量。

目前，已经发展了各种各样的技术手段来表征模拟生物膜的形成以及结构[8]。光学显微镜可以用于观察独立的磷脂膜；中子反射可以用于测量磷脂膜的厚度；红外光谱、拉曼光谱可以获得模拟磷脂膜的分子结构信息；荧光显微镜可以通过在膜内掺入荧光分子来确定磷脂双层膜的均质性，并且可利用将荧光漂白后的荧光恢复率测量此类膜内磷脂的横向扩散；表面等离子共振技术可以通过测量磷脂膜的厚度随时间的变化来表征其形成过程；石英晶体微天平通过监测形成磷脂膜过程中的质量变化来确定其构筑情况；原子力显微镜可以用于表征磷脂膜的形态；电化学技术，如电化学阻抗光谱，是表征膜电性能(包括电阻和电容)的出色工具，用于判定磷脂膜的电密封性能及磷脂膜的缺陷和致密程度。

10.4　生物膜电化学分析原理

生物膜由极性分子组成，这会导致膜与溶液界面处产生静电位，从而在膜的每一侧形成双电层。因此，离子(包括氢离子)浓度变化或膜对电磁辐射的吸收等对双电层的干扰都会反映在膜电位差的变化上。由于磷脂双层膜的超薄性，跨生物膜即使在很小的电位差下都可以产生超过 10^5 V/cm 的强场，从而影响膜-水界面上发生的电荷转移、分离和/或氧化还原反应。由于电极/溶液界面固有的双电层结构，电化学方法是研究生物膜电位变化及双电层结构的有力手段。基于简化的模拟生物膜模型，应用循环伏安法、微分电容法、电化学阻抗谱等多种电化学技术，将膜中发生的化学变化转换为电流、膜电容和膜电阻等电信号，获得膜以及其内部生物分子结构和性质的相关信息。将传统电化学方法与红外光谱或表面成像等表界面敏感的方法联用，可为电化学测量结果提供分子水平的佐证，有利于深入理解生物膜的结构功能关系。本书中主要介绍研究仿生膜界面双电层特性的新兴谱学电化学和成像分析方法的原理以及其在实际研究中的应用。

10.4.1　金属电极支撑仿生膜/溶液界面结构

电解液与金属之间电子亲和能的差异或金属表面电离所诱导的金属表面电荷分离会导致电极-溶液界面处产生双电层。第一个双电层模型为 Helmhotz 模型。该模型将双电层看作平行板电容器，认为金属表面和电解液中反号电荷紧密排列在界面上。Gouy-Chapman(GC)模型认为在离子热运动的影响下，反号电荷不会紧密排列在界面上，而是形成分散层。在前面两种模型的基础下，研究者又提出了Gouy-Chapman-Stern(GCS)模型，该模型认为双电层分为紧密层和扩散层；特异性吸附离子或者高度有序水组成了紧密层，其又被称为内亥姆霍兹面(inner Helmholtz plane，IHP)或者 Stern 层；扩散层位于紧密层外，又称外亥姆霍兹面(outer Helmholtz plane，OHP)，离子受电场梯度影响呈 Boltzmann 分布，见图 10.5(a)。金属表面电荷密度σ_M与金属和 IHP 之间电位差的关系可由如下公式定义：

$$\sigma_M = \frac{\varepsilon_0 \varepsilon_c}{d_c}(\varphi_M - \varphi_{IHP})\tag{10.1}$$

式中，ε_0为真空介电常数；ε_c和d_c分别为 IHP 的介电常数和厚度；φ_M和φ_{IHP}分别为电极电位和 IHP 界面电位。OHP 的电荷密度σ_{OHP}与 OHP/IHP 界面的电位φ_{IHP}和本体溶液的电位φ_s有关，但不呈线性关系。施加在电极上的电位可以改变金属电位φ_M。在金属电位φ_M与本体溶液电位φ_s相等的情况下，金属表面的绝对电荷密度以及扰动溶液的有效电场都为零，此时的电极电位被称为零电荷电位(potential of zero charge，E_{pzc})[9]。

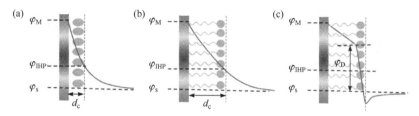

图 10.5　电极及修饰电极界面双电层结构和电位分布示意图[9]

在金属电极组装一层低介电常数疏水性单层膜后，该层电位差随间距线性降低[图 10.5(b)]。如图 10.5(c)所示，如果疏水末端连有极性头部基团，则还需引入极性头部基团区域的电位差φ_D。因此，从金属电极表面到极性头部基团表面的电压降可以用于模拟膜电位($\Delta\varphi$)，并且其由以下三部分组成：金属表面到烷基链区域的电位差φ_M，极性头部基团区域电位差φ_D和扩散层区域电位差φ_s。$\Delta\varphi$可用以下公式表示：

$$\Delta\varphi = 4\pi\frac{\beta}{\varepsilon_\beta}\sigma_M + 4\pi\frac{\gamma}{\varepsilon_\gamma}(\sigma_M + \sigma_{in}) - 4\pi\frac{N\mu_{dip}}{\varepsilon_\gamma} + \varphi_s(c_s\sigma_{tot})\tag{10.2}$$

式中，β、γ分别为烷基链和极性头部基团的厚度；ε_β、ε_γ分别为烷基链和极性头部的介电常数；σ_{tot}为电极电荷密度σ_M、极性头部区域包埋的带电基团的电荷密度σ_{in}和暴露在本体溶液中的离子的电荷密度σ_{ex}的总和；μ_{dip}为极性头部基团垂直于平面的偶极距分量；N 为单位面积内极性头部的数量；c_s 为电解质的浓度。由公式可知，模拟磷脂膜的膜电位($\Delta\varphi$)可通过改变电极的电荷密度 σ_M 控制[9]。

10.4.2　红外光谱电化学技术

光谱电化学是一种将电化学技术与光谱技术相结合的分析手段，其以电化学为激发，以光谱进行测量。电化学技术提供动力学和热力学信息，光谱技术提供分子结构信息，能够快捷地获取电位控制下体系中物种的原位谱学信息，进而在分子水平上揭示分析物的结构和功能的变化及其与电化学变化的关系。

红外光谱(infrared spectroscopy，IRS)是一种非破坏性、非侵入性分子振动光谱，能够提供分子的结构指纹信息，常用于分析有机物的成分和结构。红外光谱电化学将红外光谱技术原位应用于电化学体系，监测电化学调制下体系中物种的红外光谱变化，不仅能够提供新生物种的分子结构信息，还能够提供感兴趣物种周围环境有关的分子结构信息，进而对吸附物种的取向、反应中间体和产物种类、催化和其他反应机理以及外加电磁场对分子的影响等进行研究。脂类分子和膜蛋白都是具有红外活性的分子，红外光谱电化学十分适合于生物膜体系的研究。早期利用偏振调制红外反射吸收光谱(polarization modulation infrared reflection absorption spectroscopy，PM IRRAS)揭示了外部电位对沉积在电极表面的磷脂双分子层结构和性质的影响。然而，偏振调制红外反射吸收光谱电化学在生物膜体系中的应用研究仍面临一些难以突破的限制。其一，模拟生物膜体系中研究对象的分子数目是很少的，处于单层膜甚至亚单层膜水平(通常为零点几个纳摩尔)，在电化学过程中引起的红外光信号变化极其微弱。其二，红外光束需要穿过本体溶液两次，因此本体溶液吸收的干扰十分严重，即便是使用设计和组装难度很大的薄层池来最大限度地减小工作电极和红外窗口材料的距离(通常为几个微米)，本体溶液的吸收干扰仍然无法完全消除。其三，薄层池的结构会对电化学过程中的电位响应、欧姆电位降以及与本体溶液传质等产生显著的影响。

近几年发展起来的表面增强红外吸收光谱(surface-enhanced infrared absorption spectroscopy，SEIRAS)技术可以克服传统偏振调制红外反射吸收光谱电化学研究中存在的上述缺陷。首先，SEIRAS 的增强基底通常是不连续的金属岛状薄膜。入射红外光通过激发金属粒子的局域等离子体极化金属粒子，产生偶极子 p，进而使粒子周围产生比入射光子场更强的局域电场，如图 10.6(a)所示。吸附在金属岛状薄膜上的分子振动信号会在局部增强电场作用下显著增强。因此，SEIRAS 可以在单分子层水平上原位实时检测到外部刺激诱导的界面分子的微小振动吸收变化(低至 10^{-5})，提供吸附分子的吸附定向、构象变化以及堆积密度等信息。其次，

SEIRAS 中采用最广泛的模型是样品/金属薄膜/支撑材料模型。最常见的支撑材料包括 Si、Ge、ZnSe 等高折射率的红外窗口材料，光谱采集通常采用衰减全反射 (attenuated total reflection，ATR)模式[图 10.6(b)]。入射红外光在内反射元件表面发生全反射产生的消逝波能够到达金属岛状薄膜表面并与增强场耦合，从而使样品振动信号增强。这种增强效应强烈地取决于到金属表面的距离，其距离依赖性为

$$|E_{induced}|^2 = 4p^2 / l^6 \tag{10.3}$$

式中，$E_{induced}$ 为由表面等离子体激元产生的场；p 为诱导偶极矩；l 为到表面的距离。

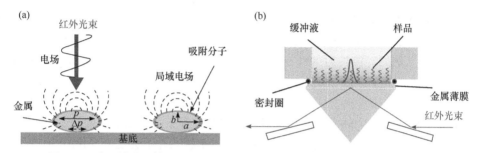

图 10.6　表面增强红外吸收光谱的增强效应(a)及其几何与光学结构(b)示意图

　　根据公式(10.3)可知，SEIRAS 增强效应大约在 10 nm 范围内，而在金属岛状薄膜构筑的磷脂双层膜厚度大约为 5 nm，可检测到的有效溶液层的厚度为 3～5 nm (图 10.7)。与此同时，膜/水界面处的表面电位从膜表面呈指数衰减，在生理溶液中的空间长度约为 1 nm(图 10.7)。因此，利用电化学的扰动，可以进一步限域 z 轴的有效检测距离，选择性检测紧密靠近膜表面水偶极取向双电层特性。将 SEIRAS 与电化学结合近乎完美地消除了本体溶液光谱吸收的干扰，实现了在外加电场下对基底表面吸附的磷脂、膜蛋白以及界面水分子振动信号变化的选择性检测。另外，表面选律使得只有偶极矩变化具有垂直于表面分量的振动才是红外活性的，与之相对，平行于表面的偶极矩变化将无法检测。因此，即便是对于自身无氧化还原活性的仿生膜及膜蛋白等物质，仍可以通过电位诱导的差异吸收光

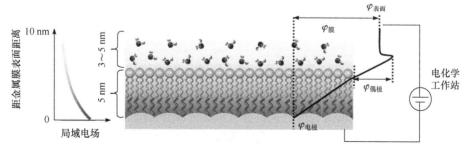

图 10.7　表面增强红外吸收光谱电化学检测仿生膜及界面水分子的原理图

谱的正负来判断振动偶极矩的取向及其电位响应性，进而实现对电位控制下的界面结构和膜电位对磷脂膜以及膜蛋白结构影响的研究，解决了传统电化学技术无法同时监测电化学信号及相关分子的结构与功能变化的难题。因此，表面增强红外光谱电化学技术是研究生物膜及膜蛋白的电化学现象的有力工具。

10.4.3　电化学-二次谐波成像

　　生物膜的异质性要求分析方法具有较高的空间分辨率。二次谐波(second harmonic，SH)，也称倍频，是一种表界面敏感的二阶非线性光谱，是指具有相同频率的两个光子与物质相互作用后，产生具有初始光子二倍能量的新光子(图10.8，波长减半)。例如，波长为 800 nm 的入射光，其产生的二次谐波光的波长为 400 nm。与传统的光谱学技术不同，二次谐波的产生过程可以描述为两个基频入射光子在非线性介质中湮灭，同时产生一个新的倍频光子。二次谐波产生的过程并不发生能量跃迁，两个频率为 ω 的入射光子的能量等于一个频率为 2ω 发射光子的能量。根据能量守恒定律，介质分子的量子力学状态并不会发生变化(分子本身的能量和动量不变)，换言之，被激发的样品不会吸收能量。二次谐波技术一般指非共振二次谐波(共振二次谐波使用可激发介质电子跃迁的激发光，反映的是介质的电子光谱信息，在此不做讨论)。

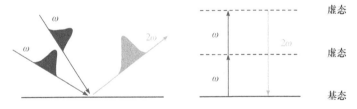

图 10.8　二次谐波产生原理示意图

　　非线性介质的光学响应可以通过电极化强度 P 与入射辐射的场强 E 来确定，总的极化强度可表示为

$$P = P^{(1)} + P^{(2)} + P^{(3)} + \cdots = \varepsilon_0(\chi^{(1)}E + \chi^? \ E + \chi \quad E + \cdots) \tag{10.4}$$

式中，ε_0 为真空介电常数；$\chi^{(n)}$ 为介质材料的 n 阶极化率，这里 $\chi^{(1)}$ 为线性极化率，$\chi^{(2)}$ 为二阶极化率，$\chi^{(3)}$ 为三阶极化率。第一项 $\chi^{(1)}E$ 对应线性光学响应中光的吸收、散射和反射，而第二项 $\chi^{(2)}E$ 反映的是二次谐波产生等二阶非线性光学效应。因此二次谐波不仅与光电场的强度有关，还与介质材料的二阶极化率 $\chi^{(1)}$ 有关联性。由于具有反演对称中心介质的二阶极化率为零,体相物质不会发生二阶非线性过程，因此二次谐波技术是一种表界面敏感的技术。

二次谐波产生的强度可表达为

$$I_{2\omega} \propto |\chi_{\text{eff}}|^2 \propto N_s^2 |r(\theta)|^2 \tag{10.5}$$

式中，N_s 为界面不对称分子数目；$|r(\theta)|$ 为与取向参数有关的取向泛函。因此二次谐波技术可以用于研究界面厚度(不对称界面分子数目)和界面分子偶极取向。

在生物体系中，理想的单组分磷脂双层膜结构因具有反演对称中心，而不会发生二次谐波现象。因此，二次谐波光谱和成像技术可以用来研究触发磷脂双层膜结构对称性变化的影响因素和过程。但是二次谐波的强度很低，即使是结构组成复杂且具有显著不对称性的真实生物膜结构，也无法产生足够检测的二次谐波强度。但生物膜结构可作为二次谐波产生活性分子形成非中心对称阵列的骨架，探针分子在插入生物膜时，生物膜的磷脂双分子层可以诱导探针分子在液体/膜界面有序地对齐排列，提高偶极性，从而增强探针的二次谐波信号。膜电位不同时，诱导膜中探针分子的取向发生变化，产生不同的偶极矩，进而产生二次谐波信号强度的变化。因此，通过外源探针作为生物膜的造影剂，二次谐波光谱和成像技术可以用来开展表界面电位和电压的测定与成像研究[10]。同样地，界面电位的变化也会诱导界面水分子吸附取向的变化，进而影响二次谐波的强度。用内源性的水分子代替外源性的探针分子，可以消除外源物质的潜在影响，免标记地进行界面电位的测定和成像。但是水分子的二次谐波信号(或者信噪比)太低，导致直接对水分子的二次谐波分析面临很大的挑战。近年来，宽场-结构光照明-HiLo 二次谐波成像显微镜(wide-field structured-lumination/HiLo SH microscope)系统的发展[图 10.9(a)][11]，将传统二次谐波显微镜系统的光通量提升了 5000 倍，从而可以对表界面水分子在毫秒时间尺度上进行二次谐波成像。将此系统应用于黑脂膜模拟生物膜体系中[图 10.9(b)]，就可以获取外部电化学调制下生物膜界面水合水、局域电荷、离子化状态、膜电位等相关的结构和取向变化信息。因此，二次谐波成像技术不仅是测量界面水分子平均取向最直接的方法，也是研究生物膜的电化学性质的强有力工具。

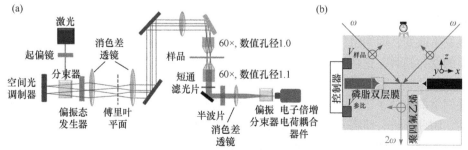

图 10.9　(a) 宽场-结构光照明- HiLo 二次谐波成像显微镜系统示意图[11]；(b) 外部电化学调制二次谐波成像研究生物膜示意图[12]

10.5 生物膜的电化学研究

一个天然的细胞膜通常暴露于 $10^7 \sim 10^8$ V/m 的高振荡电场中,生物膜的性质和结构会受到电场的显著影响。另外,由于界面双电层特性,双电层的结构也会反过来影响界面电场分布。因此,揭示界面电场对生物膜界面分子结构影响和界面双电层的结构、组成对界面电场的影响及其调控因素是仿生膜电化学研究的首要问题。应用经典电化学方法测量仅仅可以获取与模拟生物膜相关的膜电导率、膜电容或 ζ 电位等宏观参数,无法在分子水平上探究双电层的结构如何影响界面电场及界面电场与生物膜功能的关系。例如,对于界面电场如何影响界面水结构及界面水结构如何影响界面静电位知之甚少。水分子在中红外有强吸收,因此红外光谱电化学方法是研究界面水结构与界面电场效应的有力手段。应用电化学和偏振调制红外反射吸收光谱可以探测膜/水界面磷脂分子的结构信息,并且可以判定振动相对应的跃迁偶极距与电极表面的夹角,从而定量描述电场对磷脂分子结构和水合程度的影响。但由于本体溶液的干扰,无法提供电场对磷脂膜/溶液界面的水分子结构影响的信息。

SEIRAS 不仅可以利用红外辐射激发金属岛状薄膜的局部等离子体产生电磁场效应来增强吸附在金属表面的分子的振动吸收,还可以基于衰减全内反射模式及等离子体的光学近场效应有效地消除本体溶液的干扰,实现膜/水界面的选择性检测,提供水分子结构和取向信息。金属基底除了提供增强效应外,还可以作为工作电极,使表面增强红外吸收光谱成为研究电场如何诱导磷脂膜界面水变化及界面分子结构变化对膜电位影响的有力工具。为了探讨电场对磷脂膜界面水的影响,可以以开路电压为背景,记录不同电压下磷脂膜的 SEIRAS 差谱线。如图 10.10 所示,磷脂膜表面水的特征峰位于 3250 cm^{-1}、3500 cm^{-1} 和 3600 cm^{-1},分别归属于膜界面形成紧密氢键网络、弱氢键网络及位于酰基链之间的水分子的伸缩振动吸收峰。接近开路电压仅会诱导膜界面水分子的排布。当电压向负方向移动时,磷脂膜界面水分子的含量和/或取向发生明显增加和/或改变,并且其酰基链构象也发生改变,而当电位向正方向移动时,磷脂分子构象以及与其结合的水呈现相反的变化趋势。这些结果表明磷脂膜中及其界面的水分子具有非常复杂的存在形式,包括膜疏水区域中未形成氢键的水分子、与头部基团紧密结合以及形成强氢键网络的水分子等。此外,磷脂极性头部基团的固有静电场会阻碍膜界面水的移动。因此,进一步揭示外电场以及磷脂的固有偶极如何共同影响界面水的局部结构对于调节与磷脂膜相关的功能是非常重要的。

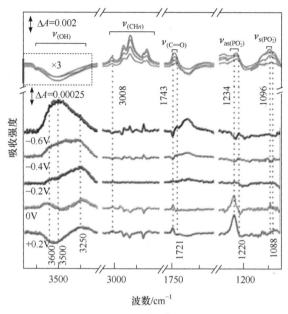

图 10.10　不同电位诱导磷脂膜的 SEIRAS 差谱[13]

Jiang 研究小组通过 PC 磷脂囊泡在修饰有 1-十二硫醇(DT)单层膜的金纳米薄膜表面融合展开的方法构筑了杂化磷脂双层膜(PC/DT/Au)，并利用表面增强红外吸收光谱电化学技术研究了电场对仿生膜界面水结构的调控。他们发现低于 E_{pzc} 的电位可以诱导 PC 磷脂膜在 3600～3000 cm^{-1} 处出现一个宽峰，其最低波数相较于 DT 单层膜的峰约低 200 cm^{-1}，这可能是因为相较于 DT 分子，PC 磷脂的亲水性磷酸基团(PO_2^-)可以与周围的水分子形成强氢键，导致在 3200～3000 cm^{-1} 处产生负峰[图 10.11(a)]。然而，当施加的电位高于 E_{pzc} 时，PC 磷脂膜差谱中没有出现 3200～3000 cm^{-1} 处的羟基伸缩振动 ν(OH)吸收的正峰[图 10.11(a)]，表明强氢键水可以抵抗正电位诱导界面水偶极向溶液相的翻转。为了验证 3200～3000 cm^{-1} 处的 ν(OH)吸收峰确实归属于 PO_2^- 周围的强氢键水，他们向磷脂膜环境中添加了 Ca^{2+}，发现有一个中心在 3009 cm^{-1} 处的负峰出现，并且磷酸基团对称伸缩振动 $\nu_s(PO_2^-)$吸收峰发生蓝移，而磷脂膜与 Na^+ 的相互作用并没有导致这一现象出现，说明 Ca^{2+} 与 PO_2^- 的特异性结合使 PO_2^- 周围发生去水合[图 10.11(b)]。再结合分子动力学模拟及合频光谱的研究结果可以确定在 3100 cm^{-1} 左右的特征峰归属于 PO_2^- 周围的强氢键水。但是，电场对该部分水的影响仍然是未知的。

为了揭示电场对 PO_2^- 周围强氢键水的影响，Jiang 研究小组通过施加不同电位使磷脂膜极化，然后添加 Ca^{2+} 扰动该部分水，发现 3100 cm^{-1} 左右的负峰一直存在，而且随后的 EDTA·2 Na 对 Ca^{2+} 的螯合作用可以诱导 3100 cm^{-1} 左右的正峰出

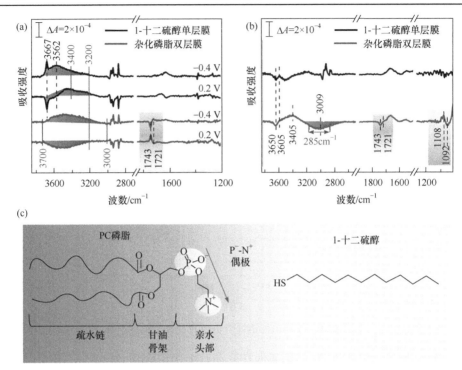

图 10.11　(a) 不同电位诱导的 DT 单层膜和 PC 磷脂膜的差谱(背景电位：0.1 V)；
(b) 在 0.01 mol/L NaCl 中 Ca^{2+}诱导的 DT 单层膜和 PC 磷脂膜的差谱；(c) PC 磷脂和 DT 分子的结构示意图[14]

现[图 10.12(a)～(c)]。因为 EDTA 对 Ca^{2+}的亲和力强于 PO$_2^-$，所以使用 EDTA 可以螯合与磷脂 PO$_2^-$结合的 Ca^{2+}，并且通过测定 Ca^{2+}与磷脂头部基团的结合以及 EDTA·2 Na 对 Ca^{2+}的螯合引起的电化学电流变化可以证明 Ca^{2+}在膜上的吸附和脱附[图 10.12(d)]，说明 3009 cm^{-1} 左右的振动峰变化来源于 Ca^{2+}在膜上的吸附和脱附引起的与 PO$_2^-$形成强氢键的水的变化。值得一提的是，在非常高的正电位(0.7 V)与 Ca^{2+}共同诱导的 PC 膜的差谱中，该类型的水仍然存在，而且预期的水偶极随界面电场翻转的情况并没有出现，说明磷脂磷酸基团周围的强氢键水可以抵抗外部电位的干扰，并且由于其固有的强偶极可能会显著地影响磷脂膜的静电性质，这一点通过 Ca^{2+}离子扰动可以去除磷酸结合的强氢键的水，进而改变了开路电压得到证实。这一发现为调节生物膜电性质提供了有效途径，也为膜蛋白静电依赖性功能的调节提供了指导。

　　上述光谱电化学技术的应用使得人们可以深入地解析生物膜与表面结合水的相互作用，结合水的偶极电位效应以及膜界面电位对二者相互作用的调控。进一步与离子"扰动"探测策略结合，还可以获取生物膜局域水分子的氢键结构信息，

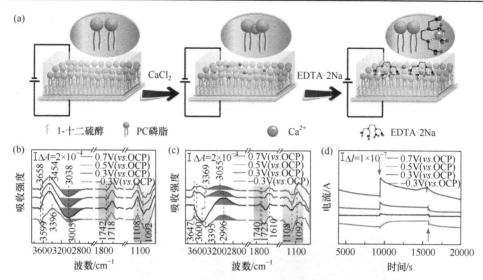

图 10.12 (a) 在外加电位存在下，Ca^{2+} 与磷脂头部基团的结合以及 EDTA·2 Na 对 Ca^{2+} 螯合的示意图；(b) 在外加电位存在下，Ca^{2+} 诱导的 PC 磷脂膜的差谱图；(c) 在外加电位存在下，EDTA·2Na 诱导的结合了 Ca^{2+} 的磷脂膜的差谱图；(d) 在外加电位存在下，Ca^{2+} 与磷脂头部基团的结合以及 EDTA·2Na 对 Ca^{2+} 的螯合引起的电流变化[14]

极大地推动了生物膜电化学的研究。然而，生物膜不仅处于高速的动态变化之中，而且具有很强的空间异质性。基于谱线的"准"稳态分析，无法回答生物膜电学性质空间和时间尺度上的动态变化。近几年来，先进二次谐波成像技术的发展，以及其与电化学技术的结合，突破了这一难题[11]。Roke 研究小组应用宽场-结构光照明-HiLo 二次谐波成像显微镜，以不对称性和对称性的黑脂膜模拟膜为对象，进行了二次谐波成像分析[12, 15]。他们发现，上下叶具有相同组分的对称性生物膜因具有反演对称中心，不产生二次谐波信号[图 10.13(a)]；而上下叶组成成分不同的不对称性生物膜则在二次谐波成像中表现出散在的簇状的亮斑[图 10.13(b)]。进一步通过与特异性探针标记的荧光成像比较，发现二次谐波成像中的亮斑源自不对称生物膜上叶中的带电磷脂分子(DPPS)。上叶中带电磷脂分子表面电荷对膜界面水的定向作用，使得上叶膜界面水表现出不对称性，进而产生二次谐波信号。因此，依据膜表面电荷对界面水的定向作用对二次谐波信号的影响，可以对膜电位进行成像分析。当向不对称生物膜两侧施加外部电场时，他们观察到了与理论预期相一致的二次谐波信号强度和外部电场强度的二次方的关系变化。更为重要的是，他们发现膜电位对外部电场的响应具有显著的时空异质性[图 10.13(c)和(d)]。图 10.13(c)和(d)为针对同一成像区域内选取的间隔 2 s 采集的二次谐波成像图，尽管两幅图像中整个成像区域内的平均膜电位均为−50 mV，但是膜电位分布图时空波动幅度可达 600 mV，波动的空间尺度达数微米。这些结果表明，生物膜及界面水的静电特性是处于动态变化之中的，具有显著的时空异质性。膜电位的时空波动可能显著影响与静电能量分布相关的诸多生物化学过程，如脂质和膜与离子的相互作用、膜-蛋白质的相互作用、膜结构的波动(如瞬态结构的形成)、跨膜传输、膜的力学性能、膜的融合以及孔隙和通道功能等。电化学-二次谐波成像为膜电位时空变化提供了无损免标记的测量方法，极大地促进了人们对生物膜静电特性以及功能机制的认识。但是，二次谐波成像提供的仅是膜电位强度的时空分布，对于生物膜电化学、生物膜结构和功能的进一步认识还需要和具有结构信息的其他技术手段结合。

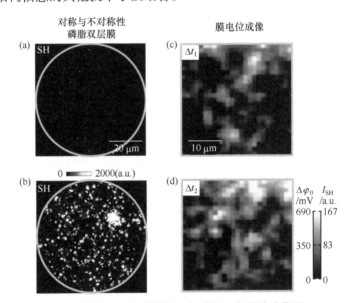

图 10.13　对称性(a)和不对称性(b)黑脂膜模拟生物膜的二次谐波成像图；(c)、(d)不对称性黑脂膜模拟生物膜膜电位的动态成像[12]

(c)和(d)的时间间隔为 2 s；对称性磷脂膜：上下叶组分为 DOPC；不对称磷脂膜：上叶组分为 DPPS：DOPC：Chol，下叶为 DPPC：DOPC：Chol

　　生物膜静电特性、生物膜-界面水相互作用以及膜电位会调控存在于生物膜中的膜蛋白的相关信号通路，进而影响其结构、热动力学性质以及电子/质子转移、信号传导及能量传递等多种功能。然而，大多数情况下，蛋白质的结构与其功能和动力学之间的关系尚不清楚。这一问题可以通过应用光谱电化学技术解决。最常见的膜蛋白，包括受体、离子通道、小的有机分子转运蛋白以及参与电子和质子转移的蛋白具有疏水性和两亲性，如何有效保持膜蛋白的活性是体外研究膜蛋白功能首要解决的问题。通常要为膜蛋白提供一个磷脂膜环境，这样不仅能够维持水溶液环境，而且可以保持蛋白质的天然构象。通过采用不同的模拟生物膜模型，可以将膜蛋白成功地固定在电极上以模仿膜蛋白的天然生物环境，并利用电化学结合光谱技术分析其结构和功能。

目前，已经发展了许多将膜蛋白固定在含有磷脂膜的金属表面上的方法 (图 10.14)，例如，利用磷脂、蛋白质和去污剂的共增溶可以制备蛋白脂质体并将其直接吸附到电极上，这种方法已经用于固定跨膜解偶联蛋白 (UCP1) 和 $Na^+/K^+ATPase$。然而，当电极极化时，脂质体可能会发生一定程度的分解。因此，脂质体仅可以将适量的蛋白质运输到电极表面，但是蛋白质在电极表面的吸附是不均匀的并且其结构不稳定。还有一种方法是蛋白脂质体在亲水性电极上融合展开形成结合膜蛋白的磷脂双层膜，该方法已经用于固定细菌视紫红质，可以很好地控制膜蛋白的定向，但是膜蛋白可能会接触到电极表面，进而影响其结构和功能。为了避免上述情况，人们发展了蛋白质锚定的磷脂双层膜，即通过 His 标签将溶解在去污剂中的蛋白质定向组装到功能化的金属表面上，然后通过去污剂-磷脂交换在固定膜蛋白周围重构磷脂双层膜。此方法已经被用于固定细胞色素 c 氧化酶。通过亲和标签对蛋白质的特异性结合可以使蛋白质均一定向地结合在电极表面，进而使膜蛋白的定向电子转移研究成为可能。然而，在这种蛋白质锚定的磷脂双层膜中，蛋白质的迁移性且体系的稳定性有限。另一种更有应用潜力的方法是构建锚定磷脂双层膜，将含有低聚氧乙烯的长链巯基分子和含有亲水性头部基团的短链巯基分子在金电极上形成自组装单层膜，再通过脂质体融合的方法形成锚定磷脂双层膜，该方法可用于将整合膜蛋白掺入锚定磷脂双层膜中，已经用于固定离子载体缬氨霉素。

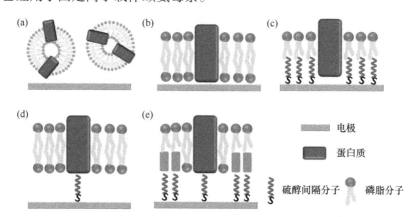

图 10.14 膜相关蛋白质在电极上固定策略的示意图[16]

(a) 通过蛋白脂质体在电极上的直接吸附固定膜蛋白；(b)～(e) 使用磷脂双层膜、混合磷脂双层膜、蛋白质锚定磷脂双层膜及锚定磷脂双层膜修饰的电极固定膜蛋白

动态电化学技术已被证明是研究蛋白质热力学和动力学性质的有力工具。目前，人们已经通过电化学技术开展了许多膜蛋白相关的研究工作。离子通道蛋白

是存在于所有细胞膜中的成孔膜蛋白,可以控制离子在膜上的流动。它们的功能包括建立静息膜电位、形成动作电位和产生其他对细胞至关重要的电信号。使用电化学交流阻抗技术测定膜电阻率数据表明,在接近 E_{pzc} 的电位驱动下,可以在磷脂膜中形成电压门控离子通道的多肽 Alamethicin 处于闭合通道状态[17]。电化学交流阻抗技术虽然已被广泛用于研究离子通道行为,但是其无法提供关于仿生膜以及结合的膜蛋白的任何结构信息,这可以使用 PM-IRRAS 结合电化学技术实现。但是,由于 PM-IRRAS 的灵敏度限制,需要大量的膜蛋白才能获得高强度的信号。将膜蛋白吸附在 SEIRAS 的增强基底上可以显著提高其振动信号,进而克服 PM-IRRAS 灵敏度低的难题,有助于在分子水平上进一步理解离子通道的结构与功能关系。Kozuch 等使用 gramicidin A(gA)为膜蛋白模型,并将其插入锚定在金纳米薄膜的磷脂双层膜内,这可以通过红外谱图中磷脂分子、gA 的酰胺 I 带和 II 带的特征峰以及交流阻抗技术测定膜电容的变化证实。除此之外,通过表面增强红外差谱和交流阻抗谱还可以监测 gA 转运单价阳离子(如 Li^+、Na^+、K^+、Cs^+ 和 Ti^+)的功能。离子诱导 gA 的表面增强红外差谱显示这些单价阳离子与 gA 的结合可以引起 gA 酰胺 I 带区域正负峰强度的可逆变化,说明不同单价阳离子的结合会增加 gA 的导电性。当使用电化学阻抗谱研究不同阳离子与掺有 gA 的磷脂膜之间的相互作用时发现,这些阳离子和 gA 通道的结合显示出低的阻抗值,证明了其他阳离子的结合可以引起 gA 通道导电性的增加,此结果与表面增强红外吸收光谱的结果一致。因此,Kozuch 等的工作为基于光谱方法进行电导率测量提供了一种有效途径[18]。

膜电位广泛存在于每个活细胞中,并被证明会影响膜蛋白的转运和受体功能。早年发展起来的膜片钳技术对电信号非常敏感,可以获得膜电位控制的膜蛋白动态行为变化。但是,很难在分子水平上阐明膜电位对膜蛋白结构的影响。SEIRAS 的高灵敏度使其成为一种研究金属薄膜表面附着的蛋白质单分子层的先进方法,并且通过电化学技术施加电极电位以提供跨蛋白质层的电压降,可以在体外建立膜电位,进而能够在分子水平上原位实时地研究膜电位对膜蛋白功能和结构的影响。感光视紫红质 II(SR II)是主要的光传感器,用于嗜盐杆菌的憎光反应。SR II 的辅因子(发色团视网膜)可以被蓝绿色光激发,导致蛋白质的构象应变,通过几个结构中间状态(K、M 和 O)回到原始状态。这种周期性的结构变化可以将信号传播到 SR II 下游感受器蛋白,并导致鞭毛运动,最终使细胞逃避光照。通过体外构建 SR II 的膜重组模型,利用表面增强红外吸收光谱电化学,可以在体外考察跨膜电位对单层 SR II 光反应的影响。

将来源于 *N. pharaonis* 的 SR II 通过其 C 端 His 标签固定在 Ni-NTA 修饰的增强基底上,暴露于本体溶液的蛋白一侧模拟细胞外表面朝向。在定向蛋白质单层形成后,SR II 再被重组到嗜盐杆菌磷脂膜中,进而使其能够保持天然的结构和功能。通过表面增强红外吸收光谱记录的光诱导重组 SRⅡ 的差谱，即基态(黑暗环境)和光稳态(绿光恒定照射)之间的差谱，可以证明重组膜蛋白的活性。图 10.15(a)和(b)分别显示了在嗜盐杆菌磷脂膜中重构和去污剂保护的 SRⅡ 单层的光诱导差谱。负峰对应于未激活状态，而正峰指在连续光照下建立的光稳定态。差谱峰主要可分为三个区域：羧酸和各种酰胺侧链的谱带($1690 \sim 1770~\text{cm}^{-1}$)，酰胺Ⅰ带($1620 \sim 1680~\text{cm}^{-1}$)以及辅因子和酰胺Ⅱ带($1500 \sim 1600~\text{cm}^{-1}$)。图 10.15(a)和(b)中最显著的差异是位于 $1544~\text{cm}^{-1}$ 处的负峰，其归属于全反式视黄醛的烯键伸缩振动 $v(\text{C}=\text{C})$ 吸收。该负峰的出现伴随着 $1763~\text{cm}^{-1}$ 处正峰的出现，表明 M 中间体占主导地位。$1763~\text{cm}^{-1}$ 处的峰来自该膜蛋白的主要质子受体-天冬氨酸 75 接受质子。在图 10.15(a)中，视网膜的烯键伸缩振动 $v(\text{C}=\text{C})$ 的负吸收显著降低，表明脂质重构蛋白的主要状态为 O 中间体。此外，处于两种不同环境的该膜蛋白在酰胺Ⅰ带区域还存在一些差异。这些发现揭示了 SRⅡ 蛋白质在磷脂膜中的重构会导致其结构和光反应中间态发生显著变化。

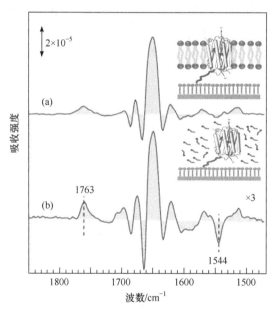

图 10.15　光诱导的在嗜盐杆菌磷脂膜中重构(a)和在去污剂中溶解(b)的 SRⅡ 单层的差谱[19]

图 10.16(a)显示了在各种电极电位下光诱导 SRⅡ 单层的差谱。这一系列差谱可分为两部分，分界电位为$-0.4~\text{V}$。当 $E > -0.4~\text{V}$ 时，可以观察到天冬氨酸 75 的羧基伸缩振动 $v(\text{C}=\text{O})$ 在 $1765 \sim 1757~\text{cm}^{-1}$ 处的正峰，但没有观察到位于 $1548~\text{cm}^{-1}$ 处视黄醛的 $v(\text{C}=\text{C})$ 吸收峰，$1536~\text{cm}^{-1}$ 处正峰的出现表明该膜蛋白的光稳态主要为 O 中间体。在所有特征峰中，只有天冬氨酸 75 的 $v(\text{C}=\text{O})$ 振动峰的相对强度在

该电位范围内发生变化。其随电位的变化规律为在+0.2 V时达到最大值，并随着外部电位的变化而减小，表明天冬氨酸 75 被质子化的程度较低，进而说明在 O 中间态时从视黄醛席夫碱向天冬氨酸 75 的质子转移受到限制。此结果可以根据质子转移方向和施加电位方向之间的关系来解释[图 10.16(b)和(c)]，由于 SRⅡ是通过其 C 端 His 标签/Ni-NTA 方法组装在电极上的，其细胞外的部分面向本体水溶液。因此，SRⅡ内部质子转移的方向是从电极表面到本体溶液。当电极电位低于+0.2 V时(零电荷电位)，外加电场的方向与质子传递的方向相反，足够高的能垒可以抑制蛋白质的质子传递。尽管质子转移受到抑制，但与光诱导的膜蛋白活性的其他相关结构重排峰基本上不受影响，表明从席夫碱到天冬氨酸 75 的质子转移并不是由蛋白质的螺旋骨架结构变化而导致的，但是其对膜电位的变化非常敏感。当 $E<-0.4$ V 时，可以观察到 M 中间体的特征峰。当施加的电位非常负时，电极表面的负电荷可以将质子从扩散层吸引到其表面，进而导致膜表面附近的局部 pH 升高，并且明显高于本体的 pH，这有利于 SRⅡ以 M 中间态存在。此外，还发现当溶液的 pH 从酸性增加到碱性时，光诱导 SRⅡ的差谱与施加的电位从正电位转变到负电位时光诱导的差谱较为相似。然而，当溶液 pH 远高于 5.8 时，天冬氨酸 75 的质子转移对电极施加的电场并不敏感，这可能是由于蛋白的细胞外

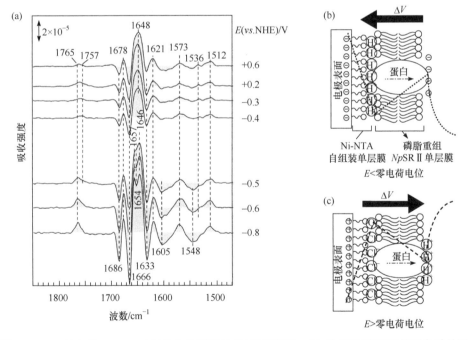

图 10.16 (a)施加从 0.6～-0.8 V 的电位诱导的 SRⅡ差谱图；(b) 位于固/液界面的蛋白质单层在 $E< E_{pzc}$ 时的电位分布图；(c) 位于固/液界面的蛋白质单层在 $E> E_{pzc}$ 时电位分布图[19]

侧表面残基质子化状态,尤其是由质子释放基团导致的。根据上述结果可以推测,由于氢键重排超过了外部电场偶极的能量,质子释放基团的去质子化可以在天冬氨酸 75 周围产生一个局部的极性环境。这些结果表明通过调节膜电位,可同时改变膜表面局部 pH 和外加电场,进而建立了生理水平的模型,用于研究 SR II 光循环的分子机制。

10.6　生物膜相互作用电化学研究

蛋白质与生物膜间的相互作用在物质运输、信号传递和细胞识别等生命活动中扮演着重要的角色,而且生命过程中几乎都伴随着蛋白质与生物膜的相互作用,因此,研究蛋白质与生物膜的相互作用不仅可以揭示生物膜对蛋白质功能的影响,也有利于阐述生理或病理条件下生物体的变化机制。蛋白质氨基酸残基之间以及其与磷脂膜之间存在的弱作用力,如范德瓦耳斯力、静电吸引和排斥力、疏水作用力及氢键等维持着蛋白质结构和功能的多样性。因此,深入研究蛋白质与生物膜之间的弱相互作用力及相互作用的动力学过程,对于理解生命过程具有重大意义。目前,基于电化学以及光谱电化学技术,人们普遍采用简化的模拟生物膜体系来研究蛋白质与生物膜的相互作用分子机制。

伏安法通过记录氧化还原探针分子在蛋白质与磷脂膜结合前后峰电流随电位变化的曲线来表征二者之间的相互作用,其检测原理为构筑在电极表面上理想的磷脂膜阻碍了探针分子与电极的接触,使二者无法直接进行电子传递,而当蛋白质结合并诱导磷脂膜产生缺陷或者孔洞时,探针分子可穿过缺陷或者孔洞到达电极表面进而产生氧化还原电流。常见的氧化还原探针有 $Fe(CN)_6^{3-}$、$Ru(NH_3)_6^{3+}$、辅酶 Q 和具有氧化还原活性的蛋白质等。Mao 等以 $Fe(CN)_6^{3-}$ 为探针研究了 $A\beta_{40}$ 与磷脂膜相互作用时的循环伏安及差分脉冲响应,发现加入 $A\beta_{40}$ 后探针分子的氧化还原电流逐渐增大,说明 $A\beta_{40}$ 能在磷脂膜中产生离子通道,从而使探针离子与电极表面接触并产生电化学信号[20, 21]。Juhaniewicz 等以 $Fe(CN)_6^{3-}$ 为探针研究了蜂毒素(melittin)对 DMPC 磷脂双层膜的损伤作用[22]。他们发现当蜂毒素浓度为 10 μmol/L 时,探针分子的氧化还原电流明显增加,说明磷脂膜在较短时间内被破坏;当蜂毒素浓度为 1 μmol/L 时,探针分子的峰电流先减小然后再增大。

相较于伏安法,电化学交流阻抗法对体系的扰动小、灵敏度高,更适合于揭示蛋白质与磷脂膜的结合引起的微小的膜结构变化。蛋白质(如 $A\beta_{40}$)的结合会引起磷脂膜内产生孔洞,而表面活性剂(如 Triton X-100)会导致磷脂膜逐层溶解。它们是两种典型的膜损伤途径。通过适当的等效电路分析电化学交流阻抗谱,可以提取这两种途径相关参数的差异,以期区分两种膜损伤途径。为了保证磷脂双层膜结构稳定性和生物相容性，通常采用自组装单层膜将磷脂膜与电极分离，但这会降低电化学阻抗谱的灵敏度，难以区分这两种膜损伤途径。此外，由于重现性差，在相同条件下制备的磷脂膜通常存在个体差异，使得结构相关参数无法用于分析膜结构变化。为了避免上述问题，Yan 等设计了一种多孔自组装单层膜支撑的磷脂双层膜，其结构包括多孔自组装单层膜支撑的磷脂双层膜(区域 3)、未覆盖磷脂膜的紧密的(区域 1)以及多孔的(区域 2)自组装单层膜(图 10.17)[23]。这一复杂的生物模拟膜模型电化学交流阻抗谱相对应的等效电路见图 10.17，其中区域 1 的等效电路仅包含 $C_{\text{mua-uc}}$，代表紧密的自组装单层膜的电容；并联的 $R_{\text{ct-hole}}$ 和 Q_{hole} 对应于孔/金属界面的电荷转移电阻和双层电容，其与 R_{hole}(孔内电解液电阻)串联，它们共同组成了区域 2 的等效电路；并联的 R_{BLM} 和 C_{BLM} 对应于磷脂双层膜的电阻和电容，它们与区域 1 和 2 等效电路的串联共同组成了区域 3 的等效电路。他们通过实时监测 $A\beta_{40}$、Triton X-100 分别与该生物模拟膜相互作用的电化学交流阻抗谱并使用上述等效电路对每种阻抗谱进行拟合，获得了两种物质与膜结合前后引起的上述各种参数的变化，发现仅当 Triton X-100 引起内层膜溶解时，R_{pore}、C_{pore} 和 $R_{\text{ct-in}}$ 发生改变，而 $A\beta_{40}$ 引起膜损伤的整个过程中都伴随着 R_{pore}、C_{pore} 的减小以及 $R_{\text{ct-in}}$ 的增大，所以内孔相关参数的变化可以区分两种膜损伤模型。因此，电化学交流阻抗技术是一种简便、灵敏和低成本的区分膜损伤途径的技术。

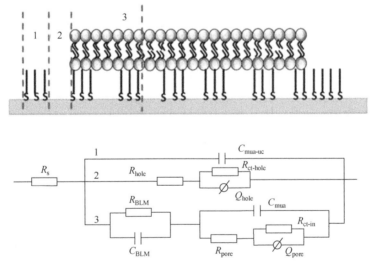

图 10.17 多孔自组装单层膜支撑的磷脂双层膜及其等效电路示意图[23]

经典的电化学方法虽然可以通过蛋白质与磷脂膜相互作用引起的电信号变化来推测蛋白质或膜结构及功能的变化，但是无法直接提供电位诱导蛋白质或膜结构变化信息，进而无法揭示蛋白质与磷脂膜相互作用而引起这些变化的本质。相对于普通的电化学测量，表面增强红外吸收光谱电化学技术不仅能够表征蛋白质的氧化还原性质，而且能够从溶剂的相关性与蛋白构象变化来探测其氧化还原性质变化的根源，因此，其非常适合用于揭示蛋白质结构和功能变化的根本原因。细胞色素 c(Cyt c)是一种具有氧化还原活性的血红素蛋白，可在线粒体呼吸链的膜蛋白复合物之间转移电子。Liu 等构筑了由 CL 和 PC 组成的磷脂囊泡(摩尔比为 1∶4)在十一烷基硫醇(DT)修饰的金基底下融合展开形成的杂化磷脂双层膜(CL_PC/DT/Au)，伏安法研究结果表明吸附其上的 Cyt c 的氧化还原式量电位相较于吸附在十一巯基十一烷酸(MUA)上的活性 Cyt c(Cyt c/MUA/Au)的式量电位，呈现 190 mV 的正移，这可能是由吸附在两种膜上的 Cyt c 定向以及其与溶剂相互作用差异所导致的，因为蛋白质遮蔽氧化还原活性点位驱离溶剂水分子的程度决定着电子转移的活性能垒，进而影响蛋白质的式量电位。然而，单纯的电化学测量并不能验证此猜测的正确性。电位诱导的 SEIRAS 差谱是研究氧化还原过程中蛋白质结构变化以及蛋白质-溶剂相互作用的一种普遍方法，其可以用于揭示引起 Cyt c 在两种膜上电化学行为差异的根本原因。通过施加不同电位可以获得氧化还原诱导的吸附在两种膜上的 Cyt c 的 SEIRAS 差谱。据图 10.18(a)和(b)所知，吸附在两种膜上的 Cyt c 在氧化还原过程中会诱导一个宽负水峰(3300～3600 cm^{-1})出现，说明其水合程度发生改变。通过对比氧化还原诱导吸附在两种膜上每个 Cyt c 水合程度的变化，发现相比于活性状态的 Cyt c，与 CL 结合的 Cyt c 的氧化还原过程经历更大程度的水合变化[图 10.18(c)和(d)]。在氧化还原红外差谱中，负向吸收峰表示蛋白质还原态/氧化态的振动吸收，正向吸收峰表示蛋白质氧化态/还原态的振动吸收。因此，宽水峰的负向特征说明还原态 Cyt c 比其氧化态有更大程度的水合。吸附在两种膜上的还原态 Cyt c 的结构相似[图 10.18(e)和(f)]，说明它们的水合程度也相似。据此推断，相比于活性氧化态 Cyt c，与 CL 结合的氧化态 Cyt c 的疏水性更强，能够排出更多的水，所以与 CL 结合的氧化态 Cyt c 的血红素有一个更低的介电环境，这可能就是 CL 结合的 Cyt c 式量电位正移的根本原因[24]。随后，Liu 等通过改变生长 DT 所用的浓度，制备了一系列具有不同疏水性的混合磷脂双层膜(CL_PC/DT/Au)[25]。电化学结果表明，相对于活性 Cyt c，与 CL 结合的 Cyt c 的式量电位均发生正移，而且随着 DT 浓度的降低，式量电位逐渐正移；电位诱导的 Cyt c/ CL_PC/DT/Au 差谱表明，与 CL 结合的氧化态 Cyt c 中血红素逐渐变化的介电环境导致了与 CL 结合的 Cyt c 式量电位的正移。这些研究工作表明 SEIRAS 结合电化学技术是揭示蛋白质结构和功能的强有力工具。

　　生物体内的蛋白质以特定的结构执行其生理功能。蛋白质构象会随着微环境的改变而改变，进而执行其不同的功能。因此，揭示蛋白质在不同功能之间切换时的具体结构变化以及其调节因子对于了解蛋白质生物活性具有重要意义。例如，

Cyt c 与 CL 结合之后会发生结构转变使其过氧化物酶活性增强，进而氧化磷脂膜引发细胞凋亡。然而，Cyt c 与 CL 的作用模型以及 CL 结合的 Cyt c 的结构特征仍然是未知的。表面增强红外光谱电化学是一种免标记的方法，可以在模拟生理条件下原位检测 CL 膜结合的 Cyt c 的结构以及导致这种结构的内在因素。基于这一点，Zeng 等通过记录在不同添加剂存在下电位诱导的 Cyt c 的 SEIRAS 差谱[图 10.19(a)]，研究了不同作用力引起的与 CL 膜上结合的 Cyt c 结构的变化，

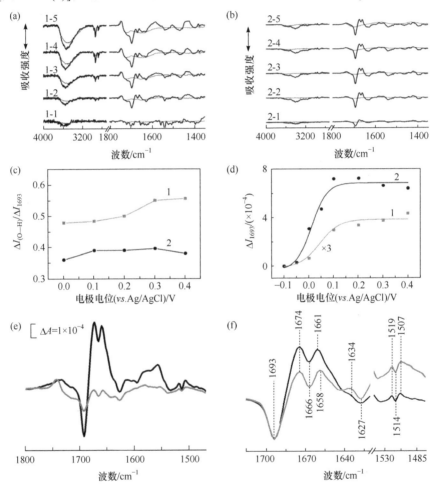

图 10.18　(a) 电位诱导的 Cyt c/CL_PC/DT/Au(粗线)与 CL_PC/DT/Au(细线)电极的差谱图；(b) 电位诱导的 Cyt c/MUA/Au(粗线)与 MUA/Au(细线)电极的差谱图；(c) ΔI 与 ΔI_{1693} 的比值(1，Cyt c/CL_PC/DT/Au；2，Cyt c/MUA/Au)；(d) ΔI_{1693} 的值(1，Cyt c/CL_PC/DT/Au；2，Cyt c/MUA/Au)，背景谱电位：−0.2 V，样品谱电位：−0.1 V；(e) 电位诱导的 Cyt c/MUA/Au 电极的差谱图，背景谱电位：−0.1 V，样品谱电位：0.1 V；(f) 电位诱导的 Cyt c/CL_PC/DT/Au 电极的归一化差谱图，背景谱电位：−0.1 V，样品谱电位：0.4 V[24]

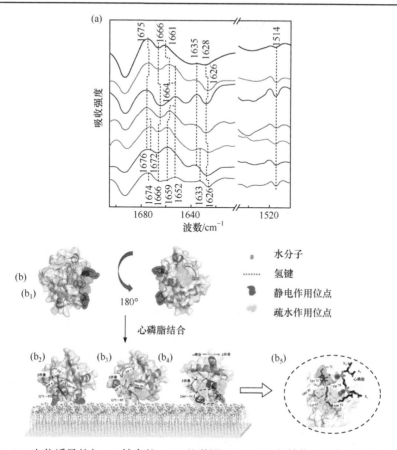

图 10.19　(a) 电位诱导的与 CL 结合的 Cyt c 差谱图；(b) Cyt c 的结构以及其与 CL 的相互作用
示意图：(b₁) Cyt c 分子结构示意图；(b₂) Cyt c 与 CL 膜间通过静电作用结合时的吸附定向
示意图；(b₃) Cyt c 与 CL 膜间通过疏水作用结合时的吸附定向示意图；(b₄) Cyt c 与 CL 膜间
通过氢键和静电协同作用结合时的吸附定向及结构变化示意图；(b₅) CL 酰基链插入疏水
通道示意图[26]

并揭示了不同作用力驱动的 Cyt c 在 CL 膜上的结合方式及其调节因素[26]。结果
显示，静电作用、疏水作用和氢键作用的竞争和/或协同作用导致 Cyt c 以异质或
均一模式吸附到 CL 膜上[图 10.19(b)]。Cyt c 静电作用位点(蓝色区域)和 CL 膜之
间的强静电作用导致其结构从 α 螺旋转变为环状/无规卷曲。部分 α 螺旋的这种展
开可能会通过蛋白质内氢键网络进一步扰动 β 折叠的微环境。疏水作用介导了另
一种结合方式，该结合方式仅涉及 Cyt c 两条非极性多肽链之间的疏水通道(青色
区域)，从而导致 β 转角Ⅲ型和 β 折叠的微环境发生变化。还有一种作用模式是由
静电作用与氢键作用的协同作用产生的，此时，蛋白质的吸附方向是均一的。这
种协同相互作用是 α 螺旋和 β 折叠之间结构转变的驱动力。CL 与 Cyt c 之间的氢

键作用可修饰 Cyt c 的天冬酰胺残基 52 周围的氢键网络, 导致 CL 酰基链可能延伸至 Cyt c 疏水通道。在没有静电作用的情况下, 增强的氢键作用仅引起 Cyt c 的 β 转角类型Ⅲ微环境的扰动。这些结果为理解在细胞凋亡初期蛋白质的结构转变提供了直接证据, 也突出了 SEIRAS 电化学技术在研究生物膜和蛋白质之间复杂界面相互作用的优势。

在生物体内, 位于线粒体内膜的呼吸链复合物通过氧化磷酸化作用可以将线粒体基质的质子泵到线粒体膜间隙, 这种电荷分离会产生线粒体膜电位, 使得吸附在线粒体内膜外侧的 Cyt c 暴露于较强的电场环境下。因此, 揭示线粒体膜电位的变化对 Cyt c 与 CL 相互作用的影响可以为揭示细胞凋亡过程中机体自我调节机理提供帮助。在金属电极表面组装的支撑磷脂双层膜体系很适合用于评估膜电位对与膜结合的蛋白质的影响, 这是因为金属电极表面到磷脂表面的电压降可以用于模拟膜电位。基于此模型, SEIRAS 不仅可以揭示生物分子在不同电场强度下的结构变化, 还可以提供膜/溶液界面的水结构信息, 进而揭示水分子在生命活动中的重要角色。Zeng 等利用表面增强红外光谱电化学技术研究了膜电位的变化对 Cyt c 与 CL 相互作用的影响。他们首先发现施加不同电位会导致 CL 膜构象以及水合程度发生变化, 这可能会对蛋白质吸附以及其电子传递速率产生重要影响。为了揭示 CL 堆积状态和水合度对 Cyt c 吸附的影响, 他们使用 SEIRAS 监测了 Cyt c 在不同电位极化后的 CL 膜上的吸附过程[图 10.20(a)], 发现施加不同电位时, Cyt c 在 CL 膜上的吸附都出现了不同程度的滞后现象, 这是因为对 CL 膜施加的扰动电位可通过重排界面水分子对 Cyt c 的吸附造成额外的阻力, 导致 Cyt c 在膜上的吸附被阻碍。但是当电位对膜扰动特别明显时, CL 膜会发生构象重象, 并有利于增强 Cyt c 与 CL 膜的作用力, 从而中和水分子造成的阻力, 使得 Cyt c 吸附的滞后现象并没有那么明显。为了揭示 CL 堆积状态和水合度对 Cyt c 电子传递功能的影响, 他们使用循环伏安法监测 Cyt c 的氧化还原行为[图 10.20(b)], 发现吸附在水合度较大的 CL 膜上的 Cyt c 与电极之间能够进行异相电子传递, 导致吸附的 Cyt c 表现出氧化还原行为, 进而可以推断在这些电位下吸附的 Cyt c 通过 CL 膜上水分子的质子传递促进了其与电极之间的电子传递。为了验证此猜测, 他们通过同位素效应, 即体系中所有水溶液都用重水(D_2O)取代来考察质子传递对吸附的 Cyt c 电子转移的影响[图 10.20(c)和(d)], 发现当重水只取代与 Cyt c、CL 膜游离结合的水分子, 而没有取代与 CL 膜紧密结合的水分子时, 吸附在 CL 膜上的 Cyt c 仍然表现出氧化还原行为。然而, 当与 CL 膜紧密结合的水分子也被重水取代后, 循环伏安图上没有呈现 Cyt c 的氧化还原电流, 进一步使用水溶液取代重水后, 循环伏安图上又出现 Cyt c 的氧化还原电流。因此, 这些结果表明水分子在 Cyt c 与电极之间的电子传递过程中的重要性, 即在 CL 膜上不同氢键网络的水分子可充当质子源辅助 Cyt c

与电极间的电子传递[13]，为理解蛋白质电子转移功能提供了帮助。该项研究表明 SEIRAS 在揭示界面水分子在生物分子相互作用过程中扮演的复杂角色时具有显著的优势。

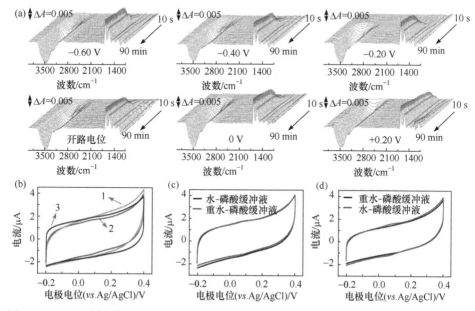

图 10.20　(a) 不同电位下 Cyt c 在 CL 膜上的吸附谱；(b) 不同电位下在 CL 膜上吸附的 Cyt c 的 CV 响应(1 为开路电位，2 为–0.4 V 电位，3 为–0.2 V 电位)；(c) –0.4 V 电位下在水被重水取代前后 Cyt c 的 CV 响应；(d) –0.4 V 电位下在重水被水取代前后 Cyt c 的 CV 响应[13]

10.7　总结与展望

　　生物膜是生物系统中最重要的电荷界面，但因其体系复杂、制备难度大，采用具有明确膜结构和组成的简化仿生膜以及电化学方法深入研究膜结构和细胞功能之间的关系备受人们关注。最初，人们应用经典的电化学技术通过离子、电子转移获得的电信号来推断膜以及其内部生物分子结构和性质的相关信息。然而单一的电化学分析无法直接获得生物分子结构信息。将电化学与光谱方法联用，可以在电化学调制的同时，通过谱学的测量获取生物膜结构的信息。基于外反射的红外光谱电化学可以揭示外部电位对沉积在电极表面的磷脂双分子层结构和性质的影响。但是，外反射的模式无法消除本体溶液干扰，无法准确揭示生物膜/溶液界面的水分子结构及其对双电层结构的影响，水分子是生物膜体系中必不可少的组分之一，参与生物膜的相关反应。基于内反射模式发展起来的表面增强红外光谱电化学技术可以揭示电场调控下膜/水界面结构变化，以及膜/水界面双电层的结构变化对膜静电式的影响。红外光谱的指纹特征可以揭示磷脂分子和蛋白质的吸附定向、堆积状态及构象变化信息，成功地揭示了电场调控下生物膜及其界面结构变化、膜蛋白结构和功能信息以及生物膜-蛋白质相互作用的分子机理等。然而，应用光谱电化学技术只能进行"准"稳态分析，无法回答生物膜电学性质空间和时间尺度上的动态变化。近几年发展的先进二次谐波成像技术及其与电化学技术的结合可以给出膜电位强度的时空分布。这些光谱技术与电化学技术的联用极大地推动了生物膜电化学的研究。但是，对于生物膜电化学、生物膜结构和功能的进一步认识还需要和具有结构信息的其他技术手段结合，而且未来还需要发展一些新兴技术，以期可以同时提供空间和时间尺度上生物膜结构及电性质的详细信息。

参 考 文 献

[1] Singer S J, Nicolson G L. Science, 1972, 175: 720-731.

[2] Nicolson G L. Biochimica et Biophysica Acta-Biomembranes, 2014, 1838: 1451-1466.

[3] Mouritsen O G, Jørgensen K. Chemistry and Physics of Lipids, 1994, 73: 3-25.

[4] Welti R, Glaser M. Chemistry and Physics of Lipids, 1994, 73: 121-137.

[5] Liberman E A, Topaly V P. Biofizika, 1969, 14: 452-461.

[6] Hladky S B, Haydon D A. Biochimica et Biophysica Acta-Biomembranes, 1973, 318: 464–468.

[7] 武烈. 氧化石墨烯材料纳米生物界面相互作用的分工机理研究. 北京: 中国科学院大学, 2016.

[8] Jackman J, Knoll W, Cho N J. Materials, 2012, 5: 2637-2657.

[9] 曾丽. 蛋白质与仿生膜相互作用的表面增强红外光谱研究. 北京: 中国科学院大学, 2017.

[10] Sacconi L, Dombeck D A, Webb W W. Proceedings of the National Academy of Sciences of the United States of America, 2006, 103: 3124-3129.

[11] Macias-Romero C, Nahalka I, Okur H I, et al. Science, 2017, 357: 784-788.

[12] Okur H I, Tarun O B, Roke S. Journal of the American Chemical Society, 2019, 141: 12168-12181.

[13] Zeng L, Wu L, Liu L, et al. Chemistry-A European Journal, 2017, 23: 15491-15497.

[14] Li S, Wu L, Zhang X, et al. Angewandte Chemie International Edition, 2020, 59: 6627-6630.

[15] Tarun O B, Hannesschläger C, Pohl P, et al. Proceedings of the National Academy of Sciences, 2018, 115: 4081-4086.

[16] Vacek J, Zatloukalova M, Novak D. Current Opinion in Electrochemistry, 2018, 12: 73-80.

[17] Su Z F, Shodiev M, Leitch J J, et al. Journal of Electroanalytical Chemistry, 2018, 819: 251-259.

[18] Kozuch J, Steinem C, Hildebrandt P, et al. Angewandte Chemie International Edition, 2012, 51: 8114-8117.

[19] Jiang X E, Engelhard M, Ataka K, et al. Journal of the American Chemical Society, 2010, 132:

10808-10815.

[20] Zhao J, Gao T, Yan Y L, et al. Electrochemistry Communications, 2013, 30: 26-28.

[21] Hu Z P, Wang X L, Wang W R, et al. Journal of the Electrochemical Society, 2016, 163: G15-G19.

[22] Juhaniewicz J, Sek S. Electrochimica Acta, 2015, 162: 53-61.

[23] Zhang M, Zhai Q Y, Wan L P, et al. Analytical Chemistry, 2018, 90: 7422-7427.

[24] Liu L, Zeng L, Wu L, et al. Journal of Physical Chemistry C, 2015, 119: 3990-3999.

[25] Liu L, Wu L, Zeng L, et al. Chinese Physics B, 2015, 24: 128201.

[26] Zeng L, Wu L, Liu L, et al. Analytical Chemistry, 2016, 88: 11727-11733.

第 11 章 电化学生物传感器

生物传感器是一种将酶、细胞、抗体、核酸适配体等生物活性物质作为功能性识别基元，能够对目标物的识别或相互作用进行信号转导，实现对光、热或电学等信号检测的器件。根据信号转导的不同可将生物传感器分为电化学生物传感器、光生物传感器、半导体生物传感器、热生物传感器、电导/阻抗生物传感器、微悬臂生物传感器、声波生物传感器等。其中，电化学生物传感器被定义为一类独立的集成设备，当生物识别元件和电化学转换元件进行直接空间接触时，生物识别元件可提供具体的定量或半定量分析信息[1]。电化学生物传感器作为最早问世的一类生物传感器，凭借响应速度快、信号采集简便、信号易于转导以及数据直观等优势成为发展最快、研究最丰富的一类生物传感器。

11.1 电 极 材 料

在电化学生物传感器中，电极作为转导元件，起着将生物体内化学信号转导为输出的电信号的作用。因此，电极的使用材料、制造方法和形状设计不仅会影响其结构和特性，也直接决定传感器包括灵敏度、选择性、检测限(LOD)和动态检测范围等在内的诸多性能。为改善和提升电极性能，目前已有许多物质用于构造工作电极，其中金属、碳、酶和微生物应用较为广泛，电极的发展极大地促进了电化学生物传感器在食品环境监测、疾病鉴别诊断等领域的应用。

11.1.1 金属电极

由于金属具有氧化或还原电活性物质的特性，金属及其氧化物，如金、铂、银固体汞齐、氧化铟锡等，常以线、盘、膜等形式用作工作电极的主电极。这样的主电极既可以单独作为工作电极使用，又可以与其他材料(如石墨烯、银纳米材料、聚吡咯等)复合以获得更优的电极性能。在这当中，金作为工作电极应用最为广泛，接下来详细介绍金电极。

金(Au)是一种高耐腐蚀材料[2]，不仅可以固定生物分子并保持其生物活性，而且还能增强电子在氧化还原中心与块状电极材料之间的转移，可在无外加介体的情况下直接实现电化学感应。目前，已经报道了多种修饰金工作电极的材料，包括银纳米线[3]、银纳米立方体[4]、银纳米颗粒(AgNPs)/羧化多壁碳纳米管/聚苯胺层[5]以及多壁碳纳米管/导电聚合物聚苯胺[6]。基于其优异的稳定性、较高界面能和良好电子传导能力[7]，除了在生物医学标记、催化剂设计应用等领域的应用外[8]，金电极也为构建更优异的电化学生物传感器提供了广阔的平台。

通过修饰法或机械法，在金表面形成功能化薄层可增强金电极的灵敏性、与特定分子键和的亲和力。其中，使用高分子聚合物、芳基化合物等功能性分子修饰金电极是最为普遍的电极改良法[9-11]。鉴于硫醇或胺官能团对金的高亲和力，Plant[12]将电化学传感器与生物膜相结合，开发了一种平面双层磷脂的单分子膜系统，即磷脂小泡融合后在疏水性金基底表面直接形成自组装的烷硫醇单层，以此作为电化学研究单层质量变化及信号转导形式(如细胞膜转运蛋白现象)的模型。尽管单层膜可以完全覆盖金表面，使电极表面和氧化还原活性分子直接接触，并兼具较好的可重复性和固定不同分子的可能性,但这种生物单层系统稳定性不足，限制了其在生物医学领域的应用[13]。

金纳米颗粒是一种胶体粒子，即悬浮在水中的亚微米级颗粒，显蓝色或紫色[14,15]。由于纳米颗粒与预处理电极表面间存在共价键，因此金纳米颗粒可通过附着和沉积的方式实现对电极的修饰，从而改善电极的电子转移性能，可提供简单而实用的酶固定平台。Crumbliss 等[16]将吸附辣根过氧化物酶的金纳米颗粒与胆固醇氧化物共沉积在卡拉水凝胶的玻璃碳电极上，这种平台使人血清中胆固醇及全血中低密度脂蛋白水平的测定成为可能。Mena 等[17]研究了不同的金纳米颗粒修饰的电极的电化学性能。结果表明，金纳米颗粒与玻璃碳间的附着具有更高的电子转移能力，可极大地提高葡萄糖测定的灵敏度。此外，金纳米颗粒与其他纳米材料或生物分子的结合是电化学生物传感器中一个极有吸引力的研究领域，它可在较短时间内同时分析多种物质[18]。樊春海等[19]通过 Au—S 共价键将具有末端硫醇和二茂铁基团的茎环寡核苷酸固定在金电极表面，当靶序列与环序列发生互补时，茎环结构打开生成双链体结构，改变了电极与标记间的电子转移距离。这种 DNA 电化学生物传感器在无外源试剂条件下，可实现兼具选择性与重复性的低检出及高灵敏电化学信号检测。

总之，金属及其氧化物既可单独作为裸电极使用，又可通过其他材料进行功能化后成为主电极。尽管目前已开发了大量电化学生物传感器来实现多种物质的精确检测，基于金属材料与功能化材料的不同组合仍可开发出各种各样的高性能电化学生物传感器。

11.1.2 碳电极

碳是自然界中最常见的化学元素之一，低廉的价格和理想的电化学性能使其在电化学生物传感器中获得一席之地。作为贵金属的廉价替代品，碳电极可以多种形式使用，如碳纤维、碳纳米管、玻璃碳和碳糊，其发展已彻底改变了电化学测量方法在生物学功能研究中的应用。同时，先进电化学技术(如扫描电化学显微镜、电化学原子力显微镜、光谱电化学)的发展与使用，进一步促进了研究者们对传统碳电极材料界面性质的理解[20]。

碳糊是由黑色石墨粉和玻璃状外观的有机黏合剂混合而成的，与水不混溶。与固态石墨或贵金属电极相比，碳糊电极(CPE)具有低的背景电流和较宽的工作电位，广泛应用于电化学分析行业。1958年，CPE首次用于阳极极谱分析。随后，Cruz等[21]将不同硫化物含量的粗精矿通过金属丝或粉末状的矿石样品连接构成短路原电池，在高压下使得两电极物理接触，并利用CPE确定原电池两电极间的相互作用。此外，糊状液体使石墨与接触的水溶液绝缘，填充了石墨颗粒间的空隙，充当了生物传感器分析操作中截留不同化合物的媒介，此类生物传感器响应快速、重复性好、灵敏度高且线性优良。Pravda等[22]使用CPE的电流型生物传感器成功测定了多巴胺、3,4-二羟基苯基乙酸、去甲肾上腺素和高香草酸。研究结果表明，在0.09～1 mmol/L的浓度范围内，注入的神经递质的检测限约为290 pg。在电化学生物传感器中，碳糊的应用显著增加，已提出了多项电极性能、质量和灵敏度的改进措施[23-25]。最近，Zaib及其同事[26]开发了一种价格低廉的CPE生物传感器并用于实时检测十字形卟啉菌。该传感器除了制备和操作简便之外，还可在多种干扰阴/阳离子存在的情况下获得准确结果。Mahmoudi-Moghaddam等[27]利用离子液体(IL)、石墨烯量子点和双链DNA(ds-DNA)对CPE进行修饰，制备了一种新型电化学生物传感器，可用于拓扑替康的检测。此检测方法检测限低(0.1 μmol/L)、选择性高，具备较宽的线性检测范围(0.35～100.0 μmol/L)，且成本低廉。该生物传感器可应用于尿液和血清样本，成为拓扑替康便捷、灵敏、经济有效的新型测定工具。

碳纳米管(CNTs)是一维碳纳米材料，根据其直径可分为单壁碳纳米管和多壁碳纳米管。凭借高电导率、优电催化活性、大比表面积和缓解腐蚀的显著特性[28, 29]，CNTs受到生物传感领域研究者们的广泛关注。CNTs的末端和侧壁具有一定的平面状缺陷部位，这提供了结合和容纳多个生物分子的能力。de Oliveira Marques等[30]使用碳纳米管网对玻碳电极进行改性，使其与甲基对硫磷高度亲和且具有高吸附能力，故此生物传感器在没有任何黏合剂的情况下仍能在水性和有机介质中保持良好的稳定性。除此以外，基于CNTs的生物传感器大多需要有机黏合剂来提高电极表面薄膜的稳定性和导电性[31]。Chen 等[32]报道了多壁碳纳米管/邻苯二甲酸二环己基酯复合的双信号放大膜，结合单次固相萃取可检测出 0.05 μg/L 的毒死蜱农药[图 11.1(a)和(b)]。

石墨烯是最新发现的一类碳的同素异形体，由一层蜂窝状晶格有序排列而成。2003 年，Novoselov 等[33]利用普通胶带成功制备了石墨烯，也因此获得了 2010 年诺贝尔物理学奖。电子在石墨烯中的高迁移率归因于其特殊的结构，即碳原子在二维平面结构上与其他三个碳原子键合，释放一个电子以确保其在三维中可用于电子传导。Gilje 及其同事[34]提出了一种制备单层和多层石墨烯薄膜的方法，该薄膜具有与传统方法(如剥离或拉伸)制备的双层石墨烯相同的电学特性。此外，三维石墨烯(3DG)的多孔网络结构、较高孔隙率和疏水性使其成为生物传感器的理想材料。Bao 等[35]合成了一种基于乙酰胆碱酯酶(AChE)的 3DG-CuO 纳米花复合生物传感器用于有机磷农药(OPs)检测，网络状结构提供了高比表面积和多个活性位点，改善了酶的负载和孵育，检测限低至 0.92 pmol/L[图 11.1(c)和(d)]。

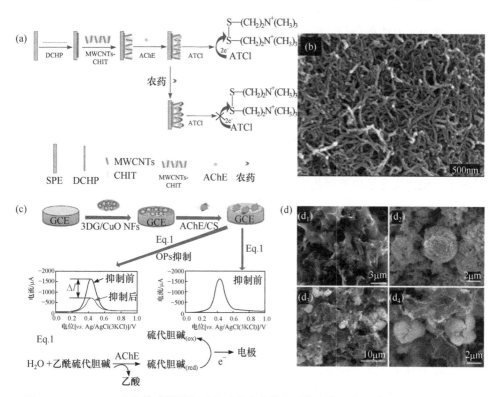

图 11.1 (a) AChE 生物传感器制备过程及其在农药中受抑制作用的示意图；(b) MWCNTs/DCHP/SPE 的 SEM 图像[32]；(c) AChE-CS/3DG-CuO NFs/GCE 电化学生物传感器的示意图；(d) 3DG(d_1)、CuO NFs(d_2)、3DG-CuO NFs(d_3)、3DG-CuO NFs(d_4)的 FESEM 图像[35]

11.1.3　酶电极

酶是由活细胞产生并对底物具有高特异性和高催化活性的一类蛋白质，在呼吸和新陈代谢等生命过程中承担着不可或缺的角色。不同于普通的化学催化剂，酶既可以加快生化反应速率，又可对一种或一类底物进行特异性选择，这种高效且专一的生物催化性能使酶传感器具有广泛的应用及发展前景。自 1962 年 Clark 和 Lyons[36]首次提出酶电极的概念后，酶传感器迅猛发展并经历了三个重要的发展阶段：以氧为电子中介体的第一代生物传感器，推动了生物传感器技术的发展，但存在溶解氧依赖性高、检测灵敏度低和结果准确性差等问题；随后，以人造电子媒介体的第二代生物传感器虽解决了第一代传感器对溶解氧依赖的问题，但同时加大了电子介体选择的难度；而第三代以酶直接电化学与电催化为基础的生物传感器，优化了前两代的不足并大大提高了生物传感器的选择性。

直接电化学是指在较低检测电位下，电子直接在电极和酶的活性位点间发生传递。然而，大体积酶的活性位点往往被包裹于不导电的蛋白质壳内，抑制了电子转移和反应的进行。因此，研究者们常通过寻找天然催化剂和新电极元件或开发新的酶修饰方法来实现酶在传统电极上的直接电化学。Taniguchi 等[37]率先报道了通过电极单层修饰促进细胞色素 c(Cyt c)的直接氧化还原反应的发生。此后，Rahman 等[38]成功将脂质与 Cyt c 共固定在同一生物传感器上，用于测定注射了可卡因的小鼠脑部中的胞外 O_2^- 水平。目前，酶电极已广泛应用于特异性测定各种小分子，如超氧阴离子(O_2^-)、H_2O_2、葡萄糖和乳酸等[39, 40]。同时，功能性表面修饰的酶电极也为检测脑内重要物质及其性能优化上架起了一座重要的桥梁。

11.1.4　微生物电极

个体无法用肉眼观察到的微小生物，如细菌、病毒、真菌等，常被称为微生物。基于微生物细胞中酶的选择性催化特点，Divies 尝试在不损坏微生物机能情况下，将其固定在电化学传感元件上，成功合成了第一支微生物传感器。此类传感器根据微生物代谢消耗的溶解氧或产生电活性物质并释放光或热的化学计量关系，可对待测底物进行定量检测。

在众多微生物中，以细菌为宿主的噬菌体，常通过物理吸附的方式附着在包括金属氧化物[41]、金属离子[42]、聚合物[43]和碳材料[44]等在内的各类电极上。Piskin 课题组[45]报道了一种吸附有 T4 噬菌体的一次性石墨电极，可用于大肠杆菌 K12 的选择性检测。经金纳米棒修饰后，除增强了电导率外，该电极也提供了噬菌体可吸附的稳定平台。然而，这种简单的物理吸附无法使噬菌体稳定存在于电极表

面。Liana 等[41]使用不同的官能团对裸露的 ITO 电极进行功能化并研究它们与 T4
噬菌体之间的相互作用力。结果发现，羧基(—COOH)和羟基(—OH)的引入有助于
噬菌体的吸附，但氨基(—NH₂)则与之相反。物理吸附中固有的脱附可能性和低表
面覆盖率限制了其发展与应用，因此共价键和成为研究者们关注的焦点。自组装
单层技术及 1-乙基-(3-二甲基氨基丙基)碳二亚胺(EDC)化学键合法已通过阻抗测
试证实可用于生物传感[46]。Yue 及其同事[47]将 PaP1 强毒噬菌体通过 EDC 共价吸
附至羧基石墨烯薄膜上，开发了一种回收率超过 70%的新型电化学发光(ECL)生
物传感器用于无标记的铜绿假单胞菌的检测并成功应用于牛奶、葡萄糖注射液和
人尿中的铜绿假单胞菌的测定，检测限低至 56 CFU/mL。

　　噬菌体在表面吸附的随机取向将造成空间位阻，使电极表面的覆盖率较低，
无法达到理想的灵敏度与检测限。噬菌体在电场作用下，带负电荷的头部会定向
连接到修饰的电极上，另一端带正电的尾部将与细菌相连。基于噬菌体固有的表
面电荷与偶极矩特性，Zhou 等[48]采用琥珀酰亚胺酯活化多壁碳纳米管电极，在以
Ag/AgCl 为零电位的+0.5 V 电压下使 T2 噬菌体头部定向沉积，噬菌体尾部可对
大肠杆菌 B 菌株进行选择性检测。Richter 等[49]尝试采用化学键和法与交流电场
结合，使 T4 噬菌体在金表面稳定吸附，且噬菌体尾部可选择性捕捉大肠杆菌。这
种噬菌体定向附着策略适用于检测多种细菌菌株，同时可提高数十倍的检测灵敏
度，并使检测限降低约 1 个数量级。

　　与酶电极相比，微生物电极具有造价更低、寿命更长和产品可再生的显著优
势，适用于发酵控制和需要群酶控制的反应。当然，由于微生物细胞中含有多种
酶，可同时对多种底物进行响应并产生干扰，故选择性相对较低。此外，微生物
电极相较于酶电极在稳定性和响应时间等方面尚且不尽人意。因此，需要继续改
进电极性能，使微生物传感器在环境监测、发酵工业、食品分析、临床医学等领
域有更广阔的应用与发展。

11.2　分子识别及检测应用

11.2.1　检测小分子物质

　　小分子物质在体内的含量及变化与人体新陈代谢过程息息相关，往往可以反
映机体的健康状况。众所周知，超氧阴离子 O₂⁻ 是活性氧(ROS)的主要物质之一，
其在正常细胞代谢过程中大量生成[50]。但在测定 O₂⁻ 时常因其反应活性高、寿命
短和浓度范围宽的性质，无法找到具有较好选择性的分析和实时监测方法，故难
以阐明由 O₂⁻ 引起的氧化应激机理。设计促进蛋白质或酶表面直接电子转移的功能性

电极是一种测定 O_2^- 的典型方法，其中，主要的两种天然生物催化剂分别是 Cyt c 和超氧化物歧化酶(SOD)[51-53]。事实上，大脑中含有诸多如抗坏血酸、谷胱甘肽和 H_2O_2 等还原剂，使基于 Cyt c 的生物传感器易受脑内微环境干扰，因而极大地限制了其在生物系统中的应用。

由于可用的天然生物催化剂和识别分子的数量有限，亟须设计合成用于体内高选择性分析的生物识别分子。SOD 是一种可特定催化 O_2^- 歧化生成 O_2 和 H_2O_2 的酶，催化速率常数达 10^9 L/(mol·s)。基于 SOD 的独特性质，Ohsaka 课题组[54]用半胱氨酸修饰的电极监测了牛红细胞 Cu,Zn-SOD 的直接电化学反应，并发现 SOD 的直接电子转移与铜位点的氧化还原反应有关，且该反应将影响歧化酶的活性。随后，该课题组将巯基苯甲酸(MPA)修饰在 Au 电极上，使 SOD 生物传感器对 O_2^- 具有高选择性和电催化活性。

随着纳米材料的发展，研究者们发现不同形状的金纳米结构和 TiO_2 纳米针都能促进 SOD 的电子转移[55]。高导电性 ZnO 纳米盘，其氧化还原电位位于氧化还原电对 O_2/O_2^- 与 O_2^-/H_2O_2 之间，这种 SOD 对 O_2^- 固有的歧化特异性可实现 Cu,Zn-SOD 的快速电子转移并具有介电双向性。与 TiO_2 和金纳米颗粒制备的电极相比，ZnO/SOD 电极展现了更高的选择性和灵敏度及更宽的 O_2^- 检测动态范围，即在不干扰活体系统物质的情况下，0 mV(相比 Ag/AgCl)的阴极电极上能够感应到 O_2^-。基于此，Deng 等[56]使用 ZnO/SOD 微电极成功检测出高氧环境下生长豆芽中的 O_2^-。然而，这种 ZnO 纳米盘电极难以微型化，无法满足人们对脑中 O_2^- 含量的体内分析检测需求。同时，稳定电极上的 SOD 也是一项巨大的挑战。针对于此，田阳课题组使用碳纤维微电极(CFME)开发了一种尺寸小至 10 μm 的新型生物传感器，采用亚硝基三乙酸(NTA)/组氨酸标签(HT)技术，通过金属-螯合物之间强烈的亲和作用力，将 SOD 中的组氨酸残基锚定在碳纤维电极上[57]。经优化后，该电化学生物传感器具有高选择性和长期稳定性，检测动态范围为 $10^{-7}\sim10^{-4}$ mol/L 和检测限为 21 nmol/L。这种耐用可靠的生物传感器可应用于局部贫血和大脑动脉闭塞鼠脑中 O_2^- 变化情况的监测。

土壤和水质中的重金属离子含量直接反映了环境的受污染状况，高灵敏、高精度地实时监测重金属离子有助于了解环境变化。Pb^{2+}是一类重要的重金属污染物，当人体接触工业污染后的水质或土壤时，轻者可能中毒，重者可致肾衰竭。目前，对于 Pb^{2+} 的检测主要集中在以荧光为主的光学方法，但此类方法存在一定的局限性，如着色剂污染、荧光团和猝灭剂的潜在错误信号、过度依赖大型光学设备、不易快速检测等。现代电化学生物传感器的一大特点就是微型化，并且电活性污染物少，电活性标记物相对稳定，环境干扰较小，可以很好地弥补上述不足。依据重金属 Pb^{2+}可对 8-17 DNAzyme(由一条底物链 17DS 和一条酶链 17E 组成)中的 17DS 的固定位点进行剪切并使其断裂的原理，Plaxco 等[58]开发了 Pb^{2+} 选择性切割亚甲蓝(MB)修饰的 DNAzyme，利用构象特异性导致的电化学信号实现了对重金属离子的选择性检测。这种基于 DNAzyme 与 Pb^{2+} 特异性结合的电化学生物传感器，通过便捷的操作即可达到极高的灵敏度和出色的选择性，同时，其测量检测限(0.3 μmol/L)可满足常规食品和环境样品中铅含量的检测。

此外，研究者们还合成了一系列有机分子，包括：用于选择性识别 Cu^{2+} 的 N-(2-氨基乙基)-N, N', N'-三(吡啶-2-基-甲基)乙烷-1, 2-二胺(AE-TPEA)[59]、2, 2′, 2″-(2, 2′, 2″-硝基三(乙烷-2, 1-二基)三((吡啶-2-基甲基)氮杂二基)三乙硫醇(TPAASH)[60]、N, N-二(2-吡啶甲基)乙二胺(DPEA)[61]；用于 H^+ 选择性识别的 N-(6-氨基吡啶-2-基)二茂铁(Fc-Py)[62-64]。通过将特定分子与纳米结构表面有机组合，已开发出多种电化学生物传感器用以实现小分子物质的高选择性检测。

11.2.2　检测核酸

对大分子物质核酸的检测，特别是人类核酸测序和基因筛选工作，对疾病的早期诊断及后续治疗至关重要[65-72]。目前，利用电化学生物传感技术已实现了多种疾病的 DNA/RNA 测序分析工作，如检测人类免疫缺陷病毒 1 型(HIV-1)[73]、乙肝病毒[74]、流感病毒(如 H1N1、H3N2 等[75])的短 DNA 序列。在单链 DNA(ssDNA) 测定过程中，靶标 DNA 可通过碱基互补配对与固定在识别层中的 ssDNA 探针结合，并使用电化学生物传感器测定集中在识别层表面的靶标 DNA。Benvidi 等[76]提出了一种无需标记的 ssDNA 电化学生物传感器，该传感器将 $Fe(CN)_6^{3-}$ / $Fe(CN)_6^{4-}$ 作为氧化还原电对并与金电极结合，实现了乳腺癌的诊断。Pournaghi-Azar 等[77]开发了一种用于直接检测丙型肝炎病毒基因型 3a 的电化学生物传感器，使用病毒核心/E1 区域的 14-mer 肽段自组装成单层核酸探针(PNA 探针)，结合 6-巯基-1-己醇修饰电极，最终在中性磷酸盐缓冲溶液中实现 1.8 pmol/L 的低检测限。

单核苷酸多态性(SNPs)通常是指由单个核苷酸变异引起 DNA 序列多态性的现象，普遍存在于遗传变异中。通过可靠的 SNPs 分析可为遗传性疾病、病原体耐药性及遗传多态性的鉴定提供重要依据[78]。然而，大多数 DNA 电化学传感器由于具有较低的吞吐量，在 SNPs 的分析效率上会受到限制。为实现同时研究复杂生物样本中 SNPs 大多存在的功能性变异，迫切需要开发一种高特异、高通量、低成本的基因分型平台。Song 课题组[79]开发了一种用于 SNPs 分析的新型 DNA 电化学生物传感器，在基因分型中呈现出绝佳的性能。在此项工作中，构建的掺有寡核苷酸的抗污染表面(ONS)可防止非特异性吸收，并采用 16 个电极阵列用于 SNPs 高通量分析。基于特定的寡核苷酸连接，完全匹配的靶标 DNA 使组装在金电极上的捕获探针和具有生物素的串联信号探针间连接模块化，从而依次产生催化的电化学信号(图 11.2)。经过优化后，此传感器成功应用于 G1896A 处的乙型肝炎病毒(HBV)基因组前核心突变分析，以及 C680T 和 G681A 处的人 CYP2C19 基因组的两相邻多态分析。结果表明，完全匹配的靶点与存在 1~2 个 SNPs 的序列间存在明显差异，且单错配基因突变的电流信号比空白样品高出 16 倍。此 DNA 电化学生物传感器显示出了优异的选择性与实用性。

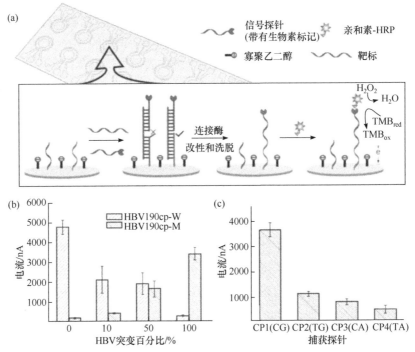

图 11.2　(a) DNA 电化学生物传感器用于 SNPs 分析的示意图；(b) 野生型捕获探针(HBV cp-W)和突变型捕获探针(HBV cp-M)对含有不同百分比的突变 HBV 基因组的混合样品中的 190 bp PCR 扩增子进行多重电化学分析结果；(c) 对野生型 CYP2C19 的 PCR 产物的电化学分析结果，所有其他实验条件均相同[79]

此外，miRNA 表达受损也与各类癌症的病发及恶化密切相关，但常规电化学生物传感器尚且难以直接检测体内低丰度值的 miRNA[80]。针对于此，Wen 等[81] 采用碱基堆积策略并结合四面体结构探针(TSP)，构建了一种超灵敏的 miRNA 电化学生物传感器，可在渺摩尔水平定量检测具有高序列特异性的 miRNA[图 11.3(a)]。该电化学生物传感器的设计特点在于：使用相邻 miRNA、固定在 TSP 顶点处的捕获目标 miRNA 探针(探针 I)和含有生物素标记的 DNA 信号链(探针 II)，三者之间两两序列互补配对及碱基间堆积力构成了常见的“三明治结构”[82, 83]。值得注意的是，探针 II 末端的生物素标记可以与亲和素-辣根过氧化物酶(HRP)或多聚 HRP80 特异性结合，在底物 3,3′,5,5′-四甲基联苯胺(TMB)的存在下，可以催化过氧化氢还原并产生相应的电化学电流信号。此外，该生物传感器不仅可以达到 10 fmol/L 的低检测限，而且还具备碱基错配的鉴别能力，可以有效地区分人类 let-7 序列[图 11.3(b)]，并在分析食管鳞状细胞癌(ESCC)临床样品 miR-21 中表现出优异性能[图 11.3(c)]。

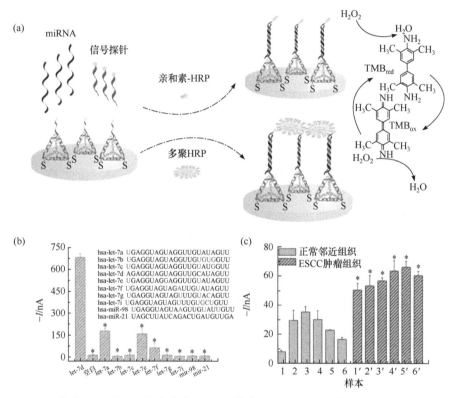

图 11.3　(a) 负载 HRP 的四面体电化学 miRNA 传感器用于 miRNA 检测；(b) 特异性分析 let-7(*表示在 $p<0.05$ 水平上与 let-7d 具有显著性差异)；(c) 四面体电化学 miRNA 传感器用于食管鳞状细胞癌(ESCC)患者的鉴定分析(*表示在 $p<0.05$ 水平上与正常邻近组织具有显著性差异)[81]

11.2.3　检测病原体

　　病原体又称病原菌或病原微生物，包括细菌、真菌、原核生物及病毒和类病毒的分子级感染因子，可通过食源、水介质和空气传播并进入人体。病原体感染导致全球超过 1500 万人死亡[84]。利用合适的方法对复杂基质和表面的病原体进行敏感快速的检测对于传染病的治疗和控制传播至关重要[85-87]。目前用于检测病原体常用的电化学生物传感器主要有DNA传感器和免疫传感器。

将ssDNA固定在电极表面,通过加入的电活性物质指示单链与病原体中DNA杂交,检测修饰电极上信号的变化即可对靶标进行定性及定量分析。Spain 等[88]将聚苯胺纳米纤维修饰的金纳米颗粒沉积在金电极表面,并将由 HRP 标记且与乳腺炎病原体金黄色葡萄球菌唯一相关的互补靶链固定在金电极上方。这种 DNA生物传感器在低浓度下即可选择性检测金黄色葡萄球菌,同时具有宽的动态范围、出色的辨别能力和高度的灵敏性。Zhang 课题组[89]采用"三明治"的电化学生物传感检测策略,尝试使用酶功能化的金纳米颗粒(AuNPs)催化标记样品中两种DNA 目标序列,并对其进行多种电化学检测。AuNPs 包含与靶标 DNA 互补序列和非互补序列,其中非互补序列分别与 HRP 和碱性磷酸酶(ALP)连接,可催化底物产生电化学信号,检测限低至 12 pmol/L。然而,传统的 DNA 检测方法往往具有一定的破坏性,并且需要对样品进行细致的前处理,导致分析时间延长。此外,前处理过程中涉及的分析技术[如聚合酶链反应(PCR)]也可能会产生样品中背景物种所引起的抑制作用[90,91]。因此,病原体的测定更需要一种新的检测方法以突破 DNA 分析技术的局限性,并实现连续实时监测功能的需求。

由于生物体在感染期及感染后会产生抗体并长期存在,通过对抗体进行鉴定以确定病原体的存在,此种免疫分析法在医学诊断和食品安全领域被广泛使用。Salam 等[92]通过物理与化学共价方式将鼠伤寒抗体固定在丝网印刷的金工作电极表面, 使用 HRP 偶联的多克隆抗沙门氏抗体作为酶标记,与 Ag/AgCl 参比电极制备了检出下限为 20 CFU/mL 的免疫传感器,实现了沙门氏菌的快速灵敏检测。连续快速监测食源性病原体并识别潜在有害细菌是食品制造商预防食源性疾病爆发的理想选择, Lee 和 Jun[93]制备并表征了用于连续同时检测大肠杆菌 K12 和金黄色葡萄球菌的免疫生物传感器。使用聚乙烯亚胺和单壁碳纳米管的镀金钨丝制造了结节型传感器,每个节点均被链霉亲和素及对病原体特异性响应的生物素化抗体功能化,在 2 min 内实现对大体积病原体混合样品快速、多重检测。与标记技术相比,新兴的无标记电化学免疫传感器在样品制备过程中显得更为简单,检测过程更短且不需要二次抗体[94]。Layqah 和 Eissa[95]开发了一种用于检测高致病性冠状病毒 MERS-CoV 的生物传感器。该免疫生物传感器使用 AuNPs 均匀地修饰碳阵列电极以增强传感器灵敏度,并采用重组刺突蛋白 S1 作为 MERS-CoV 的生物标记,基于样品中游离病毒与固定蛋白在样品中固定浓度抗体间的间接竞争,通过伏安响应的峰值电流变化情况定量病原体。此外,此传感器在 5~6 个数量级的宽浓度范围内具有良好的线性响应,20 min 内,检测限低至 0.4 pg/mL,同时对非特异性蛋白具有高度灵敏性和准确选择性。值得注意的是,在真实的生物体内,常存在病原体感染不产生抗体的情况,或同源致病菌分泌相同的抗原,使可用抗体数目和种类有限，因此仍然需要不断优化各类生物传感器的检测选择性及灵敏度等性能。

11.3 电化学活体检测

在特定的大脑区域植入微电极，施加合适电信号并检测分析脑细胞外液(ECF)中多种物质的浓度变化，是研究脑功能和脑电波的重要途径。植入电化学生物传感器不仅具备长期稳定性的优势，也可以提供极好的空间(10～200 μm)和时间(约秒级)分辨率。然而，体内环境的复杂性及检测灵敏度的高要求，极大地限制了人们对生物分子在大脑中所起作用的理解。由于大脑中包括活性氧(ROS)、金属离子、氨基酸和蛋白质在内的大量生物物质共存且相互作用，因此开发高选择性的体内生物传感器对研究脑功能极其重要。此外，由于体内外环境的变化，目前难以对大脑中的目标分子进行定量测定，仅依赖使用人工脑脊液(aCSF)获得的校准曲线来量化大脑中部分物质的浓度将存在很大的误差。更重要的是，为了充分了解大脑中的生理和病理过程，也迫切需要开发新方法来同时测定体内的多种物质。

由于体外和体内实验在环境上存在差异，用于体内分析的电化学器件面临的另一个挑战是如何准确定量检测脑中靶分子含量。离子强度的波动、较大的溶液阻力以及电极表面生物分子的非特异性吸附等因素都可能导致测定误差的产生。另外，参比电极的电位移动和较大的 IR 降等不确定性因素也会导致大脑中的信号输出(如电流、电位)不准确。因此，体外测定获得的校准曲线事实上很难直接用于体内物质浓度的定量分析。为了解决这些问题，在荧光分析中广泛使用的比率技术因其抗干扰能力强、重现性强等优点，近年来在电化学传感器中得到了应用[96]。与传统的电化学传感器不同，比率电化学传感器的特点在于具有双重电化学信号，它以两个信号的比值而非单一信号的绝对值作为输出信号。通过采取比值输出的方法可以在一定程度上消除相似环境对两种电信号来源产生的干扰，从而实现内部校准，得到更准确、灵敏的测定结果。结合比率技术，利用来自背景充电电流的信息并结合数学分析法，可以精确地校准由扫描循环伏安法(FSCV)测得用于体内测定的数据[97]。近年来，结合主成分分析法和回归最小二乘法可用来解析和量化 FSCV 测得数据中的重叠化合物[98]。

比率电化学传感器可分为两种模式。一种模式是，两个电化学过程目标分析物产生不同的响应方式(如一个过程信号增加而一个过程信号减少)；而另一种模式是，仅一个过程会对目标分子产生电化学反应，而第二个过程仅对环境中的非特定(或背景)电活性过程做出响应[99]。此外，根据使用电极数目的不同，可将比率电化学传感器划分为：使用两个工作电极的双通道型和单一电极的双/多信号输出型。单一电极的比率测定方案涉及更复杂的设计，但是却比双通道具备更高的灵敏度、实用性及操作简便性[100]。目前，比率电化学传感技术已经充分应用于蛋白质、核酸、生物小分子、金属离子等物质的分析检测，且对脑内分子的检测同样提供了优越的选择性和精确性，具备深远的发展及应用潜力。

11.3.1 双通道比率测定应用于鼠脑中物质的选择性检测

双通道比率检测的设计相对简单，一般利用两种电活性物质构成提供传感界面的两个工作电极，所产生的两种信号输出可以通过信号分析处理排除对环境的干扰，达到内部校正的效果。基于这点，Tian 课题组[101]首创了用于测定鼠脑中 Cu^{2+} 的双通道比率电化学传感器。该传感器具有稳定的内置校正功能，可避免体内和体外环境之间差异产生的误差。

铜(Cu)是生活中大部分领域必不可少的元素之一，在体内它可以诱导生成过量的 ROS，对脂质、蛋白质和核酸产生氧化性损伤。研究表明，在阿尔茨海默病患者的老年斑中发现存在大量的 Cu^{2+}，其不仅与淀粉样蛋白 β 肽直接结合，而且与神经毒性及氧化应激反应密切相关[102]。Tian 课题组基于 Cu^{2+} 固有的氧化还原信号，通过使用有效的纳米材料整合出具有特异性识别能力的有机-无机杂化体系，建立了一系列用于检测 Cu^{2+} 的电化学方法。首先，设计了一种用于精确检测鼠脑中 Cu^{2+} 的双通道比率电化学方法。天然 SOD 含有 Zn^{2+} 和 Cu^{2+} 的络合中心位点，移除 Cu^{2+} 后，E_2Zn_2SOD 保留了对 Cu^{2+} 的特异性识别能力，从而可实现选择性测定 Cu^{2+}。采用具有对环境特异性识别的牛红细胞 E_2Zn_2SOD 的无铜衍生物，并将 6-(二茂铁基)-己硫醇(FcHT)作为参考元素修饰于另一电极上，即可提供稳定的内置校正和双通道信号对 Cu^{2+} 的检测输出[图 11.4(a)]。此外，合成了一种充满纳米颗粒的金八面体微笼，大的表面积和高的电催化活性使其检测灵敏度提高了约 7 倍[图 11.4(b)]。这种生物传感器显示出 30.2 mA·L/(mol·cm)的高灵敏度和 3 nmol/L 的低检测限。结合微电极技术，将该生物传感器直接植入正常和缺血的鼠脑中。结果显示，脑透析液中 Cu^{2+} 的基础水平为(1.67 ± 0.56) μmol/L，而全脑缺血后 Cu^{2+} 升高到原来的约 5 倍[图 11.4(c)]。

最近，通过使用具有稳定电位输出的内部参考分子，比率测定技术扩展到用于监测脑中的 pH 和氯离子(Cl⁻)变化情况[62-64]。将识别分子与参考分子之间的半波电位差$\Delta E_{1/2}$ 作为可测量的信号，显著地提高了电位-依赖性生物传感器的准确度。大脑微环境中的局部 pH 的变化在信号转导、酶活性和离子转运中起着重要作用[103]。ROS 的产生导致 pH 下降，这被认为与许多慢性退行性疾病有关，如阿尔茨海默病和局部贫血等[104]。最常用的 pH 检测方法是基于能斯特方程在如离子敏感微电极(ISMEs)条件下，电位和 pH 间的线性相关性来确定 pH[105]。不幸的是，

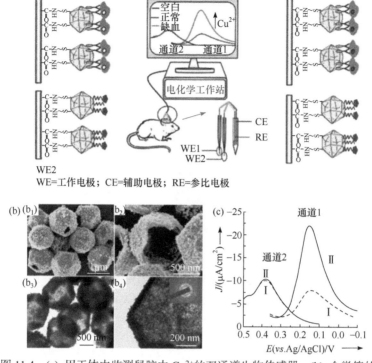

图 11.4 (a) 用于体内监测鼠脑中 Cu^{2+} 的双通道生物传感器;(b) 金微笼的
SEM 图[(b_1)、(b_2)]及 TEM 图[(b_3)、(b_4)];(c)双通道比率生物传感器用于鉴定正常
鼠脑(Ⅰ)和脑缺血(Ⅱ)情况下 Cu^{2+} [101]

由玻璃制成的 ISMEs 难以微型化,故无法应用于脑内检测。更为重要的是,不同于 0.1 mol/L 稀电解质溶液中较小的溶液电阻(约 100 Ω),在复杂的大脑环境中,许多共存的蛋白质和其他生物物种的存在使脑脊液中的溶液电阻增加至 3000～5000 Ω[106]。因此,脑内具有约 1 μA 电流微电极的 IR 降将会使微电压增加至 3～5 mV。对于线性变化 59 mV/pH 单位的电化学过程来说,这个值与 0.1 单位的 pH 变化所引起的电位变化是相当的。但在活的生物体中,0.2～0.5 单位的 pH 微小变化已被证实是由各种严重的细胞问题和疾病所引起的。因此,依靠电位变化而不进行内置校正的 pH 测定方法将产生 20%～50%的测量误差。综上,在确保选择性和准确性的条件下实现活鼠大脑 pH 的实时监测仍是一项巨大的挑战。

为了解决上述问题,Tian 课题组[59-61]开发了一种含有内标物的双通道电化学 pH 生物传感器,可用于在局部贫血条件下实时监测鼠脑不同区域的 pH(图 11.5)。在其通道中合成的 Fc-Py 作为一种选择性识别质子的电化学探针[图 11.5(a)],其二茂铁基团具有电化学氧化还原活性,而吡啶基团对质子具有响应;在另一个通道中,对 pH 呈惰性且氧化还原电位分离良好的 FcHT 作为内标物,可提高测定

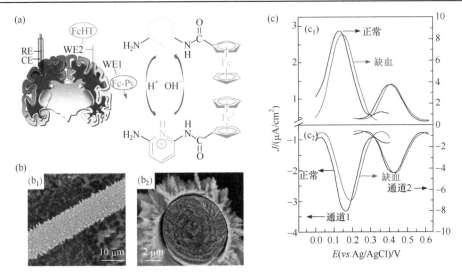

图 11.5 (a) 双通道电化学生物传感器用于活鼠脑内测定 pH 的流程图；(b) CFME/Au 的 SEM 图：(b₁) 顶视图和(b₂)横截面；(c) 通过双通道比率生物传感器[识别通道，N-(6-氨基吡啶-2-基)二茂铁(Fc-Py)修饰的 CFME/Au；响应通道，6-(二茂铁基)己硫醇(FcHT)修饰的 CFME/Au] 测得氧化(c₁)和还原(c₂)过程的 DPV 响应[62]

准确性。pH 标准曲线从响应信号半波电位 $E_{1/2}$ 和参考信号半波电位 $E_{1/2}^0$ 间的差 $\Delta E_{1/2}$ 获得。$\Delta E_{1/2}$ 值较少依赖外部参比电极的电位和由 IR 降引起的电位偏移，故极大地提高了体内 pH 测定的准确性。这种类型的双通道生物传感器可直接植入包括纹状体、海马体和大脑皮层在内的脑部区域，并成功用于这些区域全脑缺血时的 pH 实时监测。

11.3.2　单电极比率电化学传感器实现活体脑内物质的精确测定

尽管双通道比率检测的方法弥补了传统电化学传感器的不足，但涉及两个独立的工作电极不仅会造成更为复杂的操作和仪器设备构造，而且还会给动物脑部造成更为严重的伤害。更重要的是，在两个电极间的定量检测过程中仍会存在一些误差无法消除。

Yu 等[107]利用多孔聚合物和聚离子液体的特殊性质，基于双羟基官能团聚离子液体(DHF-PIL)的催化剂载体，构建了一种用于 Cu²⁺测定的高性能单一电极比率电化学生物传感器，成功地用于评估正常和 AD 大鼠脑中的 Cu²⁺水平。DHF-PIL 呈现出典型的大孔结构，可提供 39.31 m²/g 的高表面积来充分负载生物分子。使用神经激肽 B(NKB)进行修饰，可以与 Cu²⁺结合形成具有高特异性的 [Cuᴵᴵ(NKB)₂]复合物，从而实现了对 Cu²⁺的选择性识别。同时，2,2′-叠氮双-(3-乙基苯并噻唑啉-6-磺酸盐)(ABTS)通过静电相互作用修饰到 DHF-PIL 上，作为内部参比分子提供内置的校正,改善了环境影响并提高了检测精度。由此开发的电化学生物传感器能够对 Cu^{2+} 在 $0.9\sim36.1$ μmol/L 实现线性检测,并达到 0.24 μmol/L 的低检测限和 0.6 μmol/L 的定量限。与使用两个独立的电极构建的双通道检测系统相比,该方法仅涉及一个电极且操作更简便,并且在保持电极修饰条件完全相同的情况下更加精确,对包括金属离子、氨基酸和其他内源性化合物在内的一系列干扰呈现出优异的选择性。

对于鼠脑中的 pH 测定,Tian 课题组[59-61]开发的含有内标物的双通道电化学 pH 生物传感器虽有效提高了脑内 pH 的准确度并实现了实时监测,但是此双通道 pH 计的灵敏度仅为 0.13 单位 pH。由于活体系统中的 pH 波动通常很小,因此必须使用更灵敏的 pH 计。于是,通过将具有良好电化学氧化还原性能的 1,2-萘醌 (1,2-NQ)和 FcHT 固定在同一个电极上(CFME/Au/1,2-NQ + FcHT)。依赖这种电极可在 $5.8\sim8.0$ 的宽 pH 范围内成功地检测 0.07 pH 单位[图 11.6(a)和(b)][62-64]。体内检测结果表明,正常鼠脑的纹状体 pH 为 7.21 ± 0.05,海马体 pH 为 7.13 ± 0.09,大脑皮层 pH 为 7.27 ± 0.06。但是在全脑缺血时,纹状体和海马体内 pH 分别降至 6.75 ± 0.07 和 6.52 ± 0.03,而大脑皮层的 pH 无明显变化[图 11.6(c)和(d)]。这些结

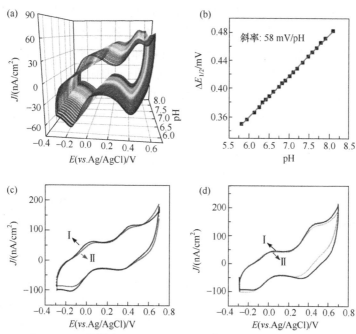

图 11.6 (a) pH 在 $5.8\sim8.0$ 范围内,10 mmol/L PBS 中 CFME/Au/1,2-NQ + FcHT 的 CV 图;
(b) 1,2-NQ 和 FcTH 氧化还原峰之间的半波电位差 $\Delta E_{1/2}$ 与 pH 的流程图;(c) 在比率 CFME/Au/1,2-NQ + FcHT 电极上获得的 CV 图,用于确定正常鼠脑(Ⅰ)和鼠脑缺血 5 min 后(Ⅱ)纹状体 pH;
(d) 缺血 5 min 后的鼠脑(Ⅰ),进一步微注射 100 μmol/L Na_2CO_3 溶液的纹状体(Ⅱ)pH[64]

果均表明局部贫血将导致脑部微环境的酸度发生变化，这是第一份关于正常鼠脑和全脑缺血后不同区域 pH 的精确报道。

11.3.3　活体分析中两种物质的双信号输出

脑内活体分析的一个关键问题在于，监测单个生物分子的变化并不足以全面阐明生理和病理现象。以往的研究中已表明，Cu^{2+} 浓度的增加会产生过量 ROS，导致 pH 降低[102]。大脑环境的酸化会导致更为严重的氧化应激反应，这将可能导致脑部疾病的产生[108]。因此，迫切需要开发一种兼具选择性优异、灵敏度高和准确性好且可同时检测多种物质的方法。基于之前的研究基础，研究者进一步开发了具有电流和电位信号协同输出的比率生物传感器来用于两种物质的同时检测，如 Cu^{2+} 和 pH、pH 和 O_2 或葡萄糖和 pH[109,110]。双信号输出的这一概念为多物种的进一步分析提供了灵活而又有发展前景的思路及方法。

O_2 浓度和 H^+ 是与脑缺血极其相关的两种重要物质。在局部贫血时，氧气供应受到限制，线粒体膜的电子传输链将处于高度还原态而导致 ROS 的产生。而当呼吸作用受到抑制且糖酵解过程持续存在时，则可能产生质子和乳酸，使 pH 降低[111]。在过去的几十年中，已经开发出许多用来检测 O_2 浓度或 pH 的简便方法[112]。但是，同时识别和准确测定活脑中 O_2 浓度和 pH 却仍是一项具有挑战性的工作。Liu 等[109]设计合成了一种具有三种功能的有机分子，即血红素-氨基二茂铁(hemin-Fc)[图 11.7(a)]，充分利用血红素对氧气的四电子催化活性，将血红素基团的阴极电流作为确定 O_2 浓度的特定响应，基于卟啉环氧化还原过程的 pH 依赖性，使用其氧化还原峰测定 pH。同时，Fc 基团对 O_2 和 pH 均呈惰性，故可作为 O_2 和 pH 的内置定量校正物。为了提高电极的稳定性和灵敏度，将碳纳米管纤维制成一种稳定且具有生物相容性的基底，使其可通过 π-π 堆叠来固定 hemin-Fc。如图 11.7(b) 和(c)所示，该传感器可用于定量测定活体系统中 O_2 浓度和 pH 水平。这种简易的双功能生物传感器首次用于同时检测大脑中动脉闭塞(MCAO)和颈动脉结扎(CAI)的两种缺血动物模型活脑中的 O_2 浓度和 pH。MCAO 大鼠在缺血 1.5 h 后，大脑皮层和纹状体中的 pH 将分别降低 0.34 单位和 0.47 单位。在持续缺血过程中，大脑皮层和纹状体中 O_2 由 (61.0 ± 6.8) μmol/L 和 (51.0 ± 5.9) μmol/L 的初始浓度逐渐分别降低至 (17.0 ± 2.8) μmol/L 和 (11.0 ± 2.5) μmol/L。当 MCAO 大鼠缺血 2 h 后，长时间的缺血将导致神经元的死亡。上述研究提供了直接的证据表明，神经元死亡的严重程度取决于脑酸度的持续时间。从 CAI 大鼠缺血模型的结果中也可以看到，在短暂的 21 min 的缺血时间后，纹状体和海马体的 pH 明显降低至 6.72 ± 0.03 和 6.58 ± 0.04。

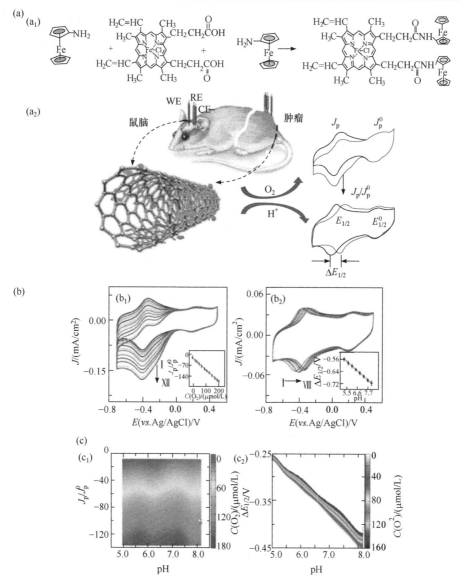

图 11.7　(a)：(a₁) 由血红素(hemin)和 Fc 形成共轭 hemin-Fc 的流程图；(a₂) 生物传感器同时测定 O₂ 和 pH 的工作机理流程图；(b) 用 Hemin-Fc 修饰的碳纳米管纤维(hemin-Fc/CNF)微电极测得的 CV，[(b₁)为在 0.1 mol/L PBS 中加入不同浓度的纯 O₂，(b₂)为不同 pH 条件下]；(c)：(c₁) 血红素和 Fc 的还原峰电流密度比(J_p/J_p^0)及 O₂ 浓度和 pH 之间的关系；(c₂) 血红素和 Fc 氧化还原峰之间的半波电位差$\Delta E_{1/2}$及 O₂ 浓度和 pH 之间的关系[109]

　　这种采用双信号输出的方法不仅为人造有机分子提供了设计标准，而且为测定活脑中两种物质的生物传感器开辟了道路。基于活性中心(FAD)存在的 2H⁺/2e⁻ 过程，进一步采用葡萄糖氧化酶作为同时识别糖尿病鼠脑中葡萄糖和 pH 的特异性识别元件[110]。体内实验数据表明，在糖尿病的鼠脑模型中，纹状体和大脑皮层的基础 pH 分别降至 6.9 ± 0.1 和 7.1 ± 0.1。相比之下，正常鼠脑中纹状体和大脑皮层的葡萄糖浓度为 (2.22 ± 0.18) mmol/L 和 (1.44 ± 0.12) mmol/L，而糖尿病鼠脑中纹状体和大脑皮层的葡萄糖浓度则分别增长至 (4.53 ± 0.40) mmol/L 和 (6.65 ± 0.31) mmol/L。这些有关鼠脑中 pH 和葡萄糖水平的详细信息将有助于理解糖尿病对脑功能的损害机制。基于生物传感器便捷的操作和简单设备，将有助于进一步促进其在生化中的广泛应用。

11.4 总结与展望

电化学生物传感是产生于交叉学科领域中一种极具潜力的新兴分析技术。其中，分子识别元件是决定传感器选择性和灵敏度等性能的关键部分，电极修饰和新型电极材料的开发可成为进一步提高电化学传感器性能的突破口。依据目标物的性质并结合电极材料的特性，对金属电极、碳电极、酶电极和微生物电极进行改性，合理定制功能性表面和设计特异性识别分子，可提高生物传感器的灵敏度和选择性等性能，从而满足体内目标物检测的需求。凭借其优异性能，电化学生物传感器已应用于小分子、核酸分子、微生物等分析物检测，并在环境监测、生物医药等领域具备广阔的发展前景。此外，电化学生物传感用于脑化学中重要生物物质的体内监测也取得了重要进展，如开发的电化学比率技术可以准确测定体内 Cu^{2+}、pH、O_2 和葡萄糖等的信息。这些定量分析对从分子水平评估脑活动及深入了解生理病理活动具有重大研究意义。另外，分子科学、纳米科学工程以及生物化学的最新进展，将会使传感器表面功能化研究焦点从单组分生物传感器的开发转向多物质先进设备的设计，以此来获得更多体内生理相关信息。通过设计和定制纳米材料，结合多种传感功能和协同治疗模型，构建可植入的多功能电化学生物传感器也有望得到实现。

参 考 文 献

[1] Thévenot D R, Toth K, Durst R A, et al. Biosensors and Bioelectronics, 2001, 16 (1): 121-131.

[2] Donmez S, Arslan F, Arslan H. Artificial Cells, Nanomedicine and Biotechnology, 2016, 44 (3): 912-917.

[3] Song M J, Hwang S W, Whang D. Journal of Applied Electrochemistry, 2010, 40 (12): 2099-2105.

[4] Yang P, Wang L, Wu Q, et al. Sensors and Actuators B: Chemical, 2014, 194: 71-78.

[5] Rawal R, Chawla S, Pundir C S. Analytical Biochemistry, 2011, 419 (2): 196-204.

[6] Bayram E, Akyilmaz E. Sensors and Actuators B: Chemical, 2016, 233: 409-418.

[7] Cui Y. IEEE Transactions on Electron Devices, 2017, 64 (6): 2467-2477.

[8] Batra B, Yadav M, Pundir C S. Biochemical Engineering Journal, 2016, 105: 428-436.

[9] Finklea H O, Snider D A, Fedyk J, et al. Langmuir: the ACS Journal of Surfaces and Colloids, 1993, 9 (12): 3660-3667.

[10] Sumerlin B S, Lowe A B, Stroud P A, et al. Langmuir: the ACS Journal of Surfaces and Colloids, 2003, 19 (14): 5559-5562.

[11] Feng X, Huang H, Ye Q, et al. Journal of Physical Chemistry C, 2007, 111 (24): 8463-8468.

[12] Plant A L. Langmuir: the ACS Journal of Surfaces and Colloids, 1993, 9 (11): 2764-2767.

[13] Krysiński P, Brzostowska-Smolska M. Bioelectrochemistry and Bioenergetics, 1998, 44 (2): 163-168.

[14] Gao Q, Guo Y, Zhang W, et al. Sensors and Actuators B: Chemical, 2011, 153 (1): 219-225.

[15] Apetrei I M, Apetrei C. Journal of Food Engineering, 2015, 149: 1-8.

[16] Crumbliss A L, Stonehuerner J G, Henkens R W, et al. Biosensors and Bioelectronics, 1993, 8 (6): 331-337.

[17] Mena M L, Yáñez-Sedeño P, Pingarrón J M. Analytical Biochemistry, 2005, 336 (1): 20-27.

[18] Niemeyer C M, Blohm D. Angewandte Chemie International Edition, 1999, 38 (19): 2865-2869.

[19] Fan C H, Plaxco K W, Heeger A J. Proceedings of the National Academy of Sciences, 2003, 100 (16): 9134.

[20] Gerlach J, Küzeci E. Hydrometallurgy, 1983, 11 (3): 345-361.

[21] Cruz R, Luna-Sánchez R M, Lapidus G T, et al. Hydrometallurgy, 2005, 78 (3): 198-208.

[22] Pravda M C, Petit Y M, Kauffmann J M, et al. Biosensors and Bioelectronics, 1996, 727 (1): 47-54.

[23] Li X, Zhao R, Wang Y, et al. Electrochimica Acta, 2010, 55 (6): 2173-2178.

[24] Raghu P, Madhusudana Reddy T, Reddaiah K, et al. Food Chemistry, 2014, 142: 188-196.

[25] Rogers K R, Becker J Y, Cembrano J. Electrochimica Acta, 2000, 45 (25): 4373-4379.

[26] Zaib M, Saeed A, Hussain I, et al. Biosensors and Bioelectronics, 2014, 62: 242-248.

[27] Mahmoudi-Moghaddam H, Tajik S, Beitollahi H. Microchemical Journal, 2019, 150: 104085.

[28] Zhou M, Shang L, Li B, et al. Biosensors and Bioelectronics, 2008, 24 (3): 442-447.

[29] Pingarrón J M, Yáñez-Sedeño P, González-Cortés A. Electrochimica Acta, 2008, 53 (19): 5848-5866.

[30] de Oliveira Marques P R B, Nunes G S, dos Santos T C R, et al. Biosensors and Bioelectronics, 2004, 20 (4): 825-832.

[31] Wang W, Wang X, Cheng N, et al. TrAC Trends in Analytical Chemistry, 2020, 132: 116041.

[32] Chen D, Liu Z, Fu J, et al. Journal of Electroanalytical Chemistry, 2017, 801: 185-191.

[33] Novoselov K S, Jiang D, Schedin F, et al. Proceedings of the National Academy of Sciences of the United States of America, 2005, 102 (30): 10451.

[34] Gilje S, Han S, Wang M, et al. Nano Letters, 2007, 7 (11): 3394-3398.

[35] Bao J, Huang T, Wang Z, et al. Sensors and Actuators B: Chemical, 2019, 279: 95-101.

[36] Clark L C, Jr, Lyons C. Annals of the New York Academy of Sciences, 1962, 102 (1): 29-45.

[37] Taniguchi I, Toyosawa K, Yamaguchi H, et al. Journal of Electroanalytical Chemistry and Interfacial Electrochemistry, 1982, 140 (1): 187-193.

[38] Rahman M A, Kothalam A, Choe E S, et al. Analytical Chemistry, 2012, 84 (15): 6654-6660.

[39] Zhang M, Yu P, Mao L. Accounts of Chemical Research, 2012, 45 (4): 533-543.

[40] McMahon C P, Rocchitta G, Serra P A, et al. Analytical Chemistry, 2006, 78 (7): 2352-2359.

[41] Liana A E, Chia E W, Marquis C P, et al. Journal of Colloid and Interface Science, 2016, 468: 192-199.

[42] Moradi M, Kim J C, Qi J, et al. Green Chemistry, 2016, 18 (9): 2619-2624.

[43] Niyomdecha S, Limbut W, Numnuam A, et al. Talanta, 2018, 188: 658-664.

[44] Bhardwaj N, Bhardwaj S K, Mehta J, et al. Analytical Biochemistry, 2016, 505: 18-25.

[45] Moghtader F, Congur G, Zareie H M, et al. RSC Advances, 2016, 6 (100): 97832-97839.

[46] Han L, Liu P, Petrenko V A, et al. Scientific Reports, 2016, 6 (1): 22199.

[47] Yue H, He Y, Fan E, et al. Biosensors and Bioelectronics, 2017, 94: 429-432.

[48] Zhou Y, Marar A, Kner P, et al. Analytical Chemistry, 2017, 89 (11): 5734-5741.

[49] Richter Ł, Bielec K, Leśniewski A, et al. ACS Applied Materials & Interfaces, 2017, 9 (23): 19622-19629.

[50] Auchère F, Rusnak F. Journal of Biological Inorganic Chemistry, 2002, 7 (6): 664-667.

[51] Wilson G S, Hu Y. Chemical Reviews, 2000, 100 (7): 2693-2704.

[52] Zhou J, Liao C, Zhang L, et al. Analytical Chemistry, 2014, 86 (9): 4395-4401.

[53] Liu H, Tian Y, Xia P. Langmuir: the ACS Journal of Surfaces and Colloids, 2008, 24 (12): 6359-6366.

[54] Tian Y, Mao L, Okajima T, et al. Analytical Chemistry, 2002, 74 (10): 2428-2434.

[55] Luo Y, Tian Y, Zhu A, et al. Electrochemistry Communications, 2009, 11 (1): 174-176.

[56] Deng Z, Rui Q, Yin X, et al. Analytical Chemistry, 2008, 80 (15): 5839-5846.

[57] Wang Z, Liu D, Gu H, et al. Biosensors and Bioelectronics, 2013, 43: 101-107.

[58] Xiao Y, Rowe A A, Plaxco K W. Journal of the American Chemical Society, 2007, 129 (2): 262-263.

[59] Shao X, Gu H, Wang Z, et al. Analytical Chemistry, 2013, 85 (1): 418-425.

[60] Zhang L, Han Y, Zhao F, et al. Analytical Chemistry, 2015, 87 (5): 2931-2936.

[61] Luo Y, Zhang L, Liu W, et al. Angewandte Chemie International Edition, 2015, 54 (47): 14053-14056.

[62] Zhao F, Zhang L, Zhu A, et al. Chemical Communication, 2016, 52 (18): 3717-3720.

[63] Dong H, Zhang L, Liu W, et al. ACS Chemical Neuroscience, 2017, 8 (2): 339-346.

[64] Zhou J, Zhang L, Tian Y. Analytical Chemistry, 2016, 88 (4): 2113-2118.

[65] Drummond T G, Hill M G, Barton J K. Nature Biotechnology, 2003, 21 (10): 1192-1199.

[66] Qi L, Xiao M, Wang X, et al. Analytical Chemistry, 2017, 89 (18): 9850-9856.

[67] Xiao M, Man T, Zhu C, et al. ACS Applied Materials & Interfaces, 2018, 10 (9): 7852-7858.

[68] Qu X, Xiao M, Li F, et al. ACS Applied Bio Materials, 2018, 1 (3): 859-864.

[69] Xiao M, Chandrasekaran A R, Ji W, et al. ACS Applied Materials & Interfaces, 2018, 10 (42): 35794-35800.

[70] Xiao M, Wang X, Li L, et al. Analytical Chemistry, 2019, 91 (17): 11253-11258.

[71] Wang X, Liu B, Xiao M, et al. Biosensors and Bioelectronics, 2020, 156: 112130.

[72] Xiao M, Lai W, Man T, et al. Chemical Reviews, 2019, 119 (22): 11631-11717.

[73] Gooding J J. Electroanalysis, 2002, 14 (17): 1149-1156.

[74] de la Escosura-Muñiz A, Maltez-da Costa M, Sánchez-Espinel C, et al. Biosensors and Bioelectronics, 2010, 26 (4): 1710-1714.

[75] Dong S, Zhao R, Zhu J, et al. ACS Applied Materials & Interfaces, 2015, 7 (16): 8834-8842.

[76] Benvidi A, Dehghani Firouzabadi A, Dehghan Tezerjani M, et al. Journal of Electroanalytical Chemistry, 2015, 750: 57-64.

[77] Pournaghi-Azar M H, Ahour F, Hejazi M S. Analytical and Bioanalytical Chemistry, 2010, 397 (8): 3581-3587.

[78] Lai W, Xiao M, Yang H, et al. Chemical Communications, 2020, 56 (82): 12331-12334.

[79] Liu G, Lao R, Xu L, et al. Biosensors and Bioelectronics, 2013, 42: 516-521.

[80] Cissell K A, Shrestha S, Deo S K. Analytical Chemistry, 2007, 79 (13): 4754-4761.

[81] Wen Y, Pei H, Shen Y, et al. Scientific Reports, 2012, 2 (1): 1-7.

[82] Zhang J, Song S, Wang L, et al. Nature Protocols, 2007, 2 (11): 2888-2895.

[83] Zuo X, Xiao Y, Plaxco K W. Journal of the American Chemical Society, 2009, 131 (20): 6944-6945.

[84] Dye C. Philosophical Transactions of the Royal Society B: Biological Sciences, 2014, 369 (1645): 20130426.

[85] Yang H, Xiao M, Lai W, et al. Analytical Chemistry, 2020, 92 (7): 4990-4995.

[86] Yu H, Xiao M, Lai W, et al. Analytical Chemistry, 2020, 92 (6): 4491-4497.

[87] Xiao M, Zou K, Li L, et al. Angewandte Chemie International Edition, 2019, 58 (43): 15448-15454.

[88] Spain E, Kojima R, Kaner R B, et al. Biosensors and Bioelectronics, 2011, 26 (5): 2613-2618.

[89] Li X M, Fu P Y, Liu J M, et al. Analytica Chimica Acta, 2010, 673 (2): 133-138.

[90] Justino C I L, Duarte A C, Rocha-Santos T A P. Sensors, 2017, 17 (12): 2918.

[91] Scognamiglio V, Rea G, Arduini F, et al. Biosensors for Sustainable Food-New Opportunities and Technical Challenges. Amsterdam: Elsevier, 2016.

[92] Salam F, Tothill I E. Biosensors and Bioelectronics, 2009, 24 (8): 2630-2636.

[93] Lee I, Jun S. Journal of Food Science, 2016, 81 (6): N1530-N1536.

[94] Mazloum-Ardakani M, Hosseinzadeh L, Khoshroo A. Journal of Electroanalytical Chemistry, 2015, 757: 58-64.

[95] Layqah L A, Eissa S. Microchimica Acta, 2019, 186 (4): 224.

[96] Ren K, Wu J, Yan F, et al. Scientific Reports, 2014, 4 (1): 4360.

[97] Roberts J G, Toups J V, Eyualem E, et al. Analytical Chemistry, 2013, 85 (23): 11568-11575.

[98] Rodeberg N T, Johnson J A, Cameron C M, et al. Analytical Chemistry, 2015, 87 (22): 11484-11491.

[99] Yang T, Yu R, Yan Y, et al. Sensors and Actuators B: Chemical, 2018, 274: 501-516.

[100] Deng C, Pi X, Qian P, et al. Analytical Chemistry, 2017, 89 (1): 966-973.

[101] Chai X, Zhou X, Zhu A, et al. Angewandte Chemie International Edition, 2013, 52 (31): 8129-8133.

[102] Huang X, Atwood C S, Hartshorn M A, et al. Biochemistry, 1999, 38 (24): 7609-7616.

[103] Webb B A, Chimenti M, Jacobson M P, et al. Nature Reviews Cancer, 2011, 11 (9): 671-677.

[104] Mutch W A C, Hansen A J. Journal of Cerebral Blood Flow & Metabolism, 1984, 4 (1): 17-27.

[105] Ammann D, Lanter F, Steiner R A, et al. Analytical Chemistry, 1981, 53 (14): 2267-2269.

[106] Zigmond M J, Harvey J A. Journal of Neuro-Visceral Relations, 1970, 31 (4): 373-381.

[107] Yu Y, Yu C, Yin T, et al. Biosensors and Bioelectronics, 2017, 87: 278-284.

[108] Atwood C S, Moir R D, Huang X, et al. Journal of Biological Chemistry, 1998, 273 (21): 12817-12826.

[109] Liu L, Zhao F, Liu W, et al. Angewandte Chemie International Edition, 2017, 56 (35): 10471-10475.

[110] Li S, Zhu A, Zhu T, et al. Analytical Chemistry, 2017, 89 (12): 6656-6662.

[111] Zhang C, Ni D, Liu Y, et al. Nature Nanotechnology, 2017, 12 (4): 378-386.

[112] Cheer J F, Wassum K M, Wightman R M. Journal of Neurochemistry, 2006, 97 (4): 1145-1154.

第12章 纳米生物电化学

12.1 引 言

电化学分析是从最早的化学修饰电极发展而来的，其通常是通过在电极表面浇铸修饰剂而制备的。此时，改性剂可以是无机和有机化学试剂或者生物试剂。这种改性的目的是改变电极表面的性质，满足提高检测灵敏度和选择性的要求。电化学分析技术通常设备简单，只需要一台电化学工作站、一台计算机和一套三电极系统的工作单元，其中三电极系统包括工作电极、参比电极和对电极，已经被广泛应用于各种目标物的检测[1-6]。

电致化学发光(ECL)技术是化学发光与电化学相结合的技术。在外加电位下，ECL 的发光团发生高能电子转移反应，使电子激发态发生突变，产生发光信号[7-9]。ECL 发光体可以通过外部手段引入检测系统，也可以通过酶促反应在原位生成。在检测靶标存在的情况下，可以通过影响发光团或共反应剂的浓度，进而改变ECL 信号强度，实现对目标分子的检测[10,11]。在与生物传感结合的技术中，基于ECL 技术的生物传感器展现出许多独特的优点。首先，ECL 生物传感器不含光源，可减少散射光和不必要的发光背景噪声信号。其次，ECL 是通过在电极表面施加适当的电压来启动和调节的，从而可以准确控制发光反应的时间和位置，展现出良好的重现性和灵敏度。最后，ECL 中多样的活性材料和反应体系使它在不同的生物传感领域具有多功能的应用和良好的前景。总之，ECL 检测技术是一种基于电化学的测量技术，不需要外部光源，简化了器件，降低了背景信号，展现出了高的检测灵敏度。此外，它还具有响应速度快、操作流程简单、设备成本低等优点[12-17]。

光电化学(PEC)技术是一种新兴的检测技术,同时具有光化学和电化学方法的优点[18-22]。在 PEC 分析过程中，采用光作为激发源，电作为检测信号。在光照射下，电极表面的光活性材料被激发，产生光生电子和空穴对，光生电子迁移到电极表面，产生电流信号[23-27]。存在检测目标物的情况下，电极界面性质的改变会导致电流的变化，从而实现了对目标分子的检测[28-30]。PEC 过程与生物分析的结合为推进 PEC 生物分析创造了机会，也为探索各种生物分子相互作用提供了一条很好的技术路线。从本质上讲，和 ECL 等其他成熟的分析技术一样，PEC 技术也是电化学方法的进化产物。它自然继承了后者成本低、仪器简单、灵敏度高的优点。在 PEC 检测中，利用光激发光活性物质，并将电信号转换为检测信号读出，这与 ECL 是相反的。使用两种不同形式的信号进行激发和检测，这种技术具有潜在的更高的灵敏度，因为它大幅度减少了与之相关的背景信号。对于具有相同配置的相同分析物的检测，PEC 方法通常比它们的电化学对应物能表现出更好的检测性能，如更低的检测限、更宽的线性范围等。由于其令人满意的优势和在未来生物分析中具有的极大潜力，PEC 生物分析在分析化学界得到了越来越多的关注，并取得了显著的进展。如今，针对各种生物分析物，已经发展了多种 PEC 生物分析装置。然而，在典型的情况下，两个关键要素是必不可少的：PEC 活性物质(产生检测信号)和生物识别元件(通常与换能器紧密接触)。PEC 活性物质大多数情况下是有机/无机半导体。像许多其他生物分析技术一样，生物识别成分包括酶、抗体、核酸等。PEC 生物分析的原理是通过电流/电压监测各种识别元件与其对应目标之间的生物相互作用。具体而言，生物识别系统将生化信息(如分析物浓度)转换为电极上或周围的特定因子的变化，其变化与 PEC 活性物质有关。当处于光照下时，用单色器控制透过特定激发波长的光，PEC 活性物质被单色光激发产生电信号，然后换能器会将生物识别系统和 PEC 活性物质之间的物理化学相互作用转换为电信号的改变作为检测信号。

12.2　构建电化学生物传感器的常见纳米材料

纳米材料指的是三维空间中至少有一维的尺寸范围为 1～100 nm 的材料，或是由这种结构作为基本单元构成的材料。通常尺寸在 100 nm 以下材料的化学和物理性质会产生显著的变化。近十年来，纳米材料凭借其独特的性质受到了广泛关注。纳米科学和纳米技术已经取得了巨大的突破，在生物医学[31]、食品工业[32]、环境[33]、催化[34]、光学[35]和能源科学[36]等领域占有特别重要的地位。在很大程度上，这些领域都会涉及分析检测，特别是纳米生物传感器在这些领域得到了广泛的应用。

由于纳米材料具有独特的物理和化学性质，它不仅可以通过增强传感器平台的电导率，还可以通过为抗原或识别元件提供大的表面积的方式来提高传感器的灵敏度[37]。纳米材料及纳米复合材料在传感器的直接或间接应用影响了传感器的检测限、检测范围、特异性和稳定性。另外，纳米材料的出现使得装置小型化更具有可行性，减少了所需的识别元件，减小了样品的体积，提高了传感效率。在电化学生物传感的发展过程中，纳米材料在电化学生物传感研究领域中被广泛使用，表现出了优异的性质和巨大潜力[38]。

12.2.1　零维纳米材料

所有维度(x、y 和 z)的大小都在纳米尺度上的材料归为零维纳米材料。零维被认为是最基本、最对称的形状,可以呈现为球形、立方或三角形式[39]。零维纳米材料的纳米级尺寸会导致 3D 空间中的电子受限,而不会发生电子离域[38]。各种单质和化合物的纳米颗粒是最常见的零维纳米材料的代表,如贵金属和磁性纳米颗粒(Au NPs、Ag NPs、Pt NPs 和 Fe_3O_4 NPs 等)、量子点[CdS QDs、CdSe QDs、CdTe QDs 和石墨烯量子点(GQDs)等]、金属纳米簇(Au NCs、Ag NCs 和 Cu NCs 等)等。它们已在电化学传感中被广泛用作信号示踪剂、催化剂、标记载体和分离器等。

1. 贵金属纳米颗粒

贵金属纳米颗粒因其出色的导电性、易于表面修饰和合成以及良好的生物相容性(对于铂和金)而长期用于电化学生物传感器的制备[40]。自下而上的方法是合成贵金属纳米颗粒最多的途径。一般是在贵金属纳米材料表面形成外壳或电荷层,又或者使用有机表面活性剂[如十六烷基三甲基溴化铵(CTAB)]等方式获得胶体状态的分散性纳米颗粒[41]。化学还原金属前体如 $HAuCl_4$ 在存在稳定剂的情况下,可以形成不同粒径的颗粒,其表面部分取决于所用的封端剂[42]。另外,可以通过控制反应条件来调节纳米颗粒的大小和形状,如前驱物浓度、投料比、表面改性剂和温度等[43,44]。纳米颗粒粒径均一性(尺寸分布小于 5%)和在生物缓冲液中的高胶体稳定性是其成功制备的决定因素,并最终使得电化学传感器的灵敏度和可重复性得到提升。10～50 nm 之间的纳米颗粒由于与更大的颗粒相比具有更高的胶体稳定性和更高的表面积/体积比而被最广泛地用于电化学传感[45-47]。通常也以相同的方式合成其他具有反应活性的金属纳米颗粒(Ni、Cu 和 Cr 等)的水溶液,但是必须严格在惰性气氛中进行合成以防止其被氧化[48,49]。

2. 磁性纳米颗粒

磁性纳米颗粒(MNPs)是已被广泛用于电化学生物传感器构建中的主要零维纳米材料之一,它的特点是在施加外部磁场时可实现有效分离的作用。此外,MNPs 可以作为电活性分子的纳米载体[50,51]。克服结合反应过程中的扩散限制、实现简单的洗涤策略、处理更大的样品量也是 MNPs 构建电化学生物传感器所具有的重要优势。磁铁矿(Fe_3O_4)也表现出取决于颗粒大小的铁磁或超顺磁性行为[52]。铁盐的化学共沉淀技术是批量生产 MNPs 的最简单、最有效的方法[52,53]。然而,Fe_3O_4 纳米颗粒易于氧化产生磁赤铁矿($\gamma\text{-}Fe_2O_3$),产生的 $\gamma\text{-}Fe_2O_3$ 由于比表面积大和偶极-偶极相互作用而易于聚集[54]。因此,通过形成核壳结构(通常使用聚合物或无机材料)来实现稳定的 Fe_3O_4 MNPs 的合成[52]。除了防止氧化诱导的聚集外，壳结构还可以提供其他所需的功能，如用于固定生物受体、促进生物相容性和避免非特异性吸附[54]。尺寸在微米范围内的磁性颗粒比其纳米颗粒具有更高的磁性强度，在应用于电化学生物传感之前被广泛用于分离。但是由于纳米颗粒的存在，纳米颗粒表现出更高的比表面积和更大的悬浮稳定性以及通过施加磁场对粒子团聚的敏感性更低，其更有利于实际应用[54]。

　　3. 半导体纳米颗粒

　　半导体纳米颗粒有许多不同的化合物种类，根据元素周期表，这些化合物被称为II-VI族、III-V族或IV-VI族半导体纳米晶体。CdS、CdTe、CdSe、ZnS 和 PbS 是电化学生物传感器中最常用的半导体纳米颗粒，尤其是在作为单一分析物的电化学标记[55]或同时检测多种分析物中被应用最广泛[56,57]。

12.2.2　一维纳米材料

　　两个空间维度都在纳米尺度范围，而有一个维度在纳米尺度之外的材料被称为一维纳米材料。电子约束发生在纳米尺度的二维中，但电子离域仅沿长轴发生，这使得一维纳米结构对表面的微小变化非常敏感。因此，可以开发一维材料在传感器中对分析物进行高灵敏度检测。凭借其独特的电子特性、高的比表面积以及电导率受较小的表面扰动的影响很大等优势，它们已广泛用作电化学传感器中的检测器，尤其是用于无标记的检测。另外，一些具有较短的宏观尺度长度的一维纳米材料，如纳米管和纳米棒，也已经被用作纳米载体。

　　1. 纳米管

　　在过去的二十年中，对纳米管，特别是对碳纳米管(CNTs)进行了深入的研究，并成功用于电化学传感器的制备[58-63]。CNTs 是 Ijima 发现的由石墨烯片(两维的具有 sp^2 杂化碳原子构成的蜂窝结构)卷成的无缝空心管[62]。根据石墨烯片的数量，CNTs 分为单壁碳纳米管(SWCNTs)(直径在 0.4～2 nm 之间)和多壁碳纳米管(MWCNTs)(直径在 2～100 nm 之间，层间距离约 0.34 nm)[64]。CNTs 的长度范围从几十纳米到几微米不等。碳纳米管的生长可以通过以下主要技术实现：电弧放电、激光烧蚀、高压一氧化碳方法和催化化学气相沉积(cCVD)。由于大量的副产物，前三个方法都需要除杂后处理的步骤。因此，cCVD 是生产高产率、高品质 CNTs 的最流行方法[65]。该方法依赖于烃气体在过渡金属催化剂(如 Ni)上的分解以及通过某些碳原子引发的 CNTs 合成。cCVD 生长机理通常涉及烃分子的解离和金属纳米颗粒催化剂上的碳原子的饱和过程。碳原子从饱和的金属颗粒中析出，从而形成 CNTs。催化剂的粒径和形状在合成碳纳米管结构中起着重要作用[66]。

除了将 CNTs 用作电极之外[67]，它们还被广泛用作修饰剂，以促进生物识别分子和电极之间的电子转移。由于单壁碳纳米管的电子具有很高的迁移率，并且所有原子都位于表面，它们是用作纳米电连接器的理想材料。许多报道使用这种概念，即 SWCNTs 作为分子线，使电极和与 SWCNTs 末端相连的氧化还原蛋白之间进行电子传输[68,69]，这产生了精妙的无试剂生物传感器的设计。由于电子传输速率受纳米管长度的控制，纳米颗粒的尺寸和维度有助于优化电化学生物传感器的性能[69]。

另外，含有羧基的短 CNTs 片段可用作酶的载体[70]或用于氧化还原分子标记[71]，高度羧化有助于 CNTs 与酶和生物识别探针(如抗体和 DNA)结合[72]。另外，蛋白质和电活性分子的疏水部分可以简单地吸附到 CNTs 的疏水侧壁上[71,73]。由于它们的高负载能力，如每个 CNTs 可吸附 9600 个酶分子，CNTs 标记可以显著提高检测的灵敏度[72]。

2. 纳米棒

纳米棒是指棒状纳米颗粒和较短形式的纳米线，其直径通常在几十纳米的范围内，而其长度可以从几十纳米扩展到 100 nm[74]。通过模板辅助电化学合成等多种技术可以实现纳米棒的合成[75]，其中种子介导的合成方法最为普及。配体的组合充当形状控制剂并以不同的强度键合到纳米棒的不同面上。这允许纳米棒的不同面以不同的速率生长，从而产生细长的物体。例如，金纳米棒和铜纳米棒已广泛用作电化学生物传感器中的标记载体和电极改性剂，以提高灵敏度或用作非酶催化剂[76-78]。

3. 纳米线

纳米线通常具有与纳米管相似的直径，但其具有更大的长度。实际上，在某些报告中，有时将长度从亚微米到 10 μm 的 CNTs 都视为纳米线[79,80]。具有优异电导率的金属纳米线是电化学生物传感器中电极的关注点。通常，纳米级电极可以促进径向扩散并减小双电层电容的面积。因此，有效的质量传输和较低的充电电流将使信噪比(S/N)最大化。Dawson 等报道了直径和长度分别为 100 nm 和 40 μm 的一条金纳米线可用于检测葡萄糖的电化学生物传感器的构建[81]。该传感器通过稳态伏安法实现了对葡萄糖的高灵敏度检测，检测限低达 3 μmol/L($S/N=3$)。此外，该研究小组还报道，所制备的金纳米线的电容非常低，比超微电极的电容低约 3 个数量级[82]。

12.2.3 二维纳米材料

在二维纳米材料中，其中两个尺寸不限于纳米级。二维纳米材料通常呈现出层状形状。二维纳米材料包括纳米薄膜、纳米层和纳米涂层。在二维纳米材料中，电子的传导被限制在整个厚度范围内，但会在层状平面内发生局域化。Novoselov等的工作表明石墨片可以被机械切割成几个原子层甚至单层[83]。近年来，二维纳米材料已经涉足许多领域，包括电化学生物传感领域[84]。

1. 石墨烯

石墨烯具有 sp^2 杂化碳的单层和蜂窝状晶格组织。从理论上讲，单层石墨烯的厚度约为 0.345 nm[85]，但其测量值在 0.4～1.7 nm 的较宽范围内[83,86]。自上而下和自下而上的方法都广泛用于石墨烯的合成，如 Hummers 法(化学氧化剥离)[87]、化学气相沉积法(CVD)[88]等。

石墨烯具备优异的光学、电学、热力学、力学性能，是理想的基底材料。例如，它具有二维结构和大的比表面积，其表面基团有助于表面修饰，防止分散相的聚集等。其优越的导电性能够使其作为电子载体广泛用于电化学领域中，而且它的成本低廉、制备简单。科研工作者们主要利用石墨烯片层结构，在它上面引入其他材料，制备出性能更为优越的石墨烯复合材料，并将其应用于催化、医学以及传感等领域。

2. 类石墨烯二维纳米材料

类似于石墨烯的 2D 纳米材料具有与石墨烯相似的结构特性以及石墨烯不存在的可调带隙能力，这有助于电化学生物传感器的构建。广泛使用的类石墨烯的2D 纳米材料主要包括过渡金属二卤化物(TMDs)、六方氮化硼(h-BN)纳米片和石墨碳氮化物(g-C₃N₄)纳米片[89-93]。目前，类似于石墨烯的 2D 纳米材料的合成方法与石墨烯的合成方法基本相似[91-92]。

过渡金属二卤化物由过渡金属组成，如钼、钨或铌与硫族元素(硫或硒)结合。与石墨烯不同，过渡金属原子层夹在两层具有共价键的硫族元素原子之间，相邻的三层薄板通过较弱的范德瓦耳斯键保持在一起，从而较容易剥落。调节它们的成分和晶体结构，可以将过渡金属二卤化物的电子特性调整为半导体、真金属和超导体[94]。MoS_2 是被研究最多的过渡金属二卤化物，已被用作电化学生物传感器中的换能器。例如，它被用于构建基于场效应晶体管(FET)的生物传感器[95]，研究表明，使用 MoS_2 进行蛋白质检测的灵敏度比使用多层石墨烯(7 nm 厚度)高 74 倍，这归因于 MoS_2 中存在带隙(单层为 1.8 eV，体层为 1.2 eV)，从而在施加电压时能够在 FET 系统的半导体通道中对电流进行更大的调制。而石墨烯中不存在带隙，这会导致泄漏电流的增加。因为电子不仅可以在势垒顶部上方流动，而且可以隧穿势垒。此外，最近的研究表明，利用其固有的电化学氧化峰作为分析信号，MoS_2纳米薄片可以用作电化学标记[96]。在这项工作中，固定化的单链 DNA(ssDNA)探针通过核酸碱基之间的范德瓦耳斯力与 MoS_2 纳米薄片有效结合。具有互补序列的目标 DNA 的存在会导致暴露的 ssDNA 探针减少，从而降低了来自 MoS_2 纳米薄片的电化学氧化峰信号，这为电化学核酸传感器的构建提供了一种新的策略。

h-BN 纳米片由具有宽带隙(5.2 eV)的蜂窝状晶格结构中的硼和氮原子交替组成，因此，h-BN 纳米片几乎是绝缘体[97]，只有少数研究试图证明其在电化学传感中的益处[98-102]。在电化学生物传感中，h-BN 纳米片及其复合物已被用作基质，通过增加电极表面积来增加固定生物探针的数量 [99,100]，并携带电化学催化剂(如 Au NPs[103])，以此来增强电化学信号。

g-C_3N_4 纳米片是由 C、N 和 H 原子组成的聚合石墨碳氮化物，具有中等大小的带隙能(2.7 eV)[104]。掺杂氮的石墨烯在电化学传感中引起了研究者们极大的兴趣，这是因为石墨烯中不存在会影响电子结构并导致不同的活性增强机制的强给电子性质的氮元素。此外，用氮原子掺杂石墨烯会导致其基底表面的破坏和增加边缘的平面状位点(即电化学活性部分)。正如报道的那样，用氮掺杂石墨烯制备的电化学传感器与用石墨烯制备的电化学传感器相比，对 H_2O_2 的检测展现出更高的灵敏度[105]。g-C_3N_4 纳米片还具有一定的催化活性(如类过氧化物酶的活性[106])，使得其在无酶电化学生物传感器的领域具有较好的应用前景，可用于 H_2O_2、硝基苯、烟酰胺腺嘌呤二核苷酸和葡萄糖的检测[107,108]。但是，g-C_3N_4 纳米片的电导率较差，在制备传感器时，g-C_3N_4 纳米片经常与导电性更高的材料[如石墨烯[109]或导电聚合物(CPs)[110]]结合使用，以实现有效的电子转移。g-C_3N_4 超薄片除了具有催化性能外，还可以通过 g-C_3N_4 固有的—NH—和—NH_2 基团来实现对 Hg^{2+} 的强亲和力[111]，从而可以使用阳极溶出伏安法对 Hg^{2+} 进行高灵敏和特异性的分析，发展检测 Hg^{2+} 的电化学传感器。

12.2.4　三维纳米材料

三维纳米材料是在三维空间中都属于宏观尺度的纳米材料，或由纳米尺度结构控制的组装材料，如纳米复合材料、纳米杂化材料、纳米介孔材料、各种形貌的自组装纳米结构(纳米花、纳米枝晶)等。三维纳米材料结构既具有纳米材料所赋予的量子效应、尺寸效应和表面效应等物理性质，又凭借三维几何结构获得巨大的表面积和特殊的电学、催化性能，具有平面材料所不具备的优势[112]。由于三维纳米材料中的骨架框架有利于电子传输，开放的多孔通道可作为理想的分析物载体，三维纳米材料也逐渐被用于电化学传感器的构建中。

例如，具有类似石墨烯结构的二维层状二硫化钼(MoS_2)通过范德瓦耳斯作用堆叠成三维的原子层，利用三维 MoS_2-聚苯胺(3D-MoS_2-PANI)纳米花和银纳米立方体(AgNCs)来放大信号，构建了基于鲁米诺阴极发光的 ECL 传感器，用于胆固醇的高灵敏检测[113]。在这项研究中，具有大的比表面积的 3D-MoS₂-PANI 纳米复合材料被用作负载胆固醇氧化酶(ChOx)。负载的 ChOx 能够有效地催化胆固醇的氧化从而原位生成 H_2O_2，H_2O_2 可以促进鲁米诺激发态的形成以产生阴极 ECL 信号。此外，3D-MoS₂-PANI 纳米复合材料催化了 H_2O_2 变为活性氧(ROS)的反应，从而增加了 ECL 强度，提升了检测的灵敏度。

12.3　纳米材料在电化学生物传感中的应用

电化学生物传感器已发展成为对多种生化物种进行特异性和高灵敏检测的重要工具。针对不同目标物的所选生物识别元件，提出了各种用于特定分析目的的电化学生物传感器。在电化学生物传感器中采用了具有不同化学成分、尺寸、形状和独特性质的纳米材料，从而使其灵敏度和稳定性有了相当大的提升。为了反映纳米生物电化学的最新研究进展，本章将讨论纳米材料在电化学生物传感的五个主要方面的应用，即核酸分析、免疫测定、酶分析、细胞检测、生物小分子和离子的检测。

12.3.1　核酸分析

1. DNA 检测

通过检测特异性序列目标 DNA 对遗传疾病进行早期诊断和治疗在医学中的重要性愈发凸显。DNA 生物传感器(也称为基因传感器)利用互补单链 DNA (ssDNA)之间的碱基互补配对原则，协同脱氧核糖核酸酶(DNA 酶)反应、DNA 扩增作用等来识别其互补的目标 DNA 序列。DNA 与其互补序列的杂交和解链是 DNA 传感构建中最基本的策略。这个原理与酶作用相结合，已被广泛用于靶循环扩增(TRC)和杂交链式反应(HCR)等基于信号放大策略的电化学分析方法的研究，以检测与疾病相关的基因。基于不同特异序列的 DNA 和不同催化作用的 DNA 酶，巧妙地构建了许多电化学 DNA 传感器。近年来，一些具有低毒性和良好生物相容性的新型量子点(如石墨烯量子点、MoS₂ 量子点等)在电化学传感上得到了广泛的应用。苏星光等探索了一种基于锌掺杂的 MoS₂ 量子点(QDs)和还原性 Cu(I)粒子协同增强信号策略的高效 ECL 传感器[114]。具有硫空位的 Zn 掺杂的 MoS₂ 量子点能提高 MoS₂ 量子点的 ECL 活性。Zn 掺杂调节的硫空位可以吸附和配位作为过渡金属的共反应剂的 H_2O_2。此外，还原性 Cu(I)颗粒可以进一步催化 ECL 系统中的共反应剂，在 T7 核酸外切酶存在下，苏星光等设计了 DNA 步行循环，用于 DNA 的检测。为了得到高的灵敏度和良好的选择性以满足实际检测的需求，具有独特光学和电学性质的金属或半导体纳米颗粒被用作 DNA 扩增检测的标记物。由于具有易于修饰、亲和力较强等优点，半导体纳米材料常在 DNA 检测中被用作生物标志物或者信号载体。三元半导体量子点与含有剧毒元素的二元半导体量子点相比具有较低的毒性和相似的优异光电性能，在太阳能电池和电化学生物传感领域受到越来越多的关注[115-117]。Wang 等提出了一种结合多信号放大策略的高灵敏光电化学 PEC 生物传感器，用于 DNA 的检测[118]。初始信号放大是通过三元 $AgInSe_2$ 量子点(QDs)敏化的 ZnO 纳米花(ZnO NFs)实现的，从而形成出色的光电层。通过三螺旋分子的形成，引入了金修饰的纳米棒锚定的 $CeO_2(Au@NRs-CeO_2)$ 八面体作为多功能信号调节剂。$Au@NRs-CeO_2$ 八面体不仅可以通过光电层竞争性捕获光子能量和电子供体而猝灭光电流信号，而且可以在光电层的表面上像过氧化物酶一样模拟催化酶促沉淀反应。此外，$Au@NRs-CeO_2$ 八面体的位阻效应进一步降低了光电流信号的输出。与目标物(转化 DNA)孵育后，三螺旋构象分解，电极表面释放出 $Au@NRs-CeO_2$ 八面体，导致光电流信号显著增加，以此来测定转化 DNA。

Long 等基于一种新型的 SnS_2/Co_3O_4 纳米复合物敏化结构作为光敏基质和苯并-4-氯己二酮(4-CD)沉淀物作为信号猝灭剂，建立了超灵敏光电化学检测 DNA 的方法[119]。由于 Co_3O_4 对 SnS_2 的有效敏化，大大提高了 SnS_2 的光电转换效率，获得了极大的光电流响应，其光电流是 SnS_2 被敏化前的 6 倍。此外，在 Nt.BstNBI 酶辅助的靶标循环过程中，可以将有限量的靶标 DNA(p53 基因的一个片段)转化为大量的输出 DNA，可以与捕获 DNA 杂交以产生大量的 DNA 双链体。随后，在 H_2O_2 存在的条件下，锰卟啉(MnPP)可以催化 4-氯-1-萘酚(4-CN)在改性电极表面形成 4-CD 沉淀。4-CD 沉淀的形成严重阻碍了电子转移，从而导致光电流响应显著降低，以此来检测靶标 DNA。石墨烯量子点(GQDs)是一种传统发光试剂的替代品，其由于成本低、无毒、易于预处理等优点，在 ECL 分析中得到了广泛的应用。为了进一步改善 GQDs 的 ECL 信号，戴志晖等成功合成了酰肼修饰的石墨烯量子点(HM-SGQDs)[120]。与 GQDs 相比，HM-SGQDs 能结合更多的鲁米诺，从而增强了 ECL 强度。以 p53 基因为模型，基于酰肼修饰的石墨烯量子点和血红素/G-四链体 DNA 酶，戴志晖等开发了一种新型的 ECL-DNA 生物传感器(图 12.1)，对目标 DNA 进行宽浓度范围和超灵敏的检测，线性范围从 100 fmol/L 到 100 nmol/L(6 个数量级)，检测限低达 66 fmol/L(S/N=3)。该 DNA 分析方法还可以实现单碱基错配的区分，具有特异性，在与核酸相关的临床诊断上具有潜在的应用。

2. microRNA 检测

microRNA (miRNA)是一系列内源性非编码单链 RNA，它会通过转录抑制或与信使 RNA 杂交诱导降解的方式调控基因表达，这与人类肿瘤的形成密切相关。

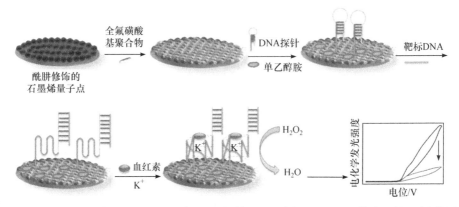

图 12.1　基于石墨烯量子点和血红素/ G-四链体 DNA 酶的 ECL-DNA 传感器的示意图[120]

因此，miRNA 已经被认为是癌症诊断和预警的生物标志物。然而，现有的各种检测 miRNA 的方法存在测定时间长、操作复杂、成本高、灵敏度低等缺点。因此，戴志晖等基于在长波长的光照射下的低毒性 TiO_2 纳米棒/金纳米颗粒(Au NPs)复合材料优良的光电化学性能和金纳米颗粒的双重信号放大作用，构建了绿光激发的低电位光电化学生物传感器(图 12.2)，实现了对 miRNA 的快速、简单、价廉、超灵敏和特异性的检测[121]。TiO_2 纳米棒表面上 Au NPs 的沉积不仅将吸收光谱由原来的紫外光区扩展到可见光区域，而且还为 TiO_2 纳米棒提供了高能光生电子，从而有效地提高了光电转换效率和光电流强度。引入的 CdS 量子点与 TiO_2 纳米棒/ Au NPs 复合材料密切接触后，使 Au NPs 成为电子继电器，促进了光生电子从激发态 CdS 量子点的导带转移到 TiO_2 纳米棒上，进一步极大地增强了光电流。金纳米颗粒的双重信号放大作用保证了足够的检测灵敏度来检验低浓度的 miRNA。目标 miRNA-122 可以打开核酸探针的发夹结构，使得 CdS 量子点远离 TiO_2 纳米棒/ Au NPs 复合材料，从而降低了光电流的强度。基于光电流强度的减小与 miRNA-122 的浓度增加呈反比例关系，戴志晖等设计了一种绿光(530 nm)激发和低应用电位(0 V)下的信号衰减型光电化学生物传感器，用于快速、简单、价廉、超灵敏和特异性地检测 miRNA，其线性范围为 100 fmol/L～3 nmol/L，检测限低达 83 fmol/L。构建的光电化学传感平台具有良好的分析性能，在核酸的检测和生物医学研究中必将引起广泛的关注。

Au NPs 通过酰胺键与 ZnSe-COOH 纳米片组装制得了具有良好光电化学活性的低毒纳米复合物。Au NPs 产生热电子进入 ZnSe-COOH 纳米片中，发生局域表面等离子体共振，产生了显著增强的光电流，从而极大地提高了光电化学生物传感器检测的灵敏度。基于此，戴志晖等发展了一种新颖的光电化学生物传感平台[122]。p19 蛋白质对 21～23 碱基对(bp)双链 RNA(dsRNA)有着高的特异性与亲和性，结合到 dsRNA 上的 p19 蛋白质能有效地阻碍电子供体向电极表面传输电子，得到一个减弱的光电流信号。以 miRNA-122a 为目标物，它能与探针 RNA 杂交形成 21 个 bp 的 dsRNA，以此设计出一种高灵敏度的直接检测 miRNA 的光电化学生物传感器，实现了对临床上癌细胞样品中的 miRNA 检测。该光电化学传感器对 miRNA-122a 检测具有高的选择性、宽的线性范围(350 fmol/L～5 nmol/L)和低的检测限(153 fmol/L)。

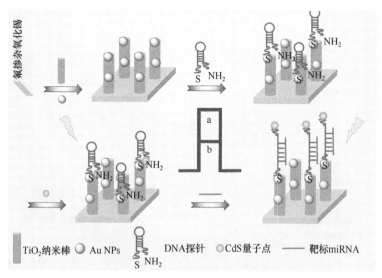

图 12.2　光电化学 miRNA 分析平台的构建示意图[121]

戴志晖等又通过溶剂热法对 Lu_2O_3 进行了一步改性获得了掺硫 Lu_2O_3，该材料比较纯 Lu_2O_3 展现出放大的电致化学发光信号[123]。其多孔的层状结构赋予了材料更大的表面积，能够携带更多的生物识别分子，进一步提高传感器灵敏度。经筛选发现 Ag_2S 量子点的紫外-可见吸收光谱与掺硫 Lu_2O_3 的发光光谱可以很好地匹配，所以采用 Ag_2S 量子点作为受体与掺硫 Lu_2O_3 配对。为了进一步降低背景信号，采用三螺旋 DNA 分子开关代替传统发夹或其他双螺旋的形成方式建立 ECL- RET(共振能量转移)传感体系(图 12.3)。这种独特的三重螺旋结构的核苷酸链有两端寡核苷酸，可以标记两个受体，在某些条件下可以达到与双螺旋 DNA 相同的稳定性及亲和力。当 DNA2 通过酰胺键连接两个 Ag_2S 量子点时，电致化学发光信号的猝灭效果比传统的发夹 DNA 连接一个 Ag_2S 量子点的猝灭效果好。因此，DNA 分子构象的改变增强了受体的结合数，降低了该生物传感器的背景信号。随着转化 DNA 的加入，DNA2-Ag_2S 与其杂交并离开电极表面。这一过程表现出开—关—开的模式，并引起第一阶段电致化学发光信号的放大。近年来，DNA 步行者作为一种新型的放大策略引起了众多学者的关注，该方法展示了较强的自组装能力、高的负载效率、仿生行为和强的目标放大能力。基于此，该传感平台同时构建了 DNA 步行者用于目标放大，即以磁响应的包裹二氧化硅的四氧化三铁纳米颗粒(Fe$_3$O$_4$@SiO$_2$ NPs)作为平台有效地负载 DNA，结合 Nt.BsmAI 核酸内切酶水解相应的序列。该 DNA 步行者可以将微量的目标 miRNA-141 转化为大量的转化 DNA，在第二阶段实现目标物 1∶n 的放大。因此，通过结合 DNA 步行者和 ECL-RET 纳米放大，选择 miRNA-141 作为 miRNA 模型，构建的生物传感器实现了对其超灵敏的检测。这项工作为生物医学和临床诊断提供了新的有力工具。

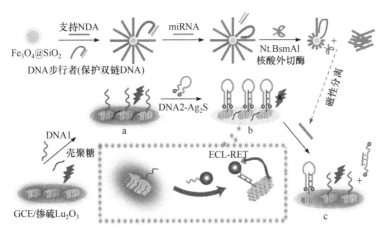

图 12.3　共振能量转移与 DNA 步行者的双放大策略用于 miRNA 的超灵敏 ECL
检测的示意图[123]

12.3.2　免疫测定

由于在生物研究应用中的巨大潜力，近年来，电化学免疫测定也获得了发展。电化学免疫传感器是基于免疫化学反应与适当的电化学传感器耦合的便捷生物传感设备。它们通常是用于疾病诊断、食品安全性测试和环境污染监测的成熟的标准生物检测方法[124-128]。免疫传感器的构建主要依靠高度识别的抗体-抗原相互作用后形成免疫复合物引起的信号改变。由于抗体是与对生物体有害的抗原结合的天然受体，因此免疫过程具有很高的选择性和结合效率。由于其具有高的特异性和灵敏度，免疫传感器在临床分析中具有很大的潜力。基于免疫作用构建的传感类型有电化学、光学、压电等。其中，电化学免疫传感器具有很强的吸引力，并且由于其强大的功能而备受关注。电化学免疫传感器在批量检测中易于使用且经济实惠，具有较低的检测限和少量的样品消耗。电化学免疫传感器将免疫反应与电化学传感结合，对于灵敏检测临床样品中的生物标志物具有强大的优势。最常用的三明治式免疫传感策略中，一级抗体通常固定在固体支持物上，抗原夹在固定的一级抗体和标记信号的抗体之间形成免疫复合物。可检测的信号主要取决于标记物的信号强度。因此，人们致力于开发具有信号放大特性的新型纳米标记物，如贵金属纳米颗粒、碳纳米材料、半导体纳米颗粒和复合纳米结构等。

基于抗体与抗原特异性结合原理的分析技术，免疫传感器因其是一种简单、低成本、灵敏的分析方法而受到研究者的关注[129,130]。迄今，已建立的电化学免疫传感器的功能是通过两种通用机制完成的：①免疫复合物形成产生的空间位阻；②酶促反应引起的信号改变。第一种机制为报道的无标记电化学免疫传感器奠定了共同基础。尽管设计简单，但由于分析物富集的能力差和无法扩增，无标记方案仍需要改善。在这种背景下，已经开发了基于酶标记的电化学免疫测定法，包括三明治和竞争法的形式，这是信号增强的可行途径。标记用的酶通常是碱性磷酸酶(ALP)、β-半乳糖苷酶(β-Gal)、辣根过氧化物酶(HRP)和葡萄糖氧化酶(GOx)等。安培型 PEC 免疫传感器是 Cosnier 小组于 2004 年提出的，它有望成为传统光学检测方法的替代产品[131,132]。该工作中，制造了光敏生物素化的三(联吡啶基)钌(Ⅱ)复合膜，用于随后通过亲和素的桥接固定生物素化的霍乱毒素。通过由免疫结合诱导的空间位阻引起的减弱的光电流，所制备的 PEC 免疫传感器可用于抗霍乱毒素抗体的无标记检测。Fan 等制备了一种新型的无标记光电化学传感器，该传感器基于掺杂氮和硫的石墨烯量子点(N,S-GQDs)和 CdS 共敏化的分层 Zn_2SnO_4 立方体，用来检测心肌肌钙蛋白 Ⅰ (cTn Ⅰ)[133]。通过溶剂热法成功合成了独特的 Zn_2SnO_4 立方晶，它具有较大的比表面积，可以负载功能材料。将 N,S-GQDs 纳米颗粒组装到立方 Zn_2SnO_4 涂覆的 ITO 电极表面，可以有效地加速电子跃迁并提高光电转换效率。然后，通过原位生长方法对 CdS 纳米颗粒进行进一步修饰，形成 Zn_2SnO_4/N,S-GQDs/CdS 复合材料，其产生的光电流强度是单独的 Zn_2SnO_4 立方体的 30 倍。cTn Ⅰ 抗原与 cTn Ⅰ 抗体之间的特异性免疫识别降低了光电信号的强度，以此来检测 cTn Ⅰ 抗原。所制备的 PEC 传感器具有高灵敏度、良好的稳定性和可重复性，有望在心肌梗死的临床诊断中得到应用。之后，Wang 等报道了一种有效的 $Ru(NH_3)_6^{3+}$/$Ru(NH_3)_6^{2+}$ 介导的光电化学氧化还原循环扩增(RCA)策略[134]，用于增强的三重信号放大以实现分离-PEC 型免疫分析法的应用。缓冲液中的三(2-羧乙基)膦(TCEP)作为还原剂。光照后，电极上 Bi_2S_3/$BiVO_4$ 纳米复合物的光生空穴将 $Ru(NH_3)_6^{2+}$ 氧化，开始 $Ru(NH_3)_6^{2+}$ 的链反应。$Ru(NH_3)_6^{3+}$ 使 4-氨基苯酚(AP)氧化为对醌亚胺，通过 TCEP 还原可将其再生。$Ru(NH_3)_6^{3+}$/$Ru(NH_3)_6^{2+}$ 介导的和 AP 参与的光电化学氧化还原循环再结合 ALP 酶促扩增可实现三重信号放大，以白介素-6(IL-6)为分析物，实现了超灵敏的 IL-6 PEC 免疫测定，为 PEC 生物分析提供了新的视角。在此基础上，Li 等研制了一种以 $CuCo_2S_4$-Au 双金属硫化物纳米材料为增强剂的电化学免疫传感器，用于精确检测降钙素原[135]。基于 $CuCo_2S_4$-Au 为信号指示剂和电解金为基质，该研究中开发的用于降钙素原检测的免疫传感器显示出了宽的线性响应和低的检测限。

戴志晖等利用低毒性的 BiOI/g-C₃N₄ 纳米复合物来放大阴极光电流，设计了超灵敏的 PEC 免疫传感器[136]。BiOI 与 g-C₃N₄ 复合，增强了对可见光的吸收；另外，二者之间匹配的带隙，有利于光生电子-空穴对的分离，产生显著增强的光电化学信号。其中，H₂O₂ 也起着至关重要的作用，它作为电子受体不仅可以抑制 BiOI/g-C₃N₄ 复合材料的光腐蚀，还能够阻碍 BiOI/g-C₃N₄ 复合材料中电子-空穴对的复合，提高光电流响应，进一步增强传感器的灵敏度。此外，将 CuS NPs 标记在信号抗体(Ab₂)上，一方面，产生的巨大空间位阻会阻碍光生空穴和电子受体的转移；另一方面，CuS NPs 吸收中波长的光产生光生电子，这将竞争消耗电子受体，极大地猝灭了光电流，放大了信号变化，使传感器灵敏度进一步提升。利用癌胚抗原(CEA)作为模型分析物，在–0.05 V 偏压、可见光照射下，构建的夹心型免疫传感器展现出优异的检测性能，得到了很宽的线性检测范围(10 fg/mL～10 ng/mL，6 个数量级)，检测限低达 5.3 fg/mL。该方法还成功地化验了人血清中 CEA 的准确含量，说明其具备良好的准确性和可行性。本工作不仅拓展了 BiOI 和 g-C₃N₄ 在光电化学器件上的应用，提出的检测方法也在临床诊断上拥有广阔的前景。

此外，戴志晖等制备了稳定性良好、廉价易得并具有氧化还原活性的 Cu、Ag 金属纳米晶，进一步采用配位键合(巯基与贵金属的结合)及物理吸附(通过调节识别分子的 pH 使其表面引入电荷，通过静电吸附组装上带相反电荷的金属纳米晶材料)进行 Cu、Ag 金属纳米颗粒与识别分子的偶联，从而制得 4-巯基苯硼酸功能化的 Cu 纳米颗粒和扁豆凝集素功能化的 Ag 纳米颗粒两种金属纳米探针[137]。由于两者之间的电化学氧化峰相互独立，出峰互不干扰，因此将此两种纳米探针作为联合检测的电化学信号探针应用于电化学联合检测免疫传感平台的构建(图 12.4)，

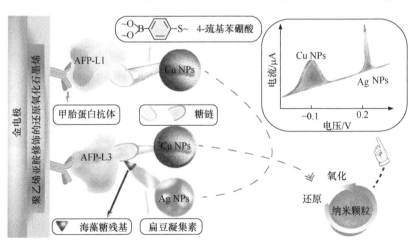

图 12.4　基于 Cu、Ag 双金属纳米探针构建的对双目标物同时进行电化学检测的示意图[137]

实现了对肝癌标志物 AFP-L1、AFP-L3 的联合检测。这为肝细胞癌的早期预警及对症施治提供了更好的技术支持。开发基于此特性的催化化学反应模式用于多元分析物的检测，可以实现同一电化学免疫传感平台的识别元件与转换器的链接，达到高灵敏度与高选择性的同时获得。

12.3.3　酶分析

由于酶传感器具有结构简单、成本低、使用方便等优点，更重要的是其具有较高的生物催化活性和酶的特异性等优点，酶传感技术的发展也成为重要的研究热点。酶传感器在历史上分为三代：氧基第一代，介质基第二代，直接电基第三代。在电化学酶分析中，也相应地设计了不同的检测方法。酶与电极上的电化学活性物质表面接触，在形成电化学活性物质与酶杂合体后，根据电化学活性物质与生物催化剂反应的相互作用产生的电化学信号在传导过程中的变化来进行酶分析。最简单的途径是利用酶反应在换能器上产生不溶的产物，从而产生诸如立体位阻或绝缘效应之类的物理效应，阻止电化学活性物种与电极表面之间的界面传输。与基于不溶产物的方法类似，另一种简单的方法是将可溶氧/底物或反应产物直接用作电子受体或电子供体，然后可以启动系统的光电化学信号链，可用于检测酶底物的消耗或酶活性的监测。金属纳米簇(NCs)是一种新兴的 ECL 发光体[138]，凭借其出色的生物相容性、低毒性以及对光漂白的稳定性，在生物标记、生物成像和生物传感领域受到了广泛关注[139-142]。Pan 等基于金属纳米簇构建了一种高灵敏的 ECL 生物传感器，用于碱性磷酸酶(ALP)的分析[142]。他们设计了一种巧妙的 DNA 步行者与点击化学结合的靶标扩增方法，有效地将碱性磷酸酶转化为 DNA 链，极大地提高了识别效率。Fang 等构建了用于凝血酶(TB)检测的超灵敏的无标记 ECL 传感器[143]。凭借 TB 适配体(TBA)与 TB 蛋白的特异性相互作用以及 ZnP-NH-ZIF-8 对氧还原反应(ORR)的高效催化，制备的传感器显示出较宽的线性范围和较低的检测限。

戴志晖等合成了由 Bi 纳米晶和 N、O 元素掺杂的碳壳组成的核壳纳米复合物，该核壳纳米复合物具有半导体特性，并且显示出了良好的生物相容性，其表面携带羧基，能与氨基修饰的 DNA 引物进一步组装[144]。基于 Bi@NOC 核壳纳米复合物的优良的光电化学活性，结合硫黄素 T 的信号放大效应，构建了检测癌细胞中端粒酶活性的光电化学生物传感器。该光电化学传感器对端粒酶活性的检测展现出宽的线性范围和低的检测限。这一研究成果不仅丰富了目前核壳材料的应用，更为重要的是提供了一种有助于癌症的早期诊断的化验方法。纳米材料之间的激子效应取决于距离，因此粒子间距离的调控是设计各种 PEC 检测系统的一个关键因素。戴志晖等制备了具有带正电的 Au 纳米颗粒[(+)Au NPs]和带负电的

CdTe 量子点[(−)CdTe QDs]。依靠序列的结合，(+)Au NPs 和(−)CdTe QDs 可以被多肽隔开一定距离。在这种情况下，激子效应相对较弱，并且可以观察到明显的光电流响应[145]。由于该多肽包含 caspase-3 的底物序列，在半胱氨酸天冬氨酸蛋白酶-3(caspase-3)的存在下，该多肽会发生裂解。在没有完整多肽的情况下，静电吸引起主要作用，导致带相反电荷的 Au NPs 和 CdTe QDs 聚集，从而增强了激子效应，导致光电流响应减弱，以此发展了一种新颖的定量 caspase-3 的 PEC 方法(图 12.5)。该方法可用于测定 A549 细胞中的 caspase-3，其测定结果与共聚焦成像的结果吻合，表明所提出的 PEC 方法可以监测细胞的凋亡。该研究揭示了多肽能有效控制纳米颗粒之间的距离，有望加速基于多肽的 PEC 生物分析新方法的发展。

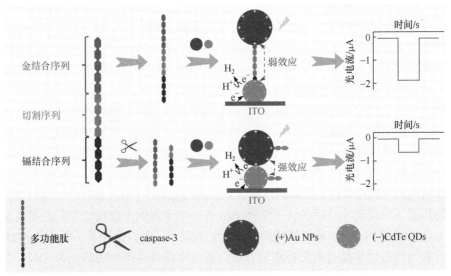

图 12.5　基于多肽和静电作用距离调控诱导的激子效应的光电化学检测 caspase-3 的示意图[145]

戴志晖等基于酶引发自聚合，设计了一种电化学酶传感器，用于无标记检测聚(ADP-核糖)聚合酶(PARP)[146]。首先，将巯基修饰的 G-四链体寡核苷酸 C-kit-1 自组装在金电极表面。C-kit-1 的 G-四链体结构可以特异性束缚并激活 PARP，从而导致带负电荷的聚(ADP-核糖)聚合物(PAR)生成。由于静电吸引，PAR 促进了带正电荷的电化学信号分子在电极表面的积累。通过对电化学信号分子的测定，可轻松实现无标记的 PARP 的定量。该方法可以在 0.01～1 U 的线性范围内实现 PARP 的选择性定量，检测限为 0.003 U。此外，用该电化学酶传感器还可以检测到 PARP 抑制剂。

12.3.4　细胞检测

由于细胞作为基本单元在生命科学和人类的健康中至关重要，在过去的几十年中，与细胞有关的电化学分析也受到了越来越多的青睐。电化学细胞传感器对于癌细胞的早期诊断具有突出的贡献。近年来，细胞传感器是发展最迅速的生物传感器。研究证明电化学方法对于检测癌细胞的浓度、癌细胞表面生物分子的分布研究、细胞的凋亡甚至单细胞的分析都具有较好的选择性和灵敏度，且方法快速和简单。基于靶标结合技术，通过结合癌细胞表面上的异常和过表达的组分如蛋白质、聚糖和受体，可以特异性和有效地捕获癌细胞。细胞的绝缘性和由生物识别反应带来的空间位阻可以抑制电极表面的电化学反应，以此提供了一种简单和典型的方法来构建无标记的电化学细胞传感器[147]。近年来，比例型 ECL 平台在细胞分析过程中表现出较高的选择性、稳定性和重复性。He 等基于此开发了一种可重复使用的双电位响应的比例型 ECL 平台，用于细胞表面 N-聚糖的感应和动态评估[148]。此外，先进设备的引入使得更多无标记电化学细胞传感平台的开发成为可能。例如，在多通道的双电极芯片上构建了一种可视化的无标记 ECL 细胞传感器[149]。Liu 等将 CdS QDs 包覆在垂直排布的 ZnO NRs 阵列上，大大提高了 CdS QDs 的固定量，增强了 ECL 强度[150]。继而修饰的 3-氨基丙基三乙氧基硅烷(APTES)上的氨基和 Au NPs 可以促进 ECL 反应中的自由基离子的生成和电子转移过程，进一步增强信号。在 Au NPs 上连接上皮细胞特异性标记抗体(EpCAM 抗体)，该抗体结合上肝癌细胞(HepG2)后，产生较大的空间位阻，阻碍了 ECL 反应中的电子传递，从而导致 ECL 强度降低，以此来定量检测癌细胞，具有较高的灵敏度。

戴志晖等利用金纳米颗粒的局域等离子体共振效应(LSPR)作为信号放大策略，构建了一种简单的高灵敏性的光电化学细胞传感平台，在红光的激发下，用于癌细胞的检测[151]。二维层状硫化钨(WS$_2$)纳米片作为光电化学活性材料能够吸收长波长的红光产生光生电子，光生电子转移到 ITO 电极上，空穴被溶液中的电子供体(抗坏血酸)清除后，产生阳极光电流。负载上金纳米颗粒之后，由于金纳米颗粒的局域等离子体共振效应增大了 WS$_2$ 纳米片的光电转换效率，使得光电流提升了 31 倍左右。MUC1 蛋白是乳腺肿瘤细胞的一种重要标志物。以 MCF-7 细胞作为分析模型，MUC1 适配体分子特异性捕获 MUC1 过量表达的 MCF-7 细胞。当细胞通过适配体分子被捕获到电极表面后，光电化学信号明显降低。基于捕获细胞前后光电化学信号的变化量，戴志晖等构建了一种长波长激发的光电化学细胞传感器用于 MCF-7 细胞的检测。在 0.1 V 的外加电压和 630 nm 光的激发下，对 MCF-7 细胞的线性响应浓度范围为 $1\times10^2 \sim 5\times10^6$ cells/mL，3 倍信噪比下得到的检测限为 21 cells/mL。近年来，TiO$_2$、ZnO 和 g-C$_3$N$_4$ 等光电化学活性材料由于其在短波长的光照射下具有较高的光电转换效率被广泛应用于光电化学传感器的构建，以提高检测的灵敏度。然而，上述材料对长波长的光的利用效率低，且其宽的带隙仅允许被紫外光激发，这一不可避免的缺陷极易造成生物分子和细胞的变性，从而限制了它们在生物传感领域的应用。因此戴志晖等采用一锅法合成了低毒性的巯基丙酸包覆的 $AgInS_2$ 纳米颗粒作为光电活性材料，其在红光照射下就能产生优异的光电流信号，在保留高的光电转换效率的同时改善了只能被短波长光激发的缺陷[152]。利用 $AgInS_2$ 纳米颗粒表面的羧基和末端修饰氨基的 sgc8c 适配体之间的键合作用，成功将适配体修饰到电极表面。引入的 sgc8c 适配体可以特异性识别 CCRF-CEM 细胞表面过表达的酪氨酸激酶，实现了对细胞的定量捕获。在630 nm 光的激发和 0.15 V 的偏压下，利用细胞捕获前后光电流值的改变，构建了红光激发的低电位的光电化学细胞传感器，实现了对细胞的无损伤检测。其线性范围为 $1.5 \times 10^2 \sim 3.0 \times 10^5$ cells/mL，检测限低达 16 cells/mL。实验中采用的适配体是经过 cell-SELEX 系统筛选出的，它相比于传统的叶酸及苯硼酸，与目标物的特异性结合更强，这极大地提高了检测的灵敏度和传感器的选择性。该工作设计的光电化学细胞传感器有望用于肿瘤细胞的化验和癌症的临床早期诊断。

此外，戴志晖等通过一锅法合成了水溶性的低毒性硫化银(Ag_2S)量子点，制备的 Ag_2S 量子点在近红外光的区域有强烈的吸收。基于金纳米颗粒的 LSPR 效应用于信号放大，构建了一种近红外光激发的光电化学细胞传感器[153]。Ag_2S 量子点与金纳米颗粒复合后，金纳米颗粒的 LSPR 效应增强了 Ag_2S 量子点的光电转换效率，其光电流增大了 3.5 倍左右。此外，近红外 Ag_2S 量子点水溶性好，生物相容性高，毒性低，在近红外光(810 nm)激发下能产生稳定的光电流，适合作为光电化学活性材料来构建光电化学生物传感器。利用 4-巯基苯硼酸(MPBA)与细胞表面糖基末端的唾液酸(SA)之间的特异性结合作用，将此传感器用于 MCF-7 细胞的定量分析以及细胞表面糖类物质的动态监测(图 12.6)。在 810 nm 光激发和 0.15 V 偏压下，

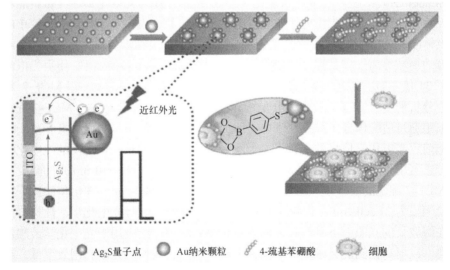

图 12.6　基于 Ag_2S 量子点/金纳米颗粒复合物的近红外光激发的光电化学细胞
传感器的示意图[153]

此传感器在细胞浓度为 $10^2 \sim 10^7$ cells/mL 内具有线性响应，检测限为 100 cells/mL。该传感器的构建过程简单，缩短了传感器的制备时间。此外还表现出一系列优良的性能，如易于组装、响应迅速、线性范围宽、对细胞无损伤等。制备的近红外光激发的 Ag_2S 量子点可通用于光电化学生物分析平台的基底，实现生物分子的无损伤检测，具有广阔的应用前景。

受体蛋白表达的定量分析对于与肿瘤细胞相关的研究至关重要。受益于其高灵敏度和低背景，光电化学平台被认为是评估受体蛋白表达的强大工具。为了降低细胞毒性并促进后续组装，戴志晖等制备了 L-半胱氨酸修饰的 Ag-$ZnIn_2S_4$ 量子点(L-Cys AZIS QDs)，并获得了其在长波长光照射下的 PEC 响应[154]。为了进一步提升 PEC 响应，铁酞菁(FePc)用于复合 L-Cys AZIS QDs。形成的 L-Cys AZIS QDs/FePc 杂化材料显示出高的光电转换效率，并且可以被近红外范围的光激发。因为与杂化材料连接的透明质酸可以识别癌细胞膜上表达的 CD44，所以癌细胞被固定在 L-Cys AZIS QDs/FePc 杂合材料后，会导致光电流强度的降低，以此构建了 PEC 细胞传感器用于定量测定表达 CD44 的癌细胞。PEC 细胞传感器能够测定 $2 \times 10^2 \sim 4.5 \times 10^6$ cells/mL 范围内的 A549 细胞，检测限为 15 cells/mL。此外，使用此传感器还测定了其他五种癌细胞中 CD44 的表达。研究结果表明，CD44 在不同癌细胞中的表达是不同的，所以该方法在受体蛋白相关应用研究中具有巨大的潜力。

12.3.5　生物小分子和离子的检测

与生命活动相关的一些生物小分子和金属离子的检测也愈发重要。其中一氧化氮(NO)是关键的自由基信使和神经元信号分子，与许多脑部疾病密切相关。开发一种灵敏而可靠的生物传感器用于体内 NO 的体内监测是一项挑战。戴志晖等开发了一种简单的比例型电化学生物传感器，用脑血红素修饰的碳纳米管纤维(CNF)来监测脑缺血后大鼠脑中的 NO 的含量。其中 CNF 不仅充当组装血红素分子的平台，而且在很大程度上促进了血红素的电子到电极表面的转移[155]。另外，戴志晖等发现血红素分子起着双重作用：①作为稳定的催化剂用于还原 NO，以便选择性检测 NO；②提供内置校正功能的内部参考元素，避免了复杂的大脑环境的干扰。该电化学生物传感器可以检测线性范围为 $25 \sim 1000$ nmol/L 的 NO，检测限低至 10 nmol/L，满足了体内的 NO 测定的要求。该生物传感器还具有良好的储藏稳定性和再现性，是一种体内监测大鼠脑缺血后海马区中的 NO 含量的可靠方法。

利用硫化铅(PbS)量子点修饰的氮化碳(C_3N_4)纳米片形成的异质结构来提高光电转换效率结合过氧化氢模拟酶(G-四链体/血红素@铂纳米颗粒)的催化作用，基于此双重信号放大策略，戴志晖等发展了一种新型的高灵敏光电化学生物分析平台[156]。C_3N_4 纳米片与 PbS 量子点复合形成异质结后，光电转换效率极大地提高了。与 C_3N_4 纳米片相比，形成异质结后，光电流增大了 10 倍左右。G-四链体/血红素@铂纳米颗粒能够催化 H_2O_2 分解产生电子受体(氧气)，氧气接收 PbS 导带上的电子，有效地抑制了电子-空穴对的重组，进一步放大了光电化学信号。以 C_3N_4/PbS 异质结作为光电化学基底，基于过氧化氢模拟酶的催化作用，构建的光电化学生物传感平台成功用于 H_2O_2 的检测(图 12.7)。在 -0.15 V 的外加电压和 405 nm 光的激发下，该光电化学生物分析平台对外源性 H_2O_2 的浓度在 10~7000 mol/L 范围内有线性响应，3 倍信噪比下得到的检测限为 1.05 μmol/L。此外，该传感器具有良好的选择性，成功实现了细胞内释放出的 H_2O_2 的测定，对于细胞监测和与氧化应激相关的疾病的诊断具有潜在的应用价值。

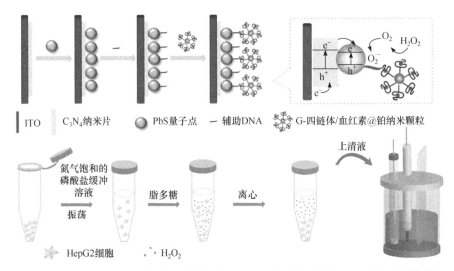

图 12.7　光电化学生物传感平台的构建过程以及检测细胞中的 H_2O_2 的示意图[156]

　　细胞释放多巴胺(DA)的数量对理解许多生物进程极为重要。但是 DA 在细胞外短时间内就会增加或减少。所以，对用来检测细胞释放 DA 数量的方法就有了较高的要求。戴志晖等采用一种简单、绿色的方法在 WS_2 纳米片表面原位生长金纳米颗粒[157]。制备的 Au-WS_2 复合纳米材料的缺陷可以加速电子转移，促进溶解氧的吸收，从而可以增强电化学发光。因此戴志晖等利用 Au-WS_2 复合纳米材料制备了无损、无标记的 ECL 生物传感器。该传感器可选择性地检测 DA，检测范围为 5.0 nmol/L~200 μmol/L，检测限为 3.23 nmol/L。与此同时，由于传感器的表面构造在检测过程中没有被破坏，可以对 DA 进行连续六次的定量检测。该传感器还能够准确地监测 K^+ 和硝苯地平作用下 PC12 细胞的 DA 的释放量。此外，戴志晖等基于 Cu_xS/CdS 纳米杂化物，研制了一种用于检测 Cu^{2+} 的超灵敏 PEC

传感器[158]。由于在 Cu_xS 和 CdS 之间形成 p-n 结以及 CdS 向 $Cu_xS(x=1$、2)的组分转化过程中光电流有明显的突变，检测的灵敏度得到了极大的提高，检测限低达 0.1 nmol/L。用该 PEC 传感器在体外监测 HeLa 细胞中 Cu^{2+} 的释放也表现出良好的结果。这种 Cu_xS/CdS p-n 结成分重构驱动的光电化学传感器的设计思想为 PEC 传感器的构建提供了一种新的范式。

12.4 总结与展望

本章总结了基于纳米材料和纳米结构的新型超灵敏电化学生物分析的研究进展。固有的灵敏度、简单性、速度和成本优势成为电化学生物传感器开发的强大动力。与光谱和色谱法等其他方法相比，电化学测量更便宜、更简单且更易于小型化，这使其更适合于即时现场检测，特别是在发展中国家，这将为资源有限的地区带来收益。除此之外，各种各样的策略被用于提高测量的效率，已经实现了利用纳米材料作为载体、示踪剂、催化剂和电子导体进行检测信号的放大，并在催化活性、电导率和生物相容性之间产生了协同作用。纳米技术和材料科学以及生物识别组件的新发展推动了实用和可靠的电化学生物传感器的发展。具有丰富结构的纳米材料不仅改善了电子性能和增加了有效的电极表面，而且还产生了可检测的信号以间接检测目标物。多功能材料、识别元素和电化学方法的协同作用正在提高检测的选择性、稳定性和可重复性，从而促进了用于测定生物样品的电化学生物传感器的发展。尽管在与电化学生物传感器设计有关的几个领域的基础研究已经取得了重大进展，但是我们仍然需要不懈地努力，以开发和拓展这些电化学生物传感器在生产和生活中的实际应用。

参 考 文 献

[1] Zhu C, Yang G, Li H, et al. Analytical Chemistry, 2015, 87: 230-249.

[2] Xu C, Wu F, Yu P, et al. ACS Sensors, 2019, 4: 3102-3118.

[3] Liu C S, Li J, Pang H. Coordination Chemistry Reviews, 2020, 410: 213222.

[4] Kempahanumakkagari S, Vellingiri K, Deep A, et al. Coordination Chemistry Reviews, 2018, 357: 105-129.

[5] Zhou Q, Li G H, Zhang Y J, et al. Analytical Chemistry, 2016, 88: 9830-9836.

[6] Ganbat K, Pan D, Chen K, et al. Journal of Electroanalytical Chemistry, 2020, 860: 113906.

[7] Miao W J. Chemical Reviews, 2008, 108: 2506-2553.

[8] Pan D, Fang Z, Yang E, et al. Angewandte Chemie International Edition, 2020, 59: 16747-16754.

[9] Chen M, Ning Z, Chen K, et al. Journal of Analysis and Testing, 2020, 4: 57-75.

[10] Lv Y, Zhou Z, Shen Y, et al. ACS Sensors, 2018, 3: 1362-1367.

[11] Zhou Z, Shang Q, Shen Y, et al. Analytical Chemistry, 2016, 88: 6004-6010.

[12] Babamiri B, Bahari D, Salimi A. Biosensors and Bioelectronics, 2019, 142: 111530.

[13] Lu H J, Xu J J, Zhou H, et al. TrAC-Trends in Analytical Chemistry, 2020, 122: 115746.

[14] Lv W, Ye H, Yuan Z, et al. TrAC-Trends in Analytical Chemistry, 2020, 123: 115767.

[15] Zhu L P, Zhang M Q, Ye J, et al. Analytical Chemistry, 2020, 92: 8614-8622.

[16] Lv Y, Chen S, Shen Y, et al. Journal of the American Chemical Society, 2018, 140: 2801-2804.

[17] Ji J, Wen J, Shen Y, et al. Journal of the American Chemical Society, 2017, 139: 11698-11701.

[18] Tu W W, Wang Z Y, Dai Z H. TrAC-Trends in Analytical Chemistry, 2018, 105: 470-483.

[19] Luo Z, Qi Q, Zhang L, et al. Analytical Chemistry, 2019, 91: 4149-4156.

[20] Zhou Q, Xue H, Zhang Y, et al. ACS Sensors, 2018, 3: 1385-1391.

[21] Zhang K, Lv S, Lu M, et al. Biosensors and Bioelectronics, 2018, 117: 590-596.

[22] Shu J, Tang D. Analytical Chemistry, 2020, 92: 363-377.

[23] Qiu Z, Shu J, Liu J, et al. Analytical Chemistry, 2019, 91: 1260-1268.

[24] Zeng R, Luo Z, Su L, et al. Analytical Chemistry, 2019, 91: 2447-2454.

[25] Xue H, Zhao J, Zhou Q, et al. ACS Applied Nano Materials, 2019, 2: 1579-1588.

[26] Zhou Q, Tang D. TrAC-Trends in Analytical Chemistry, 2020, 124: 115814.

[27] Shu J, Tang D. Chemistry-An Asian Journal, 2017, 12: 2780-2789.

[28] Zhao W W, Xu J J, Chen H Y. Chemical Reviews, 2014, 114: 7421-7441.

[29] Zhao W W, Xu J J, Chen H Y. TrAC-Trends in Analytical Chemistry, 2016, 82: 307-315.

[30] Zeng R, Zhang L, Su L, et al. Biosensors and Bioelectronics, 2019, 133: 100-106.

[31] Ramos A P, Cruz M A E, Tovani C B, et al. Biophysical Reviews, 2017, 9: 79-89.

[32] He X, Hwang H M. Journal of Food and Drug Analysis, 2016, 24: 671-681.

[33] Ibrahim R K, Hayyan M, AlSaadi M A, et al. Environmental Science and Pollution Research, 2016, 23: 13754-13788.

[34] Sharma N, Ojha H, Bharadwaj A, et al. RSC Advances, 2015, 5: 53381-53403.

[35] Peng H S, Chiu D T. Chemical Society Reviews, 2015, 44: 4699-4722.

[36] Hussein A K. Renewable and Sustainable Energy Reviews, 2015, 42: 460-476.

[37] Rizwan M, Mohd-Naim N F, Keasberry N A, et al. Analytical Methods, 2017, 9: 2570-2577.

[38] Schodek D L, Ferreira P J, Ashby M F. Nanomaterials, Nanotechnologies and Design. Oxford: Butterworth-Heinemann, 2009.

[39] Suresh S. Journal of Nanoscience and Nanotechnology, 2013, 3: 62-74.

[40] Wang J. Microchimica Acta, 2012, 177: 245-270.

[41] Polte J. CrystEngComm, 2015, 17: 6809-6830.

[42] Polte J, Ahner T T, Delissen F, et al. Journal of the American Chemical Society, 2010, 132: 1296-1301.

[43] Lim B, Jiang M, Camargo P H C, et al. Science, 2009, 324: 1302-1305.

[44] Luo X, Morrin A, Killard A J, et al. Electroanalysis, 2006, 18: 319-326.

[45] Bonanni A, Pumera M, Miyahara Y. Physical Chemistry Chemical Physics, 2011, 13: 4980-4986.

[46] Escosura-Muñiz A D L, Parolo C, Maran F, et al. Nanoscale, 2011, 3: 3350-3356.

[47] An K, Somorjai G A. ChemCatChem, 2012, 4: 1512-1524.

[48] Chou K S, Chang S C, Huang K C. Advanced Materials and Processes, 2006, 8: 172-179.

[49] Chen D H, Hsieh C H. Journal of Materials Chemistry, 2002, 12: 2412-2415.

[50] Zhang X, Ren X, Cao W, et al. Analytica Chimica Acta, 2014, 845: 85-91.

[51] Akter R, Kyun R C, Aminur R M. Biosensors and Bioelectronics, 2014, 54: 351-357.

[52] Laurent S, Forge D, Port M, et al. Chemical Reviews, 2008, 108: 2064-2110.

[53] Urbanova V, Magro M, Gedanken A, et al. Chemistry of Materials, 2014, 26: 6653-6673.

[54] Jamshaid T, Neto E T T, Eissa M M, et al. TrAC-Trends in Analytical Chemistry, 2016, 79: 344-362.

[55] Kokkinos C T, Giokas D L, Economou A S, et al. Analytical Chemistry, 2018, 90: 1092-1097.

[56] Kokkinos C, Angelopoulou M, Economou A, et al. Analytical Chemistry, 2016, 88: 6897-6904.

[57] Zhou S, Wang Y, Zhu J J. ACS Applied Materials & Interfaces, 2016, 8: 7674-7682.

[58] Tiwari J N, Vij V, Kemp K C, et al. ACS Nano, 2016, 10: 46-80.

[59] Merkoçi A, Pumera M, Llopis X, et al. TrAC-Trends in Analytical Chemistry, 2005, 24: 826-838.

[60] Zhao Q, Gan Z, Zhuang Q. Electroanalysis, 2002, 14: 1609-1613.

[61] Jacobs C B, Peairs M J, Venton B J. Analytica Chimica Acta, 2010, 662: 105-127.

[62] Münzer A M, Michael Z P, Star A. ACS Nano, 2013, 7: 7448-7453.

[63] Iijima S. Nature, 1991, 354: 56-58.

[64] Gooding J J. Electrochimica Acta, 2005, 50: 3049-3060.

[65] Dumitrescu I, Unwin P R, Macpherson J V. Chemical Communications, 2009, (45): 6886-6901.

[66] Allaedini G, Masrinda T S, Aminayi P, et al. International Journal of Nanomedicine, 2016, 7: 186-200.

[67] Gong K, Chakrabarti S, Dai L. Angewandte Chemie International Edition, 2008, 120: 5526-5530.

[68] Gooding J J, Wibowo R, Liu J, et al. Journal of the American Chemical Society, 2003, 125: 9006-9007.

[69] Patolsky F, Weizmann Y, Willner I. Angewandte Chemie International Edition, 2004, 43: 2113-2117.

[70] Yu X, Munge B, Patel V, et al. Journal of the American Chemical Society, 2006, 128: 11199-11205.

[71] Chunglok W, Khownarumit P, Rijiravanich P, et al. Analyst, 2011, 136: 2969-2974.

[72] Wang J, Liu G, Jan M R. Journal of the American Chemical Society, 2004, 126: 3010-3011.

[73] Yan Y, Zhang M, Gong K, et al. Chemistry of Materials, 2005, 17: 3457-3463.

[74] van der Zande B M I, Böhmer M R, Fokkink L G J, et al. Langmuir, 2000, 16: 451-458.

[75] Yu C S S, Lee C L, Wang C R C. Journal of Physical Chemistry B, 1997, 101: 6661-6664.

[76] Alagiri M, Rameshkumar P, Pandikumar A. Microchimica Acta, 2017, 184: 3069-3092.

[77] Wen W, Huang J Y, Bao T, et al. Biosensors and Bioelectronics, 2016, 83: 142-148.

[78] Liu X, Yang W, Chen L, et al. Microchimica Acta, 2016, 183: 2369-2375.

[79] Wanekaya A K, Chen W, Myung N V, et al. Electroanalysis, 2006, 18: 533-550.

[80] Chen R J, Bangsaruntip S, Drouvalakis K A, et al. Proceedings of the National Academy of Sciences of the United States of America, 2003, 100: 4984-4989.

[81] Dawson K, Baudequin M, O'Riordan A. Analyst, 2011, 136: 4507-4513.

[82] Dawson K, Wahl A, Murphy R, et al. Journal of Physical Chemistry C, 2012, 116: 14665-

14673.

[83] Novoselov K S, Geim A K, Morozov S V, et al. Science, 2004, 306: 666-669.

[84] Wang L, Xiong Q, Xiao F, et al. Biosensors and Bioelectronics, 2017, 89: 136-151.

[85] Thakur V K, Thakur M K. Chemical Functionalization of Carbon Nanomaterials: Chemistry and Applications. Boca Raton: CRC Press, 2015.

[86] Shearer C J, Slattery A D, Stapleton A J, et al. Nanotechnology, 2016, 27: 125704.

[87] Hummers W S, Offeman R E. Journal of the American Chemical Society, 1958, 80: 1339.

[88] Reina A, Jia X, Ho J, et al. Nano Letters, 2009, 9: 30-35.

[89] Hu Y, Huang Y, Tan C, et al. Materials Chemistry Frontiers, 2017, 1: 24-36.

[90] Wang Y H, Huang K J, Wu X. Biosensors and Bioelectronics, 2017, 97: 305-316.

[91] Tan C, Cao X, Wu X J, et al. Chemical Reviews, 2017, 117: 6225-6331.

[92] Zhang H. ACS Nano, 2015, 9: 9451-9469.

[93] Yang G, Zhu C, Du D, et al. Nanoscale, 2015, 7: 14217-14231.

[94] Lv R, Robinson J A, Schaak R E, et al. Accounts of Chemical Research, 2015, 48: 56-64.

[95] Sarkar D, Liu W, Xie X, et al. ACS Nano, 2014, 8: 3992-4003.

[96] Loo A H, Bonanni A, Ambrosi A, et al. Nanoscale, 2014, 6: 11971-11975.

[97] Shavanova K, Bakakina Y, Burkova I, et al. Sensors, 2016, 16: 223.

[98] Khan A F, Brownson D A C, Foster C W, et al. Analyst, 2017, 142: 1756-1764.

[99] Xu Q, Cai L, Zhao H, et al. Biosensors and Bioelectronics, 2015, 63: 294-300.

[100] Yang G H, Shi J J, Wang S, et al. Chemical Communications, 2013, (91): 10757-10759.

[101] Khan A F, Brownson D A C, Randviir E P, et al. Analytical Chemistry, 2016, 88: 9729-9737.

[102] Li Q, Huo C, Yi K, et al. Sensors and Actuators B: Chemical, 2018, 260: 346-356.

[103] Yang G H, Abulizi A, Zhu J J. Ultrasonics Sonochemistry, 2014, 21: 1958-1963.

[104] Mamba G, Mishra A K. Applied Catalysis B-Environmental, 2016, 198: 347-377.

[105] Wang Y, Shao Y, Matson D W, et al. ACS Nano, 2010, 4: 1790-1798.

[106] Tian J, Liu Q, Asiri A M, et al. Nanoscale, 2013, 5: 11604-11609.

[107] Zhang Y, Bo X, Nsabimana A, et al. Biosensors and Bioelectronics, 2014, 53: 250-256.

[108] Tian J, Liu Q, Ge C, et al. Nanoscale, 2013, 5: 8921-8924.

[109] Gu H, Zhou T, Shi G. Talanta, 2015, 132: 871-876.

[110] Xu Y, Lei W, Su J, et al. Electrochimica Acta, 2018, 259: 994-1003.

[111] Sadhukhan M, Barman S. Journal of Materials Chemistry A, 2013, 1: 2752-2756.

[112] Jung G B, Kim J H, Burm J S, et al. Applied Surface Science, 2013, 273: 179-183.

[113] Ou X, Tan X, Liu X, et al. RSC Advances, 2015, 5: 66409-66415.

[114] Nie Y, Zhang X, Zhang Q, et al. Biosensors and Bioelectronics, 2020, 160: 112217.

[115] Fang Y, Wang H M, Gu Y X, et al. Analytical Chemistry, 2020, 92: 2566-2572.

[116] Zhong H, Bai Z, Zou B. Journal of Physical Chemistry Letters, 2012, 3: 3167-3175.

[117] Fan F J, Wu L, Yu S H. Energy & Environmental Science, 2014, 7: 190-208.

[118] Wang S, Wang F, Fu C P, et al. Analytical Chemistry, 2020, 92: 7604-7611.

[119] Long D, Li M J, Wang H H, et al. Analytical Chemistry, 2020, 92: 14769-14774.

[120] Wang X Y, Liu L, Wang Z Y, et al. Journal of Electroanalytical Chemistry, 2016, 781: 351-355.

[121] Liu S S, Cao H J, Wang X Y, et al. Nanoscale, 2018, 10: 16474-16478.

[122] Tu W W, Cao H J, Zhang L, et al. Analytical Chemistry, 2016, 88: 10459-10465.

[123] Gao H, Zhang J F, Liu Y, et al. Analytical Chemistry, 2019, 91: 12038-12045.

[124] Zou Z, Du D, Wang J, et al. Analytical Chemistry, 2010, 82: 5125-5133.

[125] Zhang W, Asiri A M, Liu D, et al. TrAC-Trends in Analytical Chemistry, 2014, 54: 1-10.

[126] Kang J H, Korecka M, Toledo J B, et al. Clinical Chemistry, 2013, 59: 903-916.

[127] Wang H, Wang J, Timchalk C, et al. Analytical Chemistry, 2008, 80: 8477-8484.

[128] Shao F, Jiao L, Miao L, et al. Biosensors and Bioelectronics, 2017, 90: 1-5.

[129] Zhong Y, Tang X, Li J, et al. Chemical Communications, 2018, 54: 13813-13816.

[130] Jiao L, Zhang L, Du W, et al. Nanoscale, 2018, 10: 21893-21897.

[131] Haddour N, Cosnier S, Gondran C, et al. Chemical Communications, 2004: 2472-2473.

[132] Haddour N, Chauvin, J, Gondran C, et al. Journal of the American Chemical Society, 2006, 128: 9693-9698.

[133] Fan D W, Bao C Z, Khan M S, et al. Biosensors and Bioelectronics, 2018, 106: 14-20.

[134] Wang B, Xu Y T, Lv J L, et al. Analytical Chemistry, 2019, 91: 3768-3772.

[135] Li Y, Liu L, Liu X, et al. Biosensors and Bioelectronics, 2020, 163: 112280.

[136] Wang S R, Tu W W, Dai Z H. Analyst, 2018, 143: 1775-1779.

[137] Wei T X, Zhan W W, Tan Q, et al. Analytical Chemistry, 2018, 90: 13051-13058.

[138] Daniel M, Astruc D. Chemical Reviews, 2004, 104: 293-346.

[139] Yang L N, Wang H L, Li D Y, et al. Chemistry of Materials, 2018, 30: 5507-5515.

[140] Zhang L B, Wang E K. Nano Today, 2014, 9: 132-157.

[141] Dong L Y, Li M L, Zhang S, et al. Small, 2015, 11: 2571-2581.

[142] Pan M C, Lei Y M, Chai Y Q, et al. Analytical Chemistry, 2020, 92: 13581-13587.

[143] Fang Y, Wang H M, Gu Y X, et al. Analytical Chemistry, 2020, 92: 3206-3212.

[144] Liu S S, Zhao S L, Tu W W, et al. Chemistry-A European Journal, 2018, 24: 3677-3682.

[145] Wang Z Y, Liu J, Liu X, et al. Analytical Chemistry, 2019, 91: 830-835.

[146] Xu Y Y, Liu Li, Wang Z Y, et al. ACS Applied Materials & Interfaces, 2016, 8: 18669-18674.

[147] Wen Q, Yang P H. Analytical Methods, 2015, 7: 1438-1445.

[148] He Y, Li J, Liu Y. Analytical Chemistry, 2015, 87: 9777-9785.

[149] Zhang H R, Wang Y Z, Zhao W, et al. Analytical Chemistry, 2015, 88: 2884-2890.

[150] Liu D Q, Wang L, Ma S H, et al. Nanoscale, 2015, 7: 3627-3633.

[151] Li R Y, Yan R, Bao J C, et al. Chemical Communications, 2016, 52: 11799-11802.

[152] Li J, Lin X F, Zhang Z Y, et al. Biosensors and Bioelectronics, 2019, 126: 332-338.

[153] Li R Y, Tu W W, Wang H S, et al. Analytical Chemistry, 2018, 90: 9403-9409.

[154] Wang Z Z, Li J, Tu W W, et al. ACS Applied Materials & Interfaces, 2020, 12: 26905-26913.

[155] Liu L, Zhang L M, Dai Z, et al. Analyst, 2017, 142: 1452-1458.

[156] Li R Y, Zhang Y, Tu W W, et al. ACS Applied Materials & Interfaces, 2017, 9: 22289-22297.

[157] Wang Z Y, Wang X Y, Zhu X S, et al. Sensors and Actuators B: Chemical, 2019, 285: 438-444.

[158] Liu J, Liu Y, Wang W, et al. Science China-Chemistry, 2019, 62: 1725-1731.

第 13 章 生物电化学成像

13.1 引　言

传统电分析化学方法以电信号为激励和检测手段，测量电极整体的平均电流和平均电量等，具有灵敏度高、分析速度快等显著优势，能够提供重要的反应热力学和动力学等信息。但其缺少空间分辨能力，无法得到电极表面不同位点的特征信息，无法有效辨识表面微区活性及其分布，所以往往不能满足单分子和单颗粒、催化、生命等分析体系的研究需求。为此，科学家们提出并发展了多种用于提高电化学空间分辨率的方法和技术，并将其成功应用于生物成像分析。本章将着重介绍其中的扫描探针、光(谱)学联用和电化学发光成像技术。

13.2　扫描探针电化学生物成像

扫描探针显微镜(SPM)技术是扫描隧道显微镜(STM)技术及在其基础上发展起来的各种探针显微技术的总称。Sonnenfeld 等首次在溶液体系中将 STM 技术与电化学方法联用，发展了电化学 STM(EC-STM)技术[1]。随后，其他 SPM 技术也逐渐被应用到电化学体系中，统称为电化学扫描探针显微镜(EC-SPM)技术。因具有较高的时空分辨率，EC-SPM 技术已被广泛应用于生物大分子、细胞等生物体系的研究中。本节将介绍 EC-SPM 生物成像技术，即扫描电化学显微镜(SECM)技术和扫描离子电导显微镜(SICM)技术。

13.2.1　扫描电化学显微镜

1989 年 Bard 课题组[2]和 Engstrom 课题组[3]同时提出了 SECM 的概念。随后，Bard 课题组对相关仪器、实验方法及理论进行了完善和发展。如图 13.1 所示，SECM 主要由三部分组成，即电化学、三维定位和数据采集系统。电化学部分包括工作电极、参比电极、对电极和基底所组成的电化学池，以及控制探针和基底上所施加电压的双恒电位仪。工作电极一般为一维尺寸在微米或纳米尺度的超微电极(通常称为探针)，三维定位系统包括精确移动探针的压电驱动器或步进电机，整个系统由计算机进行数据的采集和分析。

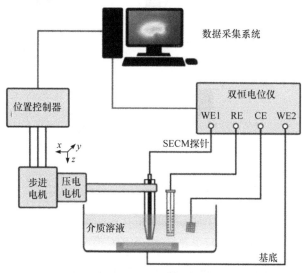

图 13.1　SECM 装置示意图

1. 工作模式

SECM 具备多种工作模式，反馈模式是最常用的模式之一。假设本体溶液中仅存在还原性物质 R，当探针处于该电解质溶液中并给探针施加 R 的氧化电位时，探针表面会发生如下反应：

$$R - ne^- \longrightarrow O \qquad (13.1)$$

探针记录物质 R 的氧化电流信号，即探针电流 i_T。如图 13.2(a)所示，当探针处于本体溶液中，即探针距离基底较远时，物质 R 在探针表面的扩散为半球形扩散，其稳态扩散电流($i_{T,\infty}$)的大小可表示为

$$i_{T,\infty} = 4nFDCa \qquad (13.2)$$

式中，n 为转移电子数；F 为法拉第常量；D 为物质 R 的扩散系数；C 为物质 R 的浓度；a 为探针的半径。让探针从一定高度向基底渐近，探针电流 i_T 会随基底性质以及探针与基底之间距离 d 的变化而发生改变。若基底为绝缘体(非电活性表面)时，基底会阻碍电活性物质 R 向探针表面扩散，使得探针电流逐渐减小($i_T < i_{T,\infty}$)，这种现象称为"负反馈"[图 13.2(b)]；当基底为导体(电活性表面)时，探针表面消耗的物质 R 会在基底表面重新生成，i_T 随 d 的减小而增大($i_T > i_{T,\infty}$)，该过程称为"正反馈"[图 13.2(c)]。

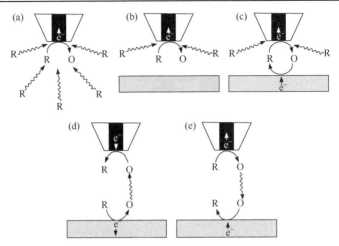

图 13.2 (a)探针处于本体溶液中时，物质 R 在探针表面的扩散示意图；(b)～(e)SECM
工作模式：负反馈(b)、正反馈(c)、SG/TC 模式(d)、TG/SC 模式(e)

产生-收集模式(generation-collection，GC)也是一种常用的工作模式。在该模式下，工作(基底)电极上产生的电活性物质可以被基底(工作)电极检测(收集)到。如图 13.2(d)所示，溶液中的物质 R 在基底表面发生氧化，生成的物质 O 被探针检测到，该过程称为基底产生-探针收集(substrate generation-tip collection，SG/TC)模式。相反，在探针产生-基底收集(TG/SC)模式中，探针表面生成的物质 O 在基底表面被检测到[图 13.2(e)]。

SECM 具有较高的时空分辨率，可以对生物样品的形貌及局部反应活性进行成像。当探针在一定高度，对一定面积的生物样品进行扫描时，生物样品表面形貌以及活性的差异均会使探针电流发生改变。记录不同位置处电流信号的变化，即可得到探针电流的空间分辨图像。20 世纪 80 年代，Bard 课题组首次将 SECM 成像技术应用于生物样品的研究[4]。在含有电活性物质的溶液中，对植物叶片的上表面和下表面分别进行了二维形貌表征，并测量了伊乐藻光合作用过程中产生的氧气。近年来，SECM 生物成像技术已成为研究细胞机理和生物病理模型的基础方法之一[5]。接下来将详细介绍 SECM 技术在核酸、蛋白质等生物大分子、单细胞、生物组织以及微生物成像方面的研究工作。

2. 生物大分子成像

核酸、蛋白质等生物大分子分别作为遗传物质的载体及生命物质的基础，在生物体的生命活动中起着至关重要的作用。SECM 技术能够对固定于基底表面的DNA 及蛋白质进行成像，反映其表面结构和化学信息。

1) DNA 成像

在基底表面构建 DNA 阵列，采用 SECM 技术对 DNA 进行信号读出，该方法通常需要以酶或者金属作为核酸标记物。在以酶标记的 DNA 阵列中，可采用 SECM 的 GC 模式检测酶促反应产物，以达到成像目的。Kirchner 等利用该方法实现了对寡核苷酸(OND)的空间分布成像[6]。如图 13.3(a)所示，在 OND 序列上标记 β-半乳糖苷酶(Galac)，其催化 4-氨基苯基-β-D-吡喃半乳糖苷产生对氨基苯酚(PAP)；对探针施加+0.35 V 的电位，PAP 扩散到探针表面被氧化生成对亚氨基醌(PQI)，产生电流。此时对样品进行扫描，即可通过电流空间分布图像确定 OND 的数量和位置。

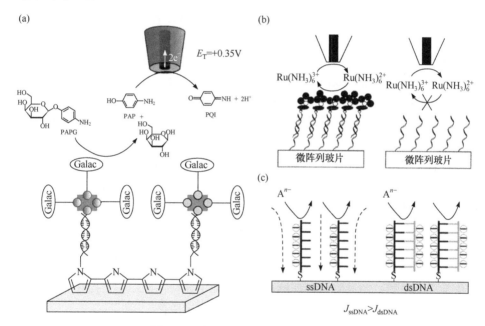

图 13.3　基于 SECM 的核酸成像分析

(a) SECM 直接检测标记酶的催化产物；(b) 将金属标记物修饰到 DNA 上，增强 DNA 杂交区域的正反馈响应；(c) DNA 杂交后，产生了对阴离子的排斥

酶促反应生成的不溶且绝缘的物质影响基底表面的反应动力学，SECM 探针可灵敏地检测到该影响。基于此原理，Palchetti 等实现了核酸局部杂交成像[7]。首先，在金芯片表面修饰含有硫醇链的寡聚脱氧核苷酸(HS-ODN)，以此作为捕获探针分别与未标记的 PCR 扩增子以及碱性磷酸酶(ALP)修饰的信号探针结合，形成"夹心"结构。ALP 促进难溶物质生成，阻碍杂交区域的电子转移过程，进而实现对 PCR 扩增子的检测。

采用金属作为标记物耦合的杂交反应可以增强探针信号的正反馈效应。如

图 13.3(b)所示，Wang 等将负载在微阵列表面的 ODN 探针与生物素化的靶标进行特异性杂交，再对该杂交区域进行银染，使得该区域的表面电导率增大，SECM 可以灵敏地感知这一变化[8]。

然而，使用酶或者金属作为标记物会限制 DNA 阵列的准确读出，也使准备工作变得复杂，因此发展免标记的 SECM 成像技术尤为重要。ODN 发生杂交后，所带负电荷增多，阴离子受到静电排斥而不能穿过 ODN 层，而中性分子或阳离子则能够到达基底表面。因此，采用 SECM 进行检测时，电活性阴离子会产生负反馈电流，而中性分子或阳离子则会产生正反馈电流。基于该原理，Schuhmann 等通过调节电解质溶液的 pH 及离子强度，改变核酸对 $Fe(CN)_6^{3-/4-}$ 静电排斥力的大小，根据 SECM 反馈电流的变化实现了核酸阵列的杂交成像分析[9]。

2) 蛋白质成像

SECM 可以测量特定蛋白引起的局部离子或者氧化还原分子的浓度变化，借此对蛋白质的活性进行成像。以反馈模式对蛋白质进行成像时分辨率较高，GC 模式具有高选择性但分辨率较低。Zhou 等成功运用 GC 模式对固定在绝缘基底上的辣根过氧化物酶(HRP)进行了扫描成像[10]。HRP 催化对苯二酚(HQ)转化为苯醌(BQ)，BQ 扩散至探针处后又被还原为 HQ，因此产生正反馈电流。基于此，他们对基底表面 HRP 的数量进行了检测，直径 7 μm 左右的区域约有 $7×10^5$ 个 HRP。

SECM 还可用于分析抗原抗体的特异性结合，用于免疫分析检测。白细胞素是耐甲氧西林的金黄色葡萄球菌(MRSA)产生的一种有毒蛋白质，Matsue 等运用 SECM 成像技术可以检测低至 5.25 pg/mL 的白细胞素，为早期诊断 MRSA 提供了新的思路[11]。他们首先制备出白细胞素的抗体芯片，并将含有白细胞素的样品溶液滴加到芯片上，再将 HRP 修饰的抗体加入，形成"夹心"结构。实验中，HRP 催化生成的甲醇二茂铁氧化物能够在探针表面重新被还原，记录探针的电流信号变化，对抗体芯片表面捕获的白细胞素斑点进行了成像。

3. 细胞成像

作为一种非接触、免标记的高时空分辨成像技术，SECM 既可以对细胞表面形貌和形态变化进行表征，又可以提供细胞表面结构、性质及功能等信息，实现膜蛋白的成像、细胞代谢以及物质跨膜运输过程的监测。

1) 细胞形貌表征

细胞形态特征的变化可以指示细胞生长过程、健康状态以及与胞外物质相互作用的能力。SECM 技术可以对活细胞进行原位、无损的成像分析，甚至可以在一定程度上对一般光学显微镜下不明显的结构产生响应信号，从而反映出更多细胞结构上的细节与变化。Baur 等保持 SECM 探针与 PC12 细胞之间的距离恒定，对处于不同阶段的细胞进行扫描，得到了高分辨率的细胞图像，反映出细胞分化过程中形貌特征的变化，并可以清晰地观察到细胞分化后的轴突结构(图 13.4)[12, 13]。

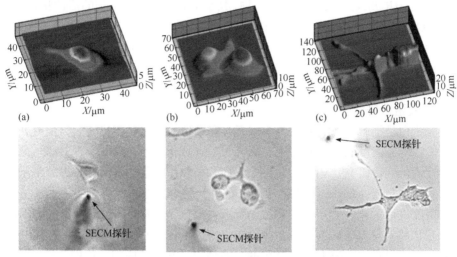

图 13.4　PC12 细胞分化过程中的形貌变化
(a) 未分化；(b)、(c)神经生长因子处理的分化早期阶段和分化后

细胞所处微环境的不同也会引起细胞形貌的改变。向人脐静脉内皮细胞的培养液中加入促进细胞释放 NO 的物质，SECM 成像技术可监测 NO 释放前后细胞形貌和体积的动态变化[14]。SECM 成像结果显示，NO 的释放使得细胞由梭形变为平板状。碱性环境会导致细胞坏死，从而引起细胞高度发生变化。Matysik 等使用亚微米尺度的超微电极为探针，在其表面施加电位产生 OH⁻，实现了对融合细胞层中单个细胞的靶向化学刺激，实验中仅靶细胞会因刺激发生形貌改变，相邻细胞则不受影响[15]。高空间分辨率的 SECM 成像技术为复杂体系中单细胞的研究提供了可行的思路，以邻近细胞为参考，提高分析结果的可靠性。

2) 细胞代谢过程监测

细胞代谢是细胞实现自我更新的生理基础，该过程的监测对解释细胞的生理状态及与所处环境之间的关系有重要意义。呼吸作用与光合作用是两个重要的细胞代谢过程，采用 SECM 技术对细胞周围氧气水平进行检测，能在一定程度上研究细胞代谢活动的空间分布及强度差异。Matsue 等对 PC12 细胞周围的 O_2 进行空间分布成像，发现线粒体的呼吸作用导致细胞轴突和胞体处的氧气水平下降[16]。Yasukawa 等制备了一种双微电极探针，分别对两个电极施加 $Fe(CN)_6^{4-}$ 的氧化电位和 O_2 的还原电位，实现了单个海藻原生质体的形貌和光合作用活性的同时成像分析[17]。该课题组还对单个原生质体周围氧浓度进行成像，研究了物理(光照)和化学(光合作用抑制剂)刺激对其光合作用和呼吸作用的影响[18]。Ding 等研究了 Cd^{2+} 对植物细胞光合作用的影响，通过 SECM 的 SG/TC 模式对芥菜单个气孔上

方释放的 O_2 进行检测，证实 Cd^{2+} 致使叶片表面的气孔密度和氧气释放下降[19]。

活性氧(ROS)是一类细胞代谢产物，其水平高低反映了细胞的活性状态，但过高的 ROS 水平会严重损害细胞结构。SECM 可以对细胞中 ROS 的水平进行成像，研究细胞不同位置处的 ROS 分布[20-22]。Ding 等首次在不影响细胞形貌的情况下对 RAW264.7 巨噬细胞释放的 ROS 进行了成像，发现细胞核区域 ROS 的释放量明显高于其他细胞器区域[23]。

3) 膜蛋白研究

膜蛋白是细胞膜功能的主要承载者，在增殖、分化、能量转换、信号转导及物质输送等方面都有重要的作用。采用 SECM 成像技术，可以实现对膜蛋白分布及活性的可视化研究。表面表皮生长因子受体(EGFR)是肿瘤治疗中导致细胞异常增殖的相关靶点，Matsue 等借助 SECM-酶联免疫分析技术对细胞膜表面 EGFR 的分布密度进行了评估[24]。如图 13.5(a)所示，在 EGFR 表面标记碱性磷酸酶(ALP)，ALP 可以将对氨基苯磷酸单钠盐(PAPP)水解为 PAP，利用探针对生成的 PAP 进行检测，即可得到细胞膜表面 EGFR 的分布情况。基于此原理，他们分别对 EGFR 转染后(EGFR/CHO)以及正常的 CHO 细胞进行成像，发现表面分布有 EGFR 的细胞的电流响应信号更为明显[图 13.5(b)、(c)]。

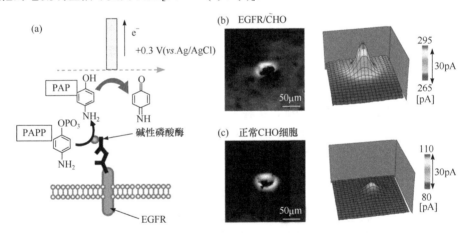

图 13.5　(a)EGFR 检测原理图；EGFR/CHO(b)、正常 CHO 细胞(c)的显微镜(左)及
SECM(右)图像

多药耐药(MDR)是阻碍肿瘤治疗过程的因素之一，MDR 通常与介导药物外泄的跨膜蛋白有关，当细胞内药物的浓度在杀死细胞所需的阈值以下时，则会影响肿瘤的治疗效果。Mauzeroll 课题组采用 SECM 技术对多药耐药相关蛋白(MRP1)的功能活性进行了高空间分辨率的实时成像[25]。如图 13.6(a)所示，FcMeOH 可以扩散通过 HeLa 细胞膜，诱导细胞内谷胱甘肽(GSH)水平上升，随后 GSH 通过

MRP1 被泵出细胞外，从而将探针表面氧化生成的 FcMeOH$^+$重新还原；相反，Ruhex 则不能通过细胞膜发生上述反应。基于 FcMeOH 的正反馈电流，他们将正常和 MRP1 过表达(HeLa-R)的 HeLa 细胞培养在图案化基底表面，分别进行不同浓度的阿霉素(抗癌药物)刺激并进行成像，得到 FcMeOH 分子的速率常数分布。结果显示，药物剂量的增加明显提高了 MRP1 的功能活性[图 13.6(b)]。

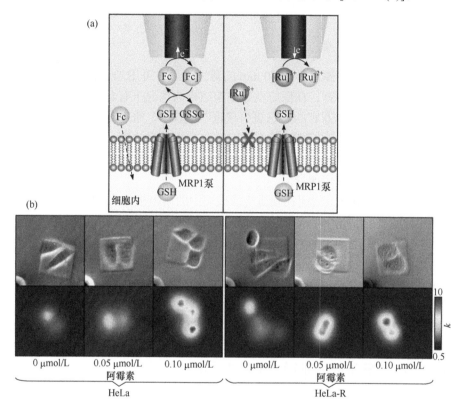

图 13.6　(a) MRP1 检测原理示意图；(b) 不同浓度阿霉素刺激下，正常 HeLa、HeLa-R 细胞的 SECM 图像

4) 物质跨膜运输

　　细胞膜具有物质转运功能，用以实现细胞与周围环境的物质交换，对细胞的生理活动至关重要。SECM 技术是定量研究物质跨膜运输的有力工具之一。Yasukawa 等以 SW-480 细胞膜为研究对象，采用 SECM 技术对加入 KCN 前后的细胞进行成像，分析得到 CN⁻通过该细胞膜的速率常数在 10^{-7} cm/s 量级[26]。

　　细胞膜是防止胞外毒性物质进入细胞的屏障，进而维持细胞内环境的相对稳定。Bard 课题组以 FcMeOH 和 O$_2$ 作为电子媒介体，研究了 Ag$^+$对活成纤维细胞的毒性[27]。进入细胞的 Ag$^+$可以被吸附并还原为微米级的 Ag 颗粒，探针表面被氧化的 FcMeOH 在 Ag 表面重新生成，探针给出正反馈电流；相反，随着时间推移，O_2 消耗量逐渐减少，表明 Ag^+ 会导致细胞活性下降，甚至凋亡。Mauzeroll 等基于 SG/TC 模式研究了甲萘醌对肝细胞的毒性[28]。将 HeP G2 肝母细胞暴露于甲萘醌溶液中，进入细胞内的甲萘醌会在 GSH 的作用下生成硫二酮，该物质可以通过细胞膜泵出胞外，此时 SECM 可以对细胞周围的硫二酮进行成像。研究发现，硫二酮的跨膜运输通量约为 $6×10^6 \ cell^{-1} \cdot s^{-1}$。

4. 组织、微生物成像

在组织病理学中，厚度小于 20 mm 的薄组织切片可用光学显微镜进行观察。厚的组织切片甚至是器官，在保持良好细胞结构的情况下有着几乎完整的纹理，与真实的动物或者人体器官的形态更为接近[5]。但是，通过光学显微镜很难观察表面粗糙的厚组织切片。SECM 具有高空间分辨率和灵敏度，且只需电化学检测与生物标志物有关的氧化还原物质就可以成像，基于 SECM 的电化学成像在厚组织分析中有着广阔的应用前景。

组织表面纵横比大，封闭在硬质绝缘玻璃中的微电极作为 SECM 探针会导致样品与探针的接触，使得样品产生不可修复的损伤并污染探针。如图 13.7(b)所示，Lin 等制备了一种软笔型微电极，通过 SECM 监测了酪氨酸酶(TyR)在非转移性和转移性黑色素瘤组织中的表达[29]。TyR 是一种含铜的酶，可以控制黑色素的产生，他们通过 SECM 技术对来自不同患者皮肤组织阵列中 TyR 的分布进行了精确成像，实现了对 Ⅱ 期(非转移性)和 Ⅲ 期(转移性)黑色素瘤与正常皮肤组织的区分。该课题组还运用 SECM 技术对小鼠心脏切片进行了成像[30]。红细胞中的含铁血红蛋白可以还原探针分子 $FcMeOH^+$，基于反馈模式实现了心脏切片成像分析，清楚地观察到了包括血管和心室间隔在内的心脏微组织结构[图 13.7(a)]。

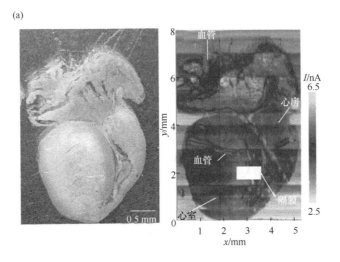

(a)

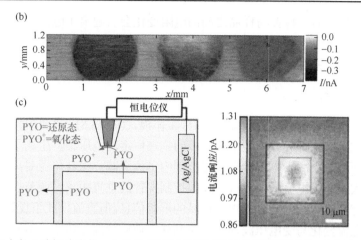

图 13.7　(a)小鼠心脏切片成像，左图为 SECM 检测过后的显微镜明场图，右图为 SECM 扫描图；(b) 从左至右依次为 Ⅱ 期黑色素瘤、Ⅲ 期黑色素瘤和正常皮肤组织；(c) SECM 检测铜绿假单胞菌群代谢产物 PYO 的氧化电流，对菌群进行成像

　　SECM 也可用于对微生物进行成像。微生物在自然界中常常以微小且密集堆积的聚集体形式存在，聚集体中包含了 $10\sim10^5$ 个细胞。这些聚集体会表现出独特的表型，如对抗生素的抗性，并且聚集体非随机的空间组织排布对其适应性有重要的影响。Connell 等采用 micro-3D 打印技术将铜绿假单胞菌组织成复杂的结构，用 SECM 探测了铜绿假单胞菌中群体感应(QS)代谢产物绿脓素(PYO)的释放，发现产生可检测信号需要的最小细菌细胞数为 500[图 13.7(c)][31]。研究细菌聚集体之间的交流对理解细菌感染和抗性至关重要，SECM 技术在研究细菌聚集体之间的交流方面彰显出不凡的应用潜力。

13.2.2　扫描离子电导显微镜

　　SICM 技术是一种能够实现样品无损伤成像的扫描探针显微镜技术。1989 年，Hansma 等首次报道了 SICM[32]。1997 年，Korchev 等开发了距离控制模式并首次实现了基于 SICM 的活细胞成像[33]。常规的 SICM 装置包括亚微米/纳米玻璃管、光学显微镜、压电控制器、电流放大器和计算机。SICM 使用一根灌注了电解质溶液且连有 Ag/AgCl 电极的玻璃管作为探针，该电极与另外一根浸没在样品池中的 Ag/AgCl 电极相连(玻璃管和样品池中的溶液通常相同，避免产生浓差电位和液接电位)。通过外加电压，可以在两电极之间产生离子电流，探针和样品之间的电阻随二者之间距离的减小而增大，该电阻对距离的灵敏度很高[34]。在实验中，先通过光学显微镜观察检测样品，并对探针和样品之间的距离进行定位，当探针对样品进行渐近时，探针与样品之间的电阻变化会引起离子电流的迅速下降。经过电流放大器采集到的离子电流的变化(pA～nA)提供给反馈系统以控制压电控制器，精确调节并恒定探针和样品之间的距离[35]。

1. 工作模式

SICM 主要有直流、调制和跳跃三种工作模式(图 13.8)。直流模式是最早开发的工作模式，在探针和样品池中的电极间施加恒定的电压，产生离子电流。当探针向样品渐近时，离子电流会在一定范围内迅速衰减。探针位置对离子电流的大小影响很大，通过电流的变化可以反馈控制探针的垂直距离，调节探针和样品距离保持恒定并逐行扫描就可以得到样品的形貌信息。但直流模式下反馈响应滞后，而且直流电流变化易受电压波动、电流漂移、玻璃管部分堵塞、溶液中离子强度变化等非距离因素的影响。为解决这些问题，Shevchuk 等开发了调制模式[36]，Novak 等开发了跳跃模式[37]。

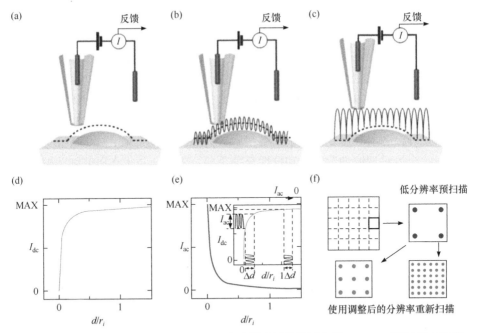

图 13.8　SICM 常见的三种模式：(a)、(d)直流模式及其渐近曲线；(b)、(e)调制模式及其渐近曲线；(c)、(f)跳跃模式及其扫描模式

调制模式是在直流模式的基础上施加了一个高频低幅的周期性电压，使得探针在垂直方向上高频运动，产生调制电流，调制电流随探针向样品的渐近而急剧增大且只与二者间距有关。与直流模式相比，调制模式有两个优势：一是调制电流对距离的灵敏度高，通过反馈系统可以精确控制距离；二是调制电流不受电流

漂移等非距离因素影响。因此，调制模式下 SICM 可以稳定、长期、连续地观察活细胞。但是，在上述两种模式下，探针易与表面复杂的样品发生碰撞。

跳跃模式是一种非连续的扫描模式，适用于高纵横比的样品成像。在该模式下，先测量探针远离样品时的离子电流作为参比，当探针渐近电流减小为参比电流的 0.25%～0.1%时，记录这时的距离为样品高度。探针撤回原点后再移至下一个成像点，重复以上步骤完成对样品的成像。跳跃模式的成像时间长，成像点的数量决定了分辨率和成像时间。可以先对样品表面进行低分辨率成像，判断样品粗糙度后再对复杂区域或目标区域进行选择性高分辨率成像，缩短成像时间。

SICM 能够非接触地对柔软的生物样品进行原位、无损的扫描且分辨率高。根据管径，SICM 在水平方向的分辨率为 50～100 nm，垂直方向为 10～20 nm。这些特点使 SICM 在活细胞形貌、细胞表面超微结构表征、生物表面电生理领域有着广泛的应用。接下来将介绍 SICM 在这些方面的研究成果。

2. 活细胞成像

与 AFM 相比，SICM 的优势在于能够对细胞进行无损成像。SICM 的非接触扫描方式，能够保持细胞的完整结构和生理活性。Rheinlaender 等用 SICM 和 AFM 对单个成纤维细胞进行了表征[38]。如图 13.9(a)所示，SICM 绘出的细胞图像的分辨率与 AFM 相当，但其细胞结构更加完整，而 AFM 图像中出现了明显的细胞形貌变形。基于此，可以对多种细胞类型进行 SICM 成像，如神经元细胞[37]、黑色素细胞[39]、心血管细胞[40]、肾上皮细胞[41]等。

细胞表面微结构在细胞生理活动中发挥重要作用，但其尺寸精细且易在检测中被损坏。SICM 凭借其高分辨率和非接触成像方式，可对神经细胞中的轴突和树突、细胞表面微绒毛等微结构进行成像。Novak 等借助 SICM 的跳跃模式，在纳米尺度上实现了起伏较大的表面结构成像[37]。他们首先对听觉毛细胞表面机械敏感的立体纤毛成像，采用的 SICM 探头内径约为 30 nm，分辨率达到了(16±5) nm，发现跳跃模式下 SICM 与 SEM 的观察结果非常接近。他们也对活体海马神经元复杂的三维结构进行高分辨成像，观察到神经元上轴突、树突等精细结构[图 13.9(b)]。Zhou 等同样使用 SICM 对不同类型细胞原纤毛进行纳米水平的高分辨成像[42]。原纤毛是一种类似于头发的感觉细胞器。如图 13.9(c)所示，结合荧光成像和 SICM 成像，可以区分 RPE-1 细胞的亚表面纤毛(陷于细胞膜下)和 MDCK 细胞膜上的表面纤毛。同时，他们还观察到了共聚焦显微镜难以识别的 NIH3T3 细胞的纤毛囊结构，即纤毛周围质膜的凹陷，SICM 成像结果分析得到其深度约为 250 nm。

除此之外，SICM 技术还可与 SECM 技术等其他技术联用。如图 13.9(d)所示，Page 等运用 SICM-SECM 联用技术研究了玉米根毛细胞对 $Ru(NH_3)_6^{3+}$ 的吸收过程[43]。SICM 可以绘测目标细胞的形貌，同时探针管中装有的 $Ru(NH_3)_6^{3+}$ 溶液可以从管中扩散到根毛细胞附近被根毛细胞吸收，SECM 可以检测根毛细胞周围的 $Ru(NH_3)_6^{3+}$ 浓度，探针电流空间分布的差异反映了根毛细胞不同部位吸收速率的不均匀性。

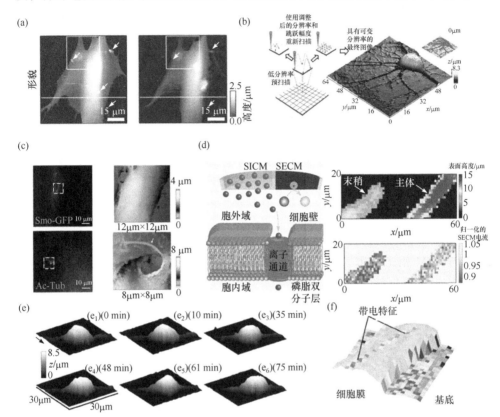

图 13.9　(a) 成纤维细胞成像，左为 SICM 的图像，右为 AFM 的图像；(b) 神经元图像(3D 渲染图)；(c) RPE-1 细胞的亚表面纤毛的荧光图像(左上)及 SICM 图像(右上)、MDCK 细胞膜上表面纤毛的荧光图像(左下)及 SICM 图像(右下)(图中 Smo-GFP 为绿色荧光蛋白标记的 Smo 受体，Ac-TUb 为乙酰化 α-微管蛋白)；(d) SCIM-SECM 联用技术对玉米根毛细胞吸收 $Ru(NH_3)_6^{3+}$ 的成像，左为成像原理，右上为 SICM 成像图像，右下为 SECM 成像图像；(e) 少突胶质细胞前体细胞迁移过程的 SICM 成像；(f)SICM 对玉米根毛细胞表面电荷成像

细胞体积调节是一种基本的稳态机制，与细胞基本功能(如分泌、生长、分化、适应环境渗透压的改变)息息相关。SICM 可以绘制不同细胞的三维空间结构，对细胞体积进行定量测量，是一种研究细胞体积调节相关生理学和病理学的理想技术，迄今已有关于神经细胞[44-46]、上皮细胞[47]、心肌细胞[40]、胶质细胞[48]等体积表征的报道。Korchev 等通过扫描 A6 细胞的形貌，记录每个扫描点的高度进而积分得到细胞体积[49]。Happel 等研究了大鼠少突胶质细胞前体细胞长时间的持续动

态体积变化[44]。如图 13.9(e)所示,他们观察到了在 75 min 时间内细胞迁移过程中的形变。

3. 细胞表面电化学成像

SICM 在细胞表面电化学的突出应用是表征细胞的表面电荷,细胞的表面电荷与细胞通信以及生长、分裂、吸附等生理活动有密切关系。AFM 虽然已被大量用于成像活细胞表面特性,但因其原子力-距离曲线不易分析且在高浓度的电解质(生理条件)下,尖端只有距离样品 1 nm 或更小时,AFM 才对表面电荷敏感。Perry 等凭借 SICM 不能检测表面电荷,而可以检测带电界面周围的离子氛,实现无接触成像的特点,将偏压调制 SICM 与有限元模拟结合,实现了高电解质浓度下细胞的形貌和表面电荷的成像,观察到细胞膜表面电荷的不均匀分布[50]。如图 13.9(f)所示,可以对细胞膜和细胞基底进行区分。

13.3　光谱电化学生物成像

光谱电化学源自 20 世纪 60 年代初。美国著名电化学家 Adams 教授在指导研究生 Kuwana 进行邻二苯胺衍生物电氧化实验时,观察到电极表面发生颜色变化。随后,Kuwana 等在玻璃基底上镀了一层掺杂锑(Sb)的氧化锡(SnO_2)薄膜,设计了第一个光透明电极,实现了邻联甲苯胺电化学氧化反应的实时监测[51]。随后,科学家们建立了多种多样的光谱电化学技术。这些技术融合了电化学方法易于调控物质状态及数量和光谱方法易于辨识物质的优势,能够提供电极反应中间体和产物的分子信息,研究电极表面吸附物种的取向和键接,确定电极表面膜组成和厚度,还可以研究非常缓慢的异相电子转移过程和均相化学反应。尤其是近年来,得益于光电技术的迅猛发展,光谱电化学推动了电化学研究由宏观至微观的空间分辨测量,分辨率可以达到纳米甚至分子水平。以下重点介绍几种最常见的光谱电化学方法及在生物成像领域的新进展。

13.3.1　分子光谱电化学

紫外-可见吸收光谱电化学是应用最广泛的光谱电化学方法之一。当一束光入射到电极/溶液界面时,对电极施加扫描或阶跃电位,根据电极表面或溶液中物质吸收光谱的变化,可以得到参与电极反应的分子特征信息。结合显微镜技术,紫外-可见吸收光谱电化学可实现空间分辨测量,获取电极表面的活性区域分布图像。任斌等发展了一种电化学反射吸收显微镜(图 13.10),研究了甲基紫精在不同尺寸的电极表面及同一电极不同微区的局域扩散行为[52]。采用微分循环伏安吸附法推导电极表面不同位置的局域电流响应，对于线性扩散控制的电化学反应，能够重构光学循环伏安曲线。这种通过光学响应重构电极微区电流信号的方法能够揭示电极表面精细结构的电化学活性，可以拓展到细胞、锂电池、燃料电池等研究领域。

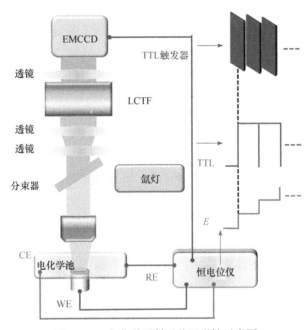

图 13.10　电化学反射吸收显微镜示意图

LCTF. 液晶可调谐滤光片；TTL. 生存时间；WE. 工作电极；CE. 对电极；RE. 参比电极

　　荧光显微镜技术是发展最成熟的光学成像技术之一。随着光学共聚焦和超分辨技术的发展，荧光显微镜已经实现三维重构与动态成像，空间分辨率突破光学衍射极限，检测灵敏度达到单分子水平。荧光显微镜在生物成像领域的应用最为广泛，不仅可以对细胞、组织等进行静态观察，也可以对细胞内分子的运动及物质间的相互作用进行动态监测。电化学/荧光显微镜联用技术在生物成像领域的应用鲜有报道，目前多用于化学体系研究，这些工作可分为两类。第一类是荧光探针本身不发生电化学反应，而是与待测物电化学反应生成的中间体或产物发生化学反应，进而引起荧光信号的改变；或者使用 pH 敏感的荧光探针(如荧光素等)示踪电化学反应过程中溶液 pH 的变化。例如，Engstrom 等研究了铂电极和金网格电极上不同区域氧还原反应的活性[53,54]，并对金电极表面的析氧反应的电化学活性区域进行成像。第二类工作采用电化学活性荧光探针(如刃天青、试卤灵等)，通过电化学反应改变探针分子的荧光强弱或调控荧光信号"开-关"[55,56]。

荧光生物成像大多需要荧光探针标记，因此荧光信号无法直接反映生物分子的本征信息。标记分子可能会对检测体系造成无法预知的影响，而振动光谱技术可以在一定程度上弥补这一不足。不同的分子因其结构与性质的差异会产生不同的指纹振动光谱，测量振动光谱可以直接获得样品的化学组成、分子结构与构象及分子间相互作用等信息。目前最常用的振动光谱技术包括红外光谱和拉曼光谱。红外光谱基于分子在红外光区的特征吸收，具有免标记的优势，且可获得细胞或组织等生物体系自身的分子信息。红外光谱测量在细胞体系有着广泛应用，但其缺点在于空间分辨率低，且受到水和二氧化碳的严重干扰。拉曼光谱技术则可以避免上述缺点，非常适合生物样品检测和生物成像分析，呈现免标记、不易受外界干扰和光漂白、信号稳定、光谱半峰宽窄等优势。拉曼光谱测量的是分子的非弹性散射光，由于多数生物分子的拉曼散射截面较小，拉曼散射光的强度较入射光而言非常弱，因此常规拉曼光谱的灵敏度很低。表面增强拉曼光谱(surface enhanced Raman spectroscopy，SERS)和针尖增强拉曼光谱(tip enhanced Raman spectroscope，TERS)是两种常见的提高拉曼光谱灵敏度的方法。SERS 的空间分辨率受限于光学衍射极限，而 TERS 的空间分辨率可达到几个纳米甚至亚纳米级别[57]。Duyne 等在原子力显微镜的针尖表面沉积 70 nm 厚的金膜，使用电化学-针尖增强拉曼光谱(EC-TERS)研究了吸附在 ITO 电极表面的单个或几个 Nile Blue(NB)分子的电化学反应[58]，并从 TERS 信号中提取了 ITO 电极表面不同位点处 NB 分子的标准氧化还原电位[59]。

13.3.2　表面等离子体共振电化学

表面等离子体共振(surface plasmon resonance，SPR)是一种灵敏度很高的表面分析方法。单色偏振光束进入覆盖有载玻片的棱镜中，载玻片上沉积厚度约为 50 nm 的金，全反射的光波会透过光疏介质约为一个光波波长的深度，透入光疏介质的光波被称为消逝波。当消逝波与金属介质中的等离子波相遇时，可能会发生共振，反射光强会大幅度减弱，反射光强曲线出现一个最小尖峰，对应的角度为 SPR 角。当物质吸附或结合到金属薄膜表面时，薄膜的光学反射率发生变化，SPR 角也会发生相应的变化。

基于表面等离子体的电化学电流显微镜(plasmonics-based electrochemical current microscope，PECM)技术是一种基于 SPR 的显微镜成像技术[60]，可以对电化学过程中的电流进行成像，横向和纵向的空间分辨率均接近光学衍射极限[61]。如图 13.11(a)所示，PECM 技术是一种不需要扫描探针或微电极的成像方法，是将电极表面产生的 SPR 光学信号转化为局域电流密度。与传统电化学测得的整个电极表面的平均电流相比，PECM 测得的电流可以局域在很小的范围内，具有较高的空间分辨率。如图 13.11(b)所示，Tao 等采用 PECM 在金电极上测得的循环伏安曲线与传统电化学的循环伏安曲线有较好的对应，并且可以根据循环伏安曲线比较电极表面不同位置的电化学活性差异[62]。他们采用 PECM 对电极上不同位置的指纹进行成像，实现了指纹上痕量 TNT 的检测。

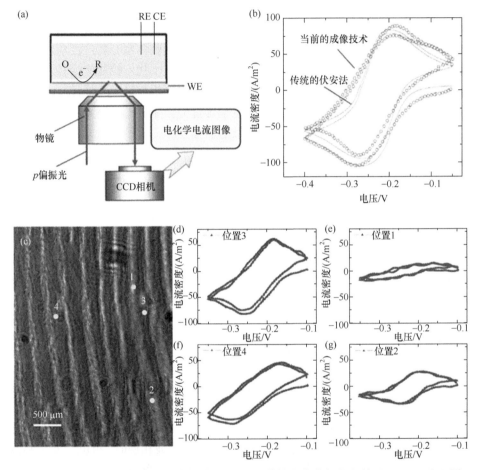

图 13.11　(a) PECM 的原理及其实验装置图；(b) 传统电化学方法(红线)和 PECM(空心圈)测得的循环伏安曲线，电解质为含有 10 mmol/L Ru(NH₃)₆Cl₃ 的 0.25 mol/L 磷酸缓冲溶液，扫描速率为 0.1 V/s；(c) 指纹在金电极上的 SPR 成像；(d)~(g)图(c)中对应编号位置处的循环伏安曲线，电解质为含有 10 mmol/L Ru(NH₃)₆Cl₃ 的 0.25 mol/L 磷酸缓冲溶液，扫描速率为 0.1 V/s

　　PECM 技术是一种对表面的微小变化非常敏感的成像技术，因此可以用于研究细胞的微小形变。当细胞周围溶液的折射率或者其尺寸等发生改变时，细胞表面的等离子波的强度会发生改变，从而引起 PECM 图像的改变。采用 PECM，Tao 等研究了哺乳动物细胞的机电响应以及细胞与基质之间的相互作用，实现了膜电位诱导的细胞机械形变的可视化(图 13.12)[63]。在电位极化下，细胞中心和细胞边缘都会缓慢地发生形变，两个区域的形变幅度与膜的极化线性相关，细胞边缘和细胞中心的平均位移分别为 0.02 nm/100 mV 和 0.005 nm/100 mV。PECM 具有纳秒级的时间响应和很高的构象灵敏度，因此可以研究电极表面的瞬态电化学过程和分子构象变化。例如，Tao 等研究了吸附在 3-MPA 修饰的微电极上的氧化还原蛋白(细胞色素 c)的电子转移过程，发现该过程伴随着细胞色素 c 的构象变化，而且该过程的时间分布很宽，范围为从亚微秒到毫秒[64]。

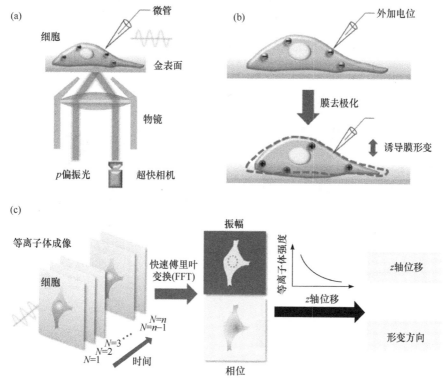

图 13.12　细胞机械形变的 PECM 成像

(a) 实验装置；(b) 由膜电位的变化引起的机械形变；(c) 采用快速傅里叶变换对等离子体图像进行分析，
得到调制频率下的幅移和相移图像，以及量化形变的幅度和方向

　　Tao 等通过金属薄膜界面上的 SPR 效应将电化学阻抗和光学成像技术相关联，发展了一种基于宽场光学信号获取局部电化学阻抗信息的电化学阻抗显微镜(electrochemical impedance microscope，EIM)，空间分辨率达到亚微米，时间分辨率达到数十毫秒(图 13.13)[65]。与传统的电化学阻抗谱不同，EIM 是利用光学方法检测在金属薄膜中传播的表面等离子体波信号并根据 SPR 信号对表面电荷密度的灵敏响应而建立起来的。由于表面等离子体波的隧穿深度只有 200 nm，普通的

SPR 装置难以胜任细胞等非均匀且较厚的样本的研究，而对表面电荷密度灵敏响应的 EIM 则非常适合研究细胞等生物样品，已实现单细胞及亚细胞水平的细胞凋亡和电穿孔过程的实时检测。EIM 图像可以揭示明场图像中无法提供的细胞电穿孔前后由细胞膜渗透性改变引起的微小变化。李景虹等采用 EIM 研究了组胺激活HeLa 细胞内源性 G 蛋白偶联受体(GPCR)的过程[66]。通过 EIM 对 GPCR 激活后的钙离子通量进行成像，能够反映出单个 HeLa 细胞的离子通道的局部分布与瞬态活性的差异。Tao 等实现了动作电位在单个神经元内的启动及传导过程的快速EIM 成像[67]，呈现出免标记、非侵入、高时空分辨率等特点与优势。

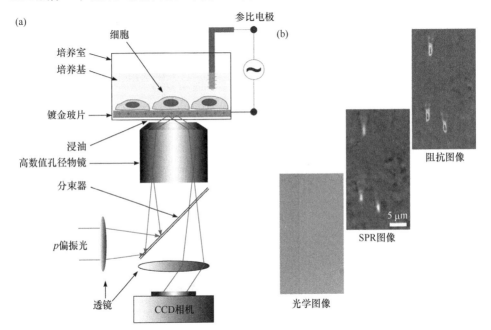

图 13.13　(a) 研究单细胞及细胞内生物过程的电化学阻抗显微镜；(b) 200 nm 的二氧化硅纳米颗粒的光学图像、SPR 图像及 EIM 图像(用于对比成像方法的空间分辨率)

13.3.3　暗场散射电化学

当光入射到贵金属纳米颗粒表面，引起贵金属纳米颗粒导带电子振荡的现象是局域表面等离子体共振(localized surface plasmon resonance，LSPR)。基于 LSPR效应发展起来的暗场显微镜(dark-field microscope，DFM)是一种独特的光源斜入射的成像系统，只有被纳米颗粒散射的光才能被检测到，因此具有背景信号低、信噪比高和分辨率高等优势，可以实现对单个纳米颗粒的成像分析[68]。散射光谱随着纳米颗粒的形状、大小的不同和周围环境的改变而发生明显变化，因此可以在纳米尺度实现对反应的监测和调控[69]。DFM 与电化学联用的原理示意图如图 13.14 所示[70, 71]。

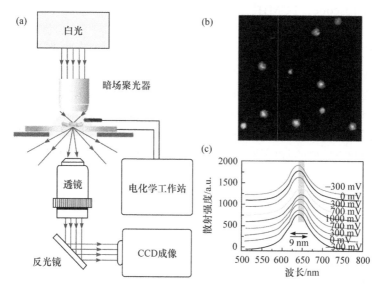

图 13.14　(a) DFM 与电化学联用原理示意图；(b) DFM 用于纳米颗粒的成像；
(c) 单个纳米颗粒的散射光谱随电化学反应的进行而发生移动

Long 等采用 DFM 监测金纳米颗粒(Au NPs)表面的催化反应并揭示其催化 H_2O_2 氧化的机理，发现 Au NPs 的催化性能与其形状、大小和组成等有关，不同的 Au NPs 之间存在微小的光谱位移。并且证实 Cl^- 易与 Au NPs 形成配合物，从而抑制 Au NPs 的催化活性[72]。采用 DFM 研究 Au NPs 对葡萄糖的催化氧化，Long 等发现 Au NPs 的等离子峰的位置和峰宽都会发生变化[73]。采用 DNA 作为连接分子，在粒径较大的 Au NPs 表面包裹一层粒径较小的 Au NPs 形成环状金纳米结构，催化反应主要发生在外层较小的 Au NPs 上。Au NPs 之间的局域电磁场强度明显增强，因此 Au NPs 的催化活性增强，散射光谱也会发生显著变化[74]。在金属纳米颗粒表面修饰发色基团，当发色基团的吸收能带和纳米颗粒的 LSPR 相近时，等离子共振能量可以通过偶极-偶极相互作用转移到发色基团上，散射光强度明显降低[75]。Long 等基于超灵敏的等离子体共振能量转移技术，对单个金纳米颗粒表面亚甲蓝的电致变色过程进行实时成像，实现了不同电位下的光谱的连续监测[76]。

13.3.4 光学干涉电化学

光学干涉是光波独有的特征,可用于空间分辨电化学测量。相差显微镜(phase contrast microscope,PCM)技术是一种基于光学干涉的成像技术,由荷兰物理学家 Zernike 发明[77]。两束平行光入射到电极表面,其中一束光作为参考光束,相位和强度等不随时间变化;而另一束光的相位和强度等会随着电极表面电化学反应的发生而改变,这些变化主要来自电活性物质不同的氧化还原状态下的折射率差异和电解质阴阳离子折射率的差异[78];因此,测量两束光之间的相位差,即可实现对电极表面的电化学反应的实时监测。Tevatia 等采用 PCM 研究了修饰有 dsDNA 的金电极的电化学活性与 DNA 结合率的关系,实现了对电极表面 5 μm 微区的局域电化学性质的研究[79]。PCM 的空间分辨率受到探测光束直径的限制,一般在微米水平。

后向吸收层显微镜(backside absorbing layer microscope,BALM,图 13.15)基于薄膜光学干涉和光吸收特性,可以对单分子层进行实时的具有较高对比度的成像,在垂直方向上具有亚纳米级的分辨率[80]。对于单层薄膜,反射率与膜两侧的折射率相关,任意一侧折射率的变化都会引起膜表面反射光强度的变化,而干涉光的强度和入射光与反射光的强度之比有关,因此干涉光的强度也会发生相应的变化。与电化学联用时,在基底表面沉积厚度约为 2 nm 的钛黏附层和 5 nm 的金

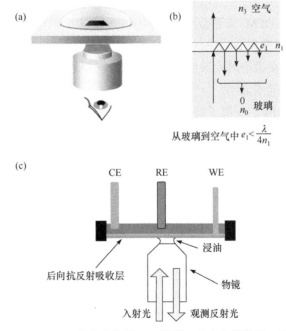

图 13.15 BALM 的实验装置(a)、原理(b)和电化学联用(c)示意图

层作为抗反射吸收层和工作电极，对电极和参比电极分别为金电极和 Ag/AgCl 电极；当某一特定波长的光入射到基底表面时，反射光的强度几乎为零。Campidelli 等采用 BALM 对氧化石墨烯和还原氧化石墨烯的还原及功能化进行原位成像，实现了直径为 5 nm 的纳米颗粒的直接成像分析[80]。

13.4　电化学发光生物成像

电化学发光或电致化学发光(ECL)是一种由电化学反应触发的化学发光。早在 20 世纪 20 年代，人们就已经发现了电解产生发光的现象。自 60 年代起，得益于电化学和光电检测技术的发展，ECL 研究进展飞速，如今已成为临床诊断和生化分析等多个领域中的重要工具。ECL 信号的产生过程与化学发光类似，大致包括激发(生成高能反应中间体)、高能电子转移(生成激发态物种)和发射三个步骤。ECL 由表面电化学反应所引发，与化学发光相比，具有更好的时空可控性；由于不需要激发光，与光致发光相比，具有低背景、灵敏度高等特点与优势。本章将从 ECL 原理出发，介绍经典的 ECL 体系；针对 ECL 成像，概述相应的仪器装置；从电极阵列、指纹和细胞分析等方面总结了 ECL 成像在生化分析中的应用。

13.4.1　基本原理

1. 三联吡啶钌体系

三联吡啶钌$[Ru(bpy)_3^{2+}]$及其衍生物是最常用的一类电化学发光探针。Bard 课题组分别在 1972 年和 1983 年报道了 $Ru(bpy)_3^{2+}$在油相和水相中的电化学发光；1990 年 Leland 课题组报道了水溶液中 $Ru(bpy)_3^{2+}$/TPrA(三正丙胺)这一经典 ECL 体系。虽然该体系的反应机理十分复杂，但一般主要有以下四种反应路径(图 13.16)。路径 1~3 均涉及 $Ru(bpy)_3^{2+}$在电极表面的直接氧化，因此可统称为直接电化学发光(direct ECL)。路径 1 一般被称为氧化-还原电化学发光，$Ru(bpy)_3^{2+}$和 TPrA 在电极表面被氧化，分别生成 $Ru(bpy)_3^{3+}$和 $TPrA^{·+}$；随后 $TPrA^{·+}$ 去质子化，形成强还原性 $TPrA^·$，其还原 $Ru(bpy)_3^{3+}$生成 $Ru(bpy)_3^{2+*}$而发光。在路径 2 中，$Ru(bpy)_3^{2+*}$由 $Ru(bpy)_3^+$和 $Ru(bpy)_3^{3+}$间的湮灭反应产生。在路径 3 中，电极表面生成的 $Ru(bpy)_3^{3+}$与 TPrA 反应产生 $TPrA^·$，一般被称为催化路线；该路径需要较高浓度的 $Ru(bpy)_3^{2+}$，当 $Ru(bpy)_3^{2+}$的浓度较低时，其对发光的贡献可以忽略。

在电化学发光免疫分析仪中，发光分子通过免疫反应结合在直径为 2.8 μm 的磁微球上，大多不能发生电化学氧化，因此前述三种路径均不能解释磁微球表面的电化学发光过程。基于 SECM 研究，Bard 等提出了一种新的发光路径，即所谓的低氧化电位电化学发光(LOP ECL)[81]。如图 13.16 中的第 4 条路径所示，该路径不涉及 $Ru(bpy)_3^{2+}$ 的电化学氧化，仅 TPrA 被氧化形成 $TPrA^{·+}$ 和 $TPrA^·$，进一步 $TPrA^·$ 还原 $Ru(bpy)_3^{2+}$ 生成 $Ru(bpy)_3^+$，后者又与 $TPrA^{·+}$ 反应生成 $Ru(bpy)_3^{2+*}$。Sojic 等在聚苯乙烯微球上修饰发光分子，从俯视和侧视两个方向观察微球的发光行为，证实电化学发光区域局域在距离电极表面 3～4 μm 范围内，主要由 $TPrA^{·+}$ 的寿命所决定[82]。苏彬等采用微米管电极和显微成像技术，直接对电化学发光层厚度进行测量[83]；发现当 $Ru(bpy)_3^{2+}$ 的浓度较低时，发光层是表面限域的，厚度约为 3.1 μm；而当 $Ru(bpy)_3^{2+}$ 的浓度较高时，发光层可通过催化路径延展变厚(图 13.17)。

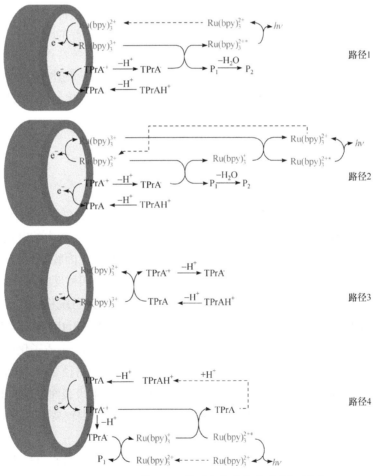

图 13.16 $Ru(bpy)_3^{2+}$/TPrA 体系电化学发光反应机理图

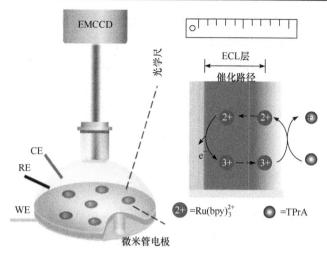

图 13.17　微米管电极测量发光层厚度

2. 鲁米诺体系

在碱性溶液中，鲁米诺与过氧化氢可产生电化学发光。如图 13.18 所示，鲁米诺失去质子形成阴离子，并经电化学氧化形成二氮杂醌阴离子，在 H_2O_2 存在下生成 3-氨基邻苯二甲酸盐的激发态，最后激发态跃迁回基态并发射出特征波长为 425 nm 的蓝光[84]。该反应对 H_2O_2 十分灵敏，而 H_2O_2 是多种物质代谢和转化过程中的产物，因此鲁米诺/H_2O_2 体系常被应用于酶或酶底物的分析检测。鲁米诺的发光效率受溶液 pH 影响，碱性溶液中其发光强度高于中性溶液，但偏碱性的环境影响酶活性。L012[8-氨基-5-氯-7-苯基吡啶并[3,4-d]哒嗪-1,4(2H,3H)二酮钠盐]是鲁米诺的类似物，该阴离子可被电化学氧化，电化学发光强度高于鲁米诺，常用于中性溶液中的生化分析。

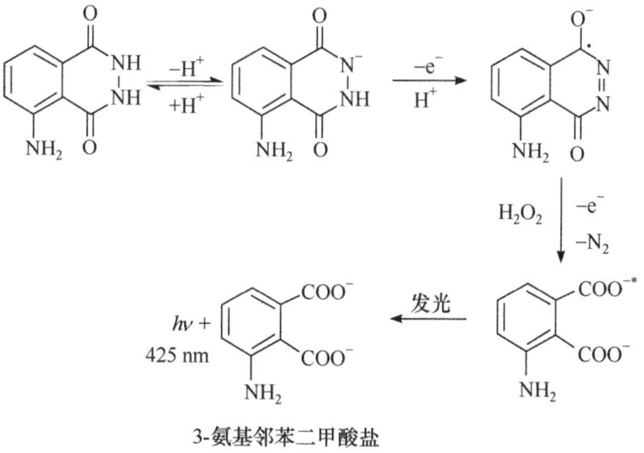

图 13.18　鲁米诺/过氧化氢体系电化学发光反应机理示意图

与 Ru(bpy)$_3^{2+}$体系相比，鲁米诺电化学发光所需的外加电压更低，更适于活细胞分析。但鲁米诺氧化过程不可逆，即发光分子在反应中不断被消耗，因此成像分析中通常需要相对较高浓度的鲁米诺和过氧化氢，这在一定程度上限制了该体系在低含量生物分子成像分析中的应用。在深入理解鲁米诺/过氧化氢体系反应机理的基础上，设计合成高效的鲁米诺类似物是实现低浓度分子电化学发光成像分析的关键。

13.4.2　电化学发光成像仪器

ECL 成像无需外加光源，仪器构成简单，主要包括电化学设备和光学设备两部分。电化学激励信号由电化学工作站施加，发光图像采集由镜头和电感耦合器件(CCD)或电子倍增电感耦合器件(EMCCD)配合实现。为获得发光图像的微观空间分辨信息，成像系统一般结合明场显微镜使用。ECL 成像是一种弱光成像方法，使用高数值孔径的光学显微镜物镜(或微距镜头)和高灵敏的 CCD 提高收光效率和检测灵敏度。除上述成像体系外，将光电倍增管(PMT)与扫描电化学显微镜(SECM)结合，前者记录发光强度，后者实现空间定位和 ECL 激发，也可获得 ECL 空间分辨信息。

对于无需微区空间分辨信息的 ECL 成像分析，数码相机或智能手机也可满足发光信号检测要求。这种检测方式简单便携，在发展 ECL 床旁检测设备中极具优势。例如，Hogan 等使用手机拍摄纸基微流控芯片的 ECL 图像，通过分析图像强度，实现了二丁基氨基乙醇(DBAE)的定量分析[85]。苏彬课题组将三种钌和铱的配合物混合，采用彩色相机拍摄发光图像，研究了三种探针的电位和光谱双分辨ECL[86]。

13.4.3　生物成像分析

1. 阵列

ECL 成像与阵列传感器结合，根据图像灰度可实现多种待测物的同时检测。生物氧化酶具有专一性，可以催化对应底物氧化并产生过氧化氢，以鲁米诺为发光探针就可构建 ECL 体系，用于不同底物分子的同时检测。Marquette 等采用光敏聚合物包埋分别负载有生物氧化酶和鲁米诺的琼脂糖小球，随后通过点样技术固载至玻碳电极表面，制备 ECL 传感阵列，在电极上施加合适电位，即可实现葡萄糖、乳酸和胆碱等多达 6 种小分子底物的同时检测(图 13.19)[87,88]。采用竞争策略或在待测核酸或蛋白分子上修饰生物素，再结合亲和素修饰的氧化酶，还可以实现生物大分子的测定[89]。相比之下，前一种固载方法可有效抑制发光分子鲁米诺和酶反应产物过氧化氢的扩散，减弱相邻位点信号的相互干扰，因此具有更高的空间分辨率。

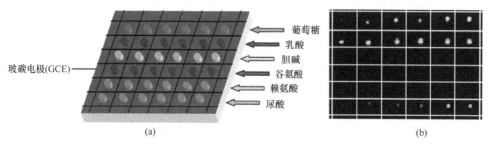

图 13.19　生物酶阵列示意图(a)及血清中 6 种成分同时测定的 ECL 成像结果(b)

单链 DNA 和寡核苷酸中鸟嘌呤可以作为联吡啶钌 ECL 的共反应剂，基因毒素可使 DNA 双链打开，暴露出碱基，因此 DNA 损伤后 ECL 强度更高[90]。基于此原理，Rusling 等制备了一系列用于体外基因毒性物质筛选的传感器，将 DNA、联吡啶钌聚合物 $[Ru(bpy)_2(PVP)_{10}^{2+}$，PVP=聚乙烯基吡啶] 与细胞色素 P450 酶点样和层层组装至热解石墨表面，与苯并芘共孵育后监测 ECL 强度的变化，评估不同亚型 P450 酶的代谢活性(图 13.20)[91]。采用类似的策略，他们还评估了 4-(甲基亚硝氨基)-1-(3-吡啶基)-1-丁酮(NNK)、苯乙烯、乙酰氨基芴(AAF)等多种物质的基因毒性，结果与液质联用方法得出的结论相近[92]。为了进一步避免不同位点之间的干扰，使操作更加便捷，同时降低成本，他们还引入微流控、纸芯片等技术，实现了污水、食物、香烟等实际样品中基因毒素的分析[93, 94]。

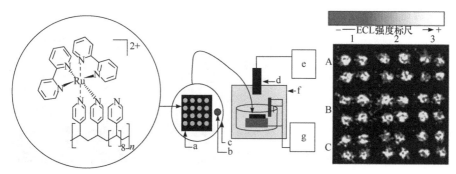

图 13.20　基因毒素的 ECL 阵列成像分析

a. 阵列；b. 参比电极；c. 对电极；d. CCD 相机；e. 电脑；f. 暗箱；g. 电化学工作站

　　ECL 免疫阵列成像分析可提高检测通量，实现多种标志物的同时检测。Rusling 等采用免疫组化笔勾勒疏水边缘，结合 Nafion 和 $Fe(OH)_x$ 在热解石墨表面固定单壁碳纳米管，随后共价结合捕获抗体；联吡啶钌掺杂的硅球上接枝二抗，与捕获抗体、抗原形成免疫夹心复合物，实现了两种抗原的同时检测[95]。结合 3D 打印和微加工技术，还可制备多通道自动化的微型 ECL 免疫成像分析仪器，同时测定前列腺特异性抗原、胰岛素样生长因子等 8 种疾病标志物[96-98]。

　　除前述平面电极外，光纤束也可用于制作电化学发光阵列。Walt 等在 6000 根独立光纤构成的光纤束尖端溅射金层，该光纤束电极呈现大电极的伏安响应，通过改变电位施加时长即可获得空间分辨的 ECL 图像。若在金层表面再涂覆一层绝缘的环氧树脂，仅使锥状尖端暴露在外，则光纤束电极表现为微电极阵列的稳态伏安响应，而且各个电极锥的发光信号分立[99]。如果刻蚀暴露在环氧树脂外的金层，露出光纤尖端，形成金圆环电极，电极产生的 ECL 可被光纤收集；以烟酰胺辅酶(DADH)为联吡啶钌的共反应剂，这种光纤电极阵列可以实现 NADH 的远程传感[100]。Sojic 等溅射透明的氧化铟锡(ITO)，过氧化氢与鲁米诺在光纤尖端 ITO 上产生的电化学发光可通过光纤传输至远端并被 CCD 收集，实现过氧化氢的远程传感[101, 102]。

　　以盐酸为刻蚀液，光纤束顶端可被均匀刻蚀，形成微孔。溅射金后，形成微孔阵列电极。Sojic 等在聚苯乙烯微球内掺杂不同浓度的 Eu^{3+} 染料，制备得到三种不同荧光强度的微球，用以归类不同抗原。分别在三种微球表面修饰不同捕获抗体，固定微球于微孔内，捕获抗体、抗原、连接生物素的二抗、亲和素标记的钌分子形成三明治夹心结构，实现了白细胞介素 8、血管内皮生长因子和金属蛋白酶组织抑制因子 1 三种抗原的 ECL 同时检测(图 13.21)[103]。该策略巧妙地利用荧光强度进行抗原种类分类，使用 ECL 强度进行定量分析，首次在单颗粒水平实现了多种抗原的同时检测。进一步增加荧光强度或荧光颜色种类数，理论上同时检测抗原数可成倍增加。

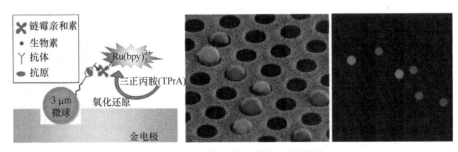

图 13.21　电化学发光微孔电极阵列

　　随着微纳加工技术的发展，以聚二甲基硅氧烷(PDMS)、硅片、ITO 玻璃等为基底制备 ECL 电极阵列的报道越来越多，电极尺寸越来越小，密度越来越高。苏彬等结合图案化 ITO 和 PDMS 盖片，制备得到了一种"轮子"形状的 ECL 成像阵列[104]。该阵列包含六个 PDMS 微孔，微孔底部 ITO 电极上修饰不同的酶，可以实现葡萄糖、乳酸和胆碱的同时检测。以 PDMS 盖片为物理阻隔，该阵列完全抑制了不同反应位点间的干扰。

双极电极是一段浸没在溶液中的导体，也称为漂浮电极。经典的双极电极电化学体系由两个驱动电极和一个无线连接的导体构成。2001 年，Manz 等首次将 ECL 与双极电极结合，以一段 U 形铂丝为漂浮电极，以阳极端的 ECL 检测色谱分离的 Ru(bpy)$_3^{2+}$和 Ru(phen)$_3^{2+}$[105]。Crooks 课题组在双极电极 ECL 成像中做了大量工作。2002 年他们提出了一种双极电极 ECL 成像检测苄基紫精的新方法，阴极端发生苄基紫精的还原反应，阳极端发生 ECL 反应，根据 ECL 图像的强度可以确定苄基紫精的浓度(图 13.22)[106]。在双极电极阴极端修饰单链 DNA，可以捕获溶液中标记有铂纳米颗粒的互补 DNA 链，铂纳米颗粒催化氧气还原，阳极端 ECL 图像强度则相应地增强[107]。双极电极无线连接的特点使其特别适合制备大规模阵列电极。Crooks 等设计制备了包含 1000 个双极电极的微阵列，电极密度高达 2000 个/cm^2[108]。

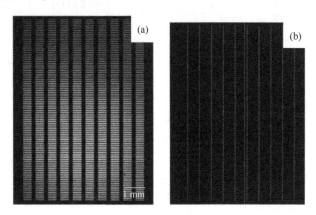

图 13.22　双极电极阵列的光学显微镜明场(a)和电化学发光(b)图像

前述双极电极均为"开放式"双极电极，即双极电极的阴极和阳极端处在同一溶液中，这可能导致氧化还原物种之间的相互干扰。而"闭合式"双极电极将阴阳极两端置于两个储液池中，物理阻隔了氧化和还原反应，在双极电极成像分析中应用更广。苏彬课题组采用光刻和微加工方法制备了"T"形 ITO 电极，使用带圆孔的 PDMS 盖片封合，得到双极电极芯片；阳极端加入联吡啶钌和共反应剂，产生 ECL，阴极端以六氨合钌为电化学还原探针，构成典型的闭合式双极电极[109]。徐静娟等制备了一种双通道、双电极的闭合式"H"形双极电极(图 13.23)；若样品中存在前列腺特异性抗原(PSA)，"H"形双极电极阳极端发光，且 ECL 信号随检测通道中 PSA 浓度升高而增强；若溶液中不存在 PSA 抗原，两段双极电极互相隔绝，阳极端均不发光[110]。闭合式双极电极有效隔绝了 ECL 信号发生体系和识别体系，使得有机相电化学发光也可用于水溶液中的生化分析检测。徐静娟等将两种可以实现电位分辨多色 ECL 的钌和铱配合物溶于乙腈，作为信号探针；检测通道内结合不同浓度的待测物(PSA、miRNA 或肌氨酸)时，双极电极电位不同就可实现双极电极多色 ECL 检测[111]。

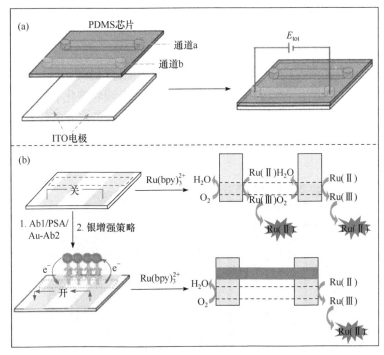

图 13.23　双极电极免疫成像分析

2. 指纹成像

指纹是人的手指末端指腹上的皮肤纹理，是身份识别、安全检查、访问控制和法医调查等必不可少的工具。当手指触摸物体时，指纹上的汗液、分泌残留物、环境中的外来物与物品表面相互作用，在物体上留下通常难以用肉眼辨认的指纹镜像印痕，即潜在指纹(LEP)。传统的潜在指纹显现方法，或需粉尘刷显，或需染料染色等，不仅可能损害操作人员的健康，也会对指纹等珍贵物证造成不可逆的破坏。因此，发展无毒、无损的指纹显现技术是该领域的一项重要任务。

已有扫描电化学显微镜技术等电化学方法实现了对聚合物膜、玻璃、金属等客体上的指纹成像,但常需对指纹进行预处理,扫描过程也比较费时[112-114]。ECL成像方法简单快速,仪器简单且灵敏度高。指纹与电极接触后,在电极上留下潜在指纹。潜在指纹成分中通常包含指纹峭线上的沉积物,包括汗液和其他分泌残留物,如无机盐、脂肪酸、蜡脂和角鲨烯等。这些物质具有电化学惰性或活性较低,能够抑制电子转移,从而阻碍 ECL 在这些区域发生。与此相反,潜在指纹的峪线区域为空白电极,ECL 反应可以正常发生。这样,施加合适的电位,ECL 在电极表面发生,峭线表现为暗区域,而峪线表现为亮区域,实现了潜在指纹的 ECL反相成像(图 13.24)。该方法无需对指纹进行粉末涂刷,或使指纹与试剂反应等预处理,不会破坏潜在指纹。除指纹的湖、终点、分叉等二级结构外,甚至可对汗腺孔等三级结构进行成像[115]。

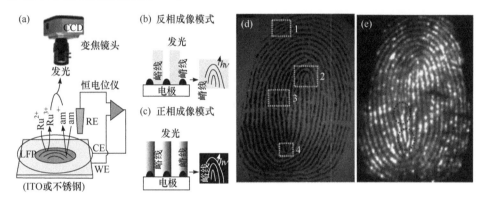

图 13.24　潜在指纹的正相和反相电化学发光成像原理[(a)～(c)]和指纹图像[(d)、(e)]

(d)中虚线矩形框表示指纹的二级或三级结构,分别为湖状(1)、末梢(2)、分叉和汗腺孔(3)、交叉(4);(e)中虚线圆表示指纹的二级结构,分别为分叉(上)、终点(下)

指纹沉积物中通常含有氨基酸,因此可使用具有生物反应活性的 ECL 分子(配体中含有 N-羟基琥珀酰亚胺酯,即 NHS 基团)共价结合指纹中的氨基酸,将发光分子标记到指纹上。施加电位后,仅有指纹峭线上的联吡啶钌分子发光,呈现出指纹的正相图像。红荧烯可以通过物理吸附优先吸附到峭线上,也可实现指纹正相成像,而且比联吡啶钌标记体系更方便、快捷[116]。在反相模式中,发光分子和共反应剂均自由扩散,潜在指纹的成像分辨率在一定程度上受到了分子扩散的影响。将鲁米诺电聚合在电极峪线区域,可以得到清晰的反相指纹图像[117]。前述成像均在导电基底上进行,使用普通胶带可以将残留在不导电物体表面(如门窗、杯子、键盘等)的指纹转移到不锈钢表面进行成像,大大拓展了 ECL 指纹成像的应用场景[118]。

　　潜在指纹中包含的某些特定分子，如外源性爆炸物、表皮生长因子等潜藏着丰富的安全保障和医学诊断信息，具有极高的研究价值。结合酶联免疫反应，电辅助化学发光可以实现潜在指纹中蛋白质、多肽等痕量残留物的灵敏检测。使用一抗及标记有辣根过氧化物酶(HRP)的二抗依次与潜在指纹共孵育，指纹峰线上成功修饰 HRP。在电极上施加-0.7 V 负电位，还原溶解氧为过氧化氢。过氧化氢扩散至指纹峰线处，在 HRP 的催化下，与鲁米诺发生反应产生化学发光信号，获得指纹的正相图像(图 13.25)。使用该方法，可对血指纹及汗指纹中的 IgG、人汗腺抗菌肽、表皮生长因子等进行成像。在二抗上修饰生物素，再使修饰有链霉亲和素的 HRP 结合二抗，可以在指纹上标记多个 HRP 分子，进一步放大发光信号[119]。

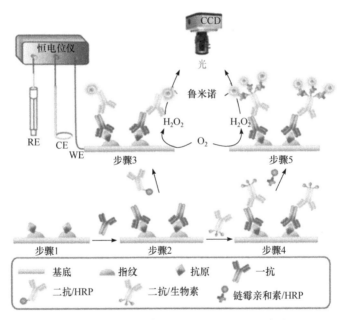

图 13.25　基于酶联免疫方法的潜在指纹成分分析

3. 细胞成像

　　2009 年 Roda 等报道了一种透明的电化学池，实现了标记有 $Ru(bpy)_3^{2+}$ 的聚苯乙烯微球(直径 8 μm，模拟活细胞)的电化学发光成像[120]。微球上固定的 $Ru(bpy)_3^{2+}$ 的浓度仅为 $1\times10^{-19}\,mol/\mu m^2$，证实了电化学发光成像的高灵敏特性，也揭示了电化学发光成像应用于细胞分析的潜力。鉴于其高通量和零背景光的优点，电化学发光成像正在成为细胞分析领域的有力工具。

江德臣等基于鲁米诺 L012/过氧化氢体系，结合酶促反应，发展了针对不同分析物的单细胞电化学成像方法[121]。如图 13.26 所示，将 Hela 细胞孵育在 ITO 电极上，溶液中加入 L012，施加阶跃电位，触发电化学发光反应。与指纹反相成像原理类似，由于细胞黏附在电极表面，阻碍了发光分子的扩散，电化学发光图像中细胞处显示为阴影，无细胞处表现为亮背景。使用药物刺激细胞产生过氧化氢，电化学发光增强。刺激前后电化学发光图像的差异反映了细胞外泄过氧化氢的量。类似地，比较加入胆固醇氧化酶前后电化学发光图像的差异，可对细胞膜表面的胆固醇进行定量分析。使用表面活性剂破坏细胞膜，使胞内胆固醇、葡萄糖等分子暴露于溶液中，结合相应的生物氧化酶，可实现胞内分子的电化学发光分析[122, 123]。

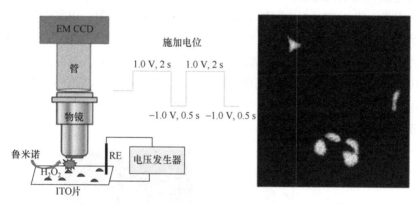

图 13.26 细胞膜胆固醇电化学发光成像装置及成像结果

当细胞黏附在电极表面时，细胞膜底部与电极间发光分子数量有限，在一定程度上限制了电化学发光成像的灵敏度。为了解决这一问题，朱俊杰等在电极上修饰了具有多孔结构的壳聚糖[124]。该修饰层增加了细胞和电极间的距离，同时提高了细胞底部的发光分子量，电化学发光图像中细胞底部的灰度与无细胞处一致。细胞受药物刺激释放的过氧化氢，在图像中直接呈现为明亮区域。

前述工作中，发光分子、过氧化氢以及生物酶等均在溶液中自由扩散，电化学发光图像不能直接反映活性物质的空间分布信息。微/纳米电极牺牲了通量，极大地提高了空间分辨率。使用壳聚糖等聚合物将鲁米诺封装在微米管内，并将微米管电极刺入细胞，施加合适电位，电化学发光在胞内发生。电化学发光强度反映了细胞内氧化还原状态及活性氧物种含量[125]。另一种更为简便的方法则借助纳米颗粒上产生的电化学发光，实现了局域细胞成像[126]。最近，Sojic 课题组与江德臣课题组合作，制备了一种纳米管双极电极[127]。他们在纳米管口处沉积多孔铂作为双极电极，利用纳米管的空间限域效应，使电压降主要集中于多孔铂，显著降低了双极电极的驱动电压。在电场驱动下，目标分子经由电渗流通过多孔铂通道，从细胞内转移至纳米管内部，与相应的酶反应生成过氧化氢，增强 L012 的电化学发光信号。该电极可以测量细胞内过氧化氢、葡萄糖的浓度以及鞘磷脂酶活性。

　　基于电化学发光的表面限域性质，Sojic 等开发了两种单细胞显微成像方法，实现了细胞膜表面蛋白的空间分辨成像。研究者借助免疫反应以联吡啶钌标记细胞膜蛋白，由于电子隧穿距离有限，细胞上的钌分子不能被电极直接氧化，而主要是通过低氧化电位路径，先后被溶液中的 TPrA· 和 TPrA·+ 氧化及还原，生成激发态并发光。由于 TPrA 中间体不稳定，可扩散的距离有限，电化学发光图像中仅细胞膜距离电极表面较近位置处，也就是细胞四周的钌分子发光，而细胞中部不发光[图 13.27(a)][128]。若使用表面活性剂破坏细胞膜，TPrA 及其反应中间体可以自由穿过细胞，此时细胞膜底部均发光[图 13.27(b)][129]。在该体系下他们还发现，电化学发光图像的焦面位于荧光焦面下方，距离电极表面更近，证实了电化学发光成像的表面限域性质。

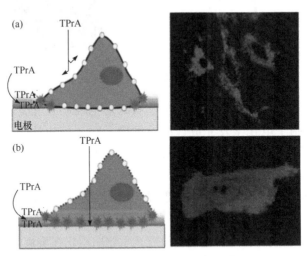

图 13.27　单细胞电化学发光成像

　　免疫标记、核酸识别等方法大大拓展了电化学发光细胞成像的研究对象，研究者们已经实现了细胞内前列腺特异性抗原、磷脂酰丝氨酸、表皮生长因子受体和胞内 miRNA 等蛋白、疾病标志物的单细胞成像，并在单细胞水平上获取了细胞凋亡进程、癌细胞识别等重要生物学信息[130-133]。在这些工作中，由于发光分子固定于特定结构，共反应剂的性质对成像结果影响明显。鞠熀先等制备了一种聚合物量子点，在量子点内掺杂共反应剂[134]。使用该发光探针标记细胞，无需共反应剂，即可实现电化学发光成像。此外，由于不涉及共反应剂扩散，标记后细胞底部均发光。

针对细胞膜上蛋白、抗原的成像通常需要标记，江德臣课题组最近提出的电化学发光电容显微镜(图 13.28)，可以实现细胞膜表面分子的免标记成像[135]。他们使用高频方波激发电化学发光，当 MCF-7 细胞表面癌胚抗原结合不导电的抗体时，结合区域的电容降低，双电层电压降增大。电化学发光强度与双电层电压降呈正相关，因此，比较加入抗体前后发光图像的差异，可对癌胚抗原进行成像，检测限低至 1 pg。该方法装置简单，灵敏度高，适用于细胞表面低含量生物分子的成像。

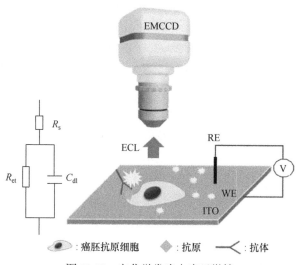

图 13.28　电化学发光电容显微镜

苏彬等报道了一种免标记的电化学发光细胞-基质黏着成像方法[136]。以二氧化硅纳米通道薄膜修饰的 ITO 电极为基底，该修饰电极可以增强三联吡啶钌-共反应剂体系的电化学发光，提高成像灵敏度。实验中，直接将发光分子和共反应剂分散在溶液中，在电极上施加合适的电位，无黏着处电极表面发生电化学反应释放出光子，在图像中表现为明亮区域；细胞-基质黏着与二氧化硅纳米通道薄膜(SNM)表面直接接触，抑制发光分子和共反应剂扩散到电极底部，相应位置在图像中表现为灰暗区域；基于以上原理，实现了细胞-基质黏着的免标记、反相电化学发光成像(图 13.29)。该方法不需要对细胞进行额外标记，能观察到活细胞黏着的动态变化以及细胞迁移过程中的黏着情况。

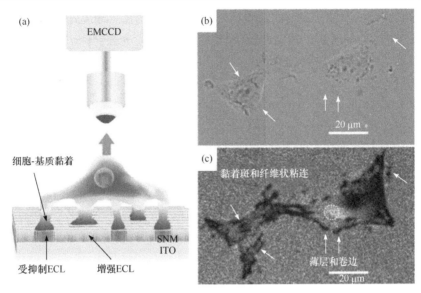

图 13.29　(a)细胞-基质黏着电化学发光成像示意图；(b, c)PC12 细胞的明场(b)和电化学发光(c)图像

13.5　总结与展望

近年来，空间分辨电化学测量以及电化学成像技术发展迅速，在生物成像分析领域得到广泛应用。EC-SPM 成像技术是一种原位、实时的表征手段，与原子力显微镜和扫描隧道显微镜相比，EC-SPM 除具有高空间分辨率外，还可以实现对样品的非接触成像。而与传统光学技术相比，EC-SPM 不受光学衍射的限制，也无需高能量或者强辐射激发。因此，EC-SPM 成像技术(包括 SECM 和 SICM)已被广泛应用于多种生物样品的成像研究，包括生物大分子、各种细胞代谢产物、细胞及组织微结构、微生物等。然而，SECM 和 SICM 技术也存在成像时间长、操作模式复杂等缺点。未来 SECM 和 SICM 将朝着开发新模式或与其他电、力、光学技术联用的方向发展，以提供更多形貌细节和生理、病理学等信息。

电化学与光学显微镜联用技术也具有高空间分辨率，如与荧光、表面等离子体、暗场散射和光学干涉联用等方法均在电化学研究中得到广泛应用，极大地促进了生物成像、单纳米颗粒/单分子电化学研究。电化学发光成像是一种全新光学成像技术，具有低背景、高灵敏度、成像时空可控、表面敏感等特点与优势，因而被广泛应用于免疫分析、细胞成像、指纹成像、单微粒检测以及反应机理及动力学研究等领域中。在未来，进一步提升成像分辨率以及扩展生物成像应用，将是电化学发光成像的重要发展方向。

参 考 文 献

[1] Sonnenfeld R, Hansma P K. Science, 1986, 232(4747): 211-213.

[2] Bard A J, Fan F R F, Kwak J, et al. Analytical Chemistry, 1989, 61(2): 132-138.

[3] Engstrom R C, Pharr C M. Analytical Chemistry, 1989, 61(19): 1099-1104.

[4] Lee C, Kwak J, Bard A J. Proceedings of the National Academy of Sciences of the United States of America, 1990, 87(5): 1740-1743.

[5] Lin T E, Rapino S, Girault H H, et al. Chemical Science, 2018, 9(20): 4546-4554.

[6] Kirchner C N, Szunerits S, Wittstock G. Electroanalysis, 2007, 19(12): 1258-1267.

[7] Palchetti I, Laschi S, Marrazza G, et al. Analytical Chemistry, 2007, 79(18): 7206-7213.

[8] Wang J, Song F Y, Zhou F M. Langmuir, 2002, 18(17): 6653-6658.

[9] Turcu F, Schulte A, Hartwich G, et al. Biosensors and Bioelectronics, 2004, 20(5): 925-932.

[10] Zhou J F, Campbell C, Heller A, et al. Analytical Chemistry, 2002, 74(16): 4007-4010.

[11] Kasai S, Yokota A, Zhou H F, et al. Analytical Chemistry, 2000, 72(23): 5761-5765.

[12] Liebetrau J M, Miller H M, Baur J E. Analytical Chemistry, 2003, 75(3): 563-571.

[13] Kurulugama R T, Wipf D O, Takacs S A, et al. Analytical Chemistry, 2005, 77(4): 1111-1117.

[14] Wang W, Xiong Y, Du F Y, et al. Analyst, 2007, 132(6): 515-518.

[15] Bergner S, Wegener J, Matysik F M. Analytical Chemistry, 2011, 83(1): 169-174.

[16] Takii Y, Takoh K, Nishizawa M, et al. Electrochimica Acta, 2003, 48(20-22): 3381-3385.

[17] Yasukawa T, Kaya T, Matsue T. Analytical Chemistry, 1999, 71(20): 4637-4641.

[18] Yasukawa T, Kaya T, Matsue T. Chemistry Letters, 1999, (9): 975-976.

[19] Zhu R K, Macfie S M, Ding Z F. Journal of Experimental Botany, 2005, 56(421): 2831-2838.

[20] Zhao X, Petersen N O, Ding Z. Canadian Journal of Chemistry, 2007, 85(3): 175-183.

[21] Zhao X, Zhang M, Long Y, et al. Canadian Journal of Chemistry, 2010, 88(6): 569-576.

[22] Zhao X, Lam S, Jass J, et al. Electrochemistry Communications, 2010, 12(6): 773-776.

[23] Zhao X, Diakowski P M, Ding Z. Analytical Chemistry, 2010, 82(20): 8371-8373.

[24] Takahashi Y, Miyamoto T, Shiku H, et al. Analytical Chemistry, 2009, 81(7): 2785-2790.

[25] Polcari D, Hernandez-Castro J A, Li K, et al. Analytical Chemistry, 2017, 89(17): 8988-8994.

[26] Yasukawa T, Kondo Y, Uchida I, et al. Chemistry Letters, 1998, (8): 767-768.

[27] Zhan D, Li X, Nepomnyashchii A B, et al. Journal of Electroanalytical Chemistry, 2013, 688: 61-68.

[28] Mauzeroll J, Bard A J, Owhadian O, et al. Proceedings of the National Academy of Sciences of the United States of America, 2004, 101(51): 17582-17587.

[29] Lin T E, Bondarenko A, Lesch A, et al. Angewandte Chemie International Edition, 2016, 55(11): 3813-3816.

[30] Lin T E, Lu Y J, Sun C L, et al. Angewandte Chemie International Edition, 2017, 56(52): 16498-16502.

[31] Connell J L, Kim J, Shear J B, et al. Proceedings of the National Academy of Sciences of the United States of America, 2014, 111(51): 18255-18260.

[32] Hansma P, Drake B, Marti O, et al. Science, 1989, 243(4891): 641-643.

[33] Korchev Y E, Bashford C L, Milovanovic M, et al. Biophysical Journal, 1997, 73(2): 653-658.

[34] Pitta Bauermann L, Schuhmann W, Schulte A. Physical Chemistry Chemical Physics, 2004, 6(15): 4003-4008.

[35] Lang J, Li Y, Yang Y, et al. Scientia Sinica Chimica, 2019, 49(6): 844-860.

[36] Shevchuk A I, Gorelik J, Harding S E, et al. Biophysical Journal, 2001, 81(3): 1759-1764.

[37] Novak P, Li C, Shevchuk A I, et al. Nature Methods, 2009, 6(4): 279-281.

[38] Rheinlaender J, Geisse N A, Proksch R, et al. Langmuir, 2011, 27(2): 697-704.

[39] Korchev Y E, Milovanovic M, Bashford C L, et al. Journal of Microscopy, 1997, 188: 17-23.

[40] Miragoli M, Moshkov A, Novak P, et al. Journal of the Royal Society Interface, 2011, 8(60): 913-925.

[41] Gorelik J, Zhang Y J, Shevchuk A I, et al. Molecular and Cellular Endocrinology, 2004, 217(1-2): 101-108.

[42] Zhou Y, Saito M, Miyamoto T, et al. Analytical Chemistry, 2018, 90(4): 2891-2895.

[43] Page A, Kang M, Armitstead A, et al. Analytical Chemistry, 2017, 89(5): 3021-3028.

[44] Happel P, Dietzel I D. Journal of Nanobiotechnology, 2009, 7: 7.

[45] Tanaka A, Tanaka R, Kasai N, et al. Journal of Structural Biology, 2015, 191(1): 32-38.

[46] Takahashi Y, Zhou Y, Miyamoto T, et al. Analytical Chemistry, 2020, 92(2): 2159-2167.

[47] Zhang Y J, Gorelik J, Sanchez D, et al. Kidney International, 2005, 68(3): 1071-1077.

[48] Happel P, Hoffmann G, Mann S A, et al. Journal of Microscopy-Oxford, 2003, 212: 144-151.

[49] Korchev Y E, Gorelik J, Lab M J, et al. Biophysical Journal, 2000, 78(1): 451-457.

[50] Perry D, Nadappuram B P, Momotenko D, et al. Journal of the American Chemical Society, 2016, 138(9): 3152-3160.

[51] Kuwana T, Darlington R K, Leedy D W. Analytical Chemistry, 1964, 36(10): 2023-2025.

[52] Pan Y Y, Zong C, Huang Y J, et al. Analytical Chemistry, 2019, 91(4): 2831-2837.

[53] Engstrom R C, Ghaffari S, Qu H. Analytical Chemistry, 1992, 64(21): 2525-2529.

[54] Vitt J E, Engstrom R C. Analytical Chemistry, 1997, 69(6): 1070-1076.

[55] Xu W, Shen H, Kim Y J, et al. Nano Letters, 2009, 9(12): 3968-3973.

[56] Guerrette J P, Percival S J, Zhang B. Journal of the American Chemical Society, 2012, 135(2): 855-861.

[57] Zong C, Xu M, Xu L J, et al. Chemical Reviews, 2018, 118(10): 4946-4980.

[58] Kurouski D, Mattei M, van Duyne R P. Nano Letters, 2015, 15(12): 7956-7962.

[59] Mattei M, Kang G, Goubert G, et al. Nano Letters, 2017, 17(1): 590-596.

[60] Huang B, Yu F, Zare R N. Analytical Chemistry, 2007, 79(7): 2979-2983.

[61] Fang Y M, Wang H, Yu H, et al. Accounts of Chemical Research, 2016, 49(11): 2614-2624.

[62] Shan X N, Patel U, Wang S P, et al. Science, 2010, 327(5971): 1363-1366.

[63] Yang Y Z, Liu X W, Wang S P, et al. Journal of Biomedical Optics, 2019, 24(6): 1-7.

[64] Wang Y, Wang H, Chen Y H, et al. Journal of the American Chemical Society, 2017, 139(21): 7244-7249.

[65] Wang W, Foley K, Shan X, et al. Nature Chemistry, 2011, 3(3): 249-255.

[66] Lu J, Li J H. Angewandte Chemie International Edition, 2015, 54(46): 13576-13580.

[67] Liu X W, Yang Y, Wang W, et al. Angewandte Chemie International Edition, 2017, 56(30): 8855-8859.

[68] Jing C, Reichert J. Current Opinion in Electrochemistry, 2017, 6(1): 10-16.

[69] Wang W. Chemical Society Reviews, 2018, 47(7): 2485-2508.

[70] Novo C, Funston A M, Gooding A K, et al. Journal of the American Chemical Society, 2009, 131(41): 14664-14666.

[71] Cao Y, Zhou H, Qian R C, et al. Chemical Communications, 2017, 53(42): 5729-5732.

[72] Jing C, Rawson F J, Zhou H, et al. Analytical Chemistry, 2014, 86(11): 5513-5518.

[73] Wang J G, Fossey J S, Li M, et al. Journal of Electroanalytical Chemistry, 2016, 781: 257-264.

[74] Li K, Wang K, Qin W, et al. Journal of the American Chemical Society, 2015, 137(13): 4292-4295.

[75] Liu G L, Long Y T, Choi Y, et al. Nature Methods, 2007, 4(12): 1015-1017.

[76] Jing C, Gu Z, Xie T, et al. Chemical Science, 2016, 7(8): 5347-5351.

[77] Zernike F. Science, 1955, 121(3141): 345-349.

[78] Singh G, Moore D, Saraf R F. Analytical Chemistry, 2009, 81(15): 6055-6060.

[79] Tevatia R, Prasad A, Saraf R F. Analytical Chemistry, 2019, 91(16): 10501-10508.

[80] Campidelli S, Abou Khachfe R, Jaouen K, et al. Science Advances, 2017, 3(5): e1601724.

[81] Miao W J, Choi J P, Bard A J. Journal of the American Chemical Society, 2002, 124(48): 14478-14485.

[82] Sentic M, Milutinovic M, Kanoufi F, et al. Chemical Science, 2014, 5(6): 2568-2572.

[83] Guo W, Zhou P, Sun L, et al. Angewandte Chemie International Edition, 2021, 60(4): 2089-2093.

[84] Fahnrich K A, Pravda M, Guilbault G G. Talanta, 2001, 54(4): 531-559.

[85] Delaney J L, Hogan C F, Tian J, et al. Analytical Chemistry, 2011, 83(4): 1300-1306.

[86] Guo W, Ding H, Gu C, et al. Journal of the American Chemical Society, 2018, 140(46): 15904-15915.

[87] Marquette C A, Blum L J. Sensors and Actuators B: Chemical, 2003, 90(1): 112-117.

[88] Marquette C A, Degiuli A, Blum L J. Biosensors and Bioelectronics, 2003, 19(5): 433-439.

[89] Marquette C A, Blum L C J. Biosensors and Bioelectronics, 2004, 20(2): 197-203.

[90] Dennany L, Forster R J, Rusling J F. Journal of the American Chemical Society, 2003, 125(17): 5213-5218.

[91] Krishnan S, Hvastkovs E G, Bajrami B, et al. Molecular BioSystems, 2009, 5(2): 163-169.

[92] Pan S, Zhao L, Schenkman J B, et al. Analytical Chemistry, 2011, 83(7): 2754-2760.

[93] Mani V, Kadimisetty K, Malla S, et al. Environmental Science & Technology, 2013, 47(4): 1937-1944.

[94] Wasalathanthri D P, Malla S, Bist I, et al. Lab on a Chip, 2013, 13(23): 4554-4562.

[95] Sardesai N P, Barron J C, Rusling J F. Analytical Chemistry, 2011, 83(17): 6698-6703.

[96] Kadimisetty K, Mosa I M, Malla S, et al. Biosensors and Bioelectronics, 2016, 77: 188-193.

[97] Kadimisetty K, Malla S, Sardesai N P, et al. Analytical Chemistry, 2015, 87(8): 4472-4478.

[98] Sardesai N P, Kadimisetty K, Faria R, et al. Analytical and Bioanalytical Chemistry, 2013,

405(11): 3831-3838.

[99] Szunerits S, Tam J M, Thouin L, et al. Analytical Chemistry, 2003, 75(17): 4382-4388.

[100] Chovin A, Garrigue P, Sojic N. Bioelectrochemistry, 2006, 69(1): 25-33.

[101] Chovin A, Garrigue P, Vinatier P, et al. Analytical Chemistry, 2004, 76(2): 357-364.

[102] Chovin A, Garrigue P, Sojic N. Electrochimica Acta, 2004, 49(22-23): 3751-3757.

[103] Deiss F, La Fratta C N, Symer M, et al. Journal of the American Chemical Society, 2009, 131(17): 6088-6089.

[104] Zhou Z, Xu L, Wu S, et al. Analyst, 2014, 139(19): 4934-4939.

[105] Arora A, Eijkel J C T, Morf W E, et al. Analytical Chemistry, 2001, 73(14): 3282-3288.

[106] Zhan W, Alvarez J, Crooks R M. Journal of the American Chemical Society, 2002, 124(44): 13265-13270.

[107] Chow K F, Mavre F, Crooks R M. Journal of the American Chemical Society, 2008, 130(24): 7544-7545.

[108] Chow K, Mavré F, Crooks J A, et al. Journal of the American Chemical Society, 2009, 131(24): 8364-8365.

[109] Guo W, Lin X, Yan F, et al. ChemElectroChem, 2016, 3(3): 480-486.

[110] Wu M S, Yuan D J, Xu J J, et al. Chemical Science, 2013, 4(3): 1182-1188.

[111] Wang Y Z, Ji S Y, Xu H Y, et al. Analytical Chemistry, 2018, 90(5): 3570-3575.

[112] Zhang M, Qin G, Zuo Y, et al. Electrochimica Acta, 2012, 78: 412-416.

[113] Zhang M, Girault H H. Electrochemistry Communications, 2007, 9(7): 1778-1782.

[114] Zhang M, Becue A, Prudent M, et al. Chemical Communications, 2007, (38): 3948-3950.

[115] Xu L, Li Y, Wu S, et al. Angewandte Chemie International Edition , 2012, 51(32): 8068-8072.

[116] Li Y, Xu L R, He Y Y, et al. Electrochemistry Communications, 2013, 33: 92-95.

[117] Hu S, Cao Z, Zhou L, et al. Journal of Electroanalytical Chemistry, 2020, 870: 114238.

[118] Xu L, Li Y, He Y, et al. Analyst, 2013, 138(8): 2357-2362.

[119] Xu L R, Zhou Z Y, Zhang C Z, et al. Chemical Communications, 2014, 50(65): 9097-9100.

[120] Dolci L S, Zanarini S, Della Ciana L, et al. Analytical Chemistry, 2009, 81(15): 6234-6241.

[121] Zhou J Y, Ma G Z, Chen Y, et al. Analytical Chemistry, 2015, 87(16): 8138-8143.

[122] Xu J, Huang P, Qin Y, et al. Analytical Chemistry, 2016, 88(9): 4609-4612.

[123] Xu J J, Jiang D P, Qin Y L, et al. Analytical Chemistry, 2017, 89(4): 2216-2220.

[124] Liu G, Ma C, Jin B K, et al. Analytical Chemistry, 2018, 90(7): 4801-4806.

[125] He R, Tang H, Jiang D, et al. Analytical Chemistry, 2016, 88(4): 2006-2009.

[126] Cui C, Chen Y, Jiang D C, et al. Analytical Chemistry, 2019, 91(1): 1121-1125.

[127] Wang Y, Jin R, Sojic N, et al. Angewandte Chemie International Edition, 2020, 59(26): 10416-10420.

[128] Valenti G, Scarabino S, Goudeau B, et al. Journal of the American Chemical Society, 2017, 139(46): 16830-16837.

[129] Voci S, Goudeau B, Valenti G, et al. Journal of the American Chemical Society, 2018, 140(44): 14753-14760.

[130] Cao J T, Wang Y L, Zhang J J, et al. Analytical Chemistry, 2018, 90(17): 10334-10339.

[131] Gao W, Zhang H, Wang Z, et al. ACS Sensors, 2020, 5(4): 1216-1222.

[132] Zhang H, Gao W, Liu Y, et al. Analytical Chemistry, 2019, 91(19): 12581-12586.

[133] Liu G, Ma C, Chen Z, et al. Analytical Chemistry, 2019, 91(9): 6363-6370.

[134] Ju H, Wang N, Gao H, et al. Angewandte Chemie International Edition, 2020, DOI: 10.1002/anie.202011176.

[135] Zhang J J, Jin R, Jiang D C, et al. Journal of the American Chemical Society, 2019, 141(26): 10294-10299.

[136] Ding H, Guo W, Su B. Angewandte Chemie International Edition, 2020, 59(1): 449-456.

第14章 细胞电化学

14.1 引   言

细胞是有机体形态结构和生命活动的基本单位，生物体的各种生命过程都要以细胞的代谢活动、物质运输、能量转换和信息传递为基础进行。因此，以细胞作为对象探究其化学组成、结构及功能特性，对于理解生命活动规律和本质、揭示疾病发生机制等具有重要研究意义。从本质上看，细胞呼吸作用、信息传递、应激反应等过程多伴随荷电粒子或电活性粒子的定向传递、传导或转移，并涉及细胞物质的氧化和还原。由于细胞这些生化反应和电极表面所发生的电化学反应极为相似，因此，电化学分析方法被视为研究细胞生命活动过程最合适、最有力的手段之一。早在40多年前就诞生了由电化学和生物学交叉形成的学科——生物电化学。细胞电化学则是生物电化学的一个重要分支，它将电化学的基本原理、实验方法与细胞、分子生物学等技术相结合，对细胞进行分析和表征，研究细胞荷电粒子或电活性粒子能量传递的运动规律及其与细胞结构或功能的关系[1-3]。

细胞电化学的研究内容主要集中在探究细胞结构、化学组成及其生理行为，并利用电化学传感器的敏感元件和换能器，将细胞相关信息以电位、电流、阻抗等电信号形式输出。近些年，多种细胞电化学分析方法和技术不断发展并日益成熟，为探索细胞相关生理活动提供了丰富的信息。例如，电位型传感器实现对胞内外自由离子活度的测定；阻抗型传感器可提供细胞活力、形态、数量等信息；电流型传感器则可实现细胞相关儿茶酚胺类神经递质、抗坏血酸、活性氧/氮等电活性物质的定量检测。此外，在电化学传感界面耦合酶促反应、免疫反应、DNA杂交等生物反应原理基础上，能够实现对蛋白质、核酸、糖类及其他非电化学活性物质的靶向识别和检测，极大地拓宽了电化学传感器在细胞分析中的应用范围。除上述检测模式外，电化学方法与其他技术联用可实现细胞多维信息的同时获取。例如，以电化学原理为基础构建的扫描电化学显微镜技术在对活细胞进行无创式扫描过程中，可同时获取细胞形貌、氧化还原活性、生物分子浓度分布等信息。

实际上，细胞许多生化反应及生命活动，如细胞对外界刺激的应激反应、突触间隙神经递质释放、胞内特定细胞器生理活动等，都具有瞬时发生、动态变化的特性，且存在时间和空间异质性(只在特定的结构和有限的时间内发生)。因此，高效、动态、定量获取细胞在这些瞬时、快速生命过程中的生化信息，对于揭示生理、病理条件下的分子机制至关重要，已成为当前细胞电化学研究领域的前沿及难点。近年来，得益于材料科学、纳米科学以及微加工技术的迅猛发展，电化学传感器在电极材料、制备技术和检测方法等多方面都取得了重要进展，为细胞瞬态生命过程准确测量带来新机遇。例如，新兴柔性可拉伸电化学传感器能够顺应细胞在外力作用下发生的形变，同时实现力学刺激诱导瞬时产生信号分子的原位、动态监测。微纳电化学传感技术具有极高的时间分辨和空间分辨率(ns～μs)，可在单/亚细胞水平获取重要生命过程的动态信息。

目前，细胞电化学研究领域正蓬勃发展，新型传感器种类层出不穷，检测对象范围也在不断拓宽。然而考虑到篇幅限制，且为了避免与本书其他章节内容重叠，本章主要针对细胞检测的具体需求，首先概述电化学传感器界面构筑与调控通用策略，然后聚焦细胞生命过程的高时空分辨实时动态监测，最后介绍柔性可拉伸电极、微米电极和纳米电极在细胞电化学领域取得的研究进展。

14.2　细胞电化学传感器构建

电化学传感器具有电极材料种类多样、灵敏度高、响应速度快、易于微型化等优点，被广泛用于细胞生命过程的实时动态监测研究[4]。随着研究问题的不断深入和研究方向的不断扩展，细胞检测对电化学传感器的综合性能提出更高的要求。例如，检测复杂细胞基质或胞内含量极低(低于 nmol/L)的分子，需要构建具有高选择性、高灵敏度的传感器；采用平面电极进行研究时，通常需将细胞直接培养在电极表面进行原位检测，此时传感界面的生物相容性至关重要；另外，对细胞生命活动进行长时间检测，细胞生长代谢产生的污染物对传感器性能的影响不容忽视，需要构建高稳定性(如抗生物污染、自清洁)传感界面。随着纳米科学、材料科学、化学生物学等领域的快速发展，研究人员现已发展了多种传感器构建策略，以满足细胞生命过程检测需求。因此，本节将简要介绍电极的材料和形貌等基本信息，并依据不同的检测需求简述相应传感界面的构建策略。

14.2.1　电极材料和形貌简介

电化学传感器的核心元件为电极，目前发展的电极种类繁多。根据电极材料的不同，可大致分为碳材料电极、贵金属电极、金属氧化物电极等几类。碳材料具有价格低廉、电化学惰性、电化学窗口宽等优势，商品化的玻碳电极属于最常见、应用最广泛的一种碳材料电极，此外，碳纤维、石墨烯、碳纳米管以及硼掺杂金刚石等碳材料也被用作细胞电化学传感器的基底电极。贵金属电极中，最典型的代表是金、铂电极，其具有高导电性能和催化活性；最常见的金属氧化物电极是氧化铟锡(ITO)和掺氟氧化锡(FTO)导电玻璃，与其他材料相比，ITO 和 FTO 导电材料的突出优势在于良好的透光性(透光率通常高于 90%)，可在检测过程中对细胞进行实时观察和光学成像。

此外，根据电极空间维度不同，可简单地将其分为零维、一维、二维、三维电极。零维电极主要由单个纳米颗粒构成。一维电极主要由一维材料(如单根纳米线、纳米管等)制备而成。这两类电极具有极高的空间分辨率，可在单细胞及亚细胞水平高时空分辨监测生命活动。常见的平面电极如玻碳电极、ITO 电极等属于二维电极，二维电极可以作为基底在其表面培养细胞，实现细胞生命过程的原位监测。基于三维石墨烯等构筑的三维电化学传感器具有立体疏松片层堆叠结构或多孔结构，可将细胞三维培养和电化学传感集成，从而在接近体内环境下获取细胞的行为信息。

14.2.2　高灵敏度传感界面构建

检测复杂细胞基质或胞内含量极低的分子，需要构建高灵敏度的电化学传感界面。常用方法包括：选择高电活性基底电极材料，引入纳米结构增加电极比表面积，以及在电极表面修饰高催化活性材料。

铂、金等贵金属材料具有高电活性和催化活性，是比较理想的基底材料，并可进一步通过自组装、氢气泡模板、合金化/去合金化等方法使贵金属材料形成纳米多孔结构，进一步提高传感器的比表面积以提高灵敏度[5]。此外，一些复合纳米材料也逐渐显示出其作为高电活性基底电极材料的优势，如研究人员利用气相沉积法在 Ti_6Al_4V 合金丝表面原位生长竖直排列的核壳结构 TiC/C 纳米线，其中内核 TiC 具有极高的导电性，外壳的 C 层由具有丰富边平面的石墨结构组成，因此该复合材料电催化活性强，基于该复合材料制备的纳米线阵列电极能够灵敏检测 NO、抗坏血酸、尿素等细胞相关分子[图 14.1(a)][6]。

纳米材料(如纳米颗粒、纳米管、纳米线等)因具有较高的比表面积和较快的电子传递速率，在提高电极灵敏度方面具有广阔的应用空间。通过溅射、自组装、共价键合、电化学沉积等方法可在基底电极表面修饰纳米材料。

贵金属纳米颗粒(如金、银、铂等)表面原子数占比较大，致使其表面原子配位不全，存在大量悬键与不饱和键，因此具有大量活性位点，对许多化学反应都具有高催化性能。研究者常利用电沉积和化学还原等方法在传感界面修饰金属纳米颗粒，以提高传感器对目标分子的检测灵敏度[7-9]。此外，贵金属纳米颗粒的催化活性与其尺寸和形貌有关，因此，研究人员通过改变电沉积条件[图 14.1(b)，利用电压脉冲法沉积金纳米颗粒][10]、在电极表面预涂覆荷电聚合物[图 14.1(c)，在全氟磺酸 Nafion 纳米通道内电沉积铂纳米颗粒][11]，或通过在化学还原过程中加入不同添加剂[12]，调控纳米结构尺寸及形貌，进一步提高了电化学传感器的灵敏度。

图 14.1　TiC/C 纳米线阵列电极(a)[6]、电压脉冲法沉积金纳米颗粒的碳纤维电极(b)[10]、Nafion 为模板制备的纳米铂颗粒修饰电极(c)[11]、IrO$_2$ 纳米线修饰电极(d)[15]、酞菁热解制备的 CNTs 修饰电极(e)[19]及石墨烯花修饰电极(f)[21]的扫描电镜图

　　金属氧化物纳米材料具有催化活性高、稳定性高、成本低以及生物兼容性好等优点，被认为是极具前景的非酶催化剂，可显著提高传感器灵敏度[8,13]。利用自组装、热解、气相沉积等方法可在基底电极表面生长或修饰金属氧化物纳米材料。例如，研究人员先后利用热退火法和气相沉积法在碳纤维微电极表面原位生长和合成 RuO$_2$ 纳米棒和 IrO$_2$ 纳米线[图 14.1(d)]，实现了 H$_2$O$_2$、还原型烟酰胺腺嘌呤二核苷酸(NADH)等与生命活动密切相关小分子的高效灵敏检测[14,15]。其他纳米结构金属氧化物如 Fe$_3$O$_4$、MnO$_2$、Co$_3$O$_4$ 以及 MoS$_2$ 等也展示出作为非酶催化剂的良好前景，且已在细胞释放 H$_2$O$_2$ 等信号分子检测方面发挥重要作用[16,17]。

　　碳原子以 sp^2 杂化形式组成的碳纳米材料如碳纳米管(CNTs)和石墨烯也常被用作传感器修饰材料，它们能够加快电极表面的电子传递和增加电化学反应活性位点，从而提高检测灵敏度。碳纳米管具有优异的导电性能和催化性能，是构建传感界面的理想材料[18]。可利用滴涂、浸泡等方法在电极表面修饰 CNTs，还可采用酞菁热解法在电极表面原位生长垂直排列 CNTs[19]，使 CNTs 结构与溶液体系充分接触，提高电极对多巴胺、5-羟色胺、NO 和抗坏血酸等目标分子的检测能力[图 14.1(e)]。除 CNTs 外，石墨烯具有高比表面积、丰富边缘缺陷且易于和其他材料复合等特点，被广泛应用于高灵敏电化学传感器构建。例如，利用电化学原位还原、化学还原等方法将石墨烯修饰在电极表面，提高对多巴胺、抗坏血酸、尿酸等目标分子的检测灵敏度[图 14.1(f)][20,21]。

此外，导电聚合物也常用作电极修饰材料，其具有良好的导电性，因此能有效增加电极面积，减小电荷转移电阻，提高电极的检测灵敏度。聚吡咯、聚苯胺和聚噻吩是常用的几类聚合物，其中聚 3,4-乙撑二氧噻吩(PEDOT)是最为常见的导电聚合物修饰材料之一，具有优异的电化学活性。通常可利用电化学聚合等手段将导电聚合物修饰到电极表面，增强电极对目标分子的检测灵敏度。

14.2.3 高选择性传感界面构建

由于细胞基质和胞内环境极其复杂，具有电化学活性的生物分子可能干扰传感器对目标分析物的检测，因此需要提高电化学传感界面的选择性。常用方法包括：①利用不同物质氧化还原电位差异，施加特定电位区分目标物(具体实例见 14.4.3)；②利用静电或亲疏水等作用排除干扰物；③在传感器表面修饰具有特异性催化作用的材料，提高对目标分子的选择性。

在传感器表面引入膜材料，利用膜材料和待测分子或干扰分子间的特异性相互作用，可提高传感器的选择性。例如，通过在传感器表面修饰荷负电高分子Nafion 膜可有效阻止亚硝酸根、抗坏血酸等阴离子接触传感界面，进而提高传感器对 NO 等分子的选择性[22]。而在电极表面修饰带正电的导电聚合物 PEDOT 膜，利用静电作用促进带负电的目标分子(如 NADH)在电极表面聚集，从而实现对其高选择性电化学检测[23]。此外，利用氟化干凝胶等选择性渗透膜的疏水性也可提高对 NO 等亲脂性分子的选择性。

在传感器表面修饰具有特异性催化作用的材料，可进一步提高对目标分子的选择性。金属卟啉类分子对 NO 具有独特的催化性能，通过在电极表面修饰金属卟啉，可实现对 NO 的高灵敏、高选择性检测[图 14.2(a)和(b)][24,25]。生物分子的特异性识别能力远远高于无机材料，酶作为生物催化剂，对底物分子的催化具有高度的特异性和专一性，因此被广泛用于构建高选择性电化学传感界面。利用酶高效的催化能力可将非电活性待测物转换为电活性分子，从而实现非电活性物质的高选择性电化学检测[图 14.2(c)][26,27]。通常可采用溶胶-凝胶、导电聚合物包埋、静电吸附和共价修饰等方法将酶固定在电极表面。为减小固定过程对生物酶结构和性质的影响，研究人员采用酶与纳米材料或高生物相容性材料[如牛血清白蛋白(BSA)、壳聚糖等]复合的方式，维持传感界面酶分子的活性。此外，核酸适配体是一小段寡核苷酸序列，能与相应靶标高亲和力及强特异性地结合，具有类似于抗体的高选择性识别能力，Mao 课题组利用修饰在电极表面适配体的识别能力，选择性地使多巴胺分子靠近电极表面产生电化学氧化信号，从而实现多巴胺的选择性检测[图 14.2(d)][28]。

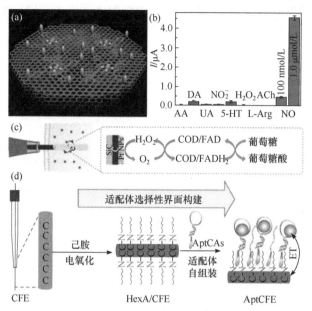

图 14.2　(a) 金属卟啉和硼酸共功能化石墨烯电化学传感界面示意图，灰色、绿色、粉色分别代表还原氧化石墨烯、卟吩氯化铁和 3-氨基苯硼酸[25]；(b) 传感器的选择性表征图，干扰物的浓度均为 2 μmol/L[25]；(c) 葡萄糖纳米线传感器检测原理图[26]；(d) 适配体修饰碳纤维电极检测多巴胺的原理图[28]

14.2.4　生物相容传感界面构建

为了实现活细胞在电极表面的原位培养及实时监测，传感界面除了需要足够的灵敏度和选择性外，还要具备良好的生物相容性，以增强细胞在其表面的黏附并维持细胞正常生理功能。通常可通过使用高生物相容性的电极材料、在传感器表面包埋细胞外基质蛋白(黏连蛋白、胶原等)以及在传感器表面修饰荷正电的高分子聚合物(如多聚赖氨酸[29])等，以提高传感界面生物相容性。然而，大分子蛋白及聚合物的引入会阻碍传感界面的电子传递，导致灵敏度降低。近些年，利用小分子与细胞膜表面生物分子的特异性相互作用,精氨酸-甘氨酸-天冬氨酸(RGD)短肽、单糖及硼酸类分子促细胞黏附的作用被相继发现，重要的是，这些小分子物质在增强细胞黏附的同时几乎不影响界面电子传递，有效保持了传感器的检测灵敏度。

RGD 短肽是细胞黏附分子整合素与其受体相互作用的识别位点,其与整合素受体的结合是介导细胞与基质之间附着的主要因素。Li 课题组将 RGD 短肽共价交联到芘丁酸功能化的石墨烯膜表面,以提高传感界面的仿生特性[图 14.3(a)][30]。相较于裸的传感器,短肽修饰的传感器表面细胞密度增大两倍,细胞长度增加近50%,表明细胞在其表面具有较高的黏附性和生长活性。

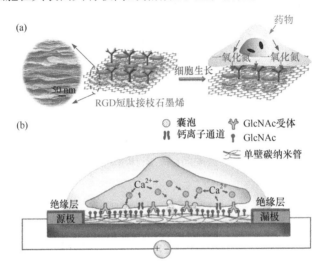

图 14.3　(a) RGD 短肽提高传感器生物相容性的原理图[30]; (b) 单糖修饰的传感器实现细胞黏附的示意图[31]

　　糖类分子以聚糖、糖蛋白等多种形式存在于细胞膜表面,一般具有自聚集及糖链间相互作用的特性,并能与糖类特异性受体结合,因而在传感器表面引入该类物质可实现细胞与基底之间的良好黏附。Chen 课题组在碳纳米管表面修饰生物活性单糖,通过糖-糖和糖-糖受体相互作用,实现了细胞在电极表面的直接附着和生长[图 14.3(b)][31]。硼酸类分子通过在生理条件(pH=7.2~7.4)下,与细胞膜表面糖类多元醇官能团发生脱水反应形成可逆酯结构,实现细胞在材料表面的黏附。笔者课题组利用 3-氨基苯硼酸构筑了基于金属卟啉和硼酸功能化的石墨烯微电极阵列[图 14.2(a)],该策略显著增强了电极生物相容性,细胞在其表面增殖较快并保持高活性。此外,由于硼酸和多元醇形成醇酯的反应与溶液 pH 密切相关,通过调节 pH 引起醇酯水解,可使细胞从电极表面释放,从而实现电极的重复利用。结果显示,电极循环使用 5 次后,依然维持稳定的电化学性能[25]。

14.2.5　抗污及祛污传感界面构建

　　电化学生物传感器表面易受污染而被毒化,引起传感器毒化的主要原因是电极表面被氧化还原产物或非电活性物质覆盖,导致活性位点减少,电子传递速率降低。电极污染物主要包括以下三类:①电化学氧化还原反应产物,如 H_2S 氧化生成的单质硫、儿茶酚胺等酚类化合物氧化后形成的聚合物等易于吸附在电极表面，并随着反应时间增长而逐渐累积；②非电活性生物大分子，在细胞检测过程中，培养基或细胞分泌的非电活性分子(如基质蛋白等)会吸附在电极表面；③机体对外植入电极产生排异反应，在电极表面形成胶质疤痕，导致电极活性位点减少。为了提高传感器的稳定性并实现其重复利用，需要构建具有抗污染或祛污染能力的传感界面。

1. 抗污染传感界面

为了减少干扰分子在电极表面的吸附，研究人员发展了多种抗电极污染的方法。根据抗污染原理不同，可以分为物理抗污和化学抗污[32]。

物理抗污主要利用尺寸排阻作用阻碍蛋白质等大分子扩散，但同时确保待测小分子可以扩散至传感界面产生电化学信号。根据构建策略的不同，物理抗污可进一步细分为多孔结构抗污和薄膜过滤抗污。研究发现，相较于大孔径材料，孔径小于 50 nm 的纳米多孔金材料具有更强的抗污染能力[33]。最近，Ingber 课题组以导电金纳米线为支架，利用戊二醛作为交联剂交联 BSA 形成平均孔径约 30 nm 的三维多孔结构[图 14.4(a)][34,35]。由于蛋白质等大分子无法通过抗污层中的小孔结构到达电极表面，可以实现对氧化还原小分子的长时间准确监测。利用薄膜修饰材料选择性过滤的能力，阻碍污染物到达电极表面是另一种常用物理抗污策略。例如，利用静电排斥作用，在传感器表面修饰荷负电的 Nafion 膜，可有效避免带负电的污染物靠近传感界面[36]；在传感器表面修饰荷正电的 PEDOT 膜，可有效减少 NADH 氧化产物 NAD^+ 在电极表面的吸附[23]。此外，Su 课题组利用电接枝法在碳纤维电极表面修饰均匀致密、垂直排列的二氧化硅纳米多孔膜(SNM)，利用尺寸过滤效应，有效阻止了生物大分子对传感界面的污染[图 14.4(b)][37]。

化学抗污则主要通过增强传感界面的亲水性减少生物分子在电极表面的吸附。材料表面水分子的脱离是蛋白质吸附的第一步，若在材料表面形成一层紧密结合的水合层，则能够提高能垒，阻止蛋白质和材料的接触。一般来说，修饰材料与水分子的结合可以分为两类，一类通过氢键形成水合层(亲水性材料)，另一类由离子溶剂化形成水合层(两性离子化合物)。聚乙二醇(PEG)等材料能够与水分子形成氢键而具有高亲水性，同时又因为其分子链本身的高度流动性以及较大的空间排斥力，能够在很大程度上阻止蛋白质吸附。另一类材料以两性离子化合物为主，两性离子化合物表面含有两性离子基团，荷电官能团的溶剂化作用和氢键作用能使两性离子化合物表面形成水合层，这种基于静电作用形成的水合层可有效阻止非特异性蛋白吸附。常见的两性离子化合物主要有磷铵、磺胺和羧铵三类。例如，Zhang 课题组利用甲基丙烯酰乙基磺基甜菜碱(SBMA，磺胺两性离子化合物代表性物质)，构筑了具有优异的抗蛋白非特异性吸附能力的传感平台[图 14.4(c)][38]。

除两性离子化合物外，混合肽、多糖等能够形成紧密水合层的材料也被广泛用于抗污传感界面的构建[39, 40]。

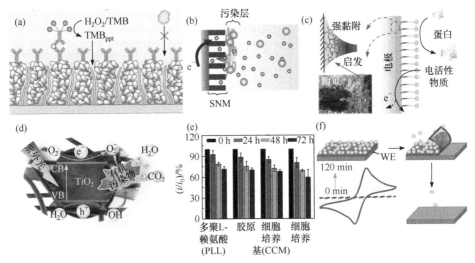

图 14.4 (a) 金纳米线与交联后的牛血清白蛋白形成三维多孔结构及其抗污原理图[35]；(b) 二氧化硅纳米多孔膜阻止生物大分子污染传感器表面示意图[37]；(c) 传感器表面两性离子化合物的抗污过程示意图[38]；(d)、(e) 光致自清洁机理图(d)以及清洁后传感器性能表征图[41](e)；(f)延迟激活涂层祛污示意图及传感器在不同时间的电流响应图[43]

2. 祛污染传感界面

电极祛污染策略也分为物理方法和化学方法。物理方法通常采用抛光等方式除去电极表层材料以清除污染物，这种方法会破坏电极界面微观结构，因此一般适用于材料结构均一的常规尺寸电极。化学方法主要包括施加电压清除表面污染物的电化学活化方法以及通过光催化剂降解电极表面污染物的光致清洁方法。光催化剂清除电极表面污染物的原理如图 14.4(d)所示[41]：光催化剂价带和导带之间存在能带间隙，当照射光的能量大于等于能带间隙时，价带电子会发生带间跃迁，形成光生电子(e^-)/空穴(h^+)对，吸附在光催化剂表面的溶解氧俘获电子生成超氧阴离子，而吸附在催化剂表面的水或氢氧根离子则与空穴反应生成羟基自由基，这些高活性自由基可高效降解传感器表面污染物实现电极更新。笔者课题组利用此原理，构建了一系列基于光催化剂二氧化钛(TiO_2)的光催化自清洁电化学传感平台，实现了传感器的重复使用及细胞培养检测过程中传感器表面的同步清洁与更新[图 14.4(d)和(e)][41,42]。

除了上述祛污策略外，Wang 课题组在传感器表面构建瞬态涂层实现了对传感器的延迟激活[图 14.4(f)]。他们在电极表面修饰了 pH 响应性聚合物——甲基丙烯酸和丙烯酸乙酯的共聚物，该共聚物在 pH 大于 6 时发生羧基去质子化，使链与链之间产生静电排斥而溶解，进而暴露电化学传感界面。通过调节聚合物涂层的密度和厚度，可以控制涂层完全溶解(即电极完全暴露)所需要的时间，即使传感器与生物介质长时间接触，也能确保其不受生物污染[43]。

14.3　柔性可拉伸电极细胞监测

体内细胞处于复杂而又动态平衡的微环境中，受多种物理、化学及生物因素影响。生物机械力是物理因素中的一个重要组成部分，从胚胎发育开始，生物机械力就参与诱导和调控细胞的增殖、迁移和分化等行为。研究表明，细胞能灵敏感知微环境中的多种力学信号(如压力、拉伸力、剪切力等)，通过激活细胞膜受体及胞内信号通路，将外部力学信号传递至细胞核，并引发复杂生物化学反应，该过程被称为力学信号转导[44-46]。

尽管电化学方法已成为获取细胞丰富化学信息的强有力监测工具，但在力学信号转导生化信号检测方面进展缓慢,主要原因在于常规传感器为刚性硬质电极,难以顺应细胞受机械力刺激时产生的动态形变,影响检测结果的准确性及重现性。近些年，随着纳米材料科学、微加工技术和柔性电子器件的发展，用于监测细胞力学信号转导的柔性可拉伸电极应运而生。柔性可拉伸电极的发展突破了电化学方法对形变细胞监测的局限，为细胞力学信号转导的研究提供了新方法。目前可拉伸电化学传感器发展尚处于起步阶段，相关综述或者专著较少，笔者在此详细介绍柔性可拉伸电极构建及其在细胞力学信号转导监测方面的应用，以方便读者了解该新兴领域的研究进展。

14.3.1　柔性可拉伸电极构建

柔性可拉伸电极通常由导电材料覆盖在弹性基底表面或者包裹于基底内部构成。其中，弹性基底是电极实现机械形变的关键，应用较为广泛的弹性基底材料有聚二甲基硅氧烷(PDMS)、聚氨酯和聚甲基丙烯酸甲酯等；导电材料则多为贵金属纳米材料和碳纳米材料。不同空间维度的纳米材料构建柔性可拉伸电极的策略也不尽相同[47]。

零维(0D)贵金属纳米颗粒(NPs)是一种常用的电极材料,但由于球形 NPs 在随弹性基底发生机械形变过程中会相互分离，不能维持原本贯通连续的导电通路，因此 NPs 通常不适合用于制备可拉伸电极。解决这一问题的关键在于如何保持由 NPs 形成的导电通路的连续性，目前所采用的策略主要是增加导电层中 NPs 的密度。当 NPs 的密度足够大时，机械形变产生的球体间空隙可被附近 NPs 所填充，从而维持电荷在 NPs 间的连续传输[图 14.5(a)][47]。利用该策略，Lin 课题组采用紫外光照射辅助法，在 PDMS 膜表面原位生长了 Au NPs 团簇(颗粒直径 200~400 nm)，成功制备了基于纳米颗粒的可拉伸电极[图 14.5(b)][48]。由于 Au NPs 密度较大，在 PDMS 表面呈连续的 Au 膜状态，与单层 Au NPs 相比，该电极能承受更大的机械形变。采用该策略，最近该研究组制备了表面功能化 Ni 单原子催化剂的氮掺杂中空碳球(N-C)，并利用此纳米材料构建了高灵敏 NO 传感器[图 14.5(c)][49]。

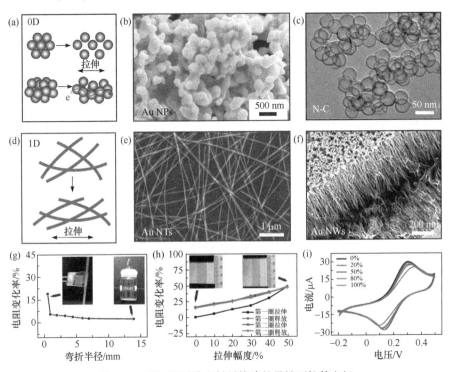

图 14.5　基于不同纳米材料构建的柔性可拉伸电极

(a) 0D 纳米颗粒拉伸示意图；(b)、(c)分别是 Au NPs/PDMS(b)[48]和 N-C/PDMS(c)[49]可拉伸电极的扫描电镜图；(d)1D 纳米材料的拉伸示意图；(e)Au NTs/PDMS 可拉伸电极的扫描电镜图[50]；(f)竖直 Au NWs/PDMS 可拉伸电极的扫描电镜图[53]；(g)、(h)分别是 Au NTs/PDMS 以不同曲率半径进行弯折(g)和拉伸(h)不同幅度的电阻变化图，内插图为相应形变状态下的实物照片[50]；(i)Au NTs/PDMS 拉伸至不同幅度的循环伏安图[50]

目前一维(1D)纳米材料如金属纳米线、碳纳米管等是制备柔性可拉伸电极最合适的导电材料。大长径比的特点使它们可以互相搭接形成连续、交错的网络结构，当基底发生机械形变时，纳米管或纳米线之间发生微观相对旋转、滑动以适应基底宏观形变[图 14.5(d)][47]。鉴于 Au 纳米材料在电化学传感器中的优异性能，具有大长径比的 Au 纳米线(Au NWs)或 Au 纳米管(Au NTs)是构建柔性可拉伸电化学传感器的理想材料，但常规制备方法很难合成。笔者课题组以 Ag NWs(长度 10~20 μm，直径 40 nm)为牺牲模板，通过原位、简便、温和的置换反应，在 PDMS 膜表面制备了基于 Au NTs 网络的可拉伸电极(Au NTs/PDMS)[图 14.5(e)][50]，该电极具有优异的导电性能、电化学传感能力和机械形变性能。即使以 1 mm 的曲率半径进行弯折或拉伸至200%幅度,该电极仍保持良好的导电性和电化学活性[图 14.5(g)～(i)]。利用该方法，通过在三维(3D)多孔 PDMS 支架表面制备 Au NTs，进一步构建了 3D 可拉伸电化学传感器[51]。对于 CNTs，尽管其也具有大的长径比，但由于 CNTs 之间接触电阻较高，影响电极表面电子传递，且拉伸时 CNTs 之间分离使接触电阻进一步急剧增大，限制了 CNTs 网络直接用于可拉伸电极的构建。笔者课题组发展了利用导电聚合物包裹单根 CNTs 管的策略，很好地解决了 CNTs 网络导电稳定性的问题[52]。导电聚合物的包覆显著提高了 CNTs 的电化学活性，并保护 CNTs 之间的连接节点在拉伸过程中不被分离，从而增强了 CNTs 网络的电化学性能及其拉伸稳定性。

除上述将 1D 纳米材料平铺于弹性基底表面外，Cheng 课题组发展了基于竖直 Au NWs 的可拉伸电极[图 14.5(f)][53-56]。他们利用“金种”介导方法，在 3-氨基丙基三乙氧基硅烷(APTES)修饰的弹性基底表面原位生长“金针菇”状的竖直 Au NWs。其中，APTES 作为双向桥连的“分子胶水”，其烷基端与氨基端分别与基底和 Au NWs 相互作用，增强 NWs 与基底之间的结合力，确保了即使在 50% 的形变过程中 Au NWs 也不会从基底表面脱离，从而提升其机械顺应性。

为满足实际监测需求，基于复合纳米结构构建的功能性柔性传感界面也相继被开发。依据前文(14.2 章节)所述的功能化电极界面构建方法，并结合可拉伸电极自身特性，可将不同特性的 1D 纳米材料、0D 纳米材料或生物小分子复合，构建高性能柔性传感界面。例如，笔者课题组在所制备的 Au NTs/PDMS 电极表面复合不同特性的材料，实现了一系列功能性传感界面的构建：CNTs 在其表面复合形成 CNTs/Au NTs 双网络结构，进一步提升了电极的机械稳定性[57]；光催化剂 TiO$_2$ NWs 则赋予电极优异的光催化降解性能，实现了传感界面再生和电极的重复使用[58]；小尺寸、高密度 Pt NPs 催化剂的修饰显著提高了电极对于 H$_2$O$_2$ 响应的灵敏度[59]；RGD 序列肽的仿生接枝极大提高了柔性传感界面的生物相容性[51]。

14.3.2　柔性可拉伸电极实时监测细胞力学信号转导

功能化柔性传感界面为研究细胞力学信号转导奠定了良好的基础。柔性可拉伸电极监测细胞力学信号转导的模式简单描述如下：将机械敏感性细胞培养在电极表面并实现良好黏附[图 14.6(a)][50]，然后通过对电极施加机械应变诱导电极与细胞发生同步形变[图 14.6(b)][52]，并同时实时监测该过程中微量(nmol/L 甚至更低)信号分子的动态释放。

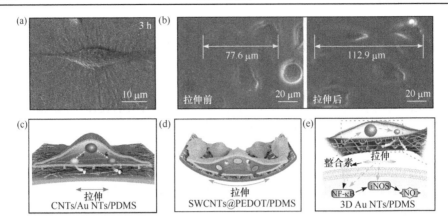

图 14.6 (a) 人脐静脉内皮细胞(HUVEC)在 Au NTs/PDMS 电极表面培养 3 h 后的扫描电镜图[50]；(b)HUVEC 和电极同步形变显微照片[52]；(c)CNTs/Au NTs/PDMS 电极原位诱导 HUVEC 单向拉伸并实时监测力学信号转导示意图[57]；(d)SWCNTs@PEDOT/PDMS 电极原位诱导 HUVEC 周向拉伸并实时监测力学信号转导示意图[68]；(e)3D Au NTs/PDMS 电极原位诱导软骨细胞形变并实时监测力学信号转导示意图[51]。

　　在力学信号转导研究中，内皮细胞(ECs)是被研究最早且最为广泛的机械敏感细胞。ECs 单层作为血管内壁，在体内不断地受到血流机械力的作用，包括血液流动对 ECs 表面产生的剪切力、血液对血管壁产生的静水压力和血管舒张产生的拉伸应力等[60-62]。在力学信号转导过程中，ECs 通过分泌 NO、活性氧(ROS)、前列环素和内皮素等血管活性物质，适应外部机械力刺激，调节血管舒张和炎性过程[63-67]。目前，剪切力引起 NO 的瞬时释放已被传统刚性硬质电极检测，但拉伸应力诱导的快速力学信号转导过程尚不清楚。笔者课题组利用发展的 CNTs/Au NTs/PDMS 可拉伸电极实现了该力学转导过程实时动态监测[图 14.6(c)][57]。结果表明：拉伸应力可激活内皮型一氧化氮合酶(eNOS)引起 NO 瞬时释放，且 NO 释放量随拉伸幅度增大而增加，而过度拉伸(50%)刺激则可能激活细胞 NADPH 氧化酶而产生 ROS。为了更好地模拟 ECs 在体内所受到的周向拉伸应力，通过将柔性可拉伸电极与微流控芯片集成[图 14.6(d)][68]，可模拟 0%～18%应变范围内的周向拉伸，涵盖了人体低血压到高血压状态下 ECs 所承受的应变幅度。利用该装置对 ECs 周向拉伸应力转导进行研究，结果表明在这种与体内形变更为接近的周向拉伸模式下，18%幅度的拉伸应变就可能导致 ROS 产生。然而，由于这两种传感器对 ROS 响应灵敏度不足，无法实现对 ECs 力学信号转导 ROS 释放的定量监测。

　　基于此，笔者课题组进一步利用高效催化剂 PtNPs 修饰的 Au NTs/PDMS 电极，对心血管疾病中生物力与 ROS 水平的关系进行了探究[59]。通过将表面培养 ECs 的电极拉伸至不同幅度，模拟了 ECs 在正常血压(10%)和高血压(20% 和 30%)

下发生的机械形变，并构建了高血压合并高血脂状态 ECs 受到的拉伸应变模型。结果显示，首先，相较于正常血压状态，内皮细胞在高血压状态下具有更高的氧化应激水平；其次，相较于单纯的高血压，高血压合并高血脂条件下 ECs 的氧化应激水平进一步升高。这些结果表明 ECs 力学信号转导中 ROS 的释放量不仅与拉伸幅度呈正相关，还会因为其他共存致病因素而加剧。

　　关节软骨作为关节的重要组成部分，其主要作用是减少关节面之间的摩擦、承受和传递压力，因此力学刺激是维持关节软骨细胞正常生理功能的重要因素之一[69]。然而，当机械应力超出软骨维持自身结构、新陈代谢及修复所需幅度时，则会诱导软骨细胞产生多种与骨退行性疾病炎症反应相关的信号分子，如白介素 1-β(IL-1β)、NO[69,70]。研究已经证实软骨细胞在长时程机械刺激下产生的促炎因子 IL-1β 会经 NF-κB 信号通路激活诱导型一氧化氮合酶(iNOS)，进而释放诱发骨关节炎的重要介质 NO[71]，但机械力刺激是否直接激活 iNOS 产生 NO 尚不明确。笔者课题组利用 RGD 仿生修饰的 3D Au NTs/PDMS 可拉伸电极对该过程进行探究[图 14.6(e)][51]，发现机械力刺激可能通过细胞骨架信号通路，直接激活细胞质中的 iNOS 引起 NO 瞬时释放，这为骨关节炎相关损伤机制研究提供了新思路。

14.4　微米电极单细胞监测

　　细胞是生物体结构和功能的基本单位，大量生命活动在细胞甚至亚细胞层面发生。以细胞为对象开展研究，有助于深入探索生命活动的规律并揭示生命现象的本质。常规检测群体细胞的方法往往会掩盖细胞间的个体差异，因此亟须发展高效的单细胞分析策略，深入研究细胞生命活动过程，揭示疾病发生发展机制。然而，单细胞尺寸小，内部组分含量低，并且某些生化过程只能在胞内特定的空间和有限的时间内发生，常规手段难以有效监测。微米电极是指一维尺寸为微米的一类电极，由于微米电极尺寸远小于常规电极，因此具有许多不同于常规电极的优良电化学特性，适用于监测单细胞甚至亚细胞水平生命过程。20 世纪 90 年代，美国北卡罗来纳大学 Wightman 课题组首次采用碳纤维微米电极，实时监测了单个牛肾上腺嗜铬细胞儿茶酚胺类递质的胞吐释放[72]。自此，基于微电极的单细胞电化学方法在实时定量检测化学信号分子、探测胞吐动力学以及揭示囊泡胞吐分子机制等单细胞生命过程检测和分析领域发挥了非常重要的作用[73-77]。本节将主要介绍微米电极特点、制备方法，以及其在两种重要细胞生理过程——胞吐过程和氧化应激过程中的应用。

14.4.1　微米电极特点及制备方法

微米电极超微的尺寸结构使其具有以下特点：①待测物在电极表面呈球形或半球形扩散，传质速率快；②双电层电容和时间常数小，充电电流小，提高了检测灵敏度，并可快速建立稳态扩散层，研究快速和暂态的电化学反应；③电流在纳安级别甚至更低，故溶液电压降小，有利于在高阻抗介质体系进行检测；④可在微米级限域空间开展无损电化学实验。这些特点赋予微米电极高灵敏度、高时空分辨率等独特优势，可在单细胞水平实现信号分子释放、信号转导、瞬态反应等动态过程的实时监测。

常用的微米电极基底材料主要包括碳材料、金属材料(Ag、Au、Pd、Pt、W等)、ITO 等，碳纤维(直径 $5\sim7$ μm)因其良好的生物相容性以及稳定性，被广泛用于制备超微电极。在制备微米电极的过程中，为暴露微米级电活性面，通常采用玻璃、环氧树脂、电泳漆以及光刻胶等材料对微米电极基底进行整体绝缘。然后，根据绝缘材料的不同，使用不同的方法使部分活性面暴露，如环氧树脂绝缘后再打磨、电泳漆绝缘后自然收缩、高频电脉冲击穿尖端绝缘层、等离子束轰击、腐蚀剂暴露等，完成微米电极的制备。迄今，微米电极制备方法已逐渐成熟，且能够批量生产，并可利用本章 14.2 节所述策略，进一步构建综合性能更为优异的超微传感界面。

单根微米电极虽然能够很好地实现单细胞检测，但其检测过程通常需要借助微操作系统进行精确定位，提高了操作难度和仪器成本。此外，为了获得可靠稳定的数据，通常需要多次测量，进行数据统计，但单根微米电极一次只能对一个细胞进行检测，大大增加了实验所需时间。因此，研究者开发了由多个微电极集成的微电极阵列(microelectrode array，MEA)，阵列内各电极之间相互独立，互不干扰，检测过程中将细胞直接贴附于电极表面，采用多通道检测器，在单细胞水平实现多个细胞高通量同时检测。

14.4.2　微米电极实时监测细胞胞吐

作为生命活动的基本单元，细胞自身的生命过程以及细胞之间的信号传导是实现各种生命活动的基础，其中细胞之间信号传导的物质基础是各种信号分子。细胞受激分泌化学信号分子是胞间通信最重要、最广泛的一种途径，外界刺激、其他细胞产生的刺激及高等动物中神经刺激都可以引起分泌细胞、神经细胞末梢等将化学信号分子分泌到胞外，通过长短不同距离的传输，到达靶细胞，完成胞间通信。

神经元释放神经递质实现神经信号的传导是一种常见的胞间通信过程。神经递质储存在突触前末梢的囊泡中，当神经细胞受到刺激时，相关离子通道打开引起细胞膜的去极化，当神经冲动传递到突触前末梢时，激活 Ca^{2+} 离子通道，引起 Ca^{2+} 内流促使囊泡与突触前膜融合，继而形成融合孔，随后融合孔扩张，神经递质被释放到突触间隙，完成神经递质的胞吐释放过程。释放的神经递质随后与靶细胞受体作用，激活或抑制靶细胞，传递神经信号。在正常机体中，胞吐过程处于动态平衡状态，神经细胞会根据实际情况进行调节。研究表明，囊泡主要采用两种不同模式的胞吐来释放信号分子，一类是传统的"全或无"(all or none)或完全塌陷(full collapse fusion, FCF)模式，在这种模式下，囊泡膜与细胞膜完全融合，释放内部所有的信号分子；另一类称为触-弹(kiss and run, K&R)模式，即囊泡膜并未与细胞膜完全融合，而是形成瞬时的融合孔释放部分信号分子，融合孔闭合后囊泡得以快速恢复。在 K&R 模式下，信号分子释放量由融合孔的大小以及开放时间决定，神经细胞采用这种模式胞吐，可以重复且快速利用胞内囊泡。此外，如果囊泡融合孔形成过程、囊泡释放频率、神经递质释放量等出现异常，则会引起神经系统功能紊乱，进而导致诸如神经退行性疾病等严重的神经系统疾病。因此研究囊泡胞吐动力学过程对于深入理解神经系统功能、疾病诊断和相关药物研发具有极其重要的意义。

微米电极由于尺寸与神经细胞相当，具有极高的时空分辨率，适用于单细胞水平胞吐过程的监测，通常采用的检测方法包括恒电位安培法和快速扫描循环伏安法，其中安培法具有更高的时间分辨率及检测灵敏度，快速扫描伏安法具有更强的选择性[78]。由于传统电化学方法只能检测电活性分子，因此释放电活性神经递质(如 5-羟色胺、儿茶酚胺类神经递质)的神经细胞以及神经内分泌细胞，被广泛用于探究胞吐过程相关分子机制。随着电化学传感界面构建策略的不断发展，非电活性神经递质如谷氨酸的胞吐释放过程也被成功监测，拓展了微米电极在胞吐监测中的应用。

在进行单细胞胞吐监测时，利用微米电极代替突触后膜，以"半人工突触"模式[图 14.7(a)]，接受神经递质信号[76]：通过显微镜观察，借助精密操作系统使微米电极与细胞膜保持足够近的距离(<1 μm)，使用毛细管注射药物刺激神经细胞，细胞发生胞吐作用释放的神经递质分子扩散到电极表面，发生氧化或还原反应产生电化学信号。由于工作电极与细胞间距离小，可保证释放的神经递质全部扩散到电极表面且信号分子从细胞膜表面到电极表面的扩散时间也可以忽略。

使用恒电位安培法检测单个囊泡量子释放可得到如图 14.7(b)和(c)所示的典型安培峰信号[76,79]，以此为基础可对胞吐释放信号分子量以及动力学信息进行准确测量：峰高(I_{max})以及电量(Q_{spike})分别对应于单个囊泡内信号分子的浓度以及分子数；各种时间参数($t_{1/2}$、t_{rise}、τ 等)则对应于信号分子胞吐释放不同阶段动力学信息。此外图中的"脚峰"(foot)信号由递质分子经融合孔扩散到电极表面引起，因此可根据"脚峰"信号对融合孔大小以及开孔时间进行定量分析。基于安培检测得到定量及动力学信息，即可对囊泡胞吐分子机制和释放动力学进行深入研究。

　　传统观点认为胞内单个囊泡释放在安培检测只表现为一个单峰信号，但Sulzer 课题组在监测单个鼠脑神经元中突触囊泡多巴胺释放时，发现了单个囊泡释放引起的复杂安培峰。如图 14.8(a)和(b)所示，这类复杂安培峰常以多重峰形式存在，研究人员认为这种现象是由融合孔闪烁引起的，在这种状态下，融合孔并不会一直开启，而是处于快速重复闪烁状态，每闪烁一次释放 25%～30%的多巴胺，这一结果为神经细胞突触囊泡以 K&R 模式胞吐释放提供了直接证据[80]。

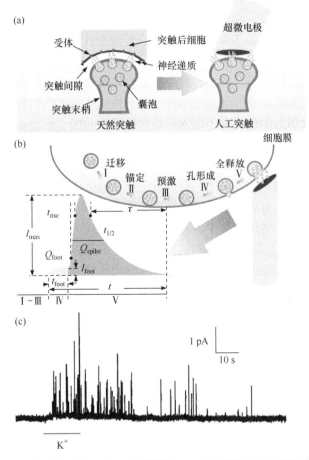

图 14.7　(a)微米电极检测细胞胞吐过程示意图[76]；(b)单个囊泡胞吐不同阶段以及电化学检测
安培信号示意图[76]；(c)胞吐安培检测的典型信号[79]

　　为了同时获得多重信息，Amatore 课题组利用光刻技术制备了 ITO 微电极，并在电极表面滴加悬浮细胞，将全内反射荧光显微技术与电化学检测技术联用，可视化观察胞吐时囊泡的运输模式，同时利用安培法实时监测胞吐事件，深入研究了胞吐以及囊泡运输模式之间的关系[图 14.8(c)][81]。另外研究人员利用具有荧光和电化学活性的神经递质模拟物，实现了神经递质胞吐释放光学和电化学信息的同时记录[图 14.8(d)][82]。在此基础上，为了进一步研究电极位置差异对囊泡胞吐检测信号的影响，Lindau 课题组将鼠嗜铬神经癌细胞(PC12)置于四个直径为 3 μm 的 Pt 电极上，单个细胞同一胞吐事件可被 4 个电极同时探测，且同步获得的荧光数据证实了囊泡胞吐释放位点和微电极检测信号位点一致。结果表明电极表面神经递质的安培响应时间主要受限于细胞表面神经递质较低的表观扩散系数[图 14.8(e)][83]。

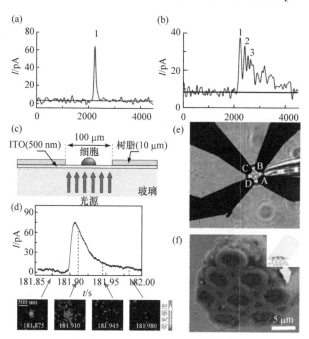

图 14.8　传统的单峰型安培信号(a)和融合孔闪烁引起单个囊泡释放的多重峰安培信号(b)[80]；(c)安培检测和荧光分析联用检测胞吐过程示意图[81]；(d)利用具有荧光和电化学活性的神经递质模拟物检测胞吐过程的电化学信号和荧光信号对应图[82]；(e)四个 Pt 电极同时检测单个 PC12 胞吐[83]；(f)碳环微电极阵列扫描电镜图及其检测单个细胞胞吐热点示意图[85]

神经内分泌细胞具有类似于神经元的活性区结构，被称为分泌热点(hot spots)，该处分泌事件发生频率最高。1994 年，Wightman 课题组利用两个相邻的碳纤维微米电极区分了神经内分泌细胞表面的分泌热点，随后研究人员利用微电极阵列高通量的优势，制备了多种用于单个神经细胞分泌热点检测的微电极阵列，成功检测到单个神经内分泌细胞的分泌热点，证明细胞胞吐事件分布在亚细胞水平存在异质性[图 14.8(f)][84,85]。然而受尺寸限制，微电极空间分辨率只能达到微米量级，无法精确定位分泌位点。更为重要的是，神经递质胞吐主要发生在突触间隙内，而突触间隙尺寸一般小于 100 nm，微米电极对于突触间隙内神经递质胞吐探测无能为力，因此需要发展尺寸更小的纳米级电极，精确定位分泌热点并深入突触间隙进行研究，在更深层次上探讨细胞释放信号分子机制。

14.4.3 微米电极实时监测细胞氧化应激过程

生物氧化和能量转化是一个密切偶联的过程，主要发生在线粒体内膜区域。正常生理条件下，线粒体中绝大部分氧气被充分还原成水并产生 ATP，但约有 0.2%的 O_2 自身作为电子受体接受 1 个电子形成 O_2^-。O_2^- 具有极强的生物活性，可以通过一系列反应生成其他种类活性氧物质(ROS)。其中 NO 等含氮类 ROS 因其在生命活动中发挥独特作用，又称为活性氮(RNS)。ROS/RNS 之间会相互转化，产生更多种类的 ROS/RNS[图 14.9(a)][86]。正常状态下，细胞中的抗氧化物酶、抗氧化剂等防御系统能够将 ROS/RNS 维持在较低水平，而病理状态下 ROS/RNS 稳态机制被打破，细胞会持续性产生大量 ROS/RNS。

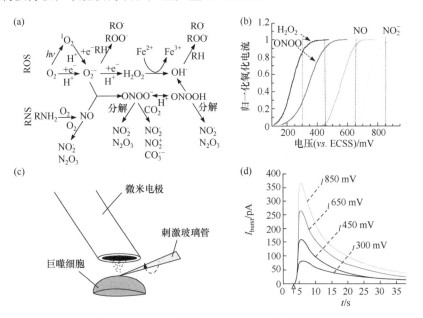

图 14.9　微米电极用于细胞氧化应激过程监测

(a) ROS/RNS 的生成及转化关系图[86]；(b) 铂黑电极检测 ROS/RNS 的归一化线性扫描伏安曲线[88]；
(c) 铂黑电极监测机械刺激下巨噬细胞氧化应激示意图[88]；(d) 巨噬细胞在不同电位下的安培信号图[88]

ROS/RNS 具有多重生理学功能，在调控基因表达、信号转导、先天免疫等正常生命过程中具有极为重要的作用。但因其高化学活性，ROS/RNS 会对其周围的蛋白、核酸、脂质等生物分子进行破坏，引发细胞损伤和机体衰老。医学研究表明，ROS/RNS 与神经退行性疾病、心脑血管疾病、癌症等多种疾病的发生发展具有密切联系。因此，探究细胞氧化应激过程对于细胞生理病理现象的理解、药物研发、疾病防御等具有重要意义。然而，ROS/RNS 往往寿命极短(毫秒级)且含量极低，常规检测手段难以对 ROS/RNS 实时动态监测。超微电极电化学方法具有高时空分辨的独特优势，为探究细胞氧化应激过程提供了有力工具。

Amatore 课题组采用铂黑修饰的碳纤维电极，在单细胞 ROS/RNS 释放检测方面取得了一系列突出研究成果[86]。他们发现 H_2O_2、$ONOO^-$、NO、NO_2^-的氧化电位在铂黑电极上有明显差异[图 14.9(b)][87-90]，通过简单的比例和差减计算可以将电化学信号转化为以上 4 种物质的定量信息，随后根据化学计量关系可换算出初始 ROS/RNS 生成物 O_2^- 和 NO 的生成速率。根据此原理，Amatore 等探究了机械刺激下巨噬细胞的氧化应激过程[图 14.9(c)和(d)]，进一步结合纳米电极探究胞内/外 ROS/RNS 的释放差异[91](纳米电极检测胞内 ROS/RNS 的内容将在 14.5 具体介绍)。结果表明，机械刺激下吞噬细胞内 O_2^- 和 NO 分别主要由细胞膜 NADPH 氧化酶和组成性 NO 合酶催化产生。胞内吞噬溶酶体与细胞膜融合后向外释放 ROS/RNS，且胞内存在 ROS/RNS 快速清除机制以避免细胞自身受到损伤。

14.5 纳米电极亚细胞监测

大量的细胞生化过程发生在亚细胞水平，微米电极因尺寸限制难以对这些限域过程进行高分辨监测，主要体现在以下 3 个方面：①释放热点高时空监测；囊泡直径在几十到几百纳米之间，大量的囊泡在细胞内分布不均，细胞表面存在分泌热点或活性区域，微米尺度电极难以检测单细胞释放位点的空间差异；②突触内实时监测，神经递质胞吐发生在突触间隙内(<100 nm)，微米电极无法探测突触间隙内神经递质释放过程；③胞内过程高时空探测，大部分的生化反应发生在细胞内部，且某些过程只能在特定细胞器内发生。微米电极无法微创地插入细胞内动态监测亚细胞水平的生化反应。因此，必须发展尺寸更小的纳米电极，在亚细胞水平深入探讨细胞瞬态生命过程及内在机制[86,92-97]。

随着微纳加工技术的发展，纳米电极的制作技术也不断提升。目前常见的纳米电极制备技术有以下 3 类：①激光辅助拉制法。对于延展性较好的材料(如 Pt、Au)，可将微米尺度的金属丝装入玻璃管中，利用激光拉制仪将装填金属丝的玻璃管尖端拉伸至纳米级，随后通过抛光等后续处理得到纳米盘状电极。②刻蚀法。利用电化学方法刻蚀金属丝或者火焰刻蚀碳纤维制备圆锥状纳米电极。③材料组装法。通过显微操作技术直接将导电纳米材料(如碳纳米管、纳米线)组装成纳米电极，或通过化学气相沉积及离子溅射等方法直接在纳米管壁沉积导电层。近年来，结合表面功能化技术，纳米电极综合性能得到了进一步提升，此外，纳米孔道等新型纳米电极的出现，拓宽了纳米电极的检测模式和应用范围。

14.5.1　胞外与胞间高时空分辨实时监测

胞内大量的囊泡分布不均匀，细胞表面存在分泌热点或活性区域。微米电极尺度较大，限制了其对特定热点区域的高空间分辨监测。针对这一挑战，笔者课题组发展了一种操作简便的火焰刻蚀制备碳纤维纳米电极(CFNE)的方法[98]，电极尖端直径控制在 100~300 nm。在此基础上对单个 PC12 细胞受刺激释放多巴胺的过程进行动态监测[99]。实验结果证实了多巴胺在细胞中的非均匀分布以及分泌热点的存在，同时还发现了同一分泌热点囊泡的连续胞吐释放现象。Korchev 课题组通过气相沉积在纳米双管的其中一个管腔内制备了碳盘电极，用于电化学信号检测，在另一管内装载刺激液用于 PC12 细胞的局域刺激[100]。利用该双管电极实现了 PC12 细胞局域胞吐释放的动态监测。结果表明，相较于整体刺激，局域刺激单细胞得到的信号频率显著降低，这为细胞释放位点的准确定位提供了可能。

突触是神经元之间功能上发生联系以实现信息传递的关键部位，由突触前、突触后以及突触间隙三部分组成。在化学突触传递的过程中，神经冲动首先传至轴突末梢引发突触前膜兴奋，随后囊泡内的神经递质以量子释放形式释放到突触间隙。在突触间隙内，化学递质通过扩散作用到达突触后膜，与后膜上特殊受体相结合并引发突触后电位。随着神经系统研究的不断深入，人们对于突触内囊泡运输、递质传递过程、胞吐动力学的理解也逐渐完善，但对突触囊泡胞吐方式以及突触后电位的传递过程等仍存在争议。然而，突触间隙尺寸小、信号分子数量少、胞吐速度快(亚毫秒级)且动力学复杂，导致突触间隙信号分子实时、原位、定量监测极为困难。

为此，笔者课题组利用火焰刻蚀和抛光仪加热封口的方法，发展了一种尺寸更小的新型锥状碳纤维纳米电极，电极尖端直径仅有 50~200 nm，长度为 1~2 μm[图 14.10(a)]，并利用该纳米电极首次实现了突触间隙神经递质释放的实时动态监测[101]。随后，结合微流控芯片技术，构建了交感神经元(SCG)和平滑肌细胞(SMC)形成的通信网络[102]，并使用 CFNE 实时探测 SCG-SMC 间隙内单个囊泡胞吐事件[图 14.10(b)]，同时将纳米玻璃电极探入 SMC 内部检测突触后电位响应，在接近体内真实条件下实现突触间隙信息传递的原位监测。实验结果表明，50%以上的胞吐事件具有"复杂峰"信号特征[图 14.10(c)]，且符合 K&R 释放规律，同时还发现胞吐释放热点区域集中在突触间隙内。

随后,CFNE 进一步被用于中枢神经元突触间隙神经递质释放的实时监测以及天然产物对神经退行性疾病作用机理的初步探讨[图 14.10(d)][103]。实验结果发现, 经过神经毒素 6-羟基多巴胺(6-OHDA)损伤后, 多巴胺(DA)神经元递质释放量急剧下降; 而天然产物哈巴苷预处理则能有效抗衡 6-OHDA 的损伤作用, 维持突触囊泡正常释放功能[图 14.10(e)]。进一步的研究表明, 哈巴苷通过减少细胞内 ROS 水平来抑制细胞内α-突触核蛋白(α-syn)单体磷酸化过程, 从而增强突触释放功能[图 14.10(f)]。

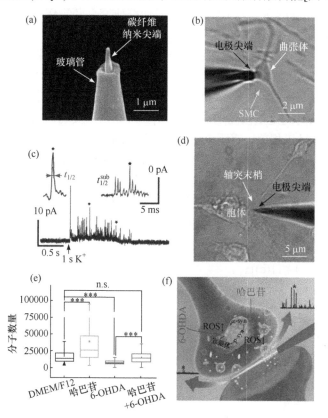

图 14.10　锥状碳纤维纳米电极用于单个突触间隙的胞吐释放检测

CFNE 扫描电镜图(a)及其插入 SMC 突触间隙明场照片(b)[101]; (c)高钾刺激后安培信号图及 "简单峰" 和 "复杂峰" 信号放大图[101]; (d)CFNE 插入多巴胺神经元突触明场照片[103]; (e)不同条件处理下 DA 神经元胞吐释放多巴胺分子数量统计图[103]; (f)CFNE 检测药物调控 DA 神经元突触间隙胞吐释放示意图[103]

14.5.2　胞内高时空分辨实时监测

体内大部分生化过程如各种信号分子的合成、转化以及囊泡运输均在胞内完成, 胞内生化过程的实时动态监测对进一步理解生命活动本质以及疾病的发生发展机理至关重要。下面将根据检测方法及模式的不同, 分别介绍纳米电极在胞内实时探测方面的应用。

1. 胞内活性分子实时动态监测

安培检测是最常用的细胞电化学检测手段。在安培检测中，工作电极保持恒定电位，待测物质分子在其表面发生氧化或者还原反应，产生电流变化，通过持续记录时间和电流信息，实现对单细胞胞内活性物质的实时、动态、定量监测。安培检测法已在胞内活性分子监测、信号通路研究、药物作用机理和评估等方面发挥了重要作用。

Mirkin 课题组与 Amatore 课题组合作，先后在石英纳米管内化学气相沉积碳层和电化学沉积铂纳米颗粒，制备了尖端约 200 nm 的铂黑纳米盘电极[104]。然后，他们根据电位区分 ROS/RNS 的原理，设计出四步电位阶跃法，实现了癌细胞内 ROS/RNS 的长时间定量监测[图 14.11(a)]。研究结果发现，癌细胞的转移活性与 ROS/RNS 含量呈正相关，表明 ROS/RNS 在癌细胞转移过程中具有重要作用。随后，他们进一步将这种纳米电极探入巨噬细胞吞噬溶酶体内，实时监测其中 ROS/RNS 的动态变化[图 14.11(b)][105]。结果表明，在长时间监测过程中，纳米电极电化学氧化消耗 ROS/RNS 的同时，相关酶会持续激活，以维持吞噬溶酶体内 ROS/RNS 高浓度水平；同时发现吞噬溶酶体内主要的 ROS/RNS 是 NO 和 $ONOO^-$，这说明相较于自身反应生成 H_2O_2，初级活性氧 O_2^- 更易与 NO 反应生成 $ONOO^-$[图 14.11(c)]。

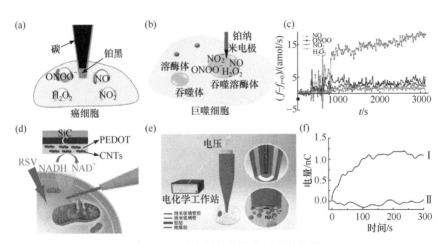

图 14.11　胞内活性分子实时动态监测

铂黑纳米盘电极实时监测癌细胞(a) 和巨噬细胞吞噬溶酶体(b)内 ROS/RNS 示意图[104]；(c) 吞噬溶酶体内 ROS/RNS 检测结果[105]；(d) 功能化纳米线电极检测癌细胞内 NADH 示意图[23]；(e) nanokit 检测癌细胞内葡萄糖示意图；(f) 电极内分别装填葡萄糖氧化酶(Ⅰ)和 PBS(Ⅱ)所获的电量统计结果[106]

NADH 大量存在于线粒体中，调控细胞呼吸作用。线粒体功能障碍会导致线粒体通透性转换孔(mPTP)打开，释放 NADH，最终引发能量代谢中断甚至细胞死亡，因此 NADH 常被认为是线粒体功能障碍的标志物。笔者课题组通过静电吸附作用在纳米线电极表面修饰 PEDOT 包覆的 CNTs，成功制备出功能化的纳米线电极，并将其用于胞内线粒体 NADH 的实时监测[图 14.11(d)][23]。正电性 PEDOT 促进了负电性 NADH 在电极表面的吸附，同时提高了电极的抗毒化性能；CNF_3 则有助于提升电子传递速率。该修饰电极有效降低了 NADH 的过电位，也避免了 NAD^+ 在电极表面吸附引起的电极毒化。细胞实验发现，天然产物白藜芦醇(RSV) 通过促使癌细胞 mPTP 打开，引发 NADH 从线粒体基质释放，最终诱导癌细胞线粒体功能紊乱及细胞凋亡。

当前大部分电化学检测对象局限于电活性物质，为了拓宽电化学传感器检测对象范围，江德臣课题组提出 "纳米试剂盒"(nanokit)的概念[106]。通过在纳米玻璃管外溅射 Pt 层，并采用石蜡绝缘的方法制备出纳米环电极。随后将葡萄糖氧化酶填充在纳米管的尖端，利用电场力将葡萄糖氧化酶泵入细胞胞质内，葡萄糖在酶催化下产生的 H_2O_2 可被 Pt 电极检测，从而实现了对胞内葡萄糖的定量检测[图 14.11(e)和(f)]。这种传感器制备简便，可根据检测对象需求装填不同成分的商品化试剂盒，在细胞器异质性研究方面具有独特优势。随后，该课题组在此基础上，将葡糖苷酶活性检测试剂填充到纳米玻璃管尖端，并利用电场力从细胞内吸取单个溶酶体，实现了对单个溶酶体内葡糖苷酶活性的检测[107]。

2. 胞内囊泡电化学计数法

胞吐在细胞间的信息交流中起着重要作用，胞吐释放递质数量动态变化且受到多种因素调控以维持细胞间通信正常运行，因此，探究囊泡内递质释放的调控机制对于理解细胞的生理病理过程及胞间通信具有重要意义。为实现胞内囊泡中递质分子的定量检测，Ewing 课题组发展了胞内囊泡电化学计数法(intracellular vesicle impact electrochemical cytometry，IVIEC)[108]。IVIEC 的基本原理如图 14.12(a)所示，在电极表面施加一定电位(≥500 mV)后，囊泡与电极的接触部位在 10^6 V/cm 的强电场作用下引发电致穿孔，随后释放的囊泡内容物在电极表面发生氧化反应，产生峰状信号。Ewing 课题组进行了大量实验，对 IVIEC 方法机理进行了深入探讨，研究表明，电位大小、囊泡膜表面多肽和蛋白、囊泡膜的厚度以及电极种类等多种因素均会影响开孔过程[77,109]。IVIEC 法可以直接高灵敏定量检测吞噬溶酶体等囊泡状结构的内部组分。此外，IVIEC 通常与胞外检测结合(利用 IVIEC 检测胞内囊泡含量，利用胞外检测获取胞吐释放量)，通过收集和分析大量具有单个碰撞事件的瞬态峰，来定量胞吐释放比例。

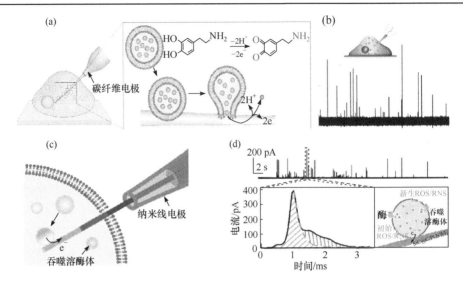

图 14.12 IVIEC 胞内检测

碳纤维纳米电极 IVIEC 检测 PC12 细胞内儿茶酚胺原理图(a)[77]及安培检测结果(b)[108]；SiC@C/Pt NWE 检测巨噬细胞吞噬溶酶体内 ROS/RNS 示意图(c)[115]及安培检测结果，放大部分为"肩峰"特征信号和可能机理(d)[116]

　　Ewing 课题组通过火焰刻蚀法将碳纤维电极前端刻蚀至纳米级，并将其用于单个 PC12 细胞、肾上腺嗜铬细胞、果蝇神经细胞等多种细胞内儿茶酚胺类、章鱼胺等物质的胞吐释放比例检测。在此基础上，该课题组深入探究了重复刺激[110]、不同离子[111,112]以及多种药物[113]等因素对胞吐过程的影响。通过 IVIEC 和胞外检测的结合，他们发现多数细胞的胞吐过程以部分释放方式为主，上述不同刺激因素通过改变胞吐释放比例来影响细胞功能。例如，反复刺激细胞会导致胞吐释放比例增加，该现象表明部分释放机制是调控胞吐释放过程的重要因素，推测多重刺激在突触可塑性和认知记忆方面发挥重要作用。不同离子和多种药物也通过影响递质释放比例发挥调控作用，兴奋性精神药物通常会提高释放比例，抑制性药物则会降低释放比例，这些发现有助于深入理解精神药物的作用机制，有效防止药物滥用和成瘾。另外，他们还发现在果蝇曲张体内也存在部分释放现象，从而进一步证实神经递质释放存在"K&R"模式[114]。

　　利用 IVIEC 检测原理，笔者课题组利用纳米线电极(NWE)实现了巨噬细胞吞噬溶酶体内 ROS/RNS 的亚毫秒级监测[115,116]。在机械强度高的 SiC NW 表面先后气相沉积导电碳层和电化学沉积铂纳米颗粒，构建出 SiC@C/Pt NWE 传感器[图 14.12(c)][115]。该纳米电极直径均匀(400~600 nm)，长度可控，胞内检测时对细胞伤害小，为开展胞内信号分子及代谢过程研究提供了有力的工具。随后，将 SiC@C/Pt NWE 插入巨噬细胞内部，监测单个吞噬溶酶体内 ROS/RNS 含量。实验结果发现，单个吞噬溶酶体内 ROS/RNS 的分子数量存在较大差异，统计结果呈对数正态分布，说明吞噬溶酶体在不同成熟阶段 ROS/RNS 含量存在较大差异性。进一步对峰状信号分析发现，只有 25%的信号与经典的囊泡碰撞特点相符，而 75%的信号在下降阶段出现明显的"肩峰"[图 14.12(d)][116]。这一现象表明，吞噬溶酶体可能存在快速（<1 ms）的 ROS/RNS 稳态调控机制。

　　3. 阻断脉冲检测

　　阻断脉冲检测起源于库尔特计数法和单通道离子电流测量技术。在电场力驱动下，单个待测实体会被限制在纳米尺寸的孔道中。由于待测实体的物理占位作用，较大尺寸的实体会增大通道电阻，引起离子电流下降，形成较强的阻断信号[图 14.13(a)][117]。对阻断事件的阻断电流、阻断时间、阻断频率、峰型等进行研究，可以高通量分辨待测实体并准确解读其行为。目前，纳米孔道因其制备简便、超高灵敏度等特点，已在实体尺寸测定、DNA/RNA 测序、蛋白构象识别、单细胞检测等领域发挥重要作用[118-120]。

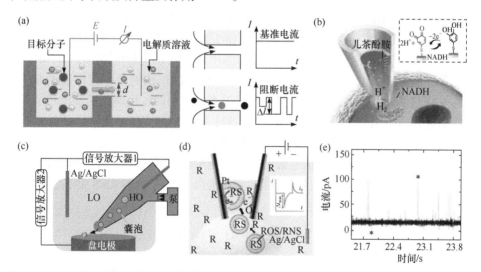

图 14.13　阻断脉冲胞内检测：(a)阻断脉冲检测原理图[117]；(b)不对称无线纳米孔电极检测癌细胞线粒体 NADH 示意图[121]；(c)阻断脉冲和 IVIEC 法检测单个嗜铬细胞囊泡尺寸和儿茶酚胺含量示意图[122]；阻断脉冲耦合安培法检测巨噬细胞吞噬溶酶体内 ROS/RNS 示意图(d)和电化学信号图(e)[123]

　　将常规电化学检测信号转换为阻断脉冲信号，可以显著提高目标物检测的灵敏度。龙亿涛课题组结合双极电极与阻断脉冲检测原理，制备了不对称无线纳米孔电极，实现了对单个癌细胞内线粒体 NADH 的高灵敏监测[图 14.13(b)][121]。该课题组首先在纳米管内溅射 Au 层，并采用电化学沉积法在管内修饰邻苯二酚基团。当对电极施加偏置电压时，远离纳米孔端的邻苯二酚基团催化 NADH 氧化反应, 而靠近纳米孔端 H⁺则被还原成为 H₂, 生成的氢气泡被限制在纳米孔道中产生阻断电流。这种纳米孔电极将法拉第信号转换成为阻断电流信号, 从而将电流分辨率从 nA 级提高到 pA 级, 实现了胞内 NADH 的高灵敏度和高选择性检测。细胞实验结果表明, 抗癌药物紫杉醇通过抑制细胞内代谢可显著降低NADH 浓度。

Ewing 课题组结合阻断脉冲和囊泡电化学计数法, 同时测量了单个嗜铬细胞囊泡尺寸和儿茶酚胺含量[图 14.13(c)][122]。他们在纳米管内外构建不同渗透压的环境, 加速了囊泡在电极表面的破裂速度, 并通过阻断脉冲法测量单个囊泡的尺寸, 利用下方微米盘电极检测囊泡内儿茶酚胺的含量。实验结果表明, 囊泡大小和儿茶酚胺浓度与囊泡内部致密核心的形成与否密切相关, 致密核心囊泡内儿茶酚胺浓度和分子数量更高。基于此现象, 作者提出了囊泡成熟过程的新猜测, 即未成熟的囊泡通过网格蛋白包被形式出芽排出无关蛋白, 导致囊泡尺寸略微减小; 随后, 囊腔酸化并形成致密核心, 囊腔内儿茶酚胺的浓度进一步增加。

此外, 直接耦合阻断脉冲检测与法拉第检测可实现双信号的同时获取, 有助于获取更丰富的电化学信息。Mirkin 课题组和江德臣课题组合作, 通过耦合两种检测方式, 实现了巨噬细胞吞噬溶酶体尺寸和内部 ROS/RNS 的定量检测[图 14.13(d)][123]。他们先后在纳米玻璃管内气相沉积碳层和电化学沉积铂纳米颗粒构建纳米管电极, 并将其插入细胞内。当对电极施加足够高的电位时, 巨噬细胞囊泡进入纳米管腔引起孔道电阻变化, 产生阻断脉冲信号; 同时依照 IVIEC 原理, 囊泡在电极内壁碰撞电穿孔后, 内部 ROS/RNS 扩散到电极表面发生氧化反应, 产生法拉第信号[图 14.13(e)]。阻断脉冲信号表明巨噬细胞胞内囊泡尺寸在 40~140 nm 之间, 电位区分法检测表明未激活状态巨噬细胞囊泡内主要的 ROS/RNS 是 NO。

14.6　总结与展望

近些年来, 电化学方法以其独特的优势, 在细胞生命活动探测方面取得了重要进展。本章主要针对细胞实时动态电化学监测的需求, 总结了高性能电化学传感界面的构筑策略, 重点介绍了柔性可拉伸电极、微纳米电极在细胞电化学领域取得的研究成果。当前, 各种电极制备及界面构建策略逐渐成熟, 电化学传感器的综合性能显著提升, 且在细胞快速生命过程探测等方面取得了重要发现, 提升了对力学信号转导、神经信号传递、胞内氧化应激和代谢等生命过程的认知水平。然而, 胞内结构和物质组成极其复杂, 仍有大量生命过程尚不明确。可以预见, 随着材料科学、纳米科学和微纳加工技术的飞速发展, 以及生物医学研究的不断深入, 细胞电化学领域未来有望在以下方面取得重要突破。

(1) 电化学传感性能提升：尽管目前在高性能电化学传感界面构建方面已经取得重要进展，但由于细胞基质复杂且目标分子含量低，为实现细胞活性分子的准确、高效监测，传感器在灵敏度、选择性以及抗污染性能等方面仍需进一步提升。开发新型电极材料或修饰材料(如单原子催化剂、新型复合材料等)，发挥不同修饰材料或基团的协同作用，有望进一步提升电极传感界面的综合性能。

(2) 电极制备新技术开发：目前，用于细胞监测的高性能电化学传感器制备过程较为烦琐，尤其是微纳电极制备需要精细化操作，且功能化电极制备往往涉及多步修饰过程。因此，需要发展更为简便的电极制备方法，例如，通过综合运用化学合成、静电纺丝、分子组装等技术，同步实现电极批量制备及界面功能化，显著提高电极制备效率。此外，柔性可拉伸电极虽已实现群体细胞力学信号转导的实时监测，但却难以深入研究单细胞或亚细胞水平机械力作用。因此，需开发可拉伸微电极制备技术，并结合刺激响应体系(如光或磁刺激)，实现单细胞和亚细胞水平的局域化力学操纵和检测。

(3) 细胞多维信息获取：电化学检测方法通常只能获取单一信息，多种检测技术联用可同步获取细胞生命过程的多维信息。一方面，可将不同电化学检测模式联用，例如，阻断脉冲与法拉第检测联用，可同时获取待测物的尺寸和电化学信息。另一方面，可将电化学检测方法与其他分析技术集成，例如，荧光成像和电化学检测技术结合，发挥荧光可视化和电化学高时空分辨率的优势，可深入探究复杂信号转导通路的作用机制；通过将以二次离子质谱为代表的质谱方法与电化学分析方法联用，可望实现胞内活性分子的高时空分辨定性、定量监测。

(4) 生物医学问题深入探索：生物体内细胞行为受到多种因素调控，胞内环境复杂，胞内活性分子随时空高度动态变化。尽管人们在细胞生命活动的监测中取得了一些重要发现，但对于胞内生理活动与代谢通路、多组分的稳态调控、胞间信号传递以及重大疾病的发生发展等复杂生命过程，仍有大量未解之谜有待揭示。因此，利用电化学传感器在单细胞及亚细胞水平深入开展研究，将会深化对生理病理过程的认识，为疾病预防、早期诊断和药物研发等提供理论基础。

可以预见，随着电化学传感器性能的不断提升、新型检测模式的构建和联用技术的开发，电化学传感器在探测细胞生命活动中的应用范围将会进一步拓宽，细胞电化学研究将为深入理解动态生命过程提供科学依据，为疾病诊断和药物开发等更多领域提供新的视野和思路，从而进一步推动生物医学的发展。

参 考 文 献

[1] 高体玉，冯军，慈云祥. 化学进展, 1998, 10(3): 305-311.

[2] 程介克. 单细胞分析. 北京：科学出版社, 2005.

[3] 赵婧，朱小立，李根喜. 分析化学, 2012, 40: 823-829.

[4] 庞代文，蒋兴宇，黄卫华. 纳米生物检测. 北京：科学出版社, 2014.

[5] Xiao C, Liu Y L, Xu J Q, et al. Analyst, 2015, 140: 3753-3758.

[6] Liu J T, Hu L S, Liu Y L, et al. Angewandte Chemie International Edition, 2014, 53: 2643-2647.

[7] Daniel M, Astruc D. Chemical Reviews, 2004, 104: 293-346.

[8] Luo X, Morrin A, Killard A J, et al. Electroanalysis, 2006, 18: 319-326.

[9] Pingarrón J M, Yáñez-Sedeño P, González-Cortés A. Electrochimica Acta, 2008, 53: 5848-5866.

[10] Barlow S T, Louie M, Hao R, et al. Analytical Chemistry, 2018, 90: 10049-10055.

[11] Ai F, Chen H, Zhang S H, et al. Analytical Chemistry, 2009, 81: 8453-8458.

[12] Xu J Q, Duo H H, Zhang Y G, et al. Analytical Chemistry, 2016, 88: 3789-3795.

[13] George J M, Antony A, Mathew B. Microchimica Acta, 2018, 185: 358.

[14] Kang M, Lee Y, Jung H, et al. Analytical Chemistry, 2012, 84: 9485-9491.

[15] Shim J H, Lee Y, Kang M, et al. Analytical Chemistry, 2012, 84: 3827-3832.

[16] Wang T, Zhu H, Zhuo J, et al. Analytical Chemistry, 2013, 85: 10289-10295.

[17] Dai H, Chen Y, Niu X, et al. Biosensors and Bioelectronics, 2018, 118: 36-43.

[18] Gong K, Yan Y, Zhang M, et al. Analytical Sciences, 2005, 21: 1383-1393.

[19] Xiang L, Yu P, Hao J, et al. Analytical Chemistry, 2014, 86: 3909-3914.

[20] Zhu M, Zeng C, Ye J. Electroanalysis, 2011, 23: 907-914.

[21] Du J, Yue R, Ren F, et al. Biosensors and Bioelectronics, 2014, 53: 220-224.

[22] Privett B J, Shin J H, Schoenfisch M H. Chemical Society Reviews, 2010, 39: 1925-1935.

[23] Jiang H, Qi Y T, Wu W T, et al. Chemical Science, 2020, 11: 8771-8778.

[24] Malinski T, Taha Z. Nature, 1992, 358: 676-678.

[25] Liu Y L, Wang X Y, Xu J Q, et al. Chemical Science, 2015, 6: 1853-1858.

[26] Liao Q L, Jiang H, Zhang X W, et al. Nanoscale, 2019, 11: 10702-10708.

[27] Pan C, Wei H, Han Z, et al. Current Opinion in Electrochemistry, 2020, 19: 162-167.

[28] Hou H, Jin Y, Wei H, et al. Angewandte Chemie International Edition, 2020, 59: 18996-19000.

[29] Liu X, Barizuddin S, Shin W, et al. Analytical Chemistry, 2011, 83: 2445-2451.

[30] Guo C X, Ng S R, Khoo S Y, et al. ACS Nano, 2012, 6: 6944-6951.

[31] Sudibya H G, Ma J, Dong X, et al. Angewandte Chemie International Edition, 2009, 48: 2723-2726.

[32] Jiang C, Wang G, Hein R, et al. Chemical Reviews, 2020, 120: 3852-3889.

[33] Patel J, Radhakrishnan L, Zhao B, et al. Analytical Chemistry, 2013, 85: 11610-11618.

[34] Sabaté Del Río J, Henry O Y F, Jolly P, et al. Nature Nanotechnology, 2019, 14: 1143-1149.

[35] Gooding J J. Nature Nanotechnology, 2019, 14: 1089-1090.

[36] Vreeland R F, Atcherley C W, Russell W S, et al. Analytical Chemistry, 2015, 87: 2600-2607.

[37] Zhou L, Hou H, Wei H, et al. Analytical Chemistry, 2019, 91: 3645-3651.

[38] Feng T, Ji W, Zhang Y, et al. Angewandte Chemie International Edition, 2020, 59: 23445-23449.

[39] Liu X, Xiao T, Wu F, et al. Angewandte Chemie International Edition, 2017, 56: 11802-11806.

[40] Wei H, Wu F, Li L, et al. Analytical Chemistry, 2020, 92: 11374-11379.

[41] Xu J Q, Liu Y L, Wang Q, et al. Angewandte Chemie International Edition, 2015, 54:

14402-14406.

[42] Liu Y L, Chen Y, Fan W T, et al. Angewandte Chemie International Edition, 2020, 59: 4075-4081.

[43] Ruiz-Valdepeñas Montiel V, Sempionatto J R, Esteban-Fernández de Ávila B, et al. Journal of the American Chemical Society, 2018, 140: 14050-14053.

[44] Wang N, Tytell J D, Ingber D E. Nature Reviews Molecular Cell Biology, 2009, 10: 75-82.

[45] Hoffman B D, Grashoff C, Schwartz M A. Nature, 2011, 475: 316-323.

[46] Humphrey J D, Dufresne E R, Schwartz M A. Nature Reviews Molecular Cell Biology, 2014, 15: 802-812.

[47] Liu Y L, Huang W H. Angewandte Chemie International Edition, 2021, 60: 2757-2767.

[48] Zhao X, Wang K, Li B, et al. Analytical Chemistry, 2018, 90: 7158-7163.

[49] Zhou M, Jiang Y, Wang G, et al. Nature Communications, 2020, 11: 3188.

[50] Liu Y L, Jin Z H, Liu Y H, et al. Angewandte Chemie International Edition, 2016, 55: 4537-4541.

[51] Qin Y, Hu X B, Fan W T, et al. Advanced Science, 2021, 8: 2003738.

[52] Jin Z H, Liu Y L, Chen J J, et al. Analytical Chemistry, 2017, 89: 2032-2038.

[53] Wang Y, Gong S, Wang S J, et al. ACS Nano, 2018, 12: 9742-9749.

[54] Zhai Q, Wang Y, Gong S, et al. Analytical Chemistry, 2018, 90: 13498-13505.

[55] Lyu Q, Zhai Q, Dyson J, et al. Analytical Chemistry, 2019, 91: 13521-13527.

[56] Zhai Q, Yap L W, Wang R, et al. Analytical Chemistry, 2020, 92: 4647-4655.

[57] Liu Y L, Qin Y, Jin Z H, et al. Angewandte Chemie International Edition, 2017, 56: 9454-9458.

[58] Wang Y W, Liu Y L, Xu J Q, et al. Analytical Chemistry, 2018, 90: 5977-5981.

[59] Fan W T, Qin Y, Hu X B, et al. Analytical Chemistry, 2020, 92: 15639-15646.

[60] Chien S. American Journal of Physiology Heart and Circulatory Physiology, 2007, 292: H1209-H1224.

[61] Hahn C, Schwartz M A. Nature Reviews Molecular Cell Biology, 2009, 10: 53-62.

[62] Charbonier F W, Zamani M, Huang N F. Advanced Biosystems, 2019, 3: 1800252.

[63] Carosi J A, Eskin S G, Mcintire L V. Journal of Cellular Physiology, 1992, 151: 29-36.

[64] Wang D L, Wung B S, Peng Y C, et al. Journal of Cellular Physiology, 1995, 163: 400-406.

[65] Lehoux S, Castier Y, Tedgui A. Journal of Internal Medicine, 2006, 259: 381-392.

[66] Harrison D G, Widder J, Grumbach I, et al. Journal of Internal Medicine, 2006, 259: 351-363.

[67] Chatterjee S, Fisher A B. Antioxidants & Redox Signaling, 2014, 20: 868-871.

[68] Jin Z H, Liu Y L, Fan W T, et al. Small, 2019, 16: 1903204.

[69] Varady N H, Grodzinsky A J. Osteoarthritis and Cartilage, 2016, 24: 27-35.

[70] Sanchez-Adams J, Leddy H A, Mcnulty A L, et al. Current Rheumatology Reports, 2014, 16: 451.

[71] Marcu K B, Otero M, Olivotto E, et al. Current Drug Targets, 2010, 11: 599-613.

[72] Wightman R M, Jankowski J A, Kennedy R T, et al. Proceedings of the National Academy of Sciences of the United States of America, 1991, 88: 10754-10758.

[73] Mosharov E V, Sulzer D. Nature Methods, 2005, 2: 651-658.

[74] Wightman R M. Science, 2006, 311: 1570-1574.

[75] Schulte A, Schuhmann W. Angewandte Chemie International Edition, 2007, 46: 8760-8777.

[76] Wang W, Zhang S H, Li L M, et al. Analytical and Bioanalytical Chemistry, 2009, 394: 17-32.

[77] Phan N T N, Li X, Ewing A G. Nature Reviews Chemistry, 2017, 1: 48.

[78] Puthongkham P, Venton B J. Analyst, 2020, 145: 1087-1102.

[79] Hochstetler S E, Puopolo M, Gustincich S, et al. Analytical Chemistry, 2000, 72: 489-496.

[80] Staal R G W, Mosharov E V, Sulzer D. Nature Neuroscience, 2004, 7: 341-346.

[81] Amatore C, Arbault S, Chen Y, et al. Angewandte Chemie International Edition, 2006, 45: 4000-4003.

[82] Liu X, Savy A, Maurin S, et al. Angewandte Chemie International Edition, 2017, 56: 2366-2370.

[83] Hafez I, Kisler K, Berberian K, et al. Proceedings of the National Academy of Sciences of the United States of America, 2005, 102: 13879-13884.

[84] Schroeder T J, Jankowski J A, Senyshyn J, et al. Journal of Biological Chemistry, 1994, 269: 17215-17220.

[85] Lin Y, Trouillon R, Svensson M I, et al. Analytical Chemistry, 2012, 84: 2949-2954.

[86] Amatore C, Arbault S, Guille M, et al. Chemical Reviews, 2008, 108: 2585-2621.

[87] Amatore C, Arbault S, Bruce D, et al. Chemistry -A European Journal, 2001, 7: 4171-4179.

[88] Amatore C, Arbault S, Bouton C, et al. ChemBioChem, 2006, 7: 653-661.

[89] Li Y, Sella C, Lemaître F, et al. Electroanalysis, 2013, 25: 895-902.

[90] Li Y, Sella C, Lemaître F, et al. Electrochimica Acta, 2014, 144: 111-118.

[91] Wang Y, Noel J M, Velmurugan J, et al. Proceedings of the National Academy of Sciences of the United States of America, 2012, 109: 11534-11539.

[92] Zheng X T, Li C M. Chemical Society Reviews, 2012, 41: 2061-2071.

[93] Zhang J, Zhou J, Pan R, et al. ACS Sensors, 2018, 3: 242-250.

[94] Oomen P E, Aref M A, Kaya I, et al. Analytical Chemistry, 2019, 91: 588-621.

[95] Chen H. Science China Chemistry, 2020, 63: 564-588.

[96] Zhang X, Hatamie A, Ewing A G. Current Opinion in Electrochemistry, 2020, 22: 94-101.

[97] Hu K, Nguyen T D K, Rabasco S, et al. Analytical Chemistry, 2021, 93: 41-71.

[98] Huang W H, Pang D W, Tong H, et al. Analytical Chemistry, 2001, 73: 1048-1052.

[99] Wu W Z, Huang W H, Wang W, et al. Journal of the American Chemical Society, 2005, 127: 8914-8915.

[100] Takahashi Y, Shevchuk A I, Novak P, et al. Angewandte Chemie International Edition, 2011, 50: 9638-9642.

[101] Li Y T, Zhang S H, Wang L, et al. Angewandte Chemie International Edition, 2014, 53: 12456-12460.

[102] Li Y T, Zhang S H, Wang X Y, et al. Angewandte Chemie International Edition, 2015, 54: 9313-9318.

[103] Tang Y, Yang X K, Zhang X W, et al. Chemical Science, 2020, 11: 778-785.

[104] Li Y, Hu K, Yu Y, et al. Journal of the American Chemical Society, 2017, 139: 13055-13062.

[105] Hu K, Li Y, Rotenberg S A, et al. Journal of the American Chemical Society, 2019, 141:

4564-4568.

[106] Pan R, Xu M, Jiang D, et al. Proceedings of the National Academy of Sciences of the United States of America, 2016, 113: 11436-11440.

[107] Pan R, Xu M, Burgess J D, et al. Proceedings of the National Academy of Sciences of the United States of America, 2018, 115: 4087-4092.

[108] Li X, Majdi S, Dunevall J, et al. Angewandte Chemie International Edition, 2015, 54: 11978-11982.

[109] Lovrić J, Najafinobar N, Dunevall J, et al. Faraday Discussions, 2016, 193: 65-79.

[110] Gu C, Larsson A, Ewing A G. Proceedings of the National Academy of Sciences of the United States of America, 2019, 116: 21409-21415.

[111] Ren L, Oleinick A, Svir I, et al. Angewandte Chemie International Edition, 2020, 59: 3083-3087.

[112] He X, Ewing A G. Journal of the American Chemical Society, 2020, 142: 12591-12595.

[113] Zhu W, Gu C, Dunevall J, et al. Angewandte Chemie International Edition, 2019, 58: 4238-4242.

[114] Larsson A, Majdi S, Oleinick A, et al. Angewandte Chemie International Edition, 2020, 59: 6711-6714.

[115] Zhang X W, Qiu Q F, Jiang H, et al. Angewandte Chemie International Edition, 2017, 56: 12997-13000.

[116] Zhang X W, Oleinick A, Jiang H, et al. Angewandte Chemie International Edition, 2019, 58: 7753-7756.

[117] Makra I, Gyurcsányi R E. Electrochemistry Communications, 2014, 43: 55-59.

[118] Wang Y, Wang D, Mirkin M V. Proceedings of the Royal Society A, 2017, 473: 20160931.

[119] Baker L A. Journal of the American Chemical Society, 2018, 140: 15549-15559.

[120] Yu R J, Ying Y L, Gao R, et al. Angewandte Chemie International Edition, 2019, 58: 3706-3714.

[121] Ying Y, Hu Y, Gao R, et al. Journal of the American Chemical Society, 2018, 140: 5385-5392.

[122] Zhang X, Hatamie A, Ewing A G. Journal of the American Chemical Society, 2020, 142: 4093-4097.

[123] Pan R, Hu K, Jia R, et al. Journal of the American Chemical Society, 2020, 142: 5778-5784.

第15章　活体电化学分析

15.1　引　　言

　　大脑是人类中结构最精密、功能最复杂的器官，在维持人体各项生理功能中发挥着不可替代的作用。探索脑生物学功能的奥秘、理解神经生理和病理过程的本质是现代科学的重要研究前沿，也是人们全面认识自然、认识自我的终极目标之一。脑科学是研究大脑的结构与功能，以及行为与心理活动的前沿交叉学科，它在多个水平和层次上阐明脑功能的机制，对于增进人类神经活动的效率，提高人类对神经系统疾病的认识、预防、诊断和治疗具有极其重要的意义。由此，各国相继启动并开展了脑科学的研究计划。例如，2013 年年初，欧盟委员会宣布"人脑工程"为欧盟未来十年的"新兴旗舰技术项目"；同年 4 月，美国奥巴马政府宣布实施"脑计划"；6 月，日本启动"脑/思维计划"。经过反复酝酿，我国已初步启动"中国脑计划"，旨在深入认识脑功能的基本规律，并研发脑疾病诊治新方法、脑机智能新技术。

　　神经元是构成脑的基本单元，神经电信号的传递和不同神经元之间突触间隙化学信号的传递为脑神经功能的正常行使提供了保障。其中，化学信息传递是神经系统中最常见、最重要的信息传递方式，其主要通过一系列小分子神经传递物质来完成：当神经信号传递到神经细胞末梢时，突触前膜囊泡内的神经递质被释放入突触间隙，并与突触后膜的特异性受体相结合，引起突触后神经元的兴奋性突触后电位或抑制性突触后电位，进而完成神经元间的信号传递[1]。这一过程通常需要众多神经化学物质的共同参与，例如，神经递质(如儿茶酚胺、谷氨酸、γ-氨基丁酸、乙酰胆碱、神经肽等)、神经调质(如抗坏血酸等)、能量物质(如葡萄糖、乳酸、ATP 等)、离子(如 H^+、K^+、Na^+、Ca^{2+}、Cl^-等)以及其他重要的神经分子(如 H_2O_2、H_2S、NO 等)[2,3]。这些神经化学物质构成了大脑生物功能的基础，其存在水平的失衡都会对神经系统造成严重影响，甚至会导致神经元凋亡，进一步引发神经退行性疾病。因此，针对脑内神经化学物质开展脑神经的分析化学研究，对于探索和认识神经生理与病理的分子机制具有极其重要的意义。

　　一般说来，脑神经化学分析可由以下四个层次展开：突触体水平、细胞水平、脑切片水平和活体水平。其中，突触体、细胞和脑切片研究均需要将待测部分从脑中分离，难以保持并还原脑内真实的环境和神经连接。具体来看，突触体层次的研究有利于认识和理解发生在轴突终端神经递质囊泡释放和再吸收的过程。细胞层次的研究可以针对细胞信号转导过程进行干预和调控,揭示局部神经元的调节过程,在一定程度上反映神经元在生理条件下的功能。脑切片技术保持了局部神经循环和连接的完整性,能够真实地反映特定脑区的功能,是神经科学研究中最常用的体外分析技术之一。然而,由于脑切片周围存在坏死组织,切片组织的代谢活性与在体组织差别仍然很大。同时,保持脑切片活性所需的条件较为苛刻,且保存时间很短,在脑切片层次开展周期较长的生理功能研究仍存在困难。所以,真实全面地理解脑神经活动的化学过程,仍需要尽可能保证大脑活动的完整性。

与在突触、细胞、脑切片水平的研究相比,活体动物水平的研究能够保持大脑结构和功能的完整性,同时能够与动物的行为学密切关联,在神经生理和病理过程分子机制的研究中具有独特优势[4]。目前,在活体层次开展神经化学的研究可概括为非侵入式和侵入式两大类。非侵入式方法包括各种成像方法,如荧光成像[5]、双光子成像[6]、磁共振成像(magnetic resonance imaging,MRI)[7]、功能磁共振成像(functional magnetic resonance imaging,fMRI)[8]、磁共振波谱(magnetic resonance spectroscopy,MRS)[9]、正电子发射断层扫描(positron emission tomography,PET)[10]、单光子发射计算机断层扫描(single photon emission computed tomography,SPECT)[11]等。侵入式方法则主要包括微电极伏安法、微透析技术、微穿刺技术、脑片推挽灌流等[12, 13]。非侵入式技术具有无损的优势,但是目前这些技术主要侧重于结构成像,可分析的神经化学物质种类少且时空分辨率不高,同时设备昂贵也限制了该技术在实际研究中的应用。侵入式技术能够准确获取化学物质的信息,具有较好的化学特异性和时空分辨率,且所需仪器设备相对简单,易为生理学家所接受。以上两种活体分析方法可互为补充,为揭示大脑的奥秘提供重要的研究工具和手段。

在各类活体分析方法中,以活体植入微电极或微透析探针发展起来的电化学分析方法因具有时空分辨率高、选择性好、灵敏度高等优点,可实现活体、原位、实时以及多组分同时分析,已被成功应用于脑内部分神经化学物质的检测[14-18]。但是,随着研究的不断进步,发展脑神经化学分析新原理与新方法,进一步促进神经化学研究的纵深发展,已经成为该领域亟须发展但仍具挑战的科学瓶颈。通过建立方法学,分析监测神经化学物质的基础水平及其在一系列生理、病理过程中的变化,对于理解神经过程中分子的变化规律,揭示并调控神经生理和病理过程的化学过程,进一步推动分析化学与脑神经科学的交叉融合均具有极其重要的意义。本章将结合作者所在课题组近期的研究进展,围绕活体电化学分析及其在脑神经化学研究中的应用而展开,旨在探讨活体分析中存在的关键问题及其可能的解决方法,并对该领域的发展趋势进行展望。

15.2　关　键　问　题

活体电化学分析的飞速发展为脑科学领域的研究做出了重要贡献。利用微透析活体取样-在线电化学分析以及原位活体电化学分析方法，开展多种生理活性小分子物质的实时检测，极大地加深了人们对脑神经过程物质基础的理解和认识。然而，随着人们对大脑的认识更加深入，又对分析方法提出更为严苛的要求。例如，微透析活体取样-在线电化学检测方法虽具有选择性好、分析步骤简单、时间分辨率接近实时等优点，但是时间空间分辨率仍有待于进一步提高，同时较难实现脑内化学信息的无线传感；基于微电极技术的活体原位电化学分析可以实时监测脑内生理活性物质的动态变化，但是其仅能提供脑神经活动过程中的化学信息，难以直接与神经元之间的信号转导过程建立联系。同时，两种方法可以检测的物质仍然有限，且在神经生理和病理过程中，多组分的同时分析仍面临着巨大挑战。该领域面临的关键问题可概括如下。

1. 复杂体系分析

面对脑内复杂环境，如何在活体层次上选择性地对某一种神经化学物质进行分析，是发展脑化学分析的关键瓶颈问题之一。在活体体系中，脑内各类细胞(如神经元和胶质细胞)构成复杂神经网络，其中部分神经化学物种不仅共存，且具有极为相近的分子结构与反应性质；另外，脑内各种神经化学物质分布不一，浓度高低迥异。这些特点对于发展高选择性分析方法提出极高的要求。目前，尽管已经可以有效检测能量代谢物质，以及部分神经化学物质(如谷氨酸、乙酰胆碱、儿茶酚胺类等)，但对于部分氨基酸、自由基、多肽等重要生理活性分子的分析测定仍然是一个难题。如何能够在脑内复杂的化学和生理环境中开展活体分析化学研究，是该领域一直面临且无法规避的挑战性问题。建立活体分析化学新原理和新方法(如基于智能配体的识别模式或者纳米孔技术)，进一步提高活体分析的选择性和灵敏度，是未来该领域的研究重点。

2. 活体分析方法兼容性

相比于现有的分析化学学科方向，脑化学分析研究更加关注方法间的兼容性。一方面，脑化学分析方法兼容性体现在不同信息的同步记录。神经信息的传递主要通过神经元电信号和神经化学物质传递(即化学信号)两种模式共同实现，因此同步记录化学信号与电生理信号对探究脑神经生理和病理过程(如成瘾、脑缺血、学习与记忆等)化学机制具有重要意义。然而，目前较为成熟的神经电化学分析通常基于电解池原理，难以与电生理方法实现较好兼容。另一方面，脑化学分析方法兼容性体现在脑内植入电极与内源性生物分子间的相互作用。无论是碳纤维电极，还是电生理电极，在植入脑内的过程中均易受到脑内蛋白质分子的非特异性吸附，从而造成表面污染。这种污染不仅会降低检测信号的准确性，还容易诱发附近神经细胞的炎症反应，使电极难以用于长时间植入和信号记录。因此，有效提高方法的兼容性是脑化学分析中的另一个重要研究内容。

3. 高时空分辨分析

在神经生理和病理过程中，很多生理活性分子的形成、迁移、降解速度极快，不仅如此，这些生理活性物质在神经系统不同区域(如突触间隙、细胞间和不同脑区)中的变化也不尽相同。因此，发展高时空分辨的新方法，准确捕获这些分子的实时变化信息，是脑化学分析中的另一个瓶颈。相比微透析活体取样-样品分离-在线电化学检测，微透析活体取样-在线电化学检测以及活体伏安法虽然具有更高的时间分辨率，但是这些方法所检测的仍是特定时间单位内神经递质扩散至细胞间隙中的平均浓度变化，既无法反映神经传递过程中突触间隙内的情况，又难以得到自由基等寿命较短的神经化学物质的信息。为提高活体电化学分析的时空分辨率，提高微透析的速度、减小微透析探针和微电极尺寸或是下一步的发展趋势。

4. 高灵敏分析

在神经化学传递过程中，神经递质和调质(如多巴胺、谷氨酸等)往往具有较低的浓度(nmol/L 级)。然而，目前基于碳纤维电极发展的原位活体电化学分析方法仍难以实现对基础浓度的准确分析。例如，快速扫描伏安法虽然能够记录多巴胺释放过程中的浓度变化，但是由于在信号处理过程中需要扣除电极双电层充电电流，故该方法尚难以用于多巴胺基础值浓度的测定。同时，该方法学上的限制也导致其难以满足单细胞神经递质分泌检测的要求。因此，发展重要生理活性分子的高灵敏分析新原理和新方法，是神经分析化学研究中的重要方向之一。

5. 活体分析化学与调控

在满足以上要求的条件下，将活体分析化学技术与前沿生物学技术(如光遗传、基因编辑以及电生理和成像等技术)相结合，实现活体层次化学机制的深入理解及调控是本领域的重要发展目标，但仍存在一系列的问题和挑战。通过发展建立高时空分辨的脑化学原位分析方法，实现神经活动过程中化学信号分子的实时原位监测，并利用前沿生物学技术调控神经化学信号传递中的关键信号通路，展开对重要神经化学信号在体内分布、迁移与变化的研究，可望从分子水平上理解包括神经退行性疾病在内的多种神经信号的转导过程以及神经活动的机制和规律，为人类脑疾病的诊断与治疗提供有效方案。

15.3　活体电化学分析原理

针对以上活体电化学分析研究中的关键瓶颈问题，研究人员通过调控电极/脑界面电子转移过程以及利用离子传输现象，发展建立适用于脑神经活体电化学分析的新型活体电化学分析原理，为实现脑内神经化学物质的高选择性、高灵敏、生理兼容的原位检测提供普遍适用的有效策略。

15.3.1　电极校正及抗污染研究

在微电极植入脑组织的过程中，难以避免地会穿透血脑屏障、刺破细胞膜甚至是血管组织。该过程引起植入部位微环境组成成分及功能发生变化的同时，也会使微电极传感性能下降[19, 20]。目前，研究表明，减小电极尺寸[21]、调整电极物理及力学性能[22]可减轻组织的炎症反应。此外，发展有效的电极校正方法及电极界面抗污染材料也是有效提高检测结果真实性的重要策略[23-25]。

针对蛋白质在电极表面吸附而引起的电极校正问题，最新研究提出了在校正液中加入一定含量牛血清白蛋白(bovine serum albumin，BSA)的电极前校正方法[26]。在进行活体原位电化学分析前，通过简单的浸泡预处理方式，使 BSA 在碳纤维电极表面吸附并达到平衡，以此避免电极入脑后脑内蛋白质在电极表面的进一步吸附。该方法不仅可以解决电极活体原位检测前后校正不一致的问题，同时可进一步提高电极在活体分析过程中的稳定性，为活体原位电化学分析奠定重要基础。

值得指出的是，使用 BSA 预处理电极的策略会影响物种在电极表面的传质过程，降低检测的灵敏度和延长响应时间。为提高微电极的灵敏度，一系列抗污染材料和策略得到广泛关注。其中，两性离子材料由于可以通过较强的静电作用而在界面处形成水合层，从而展现出很高的抗污染性能[27]。Liu 等利用两性离子磷酸胆碱功能化的乙烯二氧噻吩(ethylenedioxythiophene tailored with zwitterionic phosphorylcholine, EDOT-PC)，通过电聚合的方式，在碳纤维电极表面修饰一层具有类细胞膜结构的薄膜（PEDOT-PC），其结构如图 15.1 所示，用于实现脑内多巴胺的原位活体电化学分析。不同修饰方法对比结果显示，PEDOT-PC 修饰电极具有良好的抗 BSA 蛋白吸附污染能力，活体实验后电极灵敏度仍保持在活体前的 $92.8\% \pm 6.8\%$，而对于未经修饰的碳纤维电极，其灵敏度明显下降 ($31.0\% \pm 4\%$)。

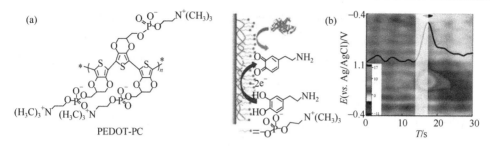

图 15.1　(a) 导电聚合物的结构式及其用于电极/溶液界面设计的示意图；(b) 电极用于脑内多
巴胺的刺激释放的快速伏安图[28]

除导电聚合物外，研究表明天然细胞膜具有更为优异的生物相容性，能够作为抗污染修饰材料，降低机体对于植入电极的排异反应。最近，Wei 等[29]利用 3-氨丙基三乙氧基硅烷(APTES)，通过静电作用将白细胞膜(leukocyte membrane)修饰在碳纤维电极(carbon fiber electrode，CFE)表面，探究其活体植入过程中抗蛋白吸附性能及生物兼容性(图 15.2)。接触角表征显示，白细胞膜具有高度亲水的特性，能够在电极表面形成水合层，从而抑制蛋白的非特异性吸附，为实现神经化学物质的长时间动态监测提供了新的思路。

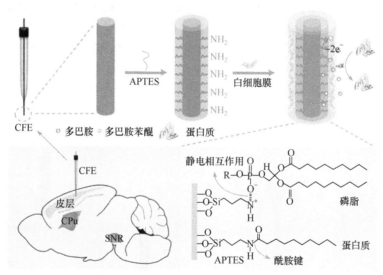

图 15.2　白细胞膜修饰的碳纤维电极修饰过程及结构示意图[29]
CPu. 尾壳核；SNR. 黑质网状部

15.3.2　基于原电池原理的氧化还原电位法

目前，较为成熟的活体原位电化学分析方法基本是以电解池原理为基础而发展建立的，通常需要外加电压以驱动神经分子的电化学氧化或还原。然而，在检测过程中产生的电流不仅可能会对神经元造成损伤，同时将对神经元电信号的记录产生干扰。针对这一关键问题，Wu 等首次提出基于原电池原理的氧化还原电位法(galvanic redox potentiometry，GRP)[30]。由于回路具有高阻抗，因此回路中电流很小，电极过程近似处于热力学平衡态。当阴极还原电位正于阳极氧化电位时，整个回路中的电化学过程即可自发进行，系统输出的电压值可以作为定量物质浓度的指标，以此实现电化学活性物质的检测分析。

理论上，氧气具有较高的还原电位，可以作为阴极还原的电化学物种。但是，氧气电化学还原的过电位较大，其几乎与所有电化学活性物种都很难构成原电池。因此，降低氧气还原过电位是这一原理形成分析方法和检测技术的突破性问题。在目前已发现的所有催化剂中，漆酶是催化氧气还原效率最高的一种。作为一种多铜氧化酶，漆酶因能够在较低过电位下实现氧气分子的电化学催化还原，而在生物电化学和生物燃料电池的研究中备受关注[31]。和其他生物酶相似，漆酶具有复杂的分子结构，其活性中心的铜离子(氧化酚类底物的 T1 铜离子和还原氧气的 T2-T3 铜簇)深埋于酶分子的内部[图 15.3(a)]。这些特点极大限制了漆酶的应用，在常规电化学体系中，很难实现漆酶分子的直接电子转移和基于该过程的生物电化学催化。2006 年，我们发现漆酶可以在碳纳米管电极上实现与电极间的直接电子转移[32]，然而，受制备方法的限制，漆酶在碳纳米管表面的取向随机且无序，仅有少量的漆酶分子能够实现与电极间的直接电子传递。近期，在对于漆酶-碳纳米管复合物制备的进一步探索过程中，研究发现通过向溶剂中加入 20%乙醇的方式，可以明显提高所制备电极对氧气电化学催化的电流[33]。在该过程中，乙醇可作为桥梁小分子，一方面吸附于碳纳米管表面，提高其浸润性；另一方面与漆酶

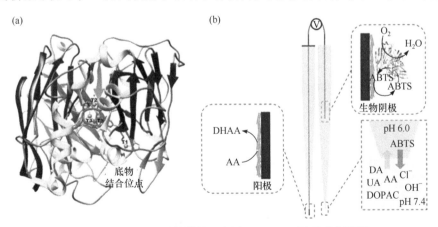

图 15.3　(a) 漆酶晶体结构示意图；(b) GRP 原理示意图[34]

AA. 抗坏血酸；DHAA. 脱氢抗坏血酸；ABTS. 2,2′-联氮-双-3-乙基苯并噻唑啉-6-磺酸；DA. 多巴胺；UA. 尿酸；DOPAC. 3,4-二羟基苯乙酸

蛋白凹槽(直径约 1 nm)内靠近 T1 铜离子的酚类底物结合位点形成氢键, 促进碳纳米管曲面与漆酶凹槽的对接, 通过优化蛋白在碳纳米管上的取向, 促进铜离子活性中心与电极间的高效直接电子传递。

利用漆酶对于氧电化学还原的催化特性, 用于脑内抗坏血酸的原位活体 GRP 方法得以建立, 如图 15.3(b)所示[34]。考虑到漆酶对工作环境的特殊要求, 该检测系统中的生物阴极被设计为漆酶修饰的碳纤维电极, 并使用内充有弱酸性缓冲液的玻璃微毛细管进行封装, 以克服脑内复杂环境对漆酶的干扰; 与之相对应的生物阳极为单壁碳纳米管修饰的碳纤维电极。利用所建立的方法, 实现了大鼠全脑缺血/再灌注过程中脑内抗坏血酸动态变化的研究。结果表明, 大鼠在安静状态下皮层内抗坏血酸的浓度约为 220 μmol/L, 而当大鼠经历全脑缺血 20 min 并再灌注 50 min 后, 皮层胞外的抗坏血酸浓度急剧升高, 直至基础值的 790%。继续进行再灌注, 抗坏血酸的浓度则开始缓慢下降。

这一原理不仅可避免蛋白质非特异性吸附而造成的检测灵敏度下降, 同时还可避免传统基于电解池原理的电化学分析方法对于电生理信号记录的干扰, 为脑神经活动中化学信号和神经电信号的同步实时记录提供可能[35]。在阵列电极中, 以一个记录位点为 GRP 系统中抗坏血酸的检测电极, 而以其他位点为电生理信号的记录位点, 即可将 GRP 传感与电生理技术集成在一起, 实现如扩散性抑制(spreading depression, SD)过程等神经生理及病理过程中电信号与化学信号的多模式记录, 为直接探究脑化学与神经环路之间的关系提供有力工具。

15.3.3　调控离子传输的活体电化学分析

尽管微透析活体取样-在线电化学检测方法和原位活体电化学传感方法为脑化学的研究提供了有力的技术手段, 但这两类方法目前仍主要用于电化学活性好(如多巴胺、抗坏血酸等)或可通过外加辅助作用(如酶等)转化为电化学信号的分子(如葡萄糖、乳酸等)的分析检测, 而对于电化学活性差的生理活性分子(如 ATP、氨基酸等)的分析仍具有极大挑战。通过调控离子传输行为, 可望为解决这一问题提供新的途径。调控离子传输行为主要可分为调控限域空间内液相离子传输以及固相离子传输两个方面。

1. 调控液相离子传输的活体电化学分析

基于纳米通道不对称离子传输行为(即类似二极管的离子电流整流效应)发展建立的电流-电压曲线分析方法, 主要基于待检测物质穿过通道时与内壁界面发生相互作用, 从而使穿过通道的离子行为发生变化, 即整流程度的增强或减弱而进行测定。整流现象最早由 Bard 小组于 1997 年利用玻璃纳米管观察得到[36], 随后在其他材料形成的纳米通道中被广泛发现。该方法可通过对内表面进行化学修饰的方法实现选择性测定, 在活体复杂样品分析检测中展现出显著的优势。然而,由于具有纳米尺度的玻璃管尖端机械强度较差、脆而易碎，难以植入生物体内实现活体原位电分析化学研究，目前的研究大多在体外溶液中进行。

近期，He 等[37]通过表面引发原子转移自由基聚合的方法，在玻璃微米管的内表面可控修饰聚咪唑阳离子刷，利用该聚咪唑阳离子刷功能化的微米管，率先观察到微米尺度的整流现象。实验结果表明，整流在 10 mmol/L 氯化钾溶液中最为明显，此时微米管半径(5 μm)与德拜长度(3 nm)的比值为 1670。当改用带负电的聚苯乙烯磺酸钠刷功能化微米管时，整流方向相反，表明聚电解质功能化微米管整流与聚合物所带的电荷相关。为进一步理解所观察到的聚合物刷功能化微米管的整流行为，他们提出同时适用于微米和纳米尺度整流的新模型，即"三层"理论模型(图 15.4)。利用所提出的模型，他们对聚合物刷功能化微米管中产生整流的原因进行了合理解释，将离子整流由纳米尺度拓宽到了微米尺度。同时，有限元模拟的结果也间接证实"三层"模型的有效性。相对于纳米管，功能化微米管具有机械强度大、便于修饰、可用于高盐浓度溶液体系等优点，有望建立基于微米管的活体分析新原理及新方法。

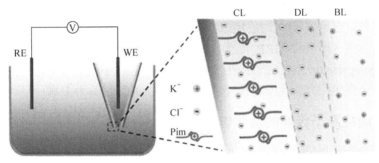

图 15.4　微米管内离子整流的"三层"模型：聚电解质功能化微米孔内包含电刷层(CL)、双电层(DL)和体相层(BL)三层结构[37]

ATP 是脑内重要的能量物质，发展高选择性的 ATP 活体电化学分析方法对于理解相关神经生理和病理过程具有重要意义。然而，由于 ATP 的电化学活性较差，且结构与 ADP、AMP 较相似，针对脑内 ATP 的高选择性活体检测研究仍面临较大挑战。针对该问题，Yu 等[38]通过结合核酸适配体对 A 碱基的识别能力与基于咪唑的阳离子聚合物 Pim 对三磷酸根的强结合能力，提出双识别元件策略，进而构筑新型高灵敏、高选择的 ATP 传感体系。利用该传感体系对 ATP 识别的专一性，他们实现了脑透析液中 ATP 的高选择性活体分析。在此基础上，他们进一步结合上述微米管整流现象，实现了鼠脑脑脊液中 ATP 浓度的测定。聚咪唑阳离子和核酸适配体的双识别元件可与 ATP 分子通过弱键相互作用进行选择性识别结合，改变管壁电荷密度，进而使整流比发生变化，而该整流比的变化与待测液中

ATP 的浓度具有良好的对应关系[39]。在此基础上，他们选用聚咪唑修饰微米管内壁，利用咪唑与质子的快速结合与解离的特性，发展新型活体 pH 检测的传感原理。通过结合高速电压脉冲模式，该方法可实现毫秒级时间分辨的信号输出。相比于传统的电化学分析方法，此类新方法可排除其他物质的干扰，且不依赖待测目标物的电化学氧化还原活性，为生理活性分子的原位实时检测提供新的可能。

2. 调控固相离子传输的活体电化学分析

为使电化学方法可用于气固界面的分析，进一步对固相材料(如离子自组装材料和氧化石墨炔等)中的离子传输行为开展研究，通过调控固相中离子传输速率，发展可用于检测呼吸频率的电化学分析新原理。

1) 基于离子自组装材料的固相电化学分析

通过设计合成一系列具有两个咪唑基团的对称阳离子结构，并研究其与带有两个负电荷的染料离子 ABTS 在水中的自组装行为，结果发现此类离子材料对客体离子(染料离子以及小离子盐 LiCl)具有良好的包覆性能，且表现出较高的选择性[40]。后续实验证明，包覆性能可能来自染料离子与 ABTS 之间的静电相互作用。基于这种对带正电的染料离子所具有的良好包覆性能，研究人员利用包覆有罗丹明 6G 的离子材料发展了一种高选择性测定乙醇的新原理和新方法[41]。具体而言，通过利用湿度(水分子)对于固相中离子传输速率的调控，发展可用于实时检测大鼠呼吸频率的新型电化学传感器，实现了对大鼠从麻醉到清醒各阶段呼吸频率的实时监测，为深入研究动物呼吸系统提供了方法学基础[42]。

2) 基于氧化石墨炔的固相电化学分析

通过优化石墨炔的电子结构和分子结构可以改变其电化学活性，进而将石墨炔应用于电分析化学的研究中[43]。研究利用氯化六氨合钌($[Ru(NH_3)_6]Cl_3$)和铁氰化钾($K_3[Fe(CN)_6]$)为氧化还原探针，对各类化学改性后的石墨炔材料进行电化学表征，结果表明石墨炔材料的电化学性能与其电子态密度、表面化学结构以及材料亲疏水性密切相关。经过处理之后的石墨炔材料，尤其是对于还原的氧化石墨炔，其电子转移动力学较石墨炔和氧化石墨炔明显提升，可以与碳纳米管和石墨烯材料相媲美[44]。

在充分研究石墨炔材料电化学性质的基础上，进一步发现经强酸氧化处理得到的二维亲水性氧化石墨炔纳米片具有超快的吸湿性能(图 15.5)[45]。研究表明，该优异的吸湿性能来源于氧化石墨炔结构中的炔键：炔键具有强吸电子能力，有利于其表面含氧官能团与水分子形成更强的氢键，进而对水分子表现出更高的吸附速率常数。在此基础上，利用湿度对固相中离子传输的调控作用，可构建基于氧化石墨炔的湿度电化学传感器，实现实时监测人体与动物的呼吸频率。

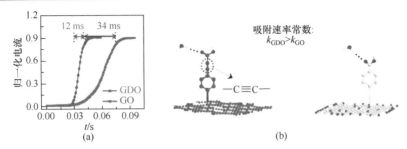

图 15.5　调控氧化石墨炔离子传输的湿度响应机理研究[45]
(a)100 nm 厚的 GDO 与 GO 薄膜传感器对湿度的响应时间测试；(b)H$_2$O 与 GDO、GO 的氢键结合示意图

15.4　活体电化学分析方法与技术

目前用于神经化学信号活体分析的方法主要可以分为两种：活体原位电化学分析和基于微透析活体取样的电化学分析[46,47]。这些方法各自所具备的特点决定了其在脑科学研究中的应用范围。其中，微透析活体取样-在线电化学传感和活体原位电化学分析具有无需样品分离、时空分辨率较高且活体实验结果可实现自身对照等优势，在活体分析中展现出独特的应用价值。

15.4.1　微透析活体取样-样品分离-电化学检测

微透析技术是一种动态的微量生化采样技术。在微透析过程中，脑细胞外液中的生理活性小分子物质，如神经递质、调质、能量代谢物质、活性氧自由基的代谢产物以及金属离子等，均可通过透析膜而被采集，并进一步用于后续的分离分析；而脑内分子量较大的物质则会被透析膜截留在外，从而避免对所收集的待测物的分析产生干扰。1974 年，Ungerstedt 和 Pycock 首次将微透析技术应用于脑神经化学过程中多巴胺的检测[48]，自此之后，微透析技术在神经科学、药物学、分析化学等领域中受到广泛关注。瑞典斯德哥尔摩大学药学院的 Arvid Carlsson 教授曾经利用微透析技术对大脑内多巴胺缺乏引起的疾病进行研究，该研究获得了 2000 年度诺贝尔生理学或医学奖。

微透析活体取样-样品分离-电化学检测是从生物体内动态微透析采样后，再进行样品分离与检测。样品分离多采用高效液相色谱(high performance liquid chromatography, HPLC)，可检测的物质包括单胺类神经递质、氨基酸类神经递质、低分子量蛋白质、无机离子等。由于微透析样品不含大分子蛋白质或酶等，故样品无需前处理即可直接利用 HPLC 或毛细管电泳实现分离，并进行检测。迄今，该方法已被广泛应用于脑神经活动过程中生理活性物质的检测，以及生理和病理过程分子机制的探究之中[49,50]。近年来，通过将微透析液直接收集于在线进样器

中，使其定时自动地被注入 HPLC 系统中进行分离以及后续电化学检测，可实现
人体或动物体内生物活性物质的在线检测。该方法尤其适用于分析测定具有电化
学活性的物质，如儿茶酚胺类物质(多巴胺、肾上腺素、去甲肾上腺素等)及其代谢
产物、抗坏血酸、尿酸和 5-羟色胺等。

15.4.2　微透析活体取样-在线电化学分析

与使用离线分离分析的检测方法不同，微透析活体取样-在线电化学传感方法
直接对未经分离的微透析样品进行电化学分析，如图 15.6 所示[46]。作为微透析技
术与电化学生物传感器的有效结合，微透析活体取样-在线电化学分析具有样品保
真、分析时间短、仪器简单、易与行为学研究相结合的独特优势。但与此同时，
直接检测的方法也对在线电化学传感器提出更为严格的要求：①高选择性：应
避免脑透析液中其他神经分子，如抗坏血酸、尿酸、多巴胺及其代谢物的干扰；
②高灵敏度：可以有效检测脑透析液中的低浓度物质，如多巴胺、谷氨酸、乙酰
胆碱等；③良好的稳定性和重现性：可进行长时程的流动分析；④多组分同时分
析：多个传感器之间应无交叉干扰；⑤与生理学研究的兼容性：能够实现在复杂
脑神经生理和病理条件下对于特定神经分子的专一性连续检测。目前，微透析活
体取样-在线电化学分析方法已用于多种神经化学物质的分析测定。

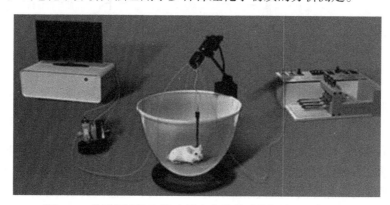

图 15.6　微透析活体取样-在线电化学传感分析装置示意图[46]

1. 基于氧化酶或脱氢酶的活体在线电化学分析

葡萄糖和乳酸是脑内重要的能量来源，与神经元内物质传输、神经信号转导
等过程密切相关。其中，脑葡萄糖代谢率作为生物特征参数，可用于衡量脑功能
活动；在缺氧或无氧条件下，葡萄糖代谢产生乳酸，其代谢水平则被认为是一些
脑疾病诊断的关键指标。因此，建立和发展脑内葡萄糖和乳酸的分析方法对研究

脑神经生理病理过程具有重要意义。

葡萄糖和乳酸均为电化学活性差的物质，通常需要利用酶将它们转化为电化学可检测的物质进行分析。基于氧化酶(如葡萄糖氧化酶)构筑的第一代生物传感器利用 O_2 作为其电子受体，通过检测酶催化反应过程中产生的过氧化氢(H_2O_2)含量，实现待测物(如葡萄糖)的电化学分析。但是，该类电化学生物传感器在活体检测中面临诸多问题[51]。一方面，O_2 作为酶催化反应的电子受体，其浓度随环境波动较大，致使传感器信号稳定性较差；另一方面，H_2O_2 的氧化还原动力学过程缓慢，电化学直接氧化或者还原的过电位较高，在活体检测中易受到其他电活性神经化学物质(如尿酸、多巴胺及其代谢产物、抗坏血酸等)氧化或 O_2 还原的干扰。近期发现，"人工模拟酶"普鲁士蓝(Prussian blue，PB)可加快 H_2O_2 还原过程，以此实现在比 O_2 还原电位更正的电位下催化 H_2O_2 还原。基于此，发展简单可靠、高选择性葡萄糖和乳酸的双组分活体在线电化学分析方法[52]。通过与微透析技术联用(图 15.7)，测定得到大鼠在自由活动状态下脑内纹状体中葡萄糖和乳酸的基础值浓度分别为(200 ± 30) mmol/L 和(400 ± 50) mmol/L。该方法为脑内葡萄糖和乳酸的活体、动态分析及代谢过程探究奠定基础。

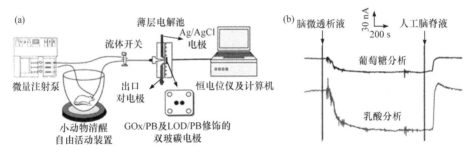

图 15.7　基于"人工模拟酶"普鲁士蓝电催化的葡萄糖和乳酸活体在线分析[52]

(a) 微透析-在线电化学检测葡萄糖和乳酸示意图；(b) 脑内葡萄糖和乳酸的同时在线分析

利用"人工模拟酶"普鲁士蓝可加快 H_2O_2 还原过程，实现基于氧化酶活体在线电化学分析的策略也可以拓展至其他神经分子(如次黄嘌呤)的检测。次黄嘌呤是神经系统内腺嘌呤核苷酸代谢降解的主要产物。脑内次黄嘌呤水平可反映大脑代谢过程，可作为生物标志物，用于神经系统疾病的诊断。次黄嘌呤具有一定的电化学活性，但其氧化过电位较高，在活体分析中难以避免检测体系中共存的电活性物种的干扰。因此，发展高选择性的电化学传感器对于活体检测次黄嘌呤至关重要。

利用次黄嘌呤氧化酶(xanthine oxidase，XOD)将次黄嘌呤氧化产生 H_2O_2，并进一步结合 H_2O_2 的选择性电化学催化剂 PB，次黄嘌呤的高选择性活体在线电化学分析方法得以建立。在此基础上，Zhang 等[53]将硫堇通过碳纳米管固定在电极表面作为 XOD 的介体,实现在较低电位下次黄嘌呤的选择性分析,进一步优化次黄嘌呤的活体分析方法。结合微透析技术,实验测得鼠脑纹状体透析液中次黄嘌呤的浓度约为(2.2 ± 0.7) μmol/L[n(样本数量)=3],并观察到次黄嘌呤向邻近纹状体扩散的过程。该方法为研究脑神经信号转导过程中次黄嘌呤的分子基础提供了新途径。

为克服第一代氧化酶型传感器受到氧分压波动和 H_2O_2 较高电化学氧化电位的限制,第二代氧化酶型传感器使用电子传递媒介体代替 O_2 作为酶催化反应过程中的电子受体,通过检测媒介体在电极界面上的氧化电流,实现对待测物的电化学分析。然而,部分电子媒介体由于具有与脑内干扰物相近的氧化还原电位,或具有电化学催化干扰物氧化还原的能力,很难用于脑神经化学的活体分析。例如,$K_3[Fe(CN)_6]$虽然具有良好的电化学性能以及与氧化酶活性位点间快速的电子转移速率,已被广泛应用于第二代生物传感器的构筑,但其较高的氧化还原电位与良好的水溶性,却限制了基于此类媒介分子的传感器在活体电化学分析中的应用。对此,本课题组设计合成了基于咪唑的阳离子聚合物(imidazolium-based polymer,Pim),该聚合物表面带有大量正电荷,且与多壁碳纳米管(MWCNTs)之间存在较强的 π-cation 相互作用,可通过静电作用将 $Fe(CN)_6^{3-}$ 吸附在 MWCNTs 表面,形成均匀的纳米复合物,实现 $Fe(CN)_6^{3-}$ 在电极表面的固定[54]。更重要的是,由于 $Fe(CN)_6^{3-}$ 在电极表面的吸附作用强于其还原态产物 $Fe(CN)_6^{4-}$,$Fe(CN)_6^{3-}/Fe(CN)_6^{4-}$ 的氧化还原电位从+0.25 V 负移至+0.17 V($vs.$ Ag/AgCl),因而有效避免了脑内常见电化学活性物质的干扰。当使用氧化酶(如葡萄糖氧化酶)作为生物识别元件时,该生物传感器即可实现相应神经化学物质(如葡萄糖)的选择性分析。

与氧化酶型生物传感器相比,脱氢酶型生物传感器不依赖于 O_2,且能够在较低的氧化电位下工作,因而应具有良好的抗干扰能力。由于大部分脱氢酶自身并不包含辅酶因子,故该类电化学生物传感器往往需要外加辅酶因子(如 NAD^+),协助完成酶对底物的催化。但是,辅酶的还原态(NADH)电化学氧化速率较慢,所以实现 NADH 的高效电化学催化氧化是基于脱氢酶电化学传感器研究中的关键问题之一。Lin 等使用有机染料分子亚甲绿(methylene green,MG)作为 NADH 氧化的电催化剂,率先提出并建立了基于脱氢酶的葡萄糖及乳酸活体在线电化学分析新方法,其响应不依赖于脑内 O_2 和 pH 的变化,可用于脑缺血等生理病理过程中(图 15.8)[55]。在后续研究中,进一步将该系统与微流控芯片技术结合,实现鼠脑内葡萄糖、乳酸和抗坏血酸三种物质的活体在线连续分析[56]。

此外,将脱氢酶、辅酶及电化学催化剂稳定固定于电极表面,提升传感器制备的重现性和可操作性,也是该领域的关键问题。无限配位聚合物(infinite coordination polymer,ICP)可在配位过程中将传感元件包覆其中,为电极一体化设计提供可能[57]。将包覆有脱氢酶及辅酶的 ICP 纳米颗粒与单壁碳纳米管(SWCNTs)复合，制备均匀分散的 ICP/SWCNTs 复合物，即可通过简单的滴涂法在电极表面形成三维导电网状结构，实现葡萄糖等神经化学物质的高灵敏活体在线电化学分析(图 15.9)[58]。

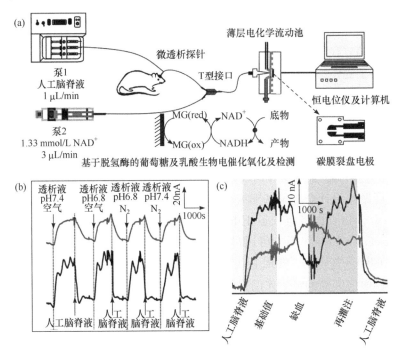

图 15.8　(a) 基于脱氢酶的在线电化学分析系统示意图；(b) pH 和氧分压对于活体在线电化学系统的影响(蓝线：乳酸响应；黑线：葡萄糖响应)；(c) 活体在线电化学系统对于脑缺血再灌注过程中脑透析液中葡萄糖(黑线)和乳酸(蓝线)的响应图[55]

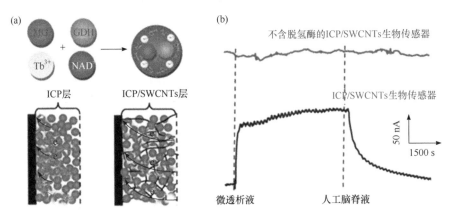

图 15.9　基于无限配位聚合物组装生物识别单元的活体在线葡萄糖分析[58]

2. 基于谷氨酸合成酶的谷氨酸电化学生物传感

常见的生物识别元件(如氧化酶或脱氢酶)在参与生物电化学催化的过程中通常需要氧气或辅酶,故现有的酶型生物电化学传感器很难应用于活体分析。为此,寻找或设计新的酶识别元件成为该领域的重要发展方向之一。近期,针对谷氨酸这一重要神经递质的活体电化学传感,Wu 等[59]构建了一种以铁氧化还原蛋白依赖的谷氨酸合成酶(ferredoxin-dependent glutamate synthase,Fd-GltS)为识别元件的生物电化学传感界面(图 15.10)。在自然状态下,该酶可催化谷氨酸的合成反应,但关于利用谷氨酸合成酶开展活体电化学传感分析的研究尚未见报道。研究发现,通过在谷氨酸合成酶与电极之间引入电子转移介体(mediator,Med),可以有效调控其电催化反应的方向。具体而言,当在界面引入低式量电位的甲基紫精时,即可实现从酮戊二酸和谷氨酰胺到谷氨酸的酶催化电合成;而当引入高式量电位的铁氰化钾时,则可以逆转反应方向,实现谷氨酸的酶催化电化学氧化,且催化电流与谷氨酸浓度呈现很好的相关性。基于谷氨酸合成酶的传感器不仅具有较高的灵敏度,更重要的是,在进行活体检测过程中不受氧气浓度变化的影响,为谷氨酸的活体电化学传感奠定了基础。

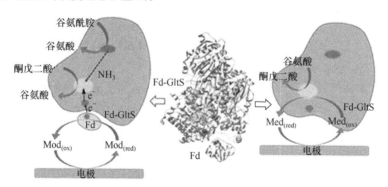

图 15.10　铁氧化还原蛋白和谷氨酸合成酶的晶体结构(中)及不同电子传递媒介体介导的谷氨酸电催化合成(左)和电催化氧化(右)的示意图[59]

3. 抗坏血酸的活体在线电化学分析

维生素 C,又名抗坏血酸,是重要的水溶性维生素,在脑内主要充当抗氧化剂以及神经调质的角色。作为强还原剂,抗坏血酸可以通过其氧化反应消除自由基,减少氧化应激损伤,缓解癫痫、脑缺血、水肿等中枢神经系统疾病的病理症状。作为神经调质,抗坏血酸可以通过异相交换的形式调节脑内兴奋性氨基酸——谷氨酸的释放和吸收。最近,Wang 等[60]发现嗜铬细胞内抗坏血酸通过囊泡释放,表明其可能作为调质参与神经传递过程。抗坏血酸具有良好的电化学活性,可以在电极表面发生直接氧化。但由于氧化后的最终水解产物容易吸附在电极表面, 抗坏血酸在常规电极上的氧化具有较大的过电位, 其氧化电位和脑内其他电化学活性神经化学物质(如多巴胺、二羟基苯乙酸、肾上腺素、去甲肾上腺素、5-羟色胺)的氧化电位难以分开, 从而致使抗坏血酸的选择性分析具有很大挑战。

在多数碳电极表面, 抗坏血酸的电化学过程表现为内壳层反应, 与电极的表面化学性质密切相关。碳电极结构与电化学活性之间的关系一般受以下因素影响: 电极表面微结构、表面洁净程度、电子结构以及表面官能团等。例如, Hu 等[61]和 Deakin 等[62]研究发现预处理的碳电极能够加快抗坏血酸的电子转移速度。Guo 等[44]通过调控石墨炔的电子态和化学界面, 发现抗坏血酸在化学还原和电化学还原的氧化石墨炔上, 电子转移速率比石墨炔和氧化石墨炔电极上更快。最近, Xiao 等[63]系统地研究了不同碳纤维对抗坏血酸电化学氧化的影响, 主要结果如图 15.11 所示。被选取的三种不同来源的碳纤维电极(Type-1、Type-2 和 Type-3 CFE), 被分别置于酸溶液(0.5 mol/L H$_2$SO$_4$)以及碱溶液(1.0 mol/L NaOH)中进行电化学处理。结果显示, 在硫酸和碱溶液中电化学处理的 Type-1 和 Type-3 CFE 能够显著增加抗坏血酸的电子转移速率, 但经处理的 Type-2 CFE 的催化性能却没有显著改变。电极预处理条件和材料来源的差异将造成不同碳电极表面含氧官能团、表面结构(如缺陷)、电子态密度各不相同, 而这可能是引起电极对于抗坏血酸电化学氧化性能差异的主要原因。

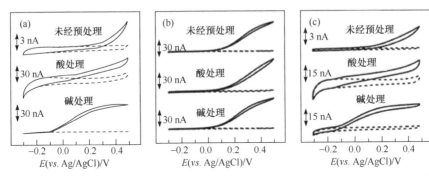

图 15.11　不同来源的碳纤维电极 Type-1 CFE(a)、Type-2 CFE(b)和 Type-3 CFE(c)在不同处理条件下(0.5 mol/L H$_2$SO$_4$ 或 1.0 mol/L NaOH 溶液)进行电化学处理对抗坏血酸的电化学响应[63]

利用碳材料提高抗坏血酸电子转移速率的现象, 为实现抗坏血酸的选择性分析提供有效策略。研究发现, 在真空条件下经过高温处理后的 SWCNTs 可以加速抗坏血酸在其表面的电子转移, 进而在较低的过电位下(ca. −0.05 V vs. Ag/AgCl)实现抗坏血酸的电化学氧化, 为选择性测定抗坏血酸奠定了基础。此外, SWCNTs 还可以有效避免抗坏血酸的氧化产物吸附于电极表面, 进一步提高了抗坏血酸分析检测的稳定性。基于这一原理设计, Zhang 等[64]首次提出并建立了抗坏血酸的活体在线电化学分析方法。利用所建立的方法, 他们测得大鼠纹状体透析液中抗坏血酸的基础值浓度为(5.0 ± 0.5) μmol/L(*n*=5)。在脑缺血 3 h 后,透析液中抗坏血酸的浓度下降 50% ± 10%(*n*=3)。该方法也被进一步应用于脑缺血模型中鼠脑不同脑区透析液中抗坏血酸变化规律的研究。

近期,该抗坏血酸活体在线电化学分析系统也被应用于嗅球损伤过程中抗坏血酸动态变化的研究[65]。利用所建立的方法,测得嗅球透析液中抗坏血酸的基础浓度为(48.64 ± 5.44) μmol/L。经由腹腔注射 3-甲基吲哚(3-MI)后,导致急性嗅觉功能障碍,该脑区透析液中抗坏血酸浓度迅速升高;在腹腔注射 3-MI 后 10 min内,静脉注射抗坏血酸或者还原性谷胱甘肽,此时抗坏血酸的升高可明显得到缓解。这一研究表明,在由 3-MI 诱导的嗅觉功能障碍早期抗坏血酸即可能参与其中。

4. 金属离子的活体在线电化学分析

金属离子是神经信号转导以及神经化学信号传递过程的重要物质基础。例如,Ca^{2+}作为第二信使,参与控制神经递质的释放、神经突触的生长调节、突触发生和突触间的传递等过程;Mg^{2+}在中枢神经系统中同样具有激活体内多种酶、抑制神经异常兴奋性、维持核酸结构稳定、调节神经信号转导等代谢与调节功能。因此,建立金属离子的活体电化学分析方法对于探究脑生理病理事件具有重要意义。但 Ca^{2+}、Mg^{2+}的电化学活性较差,在通常条件下难以实现其电化学,利用常规在线电化学方法检测鼠脑内的 Ca^{2+}、Mg^{2+}仍极具挑战。

早期的研究发现,Ca^{2+}、Mg^{2+}对聚甲苯胺蓝催化 NADH 的电化学氧化具有增强效应。这一性能为 Ca^{2+}、Mg^{2+}活体在线电化学分析提供了可能[66]。通过电聚合的方式将有机染料甲苯胺蓝修饰在电极表面,并利用在线系统泵入恒定浓度的NADH,结合微透析取样技术,研究人员建立了脑内 Ca^{2+}、Mg^{2+}的活体在线分析系统。为分别得到脑内 Ca^{2+}、Mg^{2+}浓度,向系统中加入 Ca^{2+}选择性掩蔽剂乙二醇二乙醚二胺四乙酸(EGTA),仅保留 Mg^{2+}的电化学响应信号。基于该原理,可实现脑内 Ca^{2+}、Mg^{2+}浓度基础值的在线电化学同时测定,得到鼠脑透析液中 Ca^{2+}浓度为(267.7 ± 106.2) μmol/L,Mg^{2+}浓度为(230.3 ± 124.3) μmol/L。在此基础上,该方法被用于连续在线监测大鼠脑缺血过程中鼠脑内 Mg^{2+}的动态变化过程,结果显示大鼠全脑缺血 20 min 后,脑透析液中 Mg^{2+}浓度下降 26.3% ± 2.8%(图 15.12),为深入理解脑神经化学过程中 Mg^{2+}相关的化学机制提供参考依据。

15.4.3 活体原位电化学分析

活体原位电化学分析指直接将功能化的微电极植入到生物体组织(尤其是脑内),以实现对于待测化学物质的原位实时分析。脑神经活体原位电化学分析可以追溯到 20 世纪 50 年代,Clark 等[67]利用玻璃封装的铂丝作为工作电极,首次通

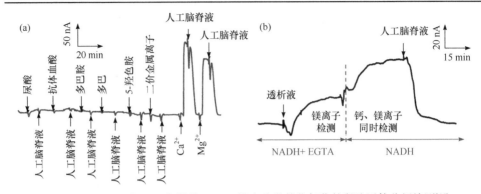

图 15.12　基于 Ca^{2+}、Mg^{2+} 增强 NADH 的电化学催化氧化的鼠脑活体分析检测[66]
(a)基于 Ca^{2+}、Mg^{2+} 增强 NADH 的电化学催化系统对常见神经化学分子的电流响应;(b)该系统对大鼠皮层脑区透析液中 Ca^{2+}、Mg^{2+} 同时电化学分析时获取的典型电流-时间响应

过电化学伏安法实现脑内 O_2 浓度变化的实时监测。可惜的是,这一工作在当时并未引起研究者的广泛关注。1973 年,Adams 等[68]首次将微型碳糊电极植入大鼠脑中进行活体电化学研究,得到活体脑内的第一张循环伏安图。该工作进一步验证了在脑内使用电化学方法实现生理活性物质检测的可行性,引起了神经生理学家们的高度关注,标志着活体原位脑神经电化学分析的诞生。迄今,通过合理设计电极/溶液界面,活体原位电化学方法已用于实时分析检测脑神经系统中多种重要生理活性物质(表 15.1)。

表 15.1　重要生理活性物质的原位电化学分析方法

分析物	检测条件	分析方法	文献
儿茶酚胺	通过在快速扫描循环伏安法(FSCV)三角波前施加电位阶跃过程,实现实时扣除双电层充电电流。检测大鼠扩散性抑制过程中尾状核脑区多巴胺浓度变化	快速扫描伏安法	[69]
儿茶酚胺	FSCV 结合主成分回归,实现多巴胺和 pH 同时测定	快速扫描伏安法	[70]
儿茶酚胺	将胆固醇修饰的适配体组装到烷基功能化的碳纤维电极上,检测电刺激过程中多巴胺的浓度变化	安培法	[71]
5-羟色胺	使用 Nafion 修饰碳纤维电极,实现大鼠额叶皮层和背侧中缝核 5-羟色胺浓度测定	差分脉冲伏安法	[72]
5-羟色胺	单细胞囊泡释放过程 5-羟色胺和组胺共检测	快速扫描伏安法	[73]
谷氨酸	GluOx/BSA/Nafion 修饰微阵列电极实现大鼠前额叶皮质谷氨酸浓度测定	安培法	[74]
谷氨酸	使用谷氨酸氧化酶和铂纳米颗粒共修饰铂丝微电极,实现谷氨酸原位测定	安培法	[75]
胆碱	ChOx/HRP/氧化还原聚合物/Nafion 修饰电极检测纹状体脑区胆碱变化	安培法	[76]
抗坏血酸	多壁碳纳米管修饰碳纤维电极原位检测 SD 大鼠纹状体脑区抗坏血酸	差分脉冲伏安法	[77]

续表

分析物	检测条件	分析方法	文献
抗坏血酸	通过电泳方法，制备单壁碳纳米管修饰碳纤维电极(CFE$_{AA1.0}$)，检测 SD 大鼠在癫痫发作过程中大脑皮层抗坏血酸浓度变化	安培法	[63]
抗坏血酸	通过表面设计，将碳球修饰于烷基功能化的碳纤维电极表面(CFE$_{AA2.0}$)，实现细胞毒性水肿过程中抗坏血酸实时动态监测	安培法	[78]
抗坏血酸	单壁碳纳米管修饰碳纤维电极原位监测大鼠缺血过程中抗坏血酸的浓度变化；并与电生理技术联用，实现大鼠 SD 过程中抗坏血酸及电生理信号的同时监测	氧化还原电位法	[35]
葡萄糖	PVI-Os/rGOx 修饰金微电极用于 SD 大鼠皮下血糖检测	安培法	[79]
乳酸	Lox/BSA/聚氨酯/Nafion 修饰微阵列电极，用于大鼠皮层脑区乳酸含量检测	安培法	[80]
ATP	使用马鞍形 FSCV 波形区分腺苷、ATP 以及 H$_2$O$_2$	快速扫描伏安法	[81]
O$_2$	通过设计 FSCV 波形，实现 SD 大鼠伏隔核脑区在扩散性抑制过程中氧气浓度变化的检测	快速扫描伏安法	[82]
O$_2$	使用电化学沉积法，制备 Pt 纳米颗粒修饰阵列电极，实现对大鼠皮层脑区在扩散性抑制过程中氧气浓度变化的原位检测	安培法	[83]
O$_2$	单原子 Co-N$_4$ 修饰碳纤维电极，实现高选择性检测急性缺氧情况下大鼠脑内 O$_2$ 的浓度监测	安培法	[84]
NO	使用 Pt 微电极原位检测鼠脑缺氧过程中 NO 和 O$_2$ 浓度变化	安培法	[85]
H$_2$O$_2$	检测纹状体脑片 H$_2$O$_2$ 浓度变化	快速扫描伏安法	[86]
离子	检测 SD 大鼠高碳酸血症模型尾状核脑区 pH 变化	快速扫描伏安法	[87]
离子	使用离子选择性玻璃微电极，实现 pH 或 Ca^{2+}的原位测定	电位法	[88]
离子	使用离子选择性玻璃微电极，实现 Na$^+$或 K$^+$的原位测定	电位法	[89]
离子	使用离子选择性玻璃微电极，实现酸碱紊乱模型下大鼠杏仁核脑区 pH 的实时监测	电位法	[90]
离子	使用固态离子选择性玻璃微电极，实现电刺激引起 SD 过程中 Ca^{2+}的原位测定	电位法	[91]
离子	使用固态离子选择性玻璃微电极，实现电刺激过程中大鼠大脑皮层细胞外 K$^+$的原位测定	电位法	[92]

1. 基于电位扫描技术的活体原位电化学分析

伏安法是一类重要的电化学测量方法，其原理为将调制的电压波形施加于工作电极，测量电化学体系的电流响应，从而获得电极过程中电位-电流关系。通过分析伏安曲线波形、峰电流等参数，可以定性与定量地分析具有不同电化学性质的电化学活性物质，由此实现单一或多种物质同时的选择性分析。

　　根据伏安法检测过程中施加波形的差异可将其分为脉冲伏安法和电位扫描伏安法两类。其中，脉冲伏安法可以有效抑制背景充电电流，并降低扩散层变化所带来的影响，具有灵敏度高、选择性高、可以同时区分多种电化学活性物质等优势，但与此同时，其时间分辨率较低，无法记录快速变化过程。自 20 世纪 70 年代以来，以差分脉冲伏安法(differential pulse voltammetry，DPV)为代表，并包括常规脉冲伏安法(normal pulse voltammetry，NPV)、差分常规脉冲伏安法(differential normal pulse voltammetry，DNPV)以及方波伏安法(square wave voltammetry，SWV)等在内的脉冲伏安法逐渐被应用于脑内多种神经递质的同时检测。值得注意的是，DPV 方法不仅可以直接分析检测具有电化学活性的神经化学物质，也可以通过利用非电化学活性物质与电极修饰材料间的相互作用，间接分析检测部分电化学活性较差的神经化学物质。

　　为提高伏安法的时间分辨率，实现短时间内递质快速变化过程的实时分析，以快速扫描循环伏安法(fast scan cyclic voltammetry，FSCV)为主的电位扫描伏安法在近几十年中得到迅速发展。以碳纤维微电极作为工作电极，并以特定频率施加扫描速率大于 100 V/s 的三角波进行循环伏安分析，FSCV 可达到毫秒级的时间分辨率。随着电位扫描速率的增加，电化学反应动力学较慢的物质表现得更加不可逆，其氧化还原峰偏移程度大于电化学反应速率较快的电活性物质，由此对不同电极过程动力学的物质实现区分。但在极高的扫描速率下，背景电流的影响明显增大，故 FSCV 方法难以实现神经化学物质基础水平检测以及长时程记录。目前，该方法主要应用于脑内儿茶酚胺类神经递质(尤其是多巴胺)刺激释放等快速变化过程的研究[93]。活体分析过程中，在每个施加的三角波之间通常会将工作电极维持在负电位(如–0.4 V)下，这不仅有利于儿茶酚胺类物质在电极表面的富集，同时可以在一定程度上减弱带负电物质的干扰，提高检测的灵敏度及选择性[94]。然而，由于脑神经系统中多种电化学活性物质具有相近的氧化电位，所产生的氧化还原电流相互交叠，不容易进行区分与精准定量。因此，早期的 FSCV 方法主要用作神经化学过程中电化学活性物质的定性和半定量研究。Wightman 等[95]利用不同颜色代表不同电流值，将一组 FSCV 数据拼合绘制成“电位-时间-电流”二维图，即可通过二维图中不同的图案直观地显示出不同电化学活性物质浓度随时间的变化过程，为研究复杂生理病理过程中物质的变化提供可能。

　　面对脑内复杂体系，Wightman 等[96]进一步将主成分回归(principal component regression，PCR)应用于多种物质变化的复杂体系下 FSCV 结果的定量分析。相关研究表明，多巴胺的 FSCV 波形与不同 pH 造成的 FSCV 波形变化具有明显差异[图 15.13(a)和(b)]，不仅可以实现多巴胺及 pH 波形变化的有效区分，还为多巴胺和 pH 双组分同时测定方法的发展奠定了基础[70,97]。随后，该方法被用于可卡因对尾状核脑区多巴胺释放的调控以及该过程中 pH 变化的研究[图 15.13(c)][98]。

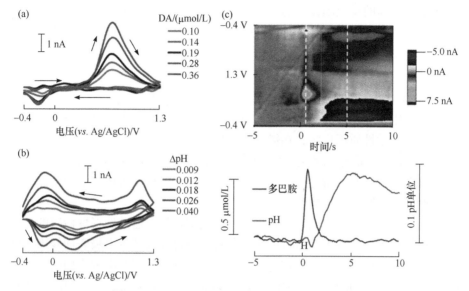

图 15.13　FSCV 用于同时检测多巴胺和 pH 变化

(a) 不同浓度多巴胺的 FSCV 波形；(b) 不同 pH 条件引起的 FSCV 波形变化[70]；(c) SD 大鼠电刺激多巴胺释放过程 FSCV 二维图以及该过程中多巴胺和 pH 的变化结果[98]

　　虽然 PCR 方法可以解决多种神经化学物质的区分与定量问题，但由双电层变化导致的背景电流漂移问题仍无法消除，故 FSCV 方法应用于活体分析的持续时间通常不超过 90 s[70]。针对该问题，研究人员尝试通过优化 FSCV 分析中所使用的电极和数据处理方法，使其能够进行长时间的活体分析。例如，通过减小电极尺寸可以明显降低其对脑组织的损伤，并减少免疫反应，从而使电极具有良好的生物兼容性。Clark 等[99]将直径 7 μm 的碳纤维封装在直径 90 μm 的熔融玻璃毛细管中，实现了对脑内多巴胺长达 10~16 周的活体分析。此外，Schwerdt 等[100]进一步优化 FSCV 的数据处理方式，通过将持续记录的 FSCV 数据分割成多个 50 s 时长，分别进行 PCR 分析，再将分析结果拼合的方式，得到较长时间的检测结果，并最终实现使用长期植入阵列电极进行非人灵长类动物脑内多巴胺变化的长时程监测。

2. 基于安培法的活体原位电化学传感

　　安培法(amperometry)是一种通过向工作电极施加恒定电位，实现对电化学活性物质定量分析检测的电化学传感方法。与 FSCV 方法相比，维持恒定的电位施加方式能够明显降低双电层充电电流的影响，因此安培法可用于长时间的记录检测。然而，由于只能提供某一固定电位下的电流信息，因此该方法的选择性完全取决于电极界面的反应和设定的电位。近年来，安培法逐渐成为活体原位电化学传感分析中的主要方法之一。通过合理构筑电极/溶液界面，调控物种的电极反应动力学，安培法已实现部分神经化学物质(如抗坏血酸、O_2、H_2O_2、NO、H_2S)的活体原位传感分析。

1) 抗坏血酸的活体原位电化学传感

尽管利用微透析取样-在线电化学分析方法已实现抗坏血酸的活体分析检测，但抗坏血酸化学性质不稳定，在微透析取样过程中易被空气氧化，导致分析结果不准确。与微透析取样-在线电化学分析相比，活体原位电化学传感方法具有更好的时空分辨率，同时可避免体外长时间取样及测定过程中抗坏血酸的氧化，因而能更准确地反映脑内抗坏血酸水平。

如前所述，对电极表面进行合理功能化是实现抗坏血酸选择性传感的有效策略。在前期积累的基础上，Zhang 等[64, 77]首次通过在碳纤维电极表面修饰多壁碳纳米管，实现了抗坏血酸的原位电化学传感。修饰在碳纤维电极表面的碳纳米管对抗坏血酸具有良好的电化学催化作用，抗坏血酸在 0.0 V(vs. Ag/AgCl)左右即可达到稳态电流，比多巴胺、尿酸、5-羟色胺等脑内其他常见神经化学物质的氧化电位更负。利用该电极，他们检测得到鼠脑细胞间液中抗坏血酸的浓度约为(0.20 ± 0.05) mmol/L。通过向电极附近注入抗坏血酸氧化酶(AAOx)，进一步证明该传感器对于抗坏血酸检测具有良好的选择性。

将碳纳米管修饰在碳纤维表面是电极制备过程中的关键技术。为进一步实现电极制备的可重复性，Xiang 等[101]建立了阵列碳纳米管覆盖的碳纤维(VACNT-CF)微电极的制备方法，相较于以往手工滴涂碳纳米管的繁琐修饰步骤，该方法可极大地简化微电极制备过程，并降低手工制备所带来的电极性能差异问题。此外，电化学预处理过程可影响生长在碳纤维电极表面的碳纳米管对抗坏血酸的催化响应。经过稀 H_2SO_4 溶液预处理后，VACNT-CF 对抗坏血酸的响应与未经修饰的裸碳纤维电极相似；而在 NaOH 溶液中经过电化学活化后的 VACNT-CF 则表现出对抗坏血酸良好的电催化性能，抗坏血酸氧化的过电位明显降低，且电流响应增大。该实验结果表明，碳纳米管对抗坏血酸的催化性能可能来源于其端口碳。鉴于VACNT-CF 对抗坏血酸的原位活体传感具有良好的选择性与线性，该传感器被进一步用于探究灌注谷氨酸引起的抗坏血酸释放过程，实现了实时监测抗坏血酸与谷氨酸的异相交换行为。

尽管上述在碳纤维电极表面垂直生长碳纳米管的制备技术能够规避一系列手工滴涂所带来的问题，但该方法需要较为复杂的合成条件，不利于电极的大规模制备。为进一步简化碳纳米管的电极修饰方法，Xiao 等[63, 102]发展建立了一种条件可控且重现性高的电泳沉积法，如图 15.14 所示。该方法可较简单地将酸化处理后的单壁碳纳米管(SWCNTs)沉积到碳纤维电极表面，制备所得的电极(SWCNTs-CFE)对抗坏血酸的电化学氧化表现出良好的催化效果。通过将电极植入大鼠皮层脑区，他们首次在活体动物层次观测到癫痫模型和 SD 过程中脑内抗坏血酸浓度升高的现象，为进一步研究此类病理过程的分子机制提供直接实验基础。

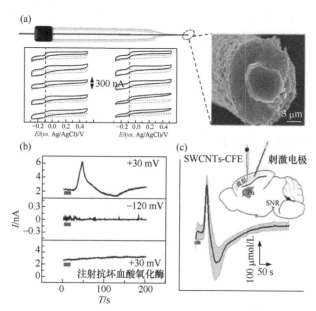

图 15.14　(a) 电泳沉积单壁碳纳米管电极表面扫描电镜表征及其对抗坏血酸的电化学氧化[63]；(b) 利用该电极检测大鼠皮层脑区电刺激诱发 SD 过程的电流变化；(c) SD 过程中脑内抗坏血酸浓度随时间的变化[102]

　　此外，为深入探究耳鸣过程中抗坏血酸的作用与变化规律，Liu 等[103]以碳纳米管修饰的碳纤维电极为工作电极，并将其与对电极及参比电极一同组装进毛细管内，制备微型电化学探针，建立原位测定耳蜗内抗坏血酸的原位活体新方法。研究发现，在利用水杨酸钠刺激诱导的耳鸣模型中，正常情况下耳蜗外淋巴液抗坏血酸的基础值浓度为(45 ± 5.1) μmol/L$(n=6)$。注射水杨酸钠后，外淋巴液的抗坏血酸水平降至原来的 $28\% \pm 10\%(n=6, p<0.05)$，表明抗坏血酸的降低可能是由水杨酸钠诱导的耳鸣引起的，这一结果对研究耳鸣过程及相关信号转导的化学本质具有重要意义。

　　最近，为进一步提升碳纤维电极对抗坏血酸氧化的电化学催化性能，Jin 等[78]利用庚胺将碳球修饰在碳纤维电极表面，制备得到具有高选择性和稳定性的抗坏血酸传感器(CFE$_{AA2.0}$)。利用该电极，他们首次观察到细胞毒性水肿所诱导的抗坏血酸释放过程，进一步研究表明抗坏血酸的释放主要是通过体积敏感的阴离子通道(volume-sensitive organic anion channel，VSOAC)而实现的。这一发现为深入理解细胞毒性水肿的分子机制，以及脑神经生理和病理化学基础的研究提供重要信息。

2) 氧气的活体原位电化学传感

O_2 作为能量供应必不可少的底物之一，在各种神经生理和病理过程中发挥着重要作用。脑神经系统中很多病理过程与 O_2 代谢异常相关。例如，O_2 供给不足会导致脑内自由基增多，氧化应激压力增强，最终导致神经损伤；而脑内氧含量升高则会导致神经系统的氧中毒。因此，脑内 O_2 浓度的原位检测方法将为神经系统活动功能的监测提供直接信息。利用安培法进行 O_2 活体原位分析的关键问题在于电极材料的选择。在以铂为基底的电极表面，O_2 电化学还原过程以四电子还原为主，最终生成水[104]；在以金和碳等材料为基底的电极表面，O_2 电化学还原过程通常以两步两电子还原为主，生成中间产物 H_2O_2[105]。过量的 H_2O_2 生成会对神经系统造成损伤，因此在活体原位检测脑内 O_2 时，应尽量避免其两电子还原过程，选用铂等电极材料。

Xiang 等[106]利用电沉积的方法，将铂纳米颗粒沉积到垂直生长碳纳米管的碳纤维电极上，最终得到表面均匀覆盖铂纳米颗粒的修饰电极。该电极可在–0.5 V(vs. Ag/AgCl)电位下实现 O_2 的四电子电化学还原，且对 O_2 检测表现出较高的灵敏度和选择性，其他脑内常见的生理活性物质均不会对检测过程产生干扰。为减少电极表面蛋白污染，他们采用 Nafion 膜修饰电极，提高了电极对 O_2 检测的稳定性，最终实现大鼠海马脑区在全脑缺血-再灌注时 O_2 浓度变化的活体原位分析。在此基础上，Xiao 等[83]将铂纳米颗粒沉积在微电极阵列(microelectrode arrays，MEAs)的多个电极位点上，实现 SD 过程中大鼠皮层不同位置处 O_2 浓度的活体原位监测。在多个电极同时记录的过程中，电极位点间可能存在相互干扰。因此，设计微电极阵列排布时需格外注意，相邻两记录电极位点的间距应不小于 20 倍电极半径。研究结果发现，不同电极位点记录得到的 O_2 基础值水平、SD 过程中 O_2 波动变化均呈现较大差异。该结果表明，同一脑区内能量代谢及氧化应激水平存在位置差异。通过进一步实验探究，O_2 浓度的波动变化可能主要来源于记录电极位点附近血流量及神经元 O_2 消耗量的增加，具有作为生物标志物评估脑内 SD 损伤程度的潜在可能。此研究所构筑的高时空分辨、多位点、同时 O_2 活体原位检测系统对理解神经生理病理过程具有重要意义。

尽管铂作为电极材料可有效催化四电子氧还原反应，但与此同时，它也是 H_2O_2 还原的催化剂，面对各类含氧物种共存的复杂脑内环境，发展具有对 O_2 高度选择性的催化剂仍是该领域的关键问题之一。近期，Wu 等[84]报道了一种单原子 Co-N₄ 电催化剂，在高效催化四电子氧还原反应的同时，展现出优于商业化铂电极的抗 H_2O_2 干扰能力。在 pH 6.5～8.5 范围内，该催化剂修饰的碳纤维电极可选择性检测 O_2，不受其他还原性生理活性分子(如抗坏血酸、多巴胺、5-羟色胺、二羟苯基乙酸、肾上腺素、去甲肾上腺素)的干扰，并实现 2-VO 全脑缺血-再灌注过程中大鼠皮层 O_2 波动变化的活体原位检测。

3. 基于电位法的活体原位电化学传感

与活体伏安法和安培法不同，电位法(potentiometry)主要通过在开路状态下，直接记录工作电极相对于参比电极的界面电位差来实现电极表面目标物浓度的分析检测。由于测量回路中电流几乎为零，因此电位法测量过程几乎不对脑神经产生影响，在活体检测领域具有独特的优势。根据能斯特(Nernst)方程，平衡状态下电极开路电位的变化主要由电极溶液界面各种化学物质的活度决定。通过设计选择性识别单元，可显著提升开路电位对特定物质浓度变化响应的灵敏度，同时降低其他物质的干扰，实现定量分析。

电位型电化学传感器通常用于离子(如 H^+、Ca^{2+}、K^+ 等)的定性与定量检测，通过在微电极表面修饰离子选择性膜，目前已实现脑内部分重要离子的活体原位分析。为实现可靠、稳定且高选择性的脑内 pH 动态分析，Hao 等[90]通过将质子选择性薄膜修饰于碳纤维电极表面，构筑微型化全固态 pH 选择性电极(CF-H^+ISEs)，电极灵敏度可达 58.4 mV/pH，接近 Nernst 方程的理论值。同时，体内及体外实验表明该电极具有很好的抗蛋白吸附性能，完成活体检测后仍对 pH 检测保持良好的响应性与灵敏度。基于该电极建立的电位测量方法可用于原位监测酸碱紊乱模型下大鼠杏仁核脑区 H^+ 浓度变化，为探究不同神经生理病理过程 pH 的波动提供有效工具。

原位活体检测对固态离子选择性电极输出电位的稳定性提出了很高的要求。离子选择性薄膜与导电基底之间的转导层是影响电极稳定性的关键因素，其选择需要具备以下三个条件：①进行可逆离子-电子相互转导；②具有较高交换电流密度的理想非极化界面；③没有副反应。除此之外，为降低固态离子选择性电极受渗透压变化而产生的电位漂移，还需采取有效措施抑制水层形成。针对以上问题，Zhao 等[91]利用疏水的空心碳球(hollow carbon nanospheres，HCNs)作为转导层，制备得到固态 Ca^{2+} 选择性电极(Ca^{2+}-ISE)，实现电刺激引起的 SD 过程中胞外 Ca^{2+} 浓度动态变化的监测(图 15.15)。研究结果发现在 SD 过程中大鼠大脑皮层细胞外 Ca^{2+} 浓度降低了 50.0% ± 7.5%，表明该过程中大量 Ca^{2+} 流入细胞内。随后，对于转导层的深入研究发现，氧化石墨炔(graphdiyne oxide，GDYO)与水的结合速率优于其他含碳材料。在此基础上，他们首次将 GDYO 用于固态离子选择性电极的转导层，同时采用 MnO_2 作为辅助中间层，构筑固态 K^+ 选择性电极(K^+-ISE)[92]。该电极可用于研究电刺激条件下大鼠大脑皮层细胞外 K^+ 浓度的变化，研究结果发现，电刺激手段使得细胞外 K^+ 浓度增加 3 倍。GDYO 独特的结构与疏水性质能够有效阻碍并稳定水层，且其作为转导层具有普适性，为脑内其他离子的原位监测提供新的机会。

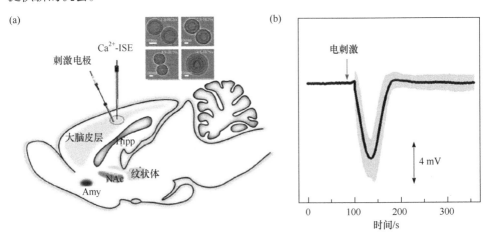

图 15.15   (a) Ca^{2+}-ISE 记录大鼠电刺激诱导 SD 过程中脑内 Ca^{2+} 变化的示意图(Hipp，海马区；Amy，杏仁核；NAc，伏隔核)；(b) 局部电刺激诱发大鼠皮层脑区 SD 过程中，Ca^{2+}-ISE 记录的电位变化[91]

4. 生物物理参数的活体电化学分析

除脑细胞外，细胞之间(如突触间隙)也在脑神经生理和病理过程发挥着重要的作用。脑细胞外间隙(extracellular space，ECS)指的是神经细胞膜外充满液体的空间，主要包括细胞间隙、血管和脑室等。脑室充满无色透明的液体，即脑脊液(cerebrospinal fluid，CSF)。在人的脑脊液中，除葡萄糖、少量蛋白和数量很少的单核细胞、淋巴细胞外，还包括无机盐离子：Na^+(约 150 mmol/L)、K^+(约 3 mmol/L)、Ca^{2+}(约 1.2 mmol/L)、Mg^{2+}(约 1.2 mmol/L)、Cl^-(约 120 mmol/L)和 HCO_3^-(约 20 mmol/L)。细胞间隙充满细胞间液，其成分与脑脊液类似，但不同的是，细胞间液中含有长链大分子的细胞外基质，主要是硫酸软骨素、硫酸肝素、透明质酸和膜蛋白质等。对于脑细胞外间隙特性的研究对理解和认识脑功能具有重要意义。一方面，脑细胞外间隙为神经元提供丰富的离子来保证静息电位的维持和动作电位的发生，从而实现稳定的电信号传递；另一方面，脑细胞外间隙为细胞输送营养物质、代谢产物和信息分子，保障细胞的生存需求并介导细胞间的通信。此外，脑细胞外间隙在神经突触和细胞连接的重塑过程中也发挥了重要作用。

脑细胞外间隙具有非均匀性和各向异性。具体而言，非均匀性体现在不同位置上脑组织的脑细胞外间隙有所差别，而各向异性体现在流体流速和分子扩散是矢量，即既有大小又有方向的。关于生物物理参数，如体积分数、迂曲度、细胞间隙距离、体流等的活体电化学分析，可以参见最近的综述论文[107]。

15.5　总结与展望

如本章所述，通过构建电化学新的原理和选择合适的电化学方法，合理设计电极界面，可以实现脑化学的高选择性时空分辨分析与传感，极大地推动脑科学研究的发展。尽管如此，我们必须看到，活体电化学分析的研究仍面临诸多挑战。随着化学、材料科学、微加工技术、信息工程等相关学科的发展，建立高选择性、高灵敏度、高时空分辨的多物种活体分析原理和方法将成为该领域的重点研究方向。此外，通过将活体分析方法与其他生理学技术联用，发现并描述脑神经生理和病理过程中的分子机制也将成为该领域的研究核心。深入认识理解脑结构与脑生理学功能将推动精准脑疾病诊治技术的发展，并带领人类走向认识自然、认识自我的探索之路。

参 考 文 献

[1] Barchas J, Akil H, Elliott G, et al. Science, 1978, 200(4344): 964-973.

[2] Stuart J N, Hummon A B, Sweedler J V. Analytical Chemistry, 2004, 76(7):120A-128A.

[3] Alivisatos A P, Chun M, Church G M, et al. Science, 2013, 339(6125): 1284-1285.

[4] Wilson G S, Johnson M A. Chemical Reviews, 2008, 108 (7): 2462-2481.

[5] Phan N T N, Li X, Ewing A G. Nature Reviews Chemistry, 2017, 1(6): 0048.

[6] Helmchen F, Denk W. Nature Methods, 2005, 2(12): 932-940.

[7] Choi I Y, Lee S P, Guilfoyle D N, et al. Neurochemical Research, 2003, 28(7): 987-1001.

[8] Fox M D, Raichle M E. Nature Reviews Neuroscience, 2007, 8(9): 700-711.

[9] Greco J B, Sakaie K E, Aminipour S, et al. Journal of Medical Primatology, 2002, 31(4-5): 228-236.

[10] Gambhir S S. Nature Reviews Cancer, 2002, 2(9): 683-693.

[11] Wagner A, Mahrholdt H, Holly T A, et al. Lancet, 2003, 361(9355): 374-379.

[12] Watson C J, Venton B J, Kennedy R T. Analytical Chemistry, 2006, 78(5): 1391-1399.

[13] Wightman R M. Science, 2006, 311(5767): 1570-1574.

[14] Robinson D L, Hermans A, Seipel A T, et al. Chemical Reviews, 2008, 108(7): 2554-2584.

[15] Yu P, He X, Mao L. Chemical Society Reviews, 2015, 44(17): 5959-5968.

[16] Cheng H, Li L, Zhang M, et al. TrAC-Trends in Analytical Chemistry, 2018, 109: 247-259.

[17] Wu F, Yu P, Mao L. ACS Omega, 2018, 3(10): 13267-13274.

[18] Zhan L, Tian Y. Accounts of Chemical Research, 2018, 51(3): 688-696.

[19] Frost M, Meyerhoff M E. Analytical Chemistry, 2006, 78(21): 7370-7377.

[20] Kozai T D Y, Jaquins-Gerstl A S, Vazquez A L, et al. ACS Chemical Neuroscience, 2015, 6(1):

48-67.

[21] Chatard C, Sabac A, Moreno-Velasquez L, et al. ACS Central Science, 2018, 4(12): 1751-1760.

[22] Lecomte A, Descamps E, Bergaud C. Journal of Neural Engineering, 2018, 15(3): 031001.

[23] Fattahi P, Yang G, Kim G, et al. Advanced Materials, 2014, 26(12): 1846-1885.

[24] Wellman S M, Eles J R, Ludwig K A, et al. Advanced Functional Materials, 2018, 28(12): 1701269.

[25] Feiner R, Dvir T. Nature Reviews Materials, 2018, 3(1): 17076.

[26] Liu X, Zhang M, Xiao T, et al. Analytical Chemistry, 2016, 88(14): 7238-7244.

[27] Gui A L, Luais E, Peterson J R, et al. ACS Applied Materials & Interfaces, 2013, 5(11): 4827-4835.

[28] Liu X, Xiao T, Wu F, et al. Angewandte Chemie International Edition, 2017, 56(39): 11802-11806.

[29] Wei H, Wu F, Li L, et al. Analytical Chemistry, 2020, 92(16): 11374-11379.

[30] Wu F, Yu P, Mao L, et al. Chemical Society Reviews, 2017, 46(10): 2692-2704.

[31] Solomon E I, Sundaram U M, Machonkin T E. Chemical Society Reviews, 1996, 96(7): 2563-2605.

[32] Zheng W, Li Q, Su L, et al. Electroanalysis, 2006, 18(6): 587-594.

[33] Wu F, Su L, Yu P, et al. Journal of the American Chemical Society, 2017, 139(4): 1565-1574.

[34] Wu F, Cheng H, Wei H, et al. Analytical Chemistry, 2018, 90(21): 13021-13029.

[35] Wei H, Li L, Jin J, et al. Analytical Chemistry, 2020, 92(14): 10177-10182.

[36] Wei C, Bard A J, Feldberg S W. Analytical Chemistry, 1997, 69(22): 4627-4633.

[37] He X, Zhang K, Li T, et al. Journal of the American Chemical Society, 2017, 139(4): 1396-1399.

[38] Yu P, He X, Zhang L, et al. Analytical Chemistry, 2015, 87(2): 1373-1380.

[39] Zhang K, He X, Liu Y, et al. Analytical Chemistry, 2017, 89(12): 6794-6799.

[40] Zhang L, Qi H, Hao J, et al. ACS Applied Materials & Interfaces, 2014, 6(8): 5988-5995.

[41] Zhang L, Qi H, Wang Y, et al. Analytical Chemistry, 2014, 86(15): 7280-7285.

[42] Yan H, Zhang L, Yu P, et al. Analytical Chemistry, 2017, 89(1): 996-1001.

[43] Yan H, Yu P, Han G, et al. Angewandte Chemie International Edition, 2019, 58(3): 746-750.

[44] Guo S, Yan H, Wu F, et al. Analytical Chemistry, 2017, 89(23): 13008-13015.

[45] Yan H, Guo S, Wu F, et al. Angewandte Chemie International Edition, 2018, 57(15): 3922-3926.

[46] Zhang M, Yu P, Mao L. Accounts of Chemical Research, 2012, 45(4): 533-543.

[47] Wang Y, Mao L. Electroanalysis, 2016, 28(2): 265-276.

[48] Ungerstedt U, Pycock C. Bulletin der Schweizerischen Akademie der Medizinischen Wissenschaften, 1974, 30(1-3): 44-55.

[49] Stamford J A, Justice J B. Analytical Chemistry, 1996, 68(11): A359-A363.

[50] Schltz K N, Kennedy R T. Annual Review of Analytical Chemistry, 2008, 1(1): 627-661.

[51] Nichols S P, Koh A, Storm W L, et al. Chemical Reviews, 2013, 113(4): 2528-2549.

[52] Lin Y, Liu K, Yu P. et al. Analytical Chemistry, 2007, 79(24): 9577-9583.

[53] Zhang Z, Hao J, Xiao T, et al. Analyst, 2015, 140(15): 5039-5047.

[54] Zhuang X, Wang D, Lin Y, et al. Analytical Chemistry, 2012, 84(4): 1900-1906.

[55] Lin Y, Zhu N, Yu P, et al. Analytical Chemistry, 2009, 81(6): 2067-2074.

[56] Lin Y, Yu P, Hao J, et al. Analytical Chemistry, 2014, 86(8): 3895-3901.

[57] Huang P, Mao J, Yang L, et al. Chemistry-A European Journal, 2011, 17(41): 11390-11393.

[58] Lu X, Cheng H, Huang P, et al. Analytical Chemistry, 2013, 85(8): 4007-4013.

[59] Wu F, Yu P, Yang X, et al. Journal of the American Chemical Society, 2018, 140(40): 12700-12704.

[60] Wang K, Xiao T, Yue Q, et al. Analytical Chemistry, 2017, 89(17): 9502-9507.

[61] Hu I F, Kuwana T. Analytical Chemistry, 1986, 58(14): 3235-3239.

[62] Deakin M R, Kovach P M, Stutts K J, et al. Analytical Chemistry, 1986, 58(7): 1474-1480.

[63] Xiao T, Jiang Y, Ji W, et al. Analytical Chemistry, 2018, 90(7): 4840-4846.

[64] Zhang M, Liu K, Gong K, et al. Analytical Chemistry, 2005, 77(19): 6234-6242.

[65] Li L, Zhang Y, Hao J, et al. Analyst, 2016, 141(7): 2199-2207.

[66] Zhang Z, Zhao L, Lin Y, et al. Analytical Chemistry, 2010, 82(23): 9885-9891.

[67] Clark L C, Misrahy G, Fox R P. Journal of Applied Physiology, 1958, 13(1): 85-91.

[68] Kissinger P T, Hart J B, Adams R N. Brain Research, 1973, 55(1): 209-213.

[69] Johnson J A, Hobbs C N, Wightnian R M. Analytical Chemistry, 2017, 89(11): 6167-6175.

[70] Keithley R B, Wightman R M. ACS Chemical Neuroscience, 2011, 2(9): 514-525.

[71] Hou H, Jin Y, Wei H, et al. Angewandte Chemie International Edition, 2020, 59(43): 18996-19000.

[72] Crespi F, Martin K F, Marsden C A. Neuroscience, 1988, 27(3): 885-896.

[73] Travis E R, Wang Y M, Michael D J, et al. Proceedings of the National Academy of Sciences of the United States of America, 2000, 97(1): 162-167.

[74] Burmeister J J, Gerhardt G A. Analytical Chemistry, 2001, 73(5): 1037-1042.

[75] Zhao F, Shi G Y, Tian Y. Chinese Journal of Analytical Chemistry, 2019, 47(3): 347-354.

[76] Garguilo M G, Michael A C. Journal of the American Chemical Society, 1993, 115(25): 12218-12219.

[77] Zhang M, Liu K, Xiang L, et al. Analytical Chemistry, 2007, 79(17): 6559-6565.

[78] Jin J, Ji W, Li L, et al. Journal of the American Chemical Society, 2020, 142(45): 19012-19016.

[79] Csoregi E, Quinn C P, Schmidtke D W, et al. Analytical Chemistry, 1994, 66(19): 3131-3138.

[80] Burmeister J J, Palmer M, Gerhardt G A. Biosensors and Bioelectronics, 2005, 20(9): 1772-1779.

[81] Ross A E, Venton B J. Analytical Chemistry, 2014, 86(15): 7486-7493.

[82] Hobbs C N, Johnson J A, Verber M D, et al. Analyst, 2017, 142(16): 2912-2920.

[83] Xiao T, Li X, Wei H, et al. Analytical Chemistry, 2018, 90(22): 13783-13789.

[84] Wu F, Pan C, He C, et al. Journal of the American Chemical Society, 2020, 142(39): 16861-16867.

[85] Park S S, Hong M, Song C K, et al. Analytical Chemistry, 2010, 82(18): 7618-7624.

[86] Sanford A L, Morton S W, Whitehouse K L, et al. Analytical Chemistry, 2010, 82(12): 5205-5210.

[87] Takmakov P, McKinney C J, Carelli R M, et al. Review of Scientific Instruments, 2011, 82(7): 74302.

[88] Fedirko N, Svichar N, Chesler M. Journal of Neurophysiology, 2006, 96(2): 919-924.

[89] Haack N, Durry S, Kafitz K W, et al. JoVE-Journal of Visualized Experiments, 2015, (103): 53058-53072.

[90] Hao J, Xiao T, Wu F, et al. Analytical Chemistry, 2016, 88(22): 11238-11243.

[91] Zhao L, Jiang Y, Wei H, et al. Analytical Chemistry, 2019, 91(7): 4421-4428.

[92] Zhao L, Jiang Y, Hao J, et al. Science China-Chemistry, 2019, 62(10): 1414-1420.

[93] Venton B J, Wightman R M. Analytical Chemistry, 2003, 75(19): 414A-421A.

[94] Keithley R B, Takmakov P, Bucher E S, et al. Analytical Chemistry, 2011, 83(9): 3563-3571.

[95] Michael D, Travis E R, Wightman R M. Analytical Chemistry, 1998, 70(17): 586A-592A.

[96] Heien M, Johnson M A, Wightman R M. Analytical Chemistry, 2004, 76(19): 5697-5704.

[97] Keithley R B, Heien M L, Wightman R M. TrAC-Trends in Analytical Chemistry, 2009, 28(9): 1127-1136.

[98] Heien M, Khan A S, Ariansen J L, et al. Proceedings of the National Academy of Sciences of the United States of America, 2005, 102(29): 10023-10028.

[99] Clark J J, Sandberg S G, Wanat M J, et al. Nature Methods, 2010, 7(2): 126-129.

[100] Schwerdt H N, Shimazu H, Amemori K I, et al. Proceedings of the National Academy of Sciences of the United States of America, 2017, 114(50): 13260-13265.

[101] Xiang L, Yu P, Hao J, et al. Analytical Chemistry, 2014, 86(8): 3909-3914.

[102] Xiao T, Wang Y, Wei H, et al. Angewandte Chemie International Edition, 2019, 58(20): 6616-6619.

[103] Liu J, Yu P, Lin Y, et al. Analytical Chemistry, 2012, 84(12): 5433-5438.

[104] Chen Z, Waje M, Li W, et al. Angewandte Chemie International Edition, 2007, 46(22): 4060-4063.

[105] Kruusenberg I, Alexeyeva N, Tammeveski K. Carbon, 2009, 47(3): 651-658.

[106] Xiang L, Yu P, Zhang M, et al. Analytical Chemistry, 2014, 86(10): 5017-5023.

[107] Jin J, Wu F, Yu P, et al. Chinese Journal of Analytical Chemistry, 2019, 47(10): 1512-1523.

第16章 生物燃料电池

16.1 引　言

　　生物燃料电池是以有机物为燃料,利用微生物或生物酶作催化剂的一类特殊燃料电池[1-7]。它的研究始于20世纪50年代,最初人们希望利用人的体液或代谢物实现电能转换,应用于人体内微型电源或在航天飞行器中处理宇航员的生活垃圾等。生物燃料电池最早出现在1964年[6],为植入体内的心脏起搏器提供电源,但由于电池产生的电量太小而没有实现市场化;20世纪80年代,研究人员试图用生物燃料电池从天然作物的废弃物中产生电能,出现采用酶电极和媒介体的生物燃料电池。近年来,由于酶固定技术取得很大进展,各种酶固定技术(如分子自组装方法、溶胶-凝胶法以及氧化-还原聚合物法等)先后被应用于生物燃料电池的研究中,这不仅在电池的输出功率、微生物或酶活性的保持等方面有了很大提高,而且电池的体积更加微型化,使生物燃料电池的研究进入崭新的阶段。

　　生物燃料电池能量转化效率高、生物相容性好、原料来源广泛、可以利用多种天然有机物(如植物体液、废水和其他废液中的有机物)作为燃料,是一种真正意义上的绿色电池。它在医疗、航天、环境治理等领域均有重要的应用价值,如用于糖尿病和帕金森病的检测及辅助治疗,生活垃圾、农作物废物、工业废液的处理等方面;同时由于生物原料储量巨大、无污染、可再生,因此生物燃料电池产生的电能也是一个潜力极大的能量来源,它可以直接将动物和植物体内储存的化学能转化为能够利用的电能。

　　按采用催化剂的不同,生物燃料电池可分为酶燃料电池(使用酶作催化剂)[2]和微生物燃料电池(利用微生物整体作催化剂)。按电子转移方式的不同,生物燃料电池又可分为直接生物燃料电池和间接生物燃料电池。直接生物燃料电池是指燃料直接在电极上氧化,电子直接由燃料转移到电极;间接生物燃料电池的燃料不在电极上氧化,在别处氧化后电子通过某种途径传递到电极上。虽然微生物燃料电池具有酶燃料电池所不具备的优点,如长期工作稳定性好以及对燃料的催化效率高等,但由于在传质过程中受到生物膜的阻碍导致电能转换效率较低;酶燃料电池由于酶在体外催化活性保持比较困难,电池稳定性较差,但由于酶催化剂浓度较高且没有传质壁垒,因此其有可能产生更高的电流或输出功率，能在室温和中性条件下工作，能作为一些微型电子设备或生物传感器等的动力电源。

16.2　酶生物燃料电池

酶生物燃料电池以从生物体内提取的酶作催化剂，固定于电极表面的酶催化剂一般很难与电极表面之间进行有效电子传递，这主要是因为酶分子的活性中心深埋在分子内部，与电极表面的距离远远超过了其进行有效电子转移的距离。目前已有多种方法可用于实现酶催化剂和电极表面之间的有效电子传递，这些方法的原理可分为两类，即有媒介体存在的电子传递和直接电子传递，它们的原理的示意图如图 16.1 所示[2]。

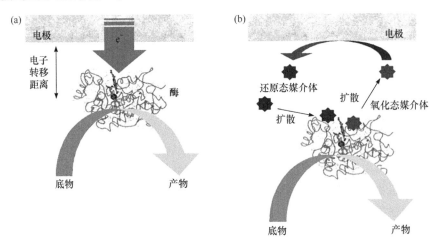

图 16.1　两种电子传递的机制

(a) 电极表面到酶活性位点的直接电子传递；(b) 通过氧化还原媒介体的电子传递

在选择媒介体时要特别注意媒介体的氧化还原电位，因为当有媒介体存在时，电池的阴阳极的电位差主要由这两个电极所用的媒介体的氧化还原电位所决定。例如，用胆红素氧化酶作催化剂，O_2 作燃料的阴极，与以葡萄糖氧化酶作催化剂，葡萄糖作原料的阳极之间的理论电位差大于 1 V；但葡萄糖氧化酶和胆红素氧化酶与电极表面之间的电子转移需要媒介体的存在，当以锇化合物作为葡萄糖氧化酶(以 Os^{3+}/Os^{2+} 电对)和胆红素氧化酶(以 Os^{2+}/Os^+ 电对)的媒介体时，由于 Os^{3+}/Os^{2+} 电对和 Os^{2+}/Os^+ 电对的氧化还原电位分别为 0.02 V(*vs.* SHE)和 0.58 V(*vs.* SHE)，因此电池阴阳极的电位差大幅降低，只有不到 0.6 V(图 16.2)[2]。

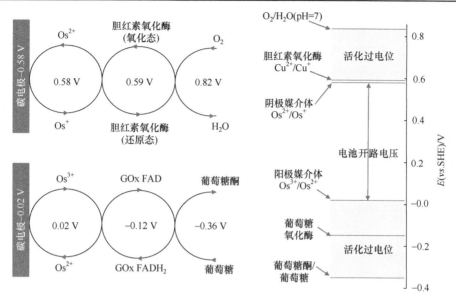

图 16.2　有媒介体存在时酶生物燃料电池电极电位示意图

由于酶电极催化反应的性质不同，不同的酶分别可以用于燃料电池的阳极和阴极；研究较多的阳极有含 FAD 的氧化酶(如葡萄糖氧化酶)、NAD(P)$^+$为辅酶的脱氢酶等电极；研究较多的阴极有微过氧化物酶电极、漆酶电极、胆红素氧化酶电极等。

16.2.1　葡萄糖氧化酶阳极

葡萄糖氧化酶电极是生物燃料电池中使用最多的阳极之一，Katz 等[8]先将 FAD 与电极共价连接，然后将不含 FAD 中心的葡萄糖氧化酶鞘(Apo-GOx)与电极表面的 FAD 实现对接，组装成葡萄糖氧化酶，从而制作葡萄糖氧化酶阳极(图 16.3)。通过这种技术，他们[9,10]还将金纳米粒子、Cu^{2+}-聚丙烯酰胺等应用于燃料电池阳极的制备，提高了酶电极的性能。在阳极酶的固定过程中，媒介体的引入有利于提高酶的催化能力及电子转移效率。Heller 等[7]制备的葡萄糖氧化酶电极所采用的是含有锇配合物的聚合物水凝胶，他们将具有一定长度和柔性的含氧化还原配体的支链与聚合物主链连接，氧化还原配体随聚合物支链及主链运动，使其碰撞频率增加，从而提高电子的转移速率(图 16.4)。他们[11]研究了多种含锇配合物的氧化还原聚合物，氧化还原水凝胶表观电子扩散系数达到$(5.8 \pm 0.5) \times 10^{-6}$ cm^2/s，制备的葡萄糖氧化酶电极在 37℃ 及 pH=7 时的输出电流密度可以达到 1.5 mA/cm^2。

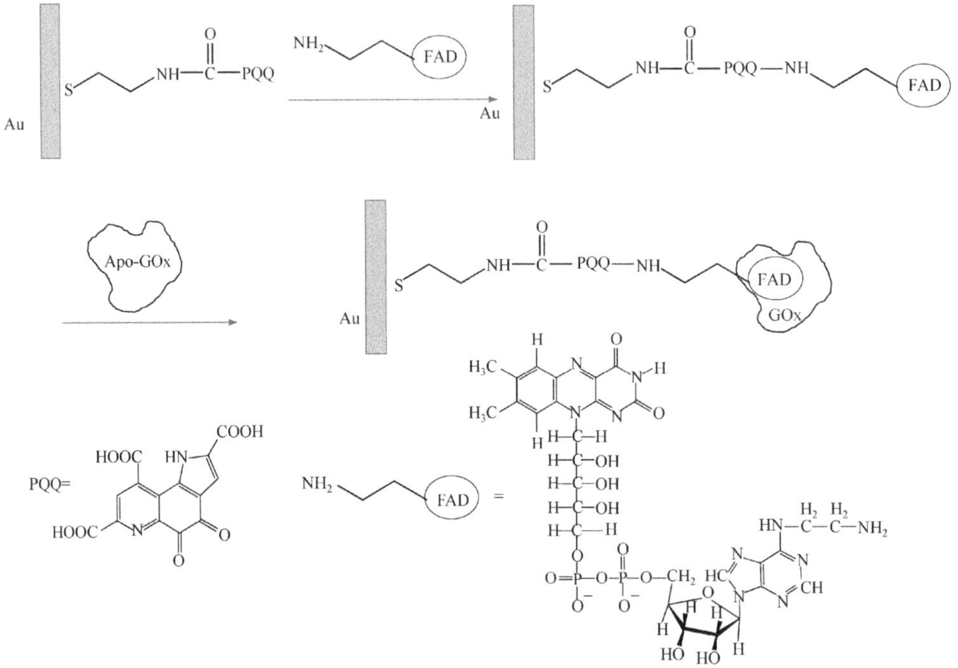

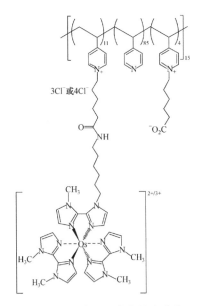

图 16.3　葡萄糖氧化酶鞘(Apo-GOx)酶电极示意图

16.2.2　脱氢酶阳极

　　用葡萄糖氧化酶作阳极的燃料电池只能以葡萄糖作为阳极燃料，而利用脱氢酶作为阳极的催化剂，可用的燃料大大增加，如用乳酸脱氢酶作阳极催化剂时，阳极燃料可用乳酸，用乙醇脱氢酶作催化剂时，乙醇就可以作燃料电池的阳极燃料等，因此拓宽了电池的使用范围。

　　例如，Bartlett 等[12,13]分别采用聚苯胺-聚丙烯酸、聚苯胺-聚丙烯磺酸和聚苯胺-聚苯乙酸磺酸复合物固定乳酸脱氢酶，制成的燃料电池的电极在 35℃时的电极电位可达 1 V(vs. SCE)；Sato 等[14]用 2-氨基-3-羧基-1,4-萘醌作为硫辛酰胺脱氢酶的媒介体，将它们与聚-L-赖氨酸同时固定在 GC 电极上，用戊二醛交联，制成了燃料电池的阳极。Moore 等[15]研制了一种

图 16.4　含有锇配合物的聚合物

具有双层结构的脱氢酶阳极，第一层为聚亚甲蓝，它作为催化 NADH 电化学氧化的媒介体；第二层含有固定的乙醇脱氢酶。这种阳极与 Pt 阴极一起组成电池，用乙醇作阳极燃料，开路电压为 0.34 V，最大电流为 (53 ± 9.1) $\mu A/cm^2$。

16.2.3　多酶电极阳极

多酶电极采用固定在同一电极上的多种酶催化连续或同时发生的多个反应。多酶电极进一步扩大了燃料电池可使用的范围，提高了输出电流或电压，具有单酶电极难以达到的性能。

图 16.5 是一个用于酶燃料电池阳极的多酶电极示意图[16]，该电极通过乙醇脱氢酶(ADH)、乙醛脱氢酶(AldDH)、甲酸脱氢酶(FDH)的催化作用，使甲醇先被氧化为甲醛，最后转化为 CO_2。同时在每个步骤中产生的 NADH 由硫辛酰胺脱氢酶(diaphorase)重新氧化成 NAD^+。用丁基紫精(BV)作为硫辛酰胺脱氢酶氧化 NADH 的媒介体，它与 O_2 阴极组成燃料电池后，输出电压为 0.8 V；在工作电压为 0.49 V 时，电池的输出功率为 0.68 mW/cm^2。

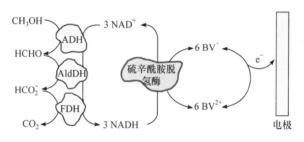

图 16.5　多酶阳极示意图

此外，Ramanavicius 等[17]制备的燃料电池阳极的生物催化剂为醌血红蛋白，阴极是葡萄糖和微过氧化物酶 8(MP-8)多酶电极，可以用多种有机物作燃料：用乙醇作燃料时，电池最大开路电压为 125 mV；用葡萄糖作燃料时，最大开路电压为 145 mV；用乙醇和葡萄糖混合物作燃料时，电池最大开路电压为 270 mV。

16.2.4　酶生物燃料电池阴极

早期对生物燃料电池阴极的研究较少，大多采用气体扩散电极，难以发挥酶生物燃料电池的优势。近年来，有各种酶阴极研究的报道，其和酶阳极一起构成了生物燃料电池，形成了真正意义上的生物燃料电池。酶燃料电池的阴极一般是

催化 H_2O_2 或 O_2 的还原反应，以 H_2O_2 为燃料的主要有辣根过氧化物酶、微过氧化物酶-11(MP-11)等；催化 O_2 还原的主要有漆酶、胆红素氧化酶等。

漆酶是一种含铜的多酚氧化酶，属于铜蓝氧化酶蛋白家族的一员，漆酶广泛存在于植物和真菌中。它能催化氧化酚类和芳香类化合物，同时伴随 4 个电子的转移，并将分子氧还原成水。漆酶分子中共有 4 个铜离子结合位点，根据它们的氧化还原电位、光学及磁学特征，将它们分为三类，即 T_1、T_2 和 T_3。T_1 型铜和 T_2 型铜各一个，是单电子受体，呈顺磁性；T_3 铜两个，是双电子受体，呈反磁性。T_1 铜原子形成单核中心，T_2 型铜原子和 T_3 铜原子形成三核中心[18,19]。

漆酶是单电子氧化还原酶，它催化底物氧化的机理特点在于两方面，一方面是底物自由基中间体的生成，在这一过程中，漆酶从被氧化的底物得到一个电子，使底物变成自由基；该自由基不稳定，可进一步发生聚合或解聚反应。在 O_2 存在下，还原态漆酶分子被氧化，O_2 被还原成水。另一方面，漆酶催化底物氧化和对 O_2 的还原是通过 4 个铜离子协同传递电子和价态变化来实现的，还原性底物结合于 T_1Cu 位点，T_1Cu 从底物得到 1 个电子，该电子通过 Cys-His 途径传递到 T_2/T_3Cu 三核中心位点，该位点接受 T_1Cu 位点的电子，并传递给结合的 O_2 分子，使之还原成 H_2O，完成反应的漆酶分子中的 4 个 Cu 都被氧化成 Cu^{2+}，整个反应过程需要 4 个连续的单电子氧化作用来使漆酶充分还原。其催化 O_2 还原的反应过程如图 16.6 所示[20]。

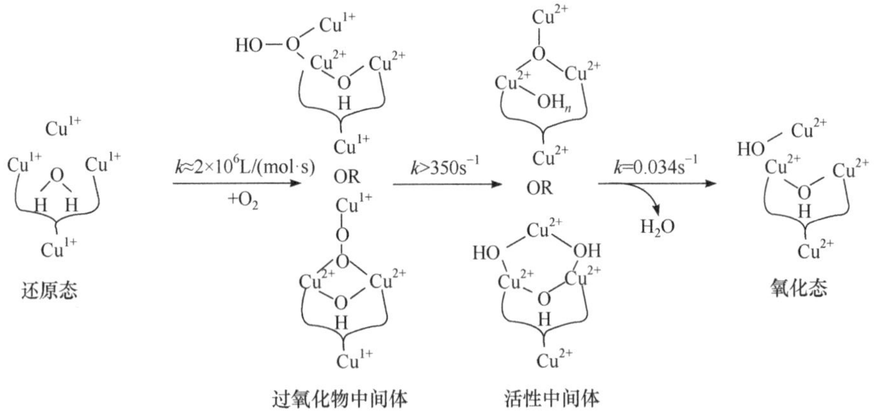

图 16.6　漆酶催化 O_2 还原机制示意图

Heller 等[21]用氧化还原聚合物水凝胶制备的漆酶电极在 0.7 V(vs. SHE)时，电流密度可以达到 5 mA/cm². 用漆酶电极作阴极的葡萄糖/O_2 电池电压可以达到 0.8 V。但由于在含 Cl⁻ 的中性溶液中，漆酶的活性会降低，因此这种电极只能在弱酸性和不含 Cl⁻ 的体系中使用。Ikeda 等[22]用 ABTS²⁻[ABTS=2,2′-azino-bis(3-ethylbenzothiazoline-6-sulfonate)]修饰的胆红素氧化酶电极作电池的阴极则不存在上述问题(ABTS²⁻的结构示意图及反应见图 16.7)，电极电位为 0.4 V；Katz 等[23]制备了细胞色素 c/细胞色素 c 氧化酶阴极，但该电极与葡萄糖氧化酶电极组成的电池电压较低。

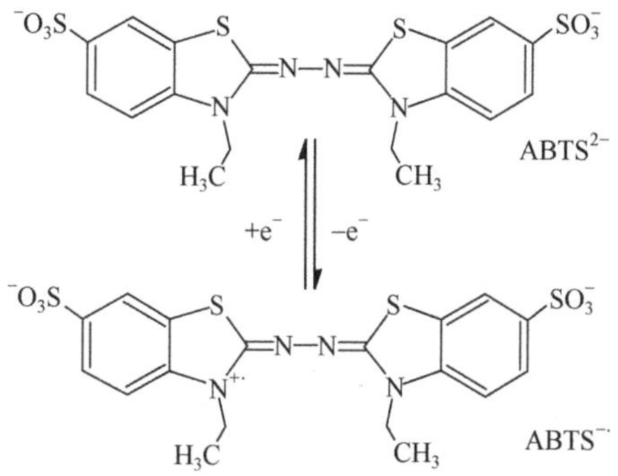

图 16.7 ABTS^{2-}的结构示意图及其氧化还原反应

16.2.5 酶生物燃料电池结构

在酶燃料电池中，酶、媒介体可以与底物一起溶于溶液中，也可以固定在电极表面；由于后者具有催化效率高、受环境限制小等优点而具有广泛的用途。当将酶阳极和酶阴极一起构成燃料电池时，需要考虑防止阴阳极之间反应物与产物的相互干扰，一般将阴阳极用质子交换膜分隔为阴极区和阳极区，即两室酶燃料电池。例如，Willner 等[24]用乙醇脱氢酶为阳极催化剂，用 MP-11 作阴极催化剂，制备了两室酶燃料电池，该电池最大电流密度为 114 μA/cm^2，最大输出功率为 32 μW。Pizzariello 等[25]设计的两室葡萄糖氧化酶/辣根过氧化物酶燃料电池，在不断补充燃料的情况下可以连续工作 30 天，具有一定的使用价值。

无隔膜酶燃料电池省去了阴阳极之间的隔膜，可更方便地制备微型、高比能量的酶生物燃料电池。Katz 等[23]设计的一种无隔膜酶燃料电池利用两种溶液形成的液/液界面将阴阳极分开，从而提高了电池的输出性能(图 16.8)。这种酶燃料电池分别以异丙基苯过氧化物和葡萄糖作阴极和阳极的燃料，电池的开路电压可达 1 V 以上，短路电路密度达到 830 mA/cm^2，最大输出功率为 520 μW。该电池在葡萄糖浓度为 1 mmol/L，并在用空气饱和的溶液中工作时，电池产生的最大电流密度为 110 μA/cm^2，电压为 0.04 V，最大输出功率为 5 μW/cm^2。该电池输出电压较低，其与酶电极的电极电位有关。

Heller 等[21,26-31]发表了一系列有关微型无隔膜葡萄糖/O$_2$ 酶燃料电池的文章，例如，他们将连接有锇配合物([Os(4,4′-dimethyl-2,2′-bipyridine)$_2$Cl]$^{+/2+}$)的聚(N-乙烯基咪唑)修饰的葡萄糖氧化酶作阳极催化剂，用连接有锇配合物([Os(4,4′-dimethyl-

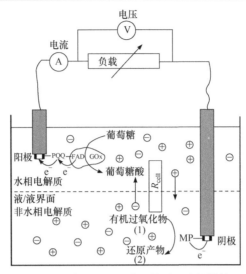

图 16.8　典型的无隔膜酶燃料电池的结构

2,2′-bipyridine)₂(2,2′-6′,2″-terpyridineCl]$^{3+/2+}$)的聚(N-乙烯基咪唑)修饰的真菌漆酶作阴极催化剂，制备的燃料电池在含 15 mmol/L 葡萄糖的柠檬酸缓冲溶液中工作时(pH=5)，放电电压为 0.4 V，电流密度为 160～340 μW/cm²。通过对酶、固定酶的氧化还原聚合物等的改进，电池的输出功率可达到 140 μA/cm²，阳极电流密度达到 1 mA/cm² 以上，阴极电流密度超过 5 mA/cm²。其中 Mano 等[30]制备的漆酶/葡萄糖氧化酶电池电压可达 0.78 V，而且电池是仅由两根经修饰的直径为 7 μm 的碳纤维组成的(图 16.9)[31]，这两根碳纤维之间仅相隔 400 μm。这样小的体积是其他系列电池难以达到的，而且其体积比容量与其他电池相比也是很高的。

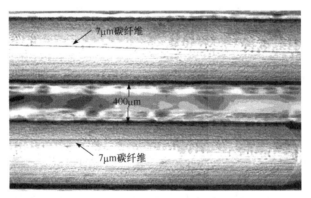

图 16.9　由两根 7 μm 碳纤维组成的微型酶燃料电池示意图

　　毛兰群等[32,33]将碳纳米管用于酶燃料电池的制作，他们用固定在碳纳米管表面的胆红素氧化酶电极作阴极，用固定在碳纳米管表面的葡萄糖脱氢酶作阳极，阳极需用亚甲蓝作媒介体,该燃料电池在含 40 mmol/L 葡萄糖的体系中工作时,在工作电压为 0.5 V 时, 功率为 53.9 μW/cm²;当用漆酶代替胆红素氧化酶作阴极时, 电池的功率则降低为 9.5 μW/cm²(工作电压为 0.52 V)。董绍俊等[34,35]曾将葡萄糖氧化酶和漆酶固定在碳纳米管/室温离子液体复合材料的表面,研究它们作为酶燃料电池阴阳极时电池的性能,当将单羧基二茂铁作葡萄糖氧化酶媒介体时,电池的输出功率密度为 10 μW/cm²。

16.2.6　与太阳能电池结合的酶生物燃料电池

将太阳能电池与酶生物燃料电池相结合,是生物燃料电池发展的另一个新方向, Garza 等[36]在这方面做出了开创性的工作。这种复合电池的结构示意图如图 16.10 所示。光电阳极用的是 ITO 导电玻璃,外面涂有一层 SnO₂ 半导体纳米粒子;增感剂采用四芳基卟啉(S, 其结构示意图如图 16.10 中的插图所示),葡萄糖脱氢酶作酶催化剂,葡萄糖作燃料。电子从激发态卟啉增感剂 S 进入 SnO₂,同时 S 被氧化为 S⁺·。S⁺·被 NADPH 还原,接着 NADP⁺被还原,同时燃料被氧化;质子经过交换膜达到阴极,电子经外电路到达阳极。用卟啉作增感剂的原因是它可以强烈地吸收可见光, 化学稳定性高, 易于改性, 且其作为模拟光合反应中的传电子体和燃料光敏电池的组成已有深入研究。此复合电池的短路电流可达60 μA, 开路电压达 0.75 V, 最大功率为 19 μW, 优于用同样燃料和阴极的太阳能电池及酶燃料电池。由于以水为电解质,不使用重金属等有毒物质, 它对环境更友好。

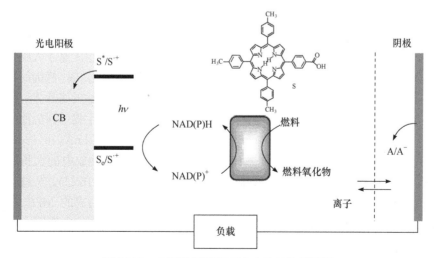

图 16.10　太阳能-酶燃料复合电池结构示意图

16.3　微生物燃料电池

相对于酶基生物燃料电池,直接采用微生物构筑微生物燃料电池更具有优势,也更加具有挑战。早在 1911 年, Potter 报道了利用酵母菌(yeast)微生物发电的工作, 采用 5 g 酵母菌, 5%～50%的葡萄糖培养液作为电解质, 可以提供 0.3 V 左右的电动势,证明了直接采用微生物也可以进行发电[37]。20 年之后,1931 年 Cohen 进一步证实了微生物燃料电池的可行性, 其采用多种细菌复合培养液构筑了微生物燃料电池阵列, 0.2 mA 条件下, 可以提供 35 V 的电动势[38]。早期微生物燃料电池研究采用细菌培养液作为电解质, 直到 20 世纪 60 年代美国国家航空航天局(NASA)首次证明了可以循环使用人类排泄废弃物的微生物燃料电池发电[39]。1991 年, Habermann 和 Pommer 首次报道了长达 5 年寿命的微生物燃料电池,采用城市废水作为微生物供给燃料,进一步证实了这一体系的实用性[40]。微生物燃料电池主要采用微生物细菌分解有机物,释放电能,我们将重点介绍几类具有代表性的微生物细菌的生物燃料电池及其应用。

16.3.1　基于 γ-变形菌的微生物燃料电池

目前微生物燃料电池(MFC)主要采用变形菌门(Proteobacteria)的微生物, 根据 rRNA 序列来分, 可以分为五类, 包括 α-变形菌、β-变形菌、γ-变形菌、ε-变形菌和 δ-变形菌。这五类变形菌都被用来研究微生物燃料电池,其中研究最为广泛的集中于 γ-变形菌和 δ-变形菌。大肠杆菌(Escherichia coli)是 γ-变形菌典型的代表细菌之一, 是生物体肠道菌群常见的一种细菌, 由 Escherich 于 1885 年发现, 属于革兰氏阴性短杆菌, 大小长 1～3 μm, 宽 0.5 μm。2003 年 Park 和 Zeikus 等[41]报道了基于大肠杆菌的微生物燃料电池, 采用 Mn^{4+} 和中性红(NR)修饰的石墨作为阳极, Fe^{3+} 修饰的石墨作为阴极。Mn^{4+} 和 NR 的主要作用是作为阳极大肠杆菌的电子传输的媒介体, 而阴极 Fe^{3+} 作用是提供电子受体($Fe^{3+/2+}$), 其中以 NR-石墨为阳极的微生物燃料电池的功率密度非常低, 仅 1.2 mW/m², 而以 Mn^{4+}-石墨作为阳极, 获得了 91 mW/m² 功率密度。

最近, 武汉大学陈胜利等[42,43]研究发现, 以经过燃料电池放电的大肠杆菌为接种体所培养的细菌具有比上一代细菌更高的电催化活性(图 16.11)。经过连续几次的放电和接种循环后, 由大肠杆菌单一菌阳极与空气阴极组成的 MFC 在没有外加电子媒介体的情况下输出功率可达 600 mW/m², 远高于文献中使用中性红和 Mn^{4+} 作为电极传输媒介体的功率密度。虽然目前经过驯化的大肠杆菌与电极之间确切的电子传递途径尚不明确, 但这一初步研究结果表明, 细菌可以在燃料电池环境中得到类似自然选择方式的驯化,从而更加适应电化学代谢途径,兼具高的电催化和生物活性。文献中有关从废水、污泥中通过燃料电池富集细菌的工作已经涉及了细菌的驯化筛选[44-47],只是这种自然、被动的富集过程非常费时复杂。以燃料电池放电进行类似自然选择的淘汰筛选,以放过电的菌液接种培养产生的优势电化学细菌的方法,效率更高,是发展新型高效细菌催化剂的有效方法,值得进一步的研究拓展。

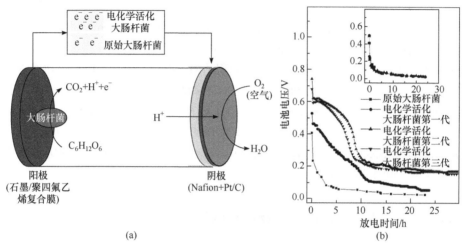

(a)   (b)

图 16.11　(a)基于大肠杆菌的生物燃料电池构型示意图;(b)原始大肠杆菌以及经过放电接种培养的几代大肠杆菌的放电曲线(插图为未经过放电直接连续 3 次接种培养的大肠杆菌的放电曲线;可以看出,经过放电的细菌下一代的放电性能明显优于上一代)

希瓦氏菌是研究较为广泛的第二类 γ-变形菌。Kim 等于 2002 年报道了基于腐败希瓦氏菌(*Shewanella putrefaciens*)的微生物燃料电池[48],他们研究了野生型 *S. putrefaciens* MR-1、*S. putrefaciens* IR-1 和变异型 *S. putrefaciens* SR-21 菌的电化学活性(图 16.12),并分别以这几种细菌为催化剂、以乳酸盐为燃料组装成燃料电池,

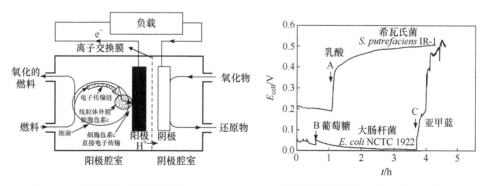

图 16.12　基于野生型希瓦氏菌 *S. putrefaciens* IR-1 的微生物燃料电池和开路电压响应

发现以 *S. putrefaciens* IR-1 为催化剂的电池的开路电压最高，达到 0.5 V；当负载为 1 kΩ 时，工作电流为 0.04 mA，电池的整体功率密度较低(<40 mW/m^2)。进一步研究发现电池的可选燃料有限，只能是乳酸盐或丙酮酸盐，这严重限制了它的使用。Gil 等[49]研究了该微生物燃料电池的操作参数，发现电池工作的最佳 pH 为 7，当电阻小于 500 Ω 时，质子传递和溶解氧的供给限制了阴极反应。2006 年，Ringeisen 等[50]报道了基于奥奈达希瓦氏菌(*Shewanella oneidensis*)的小型微生物燃料电池，电池的截面积和体积只有 2.0 cm^2 和 1.2 cm^3，采用高比表面积的网状玻璃碳和石墨毡作为阳极，其最大功率密度可以达到 3000 mW/m^2，与宏观的微生物燃料电池相比，其功率密度增加了近一个数量级，这主要是由于微型的电池构型，物质的传质能力显著增加，此外高比表面积的阳极电极也增加了电池的功率密度。

除了上述两类典型的 γ-变形菌外，绿脓杆菌(*Pseudomonas aeruginosa*)[51]、肺炎克雷伯菌(*Klebsiella pneumoniae*)[52]、阴沟肠杆菌(*Enterobacter cloacae*)[53]、*Tolumonas osonensis*[54]、普通变形杆菌(*Proteus vulgaris*)[55]、*Comamonas denitrificans*[56]、*Citrobacter* sp. SX-1[57]等 γ-变形菌均有被用于微生物燃料电池，所报道的功率密度相对较低(20～500 mW/m^2)。

16.3.2　基于 δ-变形菌的微生物燃料电池

δ-变形菌(δ-Proteobacteria)也是一类微生物燃料电池应用较多的细菌，其中主要是脱硫弧菌(*Desulfovibrio desulfuricans*，硫酸盐还原菌)[58,59]，这类微生物均含有硫酸还原蛋白，这种物质在厌氧条件下可形成一种特殊的基团，作为呼吸链终端电子受体。这些微生物利用营养物(主要是乳酸盐)作为电子源产生还原态的硫，从而驱动阳极过程，代谢产生的硫化物在电极上直接被氧化成 SO$_4^{2-}$。由于产生的硫化物(如 H$_2$S)会与含铁的蛋白(如细胞色素)相互作用，从而抑制细菌的代谢、导致电子传递受阻；另外，由于硫化物在金属电极上容易发生强的不可逆吸附，易使电极中毒。为此，需要消除硫化物(H$_2$S)的毒性以使阳极能更好地将它氧化。一般采用掺杂适量氢氧化钴的多孔石墨电极(阳极)即可以达到预期的目的，原因是当存在 S^{2-} 时，该电极上会生成催化活性很强的氧化钴和硫化钴的混合物。为了满足厌氧条件，该阳极由阳离子交换膜与氧阴极隔开。

Kang 等报道了共价修饰的脱硫弧菌应用于微生物燃料电池阳极[60]，他们将石墨毡电极通过强酸辅助的电化学氧化后，使得电极表面带有—COOH，与细菌表面的蛋白质—NH$_2$(细胞色素 c)形成共价键(图 16.13)，并进一步促进了电极上生物膜的形成。处理后阳极的最大电流密度为 233 mA/m^2，比处理前阳极的性能提高了 41%。电极预处理使得脱硫弧菌能有效吸附在阳极上，并通过脱硫弧菌的细胞色素 c 传递电子，促进了电子转移速率。该工作提供了一种通过电极预处理共价固定细菌微生物的方式，一方面提高了生物膜的稳定性，另一方面也为构筑无媒介体的微生物燃料电池奠定了基础。

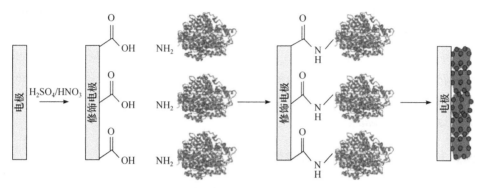

图 16.13　石墨毡电极氧化预处理及共价修饰脱硫弧菌

Ishii 等构筑了基于发电的细菌硫还原地杆菌(*Geobacter sulfurreducens*)的微生物燃料电池[61]，硫还原地杆菌附着的碳布为阳极，空气氧还原为阴极(图 16.14)。通过连续 216 天的培养，可以看到硫还原地杆菌密集地富集在碳布阳极上，其附着量达到 534 μg/cm²。燃料电池性能测试显示，极限电流密度达到最大值 1530 mA/m²，最大功率密度达到 461 mW/m²(每单位阳极面积)，电子转移速率为

微生物燃料电池 性能参数	*Geobacter sulfurreducens* (硫还原地杆菌)	混合微生物菌落
最大功率密度/(mW/m²) (每单位阳极面积)	461 ± 8	576 ± 25
最大功率密度/(mW/m²) (每单位阴极面积)	659 ± 11	1293 ± 56
最大体积功率密度/ (W/m³)	0.87 ± 0.02	1.70 ± 0.07
极限电流密度/ (mA/m²)	1530 ± 102	1250 ± 87
阳极细菌附着量/ (μg/cm²)	534 ± 43	208 ± 20
电极反应速率/ [μmol/(g·min)]	178	374
阳极电位(*vs.* SHE)/V	−285	−350

(c)

图 16.14　基于硫还原地杆菌(*Geobacter sulfurreducens*)和混合微生物菌落的
微生物燃料电池：培养硫还原地杆菌 216 天(a)和混合微生物菌落 28 天(b)后附着于碳布电极的
扫描电子显微镜图；(c)二者构筑的燃料电池性能对比

178 μmol/(g·min)。与此同时，研究者还对比培养了混合微生物菌落(consortium，非单一硫还原地杆菌)，只需要培养 28 天(生物附着量为 208 μg/cm²)，其电极反应速率提升了 2 倍以上，达到 374 μmol/(g·min)，最大功率密度达到 576 mW/m²，这表明混合菌群具有更强的电极反应能力。

除了上述典型的硫属杆菌外，其他的 δ 变形菌，如金属还原地杆菌(*Geobacter metallireducens*)[62]、*Geopsychrobacter electrodiphilus*[63]、丙酸脱硫叶菌(*Desulfobulbus propionicus*)[64]也被报道用于微生物燃料电池，总体来说其性能低于硫还原地杆菌(*Geobacter sulfurreducens*)。

16.3.3 基于其他变形菌的微生物燃料电池

相对于 γ 变形菌和 δ 变形菌，其他三类变形菌也有被报道用于微生物燃料电池，如 α-变形菌，包括紫红假单胞菌(*Rhodopseudomonas palustris* DX-1)[65]、苍白杆菌(*Ochrobactrum anthropi*)[66]、隐性嗜酸杆菌(*Acidiphilium cryptum*)[67]、脱氮副球菌(*Paracoccus denitrificans*)[68]。Xing 等[65]采用紫红假单胞菌制备了高功率的微生物燃料电池，功率密度达到 2720 mW/m²(图 16.15)。虽然这一类嗜假单胞菌物种之前主要用于产氢，但它们之前从未被证明可以在生物燃料电池中发电，而且发电过程中不需要光或产生氢气。此外，紫红假单胞菌可以利用多种底物 (挥发性酸、酵母提取物、硫代硫酸盐) 在不同的代谢模式下发电。这些结果表明，光养型紫

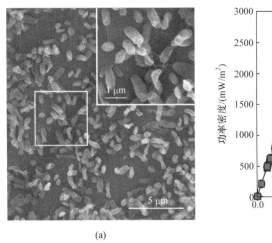
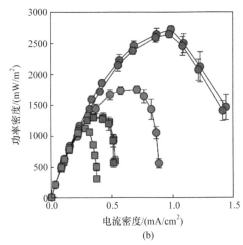

(a)　　　　　　　　　　　　(b)

图 16.15　紫红假单胞菌(*Rhodopseudomonas palustris* DX-1)附着于碳布阳极的扫描
电子显微镜图(a)及微生物燃料电池功率输出(b)

(b) 中圆圈对应 200 mmol/L PBS 电解质溶液中: 红色(光照下)，蓝色(暗处)，绿色(废水培养液); 正方形对应
50 mmol/L PBS 电解质溶液中: 红色(光照下)，蓝色(暗处)，绿色(废水培养液)

色非硫细菌可以在微生物燃料电池中通过直接电子传递有效地发电,并可以使电池具备较高的功率输出。铁还原红育菌(*Rhodoferax ferrireducens*)[69]属于 β-变形菌,其用作微生物燃料电池的电流密度只有 74 mA/m^2。布氏弓形杆菌(*Arcobacter butzleri*)[70] 属于 ε-变形菌,其所构筑的微生物燃料电池可提供的体积功率密度达 2.96 W/m^3,这是所报道的高性能 MFC 之一。

16.3.4 基于厚壁菌门的微生物燃料电池

厚壁菌门(Firmicutes)的细胞壁主要由一层较厚的含胞壁酸的肽聚糖组成,含量较高,为 50%~80%,大部分属于革兰氏阳性细菌。目前报道的基于厚壁菌门的微生物燃料电池主要包括酪酸梭菌(*Clostridium butyricum*)[71,72]、拜氏梭菌(*Clostridium beijerinckii*)[73]、铁乙酸盐栖热泉菌(*Thermincola ferriacetica*)[74]、枯草杆菌(*Bacillus subtilis*)[75]等。早在 1977 年,Tsura 等报道了将卷筒式的铂电极放入含酪酸梭菌微生物的悬浮液中(图 16.16),悬浮液即与丙烯酰胺聚合形成凝胶,在电极表面进行的发酵过程直接提供了阳极所需的燃料 H_2[71]。与此同时,发现发酵过程的副产物则可作为次级燃料进一步被利用,如产生的蚁酸在凝胶中向阳极扩散,并在阳极被电化学氧化生成氢离子和二氧化碳。上述体系中,H_2 是主要的发酵产物,但当发酵液通过阳极时,代谢产生的其他液体产物也可以作为燃料在阳极直接氧化,因此氢并不是阳极电流的唯一来源。在最优化的操作条件下,含 0.4 g 湿微生物细胞(相当于 0.1 g 干细胞)的电池可以达到 0.4 V 的输出电压(V_{cell})和 0.6 mA 的输出电流(I_{cell}),即输出功率为 0.24 mW。

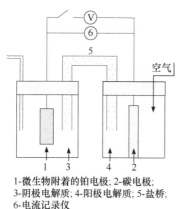

固定的酪酸梭菌分解1 mol葡萄糖的产物

酪酸梭菌发酵分解产物	产量/mol
甲酸	0.20
乙酸	0.60
乳酸	0.15
氢气	0.60

1-微生物附着的铂电极; 2-碳电极;
3-阴极电解质; 4-阳极电解质; 5-盐桥;
6-电流记录仪

(a)　　　　　　　　　(b)

图 16.16 基于酪酸梭菌(*Clostridium butyricum*)的微生物燃料电池(a)以及络酸梭菌分解葡萄糖产物(b)

　　2004 年 Niessen 等[73]进一步报道了基于酪酸梭菌和拜氏梭菌的微生物燃料电池，他们采用 Pt 镀层的碳布作为阳极，阴极以铁氰化钾溶液作为电子受体，采用 Nafion 膜作为隔膜传导质子，葡萄糖、糖浆或淀粉作为细菌代谢的原料，所构筑的微生物燃料电池提供的最大功率达到 14 mW(工作电极面积 7.5 cm^2，功率密度 1.87 mW/cm^2)，相对于最初报道的酪酸梭菌微生物燃料电池，性能得到了大幅度的提升，这也是目前基于厚壁菌门的微生物燃料电池所报道最佳性能之一。如果进一步采用氧电极作为阴极，将可以进一步提高电池的工作电压和功率。

　　此外，其他几种厚壁菌门的微生物燃料电池也有报道，如 Nimje 等[75]报道了基于枯草杆菌(Bacillus subtilis)的微生物燃料电池，采用葡萄糖作为细菌代谢原料，氧还原过程作为阴极，没有使用媒介体传导电子。该电池的最大特点是可以连续稳定运行达 3 个月，最大输出功率达到 1.05 mW/cm^2，工作电压稳定在 370 mV。同时他们采用循环伏安技术研究了细菌生长过程中的伏安行为，证实了电子传输机制主要是微生物原位代谢产生的氧还原物质作为媒介体，而非细菌上的膜蛋白直接电子转移。采用另外几种厚壁菌门微生物细菌，所报道的电池性能相对较低，其功率密度基本小于 1 mW/cm^2，如基于铁乙酸盐栖热泉菌[74]的微生物燃料电池的功率密度只有 14.6 μW/cm^2。

16.3.5　基于真菌门的微生物燃料电池

　　真菌门(Eumycota)通常是由一个或多个细胞组成的细丝状物质构成，最早 Potter 等采用的酵母菌即属于真菌门的一种[37]。目前所研究的真菌门生物燃料电池主要集中于异常汉逊酵母(Hansenula anomala)[76]、酿酒酵母(Saccharomyces cerevisiae)[77]和解腺嘌呤阿氏酵母(Arxula adeninivorans)[78]。2007 年 Prasad 等[76]报道了基于异常汉逊酵母的微生物燃料电池(图 16.17)，他们探讨了三种电极基底，即石墨(graphite)、

图 16.17　基于异常汉逊酵母的微生物燃料电池

(a) 异常汉逊酵母附着于石墨-聚苯胺-铂复合物电极的扫描电子显微镜图；(b)三种石墨电极作为
阳极的燃料电池输出功率图

石墨毡(graphite felt)、石墨-聚苯胺-铂(graphite-PANI-Pt)复合物电极，对比发现酵母菌更易于在 graphite-PANI-Pt 电极基底上生长，且显示出最高的功率密度，达到约 3 W/m³，这主要得益于 PANI-Pt 作为催化剂可以加速微生物电子传输，提高了电极反应效率。目前针对基于真菌门的微生物燃料电池研究相对较少，主要集中于酵母菌，基于酿酒酵母(Saccharomyces cerevisiae)的燃料电池只有 4 mW/m² 的输出功率[77]，而基于解腺嘌呤阿氏酵母(Arxula adeninivorans)的燃料电池性能较好，可以提供 1030 mW/m² 的功率密度[78]。

16.3.6　基于泥土杆菌的微生物燃料电池

美国哈佛大学的 D. R. Lovley 等研究组使用一些细胞外膜具有氧化还原蛋白(如细胞色素)的泥土杆菌作为燃料电池的阳极催化剂，可以无需电子媒介体实现细菌催化剂与电极的直接电子转移[79]。此类细菌利用葡萄糖等燃料发电的库仑效率可达 80%。但由于有机物分子代谢所释放的电子需要经过一系列细胞内电子交换和传递步骤才能到达这些外膜蛋白，同时蛋白质与固体电极的直接电子交换本身速率缓慢，因此相应的燃料电池的功率密度还是非常低，即使是使用高比表面积($61.2~cm^2$)的石墨毡作为电极，给出的最高功率密度也不过 0.015W/m² 左右(图 16.18)[79]。近年来，一些研究小组报道，从污水、淤泥中富集的混合菌具有优异的阳极催化性能，相应的燃料电池在无外加电子媒介体的情况下有可观的功率密度输出[44-47, 80-82]。其中比利时的 K. Rabaey 等报道的功率密度最高可达 4 W/m²[44,45]。不过，相应的富集和活化过程相当复杂、费时，要持续半年甚至

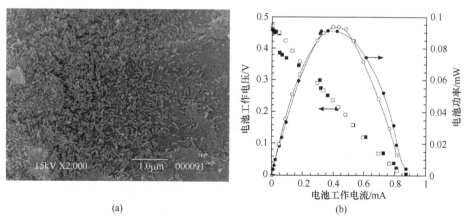

(a)　　　　　　　　　　　　　　(b)

图 16.18　泥土杆菌附着于碳毡电极的扫描电子显微镜照片(a)以及基于泥土杆菌构筑的微生物燃料电池性能图(b)

(b)图中空心数据表示第一次测量，即初始生长的泥土杆菌乙酸氧化微生物燃料电池性能图；实心数据表示第二次测量，即更换培养基后乙酸氧化微生物燃料电池性能图

更长的时间[44-47]，并且这些 MFC 燃料电池的高功率密度依赖于阴极使用较高浓度的铁氰化钾溶液[44,45]，采用空气阴极的废水混合菌燃料电池可输出的功率密度则低得多[46-48]。最近，德国的 U. Schröder 等报道，采用 Pt/聚苯胺、碳化钨等材料为阳极的燃料电池可以给出约 6 W/m^2 的最高功率密度[81,82]，这可能是迄今报道的最好结果。

16.3.7　基于媒介体的微生物燃料电池

由于代谢产生的还原性物质被微生物的膜与外界隔离，从而导致微生物与电极之间的电子传递通道受阻，采用合适的媒介体可有效地促进电子传递。例如，用四氰基对醌基二甲烷(TCNQ)或聚甲基紫精(polyviologen)作媒介体，利用 *D. desulfuricans* 作催化剂的微生物燃料电池效果更佳[71,83]。用于这类微生物电池的有效电子传递媒介体应具备的条件有：媒介体的氧化态易于穿透细胞膜到达细胞内部的还原组分；氧化还原式量电位 $E^\circ{}'$ 要与被催化体系的 E° 相匹配；氧化态不干扰其他的代谢过程；还原态应易于穿过细胞膜而脱离细胞；氧化态必须是化学稳定的、可溶的，并且在细胞和电极表面均不发生吸附，以及在电极上的氧化还原反应速率足够快且有很好的可逆性。一些有机物和金属配合物可以用作生物燃料电池的电子媒介体[84]，其中，较为典型的是硫堇类、吩嗪类及一些有机染料等。虽然硫堇很适合于用作电子媒介体，但是当以硫堇作媒介体时，由于其在生物膜上容易发生吸附，电子传递受到一定程度的抑制，导致生物燃料电池的工作效率降低。

媒介体的功能依赖于电极反应的动力学参数，其中最主要的是媒介体的氧化还原速率常数(而它又主要与媒介体所接触的电极材料有关)。为了提高媒介体的氧化还原反应的速率，可以将两种媒介体适当混合使用，以期达到更佳的效果。例如，对于从阳极液 *E. coli*(氧化葡萄糖)至阳极之间的电子传递，当以硫堇和Fe^{III}EDTA 作媒介体时，其效果明显地要比单独使用其中的任何一种好得多。尽管两种媒介体都能够被 *E. coli* 还原，且硫堇还原的速率大约是 Fe^{III}EDTA 的 100 倍，但还原态硫堇的电化学氧化却比 Fe^{II}EDTA 的氧化慢得多。所以，在含有 *E. coli* 的电池系统中，利用硫堇氧化葡萄糖(接受电子)；而还原态的硫堇又被 Fe^{III}EDTA迅速氧化。最后，还原态的螯合物 Fe^{II}EDTA 通过 Fe^{III}EDTA/Fe^{II}EDTA 电对反应将电子传递给阳极[85]。类似的还有用 *Bacillus* 氧化葡萄糖，以甲基紫精(methyl viologen，MV^{2+})和 2-羟基-1,4-萘醌(2-hydroxy-1,4-naphthoquinone)或 Fe^{III}EDTA 作媒介体的生物燃料电池[86]。

为了将生物燃料电池中的生物催化体系组合在一起，需要将微生物细胞和媒介体共同固定在阳极表面。然而，微生物细胞的活性组分往往被细胞膜包裹在细胞内部，而媒介体则又被吸附在细胞膜的表面，因而无法形成有效的电子传递，很难实现共同固定。有机染料中性红(neutral red，NR)[87,88]是一种公认的具有活性的、能实现从 *E. coli* 传递电子的媒介体，可通过石墨电极表面的羧基和染料中的氨基共价键合实现固定化。媒介体 NR 进一步与细胞内还原性辅酶(NADH)发生电子传递，同时催化葡萄糖转化，完成阳极端的反应。与此同时，阴极端发生氧还原反应，与阳极一起构成了完整的微生物燃料电池(图 16.19)[87]。该工作也证实了在厌氧条件下与电极键合的染料媒介体能促使微生物细胞与电极间的电子传递。

微生物细胞在多种营养底物存在下可以更好地繁殖、生长。研究结果证明，通过几种营养物质的混合使用能够提供更高的电流输出。有人指出，改变它的来源以使微生物产生不同的代谢有可能会使微生物燃料电池达到更大的功率[89]。

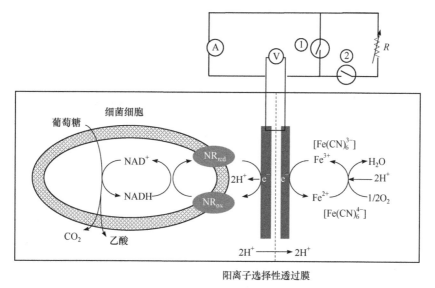

图 16.19　基于有机染料中性红(NR)媒介的微生物燃料电池构型

16.3.8　微生物燃料电池的实际应用

自从 1911 年 Potter 提出微生物燃料电池的概念以来[37]，该领域得到了极大的发展，而大部分研究主要集中于实验室规模的微小型微生物燃料电池，人们期望可以获得大规模装置的微生物燃料电池应用。2003 年 Ieropoulos 等[90]提出了第一个基于微生物燃料电池供电的机器人(命名为 EcoBot- I)。其基本原理是微生物(*E. coli*)在阳极代谢消耗底物葡萄糖，电子传递给 $NAD^+/NADH$ 辅酶，进一步通过媒介体实现在阳极上的电子传输,阴极采用溶解氧耦合质子还原。他们一共采用了 8 个 MFCs 串联组成电池堆,将 MFCs 提供的电能临时存储于自身携带的电解质电容器中。EcoBot-Ⅰ尺寸约为 22 cm×7.5 cm×5 cm,净重 960 g,MFCs 电池堆可以驱动 EcoBot 行走[图 16.20(a)]。2005 年,第二代 EcoBot-Ⅱ诞生[91],相对于第一代采用葡萄糖作为微生物代谢底物,第二代 EcoBot-Ⅱ直接采用昆虫生物质作为微生物代谢原料,单个 MFC 可以提供约 20 μW 的功率,0.35 V 的工作电压,同样采用 8 个 MFCs 电池堆可以实现运行 12 天,并且实现温度监测和无线数据传输[图 16.20(b)]。但是第二代 EcoBot-Ⅱ仍然没有实现完全的自循环系统,当生物质原料耗尽时,仍然需要外部人为补充其微生物代谢所需的能量。2010 年,Ieropoulos 等提出了第三代 EcoBot-Ⅲ[92][图 16.20(c)],该系统可以从环境中收集微生物代谢所需要的食物,并排出代谢废物,实现真正意义上的自给自足循环供能。EcoBot 作为一个典型的例子证实了微生物燃料电池未来实现自循环供能应用的广阔前景。

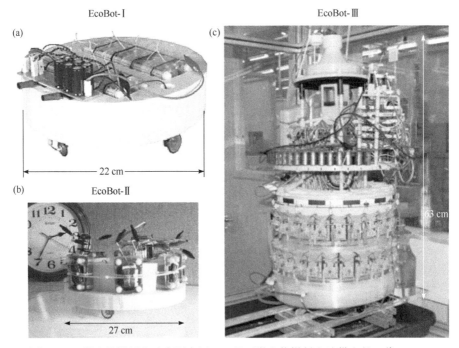

图 16.20　微生物燃料电池实际应用——基于微生物燃料电池供电的三代 EcoBot

16.4　总结与展望

生物燃料电池原料来源广泛,生物相容性好,在常温常压和生理环境下工作,可以用多种体内有机物甚至废物或污物作燃料，是一种可再生的绿色能源。近几年生物技术的巨大发展和燃料电池研究的不断进步给生物燃料电池的研究提供了良好的技术基础和外部条件。今后的研究可着重于以下方面：①选择合适的催化剂-媒介体组合，进一步提高电池的电流密度和功率；②将生物燃料电池与导电聚合物膜相结合，缩小电池的体积并提高其生物相容性；③发展利用太阳能的生物燃料电池；④拓宽生物燃料电池的应用范围，开发污水处理等新的应用领域等。

参 考 文 献

[1] Heller A. Physical Chemistry Chemical Physics, 2004, 6: 209-216.

[2] Barton S C, Gallaway J, Atanassov P. Chemical Reviews, 2004, 104: 4867-4886.

[3] 刘强, 许鑫华, 任光雷, 等. 化学进展, 2006, 18: 1530-1537.

[4] 康峰, 伍艳辉, 李佟茗. 电源技术, 2004, 28: 723-727.

[5] 宝钥, 吴霞琴. 电化学, 2004, 10: 1-8.

[6] Yahiro A T, Lee S M, Kimble D O. Biochimica et Biophysica Acta, 1964, 88: 375-383.

[7] Mao F, Mano N, Heller A. Journal of the American Chemical Society, 2003, 125: 4951-4957.

[8] Katz E, Willner I, Kotlyer A B. Journal of Electroanalytical Chemistry, 1999, 479: 64-68.

[9] Lioubashevski O, Chegel V I, Patolsky F, et al. Journal of the American Chemical Society, 2004, 126: 7133-7143.

[10] Katz E, Willner I. Journal of the American Chemical Society, 2003, 125: 6803-6813.

[11] Mano N, Mao F, Heller A. Chemical Communications, 2004, (18): 2116-2117.

[12] Bartlett P N, Simon E. Physical Chemistry Chemical Physics, 2000, 2: 2599-2606.

[13] Bartlett P N, Wallace E N K. Journal of Electroanalytical Chemistry, 2000, 486: 23-31.

[14] Sato A, Kano K, Ikeda T. Chemistry Letters, 2003, 32: 880-881.

[15] Moore C M, Minteer S D, Martin R S. Lab on a Chip, 2005, 5: 218-225.

[16] Palmire G T R, Bertschy H, Bergens S H, et al. Journal of Electroanalytical Chemistry, 1998, 443: 155-161.

[17] Ramanavicius A, Kausaite A, Ramanaviciene A. Biosensors and Bioelectronics, 2005, 20: 1962-1967.

[18] 王国栋, 陈晓亚. 植物学通报, 2003, 20: 469-475.

[19] 张敏, 肖亚中, 龚为民. 生物学杂志, 2003, 20: 6-8.

[20] Palmer A E, Lee S K, Solomon E I. Journal of the American Chemical Society, 2001, 123: 6591-6599.

[21] Mano N, Mao F, Heller A. Journal of the American Chemical Society, 2002, 124: 12962-12963.

[22] Tsuijmura S, Kawaharada M, Nakagawa T, et al. Electrochemistry Communications, 2003, 5: 138-141.

[23] Katz E, Filanovsky B, Willner I. New Journal of Chemistry, 1999, (5): 481-487.

[24] Willner I, Katz E, Patosky F, et al. Journal of the American Chemical Society, Perkin Transactions 2, 1998, (8): 1817-1822.

[25] Pizzariello A, Stredansky M, Miertus S. Bioelectrochemistry, 2002, 56: 99-105.

[26] Mano N, Heller A. Journal of the Electrochemical Society, 2003, 150: A1136-A1144.

[27] Barton S C, Pickard M, Vazquez-Duhalt R, et al. Biosensors and Bioelectronics, 2002, 17: 1071-1074.

[28] Barton S C, Kim H H, Binyamin G, et al. Journal of the American Chemical Society, 2001, 123: 5802-5803.

[29] Barton S C, Kim H H, Binyamin G, et al. Journal of Physical Chemistry B, 2001, 105: 11917-11921.

[30] Mano N, Mao F, Shin W, et al. Chemical Communications, 2003, (4): 518-519.

[31] Chen T, Barton S C, Binyamin G, et al. Journal of the American Chemical Society, 2001, 123(35): 8630-8631.

[32] Yan Y, Zheng W, Su L, et al. Advanced Materials, 2006, 18: 2639-2643.

[33] Gao F, Yan Y, Su L, et al. Electrochemistry Communications, 2007, 9: 989-996.

[34] Liu Y, Dong S J. Electrochemistry Communications, 2007, 9: 1423-1427.

[35] Liu Y, Wang M, Zhao F, et al. Chemistry-A European Journal, 2005, 11: 4970-4974.

[36] de la Garza L, Jeong G, Liddell P A, et al. Journal of Physical Chemistry B, 2003, 107: 10252-10260.

[37] Potter M C. Proceedings of the Royal Society B-Biological Sciences, 1911, 84: 260-276.

[38] Cohen B. Journal of Bacteriology, 1931, 21: 18-19.

[39] Schröder U. Journal of Solid State Electrochemistry, 2011, 15: 1481-1486.

[40] Habermann W, Pommer E H. Applied Microbiology and Biotechnology, 1991, 35: 128.

[41] Park D H, Zeikus J G. Biotechnology and Bioengineering, 2003, 81: 348-355.

[42] Zhang T, Cui C Z, Chen S L, et al. Chemical Communications, 2006, (21): 2257-2259.

[43] Zhang T, Zeng Y L, Chen S L, et al. Electrochemistry Communications, 2007, 9: 349-353.

[44] Rabaey K, Boon N, Siciliano S D, et al. Applied and Environmental Microbiology, 2004, 70: 5373-5382.

[45] Rabaey K, Lissens G, Siciliano S D, et al. Biotechnology Letters, 2003, 25: 1531-1535.

[46] Moon H, Chang I S, Kim B H. Bioresource Technology, 2006, 97: 621-627.

[47] Kim B H, Park H S, Kim H J, et al. Applied Microbiology and Biotechnology, 2004, 63: 672-681.

[48] Kim H J, Park H S, Hyun M S, et al. Enzyme and Microbial Technology, 2002, 30: 145-152.

[49] Gil G C, Chang I S, Kim B H, et al. Biosensors and Bioelectronics, 2003, 18: 327-334.

[50] Ringeisen B R, Henderson E, Wu P K, et al. Environmental Science & Technology, 2006, 40: 2629-2634.

[51] Liu J, Qiao Y, Lu Z S, et al. Electrochemistry Communications, 2012,15: 50-53.

[52] Zhang L X, Zhou S G, Zhuang L, et al. Electrochemistry Communications, 2008, 10: 1641-1643.

[53] Nimje V R, Chen C Y, Chen C C, et al. International Journal of Hydrogen Energy, 2011, 36: 11093-11101.

[54] Luo J M, Yang J, He H H, et al. Bioresource Technology, 2013, 139: 141-148.

[55] Choi Y, Kim N, Kim S, et al. Bulletin of the Korean Chemical Society, 2003, 24: 437-440.

[56] Xing D F, Cheng S A, Logan B E, et al. Applied Microbiology and Biotechnology, 2010, 85: 1575-1587.

[57] Xu S, Liu H. Journal of Applied Microbiology, 2011,111: 1108-1115.

[58] Cooney M J, Roschi E, Marison I W, et al. Enzyme and Microbial Technology, 1996, 18: 358-365.

[59] Park D H, Kim B H, Moore B, et al. Biotechnology Techniques, 1997, 11: 145-148.

[60] Kang C S, Eaktasang N, Kwon D Y, et al. Bioresource Technology, 2014, 165: 27-30.

[61] Ishii S, Watanabe K, Yabuki S, et al. Applied and Environmental Microbiology, 2008. 74: 7348-7355.

[62] Min B, Cheng S A, Logan B E. Water Research, 2005, 39: 1675-1686.

[63] Holmes D E, Nicoll J S, Bond D R, et al. Applied and Environmental Microbiology, 2004, 70: 6023-6030.

[64] Holmes D E, Bond D R, Lovley D R. Applied and Environmental Microbiology, 2004, 70: 1234-1237.

[65] Xing D F, Zuo Y, Cheng S A, et al. Environmental Science & Technology, 2008, 42: 4146-4151.

[66] Zuo Y, Xing D F, Regan J M, et al. Applied and Environmental Microbiology, 2008, 74: 3130-3137.

[67] Borole A P, O'Neill H, Tsouris C, et al. Biotechnology Letters, 2008, 30: 1367-1372.

[68] Rabaey K, de Sompel K V, Maignien L, et al. Environmental Science & Technology, 2006, 40: 5218-5224.

[69] Chaudhuri S K, Lovley D R. Nature Biotechnology, 2003, 21: 1229-1232.

[70] Fedorovich V, Knighton M C, Pagaling E, et al. Applied and Environmental Microbiology, 2009, 75: 7326-7334.

[71] Karube I, Matsunaga T, Tsura S, et al. Biotechnology and Bioengineering, 1977, 19: 1727-1733.

[72] Park H S, Kim B H, Kim H S, et al. Anaerobe, 2001, 7: 297-306.

[73] Niessen J, Schroder U, Scholz F. Electrochemistry Communications, 2004, 6: 955-958.

[74] Marshall C W, May H D. Energy & Environmental Science, 2009, 2: 699-705.

[75] Nimje V R, Chen C Y, Chen C C, et al. Journal of Power Sources, 2009, 190: 258-263.

[76] Prasad D, Arun S, Murugesan M, et al. Biosensors and Bioelectronics, 2007, 22: 2604-2610.

[77] Siu C P B, Chiao M. Journal of Microelectromechanical Systems, 2008, 17: 1329-1341.

[78] Haslett N D, Rawson F J, Barrière F, et al. Biosensors and Bioelectronics, 2011, 26: 3742-3747.

[79] Bond D R, Lovely D R. Applied and Environmental Microbiology, 2003, 69: 1548-1555.

[80] Kim J R, Min B, Logan B E. Applied Microbiology and Biotechnology, 2005, 68: 23-30.

[81] Schröder U, Nießen J, Scholz F. Angewandte Chemie International Edition, 2003, 42: 2880-2883.

[82] Rosenbaum M, Zhao F, Schröder U, et al. Angewandte Chemie International Edition, 2006, 45: 6658-6661.

[83] Tanisho S, Kamiya N, Wakao N. Bioelectrochemistry and Bioenergetics, 1989, 21: 25-32.

[84] Ikeda T, Kano K. Biochimica et Biophysica Acta, 2003, 1647: 121-126.

[85] Tanaka K, Vega C A, Tamamushi R. Bioelectrochemistry and Bioenergetics, 1983, 11: 289-297.

[86] Akiba T, Bennetto H P, Striling J L, et al. Biotechnology Letters, 1987, 9: 611-616.

[87] Park D H, Zeikus J G. Applied and Environmental Microbiology, 2000, 66: 1292-1297.

[88] Park D H, Kim S K, Shin I H, et al. Biotechnology Letters, 2000, 22: 1301-1306.

[89] Kim N, Choi Y, Jung S, et al. Biotechnology and Bioengineering, 2000, 70: 109-114.

[90] Ieropoulos I A, Melhuish C, Greenman J. Lecture Notes in Artificial Intelligence, 2003, 2801: 792-799.

[91] Ieropoulos I A, Melhuish C, Greenman J, et al. International Journal of Advanced Robotic Systems, 2005, 2: 295-300.

[92] Ieropoulos I, Greenman J, Melhuish C, et al. Artificial Life XII, 2010: 733-740.